【加】阿贾伊·阿格拉瓦尔（Ajay Agrawal）

【加】乔舒亚·甘斯（Joshua Gans）

【加】阿维·戈德法布（Avi Goldfarb）

| 等著

王义中 曾 涛 | 译

人工智能经济学

THE ECONOMICS OF ARTIFICIAL INTELLIGENCE

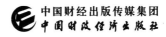

中国财经出版传媒集团

中国财政经济出版社

图书在版编目（CIP）数据

人工智能经济学／（加）阿贾伊·阿格拉瓦尔等著；
王义中，曾涛译 . -- 北京：中国财政经济出版社，
2021.3
书名原文：The Economics of Artificial
Intelligence
ISBN 978 - 7 - 5223 - 0372 - 7

Ⅰ.①人… Ⅱ.①阿… ②王… ③曾… Ⅲ.①人工智
能－经济学 Ⅳ.①TP18 - 05

中国版本图书馆 CIP 数据核字（2021）第 023761 号

著作权合同登记号：图字 01 - 2019 - 2543

责任编辑：王佳欣 　　　　　责任校对：张　凡
封面设计：陈宇琰 　　　　　通　　读：卓文娟

人工智能经济学
RENGONG ZHINENG JINGJIXUE
中国财政经济出版社 出版
URL：http：//www.cfeph.cn
E - mail：cfeph@ cfeph.cn
社址：北京市海淀区阜成路甲 28 号　邮政编码：100142
营销中心电话：010 - 88191522
天猫网店：中国财政经济出版社旗舰店
网址：https：//zgczjjcbs.tmall.com
北京中兴印刷有限公司印刷　各地新华书店经销
成品尺寸：170mm×240mm　16 开　37.25 印张　503 000 字
2021 年 3 月第 1 版　2021 年 3 月北京第 1 次印刷
定价：120.00 元
ISBN 978 - 7 - 5223 - 0372 - 7
（图书出现印装问题，本社负责调换，电话：010 - 88190548）
本社质量投诉电话：010 - 88190744
打击盗版举报热线：010 - 88191661　QQ：2242791300

董事与国家经济研究局工作和出版物的关系

1. 国家经济研究局（The National Bureau of Economic Research，NBER）的目的是在没有政策建议的情况下，以科学的方式确定并向经济学界，以及更广泛地向公众展示重要的经济事实及其解释。董事会负责确保严格按照此目标开展 NBER 的工作。

2. 总裁应建立内部审查程序，以确保拟出版的书稿不包含政策建议。这既适用于会议记录，也适用于单个作者或一个或多个合著者的手稿，但不适用于非 NBER 会员的 NBER 会议上的评论作者。

3. 在总统向董事会的每个成员发出通知，建议其出版手稿，并且主席认为按照上述原则适合出版该手稿之前，NBER 不得发表研究报告的书稿。具体内容包括目录、手稿内容的摘要、撰稿人列表（如果适用），以及供希望使用该手稿的董事阅读的答复表。每份手稿均应包含摘要，提请注意所研究问题的性质和处理得出的主要结论。

4. 在上述注意事项发布通知的 45 日之前，不得出版任何内容。在此期间，应将副本发送给要求该副本的任何主编，如果任何主编以稿件中包含政策建议为由反对出版，则该反对意见将提交给作者或编辑。如有争议，应通知董事会所有成员，总裁应任命董事会特设委员会决定此事；为此，应另加30 日。

5. 总裁应每年向董事会提交一份报告，说明内部稿件审查过程、董事在出版前或出版后任何人提出的异议、有关此类事项的任何争议以及处理的方法。

6. 为提供有关无线电通信局工作的信息目的而发行的 NBER 出版物，或向公众通报无线电通信局活动的出版物，包括但不限于 NBER 摘要和报告人，应与本段所述对象一致。①它们应包含明确的免责声明，指出它们尚未通过本决议要求的审查程序。②董事会执行委员会负责不定时审查所有此类出版物。

7. 出于该决议的目的，不认为在主席团网站上分发的 NBER 工作文件和手稿是出版物，但它们应与第 1 款所述的目的一致。工作文件应包含明确的免责声明，指出它们具有未通过本决议要求的审核程序。NBER 的网站应包含类似的免责声明。总裁应建立内部审核流程，以确保工作文件和网站不包含政策建议，并应每年向董事会报告该流程以及与此相关的任何关注事项。

8. 除非董事会另有决定或第 6 款和第 7 款的条款豁免，否则应按照上述第 2 条内容在每份 NBER 出版物中印刷本决议的副本。

致 谢

该书包含 2017 年 9 月在多伦多举行的第一届 NBER 人工智能经济学会议上讨论的章节和思想。我们感谢所有作者和讨论者的贡献。会议和图书项目的资金由斯隆基金会、加拿大高级研究学院和多伦多大学的 Creative Destruction Lab 提供。在斯隆基金会，Danny Goroff 提供了改进整体议程的指导。在 Shane Greenstein 的领导下，NBER 数字化计划是早期的关键支持者。我们感谢我们的教务长 Tiff Macklem。此外，NBER 的 Jim Poterba 非常慷慨，为我们提供了将该项目整合在一起所需的便利。特别感谢 Rob Shannon，Denis Healy，Carl Beck 和 Dawn Bloomfield 的会议管理和后勤工作，并感谢 Helena Fitz – Patrick 指导本书的编辑过程。最后，我们感谢我们的家人，Gina，Natalie，Rachel，Amelia，Andreas，Belanna，Anniel，Annika，Anna，Sam 和 Ben。

序　言

Ajay Agrawal，Joshua Gans，Avi Goldfarb[*]

近些年来，人工智能技术得到迅猛发展。人工智能技术的不断提高，对经济体产生了广泛影响，涉及生产力、增长、不平等、市场势力、创新以及就业等方面。2016 年，美国白宫公布多份报告强调人工智能的这些潜在影响。人工智能举足轻重，却鲜有经济方面的研究。现有研究资料来源于过去的技术（类似工业机器人），这些技术只涵盖了人工智能的部分经济影响。我们若不能更深入了解人工智能可能会对经济体产生何种影响，那么就无法设计政策来应对这些影响带来的变革。

为解决人工智能引来的诸多挑战，美国国家经济研究局 2017 年 9 月在多伦多举行了首次"人工智能经济学"会议。大会得到美国国家经济研究局经济学数字化倡议协会、斯隆基金会、加拿大高级研究所和多伦多大学的创造性破坏实验室等多方支持。该会议旨在落实经济学家们在人工智能的研究进程，也强调了如下几点内容：

（会议的背景是：设想回到 1995 年，当时互联网正在改变多个工业领域，如果当时顶尖经济学家聚集在一起制定研究议程，那么互联网革命的经济研究将会发生什么变化？如今，对于人工智能而言，我们正面临着同样的机遇。此时此刻，我们有 30 名前沿经济学家聚集一堂、集思广益，讨论未来 20 年的人工智能经济学研究进程。）

---

*　Ajay Agrawal 是多伦多大学罗特曼管理学院（Rotman School of Management）的彼德·蒙克（Peter Munk）企业管理学教授，也是国家经济研究局的研究助理。Joshua Gans 是多伦多大学罗特曼管理学院（经济系交叉任命）的战略管理学教授，是杰弗里·S. 斯科尔（Jeffrey S. Skoll）技术创新和创业学系主任，也是国家经济研究局的研究助理。Avi Goldfarb 担任人工智能和医疗保健方面的罗特曼主席，并且是多伦多大学罗特曼管理学院的市场学教授以及国家经济研究局的研究助理。

有关致谢，研究支持的来源以及作者的重大财务关系的披露，如果有任何问题，请访问 http：//www. nber. org/chapters/c14005. ack。

受邀学者们纷纷围绕与其擅长领域相关的专题，广开言路各抒己见。每篇论文，都会指定一个评论人。整个议程从演讲、讨论到辩论，与会者们对关键问题是什么、研究现状、这些挑战会出现在哪里等问题，高谈雄辩。人工智能先驱研究者 Geoffrey Hinton，Yann LeCun 和 Russ Salakhutdinov 受邀出席会议，讲述了人工智能技术当前的发展环境和细节，以及设想未来人工智能技术的各项功能。会议的独特性在于强调待完成的工作，而不是介绍几份标准研究论文。参会者就研究的多个最重要领域，自由地展开可靠猜测和良好辩论。

本书包含会议记录摘要。本书对作者的限制很少，反映了书中主题和章节风格的多样化。本书的大多数章节修改和完善了会议中原有论文和演讲内容。一些评论人对这些章节直接发表了评论，而另一些评论人则进行了进一步的探讨，其强调的观点并没有纳入正式的演讲中，而是作为辩论和讨论的一部分。本书也包含少部分未在会议中展示的章节，但这些章节的观点或来自全体讨论，或是值得列入会议记录的想法。

全书章节分成四个主题。第一部分，前几个章节基于从蒸汽机到互联网关于通用技术的现有文献中，重点突出人工智能作为通用技术的作用。第二部分，多个章节侧重从宏观经济和劳动力经济方面的研究资料，突出人工智能对增长、就业和不平等的影响。第三部分，有五章从微观经济结果和产业组织方面，讨论了机器学习和经济管制。第四部分，探讨人工智能将会如何影响经济学研究。

当然，这四个主题并不是相互独立的。将人工智能作为一项通用技术的讨论，自然而然过渡到经济增长的讨论。制度能够增加或减少不平等。另外，正如第 4 章 Cockburn，Henderson 和 Stern 所强调的，人工智能对经济体的影响是因为它是应用于科学探索的通用技术。此外，一些实用型观点贯穿许多章节，其中最引人注目的是，随着人工智能的发展，在技术进步和政治经济相互影响中，人类所发挥的功能。

以下，我们将详细概述这四个主题。在此之前，先介绍各项主题产生的技术定义。

什么是人工智能

牛津英语词典对于人工智能的定义是：能够完成通常需要人类智慧来执行的工作的计算机系统的理论和开发。该定义意味深长，值得仔细体会琢磨。而人工智能的另类定义，在计算机科学家中流传久远，也是一个玩笑：机器目前无法能做成的事，就是人工智能。机器若能够在象棋比赛中打败人类专家，这种胜利就是指人工智能。而在 IBM 的深蓝（Deep Blue）和 Gary Kasparov 的那场著名围棋比赛之后，下象棋称为计算机科学，而其他挑战被称为人工智能。

本书中讨论了 3 个相关但不同的人工智能概念。首先，机器学习技术推动了最近人工智能的发展。机器学习是计算统计的一个分支，是一种统计学领域的预测工具，收集和利用已有信息，形成预测信息。自从 2012 年以来，使用机器学习作为预测工具已经得到广泛应用。特别地，"深度学习"作为机器学习的一种算法，从搜索引擎设计到图像识别，再到语言翻译等各种预测任务，均是有用的且可用于商业的。本书第 3 章的作者 Agrawal，Gans 和 Goldfarb，强调预测技术的快速发展给组织和政策带来了深远影响。第 2 章的作者 Taddy 将机器学习的预测定义作为人工智能的一个组成部分，并详细介绍了各种机器学习技术。

机器学习最近唤起人们对人工智能的热情，而此时计算机科学家和哲学家早已强调过那种相当或超越人类智慧的真实人工智能的可行性（Bostrom，2014；Kaplan，2016）。本书结束语直截了当地总结这种可能性。Daniel Kahneman 写道："我认为人类能做的很多事情，到最后，计算机能够编程完成。"超越人类智慧的机器，将在很大程度上影响经济与社会。进而，若此类事件无论在当下、几十年后、一千年后、还是从未发生，其所引发的经济学影响都值得探究一番。超级智能机器虽然不是任何一章的焦点，但本书多个章节会谈及这类机器产生的经济学结果。

第三种通常被称为人工智能的技术是自动化，被视为一种过程。目前许多关于人工智能影响的实证研究，使用机器人技术在工厂自动化中的数据。本书第 8 章中，Daron Acemoglu 和 Pascual Restrepo 利用工厂机器人的数据，研究人工智能和自动化对工作的影响。自动化仅是人工智能的一个潜在后果，而不是人工智能本身。然而，关于人工智能和自动化后果的讨论紧密相连。

本书大多章节关注人工智能的首个定义：人工智能作为机器学习是一种预测技术。人工通用智能和自动化的经济学意义也备受关注。

人工智能是一种通用技术

通用技术的特点就是结合技术动力，可以普遍应用到众多行业当中（Bresnahan 和 Trajtenberg，1995）。通用技术是指开创新机遇的技术。电动机车确实减少能源成本，工厂增加设计和选址的灵活度又会大大提高电动机车生产率的影响力（David，1990）。人们对人工智能及其对于经济影响的兴趣，大多来源于人工智能作为通用技术的潜力。人类智慧是通用工具，那么人工智能无论是被定义为预测性技术、通用智能还是自动化，同样具有广泛应用的潜力。

Brynjolfsson，Rock 和 Syverson 在第 1 章中讨论了人工智能作为通用技术的相关案例。他们关注机器学习，以及识别机器学习可能广泛影响的诸多行业。他们指出机器学习技术进程有望不断精进，也提到伴随着机器学习，大量的互补创新早已相继出现。通过将人工智能与通用技术相联系，他们可以从通用技术的生产率文献中获得关于初期低生产增长率、组织结构性挑战和调整成本等知识。在人工智能和相关技术快速创新发展的情况下，生产增长率却惊人的低速，他们提出了 4 种可能的解释——错误的预期、错误的测算、集中受益和租金耗散、价值实现的滞后，并认为由于执行时滞导致的错失互补创新，是造成生产率增长率低迷的主要原因："现有研究领域涉及人工智能技术的补充是被低估的，人工智能带来的影响不仅在人力资本和技能领域，还包括新的生产流程和商业模式。上一轮计算机化涉及相关的无形资产投资大约是计算机硬件本身直接投资的 10 倍。"

Henderson 的评论强调了通用技术对就业和收入分配的影响，直接将人工智能作为通用技术的讨论与增长、就业和不平等部分讨论的问题联系起来。她同意这个核心论点"我如此喜欢这篇论文的原因之一是，论文审慎地对待经济学家们长期抵制的一个观点，即像'文化'和'组织能力'这样模糊不清的东西可能①非常重要，②昂贵，③难以改变。"与此同时，她补充了其他影响方面："我认为，作者可能低估了这一动态的重要意义。……我担心社会层面的转型问题，就像我担心组织层面的转型问题一样。"

人工智能是一门技术，下面一些章节从微观层面阐述其本质。Taddy 在第 2 章概述了计算机科学里的智能含义，然后，针对两项机器学习关键技巧、深度学习和强化学习，提供了技术细节。他以经济学家最直观的方式解释此项技术："机器学习是一个研究如何从复杂的数据中自动建立可靠预测的领域。机器学习与现代统计学息息相关，事实上机器学习领域中许多好想法也都来自统计学家们（套索、树、森林等，即 lasso，trees，forests 等）。但是，统计学家经常关注模型推断，即理解模型的参数（如检测回归过程中的个别回归系数），而机器学习更关注于最大化预测性能的单一目标。机器学习整个领域采用'样本外'实验进行校准，以评估一个模型在一个数据集上训练的好坏，从而预测新的数据。"

基于 Agrawal，Gans 和 Goldfarb（2018）的观点，第 3 章提出：预测技术的不断进步推动人工智能的发展。我们证明人工智能模型使得预测成本下降，为探究人工智能对组织的微观经济影响提供有用的视角。我们认为人工智能可能会取代人类预测，但需补充类似人类判断力的其他技能，比如掌握效用或价值函数。"与理性决策的通常假设不同的一个关键点是，决策者不知道每一状态下的风险行为的收益，必须运用'判断'来确定收益……而这种'判断'不是免费的。"

Prat 认为，通常而言，经济学家假定价值函数是给定的，也认为放开这种给定的假设，会让人们更深入了解人工智能对组织的影响。他举例阐述观点："许多大学的招生办公室也逐渐转向人工智能，选择向哪些申请者发录取通知书。算法可以采用历史数据。我们观测申请人的特点以及过去和现在学生的成绩……有一个显而易见的问题出现了，我们不知道高分申请者对大学将如何产生长期收益……人工智能的进步，促使大学领导层深入思考学生素质和高等教育机构长期目标之间的关系问题。上述问题人工智能无法给出答案，而是要更多采用理论驱动的追溯方法或者定性方法。"

接下来几章探究人工智能作为通用技术会促进科技和创新。Cockburn，Henderson 和 Stern 在第 4 章回顾了人工智能的历史，然后提供实际案例说明机器学习，尤其是深度学习在计算机科学领域外的科学领域的广泛应用：

"我们开发了首个系统化数据库，该数据库可以捕捉科学论文和专利活动中关于人工智能的文献信息……我们发现了有力的证据表明，以学习为导向的出版物在应用方向上发生了迅速而有意义的转变，尤其是自 2009 年以来。"作者提出了一个令人信服的理由，将人工智能作为发明方法中的通用工具。本章最后讨论了创新政策和创新管理的含义："掌握这种研究模式的潜在商业回报可能会带来一段竞争时期，这是受到单个公司获得和控制关键大数据集和特定应用算法的强大动机驱动。"

Mitchell 的评论强调人工智能作为一种通用技术，在知识产权、隐私和竞争政策方面对科学和创新的监管作用："尚不清楚人工智能是创新的通用技术还是高效的模仿方法。具体答案与政策直接相关。一项降低创新成本的技术往往（但并非总是）暗示着不需要强大的知识产权保护，因为平衡会转向限制垄断力量，而不是补偿创新成本。然而，从某种程度上来说，若一项技术减少模仿成本，这种技术才需要更大的保护。"后续几个章节会详细介绍上述内容和其他制度问题。

Agrawal，McHale 和 Oettl 在第 5 章中利用重组增长模型（Recombinant Growth Model），探索用于创新的通用技术如何影响科学发现的速率。"我们没有强调现在工作状态下，机器替代工人的可能性，而是认为人类在克服研究阻碍，即在复杂探索空间中找到有力组合的特定问题上，人工智能的重要性……我们开发了一款相对简单的基于组合的知识生产函数（Combinatorial - Based Knowledge Production Function），函数在极限下收敛于罗默/琼斯函数……维数灾难对科学发现而言，是福也是祸，然而人工智能的进步在帮助传递祝福的同时，也为打破诅咒提供了新的希望。"Cockburn，Henderson 和 Stern（第 4 章）以及接下来几章均将人工智能看作创新投入理念的一个关键要素。第 9 章重点关注人工智能（自身）改进内生增长，而 Aghion，Jones 和 Jones 三人所构建的模型，证实人工智能对经济增长所带来的影响。在上述基础上，第 21 章至第 24 章重点关注人工智能如何影响经济研究方式。

Manuel Trajtenberg 在第 6 章中总结人工智能技术对政治和社会的影响，探讨 Joel Mokyr 即将发表的名为《创新的过去和未来：经济史上的一些教训》的论文。Trajtenberg 在文章里并未直接评述 Mokyr 的观点，只是以该篇论文为出发点，讨论如何创造赢家和输家，以及通用技术传播的政治结果所引起相关的政策挑战。"赢家和输家之间的尖锐分歧，如果让其自生自灭，可能会产生严重后果，远远超出相关个人的成本；若人工智能与政治同时发生分歧，可能会威胁到民主的根基，正如我们最近在美国和欧洲所看到的那样。正因如此，人工智能如果突然出现，导致大面积工人流离失所，人口统计学将发挥其决定性的作用，此时经济将面临严峻的双重挑战，这可能需要慎重重新评估政策选择……我们需要预期必要的体制改革，实践新政策的构思，尤其是教育和技能发展、服务职业的专业化以及影响技术进步方向等方面。此外，经济学家拥有大量证明人工智能非常实用的方法论，我们不应回避涉足这一领域，毕竟人工智能对经济十分重要，怎么强调也不为过。下面几章也突出由于快速的技术变革推动经济增长而引起的收入分配挑战。"

增长、就业和不平等

大多数关于人工智能的讨论都集中在其对就业的影响上。如果机器能做人类所做的事情，那么未来人类还会有工作吗？这部分有几章深入探究了人工智能在就业、经济增长和不平等等方面的影响。几乎所有的章节强调技术变革意味着社会财富的增加。正如 Jason Furman 在第 12 章中所说："我们需要更多的人工智能。"同时，很明显，人工智能对社会的影响将取决于人工智能增加的收入如何分配。通用技术和计算机互联网的快速发展，可能会由于技术偏向引起不平等加剧（Autor，Katz 和 Krueger，1998；Akerman，Gaarder 和 Mogstad，2015）和资本份额增加（Autor 等，2017）。这部分汇总了与增长、不平等和就业相关观点（主要是宏观经济方面）的章节。如果人工智能的影响和其他技术一样，那么它对不平等、政治经济、经济增长、就业和工作意义会产生什么影响？

Stevenson 在第 7 章中对诸多重点课题进行概述，比如通常情况下，经济学家认为长远来看，社会会越来越富有，她也重点介绍了短期运行与收入分配之间存在的种种问题，同时总结公众争议中的焦点问题和其他章节的关键主题。她指出："总而言之，实际上就两个问题：一个是就业，根本问题是人的工作被机器人接替了，那么人类该何去何从？另一个是收入，能找到稳妥而公平的收入分配方式吗？"

Acemoglu 和 Restrepo 在第 8 章中探究了人工智能和自动化可能会如何改变工作的性质。建议采用一种任务导向的方法理解自动化，解释经济体中劳动力和资本的相对作用。他们认为："自动化是工作框架的核心思想，因此利用人工智能和机器人取代工人以前的工作，并通过此种方式创造出巨大的'替代效应'。"这会导致经济产出中的劳动份额下降。但与此同时，生产力的提高和资本的积累会增加劳动力的需求。更为重要的是，我们认为，存在一种更强大的反作用力，能够增加劳动力的需求并提高劳动力在国民收入中的占比，即"创造新工作"，与机器相比，劳动力在功能和活动方面具有相对优势。"创造新工作"产生的"恢复效应"直接抵消"替代效应"。从长期角度来看，Stevenson 所言是乐观的，而存在的核心问题是调整成本高。因为新技能是长期乐观预测的必要条件，而技能与技术之间可能存在短期和中期不匹配，所以可能存在较高的调整成本。最后，他们在总结中讨论需要哪些技能，以及技术变革的政治经济（Trajtenberg 在前一章中强调的观点）、自动化发展引起不平等与创新类型之间的交互等开放性问题。

Aghion，Jones 和 Jones 在第 9 章中构建了一个任务导向模型（Task - Based Model），关注经济增长带来的影响。强调鲍莫尔的成本弊病问题："Baumol（1967）认为，生产率快速增长的部门，如农业，甚至今天的制造业，GDP 占比常常下降，而生产率增长相对缓慢的部门，如许多服务业，GDP 占比增加。由此看来，经济增长制约因素可能不是我们做得好的方面，而是那些必不可少却又难以改善的方面。该增长特征结合自动化，从而对增长过程产生丰富的影响，包括未来经济增长和收入分配问题的影响。"随着人工智能自我能力不断提高，即使在某种极限情况下，人工通用智能能够创新出奇点或智慧爆炸，成本弊病的力量也可能限制经济增长。技术进步与鲍莫尔成本弊病的这种联系，为那些最乐观和最悲观的人们，提供了基准。稀缺性既有利经济增长，也有经济下行风险。本章还探讨如果人工智能更易模仿竞争对手的创新，它是如何减少经济增长，这样又涉及 Mitchell 评论中的知识产权问题。最后，他们讨论了公司内和公司间的不平等问题，认为人工智能既能提高技术先进型企业中技术最差员工的工资，但也越来越多地将这类员工所承担的任务外包出去。

Francois 的评论以强调成本弊病为出发点，提出了留给人类的任务是什么？"但是当我们思考人类在生产中缺少哪些必不可少的产品或服务时，问题浮出水面。如果人类不能比机器做得更好怎么办？会议上许多讨论均围绕这个问题展开。我必须承认，我发现科学家们的观点在这一点上很有说服力……我想说的是，即使机器能更好地完成所有任务，但是人类的'工作'仍将发挥重要作用。而且这项工作将成为操作机器所带来的政治性任务。"他认为人类必须告诉机器要优化的事情。Bostrom（2014）将此种情况描述为价值加载问题（Value‑Loading Problem）。Francois 认为，很大程度上这是一个政治问题，并将衡量价值的挑战与阿罗不可能性定理联系起来。机器所有权、租赁费应在多长时间内支付给这些所有者、决策的政治结构等关键问题也得到诠释。在提出这些问题时，他提供了一个不同的视角来看待Stevenson 所强调的工作的意义和 Trajtenberg 所强调的技术变革的政治经济学。

讨论工作的意义，坦率地说，就是指人工智能对就业的影响。一直以来，就业一直是人工智能和经济领域公众讨论的焦点。人类的工作都自动化了，那人类还能做些什么？此疑惑见第 10 章研究内容。该章 Bessen 采用其他先进科技数据佐证观点，认为技术变革能引导需求增加，所以即使在一个行业内，自动化对就业的影响也是无法界定的。比如：纺织、钢铁和汽车制造业的自动化带来强劲的就业增长，这与技术需求引发的影响息息相关……一方面新技术不仅用机器取代人工，另一方面在竞争激烈的市场中，自动化会降低价格。另外，技术可以提高产品质量、实行定制化（Customization）或提高交付速度等。所有这些均可增加需求，需求若充分增长，即使单位产出所需劳动力减少，就业也会增加。

与 Bessen 的研究一样，Goolsbee 在第 11 章指出，很多关于人工智能的热门讨论都与劳动力市场的影响相关。他承认这些影响的重要性，在该章节主要强调了积极的方面，认为增长和生产力是令人满意的。人工智能有可能提高我们的生活水平。与 Acemoglu 和 Restrepo 的分析一致，Goolsbee 也认为短期的替代效应可能是巨大的。通常引用全民基本收入（Universal Basic Income，UBI）来解决人工智能的替代效应，即社会所有成员都从政府获得现金转移。随后，他讨论这种政策的经济意义以及实现这一政策所面临的诸多挑战。第一……如果人工智能造成了高失业率，那么将工作与收入分开是有利的。在现实中，基本收入保障会使低收入人群大规模退出劳动力市场……。第二，给定用于再分配的资金量，UBI 可能会将资金从非常贫穷的人手中转移出去……。第三，……实物转换成 UBI，没有了实物安全网（In–Kind Safety Net）会导致这样的局面，小部分 UBI 受益者会挥霍无度——赌博、毒品、垃圾食品、庞氏骗局等。如今，这些人会去急诊室或者使他们的孩子身陷饥饿，天道轮回，他们注定没那么幸运。这才是 UBI 实用之处。Goolsbee 还谈及了众多监管的问题，第 16 章至第 20 章也会详细讨论这些问题。他的结论与 Francois 的观点相吻合，即使人工智能发展到超过人类智慧，人类在决定政策方向方面也发挥着不可替代的重要性。

　　Furman 同样是乐观派，在第 12 章中他强调人工智能越多越好，也认为目前人工智能在美国经济中还是创新的关键领域。至少当下，人工智能还没有对宏观经济或劳动力市场的总体表现产生重大影响。但是近些年来，人工智能将引入大量机遇而变得更加重要，第一反应告诉我们——抓牢它。Furman 查看生产率增长和工业机器人发展的数据，接着提到人工智能发展给经济产生的潜在负面效应，尤其在不平等和劳动力参与度下降等方面。劳动力参与度议题凸显 Stevenson 关于工作意义的讨论。与 Goolsbee 提出的全民基本收入观点一致，Furman 指出解决这些负面效应，确实可以采用此法，却也面临许多挑战。Furman 的结论认为既能让社会感受到技术变更的硕果，又能降低破坏效应（Disruptive Effects），这才是政策的魅力。

　　回到 Acemoglu 和 Restrepo 强调的劳动力份额问题，Sachs 在第 13 章指出资本的收入份额随着自动化的发展而增长："与 Solow 时代的典型事实不同，我提出下述可选择的典型事实：①在经历自动化的行业里，资本在国民收入中所占的比例连年攀升，尤其是当人力资本被纳入资本测算时；②低技能劳动力在国民收入中的份额下降，而高技能劳动力在国民收入中的份额上升；③各部门的动态根据自动化的不同时期而不同，自动化从低技能和可预测的任务扩展到高技能和不可预测的任务；④自动化反映了整个经济中科学技术的不断增强……；⑤未来与人工智能相关的技术变革可能会使国民收入从中等技能和高技能向商业资本的所有者转移。"本章结论讨论了一系列开放性问题，包括自动化的动态、垄断租金的作用、收入分配和劳动力参与率的影响等。

　　Korinek 和 Stiglitz 在第 14 章中也强调了收入分配问题，讨论人工智能相关的创新对不平等的潜在后果。在最优的经济体中，可以事先将契约（Contracts）具体化，创新就会达到帕累托并不断改进。然而，不完善的市场和代价高昂的再分配，可能预示着远离"最优经济体"。随后，创新可能直接带给创新者盈余或间接改变劳动力和资本的不同需求，加剧不平等现象。他们讨论减轻不平等加剧的政策措施，强调不同税收工具的作用，并引入 Mitchell 的观点，探讨知识产权政策问题。完全再分配若行不通，则会产生更多倾向工人们的市场分配的其他制度变革。例如，干预技术发展的制度扮演着次优角色……举个例子，知识产权的变化（缩短专利保护时限），有效地将部分创新者盈余资金重新分配给工人（消费者），减轻工资的经济外部性问题，使创新的效益被广泛地分享。Stiglitz 和 Korinek 以推测语气讨论人工一般智能（超人类人工智能），认为这样的技术开发将进一步加剧不平等。

　　本部分的最后一章以全新视角看待经济增长、就业和不平等。Cowen 在第 15 章中强调消费者盈余、国际影响和政治经济。关于消费者盈余，他写道："假定我们更大量地将智能软件用于教育和制造的商品，那么他们将更实惠，这样一来，即使机器人让人类失业或薪水下降，消费方面也会有补偿。"Cowen 也预测人工智能对发展中国家的打击，可能远大于发达国家，毕竟自动化意味国外劳动力成本锐减。最后他强调人工智能的政治经济问题，凸显收入分配的诸多质疑，与 Trajtenberg 和 Francois 如出一辙。

　　总体而言，这部分的大多数章节提出经济增长、就业、不平等和政治等关键问题，并建立模型识别与这些问题相关的挑战。这些模型针对人工智能将如何影响国家内部和国家之间的经济成果，提出了许多理论和经验问题。

　　这些讨论是推测性的，因为人工智能尚未大面积普及。所以当前的研究要么是纯理论意义上的，要么必须使用相关技术（如工业机器人）作为人工智能的代理变量。这些讨论是推测性的另一个原因是对相关变量使用统一的衡量标准存在困难。为确定人工智能对经济的影响，我们对人工智能、生产率、无形资本以及跨行业、跨地区和跨环境的经济增长采用统一衡量方法。展望未来，遵循拟议的研究进程，人工智能的进展在一定程度上与衡量方法相得益彰。

机器学习与监管

人工智能的关键创新点和落脚点集中在工业领域，大量监管话题接踵而至。Trajtenberg，Francois，Goolsbee 和 Cowen 均谈及智能机器的监管问题。Mitchell 对 Cockburn，Henderson 和 Stern 的评论也侧重于知识产权监管。本部分注重机器学习进展的其他监管问题。

Varian 在第 16 章建立了产业组织的关键模型，这些模型与理解机器学习对企业的影响相关。他高度强调数据的稀缺性，并探讨了数据作为投入的经济学意义：数据是非竞争性的，因为在技术层面上预测精度以 N 的平方根递增，所以数据呈现出规模收益递减。他讨论了应用机器学习的产业的结构问题，包括纵向合并、规模经济和潜在的价格歧视。强调干中学（Learning by Doing）与数据网络效应（Data Network Effects）的区别："'数据网络效应'是律师和监管者经常提及的概念，是指拥有更多客户的企业可以收集更多数据并使用这些数据改进其产品。事实往往也是这样，改善运营前景让机器学习更加引人注目，这一点也不新奇。这肯定不是网络效应！本质上是被称为'干中学'的供给侧效应……一个公司拥有大量的数据，但是如果不利用这些数据，就不会产生任何价值。在我看来，如今的问题不是缺乏资源而是缺乏技能。一家拥有数据但没有人对数据进行分析的公司，在利用这些数据方面处于劣势。"他在结论中强调了与算法合谋（Algorithmic Collusion）、安全、隐私和透明度相关的政策问题。

Chevalier 的评论以 Varian 关于数据重要性的观点为基础，探讨了针对使用机器学习的公司的反垄断政策。法律学者和政策制定者提出质疑，反垄断基本原则是否应该适用于数据所有者。她强调反垄断政策的静态思考和动态思考之间的权衡问题："在评估创新行业的反垄断政策时，重要的是要认识到，消费者从新技术中获得的利益不仅来自于以具有竞争力的价格获得商品和服务，还来自于创新带来的新型和改进的产品和服务。因此，评估反垄断政策不仅应该根据其对价格和产出的影响，也要关注其对创新速度的影响。当然，在高科技产业中，思考动态效率远比静态效率重要。"她还探讨了几个实际挑战。

数据重要性的另一个监管议题是隐私问题。Tucker 在第 17 章指出机器学习通过对数据的分析，可以预测人们需要些什么、受什么影响或者想做些什么等。她强调隐私面临挑战的 3 个原因：①廉价的存储导致数据的存续期长于生成数据的人；②非竞争性导致数据被挪作他用，用于预期目的之外的用途；③由一个人创建的包含其他人信息的数据导致的外部性："比如遗传学方面，创建遗传数据的决定对家庭成员有直接的影响，因为一个人的遗传数据与其家庭成员的遗传数据非常相似……个人隐私方面，一个人决定对某些信息保密也可能会产生溢出效应，如果这种保密性预示着该个人行为的其他方面，人工智能可能会探知这些方面。"她讨论了这 3 个挑战的潜在负面影响，最后提出了一些关键的开放性问题。

Jin 在第 18 章中重点关注机器学习的数据输入的重要性，强调减少隐私引发安全性问题，如身份盗用、勒索软件、误导式算法（Misleading Algorithms）。Jin 认为，公司对消费者隐私泄密和数据安全性的风险问题不负全责，这才是应当重点关注的方面。恢复全责制存在三大障碍：①难以观测公司数据搜集、储存、使用方面的实际操作；②数据操作的后果无法量化，尤其在低概率不良事件发现的前期；③公司的数据操作和其结果之间很难建立因果联系。综上所述，Tucker 和 Jin 的章节均强调，任何经济增长和人工智能影响的讨论都需要理解隐私框架。获取数据推动创新，这既是促进经济增长的基础，也是反垄断辩论的框架。

数据的经济意义也在制定国际贸易规则方面引发诸多挑战。Goldfarb 和 Trefler 在第 19 章认为，通过反馈循环（Feedback Loops）实现数据的规模经济，再加上人工智能创新中的范围经济（Economies of Scope）和知识外部性，可以为国家层面租金和制定战略贸易政策创造机遇。同时，他们强调当数据和知识受到地理限制的影响很大时，这样的政策才能达到国家层面最优。他们高度赞扬中国的崛起："中国已成为众多国际讨论的焦点。美国认为，中国的保护削弱了谷歌和亚马逊等有活力的美国公司渗透中国市场的能力。这种保护让中国拥有举世瞩目的商业化人工智能的能力，例如，百度（与谷歌类似的搜索引擎）、阿里巴巴（与亚马逊相似的电子商务门户网站）和腾讯（微信的开发者，结合了 Skype、Facebook 和 Apple Pay 的功能）等公司……我们收集所有发表在大型人工智能研讨会上的论文，按时间序列整理作者所属机构的数据……对比 2012 年和 2017 年的会议数据……虽然这些国家的绝对人数都有所增加，但相对而言，中国增长得更快，中国的参与度从 2012 年的 10% 跃升至 2017 年的 24%。"作者们从国际范畴讨论了与隐私、政府数据访问和行业标准相关的国内监管问题。

本部分监管问题的最后一项是侵权责任。Galasso 和 Luo 在第 20 章中回顾责任与创新之间关系的先前文献，认为维护消费者保护与创新激励的平衡至关重要。人工智能技术的责任体系的核心问题是如何划分生产商与消费者的责任风险分配，以及该分配方式如何影响创新……人工智能技术的主要预期是自动化。由消费者采取预防措施的空间越来越小，相对责任负担（Relative Liability Burden）可能向生产商转移，尤其在生产商比个体消费者更具能力控制风险的情况下……另一方面，人工智能技术的过渡时期，可能还需要大量的人工监督……在许多情况下，生产商管控和干预个体消费者显得不切实际或成本太高。因此，更重要的就是消费者需要承担的责任，使人工智能技术的使用者有足够的动机采取预防措施并投资于培训，进而尽量避免潜在伤害。

总的来说，监管措施会影响人工智能传播的速度，监管太多则会让行业丧失投资动力；太少则让消费者失去对产品的信任。由此，知晓人工智能何时以及如何影响经济增长和加剧不平等，对把握好监管平衡显得尤为关键。

人工智能对经济学实践领域的影响

Cockburn，Henderson 和 Stern 认为机器学习是科学和创新的通用技术。因此，它会对包括经济学在内的多个学科的研究产生影响。Athey 在第 21 章概括机器学习可能影响经济学实践的多种方式："我相信机器学习会在短期内对经济学领域产生巨大的影响……机器学习不再关注识别问题。识别问题关注的对象，比如因果效应，是可以通过大量的数据估计出来的。当目标是半参数估计或者当用来预测的变量的个数超过数据样本量时，机器学习可以有很好的表现。在这种情况下，可以通过模型在样本外测试集上的表现来对模型进行评估。"她强调机器学习技术可用于与预测相关的政策问题（Kleinberg 等，2015）。然后，该章详细介绍了在因果推断中使用机器学习技术的最新进展，她认为这是实证经济学家的新基础工具。她在结论中列出了 16 个关于机器学习将如何影响经济学的预测，强调了新的计量工具、新的数据集和衡量方式，经济学家会更关注对该话题的研究、机器学习对整体经济的经济影响的相关研究会增加。

Lederman 的评论强调了机器学习有效地为经济分析创造出许多新变量，以及组织者使用机器学习如何产生一系列新的内生性问题："我们建立理论模型来帮助理解数据生成的过程，反过来提醒我们关注因果问题和识别策略……毕竟，研究人员需要将理论模型应用于真实社会的数据集中，我们需要认识到分析的数据不断增长可能是算法决策引起的结果，算法决策的过程不一定与社会科学家所模拟的决策过程相似。"

如果经济学家未来研究的关键问题是人工智能，Raj 和 Seamans 在第 22 章强调，那么我们需要更好的数据："通常缺乏关于人工智能和机器人的利用、使用以及影响的数据，目前可获取的人工智能数据更少。宏观层面和微观层面均没有公开的利用或使用人工智能的数据集。麦肯锡全球研究院（McKinsey Global Institute）的研究报告是最完整的信息资源，但其是非公开的，普通公众或学术界无法获得。考察机器人的发展与普及的最全面和广泛使用的数据来自国际机器人联合会的机器人装运数据库（International Federation of Robotics Robot Shipment Data）……国际机器人联合会不包含任何单一目的且用于专用领域机器人的信息。此外，有些机器人并没有按行业细分，具体数据属于工业机器人（比如没有区别机器人是用于服务业、运输业、仓储或其他领域），地理信息往往是加总的。"他们也详细讨论了政府和学者收集数据的诸多因素。如果要回答其他章节的人工智能研究议程，那么需要一个可靠的数据集来定义人工智能、衡量其质量并追溯其应用。

相比 Athey 侧重经济学家以工程学理念提高机器学习的参与度，Milgrom 和 Tadelis 在第 23 章中阐明了机器学习正在如何影响市场设计决策（Market - Design Decisions）。他们使用来自在线市场（Online Marketplaces）和电信拍卖（Telecommunications Auctions）的具体例子，强调了人工智能通过预测需求和供给，克服计算障碍并减少搜索摩擦来提高效率的潜力。人工智能和机器学习渐渐成为市场设计的重要工具。像 eBay、淘宝、亚马逊（Amazon）、优步（Uber）等许多零售商和市场平台，正在挖掘他们的海量数据信息用来确定各种模型，为更好的客户体验、也为提高市场效率……双边市场是匹配广告商与消费者的市场，如谷歌，不仅利用人工智能细分消费者广告群体设定预留价格，并且应用人工智能工具帮助广告商竞标……人工智能另一强项应用是提高预测，帮助市场运行得更加的高效，尤其是电子市场。为了运行高效，电子市场做市商（Electricity Market Makers）……必须参与预测供给和需求。他们认为，在市场设计和执行的广泛应用领域，人工智能将发挥着重要作用。

Camerer 在第 24 章也强调了人工智能作为预测工具的重要性："行为经济学可将其定义为是研究计算、毅力和自利的自然规律，以及这些自然规律对经济学分析（例如市场均衡、产业组织、公共财政等）的影响的一门学科。另一种行为经济学更广泛的定义是，灵活地看待可能影响经济选择的各种变量……在通用机器学习方法中，预测特征可能是也应该是——任何可以预测的变量……如果行为经济学以开放思维重塑可能的预测变量，那么机器学习是处理行为经济学的理想方法，因为机器学习能够使用大量变量，并从中选择出有效的预测变量。"他认为企业、政策制定者和市场设计者可以将人工智能作为一个改善人类决策的"仿生补丁"，也可以作为一个利用人类弱点的"恶意软件"。在这种情况下，人工智能可能减少或加剧前几章强调的政治经济和不平等问题。此外，Camerer 探讨了人工智能和行为经济学相互作用的另外两种方式。他假设机器学习可以帮助预测人类在各种环境下的行为，包括讨价还价、风险选择、博弈以及验证或拒绝理论。他还强调，人工智能的实施可能会为人类决策中的模型偏差提供新方法。

本书以 Kahneman 简要而深刻的评论作为总结。Kahneman 首先讨论了 Camerer 用预测来验证理论的观点，但接着对会议过程中出现的各种主题进行了更广泛的讨论。他对人工智能的发展持乐观态度，认为人工智能的应用领域没有明显的限制："智慧就是广度，其本质是宽广的视野和远见。机器人被赋予宽框架。当机器人学习的知识足够多时，它就会比人类更聪明，因为人类没有深远的谋略。人类是狭隘和嘈杂的思考者，但自我提高也非常容易。我认为，人类能做的事情大多数都能用计算机编程完成。"

人工智能经济学研究的未来

本书的多个章节只是抛砖引玉，作者们抛出关键问题、识别经济模型的实用性以及发现未来发展的领域。我们利用现有通用技术的知识，预期人工智能应用的结果，进而识别这两种通用技术并非相同。人工智能若是一种通用技术，则会引起经济增长。这些章节的共性是放缓科学进步如果可能的话，将会引起巨大的损失。与此同时，许多与会者认为人工智能的收益分配存在不均，这取决于谁是人工智能的所有者、对就业的影响和普及速度等。

参会者的任务是制定出人工智能的研究议程。或许最重要的是，本书汇集我们尚未知晓的一切，围绕经济增长、不平等、隐私、贸易、创新、政治经济等诸多问题，可惜答案还不明朗。不过，缺乏答案是源于人工智能的应用，现在尚是早期阶段。人工智能普及之前，其影响力将无法估量。

然而，以目前的衡量方式，我们可能永远得不到答案。正如 Raj 和 Seamans 所说，我们无法完美地衡量人工智能，也不能很好地衡量人工智能的进步。在质量调整价格和可测性方面，类似于微芯片的计算速度或内燃机的马力，要如何确定人工智能对应的进步标准？在无形资本成为经济增长主要推动力时，我们也无法合理衡量生产增长率。要解决这些问题，测度国内生产总值需要关注无形资本和软件的调整以及创新过程的变化（Haskel 和 Westlake，2017）。此外，从某种程度上说，人工智能的收益对每个人（作为消费者，或作为工人）是异质性的，因此衡量人工智能的收益也是件棘手的事情。例如，如果人工智能可以增加人们的休闲时间，并且人们选择用更多时间休闲，那么这种情况是否应该被解释为不平等？如果是不平等，原因是什么？

虽然每章都是议程的独立分支，但有多个主题贯穿全书，是今后研究议程的关键内容。诸多问题的共性是关注人工智能作为通用技术的潜力，以及对相关的经济增长和不平等的潜在影响。第二个共识是加速和限制人工智能技术传播的监管问题。第三个主题是人工智能将改变经济学家的工作方式。最后，许多章节引发超出标准经济模型范畴的技术影响的若干议论：人们如何寻找由人工智能替代人类工作所换来的休闲时光的意义？大众媒体上的技术专家们提出过解决方案，如对机器人征税或普及全民基本收入（Universal Basic Income，UBI），经济学家能否对这些政策争论施加影响？技术传播如何影响政治环境？反过来，政治环境如何影响技术传播？

本书提出了许多问题并也提供了思维方向。我们希望读者们把这本书作为一个起点，在这个全新又令人振奋的研究领域里，找到自己的研究方向。

参考文献

Agrawal, Ajay, Joshua Gans, and Avi Goldfarb. 2018. *Prediction Machines: The Simple Economics of Artificial Intelligence*. Boston, MA: Harvard Business Review Press.

Akerman, Anders, Ingvil Gaarder, and Magne Mogstad. 2015. "The Skill Complementarity of Broadband Internet." *Quarterly Journal of Economics* 130 (4): 1781–1824.

Arrow, Kenneth. (1951) 1963. *Social Choice and Individual Values*, 2nd ed. New York: John Wiley and Sons.

Autor, David, David Dorn, Lawrence F. Katz, Christina Patterson, and John Van Reenen. 2017. "The Fall of the Labor Share and the Rise of Superstar Firms." Working paper, Massachusetts Institute of Technology.

Autor, David H., Lawrence F. Katz, and Alan B. Krueger. 1998. "Computing Inequality: Have Computers Changed the Labor Market?" *Quarterly Journal of Economics* 113 (4): 1169–1213.

Bostrom, Nick. 2014. *Superintelligence: Paths, Dangers, Strategies*. Oxford: Oxford University Press.

Bresnahan, Timothy F., and M. Trajtenberg. 1995. "General Purpose Technologies 'Engines of Growth'?" *Journal of Econometrics* 65:83–108.

David, Paul A. 1990. "The Dynamo and the Computer: An Historical Perspective on the Modern Productivity Paradox." *American Economic Review Papers and Proceedings* 80 (2): 355–361.

Haskel, Jonathan, and Stian Westlake. 2017. *Capitalism without Capital: The Rise of the Intangible Economy*. Princeton, NJ: Princeton University Press.

Kaplan, Jerry. 2016. *Artificial Intelligence: What Everyone Needs to Know*. Oxford: Oxford University Press.

Kleinberg, Jon, Jens Ludwig, Sendhil Mullainathan, and Ziad Obermeyer. 2015. "Prediction Policy Problems." *American Economic Review* 105 (5): 491–495.

目 录

第二部分 增长、工作和不平等

第三部分　机器学习和监管

第四部分 机器学习和经济学

第一部分

作为通用技术的人工智能

1 人工智能与现代生产率悖论：预期和统计的冲突

Erik Brynjolfsson，Daniel Rock，Chad Syverson[*]

近期围绕总生产率增长模式的讨论引出了一个看似矛盾的问题。一方面，如今出现了一些可以大大提高生产率和经济福利的潜在变革性新技术（Brynjolfsson 和 McAfee，2014）。这些技术的成功有一些早期的具体迹象，如最近人工智能（Artificial Intelligence，AI，以下简称 AI）技术的飞跃就是最突出的例子。然而，过去十年的社会生产率增长却显著放缓。这种生产率增速的放缓非常明显，相比于之前的十年中，增速下降了一半甚至更多。同时，这种经济增速的放缓也很普遍，目前这种现象已经发生在整个经济合作与发展组织（OECD）以及近期的许多大型新兴经济体中（Syverson，2017）。①

因此，我们似乎面临着 Solow（1987）悖论的一个现实场景：我们看到新技术对社会产生了方方面面的变革，但没有对生产率水平产生相同的促进作用。

---

* Erik Brynjolfsson 是麻省理工学院数字经济计划的负责人，麻省理工学院斯隆管理学院的 Schussel 家庭管理科学教授和信息技术教授，以及国家经济研究局的研究助理。Daniel Rock 是麻省理工学院斯隆管理学院的准博士，也是麻省理工学院数字经济计划的研究员。Chad Syverson 是芝加哥大学布斯商学院的 Eli B. 和 Harriet B. Williams 经济学教授，并且是国家经济研究局的研究助理。

我们感谢 Eliot Abrams，Ajay Agrawal，David Autor，Seth Benzell，Joshua Gans，Avi Goldfarb，Austan Goolsbee，Andrea Meyer，Guillaume Saint - Jacques，Manuel Tratjenberg 以及众多参加 2017 年 9 月 NBER 人工智能与经济学研讨会的参与者。特别的，Rebecca Henderson 在较早的草案中提供了详细且非常有用的评论，Larry Summers 提出了与 J 曲线类似的建议。麻省理工学院"数字经济倡议"部分为这项研究提供了慷慨的资金。这是 NBER Working Paper No. 24001 的二次修订。

对于有关研究支持的来源以及作者的重大财务关系的披露，如果有任何疑问，请访问 http://www. nber. org/chapters/c14007. ack。

① 关于潜在技术进步的悲观辩论是关于机器人已经取代了越来越多的工人的工作（例如，Brynjolfsson 和 McAfee，2011；Acemoglu 和 Restrepo，2017；Bessen，2017；Autor 和 Salomons，2017）。

在本章中，我们回顾了现代生产率悖论的证据和解释，并提出了解决方案。也就是说，前瞻性的技术乐观主义和后瞻性的技术失望主义之间并没有内在的矛盾，两者可以同时存在。事实上，当经济经历与变革性技术重塑时，有很好的证据证明它们可以同时存在。从本质上讲，未来公司财富的预测者和历史经济绩效的衡量者在技术变革时期往往表现出最大的分歧。在本章中，我们讨论并提出一些证据表明目前经济正处于这样一个时期。

1.1　科技乐观主义的来源

联合利华的首席执行官 Paul Polman 最近声称"变革的速度从未如此快"。同样，微软联合创始人 Bill Gates 意识到"创新正在以惊人的速度进行着"。科斯拉风险投资公司（Khosla Ventures）的 Vinod Khosla 认为"现在是……的开始，在接下来的 10 年、15 年、20 年内会加速发展"。字母表公司（Alphabet Inc.）的 Eric Schmidt 相信，"我们正在进入…… 多彩的时代。在多彩的时代，我们将看到一个新的……智能的时代"。[①] 这样的言论在技术领导者和风险资本家中尤为常见。

在某种程度上，这些言论反映了信息技术（IT）在许多领域的持续进步，从核心技术的进步，如基本计算能力的进一步加倍（在更大的层面上）到对云基础设施等基本互补创新的成功，以及新的基于服务的商业模式。不过，乐观主义的更大依据是最近发生的以机器学习（Machine Learning，ML）为代表的 AI 的改进浪潮。机器学习代表了第一波计算机化以来的根本变化。以前，大多数计算机程序都是通过精心编纂人类知识并按照程序员的规定将输入映射到输出来创建的。与之相反，机器学习系统通过输入非常大的样本数据集来使用多类通用算法（如神经网络）自行找出相关映射。通过使用利用总数据和数据处理资源增长的机器学习方法，机器在感知和认知这两项大多数人类工作的基本技能方面取得了令人瞩目的成就。例如，ImageNet 上的照片标记内容的错误率，从超过 1000 万张图像的数据来看，已经

---

① http：//www.khoslaventures.com/fireside – chat – with – google – co – founders – larry – page – and – sergey – brin；https：//en.wikipedia.org/wiki/Predictions_made_by_Ray_Kurzweil#2045；The_Singularity；https：//www.theguardian.com/small – business – network/2017/jun/22/alphabets – eric – schmidt – google – artificial – intelligence – viva – technology – mckinsey。

从 2010 年的 30% 以上降至 2016 年的 5% 以下，以及最近在 ILSVRC2017 比赛中 SE – ResNet152 系统的错误率已经降至 2.2%（见图 1.1）。① Switch-board 语音记录资料库中语音识别的错误率（通常代表着语音识别的进展）已经从过去一年的 8.5% 降至 5.5%（Saon 等，2017）。5% 的阈值是一个重要的临界点，因为这大致是人类在同一测试数据中每个任务的平均表现。

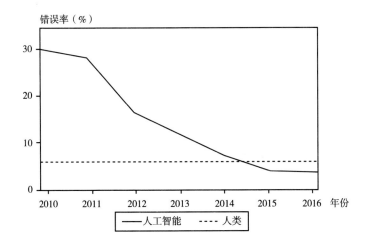

图 1.1   2010—2016 年 AI 与人类图像识别错误率

虽然尚未达到专业人类表现的水平，但 Facebook 的 AI 研究团队最近使用卷积神经网络序列预测技术改进了最好的机器语言翻译算法（Gehring 等，2017）。深度学习技术还与强化学习相结合，强化学习是用于生成控制和行动系统的一组强大技术，通过这些技术训练自主代理人在给定环境状态的情况下采取行动以最大化未来的回报。虽然刚刚起步，但这一领域的进步令人印象深刻。除在围棋（Go）游戏中取得的胜利之外，Google DeepMind 还在许多雅利达（Atari）游戏中取得了超凡的表现（Fortunato 等，2017）。

这些都是值得注意的技术里程碑。但它们也可以改变经济格局，为创造商业价值和降低成本创造新的机会。例如，使用深度神经网络的系统针对 21 名经专业委员会认证的皮肤科医生进行了诊断对比测试，结果与他们在

---

① http//image – net. org/challenge/LSVRC/2017/results。ImageNet 包含最初由人类提供的每个图像的标签。例如，339000 标记为花，1001000 标记为食物，188000 标记为水果，137000 标记为真菌，依此类推。

诊断皮肤癌方面的表现几乎一样好（Esteva 等，2017）。Facebook 每天使用神经网络进行超过 45 亿次翻译。[①]

越来越多的公司开始利用技术革新带来的新机会。谷歌已将其战略重点定为"AI 领域的第一"，而微软首席执行官 Satya Nadella 表示 AI 是技术的"终极突破"。他们对 AI 的乐观态度不仅仅体现在言论上，同时也正在大力投资 AI 产业，Apple、Facebook 和亚马逊也是如此。截至 2017 年 9 月，这五家公司正是世界上最有价值的五家公司。与此同时，技术密集的纳斯达克综合指数在 2012 年至 2017 年期间翻了一倍多。据 CBInsights 所述，专注于 AI 的私人公司的全球投资增长速度更快，从 2012 年的 5.89 亿美元增加到 2016 年的 50 多亿美元。[②]

1.2　令人失望的近期现实

虽然上面讨论的技术具有很大的潜力，但几乎没有迹象表明它们对总生产率水平有积极影响。广大发达经济体的劳动生产率增长率在 21 世纪的第一个十年中期下降，并且从那时起一直保持低位。例如，从 2005 年到 2016 年，美国的劳动生产率总体增长率平均每年仅为 1.3%，不到 1995 年至 2004 年期间 2.8% 的年增长率的一半。其他 29 个国家中有 28 个经合组织编制的生产率增长数据也出现了类似现象。从 1995 年到 2004 年，这些国家的未加权平均年劳动生产率增长率为 2.3%，但从 2005 年到 2015 年仅为 1.1%。[③] 此外，实际收入中位数自 20 世纪 90 年代后期以来一直停滞不前。非经济性指标如预期寿命，在一些国家和地区也呈现出下降趋势（Case 和 Deaton，2017）。

图 1.2 引用了世界大型企业联合会（Conference Board）对其会员所属国家经济数据库（2016 年会议委员会）的分析。它为美国、其他成熟经济

---

① https：//code.facebook.com/posts/289921871474277/transitioning – entirely – to – neural – machine – translation/。

② 交易数量从 160 家增加到 658 家。请见 https：//www.cbinsights.com/research/artificial – intelligence – startup – funding/。

③ 增速的下降在统计上是显著的。对于使用季度数据衡量经济增速的美国，两个时期增长率相同的假设被拒绝，t 统计量为 2.9。经合组织的检验来自 30 个国家的年度数据，增速相等的原假设被拒绝，t 统计量为 7.2。

体（样本与上述经合组织样本中的大部分相吻合）、新兴经济体和发展中经
济体以及整个世界绘制了高度平滑的年度生产率增长率图表。美国和其他成
熟经济体的经济增长率下降在图中很清楚地得以体现。图中还显示，21 世
纪头十年期间新兴和发展中经济体的生产率增长加速在大衰退时期结束，体
现为这些国家近来生产率增长率下降。

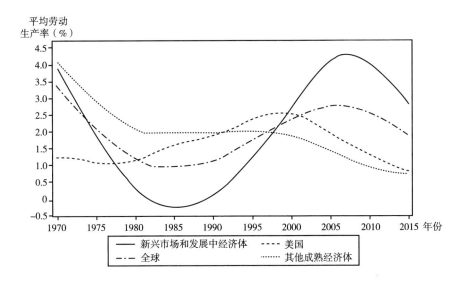

图 1.2　1970—2015 年地区年平均劳动生产率增长情况

注：使用 HP 滤波器获得趋势增长率，假设 1 = 100。

资料来源：2016 年 11 月会议全面经济数据库（调整版）。

　　生产率增速的放缓似乎并不能简单地归咎于经济危机的影响。在经合组
织数据中，如果将 2008—2009 年的增长率排除在样本数据之外，30 个国家中
有 28 个国家仍然表现出生产率增速下降的趋势。Cette，Fernald 和 Mojon（2016）
使用其他数据，也发现了在大衰退之前生产率增速开始放缓的大量证据。

　　资本深化和全要素生产率（TFP）增长都会导致劳动生产率增长，而且
两者似乎都导致了生产率增速下降（Fernald，2014；经合组织，2015）。令
人失望的技术进步可应用这两者中的任何一个来解释。全要素生产率直接反
映了这个过程，资本深化受到技术变革的间接影响，因为企业的投资决策会
受到当前或预期的边际产出增加的影响。

　　有些人认为这些事实是人们对 AI 等新技术在很大程度上影响生产率和

收入持悲观态度的原因。Gordon（2014，2015）认为，生产率增长处于长期下滑状态，只有1995年至2004年IT推动的生产率增速上升是一个例外。虽然在未来几十年内技术进步不太可能完全停滞，但Gordon基本上认为我们已经经历了技术进步低增长的新常态，并且低增长会在未来继续保持。Cowen（2011）同样也提出了，至少在可预见的未来，创新发展可能会变慢。Bloom等（2017）的研究表明，在许多技术进步领域，生产率一直在下降。而Nordhaus（2015）发现，技术进步率可以保持持续增长的假设未能通过各种验证。

对未来技术进步的这种悲观看法已经影响了长期的政策规划。例如，美国国会预算办公室将其对美国年平均劳动生产率增长的十年预测从2016年的1.8%（CBO，2016）降至2017年的1.5%（CBO，2017）。虽然表面上看起来区别不大，但这种下降意味着美国国内生产总值（GDP）将在十年之后大大低于更乐观的情况——相当于2017年近6000亿美元的差异。

1.3　对于矛盾的可能解释

当前对技术创新勃发和生产率增速低下的矛盾有四种主流的说法：①错误的预期；②错误的测算；③集中受益和租金耗散；④价值实现的滞后。[①]

1.3.1　错误的预期

最直观的解释是目前对潜在技术的乐观态度是错误的，没有根据的。也许这些技术不会像许多人预期的那样具有变革性，虽然它们可能对特定行业有一定的、值得注意的影响，但它们的总体影响可能很小。在这种情况下，悖论将在未来得到解决，因为现实的生产率增长永远不会摆脱目前的低迷状态，这将迫使乐观主义者的信念屈服于市场表现。

历史上和如今的一些例子可以证明这种解释。人们可以列举出许多先前令人抱有厚望的技术，而这些技术并没有达到最初的乐观预期。有人预期核聚变技术诞生60年后，核电能源会变得十分便宜，目前距离预测的60年已经又过了20年，而这一预想并没有实现。自从Eugene Cernan成为最后一个登月的人以来已有40多年了，人类依旧没有成功登陆火星。飞行汽车依然

---

① 在某种程度上，这些解释与Solow悖论的解释相同（Brynjolfsson，1993）。

只是一个概念①，而且客机不再以超音速飞行。即使是 AI，我们这个时代最
有前景的技术，其发展程度依旧没有实现 Marvin Minsky 预测："在一代人的
时间里，'AI'的所有问题将得到充分解决。"（Minsky，1967）

另外，仍有令人信服的乐观情况存在。正如我们下面概述的那样，即使
是利用少量的现有技术，也可以构建出大幅提高生产率增长和社会福利的情
景。事实上，有经验的投资者和研究人员正在将他们的金钱和时间投资在这
些方面上。虽然我们认识到存在着对技术过度乐观的可能性（AI 早期预测
的不准确性导致我们在本章中的判断有些谨慎），但是我们认为基于过度预
期来反驳乐观主义是非常不充分的。

1.3.2　错误的测算

悖论的另一个可能的解释是产出和生产率的错误测算。在这种情况下，
意味着对过去的悲观解读，而不是对未来的乐观预期，是存在错误的。实际
上，这种解释意味着新浪潮技术的生产率效益已经应用于生活，但尚未被准
确衡量。根据这一解释，过去十年的生产率增速放缓是错误的判断。这种
"错误的测算假设"已在若干研究中被提出（例如，Mokyr，2014；Alloway，
2015；Feldstein，2015；Hatzius 和 Dawsey，2015；Smith，2015）。

对错误测算假设有一些明显的证据：许多新技术，如智能手机，在线社
交网络和下载媒体都很少涉及金钱成本，但消费者在这些设备上花费了大量
时间。因此，即使技术在较低的相对价格上只呈现出 GDP 中的一小部分，
这些技术可能已经转化出更具有实质性的效用。Guvenen 等（2017）还说明
了离岸利润转移的增加如何成为另一个测量误差的来源。

然而，最近的一系列研究提供了充分的理由认为错误测算不足以完全解
释生产率增速放缓的现象，甚至不能解释这个现象的实质性原因。Cardarelli
和 Lusinyan（2015），Byrne，Fernald 和 Reinsdorf（2016），Nakamura 和 So-
loveichik（2015）以及 Syverson（2017）各自使用不同的方法和数据，证明
了错误的测算不是生产率增速放缓的主要原因。毕竟，虽然有令人信服的证
据表明当今技术的许多好处并没有反映在 GDP 和生产率统计数据中，但在
早期的时代也是如此。

---

① 或许马上就会实现？https://kittyhawk.aero/about/。

1.3.3 集中受益和租金耗散

对于矛盾的第三种解释是新技术的收益已经存在并得到实现，但只有集中的一小部分群体享受到了技术带来的收益分配，同时，追求受益过程中会产生成本的耗散效应（假设技术至少具有一定竞争性），两个过程同时发生时，技术对平均生产率增长的影响总体上被中和，对于社会中的主体人群来说受益几乎为零。例如，迄今为止，AI 最有利可图的两个用途是用于网络广告的目标与定价，以及用于金融工具的自动交易，而这些应用场景都具有许多零和效应。

对这种思想的一个理解是，新技术的好处正在被相对较小的经济部分所享受，但这些技术的狭隘受益范围和竞争性质造成了浪费的"淘金热"型活动。那些寻求成为少数受益者之一的人，以及那些已经获得一些收益并试图阻止他人来瓜分利益的人，都进行了这些耗散性的努力，抵消了新技术的许多好处。[①]

最近的研究为这个说法提供了一些间接的支持。近年来，前沿企业与同行业中的普通企业之间的生产率差异一直在增加（Andrews，Criscuolo 和 Gal，2016；Furman 和 Orszag，2015）。大多数行业中表现最好和表现最差的企业之间的利润差距也在增长（McAfee 和 Brynjolfsson，2008）。少数巨型公司正在吞并市场份额（Autor 等，2017；Brynjolfsson 等，2008），而工人的收入越来越多地与企业的生产率差异联系起来（Song 等，2015）。有人担心，由于市场力量的扭曲，行业集中会导致大量的社会总福利损失（De Loecker 和 Eeckhout，2017；Gutiérrez 和 Philippon，2017）。此外，即使总收入继续增长，不平等加剧也可能导致收入中位数的停滞和相关社会经济成本的停滞不前。

虽然这个解释很重要，但并不是决定性的。行业集中的总体影响仍然存在争议，而技术收益分布不均匀这一事实并不能保证资源在试图捕获它们时会耗散，更不能证明利益追逐过程中产生的资源浪费足以抵消明显的总收益。

1.3.4 价值实现的滞后

前三种解释中的每一种，特别是前两种，都依赖于解释高期望与令人失

---

① Stiglitz（2014 年）提出了一种不同的机制，即在重组成本存在的情况下集中效益的技术进步可能导致不平等加剧，甚至在短期内导致经济衰退。

望的现实之间的不一致。其中有一个方面会被认为是某种"错误的"。在错误的乐观解释中，技术人员和投资者对技术的期望是夸大的。在错误测算解释中，我们用来衡量经验现实的工具无法准确地做到这一点。在集中受益的说法中，少数人的私人收益可能是非常真实的，但它们并没有为多数人带来更广泛的收益。

第四种解释可以允许看似悖论的两个方面都是正确的。它认为，确实有充分的理由对新技术带来的生产率增长潜力持乐观态度，同时允许近期的生产率增长率长期处于低位。这个解释的核心是，能够充分利用新技术需要相当长的时间（通常比一般所理解的要更久）。具有讽刺意味的是，对于那些最终对总体统计和福利产生重要影响的主流新技术尤其如此。也就是说，具有广泛的潜在应用价值的那些通用技术（General Purpose Technologies, GPT），它所能带来的影响越深远，技术的创造与其对经济和社会带来全面影响之间的时间间隔就越长。

这种解释意味着随着技术的持续发展，投资者、评论员、研究人员和政策制定者能够觉察到的潜在变革性影响总会发生，即使这些技术对近期的生产率增长没有明显的影响。直到新技术获得足够积累，经历了诞生、改进和应用发明等过程后，技术带来的影响会在总体经济数据中开花。投资者是具有前瞻性的，但是经济统计数据是落后的。在技术发展较为停滞或以恒定速度稳定变化的时候，乐观预期和统计的经济数据是相匹配的，但在技术快速发展的时期，两者可能变得不相关。

感知一项新技术的前景到该技术产生具体经济效益之间的延迟有两个主要来源。一是将新技术积累到足以产生总体效果需要时间；二是补充性投资对于实现新技术的全部效应是必要的，而发现和开发这些补充性项目并加以实施都需要时间。虽然核心发明的基本重要性及其对社会的潜力可能在一开始就可以清楚地识别，但随着时间的推移，需要无数必要的创造、障碍和调整的过程，并且所需的路径可能是漫长而艰巨的，永远不要低估从技术到效益的代价。

这个解释通过承认两个看似矛盾的部分实际上并不存在冲突来解决这个悖论。相反，这两个部分在某种意义上是构建和实现新技术潜力的自然表现。

虽然悖论的前 3 种解释都能描述悖论的来源，但这些解释缺乏描述数据关键部分的能力。根据下面讨论的证据，我们发现第 4 种解释——价值实现的滞后，是最有说服力的。因此，在本章的其余部分将重点讨论该解释。

1.4 有利于价值实现的滞后观点的经验证据

在对未来的悲观看法中隐含或默认的是，近期生产率增长放缓预示着未来生产率增长将放缓。我们首先要确定逻辑中最基本的前提之一：今天生产率的缓慢增长并不排除未来生产率的快速增长。事实上，证据也证明了这一点。

除了可观察劳动力和资本投入的变化之外，全要素生产率增长是总产出增长的一个组成部分，被称为"无知程度的度量"（Measure of Our Ignorance）（Abramovitz，1956）。这是一个残差，所以，如果这个指标基于过去的数据没有可预测性，计量经济学家也不应该感到惊讶。劳动生产率是一种类似的衡量标准，但不是用于衡量资本积累，而是简单地将总产出除以用于产生该产出的劳动时间。

图 1.3 和图 1.4 分别绘制了自 1950 年以来的美国生产率指数和每十年的生产率增长情况。数据包括平均劳动生产率（LP），平均全要素生产率（TFP）和利用率调整后的 TFP（TFPua）[Fernald（2014）]。

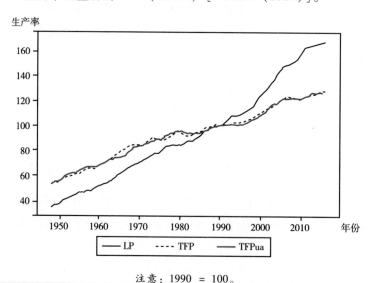

注意：1990 ＝ 100。

图 1.3 1948—2016 年美国 TFP 和劳动生产率指数

数据来源：http：//www.frbsf.org/economic - research/indicators - data/total - factor - productivity - tfp/。

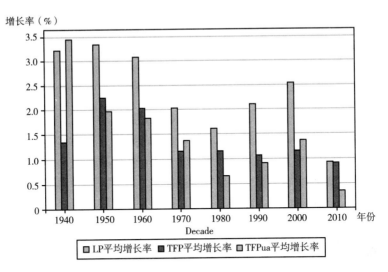

图 1.4　每十年美国 TFP 和劳动生产率增长

　　事实证明，虽然生产增长率在短时间内存在一定的相关性，但相邻十年之间的相关性在统计上并不显著。我们在下面展示了平均生产增长率的不同测量值对前一时期十年平均生产增长率的回归结果，以及每十年生产率与后一时期生产率的散点图。表 1.1 中的回归考虑了误差项的自相关（滞后一期）。表 1.2 在十年的层面进行标准误聚类调整。附录中给出了在较长时间范围内考虑自相关的结果。

　　所有回归结果中的 R^2 都很低，而且前十年的生产增长率对未来十年的生产增长率的预测能力在统计上不显著。对于劳动生产率，R^2 为 0.009。尽管回归中的截距显著不为零（平均而言，生产增长率为正），但前一时期增长率的系数在统计上并不显著。点估计的经济意义也很小。以比例估算，前十年的劳动生产增长率每年增加 1%（无条件均值约为每年 2%），接下来的十年的生产增长率的上升不到 0.1%。在 TFP 增长率的回归中，R^2 为 0.023，而前一时期增长率的系数也不显著。在利用率调整的 TFP 的回归中，类似的结果同样成立（R^2 为 0.03）。散点图也表明过去的生产增长率缺乏预测能力（见图 1.5、图 1.6 和图 1.7）。

表 1.1   Newey – West 标准误调整的回归结果

Newey – West 回归（允许滞后一期）十年平均生产增长率	(1) 劳动生产 增长率	(2) 全要素生产率 增长率	(3) 利用率调整后的 生产率增长率
过去十年平均劳动生产增长率	0.0857 (0.177)		
过去十年平均全要素生产率增长率		0.136 (0.158)	
过去十年平均利用率调整后的生产率增长率			0.158 (0.187)
常数项	1.949 *** (0.398)	0.911 *** (0.188)	0.910 *** (0.259)
观测值	50	50	50
R^2	0.009	0.023	0.030

注：注：括号中是标准差。

*** 在 1% 的水平上显著；** 在 5% 的水平上显著；* 在 10% 的水平上显著。

表 1.2   十年标准误聚类调整的回归结果

Newey – West 回归（允许滞后一期）十年平均生产率增长	(1) 劳动生产 增长率	(2) 全要素生产率 增长率	(3) 利用率调整后的 生产率增长率
过去十年平均劳动生产增长率	0.0857 (0.284)		
过去十年平均全要素生产率增长率		0.136 (0.241)	
过去十年平均利用率调整后的生产率增长率			0.158 (0.362)
常数项	1.949 *** (0.682)	0.911 ** (0.310)	0.910 (0.524)
观测值	50	50	50
R^2	0.009	0.023	0.030

注：括号中是标准差。

*** 在 1% 的水平上显著；** 在 5% 的水平上显著；* 在 10% 的水平上显著。

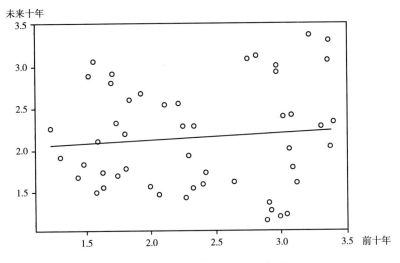

图 1.5　劳动生产率增长率散点图

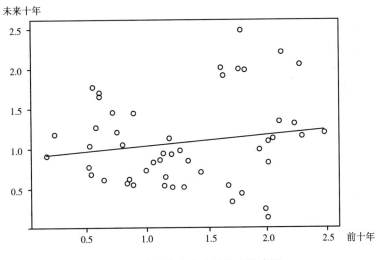

图 1.6　全要素生产率增长率散点图

　　"过去表现不能预测未来结果"的古老谚语很好地适用于预测未来几年的生产率增长，特别是在十年或更长时间内。历史上的停滞并不能成为前瞻性悲观主义的理由。

未来十年

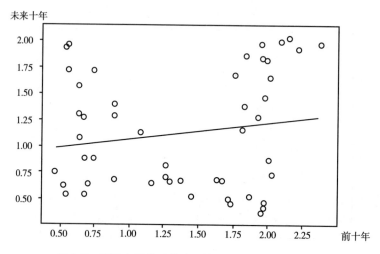

图 1.7　利用率调整后的全要素生产率增长率散点图

1.5　对生产率增长持乐观态度的技术支持案例

简单地从近期的生产率增长率推断并不是估算下一个十年生产率增长的好方法。这是否意味着我们根本无法预测生产力增长？我们不这么认为。

我们需要研究和了解实际存在的具体技术，并评估其潜力，考虑在不久的将来看到的技术和创新环境的前景，而不是仅仅依赖过去的生产力统计数据。

人们不必过分深入挖掘现存的技术，也不必期待其中任何一项技术会带来的巨大利益，仅仅将现有的仍处于萌芽状态的技术结合起来，就可以判断出它们会显著加速总体生产率的增长。首先我们看一些具体的例子，然后再说明 AI 是一个通用技术，且具有更广阔的可能性。

首先，让我们考虑一下自动驾驶汽车的生产力潜力。根据美国劳工统计局（BLS）的数据，2016 年，在"汽车运营商"类私营企业工作以及包括卡车司机、出租车司机、公交车司机和其他类似职业的人数为 350 万人。假设自动驾驶汽车在一段时间内将当前市场所需的驾驶员数量减少到 150 万人。鉴于该技术的潜力，我们认为这是一个合理的估计。2016 年中期非农就业总人数为 1.22 亿人。因此，自动驾驶汽车将把实现相同产量所需的工人数量减少到 1.2 亿人。这将导致总劳动生产率（使用标准 BLS 非农私人

系列计算）增加 1.7% （ = 122/120 × 100% ）。假设这种转变发生在十年之
内，这种单一技术将在十年内直接提高 0.17% 的年生产率增长率。

这一收益是显著的，并且还没有考虑到许多潜在的生产力收益，这些收
益可能伴随着自动驾驶汽车的普及而产生。例如，自动驾驶汽车是对运输服
务业的一个补充，而不仅仅惠及个人汽车。目前的汽车在 95% 的时间内都
处于停放状态，等待供其所有者或主要用户使用（Morris，2016）。如果车
辆在密度足够大的地方，可以根据需要召唤自动驾驶汽车。这将使汽车能够
在更多的时间内提供有用的运输服务，从而降低乘客每英里（1 英里 =
1609.344 米）的资本成本，即使在考虑到增加的磨损之后也是如此。因此，
除了通过替代驾驶员来显著提高劳动生产率之外，资本生产率也将得到显著
提高。当然，技术落地的速度对于估计这些技术的影响很重要。Levy
（2018）的估计更为悲观，认为短期内卡车司机的长途工作岗位将在 2014
年至 2024 年期间增长约 2%，与没有自动驾驶汽车技术的情况相比减少了
3%（在该类别中约 55000 个工作岗位），占长途卡车司机总就业人数的
3%。第二个例子是呼叫中心。截至 2015 年，在美国有超过 6800 个呼叫中
心，约有 220 万人在工作，还有数十万人在家庭呼叫中心代理或小型站点工
作。改进的语音识别系统与智能问答相结合的系统，如 IBM 的 Watson 可以
处理 60% ~ 70% 或更多的呼叫，特别是在根据 Pareto 原则，大部分呼叫量
都基于少数基本查询的情况下。如果 AI 将工人数量减少 60%，那么美国的
劳动生产率将提高 1%，或许会在十年内再次扩大。同样，这可能会刺激互
补的创新，从购物推荐和旅游服务到法律咨询，从咨询到实时个人辅导。相
对地，利用 AI 来辅助客户服务，Levy（2018）预计 2014 年至 2024 年客户
服务代表将实现零增长（与 BLS 预测的 26 万个就业岗位不同）。

除了节省人力之外，AI 的进步还有可能提高全要素生产率。特别是，
在许多大型工业工厂中，能源和材料的使用效率可以得到改善。例如，
Google DeepMind 的团队最近培训了一组神经网络，以优化数据中心的功耗。
通过仔细跟踪从数千个温度、电力使用和泵速的传感器收集的数据，系统学
习了如何调整操作参数。因此，与人类专家达到的水平相比，AI 能够将用
于冷却的能量减少 40%。该算法是一个通用框架，旨在解决复杂的动态问
题，因此很容易看出这样的系统是如何应用于谷歌或世界各地的其他数据中

心。总体而言，美国每年的数据中心电力成本约为 60 亿美元，其中约 20 亿美元仅用于制冷。①

更重要的是，机器学习的类似应用可以在各种商业和工业活动中实施。例如，制造业每年增加约 2.2 万亿美元的产值。像 GE 这样的制造公司已经在使用 AI 来预测产品需求、客户的售后维护需求，并分析来自资本设备传感器的性能数据。最近关于训练深度神经网络模型以感知物体并实现感觉运动控制的研究同时发明了可以执行各种手眼协调任务的机器人（例如，拧开瓶盖和悬挂衣架；Levine 等，2016）。Liu 等（2017）使用一种称为模仿学习的技术训练机器人执行许多家务，例如，扫地、将杏仁倒入锅中。② 利用这种方法，机器人可以模仿原始视频演示的内容来执行任务。这些技术对于未来的制造过程自动化具有重要意义。结果表明，AI 可能很快提高家庭生产任务的生产率，2010 年该应用估算的非市场价值高达 2.5 万亿美元（Bridgman 等，2012）。③

虽然这些例子都揭示了非凡的生产力效益，但它们只是目前已经确定的 AI 和机器学习应用程序集的一小部分应用场景。James Manyika 等（2017）分析了 2000 项任务，并估计人们在美国经济中的支付活动中约有 45% 可以使用现有的 AI 和其他技术进行自动化。他们认为，自动化的步伐将取决于技术可行性以外的因素，包括自动化成本、监管障碍和社会接受度。

1.6　AI 是一项通用技术

除了考虑 AI 的应用场景，我们认为 AI、机器学习和相关新技术的更重要的经济效应源于它们具有通用技术（GPT）的特征。Bresnahan 和 Trajtenberg（1996）认为通用技术应该是普遍的，随着时间的推移能够得到改进，并能够产生补充的创新。

---

① 来自个人信息：2017 年 8 月 24 日，Lawrence Berkeley Lab 的 Jon Koomey，Arman Shehabi 和 Sarah Smith。

② 实验视频可见：https：//sites. google. com/site/imitationfromobservation/。

③ 可能会降低 AI 驱动的生产率增长的总体影响的一个因素是，对具有最高生产力 AI 的部门的产品需求是否足够缺乏弹性。在这种情况下，这些部门的总支出份额将缩减，将活动转向增长缓慢的部门，并使 Baumol 和 Bowen（1966）的总体生产率增长减弱。目前尚不清楚需求弹性对于最有可能受到 AI 影响的产品的影响。

蒸汽机、电力、内燃机和计算机都是重要的通用技术的案例。它们不仅直接提高了生产力，而且还推动了重要的互补创新。例如，蒸汽机最初用于帮助从煤矿中抽水，后来又催生了更有效的工厂机械和蒸汽船、铁路等新型交通工具的发明。反过来，这些发明会促进新供应链、大规模市场以及拥有数十万员工的新组织的产生，甚至有助于建立标准时间等管理铁路时刻表所需要的看似无关的创新。

AI，特别是机器学习，有潜力影响到生活的方方面面，随着时间的推移改进完善，并产生互补的创新，这些特质使其成为重要的通用技术的候选者。

正如 Agrawal，Gans 和 Goldfarb（2017）所指出的，当前一代机器学习系统特别适用于增强或自动化一些涉及广义定义的预测方面的任务。这些涵盖了广泛的场景、职业和行业，从驾驶汽车（预测转向方向盘的正确方向）和诊断疾病（预测其原因）到推荐产品（预测客户会喜欢什么）和写一首歌（预测哪个音符序列最受欢迎）。对于人类完成的许多任务而言，当前系统所能解决的感知和认知的核心能力即使不是必不可少的，也是普遍存在的。

机器学习系统也会自发随着时间的推移而改进。实际上，它们与早期技术的区别就在于它们可以自发随着时间的推移而改进自身。机器学习算法不需要发明人或开发人员对流程的每个步骤进行编码或通过编码来实现自动化，而是可以自己发现将一组输入 X 连接到一组输出 Y 的函数，只要提供一组数量足够大的标记示例，就可以将一些输入映射到输出（Brynjolfsson 和 Mitch 等，2017）。这些改进不仅反映了新算法和技术的创新，特别是深度神经网络的创新，还反映了它们与功能更强大的计算机硬件的互补性以及可用于训练系统的更大型数字数据集的可用性（Brynjolfsson 和 Mitchell，2017）。越来越多的数据作为数字化运营、客户互动、通信和我们生活的其他方面的副产品被收集，为更多更好的机器学习应用提供素材。[①]

① 例如，利用工厂、互联网商务、移动电话和"物联网"中的企业资源规划系统来搜集数据。

最重要的是，机器学习系统可以促进各种互补创新。例如，机器学习已经改变了机器执行一系列基本类型的感知的能力，从而可以应用于更广泛的应用场景。改进的机器视觉能力可以让机器能够查看和识别对象，在照片中标记它们以及解释视频流。随着识别行人的错误率从每 30 帧一个提高到约每 3000 万帧一个，自动驾驶汽车变得越来越可行（Brynjolfsson 和 McAfee，2017）。

改进的机器视觉还使得各种工厂自动化任务和医疗诊断成为可能。Gill Pratt 对 5 亿年前引起寒武纪的爆发和地球上的新物种爆发的动物视觉发展进行了类比（Pratt 2015）。他指出，机器具有一种任何生物物种都没有的新的能力：几乎可以立即与他人分享知识和技能的能力。具体而言，云计算的兴起使得我们可以用更低的成本扩展新想法变得更加容易。这对于促进机器学习的经济影响的实现特别重要，因为基于这一技能可以实现云机器人，即机器人之间的知识共享。一旦机器在一个位置学习新技能，就可以通过数字网络将其复制到其他机器。可以共享数据和技能，从而增加任何给定机器学习者可以使用的数据量。

云机器人反过来又提高了改进率。例如，遇到异常情况的自动驾驶汽车可以通过共享平台上传该信息，从而积累足够的示例来进行推断。只要有一辆自动驾驶车辆经历异常，那么其他车辆都能从中学习。谷歌的子公司 Waymo 拥有每周实现 25000 次"真实"自主驾驶和约 1900 万模拟里程的汽车。所有 Waymo 汽车都学习了其他汽车的经验。同样，一个执行任务的机器人可以从使用兼容的知识框架的其他机器人那里共享数据和学习资料。[①]

当人们将 AI 视为通用技术时，其产出和福利收益的预期影响比我们之前分析的要大得多。例如，自动驾驶汽车可以大大改变许多非运输行业。零售业可能会根据需求进一步转向送货上门，从而创造消费者福利收益，并进一步释放目前用于停车的宝贵土地资源。交通和安全可以得到优化，保险风险可能会下降。在美国，每年因汽车碰撞造成 30000 多人死亡，全球近 100

---

① Rethink Robotics 正在开发这样一个平台。

万人死亡，AI可以拯救许多人的生命。①

1.7 为什么未来的技术进步和现在的低生产力增长不矛盾

在提出了技术乐观的理由之后，我们现在解释为什么它与当前的低生产率增长并不矛盾，甚至可能与之自然相关。

与其他通用技术一样，AI有可能成为生产力的重要推动力。然而，正如 Jovanovic 和 Rousseau（2005）指出的那样，以及 David（1991）所举的例子相同，"通用技术在一开始不会立即提高生产力"。该技术可以存在和发展到足以产生一些具有变革意义的概念，即使它不是以明显的方式影响当前的生产力水平。这正是我们认为的经济现在可能处于的状态。

前面曾讨论过，如果需要建立足够大的新资本存量，或者有形资产和无形资产的互补资本需要，那么通用技术可能不会马上影响当前的生产率增长。生产和落实以充分利用通用技术的生产力优势都需要时间。

建立一个充足的资本存量所需的时间可能是很长的。例如，直到20世纪80年代后期，即集成电路发明超过25年后，计算机资本存量达到其长期稳定状态，占非住宅设备资本总额的约5%（按历史成本计算）。它的增长只达到了十年前的一半。直到 Solow 提出他的同名悖论时，计算机终于发展到了随处可见的地步。

David（1991）指出了电气化过程中的类似现象。直到1919年，至少有一半的美国制造企业仍未通电，这是在多相交流电发明后约30年。最初，电力仅在节约提供动力的成本方面推动采用。电力真正发挥其变革性要等到后来进行的补充性创新。管理人员开始通过更换工厂的集中电源并为每台机器提供自己的电动机来从根本上重新组织生产。这使得设备的位置更加灵活，并使物料流水装配线更加有效。

回想起来，这种组织生产的方法显而易见，但它被广泛采用需要长达30年的时间。为什么？正如 Henderson（1993，2006）所指出的那样，正是

---

① 自动驾驶车辆带来的后两种影响虽然肯定反映了福利的改善，但仍需要在标准GDP和生产率测量中衡量的商品或服务价格中进行资本化。我们稍后将更深入地讨论与AI相关的测量问题。当然，值得记住的是，如果通过交通管理技术或某些基础设施投资的大幅改进来抵消车辆运营的较低边际成本造成的拥堵，那么自动驾驶汽车也有可能产生新的经济成本。

因为现在的社会形态是围绕当前的做事方式而设计的,因此人们对此非常熟悉,以至于他们无视或无法吸收新方法并困于现状。人们受困于"常识的诅咒"。[①]

工厂电气化的例子展示了技术的出现与其带来的生产率进步之间的时间差的另一个因素:落实(通常是发明)补充资本的需求,包括有形投资和无形投资。发明、获取和安装这些补充所需的时间表通常比刚刚讨论的构建时间更久远。考虑 IT 中的大量投资与公司内部的生产力效益之间的测量滞后。虽然在考虑了一年的时间里,Brynjolfsson 和 Hitt(2003)发现,企业的 IT 投资与生产率的小幅上升有关,但随着时间的推移,长期效益大幅增长,大约在 7 年后达到峰值。他们将这种模式归因于业务流程互补变化的必要性。例如,在构建大型企业规划系统时,企业几乎总是花费数倍于业务流程重新设计和培训的资金,而不单单是硬件和软件的直接成本。招聘和其他人力资源的重建也经常需要相当大的调整,以使企业的人力资本与新的生产结构相匹配。实际上,Bresnahan,Brynjolfsson 和 Hitt(2002)发现了 IT、人力资本与投资决策以及生产力水平的组织变化之间的三向互补性的证据。此外,Brynjolfsson,Hitt 和 Yang(2002)表明,每一美元的 IT 资本存量相当于约 10 美元的市场价值。他们将此解释为与 IT 相关的大量无形资产的证据,并表明将 IT 投资于与特定组织实践相结合的公司不仅具有更高的生产率,而且与仅投资一个或少量 IT 资本的公司相比,它们的市场价值也高得多。这个实证结果也印证了更广泛的关于进行 IT 投资和技术投资时组织架构甚至文化变革的重要性的长期研究(Aral,Brynjolfsson 和 Wu,2012;Brynjolfsson 和 Hitt,2000;Orlikowski,1996;Henderson,2006)。

但是这些变化需要大量的时间和资源,由此导致了组织惯性。公司是复杂的系统,需要大量的互补性资产才能让通用技术完全改变这种系统。正在尝试转型的公司不仅必须重新评估和重组其内部流程,而且还需要重新评估和重组其供应链和分销链。这些转变需要时间,但管理者和企业家将以节省

---

① Atkeson 和 Kehoe(2007)指出,制造商在转向电力开始时不愿意淘汰他们的现有的知识库,最初只采用了略微优越的技术。David 和 Wright(2006)更具体,侧重于"组织的需要,尤其是对任务和产品定义和结构化方式的概念变化"(重点是原创)。

成本的方式引导创新（Acemoglu 和 Restrepo，2017）。根据勒夏特列原理（Milgrom 和 Roberts，1996），由于准固定成本的调整，弹性从长远来看将比短期更大。

没有人可以保证组织和生产模式的调整会取得成功。实际上，有证据表明通用技术级别的模式转换有可能失败。Alon 等（2017）发现创建五年以上的企业对总体生产率的增长贡献很小，也就是说，一家企业的生产率水平的提高会被其他生产率下降的企业所抵消。老企业很难接受和适应新的变化。此外，老企业也经常存在不去学习和不具备适应新技术的内部激励机制（Arrow，1962；Holmes，Levine 和 Schmitz，2012）。在某些方面，技术给一个行业带来变革的同时也伴随着一些公司被淘汰。

行业和部门转型需要进一步调整和重新配置，零售业提供了一个生动的例子。尽管电子商务是 20 世纪 90 年代互联网热潮中最大的创新之一，但随后的 20 年中零售业的最大变化并不是电子商务，而是仓库商店和超级购物中心的扩张（Hortaçsu 和 Syverson，2015）。直到现在，电子商务才成为被一般零售商纳入考虑的一个因素。为什么需要这么长时间？Brynjolfsson 和 Smith（2000）记录了现有零售商在调整其业务流程以充分利用互联网和电子商务方面的困难，这个过程需要许多补充投资。整个行业需要构建完整的分销基础设施。客户必须"重新培训"。这一切都不会很快发生。电子商务对零售业进行革命的潜力得到了广泛的认可，甚至在 20 世纪 90 年代后期被大肆宣传，但其实际在零售商业中的份额微不足道，仅占 1999 年所有零售业销售额的 0.2%。在主流预测的时间之后又过了 20 年，电子商务开始接近零售总额的 10%，像亚马逊这样的公司正在对传统零售商的销售和股票市场估值产生极大的影响。

前面讨论过的自动驾驶汽车的案例提供了一个更具前瞻性的例子，说明生产力的进步如何落后于技术。考虑当引入自动驾驶车辆时，当前的车辆生产线和车辆操作工作者会发生什么。生产方面的就业最初将增加，以处理研发（人力资源开发）、AI 开发和新车辆生产。此外，学习曲线问题很可能意味着早期生产这些车辆的生产率会降低（Levitt，List 和 Syverson，2013）。因此，对于相同数量的车辆生产，短期内的劳动力投入实际上可以增加而不是减少。在自动驾驶汽车开发和生产的早期阶段，生产者增加的边际劳动力超过了汽车运营商所替代的边际劳动力。只有在部署的自动驾驶车辆越来越接近稳定状态时，测量的生产率才能反映出技术的全部收益。

1.8 通过以前的通用技术理解今天的悖论

我们在前面的讨论中指出，我们看到当前悖论与过去发生的悖论之间存在相似之处。它与 1990 年左右的 Solow 悖论密切相关，当然，它也与便携式电源的普及过程中的经验密切相关（结合了同期增长和电气化与内燃机的变革效应）。

比较两个时代的生产率增长模式是有启发性的。图 1.8 更新了 Syverson（2013）的分析，将美国 1970 年以来的劳动生产率与 1890 年至 1940 年（便携式电力技术发明并开始投入生产的时期）的劳动生产率相叠加［历史序列值来自 Kendrick（1961）］。现代序列在 1995 年的指数为 100，时间刻度在上方的横轴上。便携式电力技术时代在 1915 年的指数为 100，时间刻度在下方的横轴上。

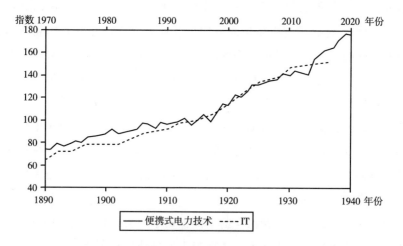

图 1.8　便携式电源和 IT 时代的劳动生产率增长

便携式电力技术时代的劳动生产率与现代劳动生产率的增长的模式非常相似。在这两个时代的头 25 年左右，生产力增长相对缓慢。然后，两个时代都出现了持续 10 年的生产率加速，从便携式电力技术时代的 1915—1924 年以及现代的 1995—2004 年。

20 世纪 90 年代后期的生产增长率加速可以（至少部分）解释 Solow 悖论。我们想象 20 世纪 10 年代后期的加速可能同样回应了一些经济学家在 1910 年的问题，即为什么人们在感受到电动机和内燃机风潮的同时，生产力统计数据却没有感受到这些技术带来的效益。[①]

非常有趣的是，2004 年之后的生产率增长放缓也与 1924—1932 年的历史数据变化有相同的趋势。从图 1.8 中可以看出，在便携式电力技术时代末期，劳动生产率的增长再次上升，1933—1940 年平均每年增长 2.7%，这一点对于 AI 和相关技术的新浪潮（或者第二波基于 IT 技术的浪潮）是否会重新加速生产率增长具有指导意义。

当然，过去的突破性增长并不能保证今天的生产力也一定会再次加速。但是，它确实提出了两个相关点。首先，这是生产率增长缓慢，然后加速的另一个例子。其次，它表明由核心通用技术驱动的生产力增长可以是多波段的。

1.9   AI 驱动的增长率加速的预期生产力效应

为了理解 AI 可能产生的生产力效应，可以将 AI 视为一种资本，明确说是一种无形资本。它可以通过投资积累，这是一个持久的生产要素，其价值可以贬值。将 AI 作为一种资本进行处理，可以明确其作为生产要素的开发和投入将如何影响生产力。

与任何资本深化一样，增加 AI 将提高劳动生产率。无论 AI 资本的测量程度如何（我们可能预期它不是出于下面讨论的几个原因），这都是成立的，尽管对劳动生产率的影响可能存在滞后。

AI 对全要素生产率的影响更为复杂，影响的程度将取决于其测度的标准。如果 AI（及其产出弹性）被完美地测量，并包含在 TFP 分母的输入束和分子的输出束中，那么测量的 TFP 将准确地反映真实的 TFP。在这种情况下，可以像任何其他可衡量的资本投入一样对待 AI。它对产出的影响可以通过 TFP 投入测度加以适当解释和"消除"，从而维持 TFP 不变。这并不是

---

①   我们不知道是否有人表达过这个观点。当然今天的国民经济统计体系在当时并不存在，但我们发现这个场景很有趣，很有启发性，在某些方面似乎有道理。

说 AI 的传播不会带来生产效益，而是说它可以像其他类型的资本投入一样受到重视。

经济学家和国家统计机构在处理 AI 时可能面临测度方面问题，这有很多原因。有些是更普遍的资本计量问题，也有可能与 AI 本身有关的问题。我们接下来讨论 AI 本身。

1.10　度量 AI 资本

无论 AI 和 AI 相关技术对实际产出和生产率的影响如何，从生产率前景可以清楚地看出，AI 影响的测量方式取决于各国的统计部门如何衡量 AI 资本。

如前所述，AI 资本计量的主要困难是其许多产出将是无形的。在 AI 可以广泛用于产出的其他资本（包括新型软件，以及人力和组织资本，而不是最终消费品）时，这个问题更加严重。包括人力资本在内的其他大部分资本，与 AI 本身一样，大部分都是无形资产（Jones 和 Romer，2010）。

更具体地说，有效利用 AI 需要开发数据集、建立公司特定的人力资本，以及实施新的业务流程。这些都需要大量的资本支出和维护。这些无形支出的有形对应物，包括购买计算资源、服务器和房地产，可以在标准的新古典增长模型中轻松度量（Solow，1957）。另一方面，AI 无形资产产出的无形资本品的价值难以量化。有形资产和无形资本股票产生的资本收益随着时间的推移而累积。实现这些收益不仅仅需要租用资本存量。购买资本资产后，企业会产生额外的调整成本（如业务流程重新设计和安装成本），与无摩擦租赁市场相比，这些调整成本使资本的灵活性有所下降。这些市场价值（狭义的 AI 资本，或广义的 IT 资本）可能来自企业赚取的资本化的准租金，而这些企业已经进行了重组，以从新投资中实现收益。

然而，虽然有形资产的存量是在公司资产负债表上明确记录的，但 AI 投资的无形补充和调整成本的支出通常不是。如果不考虑 AI 无形资本的生产和使用，价值增长的一般会计分解可能无法捕捉 AI 无形资本对全要素生产率的深化影响。正如 Hall（2000）、Yang 和 Brynjolfsson（2001）所讨论的那样，这构成了在计算最终产出时资本品生产中潜在重要组成部分的遗漏。

因此，对 TFP 的估计将是不准确的，有可能高估或者低估。在 AI 无形资本存量增长快于产出的情况下，TFP 增长将被低估；如果资本存量增长速度慢于产出，TFP 将被高估。

我们可以这样理解这种效应，在任何给定的时期 t，$t+1$ 时期中（未测量的）AI 资本存量的输出是时期 t 中投入的（未测量的）现有 AI 资本存量的函数。当 AI 资本积累快速增长时，未测量的产出（产出的 AI 资本存量）将大于不可测量的投入（使用的 AI 资本存量）。

此外，假设对创造无形资产所需的劳动力和其他资源的相关成本进行测算，而由此带来的无形资产增加却不作为对产出的贡献来衡量。在这种情况下，不仅总 GDP 会下降，而且生产率也会下降，因为生产率使用 GDP 作为分子。因此，即使真正的生产率在增加，也可能出现无形资本快速积累而实际生产率增长较低的情况。

由于忽略了资本品产出，可衡量的生产率只会反映出更多的资本和劳动力投入被用于生产可衡量的产出。相反，用于生产不可衡量资本品的投入将类似于潜在产出的损失。例如，布鲁金斯学会（the Brookings Institution）最近的一份报告估计，2014—2017 年，自动驾驶汽车的投资已达到 800 亿美元，而目前消费者对该技术的采用率很低。这大约相当于 2016 年 GDP 的 0.44%（三年平均）。如果自动驾驶汽车的所有资本形成都是由同样昂贵的劳动力投入产生的，那么在过去三年中，由于自动驾驶汽车尚未带来可衡量的最终产出的显著增加，这将使估计的劳动生产率每年降低 0.1%。同样，根据 AI 指数，在过去十年中，顶尖大学的 AI 和机器学习课程的入学人数大约增加了 3 倍，与 AI 相关的风险投资初创企业数量增加了 4 倍。如果它们创造的无形资产超过了生产成本，那么 GDP 就会被低估。

最终，被错误衡量的无形资本品投资被投资者期望获得回报（即产出）。如果这些隐性资产的产出可衡量，那么就可能导致高估生产率的另一个误差测量。当产出份额和存量错误估计（或遗漏资本）增加时，该资本产生的可衡量的产出增加将被错误地归因于全要素生产率的提高。随着不可衡量资本品投资增长率的下降，不可衡量资本品的资本服务流对 TFP 的影响可能超过其的低估误差。

将这两种效应结合起来产生了"J 曲线"，其中无形资本的早期生产导致对生产率增长的低估，但后期未测量资本存量的回报产生可能错误地归因于 TFP 的增长。

正式地：

$$Y + z\,I_2 = f(A, K_1, K_2, L) \qquad \text{式（1）}$$

$$dY + z\mathrm{d}\,I_2 = F_A\mathrm{d}A + F_{K_1}\mathrm{d}K_1 + F_L\mathrm{d}L + F_{K_2}\mathrm{d}K_2 \qquad \text{式（2）}$$

产出 Y 和价格 z（zI_2）的未测量资本品构成了生产函数 f 的产出。$f(\cdot)$ 的输入是全要素生产率 A、普通资本 K_1、未计量资本 K_2 和劳动 L。等式（2）描述了生产函数的全微分方程。如果普通资本的租金价格为 r_1，未计量资本的租金价格为 r_2，工资率为 w，我们有：

$$\hat{S} = \frac{\mathrm{d}Y}{Y} - \left(\frac{r_1 K_1}{Y}\right)\left(\frac{\mathrm{d}K_1}{K_1}\right) - \left(\frac{wL}{Y}\right)\left(\frac{\mathrm{d}L}{L}\right) \qquad \text{式（3）}$$

以及

$$S^* = \frac{\mathrm{d}Y}{Y} - \left(\frac{r_1 K_1}{Y}\right)\left(\frac{\mathrm{d}K_1}{K_1}\right) - \left(\frac{wL}{Y}\right)\left(\frac{\mathrm{d}L}{L}\right) - \left(\frac{r_2 K_2}{Y}\right)\left(\frac{\mathrm{d}K_2}{K_2}\right) + \left(\frac{z I_2}{Y}\right)\left(\frac{\mathrm{d}I_2}{I_2}\right),$$

$$\text{式（4）}$$

其中，$\hat{S}$ 是我们所熟悉的 Solow 测量残差，S^* 是考虑忽略的资本投资和股票的正确 Solow 残差。则两者的测量差异可以表示为：

$$\hat{S} - S^* = \left(\frac{r_2 K_2}{Y}\right)\left(\frac{\mathrm{d}K_2}{K_2}\right) - \left(\frac{zI_2}{Y}\right)\left(\frac{\mathrm{d}I_2}{I_2}\right) = \left(\frac{r_2 K_2}{Y}\right)g_{K_2} - \left(\frac{zI_2}{Y}\right)g_{I_2}. \qquad \text{式（5）}$$

等式的右边描述了隐性资本效应和隐性投资效应。当不可衡量资本的新增投资的增长率乘以其产出份额大于（小于）不可衡量资本存量的增长率乘以其产出份额时，估计的 Solow 残差将低估（高估）生产增长率。最初，新型资本将具有较高的边际产出。企业将积累该资本，直到其边际收益等于其他资本的收益率。随着资本积累，不可衡量资本的净投资增长率将变负，导致全要素生产率高估。在稳态下，净投资的产出份额、不可衡量资本的净存量以及生产率误差测量均为零。图 1.9 说明了这一点。①

展望未来，这些问题可能对研究 AI 资本尤其重要，因为它的积累肯定会超过短期内普通资本积累的步伐。AI 资本肯定是经济统计中一种新的资

---

① 在该经济中，新投资（z）和资本租赁价格（r）的取值分别为 0.3 和 0.12。用于创建图形的其他值可以从附录中获取。

经济测量误差（%）

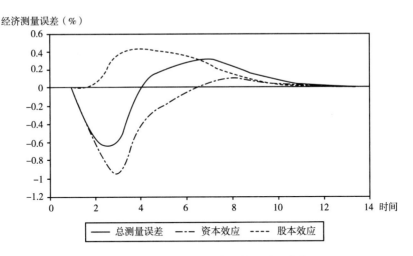

图 1.9 经济体积累新型资本的误差 J 曲线

本类型，下面我们同样会讨论这一点。

从内生资本增长计算出来的资本数量指数可能在早期测量 AI 的规模和影响方面存在问题。国家统计机构并不专注于衡量尚未普遍存在的资本类型。新的资本类别要么融入现有类型，而现有的统计标准可能只涉及了较少的边际产品（导致新资本的生产效率被低估），要么完全不被考虑。这个问题类似于价格指数中的新货问题。

一个相关的问题是，一旦 AI 资本被单独衡量，相对于同一边际产品而言，它的计量单位要如何接近其他资本。也就是说，如果一种 AI 的边际产品是经济体中非 AI 资本的单位的两倍，那么 AI 的数量指数是否能反映这一点？这需要测量 AI 和非 AI 资本的相对价格，以捕捉边际产品的差异。正确测量绝对水平不如正确测量精确的比例差异（无论是时间序列上还是横截面）重要。最终需要得到的结果是，如果 AI 资本的单位效率是另一资本的两倍，AI 的资本存量也应该是两倍。

值得注意的是，这些问题都是资本计量中的经典问题，而不是仅仅针对 AI。就整体而言这些问题对于 AI 来说更严重，但是我们事先无法预见。重要的是，经济学家和国家统计机构哪怕不能完全解决这些问题，至少也有处理这些问题的经验。也就是说，一些测量问题可能对 AI 来说尤其普遍。例如，AI 产出值的很大一部分可能是公司特有的。想象一个程序，它可以计算出个人消费者的产品偏好或价格弹性，并将产品和定价与预测相匹配。根据客户群体的不同，不同的公司具有不同的价值基础和产品选择，同样的知识可能无法适用于不同的企业。价值还取决于公司实施价格歧视的能力。这种限制可能来自公司的市场特征，比如转售机会并非总是在公司的控制之下的，或者来自公司是否配备互补型资产或能力。同样，每个企业员工之间的差异会组合形成不同的技能水平，生产的过程中会有独特需求以及特定的供应限制。在这种情况下，公司特定的数据集和这些数据的应用将会影响一个公司的机器学习能力（Brynjolfsson 和 McAfee，2017）。

1.11 结论

关于技术和增长有很多乐观主义者和悲观主义者。乐观主义者往往是技术专家和风险资本家，一般都处于技术中心。悲观主义者往往是经济学家、社会学家、统计学家和政府官员。他们中的许多人聚集在主要的州和国家首都。两个派别之间的观点很少有交叉，而且看起来好像是互相矛盾的。在本章中，我们认为从重要的意义上说，两个派别是可以合理共存的。

乐观主义者的言论会让我们相信最近 AI 和机器学习的突破是真实和重要的。我们还认为它们构成了一个新的、具有经济意义的潜在通用技术的核心。悲观主义者的言论会让我们相信最近生产率的增长已经放缓，而且存在收益分配不均的现象，使许多人的收入停滞不前，健康和福祉指标下降。人们对未来充满了不确定性，许多曾经主导就业和位居市场价值排行榜的工业巨头已经陷入困境。

这两个观点并不矛盾。事实上，在许多方面，它们对于处于转型阶段的经济来说是一致和对症的。我们的分析表明，虽然最近的经济数据并不景气，但它不代表未来长期的趋势。尽管作出预测总是有难度的，我们预测未来的能力受到很多限制，但搜集的证据确实提供了一些对未来保持乐观的理由。证据表明，AI 技术的突破虽然没有惠及经济中的大部分群体，但已有的证据预示着这些技术的使用会给未来带来更大的影响。更重要的是，AI 技术带来的互补创新可以进一步增加其影响。AI 投资和互补性变革都是昂贵的，其成本难以衡量，并且需要时间来落实，至少在最初阶段，投资和互补性变革产生的成本会导致可衡量的生产率降低。企业家、经理和终端用户将为现在可以学习识别对象、理解人类语言、说话、作出准确的预测、解决问题，并具有高灵活性和移动性的互动式机器人找到新的、强大的应用程序。

机器学习核心技术的进一步发展可能会产生实质性的好处。然而，我们的观点表明，现有研究领域涉及 AI 技术的补充是被低估的，AI 带来的影响不仅在人力资本和技能领域，还包括新的生产流程和商业模式。上一轮计算机化涉及相关的无形资产投资大约是计算机硬件本身直接投资的十倍。我们认为，与 AI 相关的无形资产投资与上一轮计算机化的情况具有合理的可比性，甚至可能范围更大。鉴于 AI 带来的协调和生产可能性的巨大变化，我们过去组织工作和教育的方式在未来不太可能一直是最佳的选择。

相关地，我们需要更新我们正在进行经济指标测量的工具和方法。随着 AI 及其补充越来越快地增加我们的（无形）资本存量，传统指标如 GDP 和生产率可能变得更难以衡量和解释真正的经济增长。成功的公司不需要在工厂甚至计算机硬件上进行大量投资，但他们却拥有复制成本高昂的无形资产。具有 AI 概念的相关公司巨大的市场价值表明投资者认为这些公司具有实际价值。如果公司资产的股票是公开交易的且市场有效，则金融市场会适当地评估公司价值为其风险调整贴现现金流的现值。可以通过市场估值来估计公司拥有的有形和无形资产的价值。更重要的是，AI 对生活水平的影响甚至可能超过投资者期望收益所包含的预期。很有可能，许多人根本不能享受到这些好处。经济学家完全有能力为记录和理解与 AI 及其更广泛的经济影响相关的无形变化的研究作出贡献。

意识到 AI 的好处远不是自动的。这将需要努力和创业精神来发展所需的补充技术，以及在个人、组织和社会各级的适应性来进行相关的重组。理论预测，最终的受益者将是那些调整成本最低，并尽可能多地将补充技术落实的人。这在一定程度上是一个关乎运气的问题，但是如果有正确的分析方法和逻辑，那么我们所有人都可以为此做好准备。

附录

附表 1A. 1　具有更长的时间依赖性的 Newey – West 标准误差调整的回归结果

内容	（1）允许滞后1期	（2）允许滞后2期	（3）允许滞后3期	（4）允许滞后4期	（5）允许滞后10期
Newey – West 回归，十年平均值，劳动生产率增长以前的十年平均生产力增长	0.0857 (0.177)	0.0857 (0.207)	0.0857 (0.227)	0.0857 (0.242)	0.0857 (0.278)
常数项	1.949*** (0.398)	1.949*** (0.465)	1.949*** (0.511)	1.949*** (0.545)	1.949*** (0.624)
观测值	50	50	50	50	50
R^2	0.009	0.009	0.009	0.009	0.009
Newey – West 回归，十年平均值，全要素生产率增长以前的十年全要素生产力增长	0.136 (0.158)	0.136 (0.181)	0.136 (0.197)	0.136 (0.208)	0.136 (0.233)
常数项	0.911*** (0.188)	0.911*** (0.216)	0.911*** (0.233)	0.911*** (0.244)	0.911*** (0.257)
观测值	50	50	50	50	50
R^2	0.023	0.023	0.023	0.023	0.023
Newey – West 回归，十年平均值，调整的全要素生产率增长以前的十年平均调整的全要素生产率增长	0.158 (0.187)	0.158 (0.221)	0.158 (0.246)	0.158 (0.266)	0.158 (0.311)
常数项	0.910*** (0.259)	0.910*** (0.306)	0.910*** (0.341)	0.910*** (0.368)	0.910*** (0.412)
观测值	50	50	50	50	50
R^2	0.030	0.030	0.030	0.030	0.030

注：括号中是标准差。

*** 在1%的水平上显著；** 在5%的水平上显著；* 在10%的水平上显著。

附表 1A. 2　　　　　　　　　　经济 J 曲线的参数

时间	净投资	净资本存量	投资增长率	资本存量增长率	产出
0. 0	1. 0	10. 0			10000. 0
1. 0	15. 0	25. 0	14. 0	1. 5	10500. 0
2. 0	80. 0	105. 0	4. 3	3. 2	11025. 0
3. 0	160. 0	265. 0	1. 0	1. 5	11576. 3
4. 0	220. 0	485. 0	0. 4	0. 8	12155. 1
5. 0	250. 0	735. 0	0. 1	0. 5	12762. 8
6. 0	220. 0	955. 0	− 0. 1	0. 3	13401. 0
7. 0	140. 0	1095. 0	− 0. 4	0. 1	14071. 0
8. 0	100. 0	1195. 0	− 0. 3	0. 1	14774. 6
9. 0	50. 0	1245. 0	− 0. 5	0. 0	15513. 3
10. 0	20. 0	1265. 0	− 0. 6	0. 0	16288. 9
11. 0	10. 0	1275. 0	− 0. 5	0. 0	17103. 4
12. 0	0. 0	1275. 0	− 1. 0	0. 0	17958. 6

参考文献

Abramovitz, Moses. 1956. "Resource and Output Trends in the U.S. Since 1870." *American Economic Review, Papers and Proceedings* 46 (2): 5–23.

Acemoglu, D., and P. Restrepo. 2017. "The Race between Machine and Man: Implications of Technology for Growth, Factor Shares and Employment." NBER Working Paper no. 22252, Cambridge, MA.

Agrawal, Ajay, Joshua Gans, and Avi Goldfarb. 2017. "What to Expect from Artificial Intelligence." *Sloan Management Review*, Feb. 7. https://sloanreview.mit.edu/article/what-to-expect-from-artificial-intelligence/.

Alloway, Tracy. 2015. "Goldman: How 'Grand Theft Auto' Explains One of the Biggest Mysteries of the U.S. Economy." *Bloomberg Business*, May 26. http://www.bloomberg.com/news/articles/2015-05-26/goldman-how-grand-theft-auto-explains-one-of-the-biggest-mysteries-of-the-u-s-economy.

Alon, Titan, David Berger, Robert Dent, and Benjamin Pugsley. 2017. "Older and Slower: The Startup Deficit's Lasting Effects on Aggregate Productivity Growth." NBER Working Paper no. 23875, Cambridge, MA.

Andrews, Dan, Chiara Criscuolo, and Peter Gal. 2016. "The Best *versus* the Rest: The Global Productivity Slowdown, Divergence across Firms and the Role of Public Policy." OECD Productivity Working Papers no. 5, Paris, OECD Publishing. Dec. 2.

Aral, Sinan, Erik Brynjolfsson, and Lynn Wu. 2012. "Three-Way Complementarities: Performance Pay, HR Analytics and Information Technology." *Management Science* 58 (5). 913–931.

Arrow, Kenneth. 1962. "Economic Welfare and the Allocation of Resources for Invention." In *The Rate and Direction of Inventive Activity: Economic and Social Factors*, edited by Richard R. Nelson, 609–26. Princeton, NJ: Princeton University Press.

Atkeson, Andrew, and Patrick J. Kehoe. 2007. "Modeling the Transition to a New

Economy: Lessons from Two Technological Revolutions." *American Economic Review* 97 (1): 64–88.

Autor, David, David Dorn, Lawrence F. Katz, Christina Patterson, and John Van Reenen. 2017. "Concentrating on the Fall of the Labor Share." *American Economic Review, Papers and Proceedings* 107 (5): 180–185.

Autor, David, and Anna Salomons. 2017. "Robocalypse Now–Does Productivity Growth Threaten Employment?" European Central Bank Conference Proceedings, June.

Baumol, William, and William Bowen. 1966. *Performing Arts, The Economic Dilemma: A Study of Problems Common to Theater, Opera, Music, and Dance.* New York: Twentieth Century Fund.

Bessen, James E. 2017. "AI and Jobs: The Role of Demand." Law and Economics Research Paper no. 17-46, Boston University School of Law.

Bloom, Nicholas, Charles I. Jones, John Van Reenen, and Michael Webb. 2017. "Are Ideas Getting Harder to Find?" NBER Working Paper no. 23782, Cambridge, MA.

Bresnahan, Timothy, Erik Brynjolfsson, and Lorin Hitt. 2002. "Information Technology, Workplace Organization, and the Demand for Skilled Labor: Firm-Level Evidence." *Quarterly Journal of Economics* 117 (1): 339–376.

Bresnahan, Timothy F., and Manuel Trajtenberg. 1996. "General Purpose Technologies: 'Engines of Growth'?" *Journal of Econometrics, Annals of Econometrics* 65 (1): 83–108.

Bridgman, B., A. Dugan, M. Lal, M. Osborne, and S. Villones. 2012. "Accounting for Household Production in the National Accounts, 1965–2010." *Survey of Current Business* 92 (5): 23–36.

Brynjolfsson, Erik. 1993. "The Productivity Paradox of Information Technology." *Communications of the ACM* 36 (12): 66–77.

Brynjolfsson, Erik, and Lorin Hitt. 2000. "Beyond Computation: Information Technology, Organizational Transformation and Business Performance." *Journal of Economic Perspectives* 14 (4): 23–48.

———. 2003. "Computing Productivity: Firm-Level Evidence." *Review of Economics and Statistics* 85 (4): 793–808.

Brynjolfsson, Erik, Lorin Hitt, and Shinkyu Yang. 2002. "Intangible Assets: Computers and Organizational Capital." *Brookings Papers on Economic Activity* 2002 (1). Brookings Institution. https://www.brookings.edu/bpea-articles/intangible-assets-computers-and-organizational-capital/.

Brynjolfsson, Erik, and Andrew McAfee. 2011. *Race against the Machine.* Lexington, MA: Digital Frontier.

———. 2014. *The Second Machine Age: Work, Progress, and Prosperity in a Time of Brilliant Technologies.* New York: W. W. Norton & Company.

———. 2017. "What's Driving the Machine Learning Explosion?" *Harvard Business Review* 18:3–11. July.

Brynjolfsson, Erik, Andrew McAfee, Michael Sorell, and Feng Zhu. 2008. "Scale without Mass: Business Process Replication and Industry Dynamics." HBS Working Paper no. 07–016, Harvard Business School. https://hbswk.hbs.edu/item/scale-without-mass-business-process-replication-and-industry-dynamics.

Brynjolfsson, Erik, and Tom Mitchell. 2017. "What Can Machine Learning Do? Workforce Implications." *Science* 358 (6370): 1530–1534.

Brynjolfsson, Erik, and Michael D. Smith. 2000. "Frictionless Commerce? A Comparison of Internet and Conventional Retailers." *Management Science* 46 (4): 563–585.

Byrne, David M., John G. Fernald, and Marshall B. Reinsdorf. 2016. "Does the

United States Have a Productivity Slowdown or a Measurement Problem?" *Brookings Papers on Economic Activity* Spring:109–182.

Cardarelli, Roberto, and Lusine Lusinyan. 2015. "U.S. Total Factor Productivity Slowdown: Evidence from the U.S. States." IMF Working Paper no. WP/15/116, International Monetary Fund.

Case, Anne, and Angus Deaton. 2017. "Mortality and Morbidity in the 21st Century." *Brookings Papers on Economic Activity* Spring: 397–476.

Cette, Gilbert, John G. Fernald, and Benoit Mojon. 2016. "The Pre-Great Recession Slowdown in Productivity." *European Economic Review* 88:3–20.

Conference Board. 2016. "The Conference Board Total Economy Database: Summary Tables (November 2016)." New York, The Conference Board.

Congressional Budget Office (CBO). 2016. *The Budget and Economic Outlook: 2016 to 2026.* https://www.cbo.gov/publication/51129.

———. 2017. *The 2017 Long-Term Budget Outlook.* https://www.cbo.gov/publication /52480.

Cowen, Tyler. 2011. *The Great Stagnation: How America Ate All the Low-Hanging Fruit of Modern History, Got Sick, and Will (Eventually) Feel Better.* New York: Dutton.

David, Paul. 1991. "Computer and Dynamo: The Modern Productivity Paradox in a Not-Too-Distant Mirror." In *Technology and Productivity: The Challenge for Economic Policy*, 315–47. Paris: OECD Publishing.

David, Paul A., and Gavin Wright. 2006. "General Purpose Technologies and Surges in Productivity: Historical Reflections on the Future of the ICT Revolution." In *The Economic Future in Historical Perspective*, vol. 13, edited by Paul A. David and Mark Thomas. Oxford: Oxford University Press.

De Loecker, Jan, and Jan Eeckhout. 2017. "The Rise of Market Power and the Macroeconomic Implications." NBER Working Paper no. 23687, Cambridge, MA.

Esteva, A., B. Kuprel, R. A. Novoa, J. Ko, S. M. Swetter, H. M. Blau, and S. Thrun. 2017. "Dermatologist-Level Classification of Skin Cancer with Deep Neural Networks." *Nature* 542 (7639): 115–118.

Feldstein, Martin. 2015. "The U.S. Underestimates Growth." *Wall Street Journal*, May 18.

Fernald, John G. 2014. "A Quarterly, Utilization-Adjusted Series on Total Factor Productivity." FRBSF Working Paper no. 2012–19, Federal Reserve Bank of San Francisco. Updated March 2014. https://www.frbsf.org/economic-research/files /wp12-19bk.pdf.

Fortunato, Meire, Mohammad Gheshlaghi Azar, Bilal Piot, Jacob Menick, Ian Osband, Alex Graves, Vlad Mnih, et al. 2017. "Noisy Networks for Exploration." arXiv preprint arXiv:1706.10295. https://arxiv.org/abs/1706.10295.

Furman, Jason, and Peter Orszag. 2015. "A Firm-Level Perspective on the Role of Rents in the Rise in Inequality." Presentation at A Just Society Centennial Event in Honor of Joseph Stiglitz at Columbia University, Oct. 16.

Gehring, J., M. Auli, D. Grangier, D. Yarats, and Y. N. Dauphin. 2017. "Convolutional Sequence to Sequence Learning." arXiv preprint arXiv:1705.03122. https:// arxiv.org/abs/1705.03122.

Gordon, Robert J. 2014. "The Demise of US Economic Growth: Restatement, Rebuttal, and Reflections." NBER Working Paper no. 19895, Cambridge, MA.

———. 2015. *The Rise and Fall of American Growth: The U.S. Standard of Living since the Civil War.* Princeton, NJ: Princeton University Press.

Gutiérrez, Germán, and Thomas Philippon. 2017. "Declining Competition and Investment in the U.S." NBER Working Paper no. 23583, Cambridge, MA.

Guvenen, Fatih, Raymond J. Mataloni Jr., Dylan G. Rassier, and Kim J. Ruhl. 2017. "Offshore Profit Shifting and Domestic Productivity Measurement." NBER Working Paper no. 23324, Cambridge, MA.

Hall, Robert E. 2000. "E-Capital: The Link between the Stock Market and the Labor Market in the 1990s." *Brookings Papers on Economic Activity* Fall:73–118.

Hatzius, Jan, and Kris Dawsey. 2015. "Doing the Sums on Productivity Paradox v2.0." *Goldman Sachs U.S. Economics Analyst*, no. 15/30.

Henderson, Rebecca. 1993. "Underinvestment and Incompetence as Responses to Radical Innovation: Evidence from the Photolithographic Industry." *RAND Journal of Economics* 24 (2): 248–70.

———. 2006. "The Innovator's Dilemma as a Problem of Organizational Competence." *Journal of Product Innovation Management* 23:5–11.

Holmes, Thomas J., David K. Levine, and James A. Schmitz. 2012. "Monopoly and the Incentive to Innovate When Adoption Involves Switchover Disruptions." *American Economic Journal: Microeconomics* 4 (3): 1–33.

Hortaçsu, Ali, and Chad Syverson. 2015. "The Ongoing Evolution of US Retail: A Format Tug-of-War." *Journal of Economic Perspectives* 29 (4): 89–112.

Jones, C. I., and P. M. Romer. 2010. "The New Kaldor Facts: Ideas, Institutions, Population, and Human Capital." *American Economic Journal: Macroeconomics* 2 (1): 224–245.

Jovanovic, Boyan, and Peter L. Rousseau. 2005. "General Purpose Technologies." In *Handbook of Economic Growth*, vol. 1B, edited by Philippe Aghion and Steven N. Durlauf, 1181–224. Amsterdam: Elsevier B.V.

Kendrick, John W. 1961. *Productivity Trends in the United States*. National Bureau of Economic Research. Princeton, NJ: Princeton University Press.

Levine, S., C. Finn, T. Darrell, and P. Abbeel. 2016. "End-to-End Training of Deep Visuomotor Policies." *Journal of Machine Learning Research* 17 (39): 1–40.

Levitt, Steven D., John A. List, and Chad Syverson. 2013. "Toward an Understanding of Learning by Doing: Evidence from an Automobile Plant." *Journal of Political Economy* 121 (4): 643–681.

Levy, Frank. 2018. "Computers and Populism: Artificial Intelligence, Jobs, and Politics in the Near Term." *Oxford Review of Economic Policy* 34 (3): 393–417.

Liu, Y., A. Gupta, P. Abbeel, and S. Levine. 2017. "Imitation from Observation: Learning to Imitate Behaviors from Raw Video via Context Translation." arXiv preprint arXiv:1707.03374. https://arxiv.org/abs/1707.03374.

Manyika, James, Michael Chui, Mehdi Miremadi, Jacques Bughin, Katy George, Paul Willmott, and Martin Dewhurst. 2017. "Harnessing Automation for a Future That Works." *McKinsey Global Institute*, January. https://www.mckinsey.com/global-themes/digital-disruption/harnessing-automation-for-a-future-that-works.

McAfee, Andrew, and Erik Brynjolfsson. 2008. "Investing in the IT that Makes a Competitive Difference." *Harvard Business Review* July:98.

Milgrom, P., and J. Roberts. 1996. "The LeChatelier Principle." *American Economic Review* 86 (1): 173–179.

Minsky, Marvin. 1967. *Computation: Finite and Infinite Machines*. Upper Saddle River, NJ: Prentice-Hall.

Mokyr, J. 2014. "Secular Stagnation? Not in Your Life." *Geneva Reports on the World Economy* August:83–89.

Morris, David Z. 2016. "Today's Cars Are Parked 95 Percent of the Time." *Fortune*, Mar. 13.

Nakamura, Leonard, and Rachel Soloveichik. 2015. "Capturing the Productivity

Impact of the 'Free' Apps and Other Online Media." FRBP Working Paper no. 15–25, Federal Reserve Bank of Philadelphia.

Nordhaus, W. D. 2015. "Are We Approaching an Economic Singularity? Information Technology and the Future of Economic Growth." NBER Working Paper no. 21547, Cambridge, MA.

Organisation for Economic Co-operation and Development (OECD). 2015. *The Future of Productivity*. https://www.oecd.org/eco/growth/OECD-2015-The-future -of-productivity-book.pdf.

Orlikowski, W. J. 1996. "Improvising Organizational Transformation over Time: A Situated Change Perspective." *Information Systems Research* 7 (1): 63–92.

Pratt, Gill A. 2015. "Is a Cambrian Explosion Coming for Robotics?" *Journal of Economic Perspectives* 29 (3): 51–60.

Saon, G., G. Kurata, T. Sercu, K. Audhkhasi, S. Thomas, D. Dimitriadis, X. Cui, et al. 2017. "English Conversational Telephone Speech Recognition by Humans and Machines." arXiv preprint arXiv:1703.02136. https://arxiv.org/abs/1703 .02136.

Smith, Noah. 2015. "The Internet's Hidden Wealth." *Bloomberg View*, June 6. http:// www.bloombergview.com/articles/2015–06–10/wealth-created-by-the-internet -may-not-appear-in-gdp.

Solow, Robert M. 1957. "Technical Change and the Aggregate Production Function." *Review of Economics and Statistics* 39 (3): 312–320.

———. 1987. "We'd Better Watch Out." *New York Times Book Review*, July 12, 36.

Song, Jae, David J. Price, Fatih Guvenen, Nicholas Bloom, and Till von Wachter. 2015. "Firming Up Inequality." NBER Working Paper no. 21199, Cambridge, MA.

Stiglitz, Joseph E. 2014. "Unemployment and Innovation." NBER Working Paper no. 20670, Cambridge, MA.

Syverson, Chad. 2013. "Will History Repeat Itself? Comments on 'Is the Information Technology Revolution Over?'" *International Productivity Monitor* 25:37–40.

———. 2017. "Challenges to Mismeasurement Explanations for the US Productivity Slowdown." *Journal of Economic Perspectives* 31 (2): 165–186.

Yang, Shinkyu, and Erik Brynjolfsson. 2001. "Intangible Assets and Growth Accounting: Evidence from Computer Investments." Unpublished manuscript, Massachusetts Institute of Technology.

评论

Rebecca Henderson *

"AI 与现代生产力悖论"是一个神话般的篇章。它写得很漂亮，非常有趣，并且直接涉及一个重要问题的核心，即 AI 对经济增长的影响是什么？作者提出两个主要的主张。首先，AI 是一种通用技术（GPT），或称通用技术，因此可能对生产力和经济增长产生巨大影响。第二，我们在生产力统计

* Rebecca Henderson 是约翰·纳蒂·麦克阿瑟大学（John and Natty McArthur University）教授，并受到哈佛商学院一般管理和战略部门的联席任命，同时也是国家经济研究局的研究助理。

如果有致谢、研究支持来源以及作者重要财务关系披露，请参阅 http//www. nber. org/chapters/ c14020. ack。

数据中尚未看到它的原因是，就像所有通用技术一样，这是一种需要足够的时间才能在整个经济中产生影响的技术。

更具体地说，作者认为 AI 需要时间来实现，因为它的采用需要掌握"调整成本、组织变化和新技能。"他们认为，正如 IT 技术一样，只有公司制造组织变革并雇用了掌握它所必需的人力资本，我们才能在生产力统计中看到 IT 带来的刺激效果，AI 的实现不仅需要技术本身的使用，还需要开发利用其全部潜力所需的组织和人力资产。

这是一个引人入胜的想法。我非常喜欢这一章的原因之一是认真对待经济学家长期以来一直反对的观点，也就是像"文化"和"组织能力"这样含糊不清的东西可能非常重要、昂贵，以及难以改变。25 年前，当我向《RAND Journal of Economics》杂志提交一篇论文时，他认为守擂者与打擂者相比处于不利地位，因为他们受到旧的表现和感知方式的限制。我收到编辑的一封信，开头说："亲爱的 Rebecca，你写了一篇论文，暗示月亮是由绿色奶酪制成的，而经济学家们对这些不起眼的小行星的运动关注得太少了。"

我想今天很少有编辑会这样回应。由于组织经济学的新工作和 Nick Bloom, John van Reenen, Raffaella Sadun 以及作者本人等学者的开创性实证研究，我们现在有充分的理由相信管理过程和组织结构具有非常实际的效果。在性能上，他们需要花费大量时间来改变。本章最令人兴奋的事情之一就是认真对待这些想法，认为目前生产率的放缓主要是组织惯性的作用，这是 30 年前的中央宏观经济结果无法解释和涵盖的一个因素。

这真令人兴奋。这是真的吗？如果是，它的含义是什么？

我的猜测是 AI 的部署确实会因需要改变组织结构和流程而受到限制。但我认为作者可能在重要方面低估了这种动态的含义。

以会计行业为例。几个月前，我碰巧遇到了世界上最大的会计师事务所之一的首席策略官。他告诉我，他的公司雇用了世界上最多的大学毕业生（也可能不是，不过他相信），并且他的公司正计划在接下来的 4~5 年中将他们雇佣的大学毕业生人数减少 75%，很大程度上是因为 AI 将越来越能胜任目前由人类执行的大部分审计工作。这种转变肯定会通过每个会计师事务所将 AI 整合到他们的程序中并说服他们的客户支付这一服务来达成。虽然本章所暗示的各种障碍的例子也可能会发生，但原则上 AI 应该会极大地提高会计服务的生产力，这正是 Erik 及其合作者所希望的效果。

但我很担心那些不会被会计师事务所雇佣的大学毕业生。更广泛地说，随着 AI 开始在整个经济中的使用，很多人会被推到新的位置，很多人将会失业。正如改变组织过程需要时间一样，因此需要时间来重新构建社会环境，以便能够处理这些人力资源的错位。没有这些投资（包括教育、再安置援助等方面），公众可能会强烈反对 AI，从而大大降低其差异化率。

例如，作者对自动驾驶汽车的广泛使用可能带来的好处感到兴奋。生产力似乎有可能飙升，更值得庆幸的是，每年不会再有成千上万的人在车祸中丧生。但"驾驶"是最大的职业之一。当数百万人开始被淘汰时会发生什么？我与作者相信，AI 的潜力可能是创新和增长的巨大来源。但我可以看到社会层面和组织层面的转型带来的阻力。如果从技术的初始部署中获得的经济收益中的太大份额转移到资本所有者而不是社会其他部分，那么也会带来更大的阻力。

这就是说我比 Erik 和他的合作者对 AI 的普及速度更加悲观，这甚至在我开始讨论 Scott，Iain 和我在这一章中触及的问题之前，也就是说我们在 AI 方面的投资相对于社会需求而言是不足的，同时也伴随着相当数量的成本耗散。

2 人工智能的技术元素

Matt Taddy[*]

2.1 引言

在过去 10 年，我们看到企业利用数据来优化业务的程度急剧上升。这被称为"大数据"或"数据科学"革命，其特征是，包括如文本和图像等非结构化、非传统数据在内的数据的量非常大，以及在分析中使用快速和灵活的机器学习算法。随着最近深度神经网络（DNNs）和相关方法的不断改进，高性能的机器学习算法的应用也在不同数据场景下变得更加自动化和稳健。这导致 AI 的迅速崛起，它通过将许多机器学习算法（每一种都针对一个直接的预测任务）结合在一起来解决复杂的问题。

在本章中，我们将定义一个框架来考虑这种新的由机器学习驱动的 AI 的组成部分。了解组成这些系统的各个部分以及它们是如何结合在一起的，对将要围绕该技术来建立业务的人来说非常重要。那些研究 AI 经济学的人可以使用这些定义来消除在关于 AI 的预期生产力影响和数据需求的对话中的歧义。最后，这个框架应该有助于阐明 AI 在现代商业分析和经济测度实践中的作用。

2.2 什么是 AI

在图 2.1 中，我们将 AI 分解为三个主要并且重要的部分。这是一个完整的端到端 AI 解决方案（在微软，我们称之为智能系统），能够吸收人类层面的知识（如通过机器阅读和计算机视觉），并利用这些信息使以前只有

---

   * Matt Taddy 是芝加哥大学布斯商学院（University of Chicago Booth School）的计量经济学和统计学教授，也是微软新英格兰研究中心（Microsoft Research New England）的首席研究员。

   有关致谢，研究支持的来源以及披露作者的重大财务关系的信息，如果有任何问题，请访问 http：//www.nber.org/chapters/c14021.ack。

人类才能完成的任务进行自动化和加速。在这里，必须有一个定义良好的任务结构来进行设计，而在商业环境中，这种结构是由商业和经济领域的专业知识提供的。你需要大量的数据来启动和运行系统，还需要一个能够继续生成数据使系统能够响应和学习的策略。最后，你需要机器学习程序并在非结构化数据中识别模式且作出预测。本节将讨论这些支柱，在后面的部分中，我们将详细讨论深度学习模型、它们的最优化和数据生成。

AI=	领域结构	+	数据生成	+	通用机器学习
	业务专家		强化学习		深度神经网络
	结构化计量		大数据资产		视频/音频/文本
	放松与启发		传感器/视频跟踪		样本外验证+随机梯度下降+图形处理单元

图 2.1　AI 系统是使人类任务自动化和加速的机器学习预测器的自我训练结构

注意，我们在这里显然是将机器学习从 AI 中分离出来。这很重要：这是不同的但常常令人困惑的技术。机器学习可以做很多奇妙的事情，但基本仅限于预测一个看起来很接近于过去的未来。这些是模式识别的工具。相比之下，AI 系统能够解决以前人类未解决的复杂问题。它通过将这些问题分解成一系列简单的预测任务来实现这一点，其中每个任务都可以被一个"非智能的"机器学习算法解决。AI 使用机器学习实例作为更大系统的组件。这些机器学习实例需要在一个由领域知识定义的结构中组织起来，并需要向它们提供数据来帮助其完成分配到的预测任务。

这并不是要贬低机器学习在 AI 中的重要性。与早期的 AI 尝试相反，当前的 AI 实例是由机器学习驱动的。机器学习算法被植入 AI 的各个方面，下面我们将描述机器学习作为一种通用技术的进化过程。这种进化是当前 AI 崛起背后的主要驱动力。然而，机器学习算法是更大场景下的 AI 的砖块。

为了让这些想法具体一些，我们举一个微软旗下公司 Maluuba 的 AI 系统的例子，该系统是为了玩 Atari 开发的视频游戏"Pac‑Man 女士"而设计（Van Seijen 等，2017）。该系统如图 2.2 所示。玩家在这款游戏"棋盘"上移动 Pac‑Man 女士，在确保避免被敌对的"鬼"吃掉的同时，吃小球获得奖励。Maluuba 的研究人员能够建立一个学习如何精通游戏的系统，取得尽可能高的分数，并超越人类的表现。

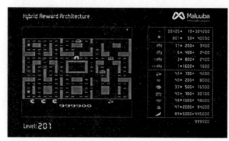

图 2.2 玩 Pac – Man 女士的 Maluuba 系统的屏幕截图

注：在左侧，我们看到游戏界面上有一个 Pac – Man 女士和鬼魂的迷宫。在右侧，作者分配了箭头，显示了 Pac – Man 女士的当前方向，该方向由棋盘上不同的位置给出建议，每个位置对应于一个独特的深层神经网络。完整的视频在 https：// youtu. be/ zQy-WMHFjewU

人们对 AI 的普遍误解是，在 Maluuba 这样的系统中，游戏玩家是一个深度神经网络。也就是说，该系统的工作原理是将人类摇杆换成人工的 DNN "大脑"。它不是这样工作的。Maluuba 系统被分解为 163 个部分的机器学习任务，而不是一个与 Pac – Man 女士（这是人类玩家体验游戏的方式）相关联的单一 DNN。如图 2.2 右边所示，工程师们为棋盘的每个单元分配了一个不同的 DNN 程序。此外，他们还用 DNN 跟踪游戏角色：鬼，当然还有 Pac – Man 女士自己。然后，AI 系统通过考虑每一个机器学习组件的建议来选择方向，并在游戏中的任何位置告诉 Pac – Man 女士方向。与 Pac – Man 女士目前位置关系密切的组件的建议比较远地方的组件的建议有更大的权重。因此，你可以将分配给棋盘上每个方块的机器学习算法看作一个简单的任务：当 Pac – Man 女士穿过这个位置时，接下来她应该往哪个方向走？

学习玩电子游戏或棋盘游戏是 AI 公司展示其现有能力的标准方式。谷歌 DeepMind 系统 AlphaGo（Silver 等，2016）是此类演示中最突出的一个，它是为了玩极其复杂的棋盘游戏——围棋而构建的。该系统能够超越人类的能力，2016 年 3 月，在韩国首尔举行的一场直播活动中，该系统以 4∶1 的比分击败世界冠军李世石。就像 Maluuba 系统把 Pac – Man 女士分解成许多组合任务一样，AlphaGo 成功地分解出一系列的复合机器学习问题：评估不同棋盘位置的"价值网络"和推荐下一步行动的"策略网络"。这里的关键是，虽然复合机器学习任务可以使用相对通用的 DNN 进行解决，但是完整的复合系统是用针对当前问题的结构的高度专一化的方式构建的。

在图 2.1 中，AI 的第一个支柱为领域结构。这是允许你将一个复杂的问题分解成可被机器学习解决的复合任务的结构。AI 公司之所以选择游戏，是因为这种结构是明确的：游戏规则是编好的。这暴露了游戏和可以在真实世界的应用中取代人类的系统之间的巨大差异。要处理真实世界的问题，需要有一个关于相关游戏规则的理论。例如，如果你想要构建一个能够与客户沟通的系统，那么你可以使用一种允许为每个客户生成不同对话的机器学习程序的方式来制定客户的需求和意图。或者，对于用于处理在零售环境中处理市场和价格的 AI 系统，你需要能够使用经济需求系统的结构来预测改变一个物品的价格（这是单个 DNN 的工作）将会怎样影响其他商品的最优价格和客户的行为（可以用 DNN 来对他们建模）。

AI 系统的成败取决于特定的场景，你需要使用场景的结构来指导你的 AI 的体系结构。对于希望利用 AI 的企业和希望预测其影响的经济学家来说，这一点至关重要。我们将在下面详细介绍，当前形式的机器学习已经成为一种通用技术（Bresnahan，2010）。随着时间的推移，这些工具将变得更便宜、更快捷，这要归功于机器学习本身和 AI 技术栈的上下层（例如，上层业务系统的软件连接器的提升，下层 GPU 之类的计算硬件的提升）的创新。机器学习有潜力成为一种云计算商品。[①] 相反，将机器学习组件组合成端到端的 AI 解决方案所必需的领域知识将不会商品化。那些拥有将复杂的人类商业问题分解为机器学习可解决组件的专业知识的人，将成功构建下一代商业 AI，相比玩游戏它可以做更多的事。

在类似的场景下，社会科学将会发挥作用。科学是将观测到的异常复杂的现象结构化和理论化。经济学作为最接近商业的社会科学，常常被用来为商业 AI 提供规则。由于机器学习驱动的 AI 依赖于在场景中测度收益和参数，所以计量经济学将成为关键角色，它可在假设系统和用于反馈和学习的

---

① 亚马逊、微软、谷歌都开始将标注和图像分类等基本机器学习功能作为云服务的一部分。这些服务的价格很低，而且不同提供商的价格很接近。

数据信号之间建立桥梁。这项工作无法直接转化。我们需要构建允许机器学习算法中存在一定误差的系统。那些只适用于非常严格的条件的经济理论，如刀刃均衡（Knife's Edge Equilibrium），这对 AI 来说太不稳定了。这就是为什么我们在图 2.1 中提到放松和启发式。在这里有一个令人兴奋的前景，经济学家可以为 AI 工程作出贡献，并且随着我们了解到哪些东西对商业 AI 有效，哪些无效，AI 和经济学都将取得进步。

除机器学习和领域知识之外，图 2.1 中 AI 的第二个支柱是数据生成。我在这里使用"生成"这个词，而不是像"收集"这样更被动的词，来强调 AI 系统需要一个主动的策略来保持稳定的新的有用的信息流流入复合学习算法。在大多数 AI 应用程序中，将有两类数据：固定规模的数据资产，用于为一般任务训练模型，以及系统主动生成的改进性能的数据。例如，在学习如何玩 Pac-Man 女士时，模型可以初始化在一个记录人类如何玩游戏的数据库上。这是固定规模的数据资产。然后这个初始化的系统开始玩 Pac-Man 女士游戏。回想一下，系统被分解成许多机器学习组件，随着不断地玩游戏，每个组件都能够在不同的场景中尝试可能的动作。由于这些都是自动化的，系统可以迭代大量的游戏并快速积累丰富的经验。

对于商业应用程序，我们不应该低估拥有大型数据资产来初始化 AI 系统的优势。与棋盘游戏或视频游戏不同，现实世界的系统需要能够解释各种极其细微的信号。例如，任何与人类对话交互的系统必须能够理解通用领域语言，然后处理特定的问题。因此，拥有大量人类交互数据（如社交媒体或搜索引擎）的公司在对话 AI 系统中具有很大的技术优势。然而，这些数据只是让你起步。在这个"温暖的起步"之后，当系统开始与真实世界的业务事件交互时，指定上下文的学习就开始了。

主动选择所消耗的数据的机器学习算法的一般框架称为增强学习（RL）。① 这是机器学习驱动的 AI 的一个非常重要的方面，我们有一个专门的部分讨论这个主题。在一些狭义和高度结构化的场景中，研究人员已经构

---

① 这是统计学中的一个古老的概念。在之前的迭代中，强化学习的部分被称为实验序列设计、主动学习和贝叶斯优化。

建了"零样本（Zero‑Shot）"学习系统，在没有任何静态训练数据的情况下，AI 能够在启动后获得高性能。例如，在随后的研究中，谷歌 DeepMind 开发了 AlphaGoZero（Silver 等，2017）系统，该系统使用零样本学习来复制他们早期 AlphaGo 的成功。注意，RL 是在单个机器学习任务的级别上，我们可以将 AI 的描述更新为由许多 RL 驱动的机器学习组件组成。

围绕着可以模拟出看起来像是来自真实世界的"数据"的 AI 系统，有大量的研究，这是对强化学习工作的补充。这具备了加速系统的训练、复制其在电子游戏和棋盘游戏上的成功的潜力，而在这些游戏中的试验几乎都没有成本（仅仅是游戏，没有人会赔钱或受伤）。生成对抗网络（GANs；Goodfellow 等，2014）是一种方案，它用一个 DNN 模拟数据，用另一个 DNN 试图识别哪些数据是真实的，哪些数据是模拟的。例如，在一个图像标记的应用程序中，一个网络将为图像生成题注，而另一个网络将尝试识别哪些题注是人工生成的，哪些是机器生成的。如果这个方案运行得足够好，那么您就可以构建一个图像标记器，同时最小化在训练时需要的显示人类的虚拟题注的数量。

最后，AI 正在进入物理空间。例如，Amazon Go 的概念提供了一种无摩擦购物结账的体验，在这种体验中，通过摄像头和传感器得知你从货架上取了什么，并向你收取相应的费用。这些系统与任何其他 AI 应用程序一样是数据密集型的，但它们还需要将信息从物理空间变换到数字空间。他们需要能够识别和追踪物体或个人。目前的实现依赖于将通过传感器和设备网络得到的基于对象的数据源（Internet of Tings，IOT）和来自监控摄像头的视频数据相结合。传感器数据的优势在于其结构良好，并与对象绑定，但视频数据具有灵活性，可以查看事先没有标记的位置和对象。随着计算机视觉技术的进步，以及相机硬件的提升和成本的降低，我们应该看到重点正在转向非结构化的视频数据。我们已经在 AI 开发中看到了类似的模式，例如，随着机器阅读能力的提高，原始会话日志的使用也在增多。这是机器学习驱动的 AI 向着通用形式的发展。

2.3　通用机器学习

AI 中最受关注的部分是通用机器学习（AI 的第三个支柱），它的受关注程度如此之高，以至于常常与整个 AI 混淆在一起。尽管有些过分强调，但很明显，深度神经网络（DNN）是 AI 增长背后的主要驱动力。这些 DNN 能够比以往更快、更自动地学习到语音、图像和视频数据（以及更传统的结构化数据）中的模式。它们提供了新的机器学习能力，并完全改变了机器学习工程师的工作流程。然而，这项技术应该被理解为现有机器学习能力的快速发展，而不是作为一个全新的东西。

机器学习是研究如何从复杂数据中自动建立可靠预测的领域。它与现代统计学密切相关，实际上机器学习中许多最佳的想法都来自统计学家（LASSO 回归模型、决策树、随机森林等）。但是，统计学家通常把重点放在模型推断上，从而理解他们的模型的参数（如检验回归中的单个参数），而机器学习更聚焦于最大化预测表现的单一目标。机器学习的整个领域都是根据"样本外"实验进行校准的，这些实验是评估在一个数据集上训练得到的模型将如何预测新的数据。尽管最近呼吁增加机器学习的透明度，但明智的机器学习从业者会避免给他们拟合的模型的参数赋予结构化的含义。这些模型是黑盒子，目的是在预测与过去数据具有相同模式的未来方面将做得很好。

预测比模型推断更容易。这使得机器学习能够快速向前推进，处理更大、更复杂的数据。它还促进了对自动化的关注：开发可以处理各种不同类型数据的算法，而不需要进行多少或根本不需要进行调整。在过去的十年中，我们看到了通用机器学习工具的爆炸式增长，这些工具可以部署在难以处理的数据上，并自动调整以获得最佳的预测表现。

具体使用的特定的机器学习技术包括高维 l_1 正则化回归（LASSO），决策树算法和集成树（如随机森林），以及神经网络。这些技术在诸如"数据挖掘"和最近的"预测分析"等标签下的业务问题中得到了应用。由于许多政策和业务问题不仅需要预测，还需要从业者的推断，并结合统计学中的原理。他们的工作，与大数据的需求分析和数据的丰富性结合在一起，形成了不严格定义的数据科学领域。最近，随着该领域的成熟和人们认识到了并非所有事情都可以明确地进行 A/B 测试，数据科学家们发现了因果分析的重要性。数据科学目前最活跃的领域之一是将机器学习工具与计量经济学家长期研究的反事实推断相结合，因此，现在将机器学习和统计方法与经济学家的工作相结合。如 Athey 和 Imbens（2016），Hartford 等（2017），以及 Athey（2017）中的调查。

将机器学习向一般业务分析领域的推动，使企业能够从高维和非结构化数据中获得洞察力。这之所以成为可能，是因为机器学习工具和配套已经变得足够稳健和可用，使得那些非计算科学和统计领域专家的人也可以部署它们。也就是说，各种数据背景的人可以使用它们，这些使用者具有相关业务领域的专业知识。同样，经济学家和其他社会科学家也可以使用这些工具，为科学上引人注目的研究问题带来新的数据。同样，这些工具的一般可用性推动了它们跨学科的使用。它们被打包成高质量的软件，并包含是否使用过程或路径或方法更合适，允许用户观察他们所拟合的模型在未来预测任务中的表现。

最新一代的机器学习算法，尤其是从大约 2012 年爆发的深度学习技术（Krizhevsky，Sutskever 和 Hinton，2012），在拟合和应用预测模型的过程中提高了自动化水平。这种新的机器学习类型是我们在图 2.1 最右边的支柱中引用的通用机器学习（GPML）。通用机器学习的第一个组件是深度神经网络：由多层非线性转换节点函数组成的模型，其中每一层的输出为网络中下一层的输入。我们将在深度学习一节中更详细地描述 DNN，就现在而言，与以前相比，DNN 在非结构化数据中寻找模式更快、更容易。它们也是高度模块化的。您可以使用为一种类型的数据（如图像）优化的层，并将它和为其他类型的数据（如文本）优化的其他层组合在一起。您还可以用在一个数据集（如通用图像）上预先训练过的层作为更专门化的模型（如一个特定的识别任务）中的组件。

专门化的 DNN 架构承担着处理人类级别数据（视频、音频和文本）的关键通用机器学习功能的责任。这对 AI 来说至关重要，因为它允许这些系统安装在与人类能够消化的知识相同的来源之上。您不需要创建一个新的数据库系统（或现有的标准形式）来满足 AI；相反，AI 可以在业务功能所生成的混乱信息之上运行。这一能力有助于说明为什么基于通用机器学习的新 AI 比以前的 AI 更有前景。传统 AI 依赖于手工指定的逻辑规则来模拟理性的人如何处理一个给定问题（Haugeland，1985）。这种方法有时被怀旧地称为"好的老式的 AI"（Good Old - Fashioned AI，GOFAI）。GOFAI 的问题很明显：用逻辑规则解决人类问题需要对所有可能的场景和行为进行极其复杂的编目。即使对于能够从结构化数据中学习的系统，也需要一个明确而详细的数据计划，这意味着系统设计者必须预先知道如何将复杂的人类任务转换为确定性算法。

新的 AI 没有这个限制。例如，考虑创建一个虚拟代理来回答客户的问题（如"为什么我的计算机不能启动"）。一个 GOFAI 系统将会是基于手工编码的对话树：如果一个用户说了 X，则回答 Y，等等。要安装该系统，您需要让人类工程师理解并显式地为所有主要客户问题编写代码。与此相反，新的机器学习驱动的 AI 可以简单地吸收所有现有的客户支持日志，并学习复制过去人类代理如何回答客户问题。机器学习允许系统从人类对话中推断出支持模式。安装工程师只需要启动 DNN 拟合例程。

在图 2.1 中突出显示的通用机器学习的最后一点，是帮助模型在大规模数据集上拟合的工具：为优化模型的样本外（Out of Sample，OOS）验证法，为优化参数的随机梯度下降法（Stochastic Gradient Descent，SGD），为大规模并行优化的图形处理单元（GPU）和其他的计算机硬件。所有这些都是大规模通用机器学习成功的关键。尽管这些工具通常与深度学习和 DNN（尤其是 SGD 和 GPU）联系起来，但它们是在许多不同机器学习算法的背景下发展起来的。DNN 相对于其他机器学习建模方案的兴起，部分原因是通过反复试验，机器学习研究者发现，在这些可用工具的背景下，神经网络模型特别适合于工程领域（Le Cun 等，1998）。

样本外验证是一个基本思想：通过比较模型在"训练"（拟合）期间未使用的数据上的预测来选择最佳模型。这可以形式化为交叉验证的例程：将数据分成 K 折，然后第 K 次将模型在除第 K 折外的所有数据上拟合，并在留出的一折上评估它的预测性能（如均方误差或误分类率）。然后将具有最优平均 OOS 性能（如最小错误率）的模型应用于实践中。

机器学习大量采用 OOS 验证作为模型质量的仲裁者，使得机器学习工程师不再需要对模型质量进行理论化。因此，当你只使用"猜测和测试"作为模型选择的方法时，可能会有挫败和延迟。但是，越来越多地，所需的模型搜索不是由人类执行的：这可以由额外的机器学习例程执行。要么就在 Au-toML（Feurer 等，2015）框架中显式地进行，该框架使用简单的辅助机器学习来预测更复杂的目标模型的 OOS 表现，要么就通过向目标模型添加灵活性

（如将调优参数作为优化目标的一部分）隐式地进行。OOS 验证提供了一个明确的目标来进行优化，而这个目标与样本内不同，不会有过拟合的动机，这促进了模型的自动调优。它将人为因素从使模型适应特定数据集的过程中剔除。

大多数读者对随机梯度下降优化不太熟悉，但它是通用机器学习的一个关键部分。这类算法允许模型在只能在小块中观察到的数据上拟合：您可以在数据流中训练模型，并避免对整个数据集进行批量计算。这可以让您在大数据集上估计复杂的模型。由于一些微妙的原因，SGD 算法的工程也倾向于鼓励稳健的和一般化的模型拟合（即 SGD 的使用不鼓励过拟合）。我们将在专门的一节中详细介绍这些算法。

最后是 GPU，专业的计算机处理器使大规模机器学习成为现实，持续的硬件创新将有助于推动 AI 进入新的领域。带有随机梯度下降的深度神经网络训练涉及大规模并行计算：许多在网络参数上的基本操作要同时执行。图形处理单元是为这种类型的计算而设计的，在视频和计算机图形显示的场景中，图像的所有像素都需要同时并行的渲染。虽然 DNN 训练最初只是 GPU 的一个辅助情形（即是它们主要的计算机图形功能的副功能），AI 应用现在对 GPU 制造商来说至关重要。例如，英伟达（Nvidia）是一家 GPU 公司，其市值的增长一直受到 AI 崛起的推动。

在这里，技术并没有停滞不前。GPU 的速度越来越快，价格也越来越便宜。我们还看到了为机器学习优化而从头设计的新芯片的部署。例如，微软和亚马逊的数据中心正在使用现场可编程门阵列（Field – Programmable Gate Arrays，FPGAs）。这些芯片允许动态地设置精度要求，从而有效地将资源分配给高精度的操作，并在只需要几个小数点的地方节省计算量（如在对 DNN 参数进行早期优化更新时）。另一个例子是，谷歌的张量处理单元（Tensor Processing Units，TPUs）是专门为具有"张量"的代数而设计的，这是一种在机器学习中常见的数学对象。①

通用技术的一个特点是，它在该技术所处的供应链上游和下游，都能带来广泛的行业变革。这就是我们正看到的新的通用机器学习。在下游，我们看到芯片制造商正在改变他们所创造的硬件类型，以适应这些基于 DNN 的 AI

---

① 张量是矩阵的多维扩展——也就是说，矩阵是二维张量的另一个名字。

系统。在上游，通用机器学习已经导致了一类新的机器学习驱动的 AI 产品。随着我们在现实世界中寻求更多的 AI 能力——自动驾驶汽车、对话式业务代理、智能经济市场——这些领域的专家将需要找到方法，以便将他们的复杂问题分解为机器学习任务的结构。这是经济学家和业务专家应该拥抱的角色，在其中，对用户越来越友好的通用机器学习例程成为他们交易的基本工具。

2.4　深度学习

我们已经说过深度神经网络是通用机器学习中的一个关键工具，但是它们到底是什么呢？是什么使它们变深？在这一节中，我们将对这些模型进行高度的概述。这不是一份用户指南。为此，我们推荐 Goodfellow，Bengio 和 Courville（2016）最新出版的优秀教材。这是一个快速发展的研究领域，新型的神经网络模型和估计算法正在稳步发展。在这个领域中的热情，以及大量的媒体和商业炒作，使跟踪变得很困难。此外，机器学习公司和学术界倾向于将每一项渐进的变化都标榜为"全新的"，这导致了现有文献的混乱，新来者很难驾驭。但是深度学习有一个通用的结构，对这个结构的不带炒作成分的理解应该会让您深入了解它成功的原因。

2.4.1　神经网络是简单的模型

实际上，它们的简单性是一种优势：基本的模式有助于快速训练和计算。该模型具有输入的线性组合，这些输入通过称为节点（或参考人类大脑，称为神经元）的非线性激活函数传递。一组对相同输入进行不同加权和的节点称为"层"，一层节点的输出是下一层的输入。这个结构如图 2.3 所示。这里的每个圆都是一个节点。那些在输入层（最左边）的通常有一个特殊的结构；它们要么是原始数据，要么是通过另外一层（如我们将要描述的卷积）处理的数据。输出层给出你的预测值。在一个简单的回归设定中，这个输出可能只是 $\hat{y}$，即某个随机变量 y 的预测值，但 DNN 可以用于预测各种高维对象。与输入层中的节点一样，输出节点也倾向于使用特定应用的形式。

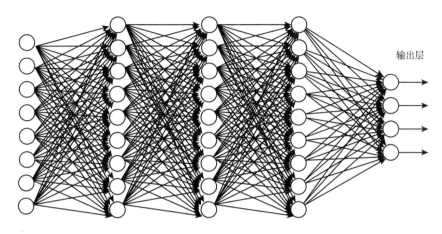

图 2.3　一个 5 层神经网络

资料来源：修改自 Nielsen（2015）.

　　网络内部的节点具有"经典"的神经网络结构。设 $\eta_{hk}(\cdot)$ 为内层 h 中的第 k 个节点。该节点将网络前一层 $h-1$ 节点的输出加权组合作为输入，并用非线性转换得到输出。例如，ReLU（"整流线性单元"）节点是目前使用的最常见的函数形式；它只是输出其输入和 0 之间的最大值，如图 2.4 所示。[①] 设 z_{ij}^{h-1} 为节点 i 的第 $h-1$ 层节点 j 的输出，则可以写出第 h 层第 k 个节点的相应输出：

$$z_{ik}^{h} = \eta_{hk}\left(\omega_{h'}\, z_{i}^{h-1}\right) = \max\left(0, \sum_{j} \omega_{hj}\, z_{ij}^{h-1}\right), \qquad\qquad 式（1）$$

其中，ω_{hj} 是网络的权重。对于给定的网络结构（节点和层的结构），这些权重是在网络训练期间更新的参数。

2.4.2　神经网络有着悠久的历史

　　例如，对这类模型的研究可以追溯到 20 世纪中期，包括 Rosenblatt 的感知机（Rosenblatt，1958）。这项早期工作的重点是网络，作为可以模拟人类大脑实际结构的模型，在 20 世纪 80 年代末，训练神经网络的算法的进步（Rumelhart 等，1988）为这些模型作为通用模式识别工具而非大脑的玩具模

---

　　① 在 20 世纪 90 年代，人们在不同的节点转换函数之间进行了大量的选择。最近的共识是你可以只使用简单且计算方便的转换（如 ReLU）。如果有足够的节点和层，那么哪一种转换并不重要，只要它是非线性的。

型开辟了潜力。这导致了神经网络研究的繁荣，20 世纪 90 年代发展起来的方法是现在许多深度学习的基础（Hochreiter 和 Schmidhuber，1997；Le Cun 等，1998）。然而，这次繁荣以失败告终。由于自 20 世纪 90 年代末以来，预期结果与实际结果之间的差距（以及一直以来的在大数据集上训练网络的困难），神经网络仅仅是作为众多机器学习方法中的一种。在应用中，它们被更稳健的工具取代，如随机森林、高维正则回归和各种贝叶斯随机过程模型。

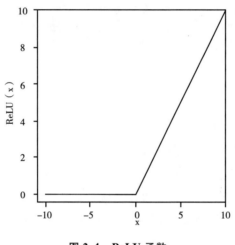

图 2.4　ReLU 函数

在 20 世纪 90 年代，人们倾向于通过增加宽度来增加网络的复杂性。有两三个层（例如，常见的一个隐含层），每层中有大量的节点，用于近似复杂函数。研究人员已经证实，如果能够训练足够的数据，这种"宽的"学习可以近似任意函数（Hornik，Stinchcombe 和 White，1989）。然而，这是一种从数据中学习的低效方式。宽的网络非常灵活，但是它们需要大量的数据来驯服这种灵活。这样，宽的网络就像传统的非参数统计模型，如序列和核估计。事实上，在 20 世纪 90 年代末，Radford Neal 证明了了，随着一个单层中的节点数趋向无穷大，某些神经网络会向经典的统计回归模型即高斯过程收敛（Neal，2012）。似乎有理由得出这样的结论：神经网络只是更透明的统计模型的笨拙版本。

什么发生了改变？有很多方面。两个非方法论的事件是最重要的：我们获得了更多的数据（大数据）和使计算硬件变得更加高效（GPU）。但也发展了一个重要的方法论：网络变得更深了。这一突破通常归功于 2006 年 Hinton 和合作者们在网络架构上的工作（Hinton，Osindero，2006），该架构将许多预训练过的层堆叠在一起，用于手写识别任务。在预训练中，网络的内层在被作为监督学习机制的一部分使用之前，先使用非监督学习任务（即对输入的降维）来拟合。这个想法类似于主成分回归：您首先拟合一个 x 的低维表示，然后使用这个低维表示来预测相关的 y。Hinton 和同事的方案使得研究人员可以训练比以前更深层次的网络。

这种特殊类型的无监督预训练不再被视为深度学习的核心。然而，Hinton，Osindero 和 Teh（2006）的论文让许多人看到了深层神经网络的潜力：具有许多层的模型，每一层可能具有不同的结构，在整个机制中起着不同的作用。也就是说，一个人可以训练深度网络，很快演变成了一个人应该为模型增加深度。在接下来的几年里，研究小组开始从实践和理论上证明，深度对于有效地从数据中学习非常重要（Bengio 等，2007）。深度网络的模块化是关键：每一层功能结构都扮演着特定的角色，当在不同数据应用间转换时，您可以像乐高积木一样交换层。这使快速的特定于应用的模型开发成为可能，同时也使跨模型的迁移学习成为可能：一个来自网络的已经被训练用于一种类型的图像识别问题的内部层，可以用来热启动一个新的网络来完成不同的计算机视觉任务。

Krizhevsky，Sutskever 和 Hinton（2012）表明，他们的 DNN 能够在著名的 ImageNet 计算机视觉大赛中打败当前的性能基准，从此深度学习进入机器学习主流。从那时起，竞赛就开始了。例如，图像分类的表现已经超过人类的能力（He 等，2016），DNN 现在能够识别图像并生成合适的题注（Karpathy 和 Fei - Fei，2015）。

这些计算机视觉进步背后的模型都使用了特定类型的卷积变换。原始图像数据（像素）经过多个卷积层后，再作为这些卷积层的输出送入式（1）和图 2.3 的经典神经网络结构中。一个基本的图像卷积操作如图 2.5 所示：使用一个权值核，将在一个局部区域内的图像像素组合成在一个（通常）低维的输出图像中的单个输出像素。所谓卷积神经网络（CNNs；Le Cun 和 Bengio，1995）阐述了使深度学习获得成功的策略：将不同的专门化的层叠加在一起很方便，这样特定于图像的函数（卷积）就可以进入擅长表示泛型函数形式的层中。在当代的 CNN 中，通常会有多个层的卷积用于 ReLU 激活，并最终用于由输出每个输入矩阵的最大值的节点构成的最大池化层。[①] 例如，图 2.6 显示了我们在 Hartford 等（2017）中使用的非常简单的体系结构，用于将数字识别与（模拟的）业务数据混合在一起的任务。

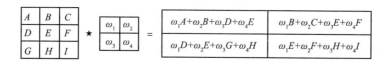

图 2.5 基本的卷积操作

注：像素 A，B 等在核权重 ω_k 上相乘并求和。对"图像"中的每个 2×2 子矩阵都应用核。

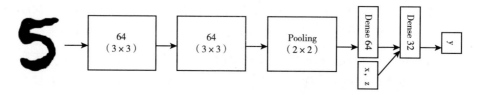

图 2.6 Hartford 等（2017）中的网络体系结构

注：变量 x，z 包含了结构化的业务信息（如产品 ID 和价格），这些信息与手写数字的图像在网络中混合。

这是深度学习的主题：模型使用特定于输入数据格式的早期层转换。对于图像，使用 CNN。对于文本数据，需要将单词嵌入到向量空间中。这可以通过一个简单的 word2vec 变换（Mikolov 等，2013）实现（对单词的共同出现计数矩阵进行线性分解；如在三个单词的两两之间），或通过 LSTM（长短时记忆）体系结构（Hochreiter 和 Schmidhuber，1997）——对单词或字母序列建模，这些单词或字母序列本质上混合了隐马尔可夫模型（Long）和自回归过程（Short）。还有许多其他变种，每天都有新的体系结

---

① 卷积神经网络是一个巨大而有趣的领域。如果您想学习的更多，Goodfellow，Bengio 和 Cour- ville（2016）的教科书是一个很好的起点。

构被开发出来。①

有一件事必须要清楚：DNN 有很多结构。这些模型与统计学家、计量经济学家和早期机器学习中使用的非参数回归模型不同。它们是半参数的。考虑图 2.7 中的卡通 DNN。网络的早期阶段提供了大幅的、通常是线性的降维。这些早期阶段是高度参数化的：将用于图像数据的卷积模型应用到消费者交易数据，这是没有意义的。这些早期层的输出通过一系列经典神经网络节点进行处理，如式（1）所示。后期网络层的工作原理类似于传统的非参数回归：它们将早期层的输出扩展为近似于任意函数形式的响应。因此，DNN 将受限的降维与灵活的函数近似相结合。关键在于这两个部分是共同学习的。

图 2.7　DNN 卡通图，将图像、结构化数据
$x_1 \cdots x_{big}$ 和原始文本信息作为输入

正如一开始所警告的，我们只覆盖了深度学习领域的一小部分。来自工业和学术界，有大量令人兴奋的新材料（想了解该领域的最新进展，请浏览最新一期的 NIPS，即 Neural Information Processing Systems，它是前沿机器学习会议，网址为 https：//papers. nips. cc/）。您很快就会看到当前研究的巨大广度。当前的一个热门话题是深度神经网络的不确定性量化，另一个是

---

① 比如，Sabour，Frosst 和 Hinton（2017）的新的胶囊网络用更结构化的汇总函数取代了 CNNs 的最大池化。

理解训练数据的不平衡性如何导致潜在的有偏差的预测。随着 DNN 从学术竞争转向现实世界的应用，这类主题正变得越来越突出。随着这一领域的发展，DNN 模型的构建从科学转向工程学科，我们将看到对这类研究的更多需求，它会告诉我们在什么时候以及在多大程度上可以信任 DNN。

2.5 随机梯度下降

为了全面了解深度学习，我们需要描述一个训练所有模型所依赖的算法：SGD。随机梯度下降优化是对梯度下降（Gradient Descent，GD）的一种改进，GD 以前是最小化任意可微分函数的主流方法。给定一个最小化目标 $\mathcal{L}(\Omega)$，其中 Ω 是所有的模型参数，梯度下降法的每次迭代都更新当前的参数 Ω_t：

$$\Omega_{t+1} = \Omega_t - C_t \nabla \mathcal{L} \mid_{\Omega_t} \qquad\qquad 式（2）$$

其中，$\nabla \mathcal{L} \mid_{\Omega_t}$ 为 $\mathcal{L}$ 在当前参数下的梯度，C_t 是一个投影矩阵，它决定了在 $\nabla \mathcal{L}$ 表示的方向上的步长大小。[①] C_t 中我们标了下标 t，因为该投影在优化过程中可以被更新。比如牛顿算法，让 C_t 等于目标二阶微分的矩阵 $\nabla^2 \mathcal{L} \mid_{\Omega_t}$。

人们常说神经网络是通过"反向传播"来训练的，这并不完全正确。相反，他们是通过各种梯度下降训练的。反向传播（Rumelhart 等，1988），简称 Back - Prop，是一种计算网络参数梯度的方法。特别地，Back - Prop 只是微积分中链式法则的算法实现。在由式（1）中的神经元中，单个权重 ω_{hj} 的梯度计算为：

$$\frac{\partial \mathcal{L}}{\partial \omega_{hj}} = \sum_{i=1}^{n} \frac{\partial \mathcal{L}}{\partial z_{ij}^{h}} \frac{\partial z_{ij}^{h}}{\partial \omega_{hi}} = \sum_{i=1}^{n} \frac{\partial \mathcal{L}}{\partial z_{ij}^{h}} z_{ij}^{h-1} \mathbf{1}_{\left[0 < \sum_{j} \omega_{hi} z_{ij}^{h-1} \right]} \qquad 式（3）$$

链式法则的另一个应用是用来将 $\partial \mathcal{L}/\partial z_{ij}^{h}$ 展开为 $\frac{\partial \mathcal{L}}{\partial z_{ij}^{h+1}} \times \frac{\partial z_{ij}^{h+1}}{\partial z_{ij}^{h}}$，然后以此类推，直到将整个梯度写成层的特定操作的乘积。网络的定向结构允许通过逐层向后计算即从响应一直向下到输入高效地计算所有梯度。这种链式法则的递归应用，以及相关的计算公式，构成了一般的 Back - Prop 算法。

在统计估计和机器学习模型训练中，$\mathcal{L}$ 通常是一个对数据观测值求和的

---

① 若 $\Omega = [\omega_1, \cdots, \omega_p]$，那么 $\nabla \mathcal{L}(\Omega) = [(\partial \mathcal{L}/\partial \omega_1) \cdots (\partial \mathcal{L}/\partial \omega_p)]$。Hessian 矩阵 $\nabla^2 \mathcal{L}$ 的元素为 $[\nabla^2 \mathcal{L}]_{jk} = \partial^2 \mathcal{L}/\partial \omega_j \partial \omega_k$。

损失函数。例如，假设一个$\mathcal{L}_2$（岭，Ridge）正规化惩罚参数，对应于n个独立观测d_i（如对于回归，$d_i = [x_i, y_i]$）的正则化极大似然的最小化目标可以写成：

$$\mathcal{L}(\Omega) \equiv \mathcal{L}(\Omega; \{d_i\}_{i=1}^n) = \sum_{i=1}^n \left[-\log p(z_i \mid \Omega) + \lambda \|\Omega\|_2^2 \right] \qquad \text{式（4）}$$

其中，$\|\Omega\|_2^2$为Ω中所有参数的平方。一般地，$\mathcal{L}(\Omega; \{d_i\}_{i=1}^n)$可以由关于观测值的和的任意损失函数构成。比如，对预测不确定性建模，通常会使用分位数损失。定义$\tau_q(x, \Omega)$为分位数函数，参数是Ω，它是协变量x到响应y的第q分位的映射：

$$P(y < \tau_q(x; \Omega) \mid x) = q. \qquad \text{式（5）}$$

我们将τ_q拟合为正则化分位损失函数（也假设一个岭惩罚）：

$$\mathcal{L}(\Omega; \{d_i\}_{i=1}^n) = \sum_{i=1}^n \left\{ \left[y_i - \tau_q(x_i; \Omega) \right] (q - 1_{[y_i < \tau_q(x_i; \Omega)]}) + \lambda \|\Omega\|_2^2 \right\}.$$

$$\text{式（6）}$$

常见的"误差平方和"准则（可能是正则化的），是另一个符合这种对观测值求和模式的损失函数。

在所有的情况下，方程（2）中的更新所需要的梯度计算涉及对所有n个观测值的求和。也就是说，每次计算$\nabla\mathcal{L}$都需要n次计算。例如，在一个岭惩罚线性回归$\Omega = \beta$，回归系数向量的第j个梯度为：

$$\frac{\partial \mathcal{L}}{\partial \beta_j} = \sum_{i=1}^n \left[(y_i - x_i\beta) x_j + \lambda\beta_j \right]. \qquad \text{式（7）}$$

大规模数据集的问题是，当n非常大时，这些计算就会变得非常耗时。当用 DNN 时，Ω是高维，并且在每个梯度加总时会有复杂的计算，这时问题就会更加严峻。梯度下降法是我们所拥有的最佳优化工具，但是它对于大量数据集来说在计算上是不可行的。

解决方法是用基于数据子集的梯度估计值代替式（2）中的实际梯度。这就是 SGD 算法。它有着悠久的历史，可以追溯到 1951 年几个统计学家（Robbins 和 Monro，1951）提出的 Robbins – Monro 算法。在最常见的 SGD 版本中，全样本梯度被较小子样本上的梯度所替代。不计算全样本损失的梯度$\mathcal{L}(\Omega; \{d_i\}_{i=1}^n)$，而是根据子样本进行下降：

$$\Omega_{t+1} = \Omega_t - C_t \nabla \mathcal{L}(\Omega; \{d_{i_b}\}_{b=1}^{B})\mid_{\Omega_t}, \qquad\qquad \text{式（8）}$$

其中，$\{d_{i_b}\}_{b=1}^{B}$ 是 $B \ll n$ 的观测的小批量（Mini - Batch）。SGD 背后关键的数学结果是，只要 C_t 矩阵序列满足一些基本的条件，只要 $\nabla \mathcal{L}(\Omega; \{d_{i_b}\}_{b=1}^{B})$ 是全样本梯度的无偏估计，SGD 算法就会收敛到局部最优。[①] 即，SGD 的收敛依赖于：

$$E\left[\frac{1}{B}\nabla \mathcal{L}(\Omega; \{d_{i_b}\}_{b=1}^{B})\right] = E\left[\frac{1}{n}\nabla \mathcal{L}(\Omega; \{d_i\}_{i=1}^{n})\right] = E\,\nabla \mathcal{L}(\Omega; d), \quad \text{式（9）}$$

其中，最后一项代表总体期望均值，即来自从真实数据生成过程中抽取的观测 d 的平均梯度。

要理解为什么 SGD 比 GD 更适合用于机器学习，可以讨论计算机科学家是如何考虑在估计上的限制的。统计学家和经济学家倾向于将样本量（即缺少数据）作为对其估计量的约束。相反，在许多机器学习应用中，数据实际上是无限的，并且在系统部署期间继续增长。尽管如此，仍然存在固定的计算预算（或者几乎实时更新流数据的需求），故我们在处理数据时只能执行有限的操作。因此，在机器学习中，约束是计算量，而不是数据量。

随机梯度下降提高了每次更新的速度，但是降低了每次更新的收敛速度。正如 Bottou 和 Bousquet（2008）中解释的，更快的更新速度使得我们可以将模型应用到非常大的数据集上，从这个角度来看，收敛速度的牺牲是值得的。要看清这一点，请注意，小批量梯度 $B^{-1}\nabla \mathcal{L}(\Omega; \{d_{i_b}\}_{b=1}^{B})$ 比全样本梯度 $n^{-1}\nabla \mathcal{L}(\Omega; \{d_i\}_{i=1}^{n})$ 的方差大得多。这种差异在优化更新中引入了噪声。结果是，对于固定的数据样本 n，GD 算法倾向于比 SGD 少得多的迭代次数，换来样本内损失 $\mathcal{L}(\Omega; \{d_i\}_{i=1}^{n})$ 最小。然而，在 DNN 训练中，我们并不真正关心样本内损失。我们想要最小化未来预测的损失，即我们要减少总体损失函数 $E\mathcal{L}(\Omega; d)$。理解总体损失的最佳方式是尽可能多地使用数据。因此，如果 SGD 更新的方差不是太大，那么将计算量花费在让它流经更多数据流上，要比花费在最小化每次优化更新的方差上更有价值。

这与 SGD 的一个重要的点有关：该算法的性质是，为提高优化表现而

---

① 实际上您可以不受梯度的影响。在 Hartford 等（2017）中，我们发现用偏差换方差实际上可以提高表现。但这是一件棘手的事情，无论如何，必须保持偏差非常小。

采取的工程步骤也会倾向于提高估计表现。同样的调整和技巧可以降低每次
SGD 更新的方差,这将导致拟合模型在预测新的不可见数据时能够更好地
泛化。Hardt,Recht 和 Singer（2016）的"训练越快,泛化越好"论文在算
法稳定性的框架下解释了这一现象。

SGD 在更少的迭代中收敛意味着新观测值（新的小批量）上的梯度正
更快地趋近于零。也就是说,根据定义,更快的 SGD 收敛意味着模型拟合
会更好地对不可见数据进行泛化。将此与全样本 GD 进行对比,例如,对于
极大似然,更快的收敛意味着只对当前样本进行更快的拟合,但可能会对未
来的数据过拟合。对 SGD 的使用使深度学习相对容易地从科学发展到工程学
科。速度越快越好,因此对 SGD 算法进行优化的工程师可以关注于收敛速度。

关于 SGD 的调优问题:真实世界的表现对式（8）中的投影矩阵 C_t 的选
择非常敏感。因为计算性的原因,它是对角矩阵（非对角线元素都是 0）,
这样,C_t 的每一项决定了在每个参数梯度的方向上的步长。随机梯度下降算
法常在单步长的情况下进行理论研究,$C_t = \gamma_t I$,其中 γ_t 为标量,I 为单位矩
阵。不幸的是,如果 γ_t 不以精确的速度趋向于零（Toulis,Airoldi 和 Rennie,
2014）,这个简单的表示将会表现不佳,甚至无法收敛。相反,从业者使用
的算法中 $C_t = [\gamma_{1t}, \cdots, \gamma_{pt}] I$,其中 p 是 Ω 的维数,并且每个 γ_{jt} 用来近似 $\partial^2
\mathcal{L}/\partial \omega_j^2$,也就是对应的损失函数二阶微分的 Hessian 矩阵的对角元素（即在
牛顿算法中用到的）。提出 ADAGRAD 的论文（Duchi,Hazan 和 Singer,
2011）为这种方法提供了理论基础,并提出了一种确定 γ_{jt} 的算法。大多数
深度学习系统使用 ADAGRAD 启发式算法,如 ADAM（Kingma 和 Ba,
2015）,它将原始算法与启发式相结合,以提高性能。

最后,DNN 训练还有一个关键的技巧:丢弃（Dropout）。这个程序是
由多伦多大学 Hinton 实验室的研究人员（Srivastava 等,2014）提出的,它
在每个梯度计算中引入随机噪声。例如,"伯努利 Dropout"用 $w_{ij} = \omega_{ij} \times \xi_{ij}$
代替当前的估计 ω_{ij},其中 ξ_{ij} 是一个伯努利随机变量,$P(\xi_{ij} = 1) = c$。式（8）
的每一次 SGD 更新,会在估计梯度时使用这些参数值:

$$\Omega_{t+1} = \Omega_t - C_t \nabla f(\Omega; \{d_{i_b}\}_{b=1}^B) \big|_{W_t}, \qquad\qquad 式（10）$$

其中,W_t 是有噪声版本的 Ω_t,它的元素是 w_{ij}。

使用 Dropout 是因为它已经被观察到产生了具有较低的样本外错误率

（只要 c 调整得合适）的模型拟合。为什么会这样？非正式地说，Dropout 是一种隐式的正则化。参数惩罚是显式正则化的一个例子：为了避免过拟合，DNN 的最小化目标几乎总会在数据似然损失函数中添加 $\lambda \parallel \Omega \parallel_2^2$ 岭惩罚项。Dropout 也扮演着类似的角色。通过强制 SGD 更新去忽略参数的一个随机样本，它可以防止任何单个参数的过拟合。[①] 更严格地说，最近一些作者（Kendall 和 Gal，2017）已经证实，Dropout 的 SGD 对应一种类型的"变分贝叶斯推断"。这意味着有 Dropout 的 SGD 要解决的是寻找 Ω 的后验分布，而不是一个点估计。[②] 随着人们对 DNN 的不确定性量化越来越感兴趣，这种对 Dropout 的解释是将贝叶斯推断引入深度学习的一种选择。

2.6 强化学习

作为关于深度学习要素的最后一节，我们将考虑这些 AI 系统如何通过实验和优化的结合来生成它们自己的训练数据。强化学习（Reinforcement Learning，RL）是 AI 在这方面的常用术语。强化学习有时用来表示特定的算法，但我们用它来表示动态数据收集的整个领域。

一般问题可以表述为一个奖励最大化的任务。你有一些政策或"动作"函数，$d(x_t; \Omega)$，决定系统将会如何响应"事件" t 和特征 x_t。事件可以是在特定时间到达你的网站的客户，或者是一个在电子游戏中的场景，等等。在事件之后，你观察到"响应" y_t 和用 $r[d(x_t; \Omega), y_t]$ 计算的奖励。在这个过程中会积累数据，并学习参数 Ω，所以我们可以写成 Ω_t，表示在事件 t 中使用的参数。我们的目标是，这种学习收敛到最优的回报最大化的参数 Ω^a，并且这应该在某个不太大的事件 T 之后出现，即最小化后悔度：

$$\sum_{t=1}^{T} \{ r[d(x_t; \Omega^a), y_t] - r[d(x_t; \Omega_t), y_t] \}, \qquad \text{式（11）}$$

这是一个很一般的式子。我们可以将它映射到一些熟悉的场景中。比

---

① 这似乎与我们之前关于最小化梯度估计方差的讨论相矛盾。区别在于，我们想要最小化由于数据中的噪声引起的方差，但是这里我们在独立于数据的参数中引入了噪声。

② 这是一个奇怪的变分分布，但基本就是 ω 的后验分布变成了 W 所隐含的分布，元素 ω_j 乘上了伯努利随机噪声。

如，假设事件 t 是一个用户登录你的网站。你想要在登录页上显示一个横幅广告，并且你想要显示最有可能被用户点击的广告。假设有 J 种不同的广告可以显示，这样你的行动 $d_t = d(x_t; \Omega_t) \in \{1, \cdots, J\}$ 是其中一种可能。如果用户点击广告，最终的奖励是 $y_t = 1$，否则 $y_t = 0$。[①]

这个特别的场景是一个多臂赌博机（Multi - Armed Bandit，MAB）设置，这得名于类似赌场中有许多不同的回报概率老虎机（赌场是强盗）。在经典 MAB（或简单的 "Bandit"）问题中，没有与每个广告和每个用户相关的协变量，使得你会试图选择某个广告，使它在所有用户中具有最高的点击率。也就是说，ω_j 是 $\pi(y_t = 1 \mid d_t = j)$，是广告 j 的点击概率，你想把 d_t 设为 ω_j 最大的广告。有许多不同的算法来进行 Bandit 优化。一个完全利用资源的算法是贪心算法：它总是采用当前估计的最佳选择，而不考虑任何不确定性。在我们的简单广告示例中，这意味着总是收敛到第一个被点击的广告。一个完全探索性的算法会总是随机化广告，它永远不会收敛到一个单一的最优。Bandit 学习的诀窍是找到一种平衡这两个极端的方法。

一个经典的强盗算法是汤普森抽样（Thompson，1933），它在一般情况下为 RL 提供了可靠的直觉。与 RL 中的许多工具一样，汤普森抽样使用贝叶斯推断来对知识随时间的积累建模。基本思想很简单：在优化过程中的任何一点上，你都有一个点击率向量的概率分布 $\omega = [\omega_1, \cdots, \omega_J]$，你想要让每个广告 j 的显示与 ω_j 是最大点击率的概率成比例。也就是说，当 $y^t = \{y_s\}_{s=1}^t$ 表示在 t 时刻观察到的响应时，你希望有：

$$p(d_{t+1} = j) \propto p(\omega_j = \max \{\omega_k\}_{k=1}^J \mid y^t), \qquad \text{式（12）}$$

使得一个广告被选择的概率等于它是最佳选择的后验概率。由于式（12）中的概率在实际中很难计算（最大值的概率不是一个容易分析的对象），汤普森抽样采用蒙特卡罗估计。特别地，从时间 t 的后验分布中抽取广告点击概率的样本，

$$\omega_{t+1} \sim p(\omega \mid y^t), \qquad \text{式（13）}$$

并设 $d_{t+1} = \text{argmax}_j \omega_{t+1j}$。例如，假设每个广告的点击率都有一个先验分布 Beta

---

① 在新闻网站 MSN.com 上，这个应用使用标题而不是广告，这激发了 Agarwal 等（2014）的 RL 工作。

（1，1）（即 0 到 1 的均匀分布）。在 t 时刻，第 j 个广告点击率的后验分布为：

$$P(\omega_j \mid d^t, y^t) = \mathrm{Beta}\Big[1 + \sum_{s=1}^{t} 1_{[d_s=j]} y_s, 1 + \sum_{s=1}^{t} 1_{[d_s=j]} (1 - y_s)\Big].$$

式（14）

汤普森抽样算法对每个 j 从式（14）中抽取 ω_{t+1j}，然后显示具有最高抽样点击率的广告。

为什么可以这样？考虑一下广告 j 在 t 时刻显示的场景，即抽样的 ω_{tj} 最大。如果 ω_j 有很大不确定性，高概率具有非平凡的后验权重，或者如果 ω_j 的期望值很高，就会发生这种情况。因此，汤普森抽样将自然地在探索和开发之间取得平衡。有许多其他算法可以获得这种平衡。例如，Agarwal 等（2014）调查了适用于有协变量附加在事件上的设定（这样行动的回报概率是由事件确定的）的方法。考虑的选项包括 ε – 贪心搜索，它可以寻找预测的最优选择并在该最优附近进行探索，以及基于 Bootstrap 的算法，它是汤普森抽样的非参数版本。

另一些大文献着眼于所谓的贝叶斯优化（Taddy 等，2009）。在这些算法中，有一个未知的函数 $r(x)$，你想要最大化它。这个函数是使用某种灵活的贝叶斯回归模型来建模的，例如，高斯过程。当你积累数据时，在"响应表面" r 的所有潜在输入位置都有一个后验。假设，在 t 函数实现之后，你已经观察到一个最大值 $r_{\max}$。这是你目前最好的选择，但你想继续探索，看是否能找到一个更高大的最大值。贝叶斯优化更新基于期望提升统计量，

$$E\{\max[0, r(x) - r_{\max}]\},$$

式（15）

在新位置 x 处提升的后验期望，阈值低于 0。该算法在一个潜在的 x 位置的网格上估计式（15），并且你选择在有最高的期望提升的 x_{t+1} 位置对 $r(x_{t+1})$ 求值。同样，这平衡了开发和探索：如果 $r(x)$ 具有高方差或高均值（或两者都有），则式（15）中的统计量可能很高。

这些 RL 算法都是用优化语言描述的，但是可以将许多学习任务映射到优化问题。例如，术语主动学习通常是指选择数据以最小化某些估计方差（例如，在固定输入分布的回归函数上的平均预测误差）的算法。$f(x; \Omega)$ 是你的回归函数，用来预测响应 y。然后你的行动函数仅仅是预测，$d(x; \Omega) = f(x; \Omega)$，并且你的最优化目标可能是最小化平方误差，即最

大化 $r[d(x; \Omega), y] = -[y - f(x; \Omega)]^2$。这样，主动学习问题就是 RL 框架的特殊情形。

从经济和业务的视角看，RL 可以为新数据点分配值，这非常有趣（除了它明显的有用性之外）。在许多设置中，奖励可以映射到实际的货币价值：例如，在我们的广告例子中，网站可以从每次点击中获得收入。强化学习算法为数据观测赋予货币价值。例如，关于数据市场的文献越来越多，包括 Lanier（2014）提出的"数据即劳动力"的建议。目前已部署的 AI 系统如何分配相关数据值，思考这个对于该领域未来的研究似乎很有用。站在高处说，RL 中数据的价值取决于与这些操作相关的行动选项和潜在回报。数据的价值只能在特定环境中定义。

与作为深度学习系统的一部分部署的 RL 的类型相比，上面描述的强盗算法得到了极大的简化。在实践中，当使用具有复杂的灵活的函数（如 DNN）的 RL 时，你需要非常小心，以避免过度开发和过早收敛（Mnih 等，2015）。它也不可能全面搜索 DNN 的参数 Ω 的可选值的超高维空间。然而，Van Seijen 等（2017）和 Silver 等（2017）的方法表明，如果你在整个学习问题上施加结构，那么它可以分解为许多简单的复合任务，每个任务都可以用 RL 解决。正如我们前面所讨论的，拥有可以用来热启动 AI（例如，来自搜索引擎或社交媒体平台的数据）的大量固定数据资产，具有不可否认的优势。但是，当要在特定的环境中成功地对 AI 系统进行调优，RL 的探索和主动数据收集是必不可少的。这些系统在一个不确定和动态的世界中采取行动并制定政策。统计学家、科学家和经济学家都很清楚，没有不断的实验，就不可能学习和提高。

2.7　上下文中的 AI

首先，本章介绍了 AI 的主要组成部分。我们也提出了一些基本的观点。首先，当前机器学习驱动的 AI 浪潮应该被视为一种新产品类别，它围绕着新的通用技术成长起来：大规模、快速和稳健的机器学习。AI 不是机器学习，而是通用的机器学习，特别是深度学习，是 AI 的发动机。这些机器学习工具将继续变得更好、更快、更便宜。硬件和大数据资源正在适应 DNN 的需求，所有主要的云计算平台都提供了自助机器学习解决方案。在不久的将来，经过训练的 DNN 可能会成为一种商品，而深度学习市场可能会卷入云计算服务市场份额的争夺战。

其次，我们仍在等待真正的端到端业务 AI 解决方案，推动生产率的真正提高。AI 目前的"胜利"大多局限于具有大量明确结构的设置，比如棋盘游戏和视频游戏。[①] 随着微软（Microsoft）和亚马逊（Amazon）等公司生产能够处理实际业务问题的半自动系统，这种情况正在发生变化。但仍有许多工作要做，那些可以对这些复杂的业务问题进行结构化的人会取得进步。也就是说，要想让业务 AI 成功，我们需要将通用机器学习和大数据与了解业务领域"游戏"规则的人结合起来。

最后，所有这些都将对经济学在工业中的作用产生重大影响。在很多情况下，经济学家能够为混乱的业务场景提供结构和规则。例如，一位优秀的结构计量经济学家（McFadden，1980；Heckman，1977；Deaton 和 Muellbauer，1980）利用经济理论将一个具体的问题分解为一系列参数可以从数据中估计的可测量（即推断）的公式。在许多设定中，这正是 AI 所需的工作流类型。不同之处在于，这些系统的可测量的部分将不再局限于基本的线性回归，而是可以主动进行实验并生成自己的训练数据的 DNN。下一代经济学家需要熟悉如何应用经济理论来获得这样的结构，以及如何将这种结构转换成可以用机器学习和 RL 自动生成的东西。正如大数据催生了数据科学，AI 是一门结合统计学和计算机科学的新学科，它需要能够结合经济学、统计学和机器学习相结合的跨学科开拓者。

参考文献

Agarwal, Alekh, Daniel Hsu, Satyen Kale, John Langford, Lihong Li, and Robert Schapire. 2014. "Taming the Monster: A Fast and Simple Algorithm for Contextual Bandits." In *Proceedings of the 31st International Conference on Machine Learning* 32:1638–46. http://proceedings.mlr.press/v32/agarwalb14.pdf.

Athey, Susan. 2017. "Beyond Prediction: Using Big Data for Policy Problems." *Science* 355:483–485.

Athey, Susan, and Guido Imbens. 2016. "Recursive Partitioning for Heterogeneous Causal Effects." *Proceedings of the National Academy of Sciences* 113:7353–7360.

Bengio, Yoshua, and Yann LeCun. 2007. "Scaling Learning Algorithms towards AI." *Large-Scale Kernel Machines* 34 (5): 1–41.

[①] 唯一的例外是网络搜索，它通过 AI 得到了有效的解决。

Bottou, Léon, and Oliver Bousquet. 2008. "The Tradeoffs of Large Scale Learning." In *Advances in Neural Information Processing Systems*, 161–68. NIPS Foundation. http://books.nips.cc.

Bresnahan, Timothy. 2010. "General Purpose Technologies." *Handbook of the Economics of Innovation* 2:761–791.

Deaton, Angus, and John Muellbauer. 1980. "An Almost Ideal Demand System." *American Economic Review* 70:312–326.

Duchi, John, Elad Hazan, and Yoram Singer. 2011. "Adaptive Subgradient Methods for Online Learning and Stochastic Optimization." *Journal of Machine Learning Research* 12:2121–2159.

Feurer, Matthias, Aaron Klein, Katharina Eggensperger, Jost Springenberg, Manuel Blum, and Frank Hutter. 2015. "Efficient and Robust Automated Machine Learning." In *Advances in Neural Information Processing Systems*, 2962–2970. Cambridge, MA: MIT Press.

Goodfellow, Ian, Yoshua Bengio, and Aaron Courville. 2016. *Deep Learning*. Cambridge, MA: MIT Press.

Goodfellow, Ian, Jean Pouget-Abadie, Mehdi Mirza, Bing Xu, David Warde-Farley, Sherjil Ozair, Aaron Courville, and Yoshua Bengio. 2014. "Generative Adversarial Nets." In *Advances in Neural Information Processing Systems*, 2672–2680. Cambridge, MA: MIT Press.

Hardt, Moritz, Ben Recht, and Yoram Singer. 2016. "Train Faster, Generalize Better: Stability of Stochastic Gradient Descent." In *Proceedings of the 33rd International Conference on Machine Learning* 48:1225–1234. http://proceedings.mlr.press/v48/hardt16.pdf.

Hartford, Jason, Greg Lewis, Kevin Leyton-Brown, and Matt Taddy. 2017. "Deep IV: A Flexible Approach for Counterfactual Prediction." In *Proceedings of the 34th International Conference on Machine Learning* 70:1414–1423. http://proceedings.mlr.press/v70/hartford17a.html.

Haugeland, John. 1985. *Artificial Intelligence: The Very Idea.* Cambridge, MA: MIT Press.

He, Kaiming, Xiangyu Zhang, Shaoqing Ren, and Jian Sun. 2016. "Deep Residual Learning for Image Recognition." In *Proceedings of the IEEE Conference on Computer Vision and Pattern Recognition*, 770–778. https://www.doi.org/10.1109/CVPR.2016.90.

Heckman, James J. 1977. "Sample Selection Bias as a Specification Error (with an Application to the Estimation of Labor Supply Functions)." NBER Working Paper no. 172, Cambridge, MA.

Hinton, Geoffrey E., Simon Osindero, and Yee-Whye Teh. 2006. "A Fast Learning Algorithm for Deep Belief Nets." *Neural Computation* 18 (7): 1527–1554.

Hochreiter, Sepp, and Jürgen Schmidhuber. 1997. "Long Short-Term Memory." *Neural Computation* 9 (8): 1735–1780.

Hornik, Kurt, Maxwell Stinchcombe, and Halbert White. 1989. "Multilayer Feedforward Networks are Universal Approximators." *Neural Networks* 2:359–366.

Karpathy, Andrej, and Li Fei-Fei. 2015. "Deep Visual-Semantic Alignments for Generating Image Descriptions." In *Proceedings of the IEEE Conference on Computer Vision and Pattern Recognition* 39: (4) 3128–3137.

Kendall, Alex, and Yarin Gal. 2017. "What Uncertainties Do We Need in Bayesian Deep Learning for Computer Vision?" arXiv preprint arXiv:1703.04977. https://arxiv.org/abs/1703.04977.

Kingma, Diederik, and Jimmy Ba. 2015. "ADAM: A Method for Stochastic Optimization." In *Third International Conference on Learning Representations* (ICLR). https://arxiv.org/abs/1412.6980.

Krizhevsky, Alex, Ilya Sutskever, and Geoffrey E. Hinton. 2012. "Imagenet Classification with Deep Convolutional Neural Networks." In *Advances in Neural Information Processing Systems* 1:1097–1105.

Lanier, Jaron. 2014. *Who Owns the Future?* New York: Simon & Schuster.

LeCun, Yann, and Yoshua Bengio. 1995. "Convolutional Networks for Images, Speech, and Time Series." In *The Handbook of Brain Theory and Neural Networks*, 255–58. Cambridge, MA: MIT Press.

LeCun, Yann, Léon Bottou, Yoshua Bengio, and Patrick Haffner. 1998. "Gradient-Based Learning Applied to Document Recognition." *Proceedings of the IEEE* 86:2278–2324.

McFadden, Daniel. 1980. "Econometric Models for Probabilistic Choice among Products." *Journal of Business* 53 (3): S13–29.

Mikolov, Tomas, Ilya Sutskever, Kai Chen, Greg S. Corrado, and Jeff Dean. 2013."Distributed Representations of Words and Phrases and Their Compositionality." In *Advances in Neural Information Processing Systems* 2:3111–3119.

Mnih, Volodymyr, Koray Kavukcuoglu, David Silver, Andrei A. Rusu, Joel Veness, Marc G. Bellemare, Alex Graves, et al. 2015. "Human-Level Control through Deep Reinforcement Learning." *Nature* 518 (7540): 529–533.

Neal, Radford M. 2012. *Bayesian Learning for Neural Networks*, vol. 118. New York: Springer Science & Business Media.

Nielsen, Michael A. 2015. *Neural Networks and Deep Learning*. Determination Press. http://neuralnetworksanddeeplearning.com/.

Robbins, Herbert, and Sutton Monro. 1951. "A Stochastic Approximation Method." *Annals of Mathematical Statistics*, 22 (3): 400–407.

Rosenblatt, Frank. 1958. "The Perceptron: A Probabilistic Model for Information Storage and Organization in the Brain." *Psychological Review* 65:386.

Rumelhart, David E., Geoffrey E. Hinton, and Ronald J. Williams. 1988. "Learning Representations by Back-Propagating Errors." *Cognitive Modeling* 5 (3): 1.

Sabour, Sara, Nicholas Frosst, and Geoffrey E. Hinton. 2017. "Dynamic Routing between Capsules." In *Advances in Neural Information Processing Systems*, 3857–3867.

Silver, David, Aja Huang, Chris J. Maddison, Arthur Guez, Laurent Sifre, George Van Den Driessche, Julian Schrittwieser, et al. 2016. "Mastering the Game of Go with Deep Neural Networks and Tree Search." *Nature* 529:484–489.

Silver, David, Julian Schrittwieser, Karen Simonyan, Ioannis Antonoglou, Aja Huang, Arthur Guez, et al. 2017. "Mastering the Game of Go without Human Knowledge." *Nature* 550:354–359.

Srivastava, Nitish, Geoffrey E. Hinton, Alex Krizhevsky, Ilya Sutskever, and Ruslan Salakhutdinov. 2014. "Dropout: A Simple Way to Prevent Neural Networks from Overfitting." *Journal of Machine Learning Research* 15 (1): 1929–1958.

Taddy, Matt, Herbert K. H. Lee, Genetha A. Gray, and Joshua D Griffin. 2009. "Bayesian Guided Pattern Search for Robust Local Optimization." *Technometrics* 51 (4): 389–401.

Thompson, William R. 1933. "On the Likelihood That One Unknown Probability Exceeds Another in View of the Evidence of Two Samples." *Biometrika* 25:285–94.

Toulis, Panagiotis, Edoardo Airoldi, and Jason Rennie. 2014. "Statistical Analysis of Stochastic Gradient Methods for Generalized Linear Models." In *International Conference on Machine Learning*, 667–675.

van Seijen, Harm, Mehdi Fatemi, Joshua Romoff, Romain Laroche, Tavian Barnes, and Jeffrey Tsang. 2017. "Hybrid Reward Architecture for Reinforcement Learning." arXiv:1706.04208. https://arxiv.org/abs/1706.04208.

3　预测、判断和复杂性

——决策理论与人工智能

Ajay Agrawal，Joshua Gans，Avi Goldfarb[*]

3.1　引言

关于机器对就业的影响有很多讨论（Autor，2015）。在某种意义上，这种讨论是长期以来有关资本设备积累对就业影响的文献的反映；具体来说，即资本和劳动力是替代品还是互补品（Acemoglu，2003）。但最近的讨论是由软件和硬件的集成以及机器的角色是否超越了体力任务而逐渐向着智力任务进行所推动的（Brynjolfsson 和 McAfee，2014）。由于智力任务会始终存在，并且很重要，因此人类在这些任务中的相对优势，被视为至少从长期来看，资本积累将通过提高这些任务的劳动生产率来补充就业的主要原因。

计算机革命使体力任务和脑力任务的界限变得模糊。例如，20 世纪 70 年代末，电子制表的发明从根本上改变了簿记员的角色。在此之前，这是一个时间密集型的任务，涉及数据或假设发生变化时重新计算表格的结果。人工的任务被电子表格软件所取代，电子表格软件可以更快、更便宜、更频繁地生成计算结果。与此同时，电子表格使会计、分析师和其他人的工作效率大大提高。在

　＊　Ajay Agrawal 是多伦多大学罗特曼管理学院（Rotman School of Management）的彼德·蒙克（Peter Munk）企业管理学教授，也是国家经济研究局的研究助理。Joshua Gans 是多伦多大学罗特曼管理学院（经济系交叉任命）的战略管理学教授，是杰弗里·S. 斯科尔（Jeffrey S. Skoll）技术创新和创业学系主任，也是国家经济研究局的研究助理。Avi Goldfarb 担任 AI 和医疗保健方面的罗特曼主席，并且是多伦多大学罗特曼管理学院的市场学教授以及国家经济研究局的研究助理。

　　感谢 Andrea Prat，Scott Stern 和 Hal Varian 参与了美国经济学会会议（芝加哥）、美国国家经济研究局暑期培训（2017）以及哥伦比亚大学法学院、哈佛商学院、麻省理工学院和多伦多大学联合举办的 NBER 人工智能会议经济学（多伦多）的研究者们的帮助。所有错误的责任仍由我们承担。

　　本章的最新版本可在 joshuagans.com 上找到。

　　有关致谢，研究支持的来源以及作者的重大财务关系的披露，如果有任何问题，请访问 http：//www.nber.org/chapters/c14010.ack。

会计核算中，资本代替了劳动，但劳动的智力生产力却发生了变化。因此，对就业的影响在很大程度上取决于是否存在"计算机无法完成"的任务。

这些假设在今天的模型中仍然存在。Acemoglu 和 Restrepo（2017）观察到，在某些任务中，资本替代了劳动力，同时技术进步创造了新的任务。他们做出了所谓的"自然假设"，即只有劳动力才能完成新任务，因为新任务比以前的更复杂。[①] Benzell 等（2015）更明确地考虑了软件的影响。在他们的设定中有两种类型的劳动力——高技术（能编写代码）和低技术（有同情心，可以处理人际关系的任务）。在这种环境下，低技术工人无法被机器取代，而高技术工人最初被用来编写代码，代码最终将取代他们的同类。因此，该模型的结果不仅取决于无法被资本直接取代的工人类型，还取决于不同类型的工人自己无法相互取代。

在本章中，我们的方法是深入研究 AI 领域目前正在发生的事情。最近的 AI 发展浪潮都涉及机器学习的进步。这些进步允许自动化和低成本的预测，即提供了从现有数据中对一个感兴趣的变量的预测（Agrawal，Gans 和 Goldfarb，2018）。在某些情况下，预测使任务的完全自动化成为可能，例如，自动驾驶车辆的数据收集过程、行为和环境的预测以及行动都是在无人参与的情况下在一个循环中进行的，而在其他情况下预测是一个独立的工具，如图像识别或欺诈检测，这可能会（也可能不会）导致人类使用者进一步被机器取代。迄今为止，人与机器之间的替代主要集中在成本方面的考虑。机器比人类更便宜、更可靠、更具可扩展性（以软件的形式）吗？本章明确地考察了预测在决策中的作用，并从中考察在任务中与预测相搭配的互补技能。

在这方面，我们的重点是判断。判断是一个广义的术语，这里我们用它来指代一种非常特别的技能。为了看清这一点，考虑一个决策，这个决策涉及从集合 X 中选择一个行动 x。这个行动的回报（或奖励）由函数 $u(x, \theta)$ 定义，其中 θ 是从分布 $F(\theta)$ 中抽取的不确定状态的实现值。假设在做出决策之前，可以生成一个预测（或信号）s，其结果是后验的 $F(\theta \mid s)$。这样，决策者要求解问题：

---

① 可以肯定的是，他们的模型旨在研究任务自动化如何导致要素价格的变化，从而使创新偏向于创造劳动力更适合的新任务。

$$\max_{x \in X} \int u(x, \theta) \, dF(\theta \mid s)$$

换句话说，就是不确定性下做选择的标准问题。在这个标准问题中，预测的作用是改进决策。收益或效用函数是已知的。

为了创造一个判断者，我们从统计决策理论的这个标准设置出发，问决策者是如何知道函数 $u(x, \theta)$ 的？我们假设这不是简单给定的或决策模型原生的。相反，它需要一个人来进行一个代价高昂的过程，来发现从 (x, θ) 到特定回报值 u 的映射。这是一个合理的假设，因为除了在封闭环境中进行一些基本实验外，目前还没有一种方法可以让 AI 生成与人类相符的效用函数。此外，这个过程还分离了为每一对 (x, θ) 提供映射的成本。[实际上，不失一般性，我们关注对所有 θ 都有 $u(x, \theta) \neq u(x)$ 的情况，并假设，如果一个动作的收益是状态独立的，那么该收益是已知的。] 换句话说，虽然预测可以获得潜在状态的信号，但是判断是一个过程，通过这个过程可以确定基于该状态的操作的收益。我们假设，这个确定回报的过程需要人类对情况的理解：这不是一个预测问题。

对于预测和判断之间的区别，考虑信用卡欺诈的例子。一家银行观测信用卡交易，交易不合法就是欺诈。要做的决策是，是否批准该交易。如果银行确定这笔交易是合法的，银行就会批准。如果银行确定这是欺诈行为，银行将拒绝这笔交易。为什么？因为银行知道批准合法交易的收益高于拒绝交易的收益。如果银行不确定这笔交易是否合法，事情就会变得更加有趣。这种不确定性意味着银行还需要知道拒绝合法交易和批准欺诈交易的回报。在我们的模型中，判断就是确定这些回报的过程。这是一项代价高昂的活动，因为它需要时间和精力。

随着 AI 的新发展，预测变得更加容易，我们不禁要问，判断及其内在的应用如何改变预测的价值？预测和判断是替代品还是互补品？预测的价值如何随着判断的困难而单调地变化？在复杂的环境中（与自动化、契约和企业边界有关），预测的改进如何影响判断的价值？

首先为我们的假设提供支持性的证据，即 AI 最近的发展对预测的成本产生了压倒性的影响。然后，我们用放射学的例子提供一个上下文来理解预测和判断的不同作用。我们用 Bolton 和 Faure – Grimaud（2009）的灵感，然后用两种状态以及每种状态下行动回报的不确定性来构建基准模型。我们探究在没有任何预测技术的情况下，判断的价值，以及在没有判断的情况下，预测技术的价值。最后，我们探究预测和判断之间的相互作用，结束对基准模型的讨论，证明只要判断不是太难，预测和判断就是互补的。然后，我们将预测质量分为预测频率和预测精度。随着判断能力的提高，相对于频率，精确度变得更为重要。最后，我们检验了潜在状态数很大的复杂环境。这种环境在自动化、契约和企业边界的经济模型中很常见。我们发现，预测能力的提高对判断的重要性的影响在很大程度上取决于预测能力的提高是否能够实现自动决策。

3.2 AI 和预测成本

我们认为，AI 的最新进展是预测技术的进步。最广义地，我们将预测定义为获取已知信息以生成新信息的能力。我们的模型强调对世界状态的预测。

当代大多数 AI 研究和应用都来自一个现在被称为 "机器学习" 的领域。机器学习的许多工具在统计和数据分析中有着悠久的历史，作为预测和分类的工具，经济学家和应用统计学家对它们很熟悉。[①] 例如，Alpaydin（2010）的教材《机器学习简介》（《Introduction to Machine Learning》）涵盖了极大似然估计、贝叶斯估计、多元线性回归、主成分分析、聚类和非参数回归。此外，它还涵盖了可能不太熟悉的，但也是使用自变量来预测结果的工具：回归树、神经网络、隐马尔可夫模型和强化学习。Hastie，Tibshirani 和 Friedman（2009）涵盖了类似的主题。在 2014 年《经济展望杂志》（《Journal of Economic Perspectives》）关于大数据的专题研讨会上，Varian（2014）以及 Belloni，Chernozhukov 和 Hansen（2014）的文章涵盖了这些不太熟悉的预测技术中的一些。

虽然这些预测技术中有许多并不是新技术，但是最近在计算机速度、数据收集、数据存储和预测方法自身的进展已经引起了实质性的改进。这些改进改变了 AI 的计算机科学研究领域。《牛津英语词典》将 AI 定义为 "能够执行通常需要人类智能才能完成的任务的计算机系统的理论和开发"。在 20

---

① 我们将预测定义为由已知信息生成新信息。因此，分类技术（如聚类）是一种预测技术，其中要预测的新信息是适当的类别或类。

世纪六七十年代，AI 研究主要基于规则和符号逻辑。这涉及由人类专家来生成算法可以遵循的规则（Domingos，2015）。这些不是预测技术。这样的系统成为非常优秀的棋手，它们在高度控制的环境中引导工厂机器人；然而，到了 20 世纪 80 年代，基于规则的系统显然无法处理许多非人工的设定的复杂性，这导致了一个"AI 寒冬"，AI 项目的研究资金基本枯竭（Markov，2015）。

在过去的十年里，一种不同的 AI 方法已经开始流行起来。它的理念是给计算机编程来从示例数据或经验中"学习"。由于没有预先确定决策规则的能力，数据驱动的预测方法可以执行许多脑力任务。例如，人类善于识别熟悉的面孔，但我们很难解释和编码这种技能。通过将名字数据与人脸图像数据连接起来，机器学习通过预测哪些图像数据模式与哪些名字相关联解决了这个问题。正如一位著名的 AI 研究者所说，"AI 最近的进展几乎都是通过一种类型实现的，用一些输入数据（A）来快速生成一些简单的响应（B）"（Ng，2016）。因此，进展明显是关于预测的改进。换句话说，这套为 AI 的兴趣带来复苏的技术，使用了从传感器、图像、视频、手打的笔记收集来的数据，或任何其他可以用比特表示的信息，来填补缺失的信息，识别对象，或预测接下来会发生什么。

需要明确的是，我们并不确定这些预测技术是否真的模仿了人类智能的核心方面。Palm Computing 的创始人 Jeff Hawkins 认为，人类智能的本质是预测（Hawkins，2004），但许多神经科学家、心理学家或其他人并不同意这一观点。我们的观点是，被称为 AI 的技术是预测技术。因此，为了了解这些技术的影响，评估预测对决策的影响是很重要的。

3.3 案例：放射学

在继续讨论模型之前，我们提供了一些关于预测和判断如何应用于特定场景的直觉，在这些场景中期望预测机器能产生重大影响：放射学。在 2016 年，Geoff Hinton（深度学习神经网络的先驱之一）声称不再值得训练放射科医生，他强烈暗示放射科医生没有未来。这是放射科医生自 1960 年以来一直关注的问题（Lusted，2016）。今天，IBM 通过使用它的 Watson 计算机和一家新兴公司 Enlitic，在放射学中广泛地应用机器学习。Enlitic 已经能够使用深度学习来检测肺结节（一种相当常规的运用）[1] 和骨折（更复杂）。Watson 现在可以识别肺栓塞和其他一些心脏问题。这些进展是 Hinton 的预测的核心，但也在放射学家和病理学家之间广泛讨论（Jha 和 Topol，2016）。本章的模型对放射科医生的未来有什么建议？

如果我们考虑放射科医生的工作的简化特征，就是检查图像，对图像进行表征和分类，并将评估结果返回给医生。而这种评估通常是一种诊断（即"病人患有肺炎"），在许多情况下，评估结果为阴性（即"不排除肺炎"）。这是一项预测任务，告知医生状况的可能性。利用这个，医生可以设计出治疗方法。

这些预测正是机器所想要提供的。特别是，它可能提供以下类型的差别诊断：

根据 Patel 先生的个人特征和图像，肝脏肿块有 66.6% 的概率是良性的，33.3% 的概率是恶性的，0.1% 的概率是假的。[2]

行动的关键是是否需要一些干预。例如，如果在非侵入性扫描中发现了一个潜在的肿瘤，那么这将告知是否要进行侵入性检查。在确定状态方面，侵入性检查是昂贵但安全的——它可以确定地推断出癌症并在必要时将其切除。非侵入性检查的作用是告知是否应该放弃侵入性检查。也就是说，这是为了让医生对放弃治疗和进一步分析更有信心。从此来说，如果机器对预测有所提升，它将导致更少的侵入性检查。

判断，涉及理解回报。如果肿块是良性、恶性或非真实的，那么进行活组织检查的结果是什么？在这三种状态下什么都不做的回报是什么？放射科医生的问题是，训练有素的放射科专家是否在最佳位置做出这个判断，或是它会在决策过程中进一步发生吗，或是有合并诊断信息的新的工作类别，如联合放射学家/病理学家（Jha 和 Topol，2016）。接下来，我们把这些想法形式化。

3.4 基准模型

我们的基准模型受到了 Bolton 和 Faure - Grimaud（2009）所考虑的

---

[1] "你不用去医学院测量肺结节。" http://www.medscape.com/viewarticle/863127#vp_2。

[2] http://www.medscape.com/viewarticle/863127#vp_3。

"强盗"环境的启发，尽管它在处理的问题和所做的基本假设上有明显的不同。和它们一样，在我们的基准模型中，假设世界上有两个状态，$\{\theta_1, \theta_2\}$，它们的先验概率为 $\{\mu, 1-\mu\}$。有两种可能的动作：一种状态是独立的动作，已知收益为 S（安全）；另一种状态是依赖的动作，根据可能的情况，会有两种可能的收益，R 或 r（风险）。

如引言中所说，与通常的理性决策假设的一个关键不同的是，决策者不知道每种状态下风险动作的收益，必须用判断来确定收益。[①] 此外，决策者需要能够对可能出现的每个状态做出判断，目的是制定一个相当于收益最大化的计划。在没有这种判断的情况下，风险动作在任何状态下都是最优的事前预期（ν）（独立于两种状态）。为了更具体，我们假设 $R > S > r$。[②] 因此，我们假设 ν 是任意状态下风险收益为 R 而不是 r 的概率。这不是状态的条件概率。这是一个给定了状态后关于收益的陈述。

在对风险动作的特定收益缺乏了解的情况下，决策只能基于先验概率。那么当满足下式时，会选择安全动作。

$$\mu[\nu R + (1-\nu)r] + (1-\mu)[\nu R + (1-\nu)r] = \nu R + (1-\nu)r \leq S$$

所以收益是：$V_0 = \max\{\nu R + (1-\nu)r, S\}$。为了让事情变得更简单，我们将把注意力集中在（在缺乏预测或判断的情况下）安全动作是默认动作的情况上。即假设：

A1　　　（默认安全）$\nu R + (1-\nu)r \leq S$

这个假设只是为了简单，不会改变定性的结论。[③] 在 A1 下，在不知道回报函数或状态信号的情况下，决策者会选择 S。

3.4.1　在没有预测时的判断

预测提供了状态的知识。判断的过程提供了关于收益函数的知识。因

---

① Bolton 和 Faure – Grimaud（2009）认为这一步相当于一个思考需要时间的思维实验。在某种程度上，我们的结果可以被解释为关于人类比较优势的陈述，我们假设只有人类才能做出判断。

② 因此，我们假设支付函数 u 只能取三个值，$\{R, r, S\}$。问题在于哪种状态实现和行为的组合导致了哪种收益。然而，我们假设 S 是安全动作的收益而不考虑状态，决策者知道这一点。由于是行动的相对收益驱动着结果，所以这个假设在一般情况下没有损失。发现安全动作的性质的要求只会增加额外的成本。隐含由于决策者不能在完全无知的情况下做出决策，我们假设安全动作的收益可以以任意低的成本来判断。

③ Bolton 和 Faure – Grimaud（2009）做出了相反的假设。在这里，由于我们的重点是预测的影响，所以最好考虑预测可以减少风险更高的动作的不确定性的环境。

此，判断使决策者能够理解，在出现给定状态时，哪种行为是最优的。假
设，这种知识是免费获得的（就像在通常的经济理性假设下所做的那样）。
换句话说，决策者在给定状态下拥有关于最优动作的知识。那么，在以下情
况下将会选择风险动作：①若它在两种状态下都是偏好的动作（概率是
ν^2）；②如果它是 θ_1 而非 θ_2 中的首选动作，并有 $\mu R + (1-\mu)r > S$ ［概率为 ν
$(1-\nu)$］；或③如果它是 θ_2 而非 θ_1 中的首选动作，并有 $\mu r + (1-\mu)R > S$ ［概
率为 $\nu(1-\nu)$］。因此，期望收益为：

$$\nu^2 R + \nu(1-\nu)\max\{\mu R + (1-\mu)r, S\} + \nu(1-\nu)\max\{\mu r + (1-\mu)R, S\} + (1-\nu)^2 S$$

注意，它比 V_0 大。这样做的原因是，当存在不确定性时，判断是有价值
的，因为它可以识别出占优的或被占优的行为——也就是说，这可能是包括
不同状态的最佳选择。在这种情况下，任何不确定性的解决都无关紧要，因
为它不会改变所作的决定。

一个关键的洞见是，判断本身可能是有结果的。

结果1：若 $\max\{\mu R + (1-\mu)r, \mu r + (1-\mu)R\} > S$，那么判断本身就可
以导致决策从默认动作（安全）切换到替代动作（风险）。

由于我们的动机是理解预测和判断之间的相互作用，所以我们想让这些
结果有意义。因此，为了保证预测总是有一定的价值，做出如下假设：

A2　　（判断得不充分） $\max\{\mu R + (1-\mu)r, \mu r + (1-\mu)R\} \leqslant S$

在此假设下，如果不同的行动在每个状态下都是最优的，并且这是已知
的，那么决策者就不会转向风险动作。当然，这意味着预期收益是：

$$\nu^2 R + (1-\nu^2)S$$

注意，在没有任何成本的情况下，充分的判断可以提高决策者的期望
收益。

判断不是免费的。我们假定这需要花费时间（这种提法很自然地与耗
费精力的概念相匹配）。假设贴现因子 $\delta < 1$。决策者可以花一段时间来确定
特定状态下的最优操作。如果他们选择对状态 θ_i 进行判断，那么有 λ_i 的概率
将决定在那个时期的最佳行动，并可以根据这个判断做出选择。否则，他们
可以选择在下一个时期对这个问题进行判断。

目前，考虑判断一旦被使用意味着什么，这是有必要的。我们在这里做

的最初假设是，一旦做出决定，收益函数的知识就会贬值。换句话说，做出判断可能会拖延决策（这是有代价的）并且可以改进该决策（这是它的价值），但不能生成可应用于其他决策（包括未来的决策）的经验。换句话说，判断的最初概念是思想的应用，而不是经验的积累。[①] 在实践中，这把我们的检验简化为一个静态模型。然而，在后面的小节中，我们将考虑经验公式，并演示静态模型的大部分见解会延续到动态模型。

总结一下，游戏的时间安排如下：

（1）在决策阶段的开始，决策者选择是否应用判断以及应用于什么状态，或者是否不经过判断而简单地选择行动。如果选择了行动，不确定性就消失了，实现了回报，进入一个新的决策阶段。

（2）如果选择判断，有 $1 - \lambda_i$ 的概率没有找到在那种状态下风险动作的回报，一段时间过去了，游戏回到 1。有 λ_i 的概率，决策者获得了这个知识。然后决策者可以采取一个动作，不确定性消失并实现收益，然后进入一个新的决策阶段（回到 1）。如果不采取行动，一段时间过去，当前的决策阶段将继续。

（3）决策者决定是否判断另一个状态。如果选择了一个动作，不确定性就消失了，并实现了回报，进入了一个新的决策阶段（回到 1）。

（4）如果选择判断，有 $1 - \lambda_{-i}$ 的概率没有找到在那种状态下风险动作的回报，一段时间过去了，游戏回到 1。有 λ_{-i} 的概率，决策者获得了这个知识。然后决策者可以选择一个动作，不确定性消失并实现收益，然后进入一个新的决策阶段（回到 1）。

当预测可用时，它将在决策阶段开始之前就可用。各参数列在表 3.1 中。

表 3.1　　　　　　　　　　　　　　　　模型参数

参数	描　　述
S	安全动作的已知回报
R	给定状态下的风险动作的潜在回报
r	给定状态下的风险动作的潜在回报
θ_i	状态标签 $i \in \{1,2\}$

[①]　实证框架在 Agrawal，Gans 和 Goldfarb（2018a）中考虑。

续表

参数	描　　述
μ	状态 1 的概率
ν	给定状态下回报为 R 的先验概率
λ_i	决策者使用判断后，得知风险动作 θ_i 的回报的概率
δ	贴现率

假设决策者专注于判断 θ_i 下的最优行动（即评估收益），那么应用了判断的期望当前折现收益为：

$$\lambda_i [\nu R + (1-\nu)S] + (1-\lambda_i)\delta \lambda_i [\nu R + (1-\nu)S] + \sum_{t=2}^{\infty} (1-\lambda_i)^t \delta^t$$

$$\lambda_i [\nu R + (1-\nu)S] = \frac{\lambda_i}{1-(1-\lambda_i)\delta}[\nu R + (1-\nu)S]$$

决策者最终可以知道该做什么，并将获得比不做判断更高的回报，但这是用回报的延迟换来的。

这种计算假设了决策者在进行判断之前知道状态 θ_i 是正确的。如果情况不是这样，那么仅对判断 θ_1 的期望当前折现收益为：

$$\frac{\lambda_1}{1-(1-\lambda_1)\delta}(\max\{v(\mu R + (1-\mu)(vR+(1-v)r)) + (1-v)(\mu r + (1-\mu)(vR+(1-v)r)), S\}) = \frac{\lambda_1}{1-(1-\lambda_1)\delta}(\max\{v(\mu R + (1-\mu)(vR+(1-v)r)), S\} + (1-v)S)$$

其中后一步从（A1）中来。为了使阐述更简单，假定 $\lambda_1 = \lambda_2 = \lambda$。另外，让 $\hat{\lambda} = \lambda/1-(1-\lambda)\delta$；其中 $\hat{\lambda}$ 可以是判断质量 λ 的一个给定的简单表示。

如果该策略只对一个状态使用判断，然后做出决策，那么需要考虑的就是相对收益。然而，由于在这两个状态都有可能判断，因此需要考虑几种情况。

首先，决策者可能依次对两种状态进行判断。在这种情况下，期望当前折现收益为：

$$\hat{\lambda}^2 (v^2 R + v(1-v)\max\{\mu R + (1-\mu)r, S\} + v(1-v)\max\{\mu r + (1-\mu)R, S\} + (1-v)^2 S) = \hat{\lambda}^2 (v^2 R + (1-v)^2 S)$$

其中后一步从（A1）中来。

其次，决策者可能会将判断先用于 θ_1，然后，视结果再将判断用于 θ_2。如果 θ_1 的判断结果是风险动作是最优的，决策者选择判断 θ_2，则收益变为：

$$\hat{\lambda}(v\hat{\lambda}(vR+(1-v)\max\{\mu R+(1-\mu)r,S\})+(1-v)\max\{\mu r+(1-\mu)$$
$$(vR+(1-v)r),S\})=\hat{\lambda}(v\hat{\lambda}(vR+(1-v)S)+(1-v)S)$$

如果 θ_2 的判断结果是安全动作是最优的，决策者选择判断 θ_1，则收益变为：

$$\hat{\lambda}(v\max\{\mu R+(1-\mu)(vR+(1-v)r),S\}+(1-v)\hat{\lambda}(v\max\{\mu r+(1-\mu)$$
$$R,S\}+(1-v)s))=\hat{\lambda}(v\max\{\mu R+(1-\mu)(vR+(1-v)r),S\}+(1-v)\hat{\lambda}S)$$

注意，如果 θ_1 的结果是安全动作是最优的，那么不进行进一步的判断是占优的。

鉴于此，我们可以证明如下命题：

命题1：在 A1 和 A2 下，在没有任何关于状态的信号时，①两个状态都判断和②在发现某个状态下安全动作是最好的之后继续进行，都不是最优的。

证明：记两个状态都判断是最优的，若：

$$\hat{\lambda}>\frac{S}{v\max\{\mu r+(1-\mu)R,S\}+(1-v)S}$$

$$\hat{\lambda}>\frac{\mu R+(1-\mu)(vR+(1-v)r)}{vR+(1-v)\max\{\mu R+(1-\mu)r,S\}}$$

A2 意味着 $\mu r+(1-\mu)R<S$，第一个条件可以简化为 $\hat{\lambda}>1$。因此①判断两个状态，不如判断一个状态，然后只在风险动作在该状态下是最优的时候继续探索。

现在，我们可以将安全行为在一种状态下更可取时才继续判断的收益策略与在一种状态下先判断然后立即采取行动的收益策略进行比较。请注意：

$$\hat{\lambda}(v\max\{\mu R+(1-\mu)(vR+(1-v)r),S\}+(1-v)\hat{\lambda}S)>\hat{\lambda}(v\max\{\mu R+(1-\mu)(vR+(1-v)r),S\}+(1-v)S).$$

永远不会成立，因此（b）也不是最优的。

直觉类似于 Bolton 和 Faure-Grimaud（2009）中的命题1和命题2。特别是，只有当判断将导致决策者转向风险动作时，使用判断才是有用的。因此，无条件地探索第二种状态永远不值得，因为它可能不会改变所采取的行动。同样，如果判断一种状态获得了知识，在这种状态下安全行为仍然是最优的，那么在状态存在不确定性的情况下，即使获得了关于第二种状态下风险动作的回报的知识，也永远不会选择这种行为。因此，进一步的判断是不值得的。因此，最好立即做出选择，而不是推迟不可避免的事情。

根据这个命题，只有两种策略可能是最优的（在没有预测的情况下）。一种策略（我们将在这里称之为 J1）是判断一种状态，如果风险动作是最优的，则立即采取该动作；否则，立即使用默认的安全动作。先判断的状态是最有可能出现的状态。如果 $\mu > 1/2$，就是状态 1。可以选择这种策略，若：

$$\hat{\lambda}(\nu\max\{\mu R + (1-\mu)(\nu R + (1-\nu)r), S\} + (1-\nu)S) > S$$

$$\Rightarrow \hat{\lambda} > \hat{\lambda}_{J1} \equiv \frac{S}{\nu\max\{\mu R + (1-\mu)(\nu R + (1-\nu)r), S\} + (1-\nu)S},$$

这需要 $\mu R + (1-\mu)(\nu R + (1-\nu)r) > S$。

另一种策略（在这里称为 J2）是判断一种状态，如果风险动作是最优的，那么再判断下一种状态；否则，立即使用默认的安全动作。注意，J2 优于 J1 若：

$$\hat{\lambda}(\nu\hat{\lambda}(\nu R + (1-\nu)S) + (1-\nu)S)$$

$$> \hat{\lambda}(\nu\max\{\mu R + (1-\mu)(\nu R + (1-\nu)r), S\} + (1-\nu)S)$$

$$\Rightarrow \hat{\lambda}\nu(\nu R + (1-\nu)S) > \nu\max\{\mu R + (1-\mu)(\nu R + (1-\nu)r), S\}$$

$$\Rightarrow \hat{\lambda} > \frac{\max\{\mu R + (1-\mu)(\nu R + (1-\nu)r), S\}}{\nu R + (1-\nu)S}$$

这是直觉的。从根本上说，只有当判断的效率足够高时，才能运用更多的判断。然而，为了使这个不等式相关，J2 必须优先于产生 S 收益的现状。因此，J2 不被占优，如果：

$$\hat{\lambda} > \hat{\lambda}_{J2} \equiv$$

$$\max\left\{\frac{\max\{\mu R + (1-\mu)(\nu R + (1-\nu)r), S\}}{\nu R + (1-\nu)S}, \frac{\sqrt{S(4\nu^2 R + S(1+2\nu-3\nu^2))} - (1-\nu)S}{2\nu(\nu R + (1-\nu)S)}\right\},$$

其中第一项是 J2 优于 J1 的范围，第二项是 J2 优于 S；所以 J2 要成为最优，必须比每一项都大。又注意到随着 $\mu \to (S-r)/(R-r)$（与 A1 和 A2 一致的最高概率水平），那么$\hat{\lambda}_{J2} \to 1$。

若$\mu R + (1 - \mu)(\nu R + (1 - \nu)r) > S$，注意到：

$$\hat{\lambda}_{J2} > \hat{\lambda}_{J1}$$

$$\Rightarrow \frac{\mu R + (1 - \mu)(\nu R + (1 - \nu)r)}{\nu R + (1 - \nu)S} > \frac{S}{\nu(\mu R + (1 - \mu)(\nu R + (1 - \nu)r)) + (1 - \nu)S}$$

$$\Rightarrow (1 - \nu)S(\mu R + (1 - \mu)(\nu R + (1 - \nu)r) - S) > \nu(RS - (\mu R + (1 - \mu)(\nu R + (1 - \nu)$$

$$r))^2)$$

当ν足够高时可能不满足。然而可以证明，当$\hat{\lambda}_{J2} = \hat{\lambda}_{J1}$时，$\hat{\lambda}_{J2}$的两项相等，当$\hat{\lambda}_{J2} < \hat{\lambda}_{J1}$时，$\hat{\lambda}_{J2}$的第二项大于第一项。这意味着在$\hat{\lambda}_{J2} < \hat{\lambda}_{J1}$的范围内，$\hat{\lambda}_{J2}$优于$\hat{\lambda}_{J1}$。

这一分析表明，判断的规则只有两种类型。如果$\hat{\lambda}_{J2} > \hat{\lambda}_{J1}$，那么容易的决定（高$\hat{\lambda}$）会使用 J2，下一部分决策使用 J1（中等高的$\hat{\lambda}$），而其余的不使用任何判断。另一方面，如果$\hat{\lambda}_{J2} < \hat{\lambda}_{J1}$，然后更容易的决策使用 J2，其余部分不涉及的判断。

3.4.2　在没有判断时的预测

接下来，我们考虑有预测但没有判断的模型。假设存在一个 AI，在部署之后，它可以在做出决策之前识别状态。换句话说，预测如果发生，就是完美的；假设我们将在后面的小节放宽。在最开始，假设没有判断机制来确定每种状态下的最优动作是什么。

回想一下，在没有预测或判断的情况下，（A1）确保将选择安全动作。如果决策者知道了状态，如果：

$$\nu R + (1 - \nu)r > S$$

那么在给定状态下的风险动作将被选择。这否定了（A1）。因此，期望收益为：

$$V_p = S$$

这和没有判断或预测的结果一样。

3.4.3　既有判断又有预测

预测和判断本身都是有价值的。我们接下来要考虑的问题是，它们是互补品还是替代品。

虽然完美的预测可以让你根据实际而非预期的状态来选择行动，但它也为判断提供了同样的机会。由于判断是昂贵的，因此不要浪费时间考虑在不发生的状态下可能采取什么行动。在没有预测时这是不可能的。但是，如果你得到一个关于状态的预测，你就可以只与那个状态相关的行为进行判断。当然，这种判断仍然需要付出代价，但同时也不会导致任何认知资源的浪费。

考虑到这一点，如果决策者是预测状态后使用判断，那么他们的预期折现收益为：

$$V_{PJ} = \max \{ \hat{\lambda} (\nu R + (1 - \nu) S) , S \}$$

这代表了最高的期望收益可能（判断的净花费）。预测和判断均为最优的一个必要条件是：

$$\hat{\lambda} \geqslant \hat{\lambda}_{PJ} \equiv s / [\nu R + (1 - \nu) S].$$

注意 $\hat{\lambda}_{PJ} \leqslant \hat{\lambda}_1$，$\hat{\lambda}_2$。

3.4.4 互补品还是替代品

为了评估预测和判断是互补品还是替代品，我们对预测的有效性采用以下参数化：我们假设 AI 有概率 e 产生一个预测，如果没有，必须在没有预测的情况下做出决策（只有判断）。通过这个参数化，我们可以证明：

命题 2：在 $\hat{\lambda} < \hat{\lambda}_{J2}$ 的 λ 范围内，e 和 λ 是互补品，否则就是替代品。

证明：

步骤 1：有 $\hat{\lambda}_{J2} > R / [2 (\nu R + (1 - \nu) S)]$ 吗？

第一，注意到：

$$\frac{\max \{ \mu R + (1 - \mu) (\nu R + (1 - \nu) r) , S \}}{\nu R + (1 - \nu) S} > \frac{R}{2 (\nu R + (1 - \nu) S)}$$

$$\Rightarrow \max \{ \mu R + (1 - \mu) (\nu R + (1 - \nu) r) , S \} > \frac{1}{2} R$$

注意到（A2），并且 $\mu > (1 / 2)$，$S > \mu R + (1 - \mu) r > (1 / 2) R$，所以该式恒成立。

第二，注意到：

$$\frac{\sqrt{S[4\nu^2 R + S(1 + 2\nu - 3\nu^2)]} - (1-\nu)S}{2\nu[\nu R + (1-\nu)S]} > \frac{R}{2[\nu R + (1-\nu)S]}$$

$$\Rightarrow S[4\nu^2 R + S(1 + 2\nu - 3\nu^2)] > [\nu R + (1-\nu)S]^2$$

$$\Rightarrow S(S - 2R) > \nu(R^2 - 6RS + S^2),$$

左边恒为正，右边恒为负，因此该式恒成立。

步骤 2：假设 $\mu R + (1-\mu)[\nu R + (1-\nu)r] \leq S$；那么 J1 就始终不是最优的。在这种情况下，期望收益为：

$$eV_{PJ} + (1-e)V_{J2} = e\hat{\lambda}[\nu R + (1-\nu)S] + (1-e)\hat{\lambda}\{\nu\hat{\lambda}[\nu R + (1-\nu)S] + (1-\nu)S\}$$

关于 $(e, \hat{\lambda})$ 的混合偏微分为 $\nu\{R - 2\hat{\lambda}[\nu R + (1-\nu)S]\}$。若 $R/[2(\nu R + (1-\nu)S)]$ 则它为正。由步骤 1 可知，这意味着对于 $\hat{\lambda} < \hat{\lambda}_{J2}$，预测和判断是互补品，否则就是替代品。

步骤 3：假设 $\mu R + (1-\mu)[\nu R + (1-\nu)r] > S$。注意，对于 $\hat{\lambda}_{J1} < \hat{\lambda} < \hat{\lambda}_{J2}$，则相对于 J2 更偏好于 J1。在这种情况下，预测和判断的期望收益为：

$$e\hat{\lambda}(\nu R + (1-\nu)S) + (1-e)\hat{\lambda}(\nu\max\{\mu R + (1-\mu)(\nu R + (1-\nu)r), S\} + (1-\nu)S).$$

关于 $(e, \hat{\lambda})$ 的混合偏微分为 $\nu(R - \max\{\mu R + (1-\mu)(\nu R + (1-\nu)r), S\}) > 0$。由步骤 1 可知，这意味着对于 $\hat{\lambda} < \hat{\lambda}_{J2}$，预测和判断是互补品，否则就是替代品。

当 $\hat{\lambda} < \hat{\lambda}_{J2}$ 时，在缺乏预测没有用判断或策略 J1（有一轮判断）是最优的；e 把有预测和判断的期望值与没有预测的期望值之间的差异参数化了，这会随着 λ 的增加，两者都增加。然而，在一轮判断中，单独使用判断的增幅小于两种一起使用时的增幅。因此，当 $\hat{\lambda} < \hat{\lambda}_{J2}$ 时，预测和判断是互补品。

相比之下，当 $\hat{\lambda} > \hat{\lambda}_{J2}$ 时，战略 J2（有两轮判断）在没有预测的情况下使用。在这种情况下，增加 λ 会不成比例地增加只从判断中得到的预期收益，因为判断将同时用于两种状态，而在预测和判断下，它只用于一种状态。因此，提高判断的质量会降低预测的回报。所以，当 $\hat{\lambda} > \hat{\lambda}_{J2}$ 时，预测和判断是替代品。

3.5　复杂性

到目前为止，该模型说明了奖励函数（判断）和预测之间的相互作用。虽然这些结果表明了预测和判断是可以替代的，但从某种意义上说，它们更是互补的。因为预测所支持的是一种形式的或有状态决策。如果没有预测，不管可能出现什么情况，决策者将被迫做出相同的选择。按照 Herbert Simon 的精神，可以把这称为一种启发。在缺乏预测的情况下，判断的作用就是做出选择。此外，当存在占优（或"接近占优"）选择时，这种选择更容易——即更可能是最优的。因此，当状态空间或动作空间扩展时（在更复杂的情况下可能是这样），就不太可能存在占优选择。在这方面，面对复杂性，在缺乏预测的情况下，判断的价值会降低，我们更有可能看到决策者选择默认的动作，平均来说，这些动作可能比其他动作更好。

假设现在我们在混合中添加一个预测机器。在我们的模型中，这样一台机器，当它提供一个预测，可以完美地指示将会出现的状态，让我们考虑一个可能在复杂情况中出现的更方便的替代情况：预测机器可以指示一些状态（它们应该会出现），但对其他的状态没有精确的预测，只知道这些状态中的一个是正确的。换句话说，预测机器有时可以做出精确的预测，有时则是粗略的预测。在这里，对预测机器的改进意味着增加了该机器可以进行精确预测的状态数。

因此，考虑一个 N 状态模型，其中状态 i 的概率为 μ_i。假设状态 $\{1, \cdots, m\}$ 可被 AI 精确预测，其他的则无法区分。假设在无法区分的状态中用判断是不值得的，因此，最优选择是安全动作。此外，假设当预测可用时，判断是值得的；也就是说，$\hat{\lambda} \geqslant S/[\nu R + (1 - \nu)S]$。在这种情况下，当预测和判断都可用时，期望当前的折现价值为：

$$V_{PJ} = \hat{\lambda} \sum_{i=1}^{m} \mu_i [\nu R + (1 - \nu)S] + \sum_{i=m+1}^{N} \mu_i S$$

同样，很容易看出，当 $\nu R + (1 - \nu)r \leqslant S$ 时，$V_P = V_J = S = V_0$。注意，随着 m 的增加（可能是因为预测机学会了预测更多的状态），更好的判断的边际价值会增加。即 $\hat{\lambda}\mu_m[\nu R+(1-\nu)S]-\mu_m S$，随 $\hat{\lambda}$ 增加而增加。

当情况变得更复杂（即 N 增加）时会发生什么？N 的增加将轻微地导致对所有 i，μ_i 减少。固定 m（因此预测机器的质量不会随复杂性而提升），将减少预测和判断的价值，因为更大的权重会放在预测不可用的状态上；也就是说，假设其他条件不变时，复杂性的增加不会创造一个可以预测的状态。因此，复杂性似乎与较低的预测和判断的收益有关。不同的是，预测机器的改进意味着 N 固定时 m 增加。在这种情况下，当更大的权重放在可以用预测的状态上时，判断的回报就会上升。

这种见解是有用的，因为在经济学文献中，有几个复杂性与其他经济决策相互作用的地方。这些地方包括自动化、合同和公司边界。我们依次讨论这些问题，强调潜在的影响。

3.5.1 自动化

有关自动化的文献有时和 AI 是同义词。这是因为 AI 可以为新型机器人提供动力，有了机器学习，它们能够在开放环境中运行。例如，虽然自动化火车在轨道上运行已经有一段时间了，但自动化汽车是新生产物，因为它们需要在更复杂的环境中进行操作。正是在这些开放的环境中所作的预测，才使得灵活的资本设备得以出现。注意，这意味着随着 AI 的改进，更复杂环境中的任务可以由机器来处理（Acemoglu 和 Restrepo，2017）。

然而，这个故事掩盖了从我们的分析中得出的信息，即最近的 AI 发展都是关于预测的。预测之所以能够实现自动化汽车，是因为描述（并且编程）这些汽车在不同情况下应该做什么相对直接。换句话说，如果预测支持"状态或有决策"，那么自动化汽车就会出现，因为人们知道在每个状态下什么决策是最优的。换句话说，自动化意味着判断可以被编码到机器行为中。加上预测，自动化资本就可以进入到更复杂的环境中。在这方面，随着更复杂环境中的更多任务能够以一种状态或然的方式进行编程，AI 的提升将导致机器取代人类，这或许是很自然的。

这说明，在复杂的环境中会出现另一个替代的维度。如上所述，在无法预测状态时对于给定的技术，在更复杂的环境中更有可能出现这种情况，那么更有可能选择默认动作的，或者是平均来说会表现得很好的启发式的结果。包括 Acemoglu 和 Restrepo（2017）在内，许多人认为，相对于机器，人类在更复杂的任务上具有相对优势。然而，这一点并不明显。如果已知应该使用特定的默认或启发式动作，那么一台机器可以进行编程来执行这个动作。在这方面，最复杂的任务——确切来说，因为对状态的预测是粗略的，导致我们对如何采取更好的行动所知甚少——可能更适合自动化，而非更不适合。

　　如果我们不得不进行猜测，想象一下，状态是按可能性递减排序的（即对任意 $i < j$ 有 $\mu_i > \mu_j$）。排在最前面的状态可能是这样的状态：由于它们经常出现，所以知道每种状态中最优的动作是什么，因此可以编程让机器来处理它们。排在最后的状态类似，因为无法确定的最优动作也可以编程。排在中间的状态出现的频率较低，但并非不频繁，如果存在可靠的预测，人类可以在这些状态出现时使用判断。因此，收益可以写为：

$$V_{PJ} = \sum_{i=1}^{k} \mu_i [\nu R + (1 - \nu)S] + \hat{\lambda} \sum_{i=k+1}^{m} \mu_i [\nu R + (1 - \nu)S] + \sum_{i=m+1}^{N} \mu_i S$$

其中因为知道最优动作是什么，任务 1 到 k 使用预测实现自动化。如果这是将任务与机器和人类进行匹配，那么我们根本不清楚复杂性的增加是否与就业的增加或减少有关。

　　这说明，自动化文献中的问题并不在于"复杂任务"这个术语的微妙之处，而是随着 AI 变得更加普遍，哪里可能出现机器代替人类的情况。如上所述，AI 的增长增加了 m。在这个范围内，人类能够进入边际任务并由于预测机器是可用的，在这些情况下使用判断来进行状态或然的决策。因此，在没有其他影响的情况下，AI 的增长与任意给定任务下更多的劳动力有关。然而，随着这些边缘任务的权重在复杂性水平上的下降，人类执行的任务可能并不比它们更复杂。另外，可以想象一个完整的劳动力市场均衡的模型，在模型中，能使在边际上有更多判断的 AI 的增加，也可以创造机会研究这样的判断，来看是否可以通过编程构造更低维的指标集合并且被机器处理。因此，尽管 AI 并不一定会使更多的常规任务由机器来处理，但它可能会创造出导致这一结果的经济条件。

3.5.2　合同

　　合同与编程有很多共同之处。Jean Tirole（2009）关于这个主题是这样写的：

合同双方（买方、卖方）最初使用的是一种可用的设计，可能是一种行业标准，这对他们自己有利。这样的设计或合同是现有知识下的最佳合约。然而，双方并不知道合同的含义，但他们意识到合同可能出了问题；事实上，他们可能会付出认知上的努力，以找出可能出错的地方，以及如何据此起草合同：换句话说，意外事件是可以预见的（也许代价高昂而让人望而却步）但未必被预见。举个无关紧要的例子，石油价格上涨的可能性意味着这应该编入合同，这是完全可以预见的，但这并不意味着各方会考虑这种可能性并据此确定合同价格。

Tirole 认为，在合同中可以使用认知的努力（类似于我们这里所说的判断）来规划或有事项，而其他事项则可能被排除在外，因为相对于给定的回报（例如，发生意外的可能性较低），这种努力的成本太高。

这种逻辑可以帮助我们理解预测机器可以对合同做什么。如果 AI 成为可用的，那么在写合同时，因为对状态的良好预测是可能的，决定应该是哪个或有状态就会产生认知成本。对其他状态，合同将不完整——或许是默认动作或一些认知过程。这直接意味着合同很可能变得不那么完整。

但涉及雇佣合同时，效果可能会有所不同。正如 Herbert Simon（1951）所指出的，雇佣合同与其他合同的不同之处在于，雇佣合同往往不可能具体规定在什么情况下应该采取什么行动。因此，这些合同经常分配的是不同的决策权。

这里有趣的是一个概念，合同可以被明确指定——即编程——但预测可以激活人的判断的使用。后一种概念意味着动作不能很容易地合同化——根据定义，合同化的性质就是编程，需要判断就意味着编程是不可能的。因此，随着预测机器的提升，更多的人的判断是最优的，那么这种判断将被应用于客观的合同度量之外——包括客观的表现度量。如果我们不得不进行猜测，这将有利于更主观的表现过程，包括关系型契约（Baker、Gibbons 和 Murphy，1999）。[①]

---

① Dogan 和 Yildirim（2017）最近的一篇论文考虑了自动化可能对工人合同产生的影响。然而，他们并没有研究 AI 本身，而是关注它可能如何改变团队从联合绩效评估转向相对绩效评估的客观绩效度量。

3.5.3 公司边界

现在我们来考虑 AI 对公司边界（即制造还是买的决定）的影响。假设买方（B）从所做的决策中获得了价值——即可能的情况下风险或安全动作的收益。为了使事情简单，让我们假设对任意 i 有 $\mu_i = \mu$，所以 $V = k[\nu R + (1-\nu)S] + \hat{\lambda}(m-k)[\nu R + (1-\nu)S] + (N-m)S$。

我们假设任务由卖方（S）承担。任务 $\{1, \cdots, k\}$ 和 $\{m+1, \cdots, N\}$ 可以合同化，而中间的任务则需要卖方进行判断。我们假设提供判断的成本是一个函数 $c(\hat{\lambda})$，它是非减和凸函数。（我们用 $\hat{\lambda}$ 来写这个函数只是为了保持记号简单。）费用可由买方预计。因此，如果中间状态之一出现，买方可以选择给卖方一个固定价格的合同（且不承担任何成本）或一个加上成本的合同（并承担所有成本）。

按 Tadelis（2002），我们假设卖方市场是竞争的，因此所有的剩余积累给了买方。在这种情况下，买方的回报是：

$$k[\nu R + (1-\nu)S] + \max\{\hat{\lambda}(m-k)[\nu R + (1-\nu)S], S\} + (N-m)S - p - zc(\hat{\lambda})$$

卖方的回报是：$p - (1-z)c(\hat{\lambda})$

其中，$p + zc(\hat{\lambda})$ 为合同价格，z 在固定价格合同中为 0，在加上成本的合同中为 1。注意，只有在加上成本的合同中，卖方才会进行判断。因此，若

$$k[\nu R + (1-\nu)S] + \max\{\hat{\lambda}(m-k)[\nu R + (1-\nu)S], S\} + (N-m)S - c(\hat{\lambda}) > k[\nu R + (1-\nu)S] + (N-k)S.$$

则买方就会选择加上成本的合同，而非固定价格的合同。容易看到，随着 m 的增加（预测变得更便宜），更可能选择加上成本的合同。也就是在预测变得更加充足时，激励会减少。

现在我们可以考虑整合的影响。假设买方可以选择自己做决定，但要有更高的成本。也就是说，$c(\hat{\lambda}, I) > c(\hat{\lambda})$，其中，$I$ 表示整合。再假设 $\partial c(\hat{\lambda}, I)/\partial\hat{\lambda} > \partial c(\hat{\lambda})/\partial\hat{\lambda}$。在整合下，买方的价值是：

$$k[\nu R + (1-\nu)S] + \hat{\lambda}^*(m-k)[\nu R + (1-\nu)S] + (N-m)S - c(\hat{\lambda}^*, I)$$

其中，$\hat{\lambda}^*$ 在这种情况下最大化买方的收益。不难看出，随着 m 的增加，对整合的回报也会增加。

相比之下，注意到随着 k 的增加，对成本加减的合同的激励会减少，整合的回报会下降。因此，在一个合同中允许放置预测机器的或有事项越多（$m-k$ 越大），卖方激励的动力就越大，整合的可能性就越大。

Forbes 和 Lederman（2009）说明了，航班调度越复杂，航空公司越有可能与地区合作伙伴垂直整合：具体来说，恶劣天气更有可能导致航班延误。预测机器的影响，将取决于它们是否会导致动作可以在或有状态方式中自动化的状态数（k），相对于状态被知道后动作不能自动化的状态数（m）的增加。如果是前者，那么我们将会看到随着预测机器的增加，会有更多的垂直整合。如果是后者，我们将看到更少。造成这种差异的原因是，随着 $m-k$ 的上升，在垂直整合情况中对更昂贵的判断的需求。

3.6 结论

在本章中，我们探讨了机器学习技术的进步所带来的结果，这些进步已经推动了广泛领域的 AI 的发展。特别是，我们认为，机器执行智力任务的能力是由机器预测能力的提高驱动的。为了了解机器预测的提升将如何影响决策，分析模型的收益如何出现是很重要的。我们把学习收益的过程称为"判断"。

通过显式地建模判断，我们得到了许多关于预测的价值的有用见解。我们证明，只要判断不是太难，预测和判断通常是互补品。我们还表明，判断能力的提高改变了最有用的预测质量的类型：更好的判断意味着，相对于更频繁的预测，更准确的预测更有价值。最后，我们探讨了复杂性的作用，证明了在复杂性的情况下，改进的预测对判断的价值的影响取决于改进预测是否会导致自动决策。复杂性是自动化、合同和企业边界中的经济学研究的一个关键方面。随着预测机器的提升，我们的模型表明，复杂环境中的结果尤其值得研究。

在这一领域可以进行许多方向的研究。首先，本章没有明确地对预测的形式建模，包括哪些度量可能是做决策的基础。实际上，这是一个重要的设计变量，影响着预测的准确性和决策。在计算机科学中，这是指替代品的选择，并且这似乎是一个适合进行经济理论研究的主题。其次，本章将判断视为一种人类主导的活动。然而，我们注意到它可以另外被编码，但是没有明确说明所发生的过程。将其内生化，或许将它和经验的积累关联起来，将是进一步研究的一种方法。最后，这是一个单代理模型。在博弈论背景下，当其他代理人的动作和决策对判断和结果产生影响时，探究它们会如何混合，这会非常有趣。

参考文献

Acemoglu, Daron. 2003. "Labor- and Capital-Augmenting Technical Change." *Journal of the European Economic Association* 1 (1): 1–37.

Acemoglu, Daron, and Pascual Restrepo. 2017. "The Race between Machine and Man: Implications of Technology for Growth, Factor Shares, and Employment." Working paper, Massachusetts Institute of Technology.

Agrawal, Ajay, Joshua S. Gans, and Avi Goldfarb. Forthcoming. "Human Judgment and AI Pricing." *American Economic Association: Papers & Proceedings.*

———. 2018. *Prediction Machines: The Simple Economics of Artificial Intelligence.* Boston, MA: Harvard Business Review Press.

Alpaydin, Ethem. 2010. *Introduction to Machine Learning*, 2nd ed. Cambridge, MA: MIT Press.

Autor, David. 2015. "Why Are There Still So Many Jobs? The History and Future of Workplace Automation." *Journal of Economic Perspectives* 29 (3): 3–30.

Baker, George, Robert Gibbons, and Kevin Murphy. 1999. "Informal Authority in Organizations." *Journal of Law, Economics, and Organization* 15:56–73.

Belloni, Alexandre, Victor Chernozhukov, and Christian Hansen. 2014. "High-Dimensional Methods and Inference on Structural and Treatment Effects." *Journal of Economic Perspectives* 28 (2): 29–50.

Benzell, Seth, Guillermo LaGarda, Lawrence Kotlikoff, and Jeffrey Sachs. 2015. "Robots Are Us: Some Economics of Human Replacement." NBER Working Paper no. 20941, Cambridge, MA.

Bolton, P., and A. Faure-Grimaud. 2009. "Thinking Ahead: The Decision Problem." *Review of Economic Studies* 76:1205–1238.

Brynjolfsson, Erik, and Andrew McAfee. 2014. *The Second Machine Age.* New York: W. W. Norton.

Dogan, M., and P. Yildirim. 2017. "Man vs. Machine: When Is Automation Inferior to Human Labor?" Unpublished manuscript, The Wharton School of the University of Pennsylvania.

Domingos, Pedro. 2015. *The Master Algorithm.* New York: Basic Books.

Forbes, Silke, and Mara Lederman. 2009. "Adaptation and Vertical Integration in the Airline Industry." *American Economic Review* 99 (5): 1831–1849.

Hastie, Trevor, Robert Tibshirani, and Jerome Friedman. 2009. *The Elements of Statistical Learning: Data Mining, Inference, and Prediction*, 2nd ed. New York: Springer.

Hawkins, Jeff. 2004. *On Intelligence.* New York: Times Books.

Jha, S., and E. J. Topol. 2016. "Adapting to Artificial Intelligence: Radiologists and Pathologists as Information Specialists." *Journal of the American Medical Association* 316 (22): 2353–2354.

Lusted, L. B. 1960. "Logical Analysis in Roentgen Diagnosis." *Radiology* 74:178–193.

Markov, John. 2015. *Machines of Loving Grace*. New York: HarperCollins Publishers.

Ng, Andrew. 2016. "What Artificial Intelligence Can and Can't Do Right Now." *Harvard Business Review Online*. Accessed Dec. 8, 2016. https://hbr.org/2016/11/what-artificial-intelligence-can-and-cant-do-right-now.

Simon, H. A. 1951. "A Formal Theory of the Employment Relationship." *Econometrica* 19 (3): 293–305.

Tadelis, S. 2002. "Complexity, Flexibility and the Make-or-Buy Decision." *American Economic Review* 92 (2): 433–437.

Tirole, J. 2009. "Cognition and Incomplete Contracts." *American Economic Review* 99 (1): 265–294.

Varian, Hal R. 2014. "Big Data: New Tricks for Econometrics." *Journal of Economic Perspectives* 28 (2): 3–28.

评论

Andrea Prat[*]

组织的关键活动之一是收集、处理、组合和利用信息（Arrow，1974）。现代企业利用它从市场营销、运营、人力资源、财务和其他功能中积累的大量数据来更快地增长和提高生产率。这个开发过程依赖于公司可用的信息技术（IT）。如果 IT 经历了一场革命，我们应该期待公司组织方式会有深刻的结构变化（Milgrom 和 Roberts，1990）。

Agrawal，Gans 和 Goldfarb 探索了以 AI 为核心的 IT 革命可能对组织产生的影响。他们的分析强调了预测和判断的一个深刻的区别，预测是用给定信息预测世界的一个状态 θ，判断是评估该状态和组织对此采取的动作 x 的影响，即收益函数 $u(\theta, x)$ 的值。

这是与现有工作的一个重要的不同点。几乎所有的经济学家，以及计算机科学家和决策科学家都假定收益函数 $u(\theta, x)$ 是已知的：假定决策者很了解行动会如何和状态一起来产生结果。然而，这一假设极不现实。作者提供的信用卡诈骗的例子是令人信服的。银行批准一笔欺诈性交易或将一笔合法交易标记为可疑欺诈的长期成本是多少？

组织可以花费资源来提高它们的预测精度和它们的判断质量。Agrawal，

* Andrea Prat 是哥伦比亚大学商学院的理查德·保罗·里奇曼（Richard Paul Richman）教授，也是哥伦比亚大学的经济学教授。

有关确认，研究支持的来源以及作者的实质性财务关系的披露，如果有任何问题，请访问 http：//www. nber. org/chapters/c14022. ack。

Gans 和 Goldfarb 描述了这个优化问题的解决方案。其主要结果是,在合理的假设下,投资在预测上和投资在判断上是互补的(命题 2)。投资在预测上会使得投资在判断上在期望值上更有利可图。

这种互补性表明,从预测昂贵得令人止步的情况转向经济的情况,应该会提高对判断的回报。从这个角度来看,AI 革命将导致对判断的需求增加。然而,判断是一个本质上不同的问题,不能通过大数据的分析来解决。

举个例子,许多大学的招生办公室正求助于 AI 来选择向哪些申请人发出录取通知书。算法可以根据过去的录取数据进行训练。我们观察申请人的特征与过去和现在学生的成绩。除去我们只能看到成功申请并决定入学的人的成绩这一事实所引发的受限观测问题,我们希望 AI 能够根据申请人可观察到的特征,对其未来的成绩做出相当准确的预测。一个明显的问题是,我们不知道录取一个可能取得高分的人会如何影响我们大学的长期收益。后者是一个高度复杂的对象,取决于我们的校友能否成为那种鼓舞人心的、成功的、有道德的人,从而提高我们大学的学术声誉和财务可持续性。成绩和这个长期目标之间可能有联系,但我们不确定是什么。在这种情况下,Agrawal,Gans 和 Goldfarb 给我们上了重要的一课。AI 的进步应该促使我们的大学领导对关于学生质量与我们高等教育机构的长期目标之间的关系提出更深层次的问题。这些问题不能用 AI 来回答,而是用更多的理论驱动的回顾性方法,或者更定性的方法。

作为一名组织经济学家,我对 Agrawal,Gans 和 Goldfarb 的组织研究模型的含义特别感兴趣。第一,本章强调了决策的动态的重要性,这是一个研究严重不足的主题。在一个复杂的世界中,组织不会立即收集他们可能需要的关于他们可能面临的所有意外事件的所有信息。Bolton 和 Faure - Grimaud(2009)是 Agrawal,Gans 和 Goldfarb 的灵感来源,他们对一个决策者建模,这个决策者能够在尚未发生的自然状态中"提前思考"世界的未来状态。它们表明,典型的决策者不会去考虑一个完整的行动计划,而是专注于关键的短期和中期决策。Agrawal,Gans 和 Goldfarb 表明,Bolton 和 Faure - Grimaud 的观点对理解组织可能如何对信息技术的变化做出反应有高度的相关性。

第二,Agrawal,Gans 和 Goldfarb 也谈到了关于任务的组织经济学文献。

Dewatripont, Jewitt 和 Tirole（1999）开发了一个模型，其中组织领导者是未知类型的代理，就像 Holmstrom（1999）的职业生涯问题范例。每个代理都被分配了一个任务，这是一组测量的变量，用于评估和奖励代理人。Dewatripont, Jewitt 和 Tirole 识别出了选择一个简单的一维任务或一个"模糊"的多维任务之间的对立，简单的一维任务会让代理人有强烈的表现良好的动机，而模糊的多维任务将抑制代理人努力工作的激励，但会更接近地反映组织的真正目标。

这种对立也存在于 Agrawal, Gans 和 Goldfarb 的模型中。我们是否应该给这个组织一个接近纯粹预测问题的任务，比如录取的学生中谁将会取得高分？好处是，评估领导者的表现相对容易。缺点是，结果可能与组织的最终目标关系不大。或者我们应该给组织一个任务，其中也包括如促进大学的长期学术声誉的判断问题吗？这项任务将更能代表组织的最终目标，但可能使我们难以评估我们的领导，并使他们缺乏采用新预测技术的动力。从 Agrawal, Gans 和 Goldfarb 那里得到的一个可能的教训是，随着采用 AI 的成本的下降，与判断相关的道德风险问题变得更重要，从而有利于奖励判断而非预测的激励计划。

第三，Agrawal, Gans 和 Goldfarb 关于可靠性的部分涉及一个重要的主题。是低概率的预测准确的技术更好，还是高概率的预测不那么准确的技术更好？这个问题的答案取决于现有的判断技术。较好的判断技术提高了预测精度的边际效益，而非预测频率。更广泛地说，这种类型的分析可以指导 AI 算法的设计。给定状态、动作和结果之间的映射，给定各种预测技术的成本，组织应该选择哪种预测技术？对这个问题的一般性分析可能需要使用信息理论的概念，这是 Sims（2003）引入经济学的。

第四，Agrawal, Gans 和 Goldfarb 表明，经济理论可以为关于 AI 将如何影响最优组织的争论作出重要贡献。存在一个相关领域，在其中经济学家和计算机科学家之间的互动是有益的。AI 通常假设具有一个稳定的实物流。当银行开发一个基于 AI 的欺诈检测系统时，它假设用于构建和测试检测算法的可用数据，与应用该算法的未来的数据来自相同的数据生成过程。然而，潜在的数据生成过程并不是一种外生给定的自然现象：它是一组追求自己目标的人的输出，比如最大化他们的非欺诈性申请被接受的机会，或者最大化他们欺骗银行的机会。从长远来看，这些情感生物将通过修改它们的策略来响应欺诈检测算法，例如，通过提供不同的信息或努力修改所上报的变量。这意味着数据生成过程将受到结构性变化的影响，而这种变化内生于银行选择的欺诈检测算法。类似的现象也出现在上面讨论的大学录取案例中：整个咨询行业都致力于了解录取标准，并就如何最大限度地提高成功机会向申请人提供建议。录取方式的改变很可能反映在高中生做出的选择上。

如果数据生成过程是内生的，并依赖于组织所采用的预测技术，那么Agrawal，Gans 和 Goldfarb 所确定的判断问题就会变得更加复杂。组织必须评估其他代理人将如何对预测技术的变化做出反应。根据定义，关于尚未落实的数据生成过程，没有数据可用，解决这个问题的唯一方法是估计一个结构模型，该模型允许其他代理人对我们的预测技术变化做出反应。

综上所述，Agrawal，Gans 和 Goldfarb 提出了一个令人信服的情形，即AI 革命应该增加提高判断能力的好处。他们还为我们提供了一个易于处理但功能强大的框架，来理解预测和判断之间的相互作用。未来的研究应集中于进一步理解预测技术的提升对组织的最佳结构的影响。

参考文献

Arrow, Kenneth. J. 1974. *The Limits of Organization*. New York: W. W. Norton.

Bolton, P., and A. Faure-Grimaud. 2009. "Thinking Ahead: The Decision Problem." *Review of Economic Studies* 76: 1205–1238.

Dewatripont, Mathias, Ian Jewitt, and Jean Tirole. 1999. "The Economics of Career Concerns, Part II: Application to Missions and Accountability of Government Agencies." *Review of Economic Studies* 66 (1): 199–121.

Holmstrom, Bengt. 1999. "Managerial Incentive Problems: A Dynamic Perspective." *Review of Economic Studies* 66 (1): 169–182.

Milgrom, Paul, and John Roberts. 1990. "The Economics of Modern Manufacturing: Technology, Strategy, and Organization." *American Economic Review* June: 511–528.

Sims, Christopher. 2003. "Implications of Rational Inattention." *Journal of Monetary Economics* 50 (3): 665–690.

4　人工智能对技术创新的影响
——探索性分析方法

Iain M. Cockburn，Rebecca Henderson，Scott Stern[*]

4.1　简介

AI 领域的迅速发展对经济环境乃至全社会都产生了深远的影响。这些技术革新极有可能直接影响一系列产品与服务的产品和特性，尤其体现在企业的生产能力、雇佣状况和同行竞争力方面。然而，AI 也有可能改变创新过程本身，产生同样影响深远的结果，随着社会的发展，逐渐产生直接效果。

美国旧金山的 Atomwise 是一家研发前沿科技的新兴公司，通过利用神经网络预测候选分子的生物活性，来识别潜在的候选药物和杀虫剂。Atomwise 公司表示，其深度卷积神经网络"远远优于"传统"对接"算法的性能。经过大量的数据分析运算后，Atomwise 公司开创性的 AtomNet 技术被认为能够"识别"有机化学基本构件块，且能精确预测实际生活中物理实验的结果（Wallach，Dzamba 和 Heifels，2015）。此项突破有望在早期药物筛选能力方面取得更大的提升。当然，Atomwise 公司的技术（以及其他公司运用 AI 研发新药品或进行医疗诊断的技术）仍然处于初级阶段：尽管初始结果十分诱人，却没有利用新方法研制的药物上市。无论 Atomwise 公司是

　＊　Iain M. Cockburn 是波士顿大学管理学的理查德·C. 希普利（Richard C. Shipley）教授，也是国家经济研究局的研究助理。Rebecca Henderson 是哈佛大学约翰·纳蒂·麦克阿瑟大学（John and Natty McArthur University）教授，她在哈佛商学院担任一般管理和战略部门的联席任命，也是国家经济研究局的研究助理。Scott Stern 是麻省理工学院斯隆管理学院（MIT Sloan Management）管理学的大卫·萨诺夫（David Sarnoff）教授，是该学院的技术创新创业和战略管理小组主席，也是国家经济研究局创新政策工作小组的研究助理和主任。

　　感谢 Michael Kearney 的出色研究所带来的帮助。有关致谢，研究支持的来源以及作者的重大财务关系的披露，如果有任何问题，请访问 http://www.nber.org/chapters/c14006.ack。

否充分履行了其诺言，这项技术的确代表了为构建创新蓝图所做的持续努力，即运用大数据集和学习算法精确预测生物现象，引导高效设计的干预。Atomwise 公司现已将此方法应用于设计并研制新型杀虫剂以及其他可以控制农作物病害的药剂当中。

Atomwise 公司体现出 AI 有望促进革新的两种方式。首先，尽管 AI 从广义上讲起源于计算机科学与技术领域，并且其早期商业应用相对局限于诸如机器人一类的产业，但是日新月异的学习算法表明，AI 最终可能会应用于一系列广泛的领域当中。从创新经济学的角度（Bresnahan 和 Trajtenberg 等，1995）来看，创新激励机制引发的问题和众星捧月般的技术之间有明显的差别。前者研发出的科技，其应用领域相对局限，诸如固定任务导向型机器人；而后者则可以说没有其不适用的领域，诸如神经网络和机器学习领域的突破就通常被称为"深度学习"。正因如此，第一个问题就是，到何种程度我们才可以认为 AI 的发展不再简简单单是新技术的研发，而是一种曾在历史上长期推动技术进步的"通用技术"。

其次，尽管一些 AI 应用必定会为许多现有的生产过程提供低成本或高质量的投入（引起社会对大型工作岗位有可能被取代的恐慌），其他的应用，比如深度学习，不仅有望提高一系列部门的产量，还能够改变一些领域革新过程的特性。Griliches（1957）曾经说过，通过革新诸多应用，"发明一种发明方法的发明"可能比研发任意新产品的经济意义深远得多。此处我们讨论的机器学习和神经网络领域近期的突破，通过同时提升其最终用途技能的性能和革新过程的特性，这些突破极有可能对企业创新和经济增长带来特殊影响。因此，那些能够引导技术研发和传播的激励机制以及艰难险阻，均为经济研究的重要话题，而政策的当务之急是使人们尽快理解现状，在此情况下，各行各业的潜在创新者都能够以促进竞争的方式去使用这些工具。

本章首先分析了 AI 的发展对创新的潜在影响，并确定了政策和制度在为这一领域的创新、扩散和竞争提供有效激励方面可能发挥的作用。4.2 节强调独特的经济学研究工具，其中，应用于产品研究与开发（R 和 D）的深度学习就是这样一个有趣的例子。我们注重二者间的相互关系，一是应用新型研究工具的普遍性程度，二是研究工具在提高科研活动效率以及为创新本身构建新蓝图方面所起的作用。4.3 节简要比较了 AI 领域三种核心技术的发展道路——机器人学、符号制度和深度学习。我们推测，这些人们经常混为一谈的领域会给创新事业的未来以及科学技术的革新带来迥异的影响。符号制度学方面的工作似乎一成不变，因此相对不太可能有进一步的影响。尽管机器人行业的发展极有可能进一步在商品生产和服务方面取代劳动力，但是就每一秒钟机器人技术的革新来看，其能够改变革新过程本身的可能性非常低。相比之下，深度学习则是具有明确研究目的的领域，并且极有可能优化革新过程本身。

我们实施了一场实验来验证其真实性。依据不完全统计出的 1990 年至 2015 年的出版论文和专利，基于 AI 研究者的科技产出，我们选取了一些关于 AI 不同领域进化发展的定量经验数据。我们尤其确信，第一个获取科学技术语料库和 AI 专利的系统性数据库，从广义上来说，将其成果分成了有关机器人学、符号制度和深度学习三个部分。尽管其处于初级阶段（并且天生就是不完美的，考虑到使用这些传统的创新指标无法观察 AI 科研活动的核心要素），我们还是发现了显著的证据，可以证实学习导向型出版物在应用方向的迅速而有意义的转变，尤其在 2009 年以后。测量此次转变经历的时间是十分有益的，因为它符合有关所谓"深度学习"多层神经网络惊人表现的定性证据，这些证据涉及一系列任务，包括计算机视觉和其他预测任务。

基于对作者的引用模式，比如深度学习领域的领军人物 Geoffrey Hinton 等的补充证据（此处并不赘述）表明，在过去的几年当中，建立在与多层神经网络相关的少量算法突破之上的工作有了惊人的发展。

虽然这不是本章分析的中心内容，但是我们进一步发现，与学习导向型算法相关的研究在美国以外有稳步上涨趋势。相反，美国研究者在 2009 年以前对学习导向型研究的努力相对间断，而自 2009 年起开始后来者居上。

最后，分析可能产生的组织、制度和政策后果。机器学习被看作是"发明一种发明方法的发明（Invention of a Method of Invention，IMI，以下简称 IMI）"，其应用则视情况而定。在每一种情况下，不要再访问底层算法，还要访问物理和社会行为的高精度数据集。神经网络和机器学习的长足进步又提出了新的问题，即使潜在的科学方法（也就是基础多层神经网络算法）是开放共享的，但是补充数据的访问条件可能很大程度上会影响此领域持续的进步以及其商业应用。特别地，如果数据获取规模或范围的报酬日益增长（从更大的数据集中可以学到更多的知识），那么仅仅通过控制数据而非正式的知识产权或需求方网络效应，特定应用领域早期或激进的进入者就很有可能比其潜在对手拥有更巨大且更持久的优势。用以保护隐私数据的强激励措施还有一点潜在的不利在于，数据在研究者之间是非共享的，因此，所有研究者访问数据的能力被削弱了，甚至是可能源于公共聚集的更大的数据集。随着在位者竞争优势的增强，新进入者主导技术革新的能力便会弱化。至少目前看来，大多数核心应用部门都有大量新技术的进入和试验。

4.2   新型研究工具的经济学：新发明方法和一般性创新之间的相互作用

在 Arrow（1962）和 Nelson（1959）之后，经济学家们便开始认识到，科研投资可能严重不足，尤其在基础研究领域以及发明者适配度较低的领域。这些情况得到了广泛关注，因为其创新激励措施无论就整体水平还是具体研究方向而言多多少少都不到位。我们既然要考虑 AI 进步对创新的潜在影响，这篇文献中的两个思想，即两种可能性，就尤为重要——开发一种应用广泛的新型研究方法有关的对立问题，以及由一种新型"通用技术"的采用和扩散引起的协调问题。与传统自动化和工业机器人等相对狭窄领域的技术进步相比，我们认为诸如"深度学习"一类的 AI 发展最为迅速的领域，可能会在这两个方面提出严重挑战。

首先我们要考虑到，当一项创新极有可能带来一系列不同应用程序的技术和组织变革时，采取恰当的创新激励机制是很难的。这类通用技术（David，1990；Bresnahan 和 Trajtenberg，1995）通常以核心发明的形式出现，且很有可能大幅度提高一系列部门的产量及质量。David（1990）对电动机的基础研究表明，此项发明带来了巨大的技术及组织变革，涵盖领域广泛，包括制造业、农业、零售业以及民用住房建造业等。人们通常认为，此类通用技术由于满足三个标准而与其他创新区别开来：在诸多部门普遍应用，催生应用领域的进一步创新，以及本身发展迅速。

如 Bresnahan 和 Trajtenberg（1995）所强调，通用技术的出现使革新过程产生横向和纵向的外部效应，不仅导致了投资不足，还使投资方向发生了偏离，这取决于私人和社会回报在不同应用领域的差异程度。更值得一提的是，如果通用技术和任意应用领域之间存在"创新互补"，则其中一个部门创新激励机制的缺失会引起间接的外部效应，这种外部效应容易导致全系统创新投资的减少。尽管任一应用部门创新投资的私人激励机制都取决于其市场结构和占有率状况，但是其部门革新却会促进通用技术本身的革新，进一步引发下游应用领域的后续需求（和进一步的革新）。这些收益很难在原始部门分配。如果通用技术和应用部门，以及跨应用部门之间缺乏协调，则很可能造成创新投资的大幅度减少。尽管存在挑战，但是在通用技术和众多应用部门间打造一种创新的强化循环，同时随着各部门创新速度的加快，便可以产生更加系统化的经济转型。研究信息技术（IT）产量影响的丰富经验文献指出，微处理器作为通用技术的角色是理解信息技术对整体经济影响的一种方式（Bresnahan 和 Greenstein，1999；Brynjolfssonand 和 Hitt，2000；Bresnahan，Brynjolfsson 和 Hitt，2002）。AI 的许多方面都可以理解成通用技术，从微处理器一类的例子中学到知识和经验无疑为思考其对经济的重大影响以及相关政策挑战打下了基础。

要想了解 AI，第二个思考的结构框架就是研究工具——经济学。研究部门内的一些创新要么开辟新的探究途径，要么"闭门造车"。一些进展似乎在更为广泛的领域前景广阔，而超过了其最初的应用领域：正如 Griliches（1957）在其杂交玉米经典研究中指出，一些新型的研究工具是创造应用广泛的产品的发明，而不是只针对特殊产品使用的发明。在 Griliches 的著名研究中，双交叉杂交正是这样一种 IMI。并非作为创造单一新型玉米品种的方法，杂交玉米代表了繁育许多其他新品种的广泛应用的方法。当它被应用到为许多不同地区（或更广泛地说，为其他作物）创造优化的新品种时，双交叉杂交的诞生就对农业产量作出了巨大的贡献。

因此，IMI 给我们的启示是一些研究工具的经济意义不仅限于他们减少特定创新活动费用的能力——或者更重要的是，它们为创新本身提供了一种新方法，通过改变"剧本"，在应用新工具的领域进行创新。例如，在系统性理解"杂种优势"之前，农业的一个主要重点是改进自我利用的技术（也就是随着时间的推移，越来越专业的自然品种允许种植）。一旦控制杂交（即杂种优势）的规则变得系统化，且杂交活力的性能优势展现出来，那么农业革新的技术和概念方法便会发生转变，就可以利用这些新工具和新知识进行长期的系统创新。

机器学习和神经网络领域的进步似乎有望作为解决分类和预测问题的研究工具。它们都是一系列研究任务中重要的限制因素，正如 Atomwise 公司一例所示，AI 学习方法的应用在大幅度降低费用和提高挑战无处不在的 R 和 D 工程性能方面有很大的前景。但是对于杂交玉米来说，基于 AI 的学习更可能被理解为一种 IMI，而不是一种针对特定问题的有限解决方案。一方面，基于 AI 的学习可能能够在分类和预测任务扮演重要角色的许多领域实现"自动发现"。另一方面，他们可能还会"扩展剧本"，给人一种开放一系列可切实解决的问题之感，从根本上完成科技概念方法和问题框架的转变。17 世纪发明的光学透镜对眼镜之类的应用有直接的经济影响，但以显微镜和望远镜形式出现的光学透镜却对科技的变革、发展，人类的福祉产生了持久的直接影响：通过首次看清极小或极远的物体，透镜为科技创造了机遇，打开了新世界的大门。例如，Leung 等（2016）认为，机器学习的特征之一是以人类认知无法到达的方式创造"学会解读基因"的机会。

当然，许多研究工具既不是 IMI，也不是通用技术，其主要影响在于减少预算或提高现有革新过程的质量。例如，在制药行业，新药材的出现旨在提高特定研究过程的效率。其他一些研究工具事实上也可被认为是 IMI，但其应用相对十分局限。例如，基因工程小鼠（比如肿瘤鼠）是一种 IMI，它对生物医学研究行为和规划带来意义深远的影响，却和诸如信息技术、能源和航天一类的领域革新没有明显的关联。AI 进步所带来的挑战是，他们似乎是一种研究工具，不仅有望优化革新本身的方法，并且给一系列十分广泛的领域带来了或多或少的影响。从历史来看，具有这种特点的科技，比如数字计算，总体上对经济和社会有过前所未有的重大影响。Mokyr（2002）指出，IMI 的重要影响不是以工具本身的形式，而是在组织和实施研究的方式上进行创新，大学的创立便是这样一个例子。特别地，本身就是 IMI（反之亦然）的通用技术是一种复杂的现象，迄今为止，人们对其的动态还知之甚少。

从政策角度来看，研究工具的另一个重要特征在于很难适当分配其利润。正如 Scotchmer（1991）所强调，当合同不完善且上游创新推动新产品开发的最终应用不确定时，给一位仅开发了（比如研究工具）第一"阶段"

的优秀创新者提供适当的创新激励会带来严重的问题。Scotchmer 与他的合著者强调了多阶段研究过程中的一个核心点：当创造价值的最终创新需要多个步骤才能完成时，提供适当的创新激励就不仅仅是一个是否以及如何提供一般产权的问题，而是如何使创新过程的多个阶段产权分配达到最优。

因此，缺乏对早期创新的激励可能意味着后续创新所需的工具甚至不会被发明；如果没有足够的签约机会，强大的早期产权可能会导致后期创新者的"停滞"，从而降低该工具在商业应用方面的最终影响。

新研究工具创造的垂直研究溢出效应（或 IMI）不仅仅是设计适当知识产权政策的挑战。[①] 它们也是"内生增长理论"强调的核心创新外部性的典范（Romer，1990；Aghion 和 Howitt，1992）；创新投资不足的主要原因是，从当今的创新者到未来的创新者的跨期溢出效应不容易被捕获。虽然未来的创新者受益于"站在巨人的肩膀上"，但他们的收益并不容易与他们的前辈分享。这不仅仅是一个理论观点：越来越多的证据表明，研究工具和支持其发展和传播的机构在产生跨期溢出效应中起着重要作用（Furman 和 Stern，2011；Williams，2013）。这项工作的核心见解是，对工具和数据的控制，无论是以物理排他性形式还是以正式知识产权形式，都可以塑造创新活动的水平和方向以及规则，管理这些领域控制的机构对创新的实现数量和性质产生了强大的影响。

当然，这些框架仅涵盖了在考虑是否以及如何为 AI 某些领域所代表的技术变革类型提供最佳激励时可能出现的关键信息和竞争扭曲的一部分。但是这两个方面似乎对于理解当前 AI 支持学习的显著进步的意义非常重要。因此，我们在下一节中简要概述了 AI 正在发生变化的方式，以期在这里提出框架，以便我们概述一个研究议程，探讨它们所带来的创新政策挑战。

4.3　AI 的演变：机器人、符号系统和神经网络

在 AI 研究的综合历史记录中，Nilsson（2010）将 AI 定义为"致力于使机器智能化的活动，而智能则是一种能够使实体在其环境中适当运行并具有预见性的质量。"他的叙述详细介绍了多个领域对 AI 成就的贡献，包括但

---

① 本章不涉及 AI 发明对法律学说和专利过程提出的挑战。

不限于生物学、语言学、心理学和认知科学、神经科学、数学、哲学。当然，不管他们的研究方法如何，AI 的研究通过与图灵（1950）的接触和他对机械智能化可能性的讨论中达成了统一。

尽管经常被放在一起，但作为科学和技术领域的 AI 思想通过 3 个相互关联又各自独立的领域，即机器人、神经网络和符号系统均能提供有效的信息。或许 AI 早期最成功的研究可以追溯到 20 世纪 60 年代，隶属于符号系统这一广泛的范畴。尽管像图灵一类的早期拓荒者强调了机器的重要性（强调 AI 是一个学习过程），然而"符号处理假说"（Newell，Shaw 和 Simon，1958；Newell 和 Simon，1976）的前提是通过处理象征规则来代表人类决策的逻辑流程。早期对这种方法进行实例化的尝试获得了惊人的成功，例如，计算机能够确定象棋游戏（或其他棋类游戏的元素），或者通过遵循嵌入到程序中的特定启发方式和规则与人进行相对简单的对话。虽然基于"一般问题解决者"的概念的研究仍然是学术界感兴趣的一个重要领域，而且对使用这种方法来协助人类决策的兴趣也有周期性的激增（如在早期指导医学诊断的专家系统的文本中），符号系统方法由于不能以一种灵活的方式对现实世界的过程产生有意义的影响而广受批评。当然，这一领域未来可能取得突破，但公平地说，符号系统仍然是符号研究的一个领域，但这不是 AI 商业运用的核心，也不是最近报道的与机器学习和预测领域相关的 AI 研究进展的核心。

在 AI 领域，第二个有影响力的轨迹广泛存在于机器人领域。虽然机器人作为能够执行人类任务的机器的概念至少可以追溯到 20 世纪 40 年代，但机器人领域从 20 世纪 80 年代开始有意义地蓬勃发展，这一领域结合了数控机床的进步和更多的自适应的发展但仍然基于规则的机器人的发展感知已知环境。到目前为止，AI 领域在经济上最重要的应用可能是在制造业应用中大规模部署"工业机器人"。这些机器经过精确编程，可以在高度受控的环境中完成指定的任务。这些专用工具通道位于高度专业化的工业过程（最著名的是汽车制造）的"笼子"中，比起含有显著 AI 内容的机器人，它们可能更适合被描述为高度复杂的数控机器。

在过去的 20 年中，机器人学领域的技术创新对制造与自动化技术领域产生了重要的影响。最为显著的是引进了反应更加灵敏的机器人。这种机器人依赖于程序化的响应算法，能够对多种刺激做出反应。这种方法著名的先驱是 Rod Brooks，他将 AI 的商业和创新方向，从 AI 的建模转向了提供反馈的机制，以为特定的应用提供实用和有效的机器人。这一见解使得 Roomba（一种扫地机器人）和其他可与人类交互的工业机器人，如 Rethink Robotics 公司的 Baxter 工业机器人，得到了广泛的应用。机器人技术的不断创新（特别是机器人设备感知和与环境交互的能力）可能导致机器人在工业自动化以外的领域得到更加广泛的应用和采纳。

这些进步是十分重要的，同时当 AI 这个术语被引用时，最先进的机器人继续吸引公众的想象力。但一般而言，机器人技术的创新并不是 IMI。实验室设备自动化程度的提高无疑提高了研究生产率，但是机器人技术的进步并未与研究人员自身通过多个领域进行创新的基本方式联系在一起。当然，这种主张是有反例的：机器人太空探测器是行星科学领域的重要研究工具，同时自动遥感设备在巨大的和有挑战性的环境中收集数据的能力可能会改变一些研究的方向。但机器人依旧被主要用于特定的最终产品的应用。

从 AI 出现以来便成为其核心要素的第三流派研究被广泛地定性为"学习模式"。学习模式并不专注于符号逻辑或精确的感觉—反应系统，而是试图建立可靠的和准确的方法，用于存在特定输入的情况下，预测特定事件（物质的和逻辑的）。人工神经网络的概念在这方面尤为重要。人工神经网络是一种将权重和阈值组合以使一系列输入信息转换为输出信息的程序。它测量输出信息与真实值之间的"接近程度"，然后不断调整使用的权重来缩小输出信息和真实值之间的差距。通过这种方式，人工神经网络能够在不断的输入信息中学习（Rosenblatt，1958，1962）。在 20 世纪 80 年代，Hinton 和他的合作者通过"反向聚合多层"的研发进一步提升了人工神经网络所基于的概念框架，同时进一步增强了监督式学习的潜力（Rumelhart，Hinton 和 Williams，1986）。

在最初的被认为是有重要前景的先驱后，人工神经网络领域从开始流行变为了过时，尤其是在美国国内。从 1980 年开始到 2005 年左右，他们面临的挑战似乎是这项技术有着很大的限制。这种限制无法通过运用大量的训练数据或者引进神经元的附加层来简单修复。但是在 21 世纪初期，少数新的算法证实了通过多层反向传播来加强预测的可能性。当这些人工神经网络应用于更大规模的数据集，同时能够扩展到一定规模时（其中，这里主要参照 Hinton 和 Salakhutdinov，2006），他们的预测能力会不断提高。这些进步表现出了令人惊叹的性能提升水平，特别是在斯坦福 Fei－Fei Li 开创的 ImageNet 视觉识别项目竞赛的背景下。

4.4　AI 的不同领域将会怎样影响创新

要对 AI 是如何推动创新进程有更好的认知，了解 AI 三个流派之间的区别是至关重要的第一步。因为这三个流派在他们变成通用技术或者是 IMI，或者两者兼备的可能性方面有很大的区别。

首先，尽管公众对于 AI 的大量讨论集中于 AI 在广泛的人类认知能力上实现超越人类表现的可能性。至少到目前为止，AI 方面重要的进步并不在于符号系统早期工作的核心———一般问题解决者（这也是例如图灵测试的人类推理的动机）。相反，机器人领域以及深度学习算法领域依靠巨大的创新取得了一些进展，这种创新需要一定水平上人类的安排设计，然后应用于相对狭窄的问题解决域（比如人脸识别，下棋，捡起特定的东西等）。当然进一步的突破可能会引出新的科学技术，能够有意地模仿人类主观智慧以及情感。最近吸引了科学的和商业上的关注的进展，已经从这些领域消失了。

其次，尽管大多数经济和政策分析都是从过去 20 年的自动化中得出的结果来考虑 AI 对未来经济发展的影响（例如，替代人类日益增加的工作）。需要强调的是"机器人领域的进展是 21 世纪的前十年最主要的关注点"以及"深度学习算法的潜在应用在过去的几年中逐渐成为重心"这两个概念的尖锐区别。

就像我们之前所暗示的那样，目前机器人技术的进步与高度专业化，专注于与最终用户应用紧密联系在一起，而非创新本身。并且这些进展似乎并没有转换为更加适用的 IMI。因此在机器人领域，我们可能会关注于创新（提升性能）和传播（更广泛的应用）在裁员和增员对比方面的影响。我们看到有限的证据表明机器人技术在工业自动化之外的广泛应用，或是机器人在感知、反应能力和控制自然的环境方面能力的规模提升，这些能力是机器人在制造业以外的领域可能需要的能力。但是也有例外：拥有拾取和放置能力机器人的发展和自动驾驶汽车方面的进步体现了机器人在除制造业的其他领域更加广泛应用的可能性。机器人领域的进步能够揭示这个领域的 AI 可以是像经典标准定义的通用技术一样的智能机器人。

一些基于算法的研究工具改变了一些研究的性质，但缺乏通用性。这种类型的基于静态的程序指令的算法研究工具是一种重要的 IMI，但似乎无法在特定领域以外的领域有广泛的适用性，并不具备通用技术的资质。例如，虽然还远远不够完美，但扫描大脑图像的强大算法（所谓的功能磁共振成像 MRI）已经改变了我们对人脑的理解，不仅通过它们产生的知识，而且通过它们建立一个全新的大脑研究范式和协议。但是，尽管它的角色是强大的 IMI，但 fMRI 缺少了和大多数重要的通用技术相联系的通用技术适用性。相反，深度学习领域最近取得的进展可能会变成集通用技术 IMI 和经典通用技术为一体的机器人。表 4.1 总结了这些观点。

表 4.1　　　　　　　　　　　　　　　二者比较

通用技术

		否	是
发明方法的发明	否	工业机器人（例如，Fanuc R2000）	感知反应机器人（例如，无人驾驶）
	是	静态编码算法（例如，MRI）	深度学习

深度学习作为一种通用技术 IMI 的前景该如何实现？深度学习有望成为一种非常强大的新工具，允许在基于静态程序指令集（比如经典统计方法）的算法表现不佳的情境中对物理和逻辑事件进行非结构化"预测"。这种新的预测方法的发展使开展科学研究和技术研究的新方法成为可能。相比关注于小型的特征数据集和测试设置，现在通过辨认大规模的非结构化的、可用于充分研究高度精确的技术和行为现象预测的数据使取得进展成为可能。通过开创预测药物候选分子选择的非结构化方法，使大量先前不同的临床和生物物理学的数据结合在一起。例如，Atomwise 公司可能会从根本上重塑药物开发上的"思想生产功能"。

首先，如果深度学习领域的进步确实能够象征通用技术 IMI 的到来，那么就很可能会带来重大且长远的经济、社会和科技成果。首先，当这种新的IMI 在许多领域应用时，它所带来的在科技机会和增加研究以及发展高效性方面的爆炸性可能会促成新的经济增长。这种经济增长能够超越其他近期的AI 在工作、组织和高效性方面的影响。这种观点的另一种更微妙的含义是"凡是过去，皆不是序章"：尽管在最近几年中自动化导致了裁员（Acemoglu 和 Restrepo，2017），AI 通过其能力增加了新工作的可能性也是同等重要的。

其次，通用技术 IMI 的到来是非比寻常的存在，它对经济增长和对社会的广泛影响是十分巨大的。过去只有少量的通用技术 IMIs，他们都产生了巨大的影响，这些影响并不主要是他们的直接影响（例如，运用光学镜片发明眼镜），更是它们自我更新意识生产机制的能力（例如，望远镜和显微镜）。因此，了解深度学习算法的重要性是十分有益的，将可能会使研究者为了增强研究的有效性而颠覆或改变他们的研究方法（Jones，2009）。

最后，如果深度学习确实是通用技术 IMI，那么通过这种方法完善制度和政策环境来有效加强创新是十分重要的。这样能够推动创新和增加社会福祉。中心问题是深度学习算法需要的主要输入——大量提供现实和逻辑活动的非结构化的数据库和竞争特性之间的相互作用。尽管深度学习的基础算法属于公共领域中（并且正在迅速提升），对生成预测十分重要的数据库可能是公共或私人的，访问它们只能依靠有组织的组织边界、政策和机制。因为深度学习算法的性能关键取决于它们所创造的实验数据。在特定的应用区域，特定的公司（创建已久或刚创建的）通过他们对于独立于传统规模经济或者网络需求侧影响的数据，来获取显著的，持久的创新优势。"竞争市场"的概念可能会有不同的结果。首先，它刺激了特定应用领域（例如，搜索、自动驾驶和细胞学）建立数据优势的复制性竞争，在此之后，建立了可能对于竞争政策十分重要的持久的准入障碍。可能更重要的是，这种行为可能导致各个行业的数据巴尔干化，不仅会减少领域的创新生产力，而且减少了深度学习领域和其他领域的外流流入。这意味着鼓励竞争、数据共享和开放的、积极发展的政策和机构可能是从深度学习的发展和应用领域获得经济收益的决定性部分。

我们的讨论目前只是猜测，它可以帮助了解我们所宣称的深度算法是否既可以是通用 IMI 又可以是通用技术，尽管数理逻辑和机器人并没有很多基础经验。我们将在下一节中，对文献计量学数据所揭示的 AI 进化进行初步的检验，并着眼于解答这个问题。

4.5　数据

研究分析采用了两个不同的数据集，其中一组包括了一系列汤普森路透社科学网 AI 出版物，另一组包括美国专利及商标局所发行的一系列 AI 专利。在本节中，我们将详细介绍这些数据集和示例中变量的汇总统计数据。正如先前所讨论的，对于 AI 3 个不同领域——机器人学，学习系统和符号系统的存在，同行审查以及公共领域文献的观点分别由无数子单元组成。我们开始通过关键词识别这 3 个领域的出版物和专利，来追踪运用这些数据的领域的发展。附表 4A.1 列出了我们用来定义和鉴别每个领域的文献和专利的名词①。简而言之，机器人领域包括了系统和环境条件接合以及响应的途径；符号系统试图通过符号表征的逻辑操作以及基于神经病学系统的分析工程模型所产生的学习系统领域数据，来说明复杂的概念。

4.5.1　出版物样本和汇总统计数据

我们的分析关注于 Web of Science 1995—2015 的期刊文章以及出版的图书。我们使用附表 4A.1 中描述的关键字进行关键字搜索（我们尝试了几种不同的关键词以及可供替代的算法方法，但是在公共出版物集合中并没有显著的差异）。我们能收集到有关每一个出版物详细的信息，包括出版年份、期刊信息、专题信息、作者和机构隶属关系。

搜索出现了 98124 篇出版物。我们随即把每个出版物编码到之前所描述过的 AI 的 3 个方面之一。总的来说，相对于原始的 98124 个样本的数据集，我们能够将 95840 个出版物归类为符号系统、学习系统、机器人或者"一般的" AI（我们放弃了同时包含这 3 个方面的论文）。表 4.2 总结了样本的统计数据。

---

① 讽刺的是，我们依赖于人类的智慧而不是机器学识来研发分类系统并且将其应用于数据集。

表 4. 2   出版物总结统计数据

内容	平均数	标准差	最小值	最大值
出版年份	2007	6.15	1990	2015
符号系统	0.12	0.35	0	1
学习系统	0.61	0.48	0	1
机器人	0.21	0.41	0	1
AI	0.06	0.23	0	1
电脑技术	0.44	0.50	0	1
其他应用	0.56	0.50	0	1
美国国内	0.25	0.43	0	1
国际	0.75	0.43	0	1
观测值	95840			

在样本的 95840 个出版物中，11938 个（12.5%）出版物被归类为符号系统，58853 个（61.4%）出版物被归类为学习系统，20655 个（21.65%）出版物被归类为机器人。剩下的刊物处于 AI 的一般领域。为了更好地理解影响 AI 发展的因素，我们为感兴趣的变量创建了指示变量，包括组织模式（私人和学术），地域模式（美国国内和国际），应用类型（计算机科学和其他应用领域，除了个别主题空间等，生物，材料科学，医学，物理，经济学等）。

如果出版物的其中一个作者属于学术机构，那么我们便将组织模式定义为学术型；81998 个出版物（85.5%）和 13842（14.4%）分别属于学术型和私人领域作者。如果出版物的一个作者将美国列为主要居住地，那么我们就认为出版物是美国国内的；22436 个（25% 的样本）出版物是属于美国国内的。

我们也从学科领域进行区分。44% 的出版物归类为计算机科学，56% 归类为其他应用。表 4.3 提供了其他应用程序的汇总统计数据。样本中出版物数量最多的学科包括电信学（5.5%），数学（4.2%），神经学（3.8%），化学（3.7%），物理（3.4%）以及医学（3.1%）。

表 4.3 出版物学科分布

学科	平均值	方差
生物	0.034	0.18
经济	0.028	0.16
物理	0.034	0.18
医学	0.032	0.18
化学	0.038	0.19
数学	0.042	0.20
材料科学	0.029	0.17
神经学	0.038	0.19
能量学	0.015	0.12
放射学	0.015	0.12
通信学	0.055	0.23
电脑技术	0.44	0.50
观测值	95840	

最终，我们创建了指示变量来记录出版物的质量，包括期刊质量（依据影响因子排序的前 10，前 25 和前 50 的期刊）[①] 和累计引用计数的数量变量。不足 1% 的出版物处于前 10 的期刊，2% 的出版物处于前 25 的期刊，10% 的出版物处于前 50 的期刊。样本中的出版物平均被引用频次为 4.9。

4.5.2 专利样本和统计摘要

我们采取了类似的方法来收集 AI 专利的数据集。从美国专利及商标局商标的公共使用文件着手，用两种方式过滤数据。首先，我们通过美国专利检索系统上的 USPTO 历史主文件来收集数据集[②]。特别地，USPC 检索号 706 和 901 分别代表 "AI" 和 "机器人"。在 USPC706 中，有许多的子类，包括 "模糊逻辑硬件""多元处理系统""机器学习""知识处理系统" 等。我们运用 USPC 子类来分别识别 AI 在符号系统，学习系统和机器人技术方面的专利。我们放弃了 1990 年以前的专利，提供了 1990—2014 年的 7347

[①] 排名是从 Guide2Research 收集的，点击：http：//www. guide2research . com/ journals/。
[②] 我们利用了历史性专利数据文件。引用的完整数据集请点击：https：//www. uspto. gov/ learning – and – resources/electronic – data – products/historical – patent – data –files。

个专利。

其次，我们通过对专利进行标题搜索来收集数据集，搜索术语与用于识别 AI 中的学术出版物的关键字相同①。这提供了额外的 8640 个 AI 专利。我们通过将有关的检索项与其中一个总体字段相关联，把每个专利分配到 AI 字段中。例如，通过检索词"神经式网络"搜索到的专利被归类为学习专利。通过这种搜索方法得到的专利将重复使用 USPC 搜索的那些标识，也就是说，USPC 的类别是 706 或者 901，我们放弃了这些复制品。这两个子集一起创立了 13615 个 AI 专利样本。统计数据呈现在表 4.4 中。

表 4.4

内容	均值	标准差	最小值	最大值
应用年	2003	6.68	1982	2014
专利年	2007	6.98	1990	2014
符号系统	0.29	0.45	0	1
学习系统	0.28	0.45	0	1
机器人	0.41	0.49	0	1
AI	0.04	0.19	0	1
计算机科学	0.77	0.42	0	1
其他应用	0.23	0.42	0	1
美国本土公司	0.59	0.49	0	1
国际公司	0.41	0.49	0	1
学术类机构	0.07	0.26	0	1
私人类机构	0.91	0.29	0	1
观测数	13615			

与出版物数据中的学习系统，符号系统和机器人技术分布相比，这 3 个领域在专利数据中的分布更加的均匀：3832 个（28%）学习系统专利，3930 个（29%）符号系统专利，5524 个（40%）机器人专利。剩下的专利被广泛地定义为 AI。

---

① 我们使用了从 Document ID Dataset 获得的数据，这些数据对于 USPTO 网站的专利分配数据起了辅助性作用。引用的完整数据集请点击 https：// www. uspto . gov/learning – and – resources/electronic – data – products/patent – assignment – dataset. 。

　　通过运用 USPTO 历史性主要文件的辅助数据集，我们能够整合组织形式、区域和应用程序空间相关的兴趣变量。例如，专利转让数据记录了专利权在整个时间内的所有权。我们对这种分析的兴趣涉及上游的创新工作，因此我们为样本中的每一个专利获取最初专利受让人。这个数据使为组织形式和区域的指示变量的创立成为可能。我们通过逐字搜索与学术机构有关的代理人的名字为学术组织形式创立指示变量。例如，"大学""学院""机构"。同样地，搜索"集团""公司""有限责任公司""股份有限公司"等来获得私人组织有关的信息。我们也搜索其他语言中使用的相同的词或缩写。例如，"S. P. A"（意大利语的股份公司）。只有 7% 的样本属于学术组织，91% 的样本属于私人组织。余下的专利分配为政府组织，例如，美国国防部。

　　相同的，我们基于代理人的国籍，为属于美国公司和国际公司的专利创建了指示变量。有关国际公司的数据可以进一步通过具体的国家（如加拿大）和地区（如欧盟）来确定。59% 的样本专利属于美国国内的公司，41% 的属于国际公司。仅次于美国的是剔除了中国的亚洲总和，占了 28% 的样本专利。加拿大的公司有 1.2% 的专利，中国的公司有 0.4% 的专利。

　　另外，USPTO 的数据包括了 NBER（美国较权威的经济研究机构）的分类和每个专利的子分类（Hall，Jaffe 和 Trajtenberg，2001；Marco，Carley 等，2015）。这些子分类提供了有关专利的应用领域的更详细的细节。我们为 NBER 子分类创建了指示变量，这些分类包括化学（NBER 分类 11，12，13，14，15，19），通信（21），计算机硬件和软件（22），计算机科学外围设备（23），数据与存储（24），商业软件（25），医学领域（31，32，33，39），电子领域（41，42，43，44，45，46，49），汽车领域（53，54，55），机器领域（51，52，59）和其他领域（剩下的）。这些专利中最主要的是 NBER 子分类（22），电脑硬件和软件。表 4.5 提供了各应用领域专利分布的摘要统计数据。

表 4.5　　　　　　　　　各应用领域划分的专利分布

领域	平均值	标准差
化学	0.007	0.08
通信	0.044	0.20

续表

领域	平均值	标准差
计算机硬件和软件	0.710	0.45
计算机科学外围设备	0.004	0.06
数据和存储	0.008	0.09
商业软件	0.007	0.09
电脑科学	0.733	0.42
医学	0.020	0.14
电子	0.073	0.26
汽车	0.023	0.15
机器	0.075	0.26
其他	0.029	0.16
观察值	13615	

4.6　深度学习作为一种通用技术：一种探索性实证分析

这些数据让我们开始调查这样的结论：深度学习技术可能是一项通用发明的发明方法的核心。

我们从图 4.1（a）和（b）开始，简单描述在专利和论文语料库中确定的 3 个主要领域随时间演变的进化。

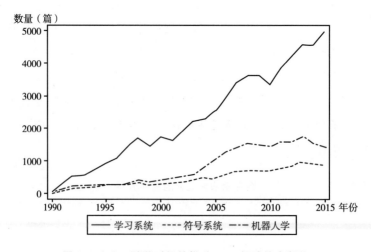

图 4.1（a）　随着时间的推移，AI 领域的出版物

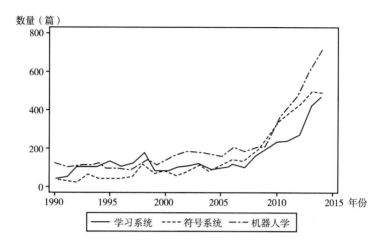

图 4.1（b） 随着时间的推移，AI 领域的专利

　　首先，AI 的整体领域自 1990 年以来经历了快速增长。虽然在这个时期开始时只有很少的几篇论文（每年不到 100 篇），但现在这 3 个领域各自每年都能产生 1000 多篇论文。与此同时，不同领域的活动存在显著差异：每个领域的起点都很相似，但与机器学和符号系统相关的深度学习出版物稳步增加，尤其是在 2009 年之后。有趣的是，至少到 2014 年底，这 3 个领域的专利模式有了更多的相似性，机器人专利申请继续领先于学习系统和符号系统。然而，在样本的最后几年里，以学习为导向的专利似乎在加速发展，因此，在过去几年里，可能会出现向学习的相对转变，随着时间的推移，出版和考试的滞后，这种转变将会显现出来。

　　在发布数据中，各个地理位置之间存在着显著的差异。图 4.2（a）显示了美国与世界其他地区学习出版物的总体增长情况。图 4.2（b）反映了每个地理区域内与学习相关的出版物的比例。在美国，学习的变数要大得多。在 2000 年之前，美国在与学习相关的出版物中所占的份额大致相当，但随后美国明显落后，直到 2013 年左右才再次迎头赶上。这与 AI 定性历史中的启示一致，即学习研究在美国已经具有了一种"跟风"的性质，而世界其他地区（尤其是加拿大）似乎也正是利用了美国这种前后不一致的现象，发展了自身在这一领域的能力和比较优势。

数量（篇）

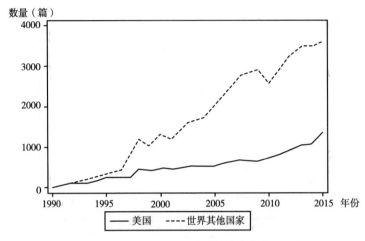

图 4.2（a） 学术机构在学习领域发表论文比例

学术刊物（均值）

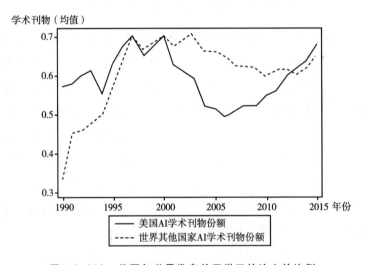

图 4.2（b） 美国与世界发表关于学习的论文的比例

　　考虑到这些广泛的模式，我们转向主要的实证研究：在 21 世纪前十年的后期，深度学习是否更多地转向"应用导向"的研究，而不是机器人或符号系统。从图 4.3 开始，以一个简单的图表来检查计算机科学期刊（横跨所有 3 个领域）与面向应用的出版物的数量。虽然在计算机科学期刊上发表的 AI 论文的总数实际上一直停滞不前（甚至略有下降），但面向应用的出版物中与 AI 相关的论文的数量却急剧增加。到 2015 年底，AI 领域的所有出版物中，有近 2/3 发表在计算机科学以外的领域。在图 4.4 中，我们

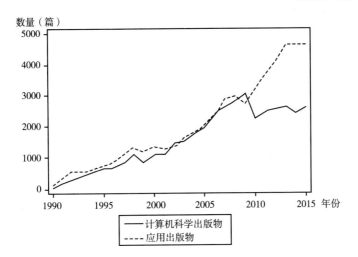

图 4.3 计算机科学与应用杂志上的出版物对比

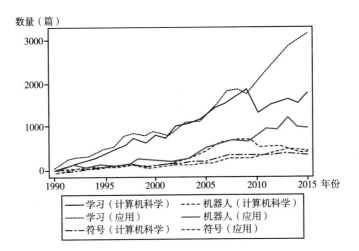

图 4.4 按 AI 领域划分的计算机科学出版物与应用杂志

再来看看这个阶段的特点，有几个模式值得注意。首先，我们可以看到
2009 年在学习方面的出版物相对于其他两个领域的相对增长。此外，与该
领域更多定性的描述一致，我们看到了符号系统研究相对于机器人和学习
的相对停滞。但是，在 2009 年之后，机器人和学习领域的应用程序出版物
都有了显著的增长，但这种增长速度更快，寿命更长。在仅仅 7 年的时间
里，面向学习的应用程序出版物的数量翻了一倍还多，现在只占所有 AI 出

版物的不到50%①。如果按照出版物的地理来源将这些模式进行分类，这些模式将更加引人注目。

根据出版物的地理来源，在图4.5中，我们将美国计算机科学领域的出版率与世界其他地区的应用进行比较。从2009年开始的AI应用论文的显著上升，被证明绝大多数是由美国以外的出版物推动的，尽管美国研究人员开始了一段加速追赶的时期，朝着样本的最后几年迈进。

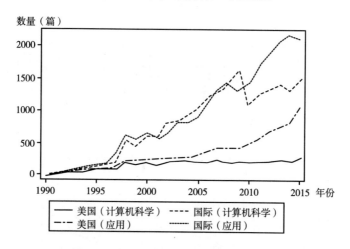

图4.5 学习计算机科学与应用的出版物

最后，我们还研究了随着时间的推移出版物在不同应用部门的变化情况。在表4.6中，我们通过两个为期三年的研究小组（2004—2006年和2013—2015年），调查了应用领域在AI的3个领域中的每个领域的出版物数量。有许多有趣的模式。首先，也是最重要的，在医学、放射学和经济学等应用领域，相对于机器人和符号系统，面向学习的出版物有了较大增长。包括神经科学和生物学在内的其他领域都实现了以学习为导向的研究和其他职能领域的大幅增长。包括神经科学和生物学在内的其他领域也实现了学习创新研究和其他AI领域的大幅增长。还有一些较为基本的出版物，例如数学出版物的相对衰落（实际上，数学学术出版物的绝对下降幅度很小，与样本中的大多数其他领域相比有显著差异）。总的来说，虽然更准确地确定正在进行的研究类型和在具体分部门所发生的情况是有益的，但这些结果与我们更广泛的假设是一致的，即随着 AI 的全面增长，学习研究可能代表了一种通用技术，现在开始在广泛的应用部门得到更系统的利用（见表4.7。）

总之，这些初步发现为我们的一个假设提供了一些直接的经验证据：AI 的学习似乎具有通用技术的一些特征。创新的文献计量指标表明，它正在迅速发展，并正在许多领域得到应用——这些应用领域本身包括了经济中一些技术最活跃的部分。

表 4.6　　　　　　　2004—2006 年和 2013—2015 年按

AI 领域划分的各行业出版物

领域	年份	生物学	经济学	物理学	医学	化学	数学	计量学	神经学	热力学	放射学	电信	计算机科学
学习系统	2004—2006	258	292	343	231	325	417	209	271	172	94	291	3889
	2013—2015	600	423	388	516	490	414	429	970	272	186	404	4582
	增长（%）	133	45	13	123	51	−1	105	258	58	98	39	18
机器人学	2004—2006	33	10	52	69	24	45	36	31	6	47	653	1431
	2013—2015	65	12	122	83	92	80	225	139	18	25	401	1322
	增长（%）	97	20	135	20	283	78	525	348	200	−47	−39	−8
符号系统	2004—2006	93	8	68	96	139	54	32	35	15	82	51	827
	2004—2015	105	10	125	84	149	60	101	73	22	56	88	1125
	增长（%）	13	25	84	−13	7	11	216	109	47	−32	73	36

表 4.7　　　　　　　　　应用领域的赫芬达尔 – 赫希曼指数

应用领域	$H = \sum PatShare^2$
化学应用	153.09
通信	140.87
硬件和软件	86.99
计算机科学外围设备	296
数据和存储	366.71
计算机科学商业模式	222
医疗应用	290.51
电子应用	114.64
汽车应用	197.03
机械应用	77.51
其他	129.20

　　这只是初步的分析，并没有找到在通用技术创新、创新和应用领域之间的重要的知识溢出效应的源头，但要找到这方面的证据，或许还有一段很长的路要走。

4.7　深度学习作为发明方式中的一种通用发明：对组织、机构、政策的考量

　　知道这些结论以后，如果深度学习确实是发明方式中的一种通用技术和（或）通用发明，我们现在要考虑的就是创新和创新政策的潜在含义。假如深度学习仅仅是一种通用技术，它可以在一系列应用程序中产生创新（具有潜在的溢出效应，既有可能回归学习通用技术，也有可能回到其他应用领域），但不会改变自身创新生产功能的本质。如果它也是一种通用发明方式，那么我们可以预计，随着动力学的发展，深度学习将对整个经济的创新、成长和生产力产生更大的影响，并且引发更严峻的劳动市场和国内组织架构的短期中断。

　　深度学习作为一种研究工具被广泛使用，意味着调查方法将变为通过大数据集，来预测之前那些抵制了系统性经验审查的物理和逻辑事件。这些数据可能有三个来源：先验知识（如 IBM 的 Watson 有关"学习"的文献），

网络事务（如搜索或网购）和物理事件（如不同类型的传感器或地理位置数据的输出）。这对于应有的创新组织、用来培训和进行研究的机构，以及政策，尤其是我们考虑的，用个人激励措施来维护专有数据集和特定应用算法的政策来说，意味着什么？

4.7.1　创新的管理与组织

或许最直接的是，使用大数据集的通用预测分析的兴起，似乎可能导致在研究生产过程中远离劳动力，而用资本来替代它。更普遍的是，很多类型的研发和创新都是实验室劳动密集型检索的有效问题，每个搜索的边际成本都很高（Evenson 和 Kislev，1976）。深度学习的发展带来了大幅降低边际搜索成本的希望，促使研发机构从高技能劳动力转向 AI 投资。这些投资很可能会提高现有的"搜索密集型"研究项目的绩效，而且有机会来调查那些之前被认为棘手甚至超出了系统科学和实证研究范围的社会和物理现象。

有可能的是，替代专业劳动力并转向资本（原则上可以出租或共享）的能力可能会降低一些特定的科学和研究领域的"进入壁垒"，特别是那些可以自由获取必要数据和算法，同时又在其他领域设置新的进入壁垒的领域（如通过限制对数据和算法的访问）。到目前为止，几乎没有基于深度学习且"经过培训"的研究工具或服务的有组织市场，评估备选方案的标准也很少。分析表明，共享 AI 服务市场的发展和相关数据的广泛获取，可能是深度学习被广泛采用和传播的必要前奏。

同时，这一新的研究范式的到来可能需要创新管理本身的改变。例如，在创新民主化的同时，个别研究人员缺乏对任何特定领域的专业研究技能和专业知识的投资，这降低了全体工作者的理论或技术深度。从遵从以职业为导向的研究轨迹转变为可以基于深度学习来获得新成果，可能会逐渐削弱突破性研究的长期激励，而那些突破性研究仅仅由处于研究前沿的人进行。还有一种可能性是，AI 大规模地替代研究领域的熟练技术劳动力，会破坏职业等级和劳动市场，许多科学和技术岗位都需要相当长时间的培训和教育，而职业等级和劳动市场支撑这些，但 AI 的大规模替代破坏了它，因此，它会在一些领域"破坏科学"。

最后，深度学习可能改变科技进步本身。许多科学和工程领域的研究都是通过一个调查模式来驱动的，该模式的重点是确定基于一个潜在理论的潜在现象的少数因果驱动因素（爱因斯坦重申的简约原则指出，理论应该"尽可能简单，但不应该更简单。"）。然而，深入学习提供了一种基于使用"黑匣子"方法来预测复杂多因素现象的替代范式，"黑匣子"方法从深层原因中抽象化，但确实考虑可以产生尖锐的洞察力的奇异预测指数。不强调对因果机制和抽象关系的理解可能要付出代价：许多科学上的重大进步都涉及通过理解"大背景"理论结构，从而来理解或认知较小发现的含义的能力。例如，我们很容易想象，一个基于大量 x 射线衍射数据的深度学习系统，能以极低的边际成本快速"发现"DNA 的双螺旋结构，但是，这可能需要人类对更广泛的生物学背景的判断和洞察力，才能注意到这种结构暗示了一种直接遗传机制。

4.7.2 创新、竞争政策、机构

第二个影响领域将在于对管理创新过程的机构的适当设计和治理，除了个别研究项目的组织，或某一特定领域中所谓的"科学"的本质。凸显了 3 种含义。

首先，如前所述，过去 20 年的研究强调了机构所起的重要作用，这些机构鼓励通过低成本独立获取研究工具、材料和数据来积累知识产出（Fur-man 和 Stern，2011；Murray 和 O'Mahony，2007）。然而，到目前为止，在深度学习社区中，对于透明度和可复制性的问题只给予了较低程度的关注。通过网络枢纽和社区来鼓励有组织的、开放的基层倡议，支持了知识产出。但是，值得强调的是，在分享和汇总数据的私人和社会激励之间可能存在着巨大的差距，甚至在学术研究人员或私营部门研究团体中也是如此。这种差异的一个含义可能是，任何单一的研究结果在一定程度上取决于多种来源的数据的汇总，重要的是要制定信贷和归因规则以及建立复制结果的机制。

这意味着注重正式的知识产权的设计和执行尤其重要。一方面，仔细思考目前有关数据所有权的法律很重要。比如，关于我的购物和旅行行为的数据应该属于我，还是属于我使用的搜索引擎或共享汽车公司？消费者是否可能在确保这些数据（当然是适当的盲区）进入公共领域，以便许多公司能在追求创新的过程中使用这些数据而有兴趣？

另一方面，深度学习的出现对专利制度也有重大的影响，尽管到目前为止深度学习创新的专利相对较少，但快速序列标签和其他类型的基因数据的

发现和大规模专利的历史事件表明，研究工具上取得的突破——通常与专利权诉讼能力的欠缺和法院判决的冲突相结合——可能导致长期的不确定性，阻碍新专利的发布，而这反过来又导致了研究生产率的降低和竞争的减少。深入学习为专利制度提出了一些围绕创作者和发明者的理念建立起来的难题。例如，"发明"在专利法中具有特定的含义，对其所主张的发明的所有权和控制权具有非常重要的影响。AI 系统能否成为美国宪法起草者所设想的发明者？类似地确定获得专利所需发明步骤的标准是由确定所主张的发明是否会对"在该领域具有普通技能的人"来说是显而易见的。这个"人"可能是谁，在一个接受过专有数据培训的深度学习的系统时代，什么是"普通技能"，这些问题远远超过了本章的研究范围。

除了这些传统的创新政策问题外，深度学习的前景还提出了各种各样的其他问题，包括与隐私、偏见的可能性（深入学习被发现会强化社会上已经存在的陈规定型观念），以及消费者保护（与搜索、广告、消费者定位和监测等领域）有关的问题。关键是，只要深度学习是普遍的目的，在这些领域（以及更多）出现的问题将在广泛的部门和背景中会在全球而非当地上演。少有帮助设计机构在应用部门做出一级反应的分析，这些机构也将深度学习很可能成为一种通用技术而可能出现的潜在问题内部化。

最后，深度学习（可能还有机器人技术）在许多部门的广泛适应性很可能在每个部门内产生竞争，以建立利用这些新方法的专有优势。因此，深度学习的到来给竞争政策提出了问题。在每个应用领域都有可能在早期阶段就建立优势，这样做的时候，他们的立场是能够产生更多的数据（关于他们的技术，关于客户行为，关于他们的组织过程），并将能够建立一个深入学习的驱动壁垒，这将确保市场在中期最少。这将确保数据的可访问性不仅可以研究生产力或聚合问题，也可以谈到潜在的防范锁定与反竞争行为。在目前看来，似乎有大量的私人公司试图在广泛的领域利用 AI 技术，可能有 20 多家公司从事高水平的自主研发车辆工作，虽还没有公司显露出决定性的优势，但这种高水平的活动极大地反映了未来市场发展的重大前景。确保深度学习不会增加垄断，也不会增加壁垒，这将是一系列领域中的关键议题。

4.8   综述

这一章节的目的并不是要对类似于 AI 创新这方面的描述或预测，也不是提出明确的政策指导或创新管理。相反，我们的目标是提出一种特定的可能性——深度学习代表了一种新的发明方法的通用效果——并对管理、机构和政策的假说提出初步设想。

我们的初步分析突出了一些关键想法，但目前还未成为经济和政策讨论的核心。首先，至少从创新的观点看，它在区别像机器人潜在技术基于多层设计应用的通用发明方法神经网络等领域的重要或重大进展是有用的。自 2009 年以来基于对学习的应用型研究，无论是现有的定性数据，还是我们的实证分析记录都证明了这种可能性。其次，相关地，在创新变化的背景过程中提出如何评估这种新型科学的潜在预测方法，一系列政策和管理领域的关键问题，对这些突破性的反应似乎是一个有前景的、供未来研究的领域。

附录

表 4A.1   AI 的关键词配置

标志	学习	机器人技术
自然语言处理	机器学习	计算机视觉
图像语法	神经网络	机器人
模式识别	强化学习	机器人
图像匹配	逻辑理论家	机器人系统
符号推理	贝叶斯信仰网络	机器人学
符号误差分析	无监督	机器人
模式分析	深度学习	协同系统
符号处理	知识的再认识的推理	人形机器人
物理符号系统	众包和人类计算	传感器网络
自然语言	神经形态计算	传感器网络
模式分析	决策过程	传感器数据融合
图像对齐	机器智能	系统和控制理论
运输搜索	神经网络	分层控制系统
符号推理		
符号误差分析		

参考文献

Acemoglu, D., and P. Restrepo. 2017. "Robots and Jobs: Evidence from US Labor Markets." NBER Working Paper no. 23285, Cambridge, MA.

———. 2018. "Artificial Intelligence, Automation and Work." NBER Working Paper no. 24196, Cambridge, MA.

Aghion, P., and P. Howitt. 1992. "A Model of Growth through Creative Destruction." *Econometrica* 60 (2): 323–351.

Arrow, K. 1962. "Economic Welfare and the Allocation of Resources for Invention." In *The Rate and Direction of Inventive Activity: Economic and Social Factors*, edited by R. R. Nelson. Princeton, NJ: Princeton University Press.

Bresnahan, T., E. Brynjolfsson, and L. Hitt. 2002. "Information Technology, Workplace Organization, and the Demand for Skilled Labor: Firm-Level Evidence." *Quarterly Journal of Economics* 117 (1): 339–376.

Bresnahan, T., and S. Greenstein. 1999. "Technological Competition and the Structure of the Computer Industry." *Journal of Industrial Economics* 47 (1): 1–40.

Bresnahan, T., and M. Trajtenberg. 1995. "General Purpose Technologies 'Engines of Growth'?" *Journal of Econometrics* 65:83–108.

Brooks, R. 1990. "Elephants Don't Play Chess." *Robotics and Autonomous Systems* 6:3–15.

Brynjolfsson, E., and L. M. Hitt. 2000. "Beyond Computation: Information Technology, Organizational Transformation and Business Performance." *Journal of Economic Perspectives* 14 (4): 23–48.

David, P. 1990. "The Dynamo and the Computer: An Historical Perspective on the Productivity Paradox." *American Economic Review* 80 (2): 355–61.

Evenson, R. E., and Y. Kislev. 1976. "A Stochastic Model of Applied Research." *Journal of Political Economy* 84 (2): 265–282.

Furman, J. L., and S. Stern. 2011. "Climbing atop the Shoulders of Giants: The Impact of Institutions on Cumulative Research." *American Economic Review* 101 (5): 1933–1963.

Griliches, Z. 1957. "Hybrid Corn: An Exploration in the Economics of Technological Change." *Econometrica* 25 (4): 501–522.

Hall, B. H., A. B. Jaffe, and M. Trajtenberg. 2001. "The NBER Patent Citation Data File: Lessons, Insights and Methodological Tools." NBER Working Paper no. 8498, Cambridge, MA.

Hinton, G. E., and R. R. Salakhutdinov. 2006. "Reducing the Dimensionality of Data with Neural Networks." *Science* 313 (5786): 504–507.

Jones, B. F. 2009. "The Burden of Knowledge and the 'Death of the Renaissance Man': Is Innovation Getting Harder?" *Review of Economic Studies* 76 (1): 283–317.

Krizhevsky, A., I. Sutskever, and G. Hinton. 2012. "ImageNet Classification with Deep Convolutional Neural Networks." *Advances in Neural Information Processing* 25 (2). MIT Press. https://www.researchgate.net/journal/1049-5258 _Advances_in_neural_information_processing_systems.

Leung, M. K. K., A. Delong, B. Alipanahi, and B. J. Frey. 2016. "Machine Learning in Genomic Medicine: A Review of Computational Problems and Data Sets." *Proceedings of the IEEE* 104 (1): 176–197.

Marco, A., M. Carley, S. Jackson, and A. Myers. 2015. "The USPTO Historical Patent Data Files." USPTO Working Paper no. 2015–01, United States Patent and Trademark Office, 1–57.

Marco, A., A. Myers, S. Graham, P. D'Agostino, and K. Apple. 2015. "The USPTO Patent Assignment Dataset: Descriptions and Analysis." USPTO Working Paper no. 2015–02, United States Patent and Trademark Office, 1–53.

Mokyr, J. 2002. *Gifts of Athena*. Princeton, NJ: Princeton University Press.

Murray, F., and S. O'Mahony. 2007. "Exploring the Foundations of Cumulative Innovation: Implications for Organization Science." *Organization Science* 18 (6): 1006–21.

Nelson, Richard. 1959. "The Simple Economics of Basic Scientific Research." *Journal of Political Economy* 67 (3): 297–306.

Newell, A., J. C. Shaw, and H. A. Simon. 1958. "Elements of a Theory of Human Problem Solving." *Psychological Review* 6 (3): 151–166.

Newell, A., and H. A. Simon. 1976. "Computer Science as Empirical Inquiry: Symbols and Search." *Communications of the ACM* 19 (3): 113–126.

Nilsson, N. 2010. *The Quest for Artificial Intelligence: A History of Ideas and Achievements*. Cambridge: Cambridge University Press.

Romer, P. 1990. "Endogenous Technological Change." *Journal of Political Economy* 98 (5): S71–102.

Rosenblatt, F. 1958. "The Perceptron: A Probabilistic Model for Information Storage and Organization in the Brain." *Psychological Review* 65 (6): 386–408.

———. 1962. *The Principles of Neurodynamics*. New York: Spartan Books.

Rumelhart, D., G. Hinton, and R. Williams. 1986. "Learning Internal Representations by Error Propagation." In *Parallel Distributed Processing: Explorations in the Microstructure of Cognition, Volume 2: Psychological and Biological Models*, edited by J. McClelland and D. Rumelhart, 7–57. Cambridge, MA: MIT Press.

Scotchmer, S. 1991. "Standing on the Shoulders of Giants: Cumulative Research and the Patent Law." *Journal of Economic Perspectives* 5 (1): 29–41.

Turing, A. 1950. "Computing Machinery and Intelligence." *Mind* 59:433–60.

Wallach, I., M. Dzamba, and A. Heifels. 2015. "AtomNet: A Deep Convolutional Neural Network for Bioactivity Prediction in Structure-Based Drug Discovery." arXiv:1510.02855 [cs.LG]. https://arxiv.org/abs/1510.02855.

Williams, H. 2013. "Intellectual Property Rights and Innovation: Evidence from the Human Genome." *Journal of Political Economy* 121 (1): 1–27.

评论

Matthew Mitchell[*]

在 Cockburn, Henderson 和 Stern 三人作品中的一章中特别有趣的是, 他们设想了一种场景, AI 可能会作为一种通用技术服务于创新产业。而我所要讨论的就集中在它对于一些政策, 特别是围绕着知识产权的保护意味着什么。尤其地, AI 还将有可能会带来新的问题, 而这些问题在过去的知识产权辩论中令人熟知, 即在奖励创新与担心产权保护反过来阻碍未来创新两者之间的平衡。

---

* Matthew Mitchell 是多伦多大学的一名经济分析政策的教授。而关于确认、研究支持来源和披露作者的实质性财务关系（如果有的话），请参见 http：//www. nber. org/chapters/c14023ack.

1. AI 是一种创新或模仿的技术吗

在创新领域，AI 是否是一门通用技术以及是否是个有效的模仿方法并不很明确。事实上，这个答案与政策有着直接的关系。要是一项技术使得创新惠利很频繁（但不总是）那么意味着对于强化知识产权的需求就会更少，因为平衡会转向对垄断权力的限制，同时会减少对创新支出的补偿。在这篇文章中技术降低了模仿的成本。但是，一般情况下它也需要更强力度的保护。

新的技术通常适用于创新与模仿。以塑料模型这种技术为例，它既提供了新设计的可能性，培养了创新，同时也对"逆向工程"带来了更多的可能性。机器学习，在某种意义上说就是一种复杂的模拟；它见证了何为"工作"（带有某些特性的物体）同时也找到了探索它们之间关系的方法。因此似乎 AI 很有可能是创新或模仿的一种通用技术。

对于一个新闻大鳄，由于机器学习的一些形式，很多新闻聚集者都在做这方面；他们匹配用户的一些新闻故事会优先预判它是否有趣。这显然是一种能够产生价值的服务，而在没有 AI 技术的情况下，他并不会以任何形式存在。但一些新闻网站认为它构成了对于版权的侵犯。从语义上讲此处存在疑惑：这项整合技术是否是创新或者是模仿？

答案当然是两者兼而有之。这很像一种"序贯创新"，即后来的创新是建立在原来创新的基础上不断尝试与改善。在有些情况下，去决定是否是新的创新是对原来创新的一种充分突破，如在专利法中运用的"不显然"一词。目前依然不是很清楚这些词如何应用在由机器产生的创新中，"不显然"被解释为"人在艺术领域拥有的普通技能"的一种情况，因此它根本上是与人的大脑相关。我们将回答像"什么是显而易见"这种字面上的问题，而在这个世界上由机器产生创新的地方将是中心，但要在知识产权奖励与成本上做出平衡又是比较困难的。

像新闻聚集者那样的情况其实很大程度上已经得到了管理，具体实施上就是与互联网就一些版本问题进行合同签订。一个新闻源头可以阻止文本内容通过机器人文件使这些文章可见或不可见于聚合者。而唯一令人担忧的竞争点是：如果新闻聚合者占少数，他们仍然拥有超过那些文章创作者的垄断权力，因此只是简单地允许内容提供商退出会使这个问题变得棘手。这类新闻聚集者可能控制了很多消费者的焦点，没有它，新闻源就无法生存。

2. "锤子产钉"论

聚集者事例所带来的问题是怎样的政策可以在世界范围内加强利用 AI 技术创新竞争。Cockburn，Henderson 以及 Stern 强调了数据共享的重要性以及可利用性，作为一个世界上的投入大国，数据自身就是通过 AI 作为一种创新产品的投入。这显然是及其关键的。使得政策变得复杂的一个问题是，创新并不仅仅产生于数据同时也会创造出新的数据。谷歌的搜索引擎产生的数据来源于用户，因为首先它是个极好的引擎，但这又无疑能够巩固它自身的市场地位。在一定意义上，提出一个准确的问题以及解决一个对的问题，在最初可以产生用户和数据，从而在未来实现更多的创新。这就像一个锤子，既需要钉子作为原料生产，也需要生产钉子。作为第一个使用锤子的用户通过创造更多的原料投入放大了这方面的优势。

这里关于知识产权的经济学文献强调了两个效应的平衡：赋予数据产权（而不是强制钉子进行共享）是一种对优先使用锤子的一个鼓励（因为他增加了它所生产钉子的价值），也能使得锤钉技术对于其他公司是没有效率的（因为他们很少将钉子作为投入要素）。在数据产权上取得正确的平衡是关于竞争对创新有多大好处的经典辩论的核心。

3. 竞争、创新和隐私

Whinston（2012）总结了在竞争之前，创新之后有股传统力量：Arrow（1962）认为事前竞争有利于创新，然而 Schumpeter（1942）也主张事后竞争对创新不利。因为当今的创新往往会导致未来的创新。例如，不幸的是，如果涉及 AI，则通过他们产生的数据，在事前与事后之间就没有明确的区分可作为一项规则。就数据而言，还有另外一种力量：个人隐私。它的存在可能会让强制性的数据共享标准难以实现，这将导致很多公司存在一些必要的投入去对抗同样的问题的情况。Goldfarb 和 Tucker 指出这意味着隐私政策是种更普遍的创新政策。而用 AI 进行创新生产时，对数据所有权的限制将意味着对创新生产过程中重要投入的限制。

由于隐私担忧可能意味着，建立在 AI 基础上的创新技术的竞争会减少，决策者也不得不警惕竞争的不足。由于对竞争不足的担忧，创新的损害在很大程度上是由于缺乏事前的竞争，所以在早期的创新将是最重要的领域，即一种技术空间相对整洁的领域。为一个由 AI 产生创新的新世界量身定做的创新政策很需要注意听取平衡效益与市场力量所带来成本的一般教训，而与此同时要重视那些专门针对 AI 背景的重要新问题。Cockburn，Henderson 和 Stern 的工作帮助我们更好地理解了它的大概背景。

参考文献

Arrow, K. 1962. "Economic Welfare and the Allocation of Resources to Invention." In *The Rate and Direction of Inventive Activity: Economic and Social Factors*, edited by Universities-National Bureau Committee for Economic Research and the Committee on Economic Growth of the Social Science Research Councils, 467–92. Princeton, NJ: Princeton University Press.

Goldfarb, Avi, and Catherine Tucker. 2012. "Privacy and Innovation." In *Innovation Policy and the Economy*, vol. 12, edited by Josh Lerner and Scott Stern, 65–89. Chicago: University of Chicago Press.

Schumpeter, Joseph. 1942. *Capitalism, Socialism and Democracy*. New York: Harper & Brothers.

Whinston, Michael D. 2012. "Comment on 'Competition and Innovation: Did Arrow Hit the Bull's Eye?'" In *The Rate and Direction of Inventive Activity Revisited*, edited by Josh Lerner and Scott Stern, 404–10. Chicago: University of Chicago Press.

5 大海捞针：人工智能与重组增长

Ajay Agrawal，John McHale，Alexander Oettl*

广阔的未知领域为经济发展提供了持续增长的潜力，从经济角度来看，维度灾难（Curse of Dimensionality）具有重大意义。大量潜在组合中仅有极小的部分是有价值的，这种可能性使潜在发现得以实现（Romer，1993）。

深度学习解决了 AI 应用中遇到的瓶颈问题，它能够发现高维数据中的复杂结构，适用于科学、商业和政府等许多领域（LeCun，Benigo 和 Hinton，2015）。

5.1 引言

技术驱动的经济增长将如何发展？技术乐观主义认为，现有知识与新知识相互结合的可能性将不断扩大（Romer，1990，1993；Weitzman，1998；Arthur，2009；Brynjolfsson 和 McAfee，2014）。技术悲观主义指出，事实表明技术前沿的增长速度正在下降（Cowen，2011；Gordon，2016）。Gordon（2016）指出了美国经济增长的放缓。1920 年至 1970 年，全要素生产率的年均复合增长率为 1.89%，1970 年至 1994 年下降至 0.57%，1994 年至 2004 年的信息技术浪潮反弹至 1.03%，2004 年至 2014 年再次下降至

---

* Ajay Agrawal 是多伦多大学罗特曼管理学院（Rotman School of Management）彼德·蒙克（Peter Munk）创业教授、国家经济研究局的助理研究员。John McHale 是著名的经济学教授，爱尔兰国立大学商业、公共政策和法律学院（College of Business，Public Policy，and Law）的院长。Alexander Oettl 是佐治亚理工学院（Georgia Institute of Technology）战略与创新副教授、国家经济研究局的助理研究员。

我们感谢 Kevin Bryan、Joshua Gans 和 Chad Jones 对本章提出的建设性意见。衷心感谢爱尔兰科学基金会、加拿大社会科学研究理事会、罗特曼管理学院创新与创业中心以及惠特克创新与社会发展研究所（Whitaker Institute for Innovation and Societal Development）对本章的资助。

有关致谢、研究项目资助来源以及作者重大财务关系的披露，请参阅 http：// www . nber . org/ chapters/ c14024. ack.

0.40%。这仅仅是因为研究人员数量呈指数式增长才能保持这种低增长率（Jones，1995）。Bloom 等（2017）认为知识的全要素生产率在总量和主要细分领域（如晶体管、医疗保健和农业）都在下降。

经济学家对经济的低增长做出了许多解释。Cowen（2011）和 Gordon（2016）指出类似"涸泽而渔"（Fishing Out）的发展方式变得越来越难以实现。Jones（2009）提出增加的"知识负担"（Burden of Knowledge）导致了困境。随着技术前沿的拓展，个体研究人员难以拥有足够多的知识来提出有用的新知识组合。因此，表现在获得博士学位的人年龄较大，且研究团队的规模随着研究人员的专业知识相互结合而不断扩大（Agrawal，Goldfarb 和 Teodoridis，2016）。其他证据指出物质、社会和制度的约束限制了知识的可获得性，包括接近知识来源的必要性（Jaffe，Trajtenberg 和 Henderson，1993；Catalini，2017）、社会关系在获取知识中的重要性（Mokyr，2002；Agrawal，Cockburn 和 McHale，2006；Agrawal，Kapur 和 McHale，2008）以及制度在促进或限制知识取得方面的重要性（Furman 和 Stern，2011）。

尽管经济增长有放缓的迹象，但大数据和计算机驱动的数据发现及处理能力的进步使得数据的可用性大大增强。可以将这些技术视为元技术（发现新知识的技术）的一部分。如果使用潜在方法（即现有知识可以随着知识库的扩大而结合）难以处理"组合爆炸"（Combinatorial Explosion）问题，那么深度学习等元技术能够在一定程度上克服低效率、"知识负担"的增加以及知识获取的社会和制度约束等缺点。

当然，能够发现新知识的元技术屡见不鲜。Mokyr（2002，2017）指出了显微镜、X 射线晶体学等科学仪器明显促进了知识发现过程的大量实例。Rosenberg（1998）提出科技与化学工程的结合改变了石油化学工业的发展路径。除此之外，将 AI 用于知识发现也并不新鲜，AI 作为化学信息学、生物信息学和粒子物理学等领域的基础已经发展了几十年。然而，最近深度学习等技术在 AI 领域的突破带来了该领域新的发展动力。[①] 图形处理器（GPU）的收敛算法加速了计算能力，开放的数据源使数据可用性

---

① 例如，Garrett Goh，Nathan Hodas 和 Abhinav Vishnu（2017）关于深度学习在计算化学方面的研究。

呈指数增长，以及 AI 驱动的预测技术的快速发展解决了"大海捞针"的难题（见 5.3 节）。AI 的进步突破了维度的限制，促进了技术的发展。

明确的理论框架能够帮助理解这些技术如何影响未来的经济动态增长。Weitzman（1998）开创性地提出了重组增长模型（Recombinant Growth Model），但该模型没有结合增长理论的相关文献。因此，本章的主要贡献体现在以下两方面。第一，构建了一个相对简单的基于组合的知识产生函数，其在极限范围内收敛到 Romer/Jones 函数。该模型考虑了现有知识产生新知识和研究人员形成团队的组合方式。第二，该函数能够纳入到目前的增长模型中，明确的组合基础意味着该模型可以帮助理解新的元技术（如 AI）如何影响未来的经济增长路径。

本章的模型以 Cobb－Douglas 形式的 Romer/Jones 知识生产函数为基础，把现有的知识储量和具有知识生产的劳动力资源作为投入，建立新思想的产出模型，是现代增长理论的主要内容。Romer/Jones 函数表明，新知识的生产取决于现有知识储量的获取以及将不同的现有知识结合而形成有价值的新思想的能力。作为一种产生新思想的元技术，AI 促进了在复杂知识空间中的搜索能力，既可以改进获取相关知识的方式，又可以提高预测新组合价值的能力。尽管 AI 在生物技术或纳米技术等新领域有着广阔的发展前景，但是当基础的生物或物理系统的复杂性阻碍技术进步时，AI 会变得十分有价值。因此，本章构建了一个明确的基于组合的知识生产函数。用可分离的参数表示知识获取的容易程度，在复杂知识空间中搜索潜在组合的能力以及组建研究团队的难易程度。Romer/Jones 函数是本章提出的函数的一个极限情况。本章通过明确地描述知识生产过程中的知识获取、组合和团队合作等方面，说明 AI 如何帮助解决"大海捞针"的难题，进而影响经济增长的路径。

本章拓展了最近快速发展的关于 AI 对经济增长影响的研究，主要关注如何提高自动化程度以替代生产过程中的劳动力。在 Zeira（1998）研究的基础上，Acemoglu 和 Restrepo（2017）提出了 AI 在现有工作中替代劳动者的模型，该模型同时也为劳动者提供了新的工作任务。Aghion、Jones 和 Jones（第 9 章）证明了当商品之间的替代弹性小于 1 时，自动化程度与相对不变要素份额一致。研究表明，鲍莫尔成本病（Baumol's Cost Disease）假定难以改进的必需品而不是从 AI 驱动的技术变革中获益的商品是经济增长的根本限制。同样，Nordhaus（2015）研究了 AI 实现"经济奇点（Economic Singularity）"的条件，并提供了经济中需求侧和供给侧的替代弹性的经验证据。

本章的研究重点不是关注机器在现有工作中替代劳动者的可能性，而是强调 AI 在克服阻碍研究人员在复杂的知识空间中发现有用组合的特定问题方面的重要性。本章的主要思想与 Cockburn、Henderson 和 Stern（第 4 章）一致，其研究了 AI，特别是深度学习，作为发明的通用技术（GPT），而本章将此思想具体化。Nielsen（2012）说明了大数据和相关技术改变科学发现机制的各种方式。Nielsen 强调，"集体智慧（Collective Intelligence）"在正式和非正式的网络化团队中越来越重要，"数据驱动智能（Data – Driven Intelligence）"的发展能够解决挑战人类智慧的问题，以及在促进获取知识、数据的技术方面的重要性。本章的模型中将考虑这些因素。

本章其余部分的安排如下。第 5.2 节中，概述 AI 的进步在改变知识获取、结合不同领域的高维数据的能力两方面的例子。第 5.3 节中，提出一个基于组合的知识生产函数，并将其嵌入到 Jones（1995）的增长模型中，进一步改进 Romer（1990）的模型。第 5.4 节中，加入团队的知识生产以扩展基本模型。第 5.5 节中，对研究结果进行了论述。第 5.6 节中，进行总结并提出关于实现"经济奇点"的想法。

5.2 AI 对知识生产的影响

AI 的突破发展已经影响到科学研究和技术发展的生产率。元技术促进知识生产的过程可以分为搜索（知识获取）和发现（结合现有知识生成新知识）两个方面。对于搜索，AI 能够处理满足具有以下两个条件的问题：①受到数据爆炸的影响，个体研究人员或研究团队察觉难以与发现过程相关的潜在知识更新保持同步（知识负担）；②通过输入关键词搜索，AI 可以预测与研究人员最相关的知识。对于发现，AI 也满足以下两个条件：①产生新知识的潜在知识组合受到组合爆炸的影响；②AI 能够预测哪个现有知识组合将是在众多领域产生有价值的新知识的。AI 驱动的搜索和发现技术如何改变创新过程的具体例子如下。

5.2.1　搜索

Meta^{α}是一家 AI 驱动的搜索引擎公司，主要用于识别相关科学论文并追踪科学思想演变。Chan – Zuckerberg 基金会收购了该公司，将免费为研究人员提供服务。这种 AI 驱动的搜索技术满足了元技术在获取知识方面的两个条件：①科学论文的储量以每年 8% ~ 9% 的速度呈指数增长（Bornmann 和 Mutz，2015）；②AI 驱动的搜索技术帮助研究人员识别相关论文，从而减轻以指数增长的发表物所带来的"知识负担"。

BenchSci 是一家 AI 驱动的搜索引擎公司，主要用于识别药物研发中使用的有效化合物（尤其是在科学实验中用作试剂的抗体）。它也满足 AI 在搜索中的两个条件：①关于化合物功效的报告分散在数百万篇科学论文中，而这些报告的提供方式是非标准化的；②AI 能够提取关于化合物功效的信息，使科研人员更有效恰当地识别实验中使用的化合物。

5.2.2　发现

Atomwise 是一家基于深度学习的 AI 公司，主要用于发现可能产生安全有效的新药物的化合物。这种 AI 满足元技术用于发现的两个条件：①潜在化合物的数量受到组合爆炸的影响；②AI 通过预测基本化学特征如何形成更复杂的特征来识别潜在化合物，以便进行更深入的研究。

Deep Genomics 是一家基于深度学习的 AI 公司，主要用于预测自然或治疗性基因变异导致 DNA 改变而引起细胞的变化。它也满足 AI 在发现中的两个条件：①基因型 – 表现型变异会受到组合爆炸的影响；②AI 通过预测基因型变异与可观察的生物体特征之间的复杂生物过程的结果，将"基因型 – 表型划分（Genotype – Phenotype Divide）"连接起来，从而为识别进一步测试中有价值的治疗干预措施提供帮助。

5.3　基于组合的知识生产函数

本章的建模方法及其与经典的 Romer/Jones 知识生产函数之间的关系如图 5.1 所示，实线描述了 Romer/Jones 函数的基本特征，研究人员利用现有知识来产生新的知识，这些新的知识成为后续发现的知识库中的一部分。虚线代表了本章的模型，现有的知识库决定了潜在的新知识组合，其中大部分可能没有价值，通过对大量潜在组合的搜索发现有价值的新知识。例如，深度学习等元技术促进了这一发现过程，使研究人员能够在以极其复杂的方式相互作用的现有知识空间中识别有价值的组合。与 Romer/Jones 函数一样，新知识扩充了知识库，从而增加了后续研究人员使用的潜在知识组合。本章的知识生产函数的特点是，无论是否包含团队合作所产生的新知识，Romer/Jones 函数都是一种极限情况。本节中的函数不包含团队合作所产生的新知识，将在下一节中把团队合作加入函数中。

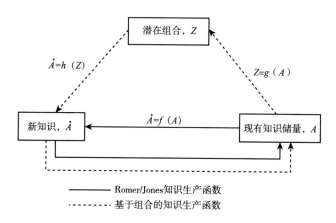

图 5.1　Romer/Jones 函数与基于组合的知识生产函数

假设世界上的知识是离散变量且总储量为 A。个体研究人员可以获得的知识为整数 A^{ϕ}，则个体研究者可获得的知识储量比例为 $A^{\phi-1}$，[①] 假设 $0 < \phi < 1$，那么个体研究人员可获得的总知识储量比例随着总知识储量的增加而减少，表现出了 Jones（2009）建立的模型中的"知识负担"效应——随着知识总储量的增加，获取所有的可用知识变得更加困难。假设知识获取参数 ϕ，既能代表研究人员在某个时间点拥有的知识，也能描述其在需要时获取现有知识的能力。因此，参数的值将受到以书面形式获取这些知识，并根据

---

① Paul Romer 强调了区分思想（非竞争性商品）与人力资本（竞争性商品）的重要性。"思想是比人力资本和非人力资本对生产更有价值的关键投入。但是人力资本是产生新思想最重要的投入。……由于人力资本和思想在投入和产出上密切相关，因此很容易认为它们是同一类商品。……然而，因为思想和人力资本作为经济商品具有不同的基本属性，对经济理论的影响也不同，所以有必要区分思想和人力资本"（Romer 1993）。在本章的模型中，A^{ϕ} 衡量的是研究人员的人力资本，取决于现有技术、其他知识和研究人员获取这些知识的途径。反过来，新知识的产生也依赖于研究人员的人力资本。

研究人员的需要找到其的难易程度的影响。数字化知识库和搜索技术的结合可以根据研究人员输入的搜索关键词预测最相关的知识（例如，应用于广泛的 Google，更专业的搜索引擎 Meta$^\alpha$ 和 BenchSci），因而使 ϕ 的值增加。

创新是结合现有知识产生新知识的结果。知识每次由 a 个想法组合，其中 $a=0, 1, \cdots, A^\phi$。给定个体研究人员的知识获取，其现有知识（包括单值和空集）[①] 的潜在组合的总数为：

$$Z_i = \sum_{a=0}^{A^\phi} \binom{A^\phi}{a} = 2^{A^\phi} \qquad 式（1）$$

潜在组合的总数 Z_i 随着 A^ϕ 的增长呈指数增长。如果 A 本身呈指数增长，那么 Z_i 将以双倍的指数比率增长，导致了模型中的组合爆炸。由于在增长模型中使用连续变量更方便，因此将 A 和 Z_i 视为连续变量。主要的假设是潜在组合的数量随着知识获取的增长呈指数增长。

接下来说明如何将潜在组合映射到发现。假设大部分潜在组合不会产生有价值的新知识。此外，在有价值的组合中，多数组合已经被发现，因而已经是 A 的一部分，具有"涸泽而渔"的特征。每期中潜在组合转换为有价值的新知识可以用（渐近）不变弹性发现函数表示：

$$\dot{A}_i = \beta\left(\frac{Z_i^\theta - 1}{\theta}\right) = \beta\left[\frac{(2^{A^\phi})^\theta - 1}{\theta}\right], 0 < \theta \leq 1$$

$$= \beta \ln Z_i = \beta \ln (2^{A^\phi}) = \beta \ln(2) A^\phi, \ \theta = 0 \qquad 式（2）$$

其中，β 是为正值的知识发现参数，并使用洛必达法则得到极限情况 $\theta = 0$ 的表达式。[②]

当 $\theta > 0$ 时，新发现相对于潜在组合的数量 Z_i 的弹性为：

$$\frac{\partial \dot{A}}{\partial Z_i} \frac{Z_i}{\dot{A}} = \frac{\beta Z_i^{\theta-1}}{\beta[(Z_i^\theta - 1)/\theta]} = \left(\frac{Z_i^\theta}{Z_i^\theta - 1}\right)\theta \qquad 式（3）$$

---

① 不包括单值和空集，潜在组合的总数将是 $2^{A^\phi} - A^\phi - 1$。由于单值和空集不是真正的"组合"，因此将式（1）作为潜在组合的真实数量的近似值。该近似值的相对重要性随着知识库的扩大而降低，在下面的内容中忽略它的影响。

② 当商的极限不确定时，通常运用洛必达法则。当 θ 趋向于 0 时，式（2）等号右边括号项的极限为 0 除以 0，因此是不确定的。根据洛必达法则，该商的极限等于分子对 θ 导数的极限除以分母对 θ 导数的极限所得的商的极限。该极限等于 $\ln(2)A^\phi$。

当潜在组合的数量趋于无穷大时，它就会收敛到 θ。当 $\theta = 0$ 时，新发现相对于潜在组合的数量 Z_i 的弹性为：

$$\frac{\partial \dot{A}}{\partial Z_i} \frac{Z_i}{\dot{A}} = \frac{\beta}{Z_i} \frac{Z_i}{\beta \ln Z_i} = \frac{1}{\ln Z_i} \qquad \text{式（4）}$$

当潜在组合的数量趋于无穷大时，它就会收敛到 0。

知识发现的效率参数 θ 受到众多因素的影响。第一，与自然现象相关的基本约束限制了将现有知识结合以产生科学或技术上有价值的新知识的技术可能性。对未来增长发展潜力持有悲观态度的看法往往强调了这些限制。第二，发现技术可行的新的有用组合变得容易。潜在组合空间的巨大规模和复杂程度意味着发现有用的组合可能是一个"大海捞针"的问题。对未来增长发展潜力持乐观态度的看法认为通过与 AI 的结合（嵌入在算法中，例如，Atomwise 和 DeepGenomics 开发的应用）以及计算能力的增加有助于发现过程中的预测，尤其是在处理难以判断因果关系的高维数据时。第三，未来机会的识别具有路径依赖的特征（Weitzman，1998），θ 的数值将取决于所遵循的实际路径。在一定程度上，AI 可以识别有效路径，避免经济走入技术困境。

经济中相互独立工作的研究人员数目为 L_A，假设 L_A 是连续变量。（在第 5.4 节中，再考虑团队合作以扩展模型）假设一些研究人员会重复彼此的发现，因此研究人员的实际数量为 L_A^λ，其中 $0 \leq \lambda \leq 1$。因此，当 $\theta > 0$ 时，总知识生成函数为：

$$\dot{A}_i = \beta L_A^\lambda \left[\frac{(2^{A^\phi})^\theta - 1}{\theta} \right]. \qquad \text{式（5）}$$

在某个时间点（给定 A 和 L_A 的值），新知识发现率 $\dot{A}$ 关于 θ 的偏导数为：

$$\frac{\partial \dot{A}}{\partial \theta} = \frac{\beta L_A^\lambda \left[\theta \ln(2) A^\phi - 1 \right] 2^{A^\phi \theta}}{\theta^2} + \frac{\beta L_A^\lambda}{\theta^2} \qquad \text{式（6）}$$

该偏导数为正的一个充分条件是方括号中的项大于 0，即：

$$A > \left[\frac{1}{\theta \ln(2)} \right]^{1/\phi} \qquad \text{式（7）}$$

假设该条件成立。在不同的 ϕ 值下，$\dot{A}$（当 $A = 100$ 时，A 的增长率）

随 θ 的变化情况如图 5.2 所示，知识增长速度随着 θ 的增加而增加，且 θ 和 ϕ 之间存在正向关系：给定的 θ 增加值，知识获取程度越高（ϕ 值越大），知识增长越多。

假设 θ 随着 A 的变化而变化。A 越大表示发现的搜索空间越庞大复杂。考虑到 A 变大会导致组合爆炸，进一步假设，搜索空间的复杂性最终将使任何发现技术失效，因此 θ 是 A 的减函数，即 $\theta = \theta(A)$，其中 $\theta'(A) < 0$。当 A 趋于无穷时，$\theta(A)$ 趋于 0，即：

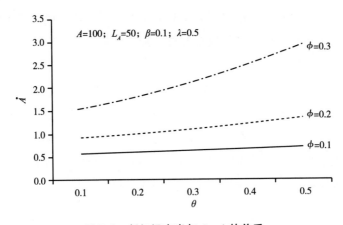

图 5.2　新知识产出与 θ、ϕ 的关系

$$\lim_{A \to \infty} \theta(A) = 0. \tag{式（8）}$$

那么，发现函数渐进地收敛于（假设 A 持续增长）：

$$\dot{A} = \beta \ln(2) L_A^\lambda A^\phi. \tag{式（9）}$$

与 Romer/Jones 函数的形式一致，且研究人员的规模 λ 呈现出规模报酬递减。虽然该函数的形式较为常见，但是其基于组合的假设使知识发现函数中的关键参数更有意义。

式（9）的函数形式与 Jones（1995）用于求解模型稳态的函数形式相同，即 Jones 使用的函数是本章的知识生产函数的极限情况，并且假设经济的所有其他方面都相同，那么一个不变指数增长的平衡增长路径上的稳态将与该模型中的稳态相同。

由于本章的模型中不需要加入其他要素，所以简单地对 Jones（1995）提出的增长模型进行介绍，以便读者参考原始模型的详细信息。经济由最终产品部门和研究部门组成。最终产品部门利用劳动力L_Y和中间投入生产其产出。每个新想法（或"蓝图"）都有中间投入，每个投入都由利润最大化的垄断者提供。根据该想法，资本K被转换为单位生产投入。总劳动力L被完全分配在最终产品部门和研究部门，则$L_Y + L_A = L$。假设劳动力与人口相等，且以n（>0）的速率增长。

Romer（1990）和Jones（1995）证明了最终产品的生产函数可以写为：

$$Y = (A L_Y)^\alpha K^{1-\alpha}, \qquad\qquad 式（10）$$

其中，Y是最终产品产出。经济中代表性消费者的跨期效用函数为：

$$U = \int_0^\infty u(c) e^{-\rho t} dt, \qquad\qquad 式（11）$$

其中，c是人均消费，ρ是消费者的贴现率。假设期效用函数具有常相对风险厌恶系数，风险厌恶系数等于σ，且跨期替代弹性等于$1/\sigma$。

Jones（1995）证明了该经济在一个不变指数增长的平衡增长路径上的稳态增长率为：

$$g_A = g_y = g_c = g_k = \frac{\lambda n}{1-\phi}, \qquad\qquad 式（12）$$

其中，$g_A = \dot{A}/A$是知识储量的增长率，g_y是人均产出y的增长率（$y = Y/L$），g_c是人均产出c的增长率（其中$c = C/L$），g_k是资本劳动比的增长率（$k = K/L$）。

最后，分配给研究部门的稳态劳动力份额为：

$$s = \frac{1}{1 + \left\{ 1 / \left[\lambda \left(\frac{\rho(1-\phi)}{\lambda n} \right) + \left(\frac{1}{\sigma} \right) - \phi \right] \right\}} \qquad\qquad 式（13）$$

现在探究式（5）中知识生产参数的变化将如何影响经济增长的动态。首先，由于AI驱动的搜索技术，如Google、Meta$^\alpha$、BenchSci等，提高了研究人员获取知识的能力，因此使ϕ的值变大并减少"知识负担"的影响。由式（12）可知，ϕ的增加将增加稳态增长率，也将提高重新达到稳态前的路径的增长率和人均资本产出。

其次，AI驱动的技术使发现参数β变大。由于β没有出现在式（12）中，因此稳态增长率不受β的影响。然而，β的增加将提高重新达到稳态前的路径的增长率（和增长水平）。

最后，如果知识发现效率参数 θ 改变，增长潜力会发生显著的变化。假设经济最初处于稳态，由于新 AI 技术的发现而引起了 θ 的增长。假设组合爆炸带来的复杂性最终会使新 AI 技术失效，由此 θ 会收敛到 0，因此经济的稳态不受影响。然而，达到稳态前的动态路径却具有不同的特点，知识将从给定的知识储量起点沿动态路径不断增加。

Jones（1995）提出的函数作为该模型的极限情况避免了增长率的无限增长，这可能造成合理的增长模型失效，甚至导致实际经济体无法正常运行。如果不假设 θ 渐近收敛到 0，而是某个正值（非常小），将式（5）的两边同时除以 A，知识储量的增长率为：

$$\frac{\dot{A}}{A} = \frac{\beta \ln(2) L_A^\lambda}{A} \left[\frac{(2^{A^\phi})^\theta - 1}{\theta} \right]. \qquad \text{式（14）}$$

知识储量的增长率关于 A 的偏导数为：

$$\frac{\partial \left(\frac{\dot{A}}{A} \right)}{\partial A} = \frac{L_A^\lambda \beta}{\theta \, A^2} \left\{ 1 + (2^{A^\phi})^\theta \left[\phi \theta \ln(2) A^\phi - 1 \right] \right\}. \qquad \text{式（15）}$$

该导数的符号取决于最后一个圆括号内表达式的符号。当 A 足够大时，该表达式的符号为正。因为 A 随着时间而增长（对于任何"正"的研究人员数量和现有知识储备），当 A 超过某个临界值时，增长率开始上升。因此，当 θ 为固定正值（或 θ 渐近收敛到正值）时，增长率最终会无限增长。

"崎岖的地形（Rugged Landscapes）"（Kauffman，1993）为本章的基于组合的知识生产函数提供了更深层次的基础。Kauffman 的 NK 模型已被广泛地应用于组织设计（Levinthal，1997）、战略（Rivkin，2000）和基础的技术搜索（Fleming 和 Sorenson，2004）等问题。在本章的设置中，研究人员可获取的现有想法的每个潜在组合都是用二进制字符串表示的地形中的一个点，代表可获取的知识中的每个想法是否在组合中（用字符串中的 1 表示）或不在组合中（用字符串中的 0 表示）。地形的复杂性取决于可以组合的想法总数以及二进制字符串的相互影响方式。对于任何给定的要素，其对组合

值的影响将取决于其他要素 X 的值。[①] X 的值越大，字符串的各个要素之间
关联程度越高，创建的知识地形越崎岖（A More Rugged Knowledge Land-
scape），因此创新者面临更难的搜索问题。

　　未来的创新者的活动可以视为，以一些已知的有价值的组合为起点，并
在该组合附近寻找其他有价值的组合（Nelson 和 Winter，1982）。单纯的局
部搜索可以被认为是在给定字符串总要素的比例，每次改变二进制字符串的
一个组成部分，即可以搜索的组合总数是创新者知识的线性函数。这与 Ro-
mer/Jones 知识生产函数一致，新知识的发现是知识获取 A^r 的线性函数。θ 的
正值表示搜索更大比例的潜在组合空间的能力，从而增加了发现有价值组合
的概率。例如，深度学习之类的元技术提高了搜索潜在组合空间的能力，从
而增加了新发现的机会，即使 θ 变大。鉴于深入学习处理复杂非线性空间的
能力，其在高度崎岖的地形上搜索可能有很大的价值。

5.4　有团队合作的基于组合的知识生产函数

　　本章的基本模型假设研究人员独立工作，对其可以获取的知识 A^ϕ 进行
组合以发现新的知识。事实上，由研究团队创造的新发现越来越多
（Jones，2009；Nielsen，2012；Agrawal，Goldfarb 和 Teodoridis，2016）。
假设最初每个成员给研究团队带来的知识没有冗余，即集体团队知识是每
个成员的知识总和，个体研究人员组合成团队可以极大地扩展形成新组合
的现有知识库，也提高了促进大型团队运作的因素与增加知识发现效率参
数 θ 的因素之间的正向影响。由于研究人员能够通过组建团队更有效地汇
集知识，因此，深度学习等新元技术在以更大知识库为基础的世界中发挥
更高效的作用。

　　因此，在本节中考虑研究团队发现新的知识以扩展基本模型。假设一个
研究团队的成员数量为 m 且成员之间无知识重叠，则团队的总知识获取为
mA^ϕ（随后将放宽团队无知识重叠的假设）。创新是团队结合现有知识来产
生新知识的结果。团队每次可以结合 a 个知识，其中 $a-0，1，\cdots，mA^\phi$。
给定团队的知识获取，具有 m 成员的团队 j 的现有知识（包括单值和空集）

---

　　① Kauffman 使用的要素符号为 K。

的潜在组合总数为：

$$Z_j = \sum_{a=0}^{mA^\phi} \binom{mA^\phi}{a} = 2^{mA^\phi}$$ 式（16）

假设 A^ϕ 和 Z 为连续变量，则每期中团队将潜在组合转换为有价值的新知识可以由（渐近）不变弹性发现函数表示：

$$\dot{A}_j = \beta\left(\frac{Z_j^\theta - 1}{\theta}\right) = \beta\left[\frac{(2^{mA^\phi})^\theta - 1}{\theta}\right], 0 < \theta \leqslant 1$$

$$= \beta\ln Z_j = \beta\ln(2^{mA^\phi}) = \beta\ln(2)mA^\phi, \theta = 0,$$ 式（17）

其中，使用洛必达法则得到极限情况 $\theta = 0$ 的表达式。

经济中一个时间点上的研究人员的数目为 L_A（假设为离散变量），研究团队可以是 L_A 位研究人员的任意组合。存在一个负责人（Entrepreneur）可以协调团队，要形成有 m 位成员的团队，负责人必须与 m 位成员之间均建立关系。因此，团队的形成受到负责人与成员之间关系的限制。负责人和任何给定研究人员之间存在关系的概率为 η，因此，m 位成员的团队中存在关系的概率为 η^m。使用二项式展开，潜在团队的期望总数为：

$$S = \sum_{m=0}^{L_A} \binom{L_A}{m} \eta^m = (1 + \eta)^{L_A}$$ 式（18）

平均潜在团队规模为：

$$\overline{m} = \frac{\sum_{m=0}^{L_A} \binom{L_A}{m} \eta^m m}{\sum_{m=0}^{L_A} \binom{L_A}{m} \eta^m}$$ 式（19）

将分子因式分解并把式（18）代入分母，平均潜在团队规模可化简为：

$$\overline{m} = \frac{\sum_{m=0}^{L_A} \binom{L_A}{m} \eta^m m}{\sum_{m=0}^{L_A} \binom{L_A}{m} \eta^m} = \frac{(1+\eta)^{L_A-1}\eta L_A}{(1+\eta)^{L_A}} = \left(\frac{\eta}{1+\eta}\right)L_A$$ 式（20）

在两个不同 η 值的情况下，团队规模（$L_A = 50$）的分布如图 5.3 所示。η 的增加（即提高组建团队的能力）会使分布向右偏移，平均团队规模变大。

如果所有潜在的研究团队都能成功组建（暂时不考虑研究人员会重复

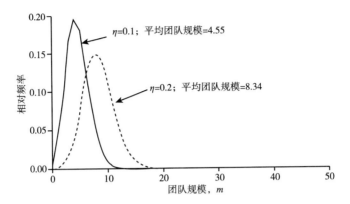

图 5.3 团队规模的分布随 η 的变化情况

彼此的发现），那么知识生产函数为：

$$\dot{A} = \left[\sum_{m=0}^{L_A} \binom{L_A}{m} \eta^m \beta \frac{(2^{mA^\phi})^\theta - 1}{\theta} \right], 0 < \theta \leqslant 1 \qquad \text{式（21）}$$

接下来，假设只有一小部分的潜在团队能成功组建。由于某一个研究人员加入多个研究团队的能力受到时间的限制，因此认为每个研究人员只能加入一个团队。假设成功组建的团队规模与潜在团队规模具有相同的分布，则式（18）表示期望平均团队规模。在此假设下，可由等式 $L_A = N[\eta/(1 + \eta)]L_A$，得到团队总数 $N = (1 + \eta)/\eta$。

假设实际团队规模的分布与潜在团队规模具有相同的分布，当 $\theta > 0$ 时，总知识生产函数为：

$$\dot{A} = \frac{(1 + \eta)/\eta}{(1 + \eta)^{L_A}} \left[\sum_{m=0}^{L_A} \binom{L_A}{m} \eta^m \beta \frac{(2^{mA^\phi})^\theta - 1}{\theta} \right]$$

$$= \frac{1}{(1 + \eta)^{L_A - 1} \eta} \left[\sum_{m=0}^{L_A} \binom{L_A}{m} \eta^m \beta \frac{(2^{mA^\phi})^\theta - 1}{\theta} \right] \qquad \text{式（22）}$$

其中，第一项是实际团队数量，为潜在团队数量的一部分。当 $\theta = 0$ 时，总知识生产函数为：

$$\dot{A} = \frac{1}{(1 + \eta)^{L_A - 1} \eta} \left[\sum_{m=0}^{L_A} \binom{L_A}{m} \eta^m m \beta \ln(2) A^\phi \right] \qquad \text{式（23）}$$

$$= \frac{1}{(1 + \eta)^{L_A - 1} \eta} \left[(1 + \eta)^{L_A - 1} \eta L_A \beta \ln(2) A^\phi \right]$$

$$= \beta L_A \ln (2) A^{\phi}$$

当 $\theta > 0$ 时，由式（20）可知，η 变大会增加平均团队规模。由式（16）可知，给定个体研究人员的知识获取，潜在组合的数量随团队规模 m 的增长呈指数增长（见图 5.4），即两个规模为 m' 的团队组成一个规模为 $2m'$ 的团队所产出的新知识将大于规模为 m' 的团队产出知识的两倍。因此，θ 和 η 之间存在正向影响。当 $\theta = 0$ 时，由于团队规模和知识产出之间的线性关系，两个团队结合所产出的新知识将是单个团队产出的两倍。在这种情况下，总知识不随团队规模分布的变化而变化。

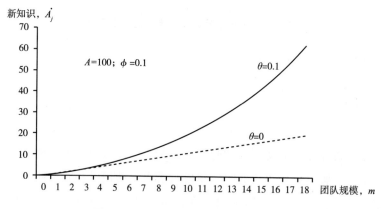

图 5.4　新知识产出与团队规模的关系

由式（23）可知，当 $\theta = 0$ 时，因为知识生产函数的最终形式中不包含 η，所以 $\dot{A}$ 关于 η 的偏导数为 0。这是由于随着 η 的增加，两种影响互相均衡的结果。第一个（负面）影响是团队数量随着潜在团队的下降而下降。第二个（正面）影响是新知识生产的数量随着潜在团队的成功组建而增加。当 $\theta > 0$ 时，第一个影响的程度不变，但是由于任何规模的团队的知识产出随着 θ 变大而增长，第二个影响的程度会更强。这一点成立的充分条件是：

$$A > \left[\frac{1}{\theta \ln(2) m} \right]^{1/\phi}, m > 0. \qquad \text{式（24）}$$

假设起始知识储量的规模足够大使该条件成立。而且，θ 的值越大，$\dot{A}$ 关于 η 的偏导数越大，如图 5.5 所示。

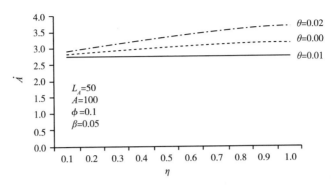

图 5.5 新知识产出与 η，θ 的关系

团队中可能存在的知识冗余以及团队之间重复的知识产出都使模型变复杂，为了知识重叠效应的影响，首先将式（20）写为：

$$\dot{A} = \left(\frac{1+\eta}{\eta}\right)\left(\frac{\eta}{1+\eta}\right)L_A \frac{1}{(1+\eta)^{L_A-1}\eta L_A}\left[\sum_{m=0}^{L_A}\binom{L_A}{m}\eta^m\beta\frac{(2^{mA\phi})^\theta - 1}{\theta}\right].$$

式（25）

存在两种知识重叠效应。第一，团队内的知识重叠会带来潜在知识冗余。从产生新知识的角度，通过假设知识重叠降低了经济中的有效平均团队规模来表示知识重叠效应，即有效团队规模为：

$$\overline{m}^e = \overline{m}^\gamma = \left[\left(\frac{\eta}{1+\eta}\right)L_A\right]^\gamma,$$

式（26）

其中，$0 \leqslant \gamma \leqslant 1$。在 $\gamma = 0$（完全重叠）的情况下，每个团队可以由一个有效成员代表；在 $\gamma = 1$（没有重叠）的情况下，团队中没有知识冗余。第二，新想法可能在团队之间重复，无重复想法的有效团队的数量为：

$$N^e = N^{1-\psi} = \left[\frac{1+\eta}{\eta}\right]^{1-\psi},$$

式（27）

其中，$0 \leqslant \psi \leqslant 1$。在 $\psi = 0$（没有重复）的情况下，有效团队数量等于实际团队数量；在 $\psi = 1$（完全重复）的情况下，单个团队产生的新想法数量等于全部团队产生的新想法数量。

将知识重叠效应（团队内的知识冗余和团队间的知识重复）加入知识生产函数中，当 $\theta > 0$ 时，得到：

$$\dot{A} = \left(\frac{1+\eta}{\eta}\right)^{1-\psi} \left[\left(\frac{\eta}{1+\eta}\right)L_A\right]^{\gamma} \frac{1}{(1+\eta)^{L_A-1}\eta L_A} \left[\sum_{m=0}^{L_A} \binom{L_A}{m} \eta^m \beta \frac{(2^{mA\phi})^{\theta}-1}{\theta}\right].$$

式（28）

当 θ 趋向于 0 时，式（24）的极限可表示知识生产函数的极限情况。不考虑 L_A 为整数的限制，知识生产函数表现为 Romer/Jones 函数：

$$\dot{A} = \left(\frac{1+\eta}{\eta}\right)^{1-\psi} \left[\left(\frac{\eta}{1+\eta}\right)L_A\right]^{\gamma} \frac{1}{(1+\eta)^{L_A-1}\eta L_A} \left[\sum_{m=0}^{L_A} \binom{L_A}{m} \eta^m \beta \ln(2) \, mA^\phi\right]$$

$$= \left[\frac{1+\eta}{\eta}\right]^{1-\psi} \left[\left(\frac{\eta}{1+\eta}\right)L_A\right]^{\gamma} \frac{(1+\eta)^{L_A-1}\eta L_A}{(1+\eta)^{L_A-1}\eta L_A} \beta \ln(2) \, A^\phi$$

$$= \left[\frac{1+\eta}{\eta}\right]^{1-\psi} \left[\left(\frac{\eta}{1+\eta}\right)\right]^{\gamma} \beta \ln(2) \, L_A{}^\gamma A^\phi.$$

式（29）

知识生产函数中的关系参数 η 在一定程度上反映了（社会）关系在研究团队形成过程中的重要性。例如，电子邮件和文件共享等计算机驱动的技术的进步（以及政策和制度）也可能影响关系参数［Agrawal 和 Goldfarb（2008）认为如今互联网对研究者之间的协作产生重要影响］。虽然合作技术变化的影响不是本章的研究重点，但是将该影响因素加入模型中能够更全面的考虑知识生产效率的决定因素。

5.5 讨论

5.5.1 深度学习成为发现的新工具

上述模型的构建受到两个关键事实的影响。第一，用"大海捞针"类比，高维数据中因果关系的高度非线性阻碍了科学和技术领域的发现。第二，诸如深度学习（提高数据可用性和计算能力）等算法的进步，为寻找相关知识和预测有价值的新发现组合提供了可能性。

对科学和工程的文献进行粗略的综述，也可以发现许多创新的前沿领域中普遍存在"大海捞针"的问题，特别是分子或超分子层面的研究领域。例如，在基因组学领域，基因型－表型之间复杂的相互作用使得很难识别能够有效改善人类健康或农业生产率的方法；在药物发明领域，药物化合物与生物系统之间复杂的相互作用阻碍了对有效新药物疗法的识别；在包括纳米技术在内的材料科学领域，物理和化学机制之间复杂的相互作用增加了预测潜在新材料性能的难度，这些新材料的潜在应用范围从预防创伤性脑损伤的新材料，到能够减少运输中对碳基燃料依赖的轻质材料（National Science 和 Technology Council，2011）。

深度学习在这些领域及其他领域的广泛应用表明，它是用于预测高度复杂空间中有价值新组合的一种突破性通用元技术（General Purpose Meta Technology）。虽然深度学习技术进步的深入讨论超出了本章的范围，但是需要强调以下两个方面的内容。第一，前几代机器学习在统计分析之前，需要手工提取特征（或解释变量）。机器学习的一个主要进步是使用"表示学习（Representation Learning）"来自动提取相关特征。[①] 第二，多层神经网络的开发和优化使得在具有复杂非线性相互作用的高维空间中的预测能力得到了实质性的提高（LeCun，Bengio 和 Hinton，2015）。例如，最近一篇关于深度学习在计算生物学中的应用的文献指出"生物数据的维度和获得比率的快速增长对传统的分析方法形成了挑战"，并且"现代机器学习方法，如深度学习，有望利用大量的数据集来发现隐藏在其中的内部结构并做出准确的预测"（Angermueller 等，2016）。另一篇关于深度学习在计算化学中的应用的文献强调了深度学习如何"广泛地适用于该领域的各种挑战，包括定量活性关系、虚拟筛选、蛋白质结构预测、量子化学、材料设计和性能预测"（Goh，Hodas 和 Vishu，2017）。

尽管深度学习已经在图像识别、语音识别和自然语言处理等领域取得了广泛的应用成果，但是与其在处理非结构化数据方面的应用相似，深度学习逐渐被应用在许多面临类似数据挑战的领域的研究中。[②] 但是这些新的通用研究工具不会取代传统的因果数学模型和严谨的实验设计，潜在现象的复杂性阻碍了传统方法在发现过程中的应用，机器学习方法（如深度学习）为

————————————

① 正如 LeCun、Bengio 和 Hinton（2015）所述，"传统机器学习技术在处理原始数据方面受到限制。几十年来，构建模式识别或机器学习系统需要严谨的工程设计和大量有关领域的专业知识来设计一个将原始数据（如图片的像素值）转换为适当的内部表示或特征向量的特征提取器，从中学习子系统（通常是一个分类器），可以对输入模式进行检测或分类。……表示学习是允许机器输入原始数据，并自动发现检测或分类所需的 系列方法。"

② 最近对深入学习在生物医学中的应用的文献指出了这些相似之处："通过一些想象，可以找到生物数据与已成熟使用深度学习的数据类型（如图像和语音数据）之间的相关性。例如，基因表达图谱本质上是给定细胞或组织中正在发生的事情的'快照'或图像，与像素化模式代表图片中的对象一样"（Mamoshina 等，2016）。

包括假设生成在内的发现提供了新的工具。①

5.5.2 元思想，元技术和通用技术

将 AI 定义为通用元技术，即用于发现新知识的通用技术（GPTs）。Paul Romer 提出的广义的元思想、元技术和通用技术之间的关系如图 5.6 所示。Romer 认为元思想是支持其他思想的产生和传播的一种思想（Romer，2008）。他指出，专利、农业推广站和科研资助同行评议制度等都是元思想的例子。将元技术视为 Romer 元思想的一个子集（图 5.6 中虚线所包围的区域），在算法或测量工具等技术形式中嵌入发现新思想的思想。

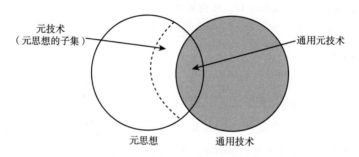

元技术（元思想的子集）

通用元技术

元思想   通用技术

图 5.6　元思想、元技术和通用技术之间的关系

Elhanan Helpman（1998）认为，"如果一个突破性创新能够在多数行业中广泛应用且彻底改变其运营模式，那么该创新可视为一个通用技术。"他进一步指出了符合通用技术要求的两个重要特征："用途是通用性和创新的互补性"（Bresnahan 和 Trajtenberg，1995）。这也意味着，并不是所有的元技术都是通用的。图 5.6 中两个圆的交集代表了一系列通用元技术。Cockburn、Henderson 和 Stern（第 4 章）指出某些发现工具缺乏成为通用技术所需的用途通用性，例如，功能性磁共振成像（Functional MRI）。与之相比，深度学习作为发现工具的应用范围可以使其满足通用技术的要求。一些学者认为通用技术与本章的元技术具有一致性。例如，

---

① 最近一项关于机器学习在经济学（包括政策设计）中的应用的调查，简明扼要地描述了该方法的优势："机器学习的优点在于能够揭示可归纳的模式。事实上，机器学习在情报工作中的成功应用是因为它能够发现事先没有指定的复杂结构。在不过度拟合的情况下，它能够将复杂且非常灵活的函数形式应用到数据中；而且也能很好地发现样本外的函数"（Mullainathan 和 Spiess，2017）。

Rosenberg（1998）提出了一个检验化学工程作为通用技术的例子，他认为，"为下游经济活动中产生新的或改进的技术提供概念和方法的学科可被认为是更纯粹或更高阶的通用技术"（Rosenberg，1998）。

本章关于通用元技术（GRMTs）的观点与 Cockburn、Henderson 和 Stern（第 4 章）关于发明方法的通用发明类似。这个观点结合了通用技术的思想和 Zvi Griliches（1957）"发明方法的发明"或 IMI 的思想。这种发明有"比单个发明更具影响力的潜在效果，但这也可能与为适应新工具的特定设置而变化的能力有关，从而随着时间的推移产生更为多样化的模式"。他们认为例如深度学习的新兴 AI 将成为通用 IMI，并将其与 AI 机器人进行对比，后者虽然是通用技术，但不具有 IMI 的特征。

5.5.3 超越 AI：新知识生产函数的潜在使用方式

尽管本章的主要内容是探讨 AI 的突破如何影响经济增长路径，但是本章提出的知识生产函数可能具有更广阔的应用范围。本章通过将 Romer/Jones 知识生产函数作为更一般函数的极限情况，为该函数提供了微观基础。① 关键的概念上的变化是基于潜在组合空间（而不是基于知识库）对发现建立模型。与 Weitzman（1998）一样，正是因为深度学习使得研究人员能够发现高度复杂空间中难以找到的有价值组合，且将发现定义为已知事物的创新组合的观念具有更广泛的适用性，本章的生产函数强调如何通过组合隐含在 Romer/Jones 函数中的现有知识来发现新知识。将不同的参数引入更一般化的函数中，能够更好地描述元技术或政策如何影响知识发现。参数 φ 反映了个体研究人员在现有知识库中获取知识以产生潜在新组合的能力。参数 θ 代表了在给定知识获取的条件下，可行的潜在组合成为新发现的可能

---

① 在构建和应用 Romer/Jones 知识生产函数的过程中，学者已经认识到了其潜在的组合基础和 Cobb - Douglas 形式的局限性。Charles Jones（2005）在其出版的《Handbook of Economic Growth》中的"增长与思想"章节中指出："虽然在理解思想对经济增长的重要性方面取得了巨大的进展，但是仍然有许多有趣的开放式研究问题。第一个问题是'思想生产函数具有怎样的形式？'思想是如何产生的？Romer（1993）和 Weitzman（1998）提出的组合计算（Combinatorial Calculations）具有启发性。目前将研究与现有思想储量相结合，建模一个稳定的 Cobb - Douglas 思想生产函数，但是此时有理由怀疑其正确性。一个能解释该不正确性的观点是，无法证明研究生产率是思想储量的单调光滑函数。人们可以通过想象，像多米诺骨牌一样解释以前未知的现象。……事实上，随着人类基因组的解码或信息技术的持续繁荣，可能导致思想生产函数的上移。而且，研究生产率也可能出现意外的长期或永久停滞"（Jones，2005）。

性。参数 η 表示了组建研究团队的难易程度以及最终的平均团队规模。在这种情况下，研究团队将个体研究人员的知识聚集在一起的能力直接影响潜在组合，那么，团队组建的难易程度会对利用现有知识库产生新发现具有重要的影响。

希望这个更一般函数在其他情况下也能使用。在一篇庆祝 Romer（1990）论文发表 25 周年的评论中，Joshua Gans（2015）指出，尽管 Romer 增长模型对随后的增长理论文献产生了巨大的影响，但其对增长政策设计的影响却没有预期的那么大。他认为其没有考虑"微观经济对产生和传播新思想的影响"（Gans，2015）。本章的模型通过对参数进行扩展，纳入了这种微观的影响，包括元技术（如深度学习）在知识获取和知识发现中的作用，以及可能影响知识获取、发现比率和团队组建的其他政策和体制因素。

5.6　总结：奇点会到来吗

本章的内容主要有以下观点。第一，新知识的产出是维持经济增长的核心（Romer，1990，1993）。第二，从根本上说，新思想的产生是一个组合过程（Weitzman，1998）。第三，在这种组合过程下，对现有知识组合将产生用新知识进行的预测技术能够改善增长前景的情况。第四，AI 的突破提高了算法在预测哪些知识对研究人员可能有用以及哪些现有知识组合将产生有用的新发现方面的能力（Lecun，Benigo 和 Hinton，2015）。

William Nordhaus（2015）探讨了达到"经济奇点"的可能性，他认为"计算和 AI 的快速增长将跨越某些边界或奇点，在此之后，经济增长将随着不断加快的改进步伐而大幅加速。" Nordhaus 的核心观点是，快速的技术进步只占经济中相对较小的部分（Aghion，Jones 和 Jones，2018）。新的经济中的产品需要替代目前经济中需求侧或供给侧的产品，以实现更广泛的快速增长。通过对替代弹性等经验事实的总结，他认为按照此方法难以达到奇点。

然而，本章的分析认为知识生产函数的基础变化是实现经济奇点的另一种路径。由于知识生产函数的某些显著变化可能对信息技术之外的许多领域产生了影响，考虑到新知识对技术前沿持续增长的重要性，所以经济奇点有可能出现。现有知识的结合产生了新知识，AI 有助于解决发现中的"大海捞针"难题，进而可能影响经济增长，至少会对过渡至稳态的路径产生影响。可以预见，例如，AI 等新的元技术会适度或显著地改变知识生产函数的形式，从而改变经济增长的前景。

参考文献

Acemoglu, Daron, and Pascual Restrepo. 2017. "The Race between Machine and Man: Implications of Technology for Growth, Factor Shares and Employment." NBER Working Paper no. 22252, Cambridge, MA..

Agrawal, A., I. Cockburn, and J. McHale. 2006. "Gone But Not Forgotten: Knowledge Flows, Labor Mobility, and Enduring Social Relationships." *Journal of Economic Geography* 6 (5): 571–591.

Agrawal, Ajay, and Avi Goldfarb. 2008. "Restructuring Research: Communication Costs and the Democratization of University Innovation." *American Economic Review* 98 (4): 1578–1590.

Agrawal, A., Avi Goldfarb, and Florenta Teodordis. 2016. "Understanding the Changing Structure of Scientific Inquiry." *American Economic Journal: Applied Economics* 8 (1): 100–128.

Agrawal, A., D. Kapur, and J. McHale. 2008. "How to Spatial and Social Proximity Influence Knowledge Flows: Evidence from Patent Data." *Journal of Urban Economics* 64: 258–269.

Angermueller, Christof, Tanel Pärnamaa, Leopold Parts, and Oliver Stegle. 2016. "Deep Learning for Computational Biology." *Molecular Systems Biology* 12 (878): 1–16.

Arthur, Brian W. 2009. *The Nature of Technology: What it Is and How it Evolves.* London: Penguin Books.

Bloom, Nicholas, Charles Jones, John Van Reenen, and Michael Webb. 2017. "Are Ideas Getting Harder to Find?" Working Paper, Stanford University.

Bornmann, Lutz, and Rüdiger Mutz. 2015. "Growth Rates of Modern Science: A Bibliometric Analysis Based on the Number of Publications and Cited References." *Journal of the Association for Information Science and Technology* 66 (11): 2215–2222.

Bresnahan, Timothy, and Manuel Trajtenberg. 1995. "General Purpose Technologies 'Engines of Growth'?" *Journal of Econometrics* 65:83–108.

Brynjolfsson, Erik, and Andrew McAfee. 2014. *The Second Machine Age: Work Progress and Prosperity in a Time Of Brilliant Technologies.* New York: W. W. Norton.

Catalini, Christian. 2017. "Microgeography and the Direction of Inventive Activity." *Management Science* 64 (9). https://doi.org/10.1287/mnsc.2017.2798.

Cowen, Tyler. 2011. *The Great Stagnation: How America Ate All the Low-Hanging Fruit of Modern History, Got Sick, and Will (Eventually) Feel Better.* New York: Dutton, Penguin Group.

Fleming, Lee, and Olav Sorenson. 2004. "Science as a Map in Technological Search." *Strategic Management Journal* 25:909–928.

Furman, Jeffrey, and Scott Stern. 2011. "Climbing atop the Shoulders of Giants. The Impact of Institutions on Cumulative Research." *American Economic Review* 101:1933–1963.

Gans, Joshua. 2015. "The Romer Model Turns 25." Digitopoly Blog. Accessed Aug. 21, 2017. https://digitopoly.org/2015/10/03/the-romer-model-turns-25/.

Goh, Garrett, Nathan Hodas, and Abhinav Vishnu. 2017. "Deep Learning for Computational Chemistry." *Journal of Computational Chemistry* 38 (16): 1291–1307.

Gordon, Robert. 2016. *The Rise and Fall of American Growth: The U.S. Standard of Living Since the Civil War*. Princeton, NJ: Princeton University Press.

Griliches, Zvi. 1957. "Hybrid Corn: An Exploration in the Economics of Technical Change." *Econometrica* 25 (4): 501–522.

Helpman, Elhanan. 1998. "Introduction." In *General Purpose Technologies and Economic Growth*, edited by Elhanan Helpman. Cambridge, MA: MIT Press.

Jaffe, Adam, Manuel Trajtenberg, and Rebecca Henderson. 1993. "Geographic Localization of Knowledge Spillovers as Evidenced by Patent Citations." *Quarterly Journal of Economics* 108 (3): 577–598.

Jones, Benjamin. 2009. "The Burden of Knowledge and the 'Death of the Renaissance Man': Is Innovation Getting Harder." *Review of Economics and Statistics* 76 (1): 283–317.

Jones, Charles. 1995. "R&D-Based Models of Economic Growth." *Journal of Political Economy* 103 (4): 759–784.

———. 2005. "Growth and Ideas." *Handbook of Economic Growth*, vol. 1B, edited by Phillipe Aghion and Steven Durlauf. Amsterdam: Elsevier.

Kauffman, Stuart. 1993. *The Origins of Order*. Oxford: Oxford University Press.

LeCun, Yann, Yoshua Benigo, and Geoffrey Hinton. 2015. "Deep Learning." *Nature* 521:436–444.

Levinthal, Daniel. 1997. "Adaptation on Rugged Landscapes." *Management Science* 43:934–950.

Mamoshina, Polina, Armando Vieira, Evgeny Putin, and Alex Zhavoronkov. 2016. "Applications of Deep Learning in Biomedicine." *Molecular Pharmaceutics* 13:1445–1454.

Mokyr, Joel. 2002. *The Gifts of Athena: Historical Origins of the Knowledge Economy*. Princeton, NJ: Princeton University Press.

———. 2017. "The Past and Future of Innovation: Some Lessons from Economic History." Paper presented at the NBER Conference on Research Issues in Artificial Intelligence, Toronto, Sept. 2017.

Mullainathan, Sendhil, and Jann Spiess. 2017. "Machine Learning: An Applied Econometric Approach." *Journal of Economic Perspectives* 31 (2): 87–106.

National Science and Technology Council. 2011. "Materials Genome Initiative for Global Competitiveness." Washington, DC.

Nelson, Richard, and Sidney Winter. 1982. *An Evolutionary Theory of Economic Change*. Cambridge, MA: Harvard University Press.

Nielsen, Michael. 2012. *Reinventing Discovery: The New Era of Networked Science*. Princeton, NJ: Princeton University Press.

Nordhaus, William. 2015. "Are We Approaching an Economic Singularity? Information Technology and the Future of Economic Growth." NBER Working Paper no. 21547, Cambridge, MA.

Rivkin, Jan. 2000. "Imitation of Complex Strategies." *Management Science* 46:824–844.

Romer, Paul. 1990. "Endogenous Technical Change." *Journal of Political Economy* 94: S71–102.

———. 1993. "Two Strategies for Economic Development: Using and Producing Ideas." In *Proceedings of the World Bank Annual Conference on Development Economics, 1992*. Washington, DC: The World Bank.

———. 2008. "Economic Growth." In *The Concise Encyclopaedia of Economics*, Library of Economic Liberty. http://www.econlib.org/library/Enc/Economic Growth.html.

Rosenberg, Nathan. 1998. "Chemical Engineering as a General Purpose Technology." In *General Purpose Technologies and Economic Growth*, edited by Elhanan Helpman. Cambridge, MA: MIT Press.

Weitzman, Martin. 1998. "Recombinant Growth." *Quarterly Journal of Economics* 113:331–360.

Zeira, Joseph. 1998. "Workers, Machines, and Economic Growth." *Quarterly Journal of Economics* 113 (4): 1091–1117.

6 作为下一代通用技术的人工智能

——基于政治经济学视角

Manuel Trajtenberg[*]

6.1 介绍

AI 及其相关技术被誉为"下一个大事件"（The Next Big Thing），有望彻底改变许多经济活动领域，对经济增长产生深远影响。然而，AI 的兴起恰逢最近由 Larry Summers（2016）等著名经济学家提出关于生产率增长的悲观看法，其中 Robert Gordon（2016）做了更为彻底的阐述。

与此同时，新的"技术发烧友"，展望了在不远的将来，AI 将取代大部分（全部?）人类职业，释放出巨大的生产力。这种观点再次引发了关于就业前景以及大规模失业后的分配结果等令人不安的问题。

没有人拥有可以预测未来的水晶球，因此与其争论不确定的未来，至少同样重要的是，我们可以从历史中类似的对经济产生深远影响的新技术时期中学到什么。当然，未来不是历史的重演，但历史可以提供有用的基准来评估新技术的发展。

Mokyr（2017）在这方面提出了谨慎的观点：自从 18 世纪末工业革命开始以来，无论是悲观主义者还是乐观主义者，几乎总是被证明都是错误的。

此外，Mokyr 摒弃了 Gordon 所声称的"技术进步必然会以某种方式放缓"的证据（特别是"所有唾手可得的科学技术果实都已经被摘下"的说法）。

然而，没有什么是理所当然的，正如 Mokyr 精心描述的那样，机构

---

* Manuel Trajtenberg 是特拉维夫大学（Tel Aviv University）埃坦波格拉斯经济学院（The Eitan Berglas School of Economics）的教授，也是国家经济研究局的研究员。

这是我在 Joel Mokyr 的论文讨论会（创新的过去与未来：经济史的一些教训）上的发言的后续研究。

有关确认，研究支持的来源以及披露作者的重大财务关系（如果有）的信息，请访问 http://www.nber.org/chapters/c14025.ack。

（包括政府政策）可以在支持或阻碍创新方面发挥关键性的作用。这正是想
阐述的重点：鉴于 AI 有望成为一股强大的技术力量，我们会讨论如何减轻
随之而来的几乎不可避免的技术颠覆影响，以及如何增强 AI 的巨大的潜力。
历史中还没有过从政治经济学角度来审视新通用技术所带来的影响，所以这
一点在当下尤其重要。

6.2　这次会不同吗？技术颠覆下的政治经济学

本次会议提到的，并且在其他论文①中深入论述的假设如下：AI 在可预
见的未来有可能成为通用技术②，从而在广泛和不断扩大的范围内对各行各
业带来相互补充的创新。这种彻底的变革会对经济产生大范围的颠覆作用，
同时产生赢家和输家。

"赢家"主要是指与通用技术相关的那些人，以及那些在主要应用领域
采用了通用技术的前沿部门的那些人。他们往往年轻，具有企业家精神，并
且具备新型通用技术所需要的技术知识和技能。硅谷的劳动力构成就提供了
一个很好的视角，可以用来观察谁是当今信息和通信技术（ICT）/互联网
时代的赢家。还有一些赢家分布在核心通用技术领域的周边辅助部门，无论
是直接受益于通用技术增长的服务领域［例如，风险投资（VC）行业，专
利律师，设计师等］，还是伴随本地化的繁荣而发展的行业（例如，高档餐
厅和娱乐、健身房、旅游等）。

"输家"主要指由于部门结构的原因，而无法从通用技术的发展中受益
的雇员（"滞后部门"），以及采用新通用技术致使现有能力和技能过时，从
而被大规模裁员的那些人。他们往往是那些只有低于平均水准的教育水平，
居住在没有多样化就业机会的地区的中年人。作为经济学家，我们倾向于认
为自工业革命之后的经济增长是"观念进步"（正如启蒙运动中所设想的）
的体现，因此，国内生产总值（GDP）的增长率是整个社会福利的明确提
升的具体表现。当然，我们承认有分配结果，并且自从帕累托之后我们知
道，我们不允许"加总效用"（输家的"弊"不能抵消赢家的"利"）。但

---

① 参见 Cockburn，Henderson，Stern（本书，第 4 章）。
② 参见 Bresnahan，Trajtenberg（1995）。

是这些半心半意承诺大多只是口头上说说而已，事实上我们很少会注意赢家和输家之间的平衡，尤其对后者的关注不多。正如 Isaac Newton 的格言所阐述的：

我们今天享受的更高的生活水平，是因为我们站在那些为技术进步铺平道路的人的成果之上，但这些人并没有活的足够长并从中受益。

为了部分应对这些不公平现象，"二战"后的时代见证了福利国家的创建，这些福利包括失业保险，收入再分配，各种形式的医疗保险，再培训计划等。这些"安全网"应该为"输家"提供合理的缓冲，但事实上我们仍然没有有效的机制来预防或改善由重要技术引起的转变成本①。此外，现有的安全网很可能不能应对新出现的两种强大现象：①由通用技术导致的大量流动的失业工人；②新的"巨大的人口变迁"。

关于失业的程度：技术变革总是会引起颠覆，正如熊彼特的"创造性破坏"所阐明的那样。此外，随着新的通用技术在整个经济中开始发挥作用，会出现一些拐点，使得很多行业、能力和技能在相对较短的时间内会变得落后或过时。

然而，正如本次会议中设想的那样，人工智将会取代很多职业，从而以各种形式走得更远。许多人强烈认为，没有什么职业是最终不能被 AI 替代的，而且绝大多数现有职业会在一代人之内消失。

有一个共识是，当今很大比例的就业将让位于智能机器，即 x% 的劳动力被取代，这里 x 的值被认为将比以前的通用技术大得多。与此同时，新的、目前还无法预知的职业可能出现的比率（y%）要看 AI 产生影响的方式：假设 AI 将能够胜任大部分的新的工作，那么这部分新的工作就不能弥补由于 AI 而导致的失业。普遍看法是，AI 的净就业流动（$x - y$）将显著大于先前的颠覆性技术事件，会对传统的经济政策构成严峻的挑战。

挑战的第二部分是出生率大幅下降以及预期寿命的延长（一个多世纪以来一直在稳步增长）。这些强大的人口力量导致人口老龄化，抚养比率的相应增加，以及对养老金制度造成了迫在眉睫的威胁。请注意，预期寿命现

---

① 通常情况下，在影响程度较小的商业周期或小范围的、非永久性贫困的人口群体中，这些安全网运作得相当好。但是当存在重大结构转型或导致福利支出背后的因素成为永久性时，安全网的效用就并非如预想一样了。

在已经超过退休年龄，即超过 50 岁，已经退休的人就需要认真为未来的
25～30 年的生活做打算。这样的永久失业（退休）对个人和整个社会都会
造成沉重的负担。

　　AI 中在看似唯一的拐点上出现的大量失业，以及更长的预期寿命，由
这两点共同产生的影响会面临一个艰巨的挑战，即使是高福利国家可能也难
以应对这个挑战。换句话说，我们无法承受更多、寿命更长的失业或未充分
就业的人。这是 AI 时代需要面对的困难。

　　还有另一个重大发展因素放大了挑战，即期望民主化（Democratization of
Expectations）。人均收入的增长不仅涉及物质水平的提高，还涉及其他同样重
要的福利，包括减少不确定性，以及随之而来的对我们自己生活的高度控制
感，期望在各种影响生活的决策中拥有发言权（Hirschman，1970）。并非巧合的
是，经济增长和不断扩大的民主在各国内部以及各国之间往往是密切相关的。

　　19 世纪早期的勒德分子①发出了自己的声音，他们的志同道合的模仿者
在接下来的几十年里也是如此。然而，不能指望这可以改变他们的命运：民
主仍然非常有限，绝大多数人的生活水平仍然很低，通常只是满足了基本
需求。

　　自那时以来很多事情都发生了变化，现在几乎每个西方发达国家的人都
期望至少在原则上有权充分参与到社会的每一个领域：政治、经济和文化。
不仅仅是参加定期的选举，而是通过"参与式民主"产生影响；不仅仅是为
了找到工作，而是为了分享经济增长带来的好处，这就是"期望民主化"。

　　我们认为在这种情况下，一些（输家）会更难承担技术颠覆的成本，
而其他人（赢家）将大大获益。此外，输家会对所谓的"涓滴效应"②的
承诺变得更加怀疑。这是有充分理由的，因为经验表明，即使福利国家以某
种方式缓解了人力成本，输家通常仍然处于不利地位。在先进的民主社会
中，人们变得更加不耐烦，对政府要求更高，更无法容忍虚假承诺以及集体

---

　　①　译者注：Luddites，勒德分子，是 19 世纪英国工业革命时期，因为机器代替了人力而失业
的技术工人。
　　②　译者注：涓滴效应指在经济发展过程中并不给与贫困阶层、弱势群体或贫困地区特别的优
待，而是由优先发展起来的群体或地区通过消费、就业等方面惠及贫困阶层或地区，带动其发展和
富裕，这被称为"涓滴效应"。

的失败。同样，这应该被视为生活水平提高的一个非常积极的副产品。

赢家和输家之间的分歧，如果放任自流，可能会产生严重后果，远远超出个人承担的成本：当它与政治分歧一致时，可能会威胁到民主的结构，正如我们最近在美国和欧洲看到的那样。因此，如果 AI 涌现引发了大规模失业，并且人口统计学是对的话，经济将面临严峻的双重挑战，我们需要重新对政策选择进行认真的评估：

（1）政府可能不得不承担更广泛的责任，以便有效地从旧通用技术过渡到新通用技术，而不能仅仅是以减少部分成本为目的。如上所述，期望的民主化不允许只进行浅层次的调整，它的政治经济本质最终将引发真正的变革。

（2）在这样做时，政府需要考虑合适的行动方针，大幅减少那些无法从技术变革中获益的人数：这些输家必然会不满意他们的命运。这不应该通过试图减缓技术变革的步伐（这将是愚蠢和无效的）来实现，相反，通过确保可以让更多的人参与其中来实现。

6.3 从威胁到承诺：AI——通用技术时代的战略

为了应对上述挑战，政府需要在以下关键领域设计创新战略：

（1）教育：寻找可以提供 AI 时代所需技能的方法；

（2）个人服务业：这些是增长最快的职业，就目前来看，还不能从 AI 中受益；

（3）技术变革的方向：为强化人类做变革，而不是取代人类。

6.3.1 教育：即将到来的革命

正如已经提到的那样，预期 AI 将成为未来时代的主导通用技术，在整个经济中发挥作用，并在此过程中取代许多职业。与此同时，没有被取代的职业以及可以和 AI 互补的新职业将会需要一整套新的技能，而这些技能不是当前的教育系统所能提供的。

这不是什么新鲜事：19 世纪的第一次和第二次工业革命就伴随着相应的教育革命。这样就需要依靠拥有更高技能，受过良好教育以及更有纪律的劳动力进行工业改革，从而引发了首先在普鲁士（18 世纪后期），然后在英国和美国发生的教育改革，逐渐将免费和大众教育制度化，并由政府设置具有高度结构化的课程体系。

从 19 世纪末到今天，这种"工厂模式"的教育模式得到了广泛的传播，并在各个方面从"数量级"上得到了进一步发展：学生在学校的时间更长，覆盖的学科更多，学习的年限更久。例如，英国成年人口的平均受教育年限在 1870 年少于 1 年，但目前已超过 13 年。现在，全民教育许多国家从 3 岁至 4 岁开始，20 世纪下半叶高中被纳入义务教育，在过去的 30 多年中，高等教育已经司空见惯。

现在普遍认为，这种"工厂模式"需要进行重新审视，最好可以完全改进，以适应以下两种趋势：首先是互联网革命，这意味着任何时候都可以获得任何主题的信息/知识，并且几乎免费；其次是快速变化的、有意义的就业需求。

特别是，作为新的通用技术，AI 的出现，以及其对就业的广泛影响的预期，可能会引发一场类似 19 世纪的工业革命那样的教育行业革命。它的关键似乎是从传授知识本身转向发展与 AI 经济相关的技能。同样，这种教育革命很可能会以"个性化教育"为目标，完全背弃了从普鲁士所发生的改革以来一直追求的教育制度的一致性。

在即将到来的 AI 时代，什么样的技能是就业最需要的？在这方面有很多激烈的讨论，但人们已经在一些核心技能方面达成了一致，如表 6.1 中列出的技能。

表 6.1 寻求就业的技能（来自网站）

联合国儿童基金会的 10 项生活技能	MyStartJob.com	Top10 onlinecolleges.org
1. 问题解决能力	1. 沟通技巧	1. 意义建构
2. 批判性思维	2. 分析和研究	2. 社交智力
3. 有效沟通	3. 灵活性—适应性	3. 新颖的适应性思维
4. 决策能力	4. 人际交往能力	4. 跨文化能力
5. 创造性思维	5. 决策能力	5. 计算思维
6. 人际关系	6. 计划，组织，优先排序	6. 新媒体素养
7. 自我意识	7. 并行处理多项事务	7. 跨学科
8. 同情心	8. 领导/管理	8. 设计思维
9. 抗压能力	9. 注重细节	9. 管理认知负荷
10. 情绪管理	10. 自信心	10. 虚拟协作

表中的三个技能有很多相似之处，可以被分为以下几类（非穷举）：

第 1 类：分析，创造，适应

批判性和创造性思维

分析和研究

意义构建

新颖的适应性思维

设计思维

第 2 类：人际交往，沟通

有效沟通

人际关系/能力

社交能力/虚拟协作

第 3 类：情绪，自信心

自我意识

同情心

抗压能力

管理认知负荷

情绪管理

需要注意的是，这些技能中的大多数既没有在当前的 K－12① 阶段中传授，也没有在学术界传授。整个知识系统仍依赖高度统一的结构化传播，而不是技能的教授，更不用说以上列举的技能了。所有年龄段的学生现在都非常清楚这样一个事实，就是学校的教育内容可以通过网络轻易地获取，同时他们对面授课程接受度较低；不同于那种可以激发动机的刺激，这些学生的注意力维持时间都比较短。在高等教育阶段也是同样如此，此外，我们也正在目睹大规模开放式在线课程（MOOCS）和其他此类在线教学工具的兴起。

鉴于这些趋势，教育策略可能需要经历与"工厂系统"同样重大的变化，并且通用技术在其发展的初期就可能使许多现有职业过时，这就加强了教育策略改革的紧迫性。以下是需要解决的一些问题：

（1）倒金字塔：现在人们普遍认识到，关键技能，硬技能和软技能，

---

① 译者注：基础教育阶段。

认知技能和社交技能都是在很小的时候就获得的。此外，如果小的时候没有获得这些技能，就可能很难（甚至不可能）在以后补救（Heckman 等，2014）。因此，我们需要考虑从新生儿到 6 岁的幼儿教育方面投入更多。

（2）找到方法将技能的发展（上面概述的 3 种类型）作为每个学科和各个阶段（包括学术界）教学的一个组成部分。

（3）因为很难获得有效的教育方法，因此在灵活的富有创造性的教学环境中进行教育学、学校设计和社交技能发展方面的自下而上的实验非常重要。

（4）重新考虑课程和教育模式的统一规范（通常是政府规定的），以及围绕教育机构建立的多样性和开放式创新社区。

（5）促进对新教育模式的有效性、对需求变化的充分性、对平等机会促进等方面的研究。考虑到不再采用"自上而下"的模式，并强调广泛实验，这类的研究将至关重要。

6.3.2 升级个人服务业

美国劳工统计局（BLS）的一项研究①表明，到 2024 年的十年几乎所有就业增长都将来自服务业，特别是医疗保健和社会援助（见表 6.2）。

表 6.2　　　　　主要部门的美国就业情况　　　　单位：百万

部门	2014 年	2024 年*	变化*	增长百分比*
商品生产	19	19	~	~0
服务	121	130	+9.3	+7
其中：医疗保健和社会救助	18	22	+3.8	+20
其他	10	11	+0.5	+1
总计	151	160	+9.8	+6

注：*表示预测。

目前这些职业大都只需要很少的培训和较低的教育程度。并且大多数职位工资较低，社会地位卑微，很少有互补技术支持。正如预测报告所显示的，这些职业目前尚未受到 AI 的严重威胁，相反将会大幅增长。但从就业

① 参阅 2024 年职业就业预测，月度劳动力报告，美国劳工统计局，2015 年 12 月。另请参阅 https：//www.bls.gov/opub/mlr/2015/article/occupational－employment－projections－to－2024.htm。

和薪水的角度来看，服务业的前景相当暗淡：高级职业将下降甚至停滞不前，而低端职业将会增长。

这是确定性结果吗？不一定，我们可以看一下护理行业的例子，这将非常具有启发性。第二次世界大战后，护理是美国排名最低的职业之一：1946年，护士的平均工资仅为服装行业女职工的1/3①，1964年国会通过了《护士培训法》，这基本上重新定义了这个职业，并将其变成了一个需要参加高级课程和获取相应学位的职业。

从那时起，护理专业的各个方面都有所提高，工资、地位、学术要求、责任范围等。如今，护理专业涵盖了一系列专业领域，上层梯队的年薪高达10万美元。此外，护士越来越多地使用先进技术，这些技术反过来有助于提升专业度。

如果不是1964年的立法，情况可能大大不同，因此，这样的方法也适用于个人服务领域的其他职业。我们需要为个人服务的专业化设定积极主动的、先发制人的战略，特别是在医疗保健和教育方面，制定标准和学术要求。

以早期儿童教育为例：在大多数国家，对于1~3岁儿童的照看者，没有一个这样的服务标准，而这个非常重要，因为这个年龄是儿童发展的关键阶段。现在假设他们需要具有专业学位，需要学习的课程包括心理学，大脑发育，学习障碍测试等。这些服务人员的地位和工资不仅会增加，而且更有可能从互补的先进技术中受益。

AI的出现可能不会威胁到这些日益增长的职业，而且如果按照刚刚描述的方式对行业进行升级，AI也可以带来巨大的利益。为此，必须开发这些职业的从业者与AI机器之间的智能交互方式。因此，可以想象一下，专业护理人员使用AI测试年幼的儿童的学习障碍，然后通过专门定制的基于AI的游戏对他们进行治疗。

总而言之，美国劳工统计局的预测表明，到2024年的10年间，创造就业的大部分将是个人服务业，特别是在个人护理方面。按照目前的惯例，大多数职业处于低端，而且不受技术进步的影响。但是，这些职业可以有很多

---

① 1946年，注册护士（RN）平均每小时收入约1美元或每月175美元。

种方法进行升级，特别是通过制定学术标准和高级课程。如果发生这种情况，那么就业结构的变化（即更多的个人护理，更少的其他人）不会对收入分配产生不利影响，但可能恰恰相反；此外，更重要的是，AI 可以在这些职业中发挥补充作用，从而提高服务的生产力并引发良性循环。

6.3.3 技术演变的方向：增强人类还是替换人类？

虽然技术变革中的经济学中有一个重要的部分被称为"发明活动的速率和方向"，但实际上经济学科传统上更多地处理"速率"而不是"方向"。这并不奇怪，因为讨论方向需要深入了解技术本身，没有理由相信经济学家会在这方面做得比技术专家还要好。

然而，技术进步的范围和程度将会对我们的社会产生巨大影响，所以我们需要更密切地关注"黑匣子"，并试图至少了解我们所面临的技术创新的类型以及它们如何影响经济。此外，鉴于其不同的经济影响，我们想知道是否有可能影响新技术的运用？

一方面可以考虑在放大、增强和扩展感官、运动、分析和其他人类能力的创新上，例如：

（1）在医学方面：AI 用于诊断，例如，用于阅读和解释 X 射线，CT 扫描和其他成像方式的医学含义；将 AI 用于机器人手术（如用于前列腺手术的达芬奇机器人）；电子病历的 AI 数据挖掘，用于食品和药物管理局（FDA）批准后的药物功效的后续评估，等等。

（2）在教育方面：基于 AI 的"个性化教学"方法；AI 在 MOOCS 中进行在线测试等。（另见上述儿童早期教育片段）

我们把这些称为"增强人类的创新"（HEI），在医学领域，它们不会取代医生，而是增强其能力（想想机器人手术的精确性和一致性），从而使医生变得更好。对于教师、法官（借助基于 AI 的分析）等也同样适用。

另一方面，考虑"替代人类的创新"（HRI），即取代人为干预的技术进步，这往往为人类留下很多"愚蠢"的工作，这些工作由于工资非常低而不值得更换成机器（并且通常很难通过机器复制，众所周知的是看门人）。

一些"替代人类的创新"导致了尖端的，几乎无人工作的工厂（最好的例子是特斯拉用于生产电动汽车电池的新设施），大大提高了生产率，哪怕减少了就业。考虑一下世界上最大的私营雇主沃尔玛（拥有超过 200 万名员工）的极端案例，在从物流到零售的整个运营链中部署了先进技术；它把很大一部分工人变成了"不假思索的机器人"，工资很低，没有改善的前景。

这两种类型的创新（HEI 和 HRI），它们对关键的经济领域和社会变量会产生非常不同的影响。基于 AI 的 HEI 将会释放出新的人类创造力和生产力，特别是在服务业（预期将成为增长最快的职业），而 HRI 将会减少就业（例如，特斯拉），或创造无价值的岗位。

我们有可能指定某种策略，通过激发 HEI 和 HRI 的竞争，从而影响技术的发展方向吗？这很难说，但考虑到技术方向的改变会对经济造成巨大影响，研究这种可能性当然是值得的。此外，经济政策传统上强调创新的"速度"，即我们投入研究开发（R&D）的资源数量，现在看来是错误的。全球竞争可能会推动我们对研究开发投入过多，而不是太少（太多的专利，太多的复制等）。对"技术方向"的一些关注可能会带来更大的回报。

6.4 结束语

历史表明，关于巨大技术进步对经济和社会影响的令人沮丧的预言真的很少发生。因此，随着 AI 有望成为新的通用技术，我们不应该设想一个大规模失业将成为"新常态"、人类将被淘汰的未来。许多职业确实会消失，而其他职业也会发生改变，因此研究哪种战略可以改善 AI 的不利影响并强化正面作用是非常重要的。这一点尤其重要，因为在 21 世纪，广大公众对承担技术变革的成本具有更低的容忍度，以及在分享其利益方面具有更高的期望。

因此，我们需要参与到必要的制度变革中，在服务职业专业化领域设计新的政策（特别是教育和技能发展）并进行试验，以此来影响技术进步的方向。此外，经济学家拥有一个庞大的方法论，可能有助于制度变革，我们不应回避这一领域，因为它对经济的重要性不容小觑。

参考文献

Bresnahan, Timothy, and Manuel Trajtenberg. 1995. "General Purpose Technologies 'Engines of Growth'?" *Journal of Econometrics* 65 (1): 83–108.

Gordon, Robert J. 2016. *The Rise and Fall of American Growth*. Princeton, NJ: Princeton University Press.

Heckman, James, Tim Kautz, Ron Diris, Bas ter Weel, and Lex Borghans. 2014. "Fostering and Measuring Skills: Improving Cognitive and Non-Cognitive Skills to Promote Lifetime Success." Report prepared for the Organisation of Economic Co-operation and Development, Paris. http://www.oecd.org/edu /ceri/Fostering-and-Measuring-Skills-Improving-Cognitive-and-NonCognitive -Skills-to-Promote-Lifetime-Success.pdf.

Hirschman, Albert. 1970. *Exit, Voice and Loyalty*. Cambridge, MA: Harvard University Press.

Mokyr, Joel. 2017. "The Past and the Future of Innovation: Some Lessons from Economic History." Paper presented at the conference on the Economics of Artificial Intelligence, Sept. 2017, Toronto.

Summers, Lawrence H. 2016. "The Age of Secular Stagnation: What It Is and What to Do About It." *Foreign Affairs*, Feb. 15. http://larrysummers.com/2016/02/17 /the-age-of-secular-stagnation/.

第二部分

增长、工作和不平等

7 人工智能，收入，就业和意义

AI 的高速发展引起了人们强烈的反响。有些人设想了一个反乌托邦，在那里，人们被机器所取代，机器开发我们阅读的内容以及我们享受娱乐的方式。除此之外，AI 将选择我们的朋友和政敌，并最终消除任何方式上的人类媒介。然而最糟糕的是，这些机器将剥夺我们的工作，人类将失去存活的意义和工作收入，并可能最终由此走向灭亡。

还有一些展望乌托邦潜力的人，他们认为有了机器完成所有的工作，人们将会有足够的收入和更少恼人的工作。得益于此，人们将有更多的时间享受艺术和音乐。他们将追求自己的兴趣爱好而不为满足基本生活需求所累，会有更多机会来满足自己的求知欲，以及满足人类对人际交往的需求。简而言之，AI 将人类从时间和金钱的限制中脱离出来，使得人们将能够享受他们的生活与自由。

那么哪一方的观点是对的呢？

7.1 收入不是问题所在

经济学家认为我们实际上已经知道了问题的答案，至少部分知道。大多数经济学家认为，自动化将带来更高的未来收入，而这源于 AI 将提高生产率。

2017 年 9 月，芝加哥布斯 IGM 论坛的经济专家小组组织了一场采访，询问

* Betsey Stevenson 是密歇根大学（University of Michigan）杰拉尔德·R. 福特公共政策学院（Gerald R. Ford School of Public Policy）的经济学与公共政策系副教授；悉尼大学经济学客座副教授；国家经济研究局研究助理；经济政策研究中心的研究附属机构和 CESifo 的研究员。

有关致谢，研究支持的来源以及披露作者的重大财务关系的信息，请访问 http：//www. nber. org/chapters/c14026. ack。

41 位来自美国的顶尖大学的经济学家，是否强烈同意、同意、不确定、不同意或强烈不同意以下声明："增加使用机器人和 AI 技术，将为发达国家带来巨大的收益，大到足以补偿那些受到严重影响的工人们的工资损失。"①

答案一目了然：没有人不同意这种说法。尽管有 10% 的经济学家表示不确定，一些回答是同意，而不是强烈同意，然而，很明显的是经济学家们认为，AI 代表着获得重大经济收益的机会。事实上，生产力的提高从一开始就是生活水平提高的核心。因此，生产率的提高带来的收益不足以补偿损失方的状况很难会出现。

与此相关的另一个问题是技术的增长给人们带来的损失是否能够得到赔偿。经济学家对这方面持怀疑态度。经济学告诉我们，收入会增加，但我们的收入分配方式是由社会和政治结构决定的。

7.2　谁从自动化中获得收益

对于能否成功实现收入再分配的怀疑，很大程度上源于人们对于在一个收入主要由资本创造的世界里，政治的发展是否能够成功管理收入再分配的问题上缺乏信任。在这方面，过去几十年的历史当然并不乐观。最富有的 1% 人口所占的收入比例从 1980 年的 10% 左右上升到近 20%，而最贫穷的 50% 人口所占的收入比例从 1980 年的 20% 下降到 12%。②

目前，我们未能重新分配技术进步带来的收益，而近期的历史使我们对收入分配方面的担忧得到了证据支持。

7.3　我们该怎么办

相比于思考一个社会是否能够设法重新分配收入的问题，这种思考更为深入。大多数经济学家都担心我们将如何分配工作，而在这种担忧之下的是一种理念，即工作与工作产生的收益无关。

从本质上讲，许多人都怀疑，如果人们不工作，他们是否可以成功地找到有吸引力且能使情绪得到正向反馈的方式来使用他们的时间。全球市场倡

---

① IGM 经济专家小组（2017）。
② 世界财富和收入数据库，http://wid.world/country/usa/。

议协会（IGM）论坛的一位小组成员 Robert Hall 具体地表达了他的担忧：
"那些不在劳动力市场的人并不快乐，并且他们更倾向于服用阿片类药物。"

经济学家担心人们失去就业机会带来的不良后果，但经济史为经济学家提供了乐观看法，即就业环境将会随之适应。这解释了为什么那么多经济学家好奇与工业革命或其他重要的技术快速变革时期相比，AI 的变革会给人类带来什么不同。

经济学家对技术变革对就业带来的影响的判断，来自于对之前技术变革时期之后就业适应情况的问题上的思考。在这一点上，经济学家再一次有了一个统一的观点：从历史上看，技术变革并没有减少就业。2014 年 2 月，芝加哥布斯全球市场倡议协会论坛（Booth IGM Forum）的经济专家小组在接受采访时提出了一个问题。

来自美国顶尖大学的 44 名经济学家被问及他们是否强烈同意、同意、不确定、不同意或强烈反对以下陈述："从历史上看，推进自动化并没有减少美国的就业。"[①]

经济学家基本上一致同意这一说法，只有 4% 的人表示不同意，8% 的人表示不确定。[②]

然而，当 IGM 经济专家小组于 2017 年 9 月被问及他们是否强烈同意、同意、不确定、不同意或强烈不同意以下声明："如果保持劳动力市场中的机构和职业培训，增加对机器人和 AI 的使用，那么长期存在失业问题的发达国家的工人数量可能大幅增加。"经济学对这方面的问题存在着一定分歧：44% 的人表示同意，26% 的人表示不同意，31% 的人表示不确定。与其他技术相比，这是由于 AI 的矛盾之处还是只是不同观点的表达造成的？我认为都不是。

相反，我认为这些答案反映了长期和短期情况的不同。从长远来看，随着我们适应新的财富、发展新的技能、想出新的方法来运用人类技能，技术变革会带来繁荣，新的工作岗位也会出现。然而，在短期内，往往会出现混乱。

---

① IGM 经济专家小组（2014）。
② 88% 的数字是根据受访者对答案的信心调整的。在所有受访者中，76% 的人同意，9% 的人没有意见。

7.4 长期效应

7.4.1 概述

围绕就业和失业带来的后果问题，其中混淆之一源于没有将短期效应与长期效应分开。

当大多数人考虑 AI 和提高自动化程度时，我们正在努力思考长期未来的发展方向，但我们的判断来自于考虑增长是如何改变几代人之间的生活方式的。它并没有在过去五年里改变我们的生活。相反，它将我们的生活方式（如果你正在阅读这篇文章，它将涉及大量的智力思考）与我们的家庭成员在十代人之前是如何度过他们的一生进行了对比。在 19 世纪，绝大多数美国人从事农业工作，很少有人花时间思考问题。今天，只有 2% 的美国人直接从事农业工作，公立学校系统雇佣的人数多于农业人员。总而言之，我们中很少有人在从事我们伟大的曾祖父母所从事的职业，而我们当中的许多人今天做的工作在一代人之前并不存在。

其中一位 IGM 小组成员 Nancy Stokey 清楚地表明，她正在思考长远的问题："如果过去两个世纪都是如此，那么几乎没有人会继续工作。"当你在一个非常长远的角度上来看的时候，就可以确定自动化没有减少就业，至少不会以像自动化本身发展那样快的速率减少。事实上，许多经济学家认为，即使在国家日益繁荣的情况下，有偿工作也非常稳定，并且预计公民可能将会利用更高的收入来选择更多消费娱乐方式。

7.4.2 从长远来看，就业率和工作时间都在下降

尽管我们有这样的看法，实际上随着科技的进步，就业往往会下降。我们对技术进步如何影响就业的看法与实际情况之间的差异反映了两件事。首先，工作时间和就业率的下降幅度没有人们预期的那么大。其次，经济学家倾向于用一个模型来思考就业问题，在这个模型中，想要工作的人都能找到工作。

随着生产率的提高，大多数国家的工作时间都在减少。图 7.1 显示了 1970 年以来部分发达国家的平均年工作时数。在法国、德国和日本，年工作时间以相当稳定的速率下降，而美国和英国的下降幅度较小。然而，无论是哪一个国家，每年的工作时间都在下降。从更广泛的角度来看，在发达国

家，儿童就业几乎已经消失。随着年轻人更专注于进一步的人力资本投资，15～25 岁年轻人的就业率有所下降。在生命周期的另一端，大多数发达国家的预期寿命增加了，而退休年龄却下降了。

工作在我们生活中所占的比例在减少，我们的工作天数和工作时长所占的比例也在减少。就业下降是经济增长与政府政策相互作用的结果。例如，政府养老金和退休计划为延长退休年龄提供了便利，童工数量的大幅减少得益于《童工法》。对这些计划和法规的需求本身是由生产率增长创造的更高收入推动的。由于儿童教育和退休导致的就业减少被认为是生活水平的提高，因此这并不属于我们需要解决的失业问题的一部分。然而，他们确实需要进行收入再分配。老一代必须通过家庭或政府再分配（如儿童税收抵免、儿童津贴、儿童保健补贴等）来抚养儿童。然而，大多数人都认为这是一个进步——很少有人试图让孩子重返职场来养活自己。

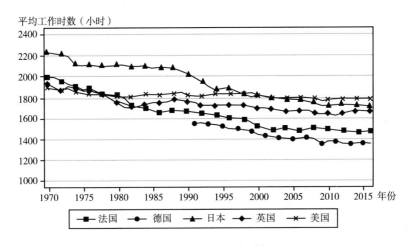

图 7.1　平均年工作时数

数据来源：OECD（2017）。

在生命周期的另一端也有类似的情况。虽然老年人可以为退休储蓄，但再分配使那些退休的人能够分享持续的经济增长。

7.5　短期的混乱

AI 真正的不确定性在于，这种混乱带来的后果将会是什么样子，以及我们将如何使人们学会应用这项科技。大多数经济学家认为，由于对技能的需求下降，人们将受到伤害。

失业的时间可能会更长，对工人再培训的需求也会更大。可能有些工作是工人不想做的，或者是没有资格做的。虽然我们可以让新一代人做好准备以应对将会面对的机器人分担很多工作的世界，但让一代人在他们生命的中途做好这种准备却很困难。人们不愿重新开始，他们哀悼失去的一切，他们对科技的进步感到不满，因为这种科技进步使他们的地位和收入都有所下降。

收入的损失应该比地位的降低更容易解决。那么工作有多重要，我们对它了解多少？工作的意义在于它产生的收入，还是在于它给我们的生活带来的意义和秩序？很多关于自动化对就业的潜在影响的辩论实际上是关于我们将如何度过这段时间的辩论。因此，把机器人抢走我们的工作后我们将如何利用时间的问题，与我们能否在这种情况下找到稳定、公平的收入分配问题分开来讨论，是很有用的。认识到长期的答案可能与短期发生的情况非常不同，这也是很有帮助的。然而，我们处理短期问题的方式最终将影响我们的长期结果。

7.6 就业以外的工作

工作是一个比有偿劳动更广泛的概念。有偿劳动是休闲、家庭生产的商品和市场生产的商品之间交换的结果。从衡量的角度来看，这一点很重要。20 世纪 70 年代是一个替代效应非常迅速的时期，非市场生产的商品被市场生产的商品所替代。妇女们不再从零开始做衣服、馅饼和蛋糕，而是开始工作，买衣服、馅饼和蛋糕粉。技术变革以一种排挤自制产品和妇女劳动力参与的方式发生 [Stevenson 和 Wolfers（2007）]。我们应该将此视为工作的增加还是减少呢？起码有一件事是清楚的，即工作从我们典型的度量范围之外转移到它的内部。例如，我怀疑即使把每一位带着孩子的全职妈妈都算上，现在的育儿工作者都比 40 年前要少。

然而，时间使用调查显示，工作时间的下降幅度小于实际就业时间的下降幅度，至少自 20 世纪 70 年代以来都是如此。如果我们看一下时间使用调查，爸爸们的工作时间实际上更长了，虽然他们在劳动力市场上的工作时间减少了 [经济顾问委员会（2014）]。一旦我们把照顾孩子和做家务的时间计算在内，男性的工作时间比 20 世纪 60 年代还要长。为什么要考虑照顾孩子和做家务的时间？如果我们想真正衡量工作发生了什么变化，我们需要对工作有一个更全面的认识。尤其是当问题在于我们是否能找到有意义的方式来度过我们的工作之外的时间。

AI 不会取代人与人之间的联系，无论是在个人生活中还是在职业上。机器人也许能照顾卧床不起的老人，但它不太可能产生与人交流的快乐和满足感。将来会产生更多的有偿工作来方便人们的互相照顾吗？答案毫无疑问。但是，高收入是否也会让我们选择少工作，以便为朋友和家人提供更多无偿的照顾呢？我希望如此。

7.7 生产力的增长最终会给我们带来更好的生活和更多的选择

最后，有两个独立的问题：一个是就业问题，其中最基本的问题是，如果机器人抢走了我们的工作，我们能找到令人满意的方式来打发时间吗？还有一个关于收入的问题是，我们能否找到一个稳定而公平的收入分配方式？这两个问题的答案不仅取决于技术如何变化，还取决于我们的制度如何对技术变化作出反应。我们是否接受新的技术并增加对教育、工人培训、艺术和社区服务上的花费？还是我们将容忍不平等继续无限制的增长，让工人与那些对机器人进行投资的行为进行竞争？

解决这两个问题是解决社会面临的挑战的基础。首先，我们塑造了一个人们可以找到充实的方式来打发时间的社会。为了解决这个问题，我们还必须解决另一个问题，即寻求稳定和公平的收入分配方式。

参考文献

Council of Economic Advisors. 2014. "Eleven Facts about American Families and Work." https://obamawhitehouse.archives.gov/sites/default/files/docs/eleven_facts_about_family_and_work_final.pdf.

IGM Economic Experts Panel. 2014. Accessed Dec. 15, 2017. http://www.igmchicago.org/surveys/robots.

———. 2017. Accessed Dec. 15, 2017. http://www.igmchicago.org/surveys/robots-and-artificial-intelligence-2.

Organisation for Economic Co-operation and Development (OECD). 2017. "Hours Worked: Average Annual Hours Actually Worked." OECD Employment and Labour Market Statistics (database). Accessed Sept. 13, 2017. https://stats.oecd.org/Index.aspx?DataSetCode=ANHRS.

Stevenson, B., and J. Wolfers. 2007. "Marriage and Divorce: Changes and Their Driving Forces." *Journal of Economic Perspectives* 21 (2): 27–52.

8 人工智能、自动化和工作

Daron Acemoglu，Pascual Restrepo[*]

8.1 引言

在过去的 20 年里，AI 和机器人技术取得了重大进展。预计未来的进展将更加可观。许多评论家预测这些技术将改变世界各地的工作（Brynjolfsson 和 McAfee，2014；福特，2016；波士顿咨询公司，2015；麦肯锡全球研究院，2017）。最近的调查发现，人们对自动化和其他技术发展趋势的焦虑程度很高，这凸显了人们对其影响的普遍担忧（皮尤研究中心，2017）。

尽管有这些期望和担忧，但我们总体上对自动化，特别是 AI 和机器人技术如何影响劳动力市场和生产力的理解还远远不够。更糟糕的是，大众媒体和学术界的许多辩论都围绕着一个错误的二分法。一边是危言耸听的论调，认为 AI 和机器人技术即将到来的进步将意味着人类工作的终结；而另一边的许多经济学家则声称，由于过去的技术突破最终增加了对劳动力和工资的需求，因此没有理由担心这次会有任何不同。

在本章中，我们在 Acemoglu 和 Restrepo（2016），Zeira（1998），Acemoglu 和 Autor（2011）的研究基础上，建立了一个思考自动化及其对工作和生产力影响的框架。

我们框架的核心思想是自动化、AI 和机器人技术取代了工人的工作，并通过这一渠道产生了强大的替代效应。与大多数宏观经济学和劳动经济学的普遍假设相反，后者认为提高生产率的技术总是会增加总体劳动力需求，

＊ Daron Acemoglu 是麻省理工学院的伊丽莎白和詹姆士·克利安（Elizabeth and James Killian）经济学教授，也是国家经济研究局的副研究员。Pascual Restrepo 是波士顿大学经济学助理教授。

我们非常感谢 David Autor 的有用意见。我们衷心感谢图卢兹信息技术网络、谷歌、微软、IBM 和斯隆基金会的资金支持。对于致谢，研究支持的来源，以及作者的重大财务关系的披露，如果有的话，请参阅 http：//www. nber. org/chapter/cl4027. ack. 确认。

而替代效应会减少对劳动力、工资和就业的需求。此外，替代效应意味着自动化带来的人均产出的增加不会导致劳动力需求的成比例增长。替代效应导致工资和人均产出脱钩，劳动力在国民收入中的份额下降。

然后，我们列举了几种抵消力量，它们推动替代效应，并可能意味着自动化、AI和机器人可以增加劳动力需求。第一，用更便宜的机器代替人力产生了生产率效应：随着生产自动化工作的成本下降，经济将会扩张，并增加非自动化工作的劳动力需求。生产率效应可能表现为正在经历自动化的相同部门对劳动力需求的增加，或者表现为非自动化部门对劳动力需求的增加。第二，自动化程度提高引发的资本积累（提高了对资本的需求）也会提高对劳动力的需求。第三，自动化不仅仅是在很大的范围内运行——取代以前由人工执行的工作，而且是在很大的范围内运行，提高了机器在已经自动化的工作中的生产率。这种现象，我们称之为自动化的深化，往往会产生生产率效应，但不会产生替代，从而增加劳动力需求。

尽管这些抵消效应很重要，但它们通常不足以产生"平衡增长路径"，这意味着即使这些效应很强大，持续的自动化仍将降低劳动力在国民收入中的份额（以及可能与劳动力份额相关联的就业）。我们认为，有一种更强大的抵消力量可以增加对劳动力的需求以及劳动力在国民收入中的份额——创造新的工作、功能和活动，在这些工作、功能和活动中，劳动力相对于机器具有比较优势。新工作的创建会产生直接抵消替代效应的恢复效应。

事实上，纵观历史，我们不仅见证了无处不在的自动化，而且见证了新工作为劳动力创造新就业机会的持续过程。随着纺织、金属、农业和其他行业的工作在19世纪和20世纪实现自动化，工厂工作、工程、维修、后台办公、管理和金融领域的一系列新工作产生了对失业工人的需求。新工作的形成不是一个以预定速度前进的自主过程，而是一个其速度和性质由公司、工人和社会中其他行为者的决定所决定的过程，并且可能受到新自动化技术的推动。首先，这是因为自动化通过取代工人，可以创造更多的劳动力，用于新的工作。其次，目前讨论最多的自动化技术，AI本身，可以作为一个平台，在许多服务行业创造新的工作。

我们的框架还强调，即使有这些抵消力量，经济对自动化技术快速推广的调整也可能是缓慢而痛苦的。这有一些明显的原因，与劳动力市场对冲击的总体调整缓慢有关。例如，因为工人被重新分配到新的部门和出现新的岗位，这个过程成本高昂。这种重新分配将涉及寻找工人和工作之间正确匹配的缓慢过程，以及至少对一些工人进行再培训的需要。

一个更关键的，在这种情况下更新颖的因素是技术和技能之间的潜在不匹配——新技术和工作的要求与劳动力的技能之间的不匹配。我们表明，这种不匹配减缓了劳动力需求的调整，加剧了不平等，也降低了自动化和引入新工作带来的生产率收益（因为它使新工作和技术操作所需的补充技能更加稀缺）。

另一个需要考虑的主要因素是过度自动化的可能性。我们强调，各种因素（从税法中有利于资本的偏见到劳动力市场的不完善，在工资和劳动力的机会成本之间制造了一个楔子）将推动社会过度自动化，这不仅导致了直接的低效率，而且拖累了生产率的增长。过度的自动化有可能解释为什么尽管新的机器人和 AI 技术得到了热情的采用，但生产率的增长在过去几十年里一直令人失望。

我们的框架还强调，仅关注研究和企业财团的自动化，以牺牲其他类型的技术（包括创造新工作）为代价，可能是导致生产率放缓的另一个因素，因为它放弃了其他领域潜在的有价值的生产率增长机会。

在 8.2 节中，我们将对我们的方法进行概述，而不进行正式分析。第 8.3 节介绍了我们的正式框架，尽管为了增加可读性，我们的表述仍然是相当非技术性的（正式的细节和推导被归入附录）。第 8.4 节包含了我们的主要研究结果，强调了框架中的替代效应和反作用力。8.5 节讨论了技能和技术之间的不匹配，生产力增长缓慢和过度自动化的潜在原因，以及劳动力市场对自动化技术调整的其他限制因素。第 8.6 节是结论，附录包含了文中省略的推导和证明。

8.2 自动化、工作和工资：概述

我们框架的核心是观察到机器人学和 AI 的当前实践正在继续其他自动化技术在过去所做的事情：在越来越多的工作和工业过程中使用机器和计算机来代替人类劳动。

大多数行业的生产需要同时完成一系列工作。例如，纺织品生产需要生产纤维、由纤维生产纱线（如通过纺纱）、由纱线生产相关织物（如通过织造或针织）、预处理（如织物的清洁、精练、丝光和漂白）、染色和印刷、整理以及各种辅助工作，包括设计、规划、营销、运输和零售。[1]这些工作中的每一项都可以通过人工和机器的结合来完成。在英国工业革命初期，这些工作大部分都是高度劳动密集型的（其中一些只是被执行）。那个时代的许多早期创新旨在通过用机械化工艺代替熟练工匠的劳动来实现纺织自动化（Mantoux，1928）。[2]

美国农业的机械化提供了另一个机器代替工人完成以前工作的例子（Rasmussen，1982）。在 19 世纪上半叶，轧棉机使从棉籽中分离皮棉的劳动密集型过程自动化。在 19 世纪下半叶，以马为动力的收割机（Horse - Pow-ered Reapers）、收割机和犁取代了使用锄头和镰刀等更原始的工具工作的手工劳动，这一过程在 20 世纪被拖拉机所延续。以马为动力的脱粒机和扇形磨取代了当时农业中剩下的两项最劳动密集型的工作——脱粒和打谷的工人。20 世纪，联合收割机和其他各种机械收割机在马匹驱动机械的基础上进行了改进，使农民可以用机械收割几种不同的作物。

然而，自动化的另一个例子来自制造业中工厂系统的发展及其随后的演变。从 18 世纪下半叶开始，工厂制度引入了车床和铣床等机床的使用，取代了依赖熟练工匠的劳动密集型生产技术（Mokyr，1990）。蒸汽动力和后来的电力大大增加了资本替代人力的机会。工厂自动化进程中的另一个重要转折点是在 20 世纪 40 年代引入了通过打孔卡控制的机器，然后是数控机器。由于数控机床比手工技术更精确、更快速、更容易操作，因此在大大节约成本的同时，也降低了手工业工人在制造业生产中的作用。这一过程最终导致了 CNC（计算机数字控制）机械的广泛使用，取代了数字控制的老式机器（Groover，1983）。一个重大的新发展是 20 世纪 80 年代末工业机器人的引入，它使制造业中许多剩余的劳动密集型工作实现了

---

[1] 见 http://textileguide.chemsec.org/find/get - familiar - with - your - textile - production - processes/。

[2] 正是这种替代效应促使勒德分子在斯温船长暴动期间砸碎纺织机和打伤农业工人，摧毁打谷机。尽管这些工人在历史书上经常被认为是被误导的，但他们的经济恐惧并没有被误导。他们将要被取代是完全正确的。当然，如果他们成功了，他们可能会阻止工业革命获得势头，给技术发展和我们随后的繁荣带来潜在的灾难性后果。

自动化，包括机械加工、焊接、喷涂、码垛、装配、材料处理和质量控制
（Ayres 和 Miller，1983；Groover 等，1986；Graetz 和 Michaels，2015；
Acemoglu 和 Restrepo，2017）。

自动化的例子并不局限于工业和农业。计算机软件已经将零售、批发和
商业服务领域的白领工人所执行的一些工作自动化。软件和 AI 驱动的技术
现在可以检索信息，协调物流，处理库存，准备税收，提供金融服务，翻译
复杂的文件，撰写商业报告，准备法律简报，以及诊断疾病。在未来几年
内，它们将在这些工作上变得更加出色（例如，Brynjolfsson 和 McAfee，
2014；Ford，2016）。

如这些例子所示，自动化包括用机器代替劳动力，并导致工人从自动化
的工作中转移出来。这种替代效应在宏观经济学和劳动经济学中使用的大多
数生产函数和劳动力需求方法中并不存在——或者只是偶然存在。正规的方
法认为，总的生产（或某一部门的生产）可以用 $F(AL, BK)$ 形式的函数
来表示，其中 L 表示劳动，K 表示资本。技术被假定为采取一种"增加要
素"的形式，这意味着它将这两种生产要素相乘，就像参数 A 和 B 在我们
写下的生产函数中所做的那样。

将自动化建模为 B 的增加，也就是说，资本增加的技术变革，可能看
起来很自然。然而，这种类型的技术变革不会导致任何替代，并且总是会增
加劳动力需求和工资（Acemoglu 和 Restrepo，2016）。此外，自动化主要不
是开发现有机器的更高生产率，而是引入新的机器来执行以前属于人类劳动
领域的工作。

如果资本和劳动之间的替代弹性较小，那么劳动增强型技术变革，对应
的是 A 的增加，确实会造成一种类型的替代。但一般来说，这种类型的技
术变革也会扩大劳动力需求，尤其是在资本长期调整的情况下（见 Acemo-
glu 和 Restrepo，2016）。此外，我们的例子清楚地表明，自动化并不直接增
强劳动力，相反，它以一种允许机器执行更多工作的方式改变了生产过程。

8.2.1 工作、技术和替代

相反，我们提出了一种基于任务的方法，在这种方法中，中心生产单元

是一个任务，以上面讨论的纺织为例。① 有些任务必须由劳动生产，而其他任务可以由劳动或资本生产。另外，劳动力和资本在不同的任务中具有比较优势，这意味着劳动力的相对生产率在不同的任务中是不同的。我们的框架将自动化（或广泛边缘的自动化）概念化为一组可以用资本生产的任务的扩展。如果资本在边际上足够低或有足够高的生产力，那么自动化将导致这些工作中资本对劳动力的替代。这种替代导致工人被正在自动化的工作所取代，从而产生上述的转移效应。

替代效应可能导致劳动力需求和均衡工资率下降。提高生产率的技术进步实际上可能会降低所有工人的工资，这是需要强调的一个重要点，因为它经常被低估或忽视。

随着弹性劳动力供给（或反映劳动力市场不完善的准劳动力供给），劳动力需求的减少也会导致就业率下降。与基于要素强化技术变革的标准方法相比，基于工作的方法立即为提高生产率的技术发展开辟了道路，同时降低了工资和就业。

8.2.2 替代效应

替代效应的存在并不意味着自动化总是会减少劳动力需求。事实上，纵观历史，有几个时期自动化伴随着劳动力需求的扩大甚至更高的工资。自动化也将对劳动力需求产生积极影响，原因有很多。

8.2.2.1 生产力效应

通过降低生产工作子集的成本，自动化提高了对非自动化工作的劳动力需求（Autor，2015；Acemoglu 和 Restrepo，2016）。特别是，自动化导致了资本对劳动力的替代，因为在边际上，由资本来完成特定的工作比过去的劳动力更便宜。这就降低了生产过程被自动化的商品和服务的价格，使家庭实际上变得更富有，并增加了对所有商品和服务的需求。

生产力效应可能以两种互补的方式表现出来。首先，在正在进行自动化

---

① 见 Autor，Leavy 和 Murnane（2003）以及 Acemoglu 和 Autor（2011）。不同于这些论文制定的基于工作的方法，重点关注技术变革的不平等影响，而我们在这里关注的是自动化和资本取代以前由劳动力完成的工作的过程及其对工资和就业的影响。

的部门，劳动力需求可能会扩大。① 这一过程的一个明显例子是自动柜员机的引入对银行出纳员就业的影响。Bessen（2016）证明，随着自动取款机的快速普及，自动取款机是自动化技术的一个明显例子，使这些新机器能够执行以前由劳动力执行得更昂贵的工作，银行柜员的就业有所扩大。Besen 认为，这是因为自动取款机降低了银行的成本，鼓励银行开设更多分行，从而提高了对银行出纳员的需求，这些出纳员随后专门从事自动取款机没有自动化的一系列工作。

这一过程的另一个有趣的例子是 Mantoux（1928）叙述的英国工业革命期间纺织和纺织的劳动力需求动态。织造的自动化（最著名的是 John Kay 的飞梭）使这项工作变得更便宜，并提高了纱线的价格和对纺纱辅助工作的需求。后来纺纱自动化扭转了这一趋势，增加了对织布工的需求。用纺纱机的发明者之一 John Wyatt 的话来说，安装纺纱机会导致服装制造商想在这个行业的每一个其他分支都有更多的人手，即织布工、剪羊毛工、擦洗工、精梳机等（Mantoux，1928）。这也可能是为什么 1793 年艾利·惠特尼轧棉机的引入，自动化了将棉绒从种子中分离出来的劳动密集型过程，似乎导致了南方种植园对奴隶劳动力的更大需求（Rasmussen，1982）。

生产率的提高也导致了实际收入的提高，从而导致了对所有产品的更大需求，包括那些自动化程度不高的产品。其他行业对劳动力的更大需求可能会抵消自动化的负替代效应。这方面最明显的历史例子来自美国和许多欧洲经济体对农业机械化的调整。通过降低食品价格，机械化丰富了消费者，他们随后需要更多的非农产品（Herrendorf，Rogerson 和 Valentinyi，2013），并为最初被机械化过程解雇的许多工人创造了就业机会。②

这一讨论还意味着，与普遍强调的"卓越"和高生产率的新技术取代劳动力对劳动力市场的负面影响相反（例如，Brynjolfsson 和 McAfee，2014；Ford，2016），劳动力的真正危险可能不是来自高生产率，而是来自"一般"自动化技术，这些技术的生产率足以被采用并导致替代，但不足以产

---

① 这就要求这些部门的产品需求是有弹性的。Acemoglu 和 Restrepo（2017）将这种渠道称为价格－生产率效应，因为它通过降低自动化产品的相对价格和向这些部门重组生产来发挥作用。

② Acemoglu 和 Restrepo（2017）将其称为"规模效应"，因为在他们的环境中，它以同构的方式发挥作用，扩大了所有部门的需求，尽管在一般情况下它可以采取非同构的形式。

生强大的生产率效应。

8.2.2.2　资本积累

正如我们在下一节中的框架所阐明的，自动化对应于生产资本强度的增加。对资本的高需求触发了资本的进一步积累（例如，通过提高资本的租赁率）。资本积累进而提高了对劳动力的需求。面对农业机械化，这可能是工业革命期间英国经济和 20 世纪上半叶美国经济调整的一个重要渠道，因为在这两种情况下都有快速的资本积累（Allen，2009；Olmstead 和 Rhode，2001）。

正如我们在下一节中讨论的那样，在新古典经济增长模型中经常采用的一些（尽管是限制性的）假设下，资本积累可能足够强大，以至于从长远来看自动化总是会增加工资（见 Acemoglu 和 Restrepo，2016），尽管更稳健的预测是它将起到抵消作用。

8.2.2.3　自动化的深化

替代效应是由自动化在很大程度上产生的，这意味着资本可以产生的工作集的扩展。但是，如果技术进步提高了已经自动化的工作的资本生产率，会发生什么呢？这显然不会产生额外的替代，因为在这些工作中，劳动力已经被资本所取代。但它将产生我们已经指出的同样的生产率效应。这些生产率效应会提高劳动力需求。我们将自动化技术进步的这一方面称为自动化的深化（或称为密集边缘的自动化，因为它强化了机器的生产性使用）。

深化自动化的作用的一个明显例证来自于机器新年份的引入，它取代了在已经自动化的工作中使用的旧年份。例如，在美国农业中，用柴油拖拉机代替人力收割机，提高了生产率，大概是因为在农业工作中增加了有限的替代工人。[1] 根据我们对深化自动化的潜在作用的描述，农业生产率和工资从 20 世纪 30 年代开始快速增长，这一时期恰逢拖拉机取代了马（Olmstead 和 Rhode，2001；Manuelli 和 Seshadri，2014）。另一个例子是用于金属切割和加工的数控机器（如铣床和车床）效率的巨大提高，因为在 20 世纪 70 年代，由穿孔卡片控制的早期年份被计算机模型所取代。新的计算机化机器用

---

[1]　然而，从马力到拖拉机的转变通过不同的渠道导致了农业就业的下降：拖拉机提高了农业生产率，由于需求缺乏弹性，农产品支出下降（Rasmussen，1982）。

于与前几年相同的工作,因此额外的替代影响可能很小。与此同时,向数控机床的过渡提高了机械师、操作员和该行业其他工人的生产率(Groover,1983)。

我们在这里列出的三种抵消力量对于理解为什么自动化的含义比直接替代效应最初可能暗示的要丰富得多,以及为什么自动化不需要成为对工人劳动力市场财富的纯粹负面力量是至关重要的。然而,替代效应有 1 个方面不太可能被这 4 种抵消力量中的任何一种抵消:正如我们在下一节中所展示的,自动化必然会使生产过程更加资本密集,并且倾向于提高生产率而不是工资,从而降低劳动力在国民收入中的份额。直觉上,这是因为它需要用资本来替代以前由劳动力执行的工作,从而将劳动力挤压到更窄的工作集中。

如果像我们所说的那样,自动化已经持续了几个世纪,无论有没有这里列出的强大的抵消力量,我们都应该看到一个相当"非平衡"的增长过程,自工业革命开始以来,劳动力在国民收入中的份额稳步下降。显然情况并非如此(例如,Kuznets,1966;Acemoglu,2009)。这表明,还有其他强大的力量使生产向劳动密集型转变,以平衡自动化的影响。这是我们在下一小节中的建议。

8.2.3　新工作

正如在前面已经讨论过的,高度自动化的时期经常与新的工作、活动、行业和工作的出现相吻合。例如,在 19 世纪的英国,各种新的行业和工作迅速扩展,从工程师、机械师、修理工、售票员、后勤人员,到参与新技术引进和操作的经理(例如,Landes,1969;Chandler,1977;Mokyr,1990)。在 20 世纪初的美国,农业机械化与新兴产业农业设备(Olmstead 和 Rhode,2001)和棉花加工(Rasmussen,1982)中新工业和工厂就业的大幅增加同时发生。这不仅仅是历史现象。正如 Acemoglu 和 Restrepo(2016)所记录的那样,从 1980 年到 2010 年,新工作和职称的引入和扩展解释了大约一半的就业增长。

我们基于工作的框架强调,面对快速自动化,创造新的劳动密集型工作(劳动相对于资本具有比较优势的工作)可能是平衡增长过程的最强大力量。如果没有 19 世纪下半叶和 20 世纪大部分时间对新工厂工作、工程、管理工作、会计和管理职业的工人的需求,就不可能雇佣数百万离开农业部门和传统劳动密集型工作的工人。

就像自动化有替代效应一样，我们可以认为新工作的创建会产生复原效应。这样，新工作的创建就产生了与自动化相反的效果。它总是产生额外的劳动力需求，这显著增加了劳动力在国民收入中的份额。因此，技术进步与平衡增长路径相联系的一个强有力的方法是通过创建新工作来平衡自动化的影响。

出于至少两个原因，新工作的创建不需要是一个与自动化、AI 和机器人技术完全无关的外部自主过程。

（1）正如 Acemoglu 和 Restrepo（2016）所强调的，快速自动化可能会内生地激励企业引入新的劳动密集型工作。在创建新工作之前运行的自动化降低了劳动份额，并可能降低了工资，使得进一步的自动化利润更低，而为劳动力创造就业机会的新工作为金融机构带来更多利润。Acemoglu 和 Restrepo（2016）表明，这种平衡力可能足以使增长过程平衡。

（2）一些自动化技术平台，尤其是 AI，可能会促进新工作的创建。埃森哲最近的一份报告确定了企业在生产过程中使用 AI 的全新工作类别（埃森哲公司，2017）。这些工作包括"培训师"（培训 AI 系统）、"解释者"（向客户传达和解释 AI 系统的输出）和"维持者"（监控 AI 系统的性能，包括它们对现行道德标准的遵守情况）。

AI 在教育、医疗保健和设计方面的应用也可能为新员工带来就业机会。拿教育来说，现有证据表明，许多学生，尤其是那些有某些学习障碍的学生，将受益于个性化教育计划和个性化教学（Kolb，1984）。以目前的技术，向超过一小部分学生提供此类服务的成本高得令人望而却步。AI 的应用可以使教育系统变得更加个性化，并在此过程中为教育专业人员创造更多的工作来监控、设计和实施个性化的教育计划。保健和老年人护理服务也有类似的前景。

8.2.4　重新审视虚假二分法

上面概述的概念框架（将在下一节进一步阐述），阐明了为什么当前的辩论集中在自动化的灾难性和完全良性影响之间的错误二分法上。

我们基于工作的框架强调自动化总是会产生替代效应。除非被抵消力量所抵消，否则这种转移效应可能会减少劳动力需求、工资以及总体就业。至少，这种替代效应意味着劳动将获得生产率增长的下降份额。替代效应可能会阻止劳动力需求与产出同步增长，这与强调技术总是增加劳动力需求并惠及工人的良性账户背道而驰。

我们的框架也不支持危言耸听的观点，强调自动化对劳动力的灾难性影响。相反，它强调了几个抵消力量，软化了自动化对劳动力的影响。更重要的是，正如我们在前面的小节中所讨论的，面对快速自动化，创建新的劳动密集型工作是调整过程的关键部分。新工作的创造不仅仅是来自天堂的甘露。当自动化本身变得更加密集时，市场激励将内生地导致新工作的产生，这是有充分理由的。此外，我们这个时代一些最具定义性的自动化技术，比如 AI，可能会为创造新的工作和为工作创造一个平台。

一些危言耸听的根源是相信 AI 将对劳动力产生与前几波技术变革截然不同的后果。我们的框架强调，过去也充满了取代工人的自动化技术，但这不一定会对劳动力产生灾难性的影响。AI 也不太可能在技术上取代 AI 目前擅长的所有或几乎所有的工作。通过对比 AI 当前的性质和雄心，以及它在"控制论"的支持下首次出现的性质和雄心，可以更好地理解 AI 的这一有限范围。控制论专家，如 Norbert Wiener，设想了人类级 AI 的产生——计算机系统能够以不同于人类智能的方式思考——复制所有人类思维的过程和能力（Nilsson，2009）。1965 年，Herbert Simon 预言"20 年内，机器将能够做任何一个人能做的工作"（Simon，1965）。Marvin Minsky 对此表示同意，并在 1967 年宣称"我确信，在一代人的时间内，很少有智力的部分会留在机器的领域之外"（Minsky，1967）。

AI 领域的当前实践，尤其是基于深度学习和各种其他应用于非结构化数据的"大数据"方法的最流行和最有前途的形式，避开了这些最初的雄心壮志，旨在开发应用 AI——专门从事与预测、决策、物流和模式识别相关的明确工作的商业系统（Nilsson，2009）。尽管许多职业都涉及这样的工作，因此 AI 可能会在这些工作中产生替代效应，但仍然有许多人类技能无法自动化，包括复杂的推理、判断、基于类比的学习、抽象问题的解决，以及身体活动、同理心与沟通。对 AI 当前实践的解读表明，AI 和相关技术进步自动化所做的大量工作的潜力是有限的，即使没有考虑到由于我们已经强调的经济力量而将被付诸行动的新工作的创建。

8.2.5 不足之处

到目前为止，我们的框架强调了两个关键观点。首先，自动化确实会通过替代效应以及减少劳动力在国民收入中的份额，对劳动力产生潜在的负面影响。但是，它可以通过创造新的工作来抵消（生产力效应、资本积累和自动化的深化，这些往往会增加对劳动力的需求，尽管它们一般不会使劳动力在国民收入中的份额恢复到自动化前的水平）。然而，我们所描绘的图景确实低估了一些调整行为带来的挑战。由于一些原因，快速自动化之后的经济调整可能比我们所描述的过程更加痛苦。

最直接的原因是，自动化改变了现有工作的性质，而将工人从现有工作和工作岗位重新分配到新的工作岗位上，这是一个复杂且往往是缓慢的过程。工人需要时间来寻找新的工作和工作岗位，使他们能够发挥生产力的作用，而工人从现有工作中被解雇的时期可能会造成当地或全国劳动力市场的萧条，进一步增加经济调整的成本。在最近的研究中可以看到这些影响。

美国当地劳动力市场对负需求冲击的影响，如 Autor、Dorn 和 Hanson（2013），他们研究了当地劳动力市场对中国出口激增的缓慢和高度不完全的调整行为，Mian 和 Sufi（2014），他们研究了住房价格崩溃对消费和当地就业的影响，也许与我们的关注点更密切相关的是 Acemoglu 和 Restrepo（2017），他们发现在最容易受到一种特定类型自动化的地区，即在制造业中引入工业机器人的地区，就业和工资就会下降。

历史记录也强调了调整行为的痛苦性质。在英国工业革命期间，新技术的迅速引入最终导致了劳动力需求和工资的上升，但这只是在经历了一段长期的工资停滞、贫困扩大和生活条件恶劣的时期之后。从工业革命开始到19 世纪中叶的 80 年间，即使英国经济中技术进步和生产率不断提高，工资也停滞不前，劳动份额也出现下降，Allen（2009）将这一现象称为"恩格尔的停顿"［以前称为"生活水平悖论"，见 Mokyr（1990）］。

因此，不应假定对快速自动化带来的劳动力市场变化的调整将是一个无缝、无成本、快速的过程。

8.2.6 技能和技术不匹配

或许可以说，只有在大规模学校教育和其他人力资本投资扩大了劳动力技能之后，19 世纪英国经济的工资才开始增长。同样，20 世纪初美国从农业中解放出来的大量劳动力供应的调整行为可能受到了"高中运动"的极大帮助，这增加了新一代美国工人的人力资本（Goldin 和 Katz，2010）。劳动力技能调整在工作中的作用在这里可能比这些例子更普遍。新工作往往需要新技能。但如果劳动力不具备这些技能，调整过程就会受到阻碍。更糟糕的是，如果教育系统不能提供这些技能（如果我们甚至不知道需要什么类型的新技能才能对其进行投资），调整就会受到极大的阻碍。即使是最乐观的观察家也应该关注美国当前教育体系识别和提供此类技能的能力。

这不仅关系到调整的速度，还关系到新技术的潜在收益。如果某些技能是新技术的补充，它们的缺乏将意味着这些新技术的生产率将低于其他技术。因此，技能和技术之间的不匹配不仅减缓了就业和工资的调整，而且阻碍了潜在的生产率增长。对于新工作的创建尤其如此。尽管人们对自动化导致的失业问题日益担忧，但许多雇主无法找到具备合适工作技能的员工，这一事实凸显了这些考虑的重要性（德勤和制造研究所，2011）。

8.2.7 生产力缺失和过度自动化

前一小节中提出的问题很重要，尤其是因为在关于新技术影响的任何讨论中，一个深层次的难题是生产率增长缺失。事实上，尽管如此多的复杂技术被采用，但生产率增长一直很慢。正如 Gordon（2016）所指出的那样，美国自 1974 年以来的生产率增长（1995 年至 2004 年期间除外）与其战后表现相比令人沮丧。虽然美国经济的劳动生产率年增长率在 1947 年至 1973 年间平均为 2.7%，但在 1974 年至 1994 年间平均仅为 1.5%。1995 年至 2004 年间，平均生产率增长反弹至 2.8%，然后在 2005 年至 2015 年间再次下降至仅 1.3%（Syverson，2017）。我们如何理解这一点？

一种观点认为生产率有很大的增长，但这种增长被错误地衡量了。但是，正如 Syverson（2017）指出的那样，这种放缓的普遍性，以及在信息技术领域进行了更大投资的行业中这种放缓更加严重的事实（Acemoglu 等，2014），使得生产率错误测量假说不太可能解释所有的放缓。

我们的概念框架提出了一些可能的解释。他们围绕着"过度自动化"的可能性，这意味着比社会期望的自动化更快（Acemoglu 和 Restrepo，2016，2018a）。过度自动化不仅造成直接的低效率，还可能通过浪费资源和取代劳动力来抑制生产率的增长。

过度自动化有两个主要原因，我们认为这两个原因都很重要。第一个与美国税法的偏差有关，美国税法相对于劳动力来说补贴资本。这种补贴采取几种不同规定的形式，包括雇主必须为劳动力支付的额外税收和成本，以税收抵免和资本支出加速折旧形式的补贴，以及债务融资投资情况下的利率扣减额外税收抵免（AEI，2008；Tuzel 和 Zhang，2017）。所有这些扭曲意味着，在边际，当功利主义的社会规划者对资本和劳动力漠不关心时，市场会有使用机器的动机，从而进一步推动自动化。这种低效率可能会转化为生产率增长缓慢，因为用劳动力替代机器会加剧资本和劳动力的不当配置。

即使没有这种财政偏见，过度自动化也是有其自然原因的。劳动力市场的不完善和摩擦也往往意味着均衡工资高于劳动力的社会机会成本。因此，社会规划者在决定是否将工作自动化时，会使用比市场更低的影子工资，从而产生另一股过度自动化的力量。这种过度自动化的影响将再次包括生产率增长较慢。

最后，自动化有可能以其历史速度继续发展，或者最近甚至有所加速，但我们正在目睹的令人沮丧的生产率增长表现是由新工作的创建或对其他生产率提高技术的投资放缓所驱动的（见 Acemoglu 和 Restrepo，2016）。除自动化之外，新工作和技术创造的减速也将解释为什么生产率增长缓慢的时期与劳动力市场的不良结果同时出现，包括工资中位数停滞和劳动力份额下降。

对自动化的过度强调可能会以其他技术的投资为代价，包括新工作的创建，这是有自然原因的。例如，在使用一组共同资源（例如，科学家）内生开发技术的环境中，在更快的自动化和对其他类型技术的投资之间存在自然的权衡（Acemoglu 和 Restrepo，2016）。尽管目前不可能知道研究资源从新工作的创建转向自动化是否在生产率放缓中发挥了重要作用，但企业部门和研究社区对 AI、深度学习应用和其他大数据方法等各种自动化工作的关注几乎是唯一的，这使得人们至少有可能过于关注自动化，而牺牲了其他技术突破。

8.3　自动化、工作和劳动力需求模型

在前一节中，我们直观地讨论了自动化，特别是机器人和 AI，将如

何影响生产率和劳动力需求。在本节中，我们讲述了强调这些结论的正式框架。我们的陈述将是非正式的，没有任何推导，这些都收集在附录中。

8.3.1 基于工作的框架

我们从 Acemoglu 和 Restrepo（2016）中引入的基于工作的框架的简化版本开始。根据以下 Cobb – Douglas（单位弹性）聚合器，将单位计量的工作 $x \in [N-1, N]$ 的服务组合起来，就可以产生总产出。

$$\ln_y = \int_{N-1}^{N} \ln y(x)\,\mathrm{d}x \qquad\qquad 式（1）$$

其中 Y 表示总产出，$y(x)$ 是工作 x 的产出。工作在 $N-1$ 和 N 之间运行的事实使我们能够考虑工作范围的变化，例如，由于新工作的引入，而不改变经济中工作的总计量。

每个工作可以由人类劳动生产 $\ell(x)$，也可以由机器生产 $m(x)$，这取决于它是否已经（技术上）自动化。特别是，工作 $x \in [N-1, I]$ 在技术上是自动化的，所以可以由人工或机器生产，而其余的工作在技术上没有自动化，所以必须用人工生产。

$$y(x) = \begin{cases} \gamma_L(x)\ell(x) + \gamma_M(x)m(x), & x \in [N-1, I] \\ \gamma_L(x)\ell(x), & x \in [I, N] \end{cases} \qquad 式（2）$$

这里，$\gamma_L(x)$ 是工作 x 中的劳动生产率，并且假定是递增的，而 $\gamma_M(x)$ 是自动化工作中的机器生产率。我们假设 $\gamma_L(x)/\gamma_M(x)$ 在 x 中是递增的，因此劳动在高指数工作中具有比较优势。[①]

阈值 I 表示自动化可能性的前沿：它描述了利用当前现有的 AI、工业机器人、各种计算机辅助技术和其他形式的"智能机器"技术可以实现自动化的工作范围。

我们还简化了讨论，假设劳动力的供给 L 和机器的供给 K 都是固定的、

---

① 我们的理论框架建立在 Zeira（1998）的基础上，他开发了一个模型，在这个模型中，企业使用劳动密集型或资本密集型技术生产中间产品。Zeira 专注于工资如何影响资本密集型生产方法的采用，以及这种利润率如何放大不同国家和不同时间的生产力差异。相比之下，我们专注于自动化的影响，在这里，自动化被描述为可以由机器生产的工作集的增加，用 I 表示，对劳动力、工资和就业的需求，我们还研究了引入新工作的影响。在 Acemoglu 和 Restrepo（2016）中，我们在其他一些维度上对 Zeira 的框架进行了概括，并将自动化技术和新工作的开展内生化。

没有弹性的。劳动力供给缺乏弹性这一事实意味着劳动力需求的变化会影响劳动力在国民收入和工资中的比重，但不会影响就业水平。我们在下文中概述了这一框架如何能够容易地概括以适应就业和失业的变化。

8.3.2　技术变革的类型

我们的框架包含了 4 种不同类型的技术进步。所有的进步都提高了生产率，但正如我们将看到的那样，对劳动力和工资的需求产生了非常大的影响。

（1）增加劳动力的技术进步：宏观经济学和劳动经济学的标准方法通常关注增加劳动力的技术进步。这种技术变化对应于函数 $\gamma_L(x)$ 的增加（或者可能是等比例的增加）。我们的分析将表明，它们实际上非常特殊，自动化和 AI 的含义通常与增加劳动力的进步非常不同。

（2）自动化（在广泛的边际上）：我们认为自动化是参数 I 所代表的技术自动化工作集的扩展。

（3）自动化的深化（或密集边际的自动化）：AI 和机器人技术进步的另一个维度将倾向于提高机器在已经自动化的工作中的生产力，例如，用更新、更有生产力的老式机器取代现有机器。就我们的模型而言，这相当于对工作 $x < I$ 的 $\gamma_M(x)$ 函数的增加，我们将看到，这种类型的自动化深化对劳动力需求的影响与自动化（在广泛边际上）有很大不同。

（4）创造新的工作：正如 Acemoglu 和 Restrepo（2016）所强调的，技术变革的另一个重要方面是创造了劳动力具有比较优势的新工作和活动。在我们的模型中，这可以用最简单的方式来体现，即 N 的增加。

8.3.3　平衡点

在整个过程中，我们用 W 表示均衡工资率，用 R 表示机器的均衡成本（或租赁率），均衡要求企业选择成本最小化的方式生产每项工作，劳动力和资本市场要清算。

为了简化讨论，我们提出以下假设

假设（A1）　　$\dfrac{\gamma_L(N)}{\gamma_M(N-1)} > \dfrac{W}{R} > \dfrac{\gamma_L(I)}{\gamma_M(I)}$

第二个不等式意味着 $[N-1, I]$ 中的所有工作将由机器生产。第一个不等式意味着，新工作的引入即 N 的增加将增加总产出。这个假设是强加在工资与租金比率上的，而工资与租金比率是一个内生的对象；附录提供了一个与这个假设相当的资本和劳动力存量的条件 ［见附录中假设 （A2）］。

我们还在附录中表明，均衡中的总产出（GDP）的形式为：

$$Y = B \left(\frac{K}{I - N + 1} \right)^{I - N + 1} \left(\frac{L}{N - I} \right)^{N - I} \qquad 式 （3）$$

其中：

$$B = \exp\left[\int_{N-1}^{I} \ln \gamma_M(x)\,\mathrm{d}x + \int_{I}^{N} \ln \gamma_L(x)\,\mathrm{d}x \right] \qquad 式 （4）$$

总产出由资本存量和就业的科布—道格拉斯总量给出。方程 （3） 中产生的这个总生产函数本身就是从两种生产要素对工作的分配中得出的。更重要的是，在这个生产函数中，资本和劳动的指数取决于自动化程度 I 和新工作的创造，如 N 所代表的那样。

我们关注的核心不仅是新技术对生产率的影响，而且是对劳动力需求的影响。从附录中可以看出，对劳动力的需求可以表示为：

$$W = (N - I) \frac{Y}{L} \qquad 式 （5）$$

这个方程从方程 （3） 中的科布—道格拉斯生产函数来看是很直观的，因为它表明工资（劳动的边际产品） 等于劳动的平均产品，我们也将其称为"生产率"——乘以总生产函数中的劳动指数。等式 （5） 可以倒推得到作为工资函数的向下倾斜的劳动需求曲线。

等式 （5） 意味着劳动在国民收入中的份额由以下公式给出：

$$s_L = \frac{WL}{Y} = N - I \qquad 式（6）$$

8.4　技术和劳动力需求

8.4.1　替代效应

我们的第一个结果表明，自动化（在广泛的边际上）确实产生了替代效应，减少了劳动力需求，正如 8.2 节所强调的那样，但同时也被生产率效应所抵消，推动了劳动力需求的增加。

具体来说，由式 （5） 我们直接得到了

$$\frac{\mathrm{d}\ln W}{\mathrm{d}I} = \underbrace{\frac{\mathrm{d}\ln(N-I)}{\mathrm{d}I}}_{\text{替代效应}<0} + \underbrace{\frac{\mathrm{d}\ln(Y/L)}{\mathrm{d}I}}_{\text{生产率效应}>0} \qquad \text{式（7）}$$

如果没有生产率效应，自动化总是会减少劳动力需求，因为它直接取代了以前由工人执行的工作中的劳动力。的确，如果生产率效应有限，自动化会降低劳动力需求和工资。

8.4.2 抵消替代效应一：生产率效应

另一方面，生产率效应抓住了一个重要观点，即提高生产率的技术往往会提高劳动力需求和工资。如前所述，生产率效应有两种互补的表现形式。第一种是通过增加自动化行业中非自动化工作的劳动力需求来实现。第二种方法是提高其他行业对劳动力的需求，这些行业没有那么自动化。等式（7）所示的生产率效应结合了这两种机制。

等式（7）中分解的一个重要含义是，与一些主流的讨论相反，更有可能减少劳动力需求的新 AI 和机器人技术不是那些聪明的和生产率高的技术，而是那些"一般"的技术——只需生产率足以被采用，但相比于它们正在取代的生产过程，生产效率或者生产成本的节约都是比较低的。有趣的是，与我们关于生产力缺失的讨论相关，如果新的自动化技术一般，它们也不会带来生产力的重大提高。

为了进一步阐述这一点并更好地理解自动化技术对生产率的影响，让我们也用劳动和机器的实际生产率以及要素价格来表达生产率效应，如下所示：

$$\frac{\mathrm{d}\ln(Y/L)}{\mathrm{d}I} = \ln\left[\frac{W}{\gamma_L(I)}\right] - \ln\left[\frac{R}{\gamma_M(I)}\right] > 0$$

事实上，从假设（A1）中得出这个表达式是积极的，新的自动化技术将被采用。使用这个表达式，对劳动力需求的总体影响可以替代地写成：

$$\frac{\mathrm{d}\ln W}{\mathrm{d}I} = -\underbrace{\frac{1}{N-J}}_{\text{替代效应}<0} + \underbrace{\ln\left[\frac{W}{\gamma_L(I)}\right] - \ln\left[\frac{R}{\gamma_M(I)}\right]}_{\text{生产率效应}>0} \qquad \text{式（8）}$$

这个表达式阐明了自动化的替代效应将主导生产率效应，从而降低劳动力需求（和工资），当 $\gamma_M(I)/R \approx \gamma_L(I)/W$ 时，这正是新技术一般的情况——在新的自动化工作中只比劳动力略好。相比之下，当 $\gamma_M(I)/R > \gamma_L(I)/W$ 时，自动化将充分提高生产率，从而提高对劳动力和工资的需求。

接下来转到自动化对劳动份额的影响，等式（6）立即暗示了这一点。

$$\frac{\mathrm{d}s_L}{\mathrm{d}I} = -1 < 0 \qquad\qquad 式（9）$$

所以，无论生产率效应的大小，自动化总是降低劳动在国民收入中的份额。这种对劳动份额的负向影响是由于自动化提高的生产率总是大于工资的直接结果，$\mathrm{dln}(Y/L)/\mathrm{d}I > \mathrm{dln}W/\mathrm{d}I$［本身直接从公式（7）中可以看出，对工资的影响是由对生产率的影响减去替代效应得到的］。

下面，我们研究自动化程度的加深和新工作的产生对劳动力需求和工资的影响。在这一点上，我们简单地指出，标准的劳动增强型技术变革的影响是非常不同的，它对应的是 $\gamma_L(x)$ 计划的（边际）上移。这类技术变革使工资方程（5）的形式不变，按比例增加每个工人的平均产出 Y/L 和均衡工资 W，因此不影响劳动在国民收入中的比重。[①]

8.4.3 抵消替代效应二：资本积累

迄今为止，我们已经强调了新的自动化技术所产生的替代效应。我们还看到，由于自动化技术降低了成本而产生的生产力效应在一定程度上抵消了替代效应。在本小节和下一小节中，我们将讨论另外两种反作用力。

本节讨论的第一种力量是资本积累。迄今为止的分析假设经济有固定的资本供应，可以投入到新的机器（自动化技术）上。因此，自动化程度的进一步提高（在广泛的边际上）增加了对资本的需求，从而增加了均衡租金率 R，这可以理解为自动化的短期效应。

相反，我们可以把"中期"效应设想为这些技术在新的自动化工作中使用的机器供给扩大之后的影响。由于机器和劳动力是 $q-$ 互补的，在就业水平保持 L 不变的情况下，资本存量的增加会增加实际工资，降低租金率。方程（8）表明，这种要素价格的变化使得生产率效应更加强大，对工资的影响也更可能是正的。

在极限情况下，如果资本积累将租金率固定在一个恒定的水平上（例如，当我们拥有一个具有指数贴现和时间可分离偏好的代表性家庭时，就会

---

① $\gamma_L(x)$ 的小幅上升并不违反假设（A1），因为在边际上，使用机器是严格的成本节约。更大的劳动增强型技术变革可能导致违反假设（A1）。此时，只有低于内生阈值 $\tilde{I} < I$ 的工作才会实现自动化，而劳动增强技术也可以降低 $\tilde{I}$，增加劳动在国民收入中的比重。

出现这种情况），生产率效应将始终主导替代效应。①

但至关重要的是，方程（6）仍然适用，因此，即使在调整资本存量后，自动化也会继续降低劳动份额。

8.4.4 抵消替代效应三：自动化程度加深

另一种抵消广泛边际的自动化所产生的替代效应的潜在强大力量来自于自动化（或密集边际的自动化）的深化，例如，由于已经存在的自动化技术的性能的改进或用更新的、更有生产力的老式技术取代这些技术。在我们的模型中，这种已经实现自动化的工作中机器生产率的提高对应于 I 以下工作中函数 $\gamma_M(x)$ 的增加。

为了以最简单的方式探讨这类变化的影响，让我们假设在所有自动化工作中 $\gamma_M(x) = \gamma_M$ 并考虑在自动化的广泛余地 I 不变的情况下，机器生产率增加 $\mathrm{d}\ln\gamma_M > 0$，这种机器生产率的变化对均衡工资和生产率的影响可以得到如下结果：

$$\mathrm{d}\ln W = \mathrm{d}\ln Y/L = (I - N + 1)\,\mathrm{d}\ln\gamma_M > 0$$

因此，自动化程度的加深将趋向于增加劳动力需求和工资，进一步抵消替代效应。但请注意，与资本积累一样，在我们的模型中，这对劳动力在国民收入中的比重没有影响，这可以从工资和生产率的增加量完全相同的事实中看出。

8.4.5 新工作与劳动力的比较优势

比资本积累和自动化深化的反作用更强大的是创造了劳动力具有比较优势的新工作。这些工作既包括现有工作的新的、更复杂的版本，也包括新活动的创造，这些都是技术进步所带来的。在我们的框架中，它们对应的是 N 的增加。

$$\frac{\mathrm{d}\ln Y/L}{\mathrm{d}N} = \ln\left[\frac{R}{\gamma_M(N-1)}\right] - \ln\left[\frac{W}{\gamma_L(N)}\right] > 0$$

从假设（A1）来看是正数。

---

① 假设生产表现出恒定的规模收益，任何技术所带来的生产率收益都会同时归于资本和劳动。特别是，对于任何恒定的规模收益生产函数，我们有 $\mathrm{d}\ln Y\,|_{K,L} = s_L\mathrm{d}\ln W + (1-s_L)\mathrm{d}\ln R$，其中 $\mathrm{d}\ln Y\,|_{K,L} > 0$ 表示在资本和劳动使用不变的情况下，技术带来的生产率收益，sL 是劳动份额。如果租金率长期不变，那么 $\mathrm{d}\ln R = 0$，所有的生产率收益都归属于相对缺乏弹性的因素，即劳动。

　　对于我们这里的重点来说，更重要的是，新工作的产生也会通过产生复原效应来抵消替代效应，从而增加劳动力需求和均衡工资。特别是：

$$\frac{\mathrm{d}\ln W}{\mathrm{d}N} = \underbrace{\ln\left[\frac{R}{\gamma_M(n-1)}\right] - \ln\left[\frac{W}{\gamma_L(N)}\right]}_{\text{生产率效应}>0} + \underbrace{\frac{1}{N-I}}_{\text{替代效应}>0} \qquad \text{式（10）}$$

　　与资本积累和自动化的深化相比，资本积累和自动化增加了对劳动力的需求，但并不影响劳动份额，方程（6）意味着新工作增加了劳动份额，即

$$\frac{\mathrm{d}s_L}{\mathrm{d}N} = 1$$

　　从补充的历史角度看，可以理解新工作的中心地位。自动化不是最近才出现的现象。正如我们在第 8.2 节中已经讨论过的，过去 2 个世纪的技术史充满了自动化的例子，从织布机、纺纱机到上一节讨论的农业机械化。即使有了资本的积累和自动化的深化，如果没有其他的反作用力，我们也会看到劳动在国民收入中的比重在稳步下降。我们的概念框架强调了防止这种下降的一个主要力量——创造劳动力具有比较优势的新工作。

　　这一点可以通过将式（7）和式（10）放在一起来看，可以得到：

$$\mathrm{d}\ln W = \left\{\ln\left[\frac{R}{\gamma_M(N-1)}\right] - \ln\left[\frac{W}{\gamma_L(N)}\right]\right\}\mathrm{d}N$$

$$+ \left\{\ln\left[\frac{W}{\gamma_L(I)}\right] - \ln\left[\frac{R}{\gamma_M(I)}\right]\right\}\mathrm{d}I + \frac{1}{N-I}(\mathrm{d}N - \mathrm{d}I) \qquad \text{式（11）}$$

也可由式（6）得出：

$$\mathrm{d}s_L = \mathrm{d}N - \mathrm{d}I$$

　　因此，为了使劳动份额保持稳定，为了使工资增长与生产率实现同步增长，我们需要 I——获取大量自动化利润——以与新工作范围 N 相同的数量增长。当这种情况发生时，均衡工资与生产率成比例增长，而劳动份额 sL 保持不变，这可以从方程（11）的第一行在这种情况下等于每个工人的生产率或国内生产总值（GDP）的增长这一事实中看出。事实上，重写方程（11），规定 $\mathrm{d}N = \mathrm{d}I$，我们有：

$$\mathrm{d}\ln W = \left\{\ln\left[\frac{\gamma_L(N)}{\gamma_M(N-1)}\right] - \ln\left[\frac{\gamma_L(I)}{\gamma_M(I)}\right]\right\}\mathrm{d}I > 0$$

　　由于假设（A1），它是严格的正值。

8.4.6   一个错误的二分法回顾

随着我们的概念框架以更系统的方式被揭示出来，现在我们可以简单地重新审视引言中强调的错误二分法。我们的分析［特别是方程（7）］强调，自动化导致的劳动力替代效应总是负面的。方程（11）重申，不存在这种替代效应不能减少对劳动力的总体需求的假设。

然而，几个反作用意味着，自动化对劳动力需求的负面影响并不是一个必然的结论。最重要的是，生产率效应可能会超过替代效应，导致自动化带来的劳动力需求和均衡工资的扩张。然而，生产力效应作为抵消自动化造成的替代的关键因素的存在，凸显了一个重要的概念问题。与流行讨论中强调的不同点是，威胁劳动力的并不是那些高明的、超级生产性的自动化技术，而是那些"如此这般"的自动化技术，它们取代了劳动力以前所从事的工作，但并没有产生反作用的生产力效应，从而产生了替代效应。

生产力效应的补充是自动化引发的资本积累和自动化的深化，它提高了机器在已经自动化的工作中的生产率。但即使有这些反作用，方程（9）也表明，自动化总是会降低劳动在国民收入中的比重。所有这些，也并不意味着劳动力的消亡，因为劳动力具有比较优势的新工作的产生可以抵消它，这就是我们对为什么过去尽管有几次快速的自动化浪潮，但对劳动力的需求仍能跟上生产率增长的解释。

我们的框架表明，危言耸听派和乐观派观点的最大缺陷在于他们没有认识到，劳动力的未来取决于自动化和新工作创造之间的平衡。自动化往往会导致劳动力需求和工资的健康增长，如果它伴随着劳动力具有比较优势的工作集的相应增加，这一点似乎被危言耸听者忽略了。即使有很好的经济理由来解释为什么经济会创造新的工作，但这既不是一个必然的结论，也不是在没有必要的投资和调整行为的情况下我们可以一直指望的东西，就像乐观主义者似乎假设的那样。AI 和机器人技术可能会永久地改变这种平衡，导致自动化的步伐领先于新工作的创造，至少在劳动力在国民收入中的份额方面，会给劳动力带来负面影响。

8.4.7   归纳

上一小节所采用的许多特征是论述上的简化。特别是，总生产函数（1）可以被认为是任何恒定弹性的替代总量。这样做的一个含义是，方程

（3）中的总产出本身就是一个恒定弹性的总量。这并不影响我们的任何主要结论，包括自动化对劳动份额的负面影响（Acemoglu 和 Restrepo，2016）。[①]

我们也不需要假设（A1）的任何结果。如果这个假设中的第二个不等式不成立，自动化技术的变化对均衡没有影响，因为采用所有可用的自动化技术并不划算［为此，在一般情况下，Acemoglu 和 Restrepo（2016）将技术自动化工作与均衡自动化区分开来］。考虑到我们在这里的关注点，做出这个假设并不会失去通用性。

最后一个值得评论的特征是，在总生产函数（1）中，整合的极限是 $N-1$ 和 N，确保工作的总度量是 1。这是很有用的，原因有几个。首先，当新工作的引入扩大了工作的总度量时，获得一个平衡的增长路径就变得更具挑战性（Acemoglu 和 Restrepo，2016）。其次，在这种情况下，一些小的修改是必要的，以便工作总度量的扩张导致生产率的提高。特别是考虑一般情况下，工作之间的替代弹性不一定等于 1。如果它大于 1，N 的增加会导致生产率的提高，但当它小于或等于 1 时，就不一定了。在后一种情况下，我们就需要引入工作多样性带来的直接生产率提升。例如，在目前工作间替代弹性等于 1 的情况下，我们可以将式（1）修改为 $\ln Y = (1/n) \sum_{0}^{N} \ln[N^{1+\alpha} y(i)]$，其中 $\alpha \geq 0$ 代表这些来自工作品种的生产率收益，并确保这里明确的定性结果继续适用。

8.4.8　失业率

另一个概括涉及在新的自动化技术面前就业的内生调整。为了简单起见，我们至今都认为劳动力的供给是无弹性的。就业水平对新技术到来的反应有两种方式。第一种是通过标准的劳动力供给边际。Acemoglu 和 Restrepo（2016）表明，劳动力供给的内生调整，包括收入效应和消费与休闲的替代，将就业水平与劳动力在国民收入中的比重联系起来。

第二种可能是通过劳动力市场摩擦，例如 Acemoglu 和 Restrepo（2018a）。

---

① 然而，Aghion、Jones 和 Jones（2017）最近的工作指出，如果工作之间的替代弹性小于 1，且存在外生的高储蓄率，即使在持续不断的自动化的情况下，劳动份额也可能渐进到一个正值。

在适当的假设下，这种情况下的内生就业水平也是劳动力在国民收入中占比的函数。尽管有劳动力市场摩擦和没有劳动力市场摩擦的两种模型都将就业内生为劳动力份额的函数，但正如我们在下文中讨论的那样，它们的规范意义可能是不同的。

然而，就目前而言，这种扩展的更重要的意义是将就业（或失业）水平与劳动力需求联系起来。自动化在降低劳动力需求时，也会降低就业水平（或增加失业水平）。此外，由于劳动力的供给取决于劳动份额，在我们的框架中，自动化的结果是减少就业（或增加失业）。因此，到目前为止，我们的分析也揭示了（并澄清了）新的自动化技术将减少就业的说法的条件。不过，它也强调，自动化一直在进行的事实并不意味着经济会陷入就业下降的道路。如果在创造新工作的过程中以同等的变化来满足自动化的要求，那么劳动力在国民收入中的份额就可以保持稳定，并确保经济中稳定的就业（或失业）水平。

8.5 限制因素和低效因素

即使存在限制自动化带来的替代效应的反作用力，也有潜在的低效率和制约因素限制了劳动力市场的顺利调整，阻碍了新技术带来的生产力提升。

在此，我们重点探讨技能和技术之间的不匹配不仅会加剧不平等，而且会阻碍自动化和新工作带来的生产率提升。然后，我们探讨了这样一种可能性，即在快速自动化的同时，我们正在经历新工作创造的放缓，这可能导致生产力增长缓慢。最后，我们研究了一系列因素如何导致过度自动化，这不仅造成效率低下，而且阻碍了生产率的提高。

8.5.1 技术和技能不匹配

强调创造新的工作以抵消自动化对劳动力份额和劳动力需求的潜在负面影响，却忽略了一个重要的警告和制约因素——新技术（工作）的要求和劳动力的技能之间的潜在不匹配。如果新的工作需要熟练的员工，甚至需要掌握新的技能，那么调整的速度可能会比我们迄今为止的分析所暗示的要慢得多，甚至会受到严重阻碍。

为了以最简单的方式说明这些想法，我们遵循 Acemoglu 和 Restrepo（2016）的观点，假设有两种类型的工人，低技能的供给 L 和高技能的供给 H，它们都是弹性供给。我们还假设低技能工人只能执行低于阈值 $S \in (I, N)$ 的工作，而高技能工人可以执行所有工作。为了简单起见，我们假设低技能工人和高技能工人在他们能够执行的工作中的生产率仍由 $\gamma_L(x)$ 给出。[1] 因此，低技能工人的工资为 W_L，高技能工人的工资为 $W_H \geqslant W_L$。

在迄今为止所提出的框架的这一简单扩展中，门槛 S 可被视为新技术和技能之间不匹配的反向衡量标准。S 的值越大，意味着低技能工人还有很多额外的工作，而 S 的值越低，意味着低技能工人能完成的工作只剩下少数。

假设在均衡状态下，$W_H > W_L$。[2] 这意味着低技能工人将在 (I, S) 范围内完成所有工作，均衡工资满足了：

$$W_H = \frac{Y}{H}(N - S) \text{ 和 } W_L = \frac{Y}{L}(S - I)$$

因此，自动化对不平等的影响在这里被定义为高技能工人和低技能工人之间的工资溢价，由以下公式给出：

$$\frac{\mathrm{d}\ln W_H / W_L}{\mathrm{d}I} = \frac{1}{S - I} > 0$$

这个等式说明自动化增加了不平等。这并不奇怪，因为自动化的工作恰恰是由低技能工人完成的。但除此之外，它还表明，当存在严重的技能不匹配时，自动化对不平等的影响会变得更糟——阈值 S 接近 I。在这种情况下，被解雇的工人将被挤到非常小的工作范围内，因此，这些工作中的每一项都将接收大量工人，并将经历价格的大幅下降，这转化为低技能工人工资的大幅下降。相比之下，当 S 较大时，被解雇的工人可以承担更多的工作，而不会像以前那样压低工资。

自动化工作和其他工作所需技能的严重不匹配也会影响自动化带来的生产率提高。我们可以得到：

$$\frac{\mathrm{d}\ln(Y/L)}{\mathrm{d}I} = \ln\left[\frac{W_L}{\gamma_L(I)}\right] - \ln\left[\frac{R}{\gamma_M(I)}\right] > 0$$

---

[1] 我们还可以引入差异性比较优势，也可以引入高技能工人的绝对生产率优势，不过为了增加透明度，我们选择不这样做（见 Acemoglu 和 Restrepo，2016）。这里更具有限制性的假设是，自动化发生在工作范围的底部。一般来说，自动化可能发生在中间范围，其影响将取决于自动化工作是否主要与低技能或高技能工人竞争（见 Acemoglu 和 Autor，2011；Acemoglu 和 Restrepo，2018b）。

[2] 这相当于 $[(N-S)/(S-I)] > (H/L)$，因此，相对于只有他们才能生产的工作范围，高技能工人是稀缺的。

这个等式表明，自动化带来的生产率增长取决于 W_L/R：正是当被解雇的工人有很高的机会成本时，自动化才提高了生产率。利用 $R = (Y/K)(I - N + 1)$ 的事实，我们得到 $\dfrac{W_L}{R} = \dfrac{S - I}{I - N + 1} \times \dfrac{K}{L}$

更糟糕的不匹配（S 值较低）进一步降低了失业工人的机会成本，并通过这种方式降低了自动化的利润。这是因为严重的不匹配阻碍了重新分配，降低了将员工从自动化工作中解放出来的生产率收益。

同样重要的是技能不匹配对新工作生产率提高的影响。也就是说，

$$\frac{\mathrm{d}\ln(Y/L)}{\mathrm{d}N} = \ln\left[\frac{R}{\gamma_M(N - I)}\right] - \ln\left[\frac{W_H}{\gamma_H(N)}\right] > 0$$

这与 WH/R 呈负相关：正是当高技能工人拥有相对较高的工资时，新工作的收益才会受到限制。与前面的论点类似，我们还有：

$$\frac{W_H}{R} = \frac{N - S}{I - N + 1} \times \frac{K}{L}$$

这意味着在存在更严重的不匹配（S 值较低）的情况下，新工作的生产率增益将是有限的。这是因为新的工作需要高技能的工人，而当 S 低时，这些工人既稀缺又昂贵。

这一分析的一个重要含义是，为了限制日益加剧的不平等，并最好地部署新工作和利用自动化的好处，社会可能需要同时增加技能的供应。一个平衡的增长过程不仅需要自动化和新工作的创造齐头并进，还需要高技能工人的供应与这些技术趋势同步增长。

8.5.2　以新工作为代价的自动化

正如第 8.2 节所讨论的，最近宏观经济发展的一个令人困惑的问题是，尽管有令人困惑的一系列新技术，但缺乏强劲的生产率增长。虽然有些人认为这是因为对真实生产率的错误衡量，但我们的概念框架为生产率增长缓慢提供了三个新的（至少对我们来说，更有说服力的）原因。第一个在前面的小节中讨论过。

在本小节中讨论的第二个问题是，随着新自动化技术的快速引入，我们可能会在创造新工作和投资其他有利于劳动力的技术方面遇到放缓。

这个解释有两种可能。首先，我们可能没有好的想法来创造新的就业机

会、部门和能够扩大劳动力需求的产品（例如，Gordon，2016；Bloom 等，2017），即使自动化继续以健康或加速的速度发展。其次，新自动化技术的快速引入可能会将资源重新导向其他技术进步，特别是新工作的创建（参见 Acemoglu 和 Restrepo，2016）。在某种程度上，最近对深度学习和 AI 某些方面的热情甚至"狂热"地可以被视为这样一种重定向，我们的框架指出了在快速自动化面前生产率增长放缓的潜在强大机制。

两种解释都依赖于研究活动从新工作的创建到自动化的重新定向——第一种情况是外源性的，第二种情况是内源性的。回想一下我们迄今为止的分析，基线框架中新工作的生产率收益由下式给出：

$$\frac{\mathrm{dln}(Y/L)}{\mathrm{d}N} = \ln\left[\frac{R}{\gamma_M(N-1)}\right] - \ln\left[\frac{W}{\gamma_L(N)}\right] > 0$$

其中自动化带来的生产率提高表示为：

$$\frac{\mathrm{dln}(Y/L)}{\mathrm{d}I} = \ln\left[\frac{W}{\gamma_L(I)}\right] - \ln\left[\frac{R}{\gamma_M(I)}\right] > 0$$

如果前者大于后者，那么研究效率从创造新工作转向自动化，或者创造新工作的研究效率降低，将导致生产率增长放缓，即使自动化的进步正在加速并被热情地采用。如果以创造新工作为代价的额外的自动化研究效率会导致收益递减，那么这个结论就会得到加强。

8.5.3　过度自动化

在这一小节中，我们强调生产力增长可能缺失的第三个原因：社会过度自动化（Acemoglu 和 Restrepo，2016，2018a）。

为了说明为什么我们的框架会产生过度自动化，我们修改了资本供应量 K 给定的假设，而假设自动化中使用的机器是以固定成本 R 生产的作为中间品使用的最终品，此外，假设由于对资本的补贴、加速折旧津贴、债务融资投资的税收抵免或仅仅因为雇佣工人的税收成本，资本获得了 $\tau > 0$ 的边际补贴。

考虑到这种补贴，机器的租金率为 $R(1-\tau)$，假设（A1）就变成了：

$$\frac{\gamma_L(N)}{\gamma_M(N-1)} > \frac{W}{R(1-\tau)} > \frac{\gamma_L(I)}{\gamma_M(I)}$$

现在让我们把 GDP 计算为增加值，减去生产机器的成本。这样我们就得到：

GDP = Y − RK

接下来假设自动化程度提高,那么我们得到:

$$\frac{d\text{GDP}}{dI} = \frac{dY}{dI}\bigg|_K + R(1-\tau)\frac{dK}{dI} - R\frac{dK}{dI}$$

即简化为:

$$\frac{d\text{GDP}}{dI} = \underbrace{\ln\left[\frac{W}{\gamma_L(I)}\right] - \ln\left[\frac{R(1-\tau)}{\gamma_M(I)}\right]}_{生产率效应 > 0} - \underbrace{R\tau\frac{dK}{dJ}}_{过度自动化 < 0}$$

第一个项是正数,反映了自动化所产生的生产率的提高。然而,当 $\tau >$ 0 时,即使用资本的实际成本被扭曲时,我们也会有一个额外的负面效应,源于过度的自动化。[①] 这种负面效应的根源在于,补贴会诱导企业用资本替代劳动,即使这样做并不节约社会成本(虽然因为补贴而对私人有利)。

当还存在 8.2 节指出的劳动力市场摩擦时,这一结论得到进一步加强。为了以最简单的方式说明这一点,让我们假设存在一个阈值 $J \in (I, N)$,使得在执行 $[I, J]$ 中的工作时,工人赚取的租金 $\omega > 0$,与其在其他工作中的工资成正比。具体来说,工人生产 $[J, N]$ 中的工作要支付工资 W,生产 (I, J) 中的工作要支付工资 $W(1+\omega)$。让 L_A 表示分配给 (I, J) 中的工作的劳动总量,并注意到这些是将被自动化所取代的工人,也就是 I 的小幅增加所取代的工人,鉴于这种额外的扭曲,假设(A1)现在变成了:

$$\frac{\gamma_L(N)}{\gamma_M(N-1)} > \frac{W}{R(1-\tau)} > \frac{1}{1+\omega} \times \frac{\gamma_L(I)}{\gamma_M(I)}$$

现在工人赚取租金的工作对劳动力的需求为:

$$L_A = \frac{Y}{W(1+\omega)}(J-I)$$

工人不赚取租金的工作对劳动力的需求是:

$$L - L_A = \frac{Y}{W}(N-J)$$

将这两个表达式相除,我们得到 L_A 的平衡条件:

$$\frac{L_A}{L-L_A} = \frac{1}{1+\omega} \times \frac{J-I}{N-J}$$

---

① 我们在附录中表明,$K = (Y/R)(I-N+1)$,这意味着 K 在 I 中增加。

这意味着，随着自动化的发展，赚取租金的工人总数会减少。

此外，附录显示，（总）产出现在用以下方式表示：

$$Y = B \left(\frac{K}{I-N+1} \right)^{I-N+1} \left(\frac{L_A}{J-I} \right)^{J-I} \left(\frac{L-L_A}{N-J} \right)^{N-J}$$
式（12）

GDP 仍然由 $Y - RK$ 给出。等式（12）强调了现在劳动力在不同工作之间的错误分配，通过将更多的工人分配到边际产品更大的工作（I，J）上（因为他们赚取了租金），可以增加产出。

等式（12）进一步意味着，自动化对 GDP 的影响由以下公式给出。

$$\frac{\mathrm{dGDP}}{\mathrm{d}I} = \underbrace{\ln\left[\frac{W(1+\omega)}{\gamma_L(I)}\right] - \ln\left[\frac{R(1-\tau)}{\gamma_M(I)}\right]}_{\text{生产率效应} > 0} - \underbrace{R\tau\frac{\mathrm{d}K}{\mathrm{d}I}}_{\text{过度自动化} < 0} + \underbrace{W\omega\frac{\mathrm{d}L_A}{\mathrm{d}I}}_{\text{劳动力过度转移} < 0}$$

新公式 $W\omega\dfrac{\mathrm{d}L_A}{\mathrm{d}I}$ 反映了工作（I，J）中就业率下降的一阶损失。这些损失产生的原因是，通过将工人赚取租金的工作自动化，企业有效地将工人替代到其他边际产品较低、工资收入较低的工作中去，这增加了错误配置的程度。

这里强调的是更普遍的观点。在没有劳动力市场摩擦的情况下，自动化增加了 GDP（和净产出），因此至少可以重新分配它所创造的收益，使不同技能水平的工人过得更好。劳动力市场的摩擦会极大地改变这种情况。在这种摩擦存在的情况下，企业的自动化决策并没有将劳动力的边际产品高于其机会成本这一事实内化，或者等价地说，没有认识到工人会因为自动化而遭受一阶损失。因此，均衡的自动化可能会降低 GDP 和福利，即使有无成本再分配的工具，也可能没有办法让（所有）工人过得更好。在这种情况下，功利主义的规划者会选择比均衡自动化水平更低的自动化水平。[①]

8.6 结语

尽管人们对自动化对于未来工作的影响越来越关注，辩论也越来越激烈，但经济学专业和大众讨论缺乏一个令人满意的概念框架。对我们来说，

---

① 当然，如果规划者能够消除租金，或者消除支撑租金的劳动力市场摩擦，那么均衡就会恢复到效率。然而，大部分租金的来源，包括搜寻、讨价还价和效率工资，也会存在于受约束的效率分配中。

缺乏适当的概念方法也是为什么许多争论的特点是错误的二分法，一种观点认为自动化将意味着人类工作的结束，另一种观点认为技术将一如既往地增加对劳动力的需求。

在这一章中，我们总结了一个概念框架，可以帮助理解自动化的含义，并弥合这种错误的二分法的对立双方。我们的框架的中心是基于工作的方法，其中自动化被概念化为在它过去执行的工作中代替人工。这种类型的替换造成了直接的替代效应，减少了劳动力需求。如果这种替代效应没有被其他经济力量抵消，它将减少劳动力需求、工资和就业。但我们的框架也强调有几种抵消力量。其中包括自动化将降低生产成本，从而产生生产率效应，诱导资本积累，以及自动化的深化——技术进步提高了机器在已经自动化的工作中的生产率。

我们的框架还强调，这些一阶抵消力通常不足以完全平衡自动化的影响。特别是，即使这些力量很强，自动化的替代效应也往往会导致劳动力在国民收入中的比重下降。但我们从技术和工业发展的历史中知道，尽管出现了几波快速自动化，但增长过程或多或少是平衡的，劳动力在国民收入中的份额没有长期下降的趋势。我们认为这是因为另一股强大的力量正在平衡自动化的影响：创造新的工作，在这些工作中，劳动力具有比较优势，这有助于劳动力的补偿恢复效应。这些工作增加了对劳动力的需求，并有增加劳动力份额的趋势。当它们与自动化齐头并进时，增长过程是平衡的，这并不意味着劳动力的前景黯淡。

然而，调整过程可能比自动化和新工作之间的平衡更慢、更痛苦。这是因为劳动力从现有工作向新工作岗位的重新分配是一个缓慢的过程，部分原因是耗时的搜索和其他劳动力市场的不完善。但更糟糕的是，新工作需要新技能，尤其是当教育部门跟不上对新技能的需求时，技能和技术之间的不匹配必然会使调整过程复杂化。我们还讨论了为什么这种不匹配会阻碍新技术带来的生产率提高。

我们的框架进一步表明，生产率下降还有其他原因。这些问题的核心是过度自动化的趋势，因为资本投资的税务处理和劳动力市场的不完善。过度自动化直接降低了生产率，但可能会产生更强大的间接影响，因为它将技术改进从导致新工作创建和自动化深化的生产率提高活动转向在自动化的广泛范围内的过度努力，这种情况得到了当前对 AI 和深度学习的单一关注的非正式支持。

最后，我们想指出一些额外的问题，这些问题对于理解 AI 和其他自动化技术对未来劳动力前景的全面影响可能很重要。我们相信，这些问题可以通过对本文框架的简单扩展来研究。

首先，我们强调了生产率效应在部分抵消自动化产生的替代效应中的作用。然而，这种抵消效应通过增加对产品的需求而起作用。我们也看到，自动化往往会增加不平等。如果作为这种分配影响的结果，自动化带来的实际收入的增加最终落在一小部分人手中，他们的边际消费倾向远低于那些失去收入和工作的人，那么这些抵消力量就会被削弱，可能会运行得更慢。自动化收益分配的这种不平衡也可能减缓新工作的创建。

其次，我们的分析强调了技能短缺对实现自动化带来的生产率增长和不平等的负面影响。实际上，问题可能是工人获得了错误类型的技能，而不是普遍缺乏技能。例如，如果 AI 和其他新的自动化技术需要不同于当前课程中强调的算术、通信和解决问题的技能，这将产生类似于技能短缺的影响，但这不能通过在当前教育实践保持不变的情况下增加教育支出来克服。这方面的一个重要考虑是，关于新技术将补充哪类技能的具体信息很少，这突出了在这一领域进一步开展实证工作的重要性。

再次，政府政策和劳动力市场机构不仅可能影响自动化的速度（从而影响是否存在过度自动化），还可能影响哪些类型的自动化技术将获得更多投资。就 AI 的某些用途可能更多地补充劳动力或产生更快创建新工作的机会而言，理解各种政策的影响，包括对学术和应用研究的支持，以及 AI 发展道路上的社会因素至关重要。

最后，同样重要的是，开发和采用提高生产力的 AI 技术不能被视为理所当然。如果我们不能从 AI 产生的生产率增长中找到一种创造共享繁荣的方法，那么对这些新技术的政治反应就有可能减缓甚至完全停止它们的采用和发展。这强调了研究 AI 的分配含义、政治经济对此的反应以及设计新的和改进的机构以从这些新技术中创造更广泛的共享收益的重要性。

附录

1. 基本模型的推导

假设（A1）成立。我们首先得出对要素的需求：

用 $p(x)$ 表示工作 x 的价格。假设（A1）意味着：

$$p(x) = \begin{cases} \dfrac{R}{\gamma(x)}, & x \in [N-1, I] \\ \dfrac{W}{\gamma_L(x)}, & x \in (I, N) \end{cases} \qquad (8A.1)$$

- 此外，工作 x 的需求由下式给出：

$$Y(x) = \frac{Y}{p(x)}$$

- 因此，工作 x 对智能机器的需求是：

$$k(x) = \begin{cases} \dfrac{Y}{R}, & x \in [N-1, I] \\ 0, & x \in (I, N) \end{cases}$$

工作 x 对劳动力的需求是：

$$\ell(x) = \begin{cases} 0, & x \in [N-1, I] \\ \dfrac{Y}{W}, & x \in (I, N) \end{cases}$$

- 将这个表达式中的机器需求量汇总，并设其等于资本的供给量 K，我们就有了以下资本的市场结算条件。

$$K = \frac{Y}{R}(I - N + 1)$$

同理，将劳动力的需求汇总，并设其等于其非弹性供给 L，我们得到劳动力的市场出清条件为：

$$L = \frac{Y}{W}(N - I)$$

- 将这两个方程重新排列，可以得到均衡时的租金率和工资率和工资：

$$R = \frac{Y}{K}(I - N + 1) \text{ 和 } W = \frac{Y}{L}(N - I) \qquad (8A.2)$$

这就是文中使用的表达式。

接下来我们来推导总产出的表达式。

- 因为我们将最终商品的价格标准化为 1 作为数值，所以我们得到了：

$$\int_{N-1}^{N} \ln p(x) \, dx = 0$$

- 将公式（8A.1）中的 $p(x)$ 的表达式插入，可得：

$$\int_{N-1}^{I} \left[\ln R - \ln \gamma_M(x) \right] dx + \int_{I}^{N} \left[\ln W - \ln \gamma_L(x) \right] dx = 0$$

- 将（8A.2）中 R 和 W 的表达式代入，我们得到了：

$$\int_{N-1}^{I} \left[\ln Y - \ln\left(\frac{K}{I-N+1} \right) - \ln \gamma_M(x) \right] dx + \int_{I}^{N} \left[\ln Y - \ln\left(\frac{L}{N-I} \right) - \ln \gamma_L(x) \right] dx$$
$$= 0$$

- 这个方程可以重新排列为

$$\ln Y = \int_{N-1}^{I} \left[\ln\left(\frac{K}{I-N+1} \right) + \ln \gamma_M(x) \right] dx + \int_{I}^{N} \left[\ln\left(\frac{L}{N-I} \right) + \ln \gamma_L(x) \right] dx$$

$$= \int_{N-1}^{I} \ln \gamma_M(x) \, dx + \int_{I}^{N} \ln \gamma_L(x) \, dx + (I-N+1) \ln\left(\frac{K}{I-N+1} \right)$$

$$+ (N-I) \ln\left(\frac{L}{N-I} \right)$$

其中，在对等式两边进行指数化后，得到文中式（1）中总产出的表达式。

假设（A1）

我们现在表明，假设（A1）等同于经济的资本 – 劳动比率取一个中间值。特别是，存在两个正的阈值，使得假设（A1）在以下情况下都能成立。

假设 A2　　$\dfrac{K}{L} \in (\underline{K}, \overline{K})$

等式（8A.2）表明：

$$\frac{W}{R} = \frac{K}{L} \times \frac{N-I}{I-N-1}$$

定义：

$$\underline{K} = \frac{I-N+1}{N-I} \times \frac{\gamma_L(I)}{\gamma_M(I)} \quad \text{以及} \quad \overline{K} = \frac{I-N+1}{N-I} \times \frac{\gamma_L(N)}{\gamma_M(N-1)}$$

那么假设（A2）等同于假设（A1）。

2. 在技术－技能不匹配的情况下的推导

- 用 $p(x)$ 表示工作 x 的价格。假设（A1）以及 $W_H > W_L$（见196页脚注②）意味着：

$$p(x) = \begin{cases} \dfrac{R}{\gamma_M(x)}, & x \in [N-1, I] \\[2mm] \dfrac{W_L}{\gamma_L(x)}, & x \in (I, S) \\[2mm] \dfrac{W_H}{\gamma_L(x)}, & x \in [S, N] \end{cases}$$

- 按照我们基线模型的相同步骤，我们得到资本的市场清算条件：

$$K = \frac{Y}{R}(I-N+1)$$

- 工作 x 中对低技能劳动力的需求由下列公式给出：

$$l(x) = \begin{cases} 0, & x \in [N-1, I] \\[2mm] \dfrac{Y}{W_L}, & x \in (I, S) \\[2mm] 0, & x \in [S, N] \end{cases}$$

- 将低技能劳动力的需求汇总，并设其等于其非弹性供给 L，我们得到低技能劳动力的市场出清条件为：

$$L = \frac{Y}{W_L}(S-I)$$

这意味着正文中给出的 W_L 的表达式。

- 工作 x 中对高技能劳动力的需求由以下公式给出：

$$h(x) = \begin{cases} 0, & x \in [N-1, I] \\[2mm] 0, & x \in (I, S) \\[2mm] \dfrac{Y}{W_H}, & x \in [S, N] \end{cases}$$

- 将高技能劳动力的需求汇总，并设其与供给 H 相等，我们得到高技能劳动力的市场出清条件为：

$$H = \frac{Y}{W_H}(N - S)$$

这意味着正文中给出了 W_H 的表达式。

3. 畸变模型的推导方法

• 用 $p(x)$ 表示工作 x 的价格。8.5 节引入的假设（A1）的变体意味着：

$$p(x) = \begin{cases} \dfrac{R(1-\tau)}{\gamma_M(x)}, & x \in [N-1, I] \\[2ex] \dfrac{W(1+\omega)}{\gamma_L(x)}, & x \in (I, J) \\[2ex] \dfrac{W}{\gamma_L(x)}, & x \in [J, N] \end{cases}$$

• 按照与无扭曲模型相同的步骤，我们得到资本的市场清算条件：

$$K = \frac{Y}{R(1-\tau)}(I - N + 1)$$

• 工作 x 中对劳动力的需求是：

$$\ell(x) = \begin{cases} 0, & x \in [N-1, I] \\[2ex] \dfrac{Y}{W(1+\omega)}, & x \in (I, J) \\[2ex] \dfrac{Y}{W}, & x \in [J, N] \end{cases}$$

• $\ell(x)$ 的表达式意味着，在劳动者获得租金的工作中，劳动者的总劳动量是：

$$L_A = \frac{Y}{W(1+\omega)}(J - I)$$

劳动者在不获得租金的工作中所雇用的劳动总量为：

$$L - L_A = \frac{Y}{W}(N - J)$$

为了得出（总）产出的表达式，我们的计算步骤如下。

• 根据我们选择的数值，我们得到：

$$\int_{N-1}^{N} \ln p(x) \, \mathrm{d}x = 0$$

- 代入 $p(x)$ 的表达式，我们可以得到：

$$\int_{N-1}^{I}\left[\ln R - \ln \gamma_M(x)\right]dx + \int_{I}^{J}\left[\ln W + \ln(1+\omega) - \ln \gamma_L(x)\right]dx + \int_{J}^{N}\left[\ln W - \ln \gamma_L(x)\right]dx = 0$$

- 用 K、L_A 和 $L-L_A$ 的表达式代入要素价格，我们得到了：

$$\int_{N-1}^{I}\left\{\ln Y - \ln\left[K/(I-N+1)\right] - \ln \gamma_M(x)\right\}dx + \int_{I}^{J}\left\{\ln Y - \ln\left[L_A/(J-I)\right] - \ln \gamma_L(x)\right\}dx$$

$$+ \int_{I}^{J}\left\{\ln Y - \ln\left[(L-L_A)/(N-J)\right] - \ln \gamma_L(x)\right\}dx = 0$$

- 这个方程可以重新排列为：

$$\ln Y = \int_{N-1}^{I}\left\{\ln\left[K/(I-N+1)\right] + \ln \gamma_M(x)\right\}dx + \int_{I}^{J}\left\{\ln\left[L_A/(J-I)\right] + \ln \gamma_L(x)\right\}dx +$$

$$\int_{J}^{N}\left\{\ln\left[L/(N-J)\right] + \ln \gamma_L(x)\right\}dx = \int_{N-1}^{I}\ln \gamma_M(x)\,dx + \int_{I}^{N}\ln \gamma_L(x)\,dx + (I-N+1)$$

$$\ln\left(\frac{K}{I-N+1}\right) + (J-I)\ln\left(\frac{L_A}{J-I}\right) + (N-J)\ln\left(\frac{L-L_A}{N-J}\right)$$

从而得出文中的式（12）。

参考文献

Accenture PLC. 2017. "How Companies Are Reimagining Business Processes With IT." https://sloanreview.mit.edu/article/will-ai-create-as-many-jobs-as-it-eliminates/.

Acemoglu, Daron. 2009. *Introduction to Modern Economic Growth*. Princeton, NJ: Princeton University Press.

Acemoglu, Daron, and David Autor. 2011. "Skills, Tasks and Technologies: Implications for Employment and Earnings." *Handbook of Labor Economics* 4:1043–1171.

Acemoglu, Daron, David Autor, David Dorn, Gordon H. Hanson, and Brendan Price. 2014. "Return of the Solow Paradox? IT, Productivity, and Employment in US Manufacturing." *American Economic Review: Papers & Proceedings* 104 (5): 394–399.

Acemoglu, Daron, and Pascual Restrepo. 2016. "The Race between Machine and Man: Implications of Technology for Growth, Factor Shares and Employment." *American Economic Review* 108 (6): 1488–1542.

———. 2017. "Robots and Jobs: Evidence from US Labor Markets." NBER Working Paper no. 23285, Cambridge, MA.

———. 2018a. "Excessive Automation: Technology Adoption and Worker Displacement in a Frictional World." Unpublished manuscript.

————. 2018b. "Low-Skill and High-Skill Automation." *Journal of Human Capital* 12 (2): 204–232.

Aghion, Philippe, Benjamin F. Jones, and Charles I. Jones. 2017. "Artificial Intelligence and Economic Growth." NBER Working Paper no. 23928, Cambridge, MA.

Allen, Robert C. 2009. "Engels' Pause: Technical Change, Capital Accumulation, and Inequality in the British Industrial Revolution." *Explorations in Economic History* 46 (4): 418–435.

American Enterprise Institute (AEI). 2008. "Taxing Capital." Report by the American Enterprise Institute. https://www.aei.org.

Autor, David H. 2015. "Why Are There Still So Many Jobs? The History and Future of Workplace Automation." *Journal of Economic Perspectives* 29 (3): 3–30.

Autor, David H., David Dorn, and Gordon H. Hanson. 2013. "The China Syndrome: Local Labor Market Effects of Import Competition in the United States." *American Economic Review* 103 (6): 2121–2168.

Autor, David H., Frank Levy, and Richard J. Murnane. 2003. "The Skill Content of Recent Technological Change: An Empirical Exploration." *Quarterly Journal of Economics* 118 (4): 1279–1333.

Ayres, Robert, and Steven M. Miller. 1983. *Robotics: Applications and Social Implications*. Pensacola, FL: Ballinger Publishing Company.

Bessen, James. 2016. *Learning by Doing: The Real Connection between Innovation, Wages, and Wealth*. New Haven, CT: Yale University Press.

Bloom, Nicholas, Charles I. Jones, John Van Reenen, and Michael Webb. 2017. "Are Ideas Getting Harder to Find?" NBER Working Paper no. 23782, Cambridge, MA.

Boston Consulting Group. 2015. "The Robotics Revolution: The Next Great Leap in Manufacturing." https://www.bcg.com/en-us/publications/2015/lean-manufacturing-innovation-robotics-revolution-next-great-leap-manufacturing.aspx.

Brynjolfsson, Erik, and Andrew McAfee. 2014. *The Second Machine Age: Work, Progress, and Prosperity in a Time of Brilliant Technologies*. New York: W. W. Norton & Company.

Chandler, Alfred D. 1977. *The Visible Hand: The Managerial Revolution in American Business*. Cambridge, MA: Harvard University Press.

Deloitte and The Manufacturing Institute. 2011. "Boiling Point? The Skills Gap in U.S. Manufacturing." Report. http://www.themanufacturinginstitute.org/~/media/A07730B2A798437D98501E798C2E13AA.ashx.

Ford, Martin. 2016. *The Rise of the Robots: Technology and the Threat of a Jobless Future*. New York: Basic Books.

Goldin, Claudia, and Larry Katz. 2010. *The Race between Education and Technology*. Cambridge, MA: Harvard University Press.

Gordon, Robert J. 2016. *The Rise and Fall of American Growth: The U.S. Standard of Living Since the Civil War*. Princeton, NJ: Princeton University Press.

Graetz, Georg, and Guy Michaels. 2015. "Robots at Work." CEP Discussion Paper no. 1335, Centre for Economic Performance.

Groover, Mikell. 1983. *CAD/CAM: Computer-Aided Design and Manufacturing*. Englewood Cliffs, NJ: Prentice Hall.

Groover, Mikell, Mitchell Weiss, Roger N. Nagel, and Nicholas G. Odrey. 1986. *Industrial Robotics: Technology, Programming and Applications*. New York: McGraw-Hill.

Herrendorf, Berthold, Richard Rogerson, and Ákos Valentinyi. 2013. "Two Perspectives on Preferences and Structural Transformation." *American Economic Review* 103 (7): 2752–2789.

Kolb, David A. 1984. *Experiential Learning: Experience as the Source of Learning and Development*. Englewood Cliffs, NJ: Prentice Hall.

Kuznets, Simon. 1966. *Modern Economic Growth*. New Haven, CT: Yale University Press.

Landes, David. 1969. *The Unbound Prometheus*. New York: Cambridge University Press.

Mantoux, Paul. 1928. *The Industrial Revolution in the Eighteenth Century: An Outline of the Beginnings of the Modern Factory System in England*. New York: Harcourt.

Manuelli, Rodolfo E., and Ananth Seshadri. 2014. "Frictionless Technology Diffusion: The Case of Tractors." *American Economic Review* 104 (4): 1368–1391.

McKinsey Global Institute. 2017. "Jobs Lost, Jobs Gained: Workforce Transitions in a Time of Automation." Report, McKinsey & Company. https://www.mckinsey.com/mgi/overview/2017-in-review/automation-and-the-future-of-work/jobs-lost-jobs-gained-workforce-transitions-in-a-time-of-automation.

Mian, Atif, and Amir Sufi. 2014. "What Explains the 2007–2009 Drop in Employment?" *Econometrica* 82 (6): 2197–2223.

Minsky, Marvin. 1967. *Computation: Finite and Infinite Machines*. Englewood Cliffs, NJ: Prentice-Hall.

Mokyr, Joel. 1990. *The Lever of Riches: Technological Creativity and Economic Progress*. New York: Oxford University Press.

Nilsson, Nils J. 2009. *The Quest for Artificial Intelligence: A History of Ideas and Achievements*. Cambridge: Cambridge University Press.

Olmstead, Alan L., and Paul W. Rhode. 2001. "Reshaping the Landscape: The Impact and Diffusion of the Tractor in American Agriculture, 1910–1960." *Journal of Economic History* 61 (3): 663–698.

Pew Research Center. 2017. "Automation in Everyday Life." Online Report. http://www.pewinternet.org/2017/10/04/automation-in-everyday-life/.

Rasmussen, Wayne D. 1982. "The Mechanization of Agriculture." *Scientific American* 247 (3): 76–89.

Simon, Herbert A. 1965. *The Shape of Automation for Men and Management*. New York: Harper & Row.

Syverson, Chad. 2017. "Challenges to Mismeasurement Explanations for the US Productivity Slowdown." *Journal of Economic Perspectives* 31 (2): 165–186.

Tuzel, Selale, and Miao Ben Zhang. 2017. "Economic Stimulus at the Expense of Routine-Task Jobs." Unpublished manuscript, Marshall School of Business, University of Southern California.

Zeira, Joseph. 1998. "Workers, Machines, and Economic Growth." *Quarterly Journal of Economics* 113 (4): 1091–1117.

9 人工智能与经济增长

Philippe Aghion，Benjamin F. Jones，Charles I. Jones[*]

9.1 引言

本章分析 AI 对经济增长的影响。AI 可以被定义为机器模仿人类智能行为的能力或代理人在各种环境中实现目标的能力。[①] 这些定义立即引发了基本的经济问题。例如，如果 AI 让越来越多以前由人类劳动完成的任务变得自动化，会发生什么？AI 可能被部署在普通的商品和服务生产中，潜在地影响经济增长和收入份额。但 AI 也可能改变我们创造新想法和新技术的过程，帮助解决复杂的问题和扩大创造性的工作。在极端的版本中，一些观察者认为，AI 可以快速自我改进，诱发以无限的机器智能和有限时间内无限的经济增长为特征的"奇点"（Good，1965；Vinge，1993；Kurzweil，2005）。Nordhaus（2015）从经济学的角度对奇点的前景进行了详细的概述和讨论。

在本章中，我们推测 AI 可能如何影响经济成长过程。我们的主要目标是帮助制定未来研究的议程。为此，我们重点关注以下问题：

（1）如果 AI 增加商品和服务生产的自动化，会对经济增长产生怎样的影响？

（2）我们能否将 AI 的出现与 20 世纪大部分时间里观察到的增长率和资本份额的持续增长相协调？我们应该期待这样的持续增长在 21 世纪持续

* Philippe Aghion 是法兰西学院和伦敦经济学院的教授。Benjamin F. Jones 是 Gordon 和 Llura Gund 家族的创业学教授、战略学教授以及西北大学凯洛格创新创业计划（Kellogg Innovation and Entrepreneurship Initiative）的系主任，也是国家经济研究局的副研究员。Charles I. Jones 是斯坦福大学商学院经济学教授，国家经济研究局副研究员。

感谢 Ajay Agrawal、Mohammad Ahmappoor、Adrien Auclert、Sebastian Di Tella、Patrick Francois、Joshua Gans、Avi Goldfarb、Pete Klenow、Hannes Mahlmberg、Pascual Restrepo、Chris Tonetti、Michael Webb 以及 NBER 人工智能会议的与会者提供的有益讨论和意见。致谢、研究支持来源和披露作者的重大财务关系如有，请访问 http://www.nber.org/chapters/c14015.ack。

① 前者定义来自韦氏词典，后者定义来自 Legg 和 Hutter（2007）。

下去吗？

（3）当 AI 和自动化应用于新思想的产生时，这些答案会改变吗？

（4）AI 能否像一些观察家预测的那样，推动增长率大幅上升，甚至出现奇点？在什么条件下能够实现？这些条件是否合理？

（5）AI 和经济增长之间的联系是如何被企业层面的考虑所调节的，包括市场结构和创新激励。AI 如何影响企业的内部组织？

在思考这些问题时，我们提出了两个主题。首先，我们将 AI 建模为自动化过程中的最新形式，这一过程已经持续了至少 200 年。从纺纱机到蒸汽机，从电力到计算机芯片，自工业革命以来，生产方面的自动化一直是经济增长的一个关键特征。这一观点在我们所依据的两篇重要论文中得到了明确阐述：Zeira（1998）以及 Acemoglu 和 Restrepo（2016）。我们认为 AI 是一种新的自动化形式，它可以让额外的任务自动化，这些任务以前被认为是自动化无法实现的。这些任务可能是非常规的〔用 Autor，Levy，和 Murnane（2003）的话来说〕，比如自动驾驶汽车，或者它们可能涉及高水平的技能，比如，法律服务、放射学或一些基于实验室的科学研究。这种方法的一个优点是，它允许我们使用经济增长和自动化的历史经验来规范我们的 AI 建模。

在这一章中出现的第二个主题是自动化和 AI 的增长后果可能会受到 Baumol 提出的"成本病"的限制。Baumol（1967）观察到，生产率增长迅速的部门，如今天的农业甚至制造业，其在国内生产总值（GDP）中的份额往往会下降，而生产率增长相对缓慢的部门（可能包括许多服务）的份额会增加。因此，经济增长可能不会受到我们做得好的方面限制，而是受到重要但难以改善的方面的限制。我们认为，将增长的这一特征与自动化相结合，可以产生对增长过程的丰富描述，包括对未来增长和收入分配的影响。当应用于 AI 自动化商品和服务生产的模型时，Baumol 的见解产生了足够的条件，在这种条件下，即使几乎完全自动化，一个人也可以在保持恒定资本份额远低于 100% 的情况下获得全面平衡的增长。当应用于 AI 自动产生想法的模型时，同样的考虑可以防止指数爆炸型增长。[1]

———————

[1] 在附录中，我们表明，如果创新过程中的某些步骤需要研究和开发，AI 可能会通过加剧商业盗窃来减缓甚至结束增长，这反过来又会阻碍人力对创新的投资。

本章内容如下。第 9.2 节从研究 AI 在自动化商品和服务生产中的作用开始。在 9.3 节中，我们将 AI 和自动化扩展到新思想的产生。第 9.4 节接着讨论了 AI 可能导致超智能甚至奇点的可能性。在第 9.5 节中，我们关注 AI 和金融中介，特别关注市场结构、组织、再分配和工资不平等。在第 9.6 节中，我们研究了与自动化同步发展的股本演变的部门证据。最后，第 9.7 节得出结论。

9.2 AI 和生产自动化

过去 150 年经济进步可以被看作是由自动化驱动的。工业革命使用蒸汽和电力来自动化许多生产过程。继电器、晶体管和半导体延续了这一趋势。也许 AI 是这个过程的下一个阶段，而不是一个离散的中断。这可能是从自动驾驶仪、计算机控制的汽车引擎和核磁共振成像机到自动驾驶汽车和 AI 放射学报告的自然发展。虽然目前，自动化主要影响了常规或低技能的任务，但似乎 AI 可能越来越多地自动执行由高技能工人执行的非常规认知任务。[①] 这种观点的一个优点是，它允许我们使用历史经验来告知我们 AI 未来可能产生的影响。

9.2.1 Zeira（1998）的自动化和增长模式

Zeira（1998）提供了一个清晰而简明的自动化模型。在最简单的形式中，Zeira 认为一个生产函数，如：

$$Y = AX_1^{\alpha_1} X_2^{\alpha_2} \cdot \cdots \cdot X_n^{\alpha_n}, \ 当 \sum_{i=1}^{n} \alpha_i = 1 \ 时 \qquad 式（1）$$

虽然 Zeira 认为 $X_i S$ 是中间产品，但我们遵循 Acemoglu 和 Autor（2011）的观点，并将其称为任务；两种解释都有可取之处，我们将在这两种解释之间来回转换。尚未自动化的任务可以由人工一对一的完成。一旦任务实现自动化，就可以用一个单位的资本来代替：

$$X_i = \begin{cases} L_i & 非自动化 \\ K_i & 自动化 \end{cases} \qquad 式（2）$$

---

① Autor，Levy 和 Murnane（2003）讨论了传统软件自动化常规任务的效果。Webb 等（2017）利用专利申请的文本研究 AI、软件和机器人最适合自动化的不同任务。

如果总资本 K 和劳动 L 被最优地分配给这些任务，那么生产函数可以表示为（在一个不重要的常数的前提下）：

$$Y_t = A_t K_t^\alpha L_t^{1-\alpha} \tag{式（3）}$$

其中，指数 α 反映了被自动化的任务的总体份额和重要性。目前，我们将 α 视为一个常数，并考虑比较静态，增加得到自动化的任务份额。

接下来，将这种设置嵌入到一个标准的新古典增长模型中，并采用恒定的投资率；事实上，在本章剩余的部分里，我们将以这种方式结束我们所有模型的资本/投资方面。用于资本的要素支付份额由 α 给出，$y \equiv Y/L$ 的长期增长率为：

$$g_y = \frac{g}{1-\alpha} \tag{式（4）}$$

其中，g 为 A 的增长率，因此，自动化程度的提高将增加资本份额 α，并且由于与资本积累相关的乘数效应，增加了长期增长率。

Zeira 强调，至少从工业革命以来，自动化就一直在进行，他的模型有助于我们理解这一点。然而，其强烈预测增长率和资本份额应该随着自动化而上升，这与著名的 Kaldor（1961）论述的事实相悖，即增长率和资本份额在一段时间内是相对稳定的。特别是，这种稳定性是 20 世纪大部分时间美国经济的一个很好的特征，见 Jones（2016）。Zeira 框架需要改进，以便与历史证据保持一致。

Acemoglu 和 Restrepo（2016）提供了一种解决这个问题的方法。他们丰富的环境允许恒定的替代弹性（CES）生产函数，并使任务数量和自动化内部化。特别是，他们认为研究可以有两个不同的方向：发现如何自动化现有的任务或发现可以在生产中使用的新任务。在他们的设置中，α 反映了已经自动化的任务的一部分。这导致他们强调了 Zeira 经验缺点的一个可能的解决方案：也许我们发明新任务的速度就像我们自动化旧任务一样快。自动化任务的比例可以是恒定的，从而导致稳定的资本份额和稳定的增长率。

对这一迅速扩大的文献的其他几个重要贡献也应予以注意。Peretto 和 Seater（2013）明确考虑了一种允许企业改变柯布—道格拉斯生产函数指数的研究技术。虽然他们没有强调与 Zeira 模型的联系，但事后看来，与自动化方法的联系是有趣的。Hemous 和 Olsen（2016）的模型与下一小节的内容密切相关。他们关注消费电子产品的生产，而不是柯布—道格拉斯生产，正如我们下面所做的那样，但强调他们的框架对高技能和低技能工人之间工资不平等的影响。Agrawal，McHale 和 Oettl（2017）将 AI 和 Weitzman（1998）的"重组增长"结合到一个基于创新的增长模型中，以展示 AI 如何沿着过渡路径加速增长。

下一节采取了一种补充的方法，在这篇文献的基础上，利用 Zeira 和自动化的见解来理解与 Baumol 所提出的成本病相关的结构变化。

9.2.2 自动化与 Baumol 成本病

农业在国内生产总值或就业中的份额正在向零靠近。世界上许多国家的制造业也是如此。也许自动化增加了这些部门的资本份额，也与生产或消费的非机械化相互作用，将国内生产总值份额推向零。总资本份额是农业/制造业/自动化产品的资本份额上升与这些产品在经济中的国内生产总值份额下降的平衡。

展望未来，允许生产从分子甚至原子水平开始的 3D 打印技术和纳米技术有朝一日可能会使所有制造业自动化。AI 能在很多服务行业做到同样的事情吗？在这样一个世界里，经济增长会是什么样子？

本节对 Zeira（1998）以及 Acemoglu 和 Restrepo（2016）模型进行了扩展，以开发一个与经济中的大规模结构变化相一致的框架。Baumol（1967）观察到，一些部门相对于其他部门的快速生产率增长可能会导致"成本疾病"，在这种疾病中，增长缓慢的部门在经济中变得越来越重要。我们探索自动化是这些变化背后的力量的可能性。[①]

9.2.2.1 模型

国内生产总值是替代弹性小于 1 的商品组合：

$$Y_t = A_t \left(\int_0^1 X_{it}^\rho di \right)^{1/\rho}, \quad \text{当 } \rho > 0 \text{ 时} \qquad \text{式（5）}$$

其中，$A_t = A_0 e^{gt}$ 捕捉到了标准的技术变化，我们暂时认为它是外生的。

---

① 关于这种结构转型的增长文献强调了一系列可能的机制，参见 Kongsamut，Rebelo 和 Xie（2001），NgAI 和 Pissarides（2007），Herrendorf，Rogerson 和 Valentinyi（2014），Boppart（2014），以及 Comin，Lashkari 和 Mestieri（2015）。我们接下来采取的方法有一个简化的形式，类似于 Alvarez - Cuadrado，Long 和 Poschke（2017）中的一个特殊情况。

替代弹性小于 1 意味着任务是总的补充。直观地说，这是一个薄弱环节的生产函数，GDP 在某种意义上受到最薄弱环节的产出的限制。在这里，这些将是劳动者执行的任务，这种结构是 Baumol 效应的来源。

与 Zeira 一样，技术变革的另一部分是生产自动化。还没有自动化的商品，可以人工一对一生产。当商品被自动化时，可以用一个单位的资本来代替：

$$X_{it} = \begin{cases} L_{it} & \text{非自动化} \\ K_{it} & \text{自动化} \end{cases} \qquad \text{式（6）}$$

这种划分是为了简化模型。另一种说法是，商品是用资本和劳动力的柯布—道格拉斯组合生产的，当商品被自动化时，它的生产对资本的指数更高。①

模型的其余部分是新古典主义的：

$$Y_t = C_t + I_t \qquad \text{式（7）}$$

$$\dot{K}_t = I_t - \delta K_t \qquad \text{式（8）}$$

$$\int_0^1 K_{it}\,\mathrm{d}i = K_t \qquad \text{式（9）}$$

$$\int_0^1 L_{it}\,\mathrm{d}i = L \qquad \text{式（10）}$$

为了简单起见，我们假定劳动是固定的。

使 β_t 表示截至 t 日时已经自动化的货物的一部分。在这里，以及在这一章中，我们假设资本和劳动力在任务中对称地分配。因此，在每个自动化任务中使用 K_t/β_t 资本单位，在每个非自动化任务中使用 $L/(1-\beta_t)$ 劳动单位。生产函数可以写成：

$$Y_t = A_t \left[\beta_t \left(\frac{K_t}{\beta_t}\right)^\rho + (1-\beta_t)\left(\frac{L}{1-\beta_t}\right)^\rho \right]^{1/\rho} \qquad \text{式（11）}$$

收集自动化术语可以简化为：

$$Y_t = A_t \left[\beta_t^{1-\rho} K_t^\rho + (1-\beta_t)^{1-\rho} L^\rho \right]^{1/\rho} \qquad \text{式（12）}$$

---

① 当然，需要一个技术条件，这样自动化的任务实际上是用资本而不是劳动力来生产的。我们假设这个条件成立。

因此，这种设置简化为新古典增长模型的特定版本，资源分配可以在标准竞争均衡中分散。在这种均衡中，自动化商品在国内生产总值中的份额等于资本在要素支付中的份额：

$$\alpha_{Kt} \equiv \frac{\partial Y_t}{\partial K_t}\frac{K_t}{Y_t} = \beta_t^{1-\rho} A_t^\rho \left(\frac{K_t}{Y_t}\right)^\rho \qquad 式（13）$$

同样，非自动化商品在国内生产总值中的份额等于要素支付中的劳动份额：

$$\alpha_{Kt} \equiv \frac{\partial Y_t}{\partial K_t}\frac{K_t}{Y_t} = \beta_t^{1-\rho} A_t^\rho \left(\frac{K_t}{Y_t}\right)^\rho \qquad 式（14）$$

因此，自动化产出与非自动化产出的比率或资本份额与劳动份额的比率等于：

$$\frac{\alpha_{Kt}}{\alpha_{Lt}} = \left(\frac{\beta_t}{1-\beta_t}\right)^{1-\rho}\left(\frac{K_t}{L_t}\right)^\rho \qquad 式（15）$$

我们从一开始就明确表示，我们对商品之间的替代弹性小于1的情况感兴趣，因此 $\rho < 0$。从等式（15）中，有两种基本力量推动资本份额（或者，等同于经济中自动化的份额）。首先，自动化商品比例 β_t 的增加将增加自动化商品在国内生产总值中的份额，并增加资本份额（保持 K/L 不变）。这很直观，重复了 Zeira 模型的逻辑。其次，随着 K/L 的上升，资本份额和自动化行业的价值占 GDP 的比重将下降。本质上，当替代弹性小于1时，价格效应占主导地位。由于资本积累，自动化商品的价格相对于非自动化商品的价格下降。由于需求相对缺乏弹性，这些商品的支出份额也随之下降。自动化和 Baumol 成本病密切相关。也许农业和制造业的自动化导致这些部门快速增长，并导致它们在国内生产总值中的份额下降。[①]

最重要的是，这两种力量之间存在着竞争。随着越来越多的部门实现自动化，t 增加，这往往会增加自动化商品和资本的份额。但由于这些自动化商品经历了较快的增长，其价格下降，而低的替代弹性意味着其在 GDP 中的份额也会下降。

按照 Acemoglu 和 Restrepo（2016）的观点，我们可以通过指定一种技

---

① Manuelli 和 Seshadri（2014）对 1910 年至 1960 年间拖拉机如何在美国农业中逐渐取代马匹进行了系统的阐述。

术来内生自动化，在这种技术中，研究功效或技术会导致商品自动化。但比较清楚的是，取决于具体如何指定这项技术，$\beta_t/(1-\beta_t)$ 的上升速度可以快于或慢于 (K_t/L_t) 的下降速度。也就是说，结果将取决于与自动化相关的详细假设，而目前我们对如何做出这些假设还没有足够的认识。这是未来研究的一个重要方向。但目前，我们将自动化视为外生因素，并考虑 t 以不同方式变化时的情况。

9.2.2.2 平衡增长（渐进式）

为了理解其中的一些可能性，请注意等式（12）中的生产函数只是新古典生产函数的一个特例：

$$Y_t = A_t F(B_t K_t, \ C_t L_t), \text{ 当 } B_t \equiv \beta_t^{(1-\rho)/\rho} \text{ 与 } C_t \equiv (1-\beta_t)^{(1-\rho)/\rho} \text{ 时} \quad \text{式（16）}$$

在 $\rho < 0$ 的情况下，注意 $\beta_t \uparrow \Rightarrow B_t \downarrow$ 和 $C_t \uparrow$。也就是说，自动化相当于劳动增强型技术变革和资本消耗型技术变革的结合。这一点是令人吃惊的。人们可能认为自动化在某种程度上是资本增殖的。相反，它是非常不同的：它是劳动增殖的，同时也稀释了资本的存量。请注意，如果替代弹性大于1，这些结论就会反过来；重要的是，它们依赖于 $\rho < 0$。

这一惊人结果可以通过注意到自动化有两个基本效果来看出。通过回顾式（11），可以最容易地看到这些。首先，资本可以用于更多的任务，这是一种基本的资本增加力量。然而，这也意味着固定数量的资本被分散得更薄，这是一种资本消耗效应。当任务是替代品时（$\rho > 0$），增加效应占主导地位，自动化是资本增加。然而，当任务是互补品时（$\rho < 0$），消耗效应占主导地位，自动化是资本消耗。请注意，对于劳动力，相反的力量在起作用：自动化将给定数量的劳动力集中在更少的任务上，因此当 $\rho < 0$ 时，劳动力增加。[①]

这开启了我们接下来将探索的一种可能性：如果 β_t 的变化使得 C_t 以恒定的指数速率增长，会发生什么？如果 $1-t$ 以恒定的指数速率向零下降，这可能发生，这意味着 $\beta_t \to 1$ 处于极限，经济越来越接近完全自动化（但从未完全达到这一点）。新古典增长模型的逻辑表明，这可能会产生一条要

---

① 为了使自动化提高产量，我们需要一个技术条件。$(K/\beta)\rho < [L/(1-\beta)]\rho$。对于 $\rho < 0$，这就要求 $K/\beta > L/(1-\beta)$，也就是说，我们分配给每项任务的资本量必须超过我们分配给每项任务的劳动量。自动化提高了产出，因为它允许我们将我们丰富的资本用于更多的由相对稀缺的劳动力执行的任务。

素份额不变的平衡增长路径，至少是在极限范围内（这要求 A_t 为常数）。特别是，我们想考虑自动化任务部分的外生时间路径 β_t，使得 $\beta_t \to 1$，但 C_t 以恒定的指数速率增长。结果证明这是直截了当的。设 $\gamma_t \equiv 1 - \beta_t$，这样 $C_t \equiv \gamma_t^{(1-\rho)/\rho}$。

因为指数为负（$\rho < 0$），如果 γ 以恒定的指数速率下降，C_t 将以恒定的指数速率增长。如果 $\beta_{t'} = \theta(1 - \beta_t)$，这种情况就会发生，这意味着 $g = -\theta$。直观地说，尚未自动化的任务中有一个恒定的分数 θ 在每个周期都会变得自动化。

图 9.1 显示这个例子可以产生稳定的指数增长。我们从第 0 年开始，没有任何货物被自动化，然后每年都有一个恒定的部分剩余货物被自动化。在这种情况下，国内生产总值的稳定指数增长背后显然存在巨大的结构性变化，并正在产生这种变化。要素支付的资本份额从零开始，然后随着时间的推移逐渐上升，最终逐渐接近 1/3 左右的值。尽管经济中不断消失的一部分还没有实现自动化，但劳动力的工作量却越来越少。自动化商品是用廉价资本和小于 1 的替代弹性生产的，这一事实意味着自动化商品在国内生产总值中的份额仍然是 1/3，劳动力的收入仍然是国内生产总值的 2/3。这是 Baumol 劳动力的结果：劳动力任务是必不可少但又昂贵的"薄弱环节"，这使得劳动力份额提高。①

然而，在这条道路上，农业和制造业等行业呈现出结构性转型。例如，让区间［0，1/3］上的部门表示某年（如 1990 年）的农业和制造业自动化部分。随着时间的推移，这些行业在国内生产总值中的份额不断下降，因为它们的价格迅速下跌。经济中的自动化份额将是不变的，只是因为新的商品正在变得自动化。

迄今为止的分析要求 A_t 保持不变，因此技术变革的唯一形式是自动化。这似乎太极端了：毫无疑问，技术进步不仅仅是用机器代替劳动力，而且是创造更好的机器。这可以通过以下方式实现。假设 A_t 是资本增加的，而不是希克斯中性的，因此等式（16）中的生产函数变为 $Y_t = F(A_t B_t K_t, C_t L_t)$。在这种情况下，如果 A_t 的增长速度正好与 B_t 的下降速度相同，那么人们就

---

① 这里的新古典结果要求 θ 不能太大（例如，相对于外生投资率）。如果 θ 足够大，资本份额可以渐近到 1，模型就变成了 "AK"。我们感谢 Pascual Restrepo 对此的研究。

可以获得平衡的增长路径，因此技术变革本质上纯粹是在网络上增加劳动力：更好的计算机会以自动化提高资本份额的速度减少资本份额，从而导致平衡的增长。起初，这似乎是一个在实践中不太可能出现的边缘结果。然而，这个例子的逻辑与 Grossman 等（2017）的模型有些关系；那篇论文提出了一种环境，在这种环境中发生类似的事情是最佳的。因此，也许这种替代方法可以被赋予良好的微观基础。我们把这种可能性留给未来的研究。

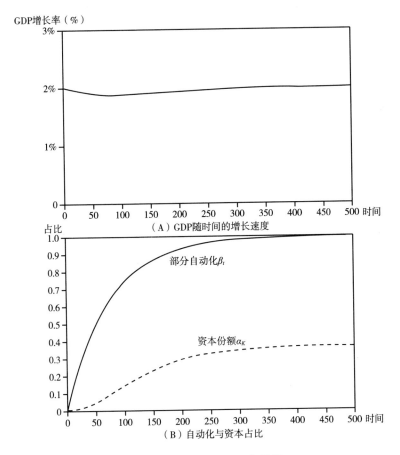

图9.1 自动化与渐进平衡增长

注：本模拟假设 $\rho < 0$，并且每年有恒定的一部分尚未自动化的任务变得自动化。因此 $C_t \equiv (1-\beta)(1-\rho)/\rho$ 以恒定的指数速度增长（本例中每年增长2%），导致渐进式平衡增长路径（BGP）。在极限情况下，自动化的任务份额接近100%。有趣的是，要素支付的资本份额（以及自动化商品在 GDP 中的份额）仍然是有界的，在这种情况下，其值约为1/3。在投资率 s 不变的情况下，资本份额的极限值为 $(s/gY + \delta)\rho$。

9.2.2.3 恒定因子份额

另一个值得考虑的有趣案例是，在什么条件下，这个模型可以产生随时间恒定的要素份额？利用等式（15）的对数和导数，当且仅当：

$$g_{\beta t} = (1 - \beta_t)\left(\frac{-\rho}{1-\rho}\right)g_{kt} \qquad \text{式（17）}$$

其中 g_{kt} 是 $k \equiv K/L$ 的增长率。这是一个非常严格的条件。随着越来越多的商品实现自动化，它要求 t 的增长速度随着时间的推移以正常的速度放缓。

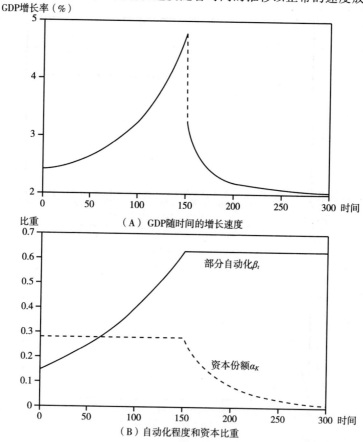

（A）GDP随时间的增长速度

（B）自动化程度和资本比重

图9.2　资本份额不变的自动化

注：本模拟假设 $\rho < 0$，并设置 β_t 使资本份额在 0 年至 150 年之间保持不变。150 年后，我们假设 β_t 保持不变；假设 A_t 在整个过程中每年以 2% 的速度稳定增长。

通过调试参数值，包括 A_t 和 β_t 的增长率，可以得到多种结果。例如，未来的资本份额比 100 期的低而不是高，这一事实可以被逆转。

图 9.2 显示了一个具有这一特征的例子，在另一个新古典模型中，外生增长率为每年 2%。也就是说，与前一部分不同，除了允许自动化之外，我们还允许其他形式的技术变革，随着时间的推移使拖拉机和计算机变得更好。在这个模拟中，自动化以正常的速度进行，以便在最初的 150 年里保持股本不变。在那之后，我们简单地假设 t 是恒定的，自动化停止了，以便显示在哪种情况下会发生什么。

这个例子中可能令人惊讶的结果是，当国内生产总值的增长率以递增的速度上升时，恒定的要素份额就会出现。从图 9.1 的早期模拟中，人们可能已经推断出不变资本份额将与增长下降相关联。然而，事实并非如此，增长率反而提高了。解释的关键是要注意，通过一些代数，我们可以表明常数因子共享的情况需要：

$$g_{Yt} = g_A + \beta_t g_{Kt} \qquad\qquad 式（18）$$

首先，考虑 $g_A = 0$ 的情况。我们知道，真正平衡的增长路径需要 $g_y = g_K$。如果 $g_A = 0$，这只能以两种方式发生：$t = 1$ 或 $g_y = g_K = 0$，如果 $t < 1$。第一种情况是我们在图 9.1 的前一个例子中探索的情况。第二种情况表明，如果 $g_A = 0$，那么常数因子份额将与 0 指数增长相关联。

现在我们可以看到图 9.1 和图 9.2 之间的调和。如果没有 $g_A > 0$，经济增长率将降至 0。引入恒定因子份额的 $g_A > 0$ 确实提高了增长率。为了理解为什么增长必须加速，等式（18）再次有用。如果增长是平衡的，那么 $g_y = g_K$。但随后 t 的上升会使 g_y 和 g_K 上升。这就是增长加速的原因。

9.2.2.4　制度转换

图 9.3 所示的最后一次模拟结合了前两次模拟的各个方面，产生的结果在精神上更接近于我们的观测数据，尽管是以一种高度模式化的方式。我们假设自动化在两种制度之间交替进行。第一种制度就像图 9.1 一样，其中每年有恒定比例的剩余任务被自动化，倾向于提高资本份额并产生高增长。在第二种制度中，t 是恒定的，没有新的自动化发生。在这两种制度中，A_t 每年以 0.4% 的恒定速度增长，因此，即使自动化的任务部分停滞不前，自动化的性质也在改善，这往往会压低资本份额。制度持续 30 年。100 时期用黑圈强调。在这个时间点上，资本份额相对较高，增长相对较低。

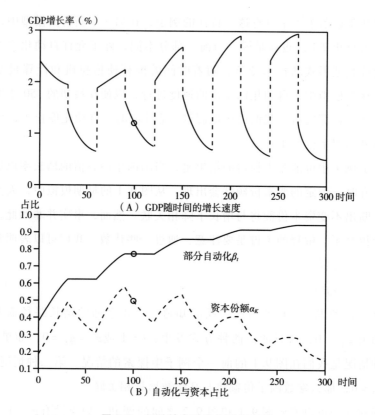

图 9.3　间歇性自动化与数据匹配

注：这种模拟结合了前两种模拟的各个方面，产生的结果更接近我们的观察数据的精神。我们假设自动化在两种制度之间交替进行。在第一种情况下，每年都有固定比例的剩余任务被自动化。在第二种情况下，β_t 是恒定的，没有新的自动化发生。在这两种制度下，A_t 以每年 0.4% 的恒定速度增长。制度持续了 30 年。100 期用黑圈突出显示。此时，资本份额相对较高，增长相对较低。

9.2.2.5　总结

自动化 t 的增加可以被视为新古典生产函数中资本和劳动力增加术语的"扭曲"。从 Uzawa 的著名定理来看，由于我们通常没有纯粹的劳动密集型技术变革，这种环境不会导致平衡增长。在这种特殊的应用中（例如，$\rho <$ 0），资本份额或 GDP 增长率往往会随着时间的推移而增加，有时两者都会增加。我们展示了一个特殊的例子，在这个例子中，所有的任务最终都是自动化的，在不变资本份额不到 100% 的情况下，在极限内产生了平衡的增长。这种情况的一个缺点是，它要求自动化成为技术变革的唯一形式。相

反，如果自动化的本质本身随着时间的推移而改进，考虑犁，然后是拖拉机，然后是联合收割机，然后是 GPS 跟踪——那么这个模型最好被认为既有自动化的特点，又有类似于 A_t 的改进。在这种情况下，人们通常会认为增长不平衡。然而，像图 9.3 中所示的那样，自动化时期和间歇时期的结合似乎确实能够产生至少表面上类似于我们近年来在美国所看到的动态：一个资本份额高而经济增长相对缓慢的时期。

9.3 思想生产函数中的 AI

在前一节中，我们研究了在商品和服务的生产函数中引入 AI 的含义。但是，如果创新过程本身的任务可以自动化呢？AI 将如何与新思想产生互动？在这一节中，我们将介绍 AI 在生产技术中的新思想，并看看 AI 如何通过这一渠道影响增长。

反思一下我们自己的研究过程，会发现自动化在许多方面对想法的产生都很重要。从自动化和技术变革中受益的研究任务包括打字和分发我们的论文，获取研究材料和数据（例如，从图书馆），订购供应品，分析数据，解决数学问题，以及计算平衡结果。除了经济学，其他例子包括进行实验、测序基因组、探索各种化学反应和材料。换句话说，将同样的基于任务的模型应用到思想生产函数中，并考虑研究任务的自动化似乎是相关的。

简单地说，假设商品和服务的生产函数只使用劳动力和思想：

$$Y_t = A_t L_t \qquad\qquad\qquad 式（19）$$

但假设根据各种任务来进行新的构思，根据：

$$\dot{A}_t = A_t^\phi \left(\int_0^1 X_{it}^\rho di \right)^{1/\rho}，当 \rho < 0 时 \qquad 式（20）$$

假设任务的一部分已经自动化，使用与第 9.2 节相似的设置，概念生产函数可以表示为：

$$\dot{A}_t = A_t^\phi \left[(B_t K_t)^\rho + (C_t S_t)^\rho \right]^{1/\rho} \equiv A_t^\phi F (B_t K_t, C_t S_t) \qquad 式（21）$$

其中 S_t 是用于产生想法的研究劳动，B_t 和 C_t 定义同上，即：$\beta_t = \beta_t^{(1-\rho)\rho}$ 和 $C_t = (1 - \beta_t)^{\rho(1-\rho)}$。

从这个方程中可以得到一些观察结果。首先，考虑这样的情况，t 在某个值上是恒定的，但随后增加到一个更高的值（回想一下，这导致了 B_t 的

一次性减少和 C_t 的增加）。创意生产函数可以写成：

$$\dot{A}_t = A_t^\phi S_t F\left(\frac{B K_t}{S_t},\ C\right) \sim A_t^\phi C S_t \qquad \text{式（22）}$$

其中，" $\sim$ "符号的意思是"渐进地与之成正比"。如果 K_t / S_t 是随时间增长的（即如果有经济增长），并且如果 $F(\cdot)$ 中的替代弹性小于1，即我们所假设的，那么第二行就会出现。在这种情况下，CES 函数被其最稀缺的参数所约束。那么，如果 $\Phi < 1$，自动化基本上会产生水平效应，但会使经济的长期增长率保持不变。另外，如果 $\Phi = 1$，则为经典的内生增长情况，那么自动化提高了长期增长。

接下来，考虑这种同样的情况，即一次性增加 β，但假设 $F(\cdot)$ 中的替代弹性等于1，$F(\cdot)$ 满足科布—道格拉斯。在这种情况下，与 Zeira 模型一样，很容易证明自动化的一次增加将提高长期增长率。从本质上讲，一个可积累的生产要素（资本）变得永久更重要，这导致了提高增长的乘数效应。

第三，假设 $F(\cdot)$ 中的替代弹性大于1。在这种情况下，前面给出的论点反过来了，现在 CES 函数渐进地看起来像补充因素，在这种情况下是 K_t。然后，该模型将在相当一般的条件下提供爆炸性增长，收入在有限时间内变得无限。①但即使没有任何自动化，也是如此。从本质上讲，在这种情况下，研究人员并不是必要的投入，因此标准资本积累足以产生爆炸性增长。这就是为什么 $\rho < 1$ 的情况，即替代弹性小于1的情况是自然要考虑的一个原因。在本节余下的部分里，我们重点讨论这种情况。

持续自动化。我们现在可以考虑这样一种特殊情况，即自动化使得新自动化的任务构成了尚未自动化的任务的一个常数部分 q。回想一下，在"平衡增长"一节中，正是这种情况实现了平衡增长。

在这种情况下，$B_t \to 1$ 和 $(\dot{C}_t / C_t) \to g_c = -\left[(1-\rho)/\rho\right]\theta > 0$（渐进式）

同样的逻辑使我们得到了公式（22），现在意味着：

---

① 下面围绕式（27）的讨论中明确考察了一个密切相关的情况。

$$\dot{A}_t = A_t^\phi C_t S_t F\left(\frac{B_t K_t}{C_t S_t},\ 1\right) \sim A_t^\phi C_t S_t \qquad\qquad 式（23）$$

其中，第二行只要 $BK/CS \to \infty$，对一大类参数值都成立。[1]

这简化为 Jones（1995）的设置，除了现在"有效的"研究因为 AI 而比人口增长得更快。用 A_t 除最后一个表达式的两边给出：

$$\frac{\dot{A}_t}{A_t} = \frac{C_t S_t}{A_t^{1-\phi}} \qquad\qquad 式（24）$$

为了使左侧保持不变，我们要求右侧的分子和分母以相同的速率增长，这意味着：

$$g_A = \frac{g_C + g_S}{1-\phi} \qquad\qquad 式（25）$$

在 Jones（1995）中，除了 $g_C = 0$ 之外，表达式是相同的。在这种情况下，经济的增长率与研究人员（最终是人口）的增长率成正比。在这里，自动化增加了第二个术语，并提高了增长率：我们在思想生产函数中的研究效果可以呈指数增长，这不仅是因为实际人数的增长，也是 AI 隐含的研究自动化的结果。换句话说，即使研究人员数量不变，每项 $S/(1-\beta_t)$ 任务的研究人员数量也可以呈指数级增长：固定数量的研究人员越来越多地集中在呈指数级下降的任务上。[2]

9.4　奇点

到目前为止，我们已经考虑了商品和创意生产功能逐渐自动化的影响，并展示了其如何能够潜在地提高经济增长率。然而，许多观察家认为，AI 为更极端的东西打开了大门——增长率将爆炸的"技术奇点"。John Von Neumann 经常被认为是第一个提出技术即将出现奇点的人（Danaylov，2012）。I. J. Good 和 Vernor Vinge 提出了一种自我完善的 AI 的可能性，这种 AI 将很快超过人类的思维，导致与无限智能无限时间相关的"智能爆炸"（Good，1965；Vinge，1993）。《奇点临近》中的 Ray Kurzweil 也主张通过非生

---

[1]　既然 $B \to 1$，我们就只要求 $g_k > g_c$。

[2]　代入其他解，经济的长期增长率为 $g_y = \{-[(1-\rho)/\rho] - \theta + n\}/(1-\Phi)$，其中 n 为人口增长率。

物智能来实现智能爆炸（Kurzweil，2005），并基于这些想法，在 Google 和
Genentech 等著名组织的资助下共同创建了 Singularity University。

在这一节中，我们根据商品和思想的生产函数来考虑奇点情景。标准增
长理论关注的是与卡尔多事实的匹配，包括恒定的增长率，这里我们考虑增
长率可能随着时间的推移而快速增长的情况。要做到这一点，并以有组织的
方式谈论借用"技术奇点"一词的各种想法，我们可以描述两种不同于稳
态增长的增长机制。特别是，我们可以想象：

"第一类"增长爆炸：增长率无限制的增长，但在任何时间点保持有限；

"第二类"增长爆炸：在有限的时间内实现无限的产出。

这两个概念都出现在奇点界。虽然作者们普遍预测奇点日期（通常只
有几十年的时间），但对于所提出的日期是记录向第一类新的增长制度的过
渡，还是记录实际发生的第二类奇点，作者们有不同看法。[①]

接下来，我们现在考虑 AI 的出现如何推动增长爆炸的例子。基本的发
现是，AI 任务的完全自动化自然会导致上面的增长爆炸场景。然而，有趣
的是，一个人甚至可以不依靠完全自动化就产生一个奇点，一个人可以不依
靠智能爆炸本身就能做到这一点。下面，我们将考虑对这些例子的几种可能
的反对意见。

9.4.1　技术奇点的例子

我们提供四个例子。前两个例子将我们以前的模型发挥到了极致，考虑
如果一切都可以自动化会发生什么——也就是说，如果在所有任务中，AI
都可以取代人。第三个例子展示了一个通过增加自动化但不依赖于完全自动
化的奇点。最后一个例子直接将"超级智能"视为通向奇点的途径。

示例 1：商品生产的自动化

第一类案例可以在货物生产的全自动化中出现。这是一个众所周知的 AK
模型的例子，它伴随着不断的技术进步。特别是，以第 9.2 节的模型为例，但
是假设所有任务在某个日期 t_0 时都是自动化的。此后，生产函数为 $Y_t = A_t K_t$，

---

① 例如，Vinge（1993）似乎在预测"第一类"增长爆炸，Solomonoff（1985），Yudkowsky
（2013）等已经对这种情况进行了数学研究。相反，Kurzweil（2005）认为奇点将在 2045 年左右到
来，他似乎在期待"第一类"事件。

增长率本身随 A_t 呈指数增长。持续的生产率增长——例如，通过新思想的发现——将随着时间的推移产生不断加速的增长率。具体地说，随着标准的资本积累规格 $K_t = \bar{s}\,Y_t - \delta K_t$ 和技术进步以 g 的速度进行，产出的增长率变成：

$$g_Y = g + \bar{s}\,A_t - \delta \qquad\qquad \text{式（26）}$$

这随着 A_t 指数增长。

示例 2：创意制作的自动化

如果自动化应用于创意生产功能而不是（或除此之外）商品生产功能，这种加速的更强版本就会出现。事实上，人们可以证明存在一个数学奇点：在有限的时间内，收入本质上变成无限的第二类事件。

要看到这一点，考虑 9.3 节的模型。一旦所有的任务都可以自动化，也就是说，一旦 AI 取代了作为思想生产函数的投入要素的人类，新的思想生产函数变为：

$$\dot{A}_t = K_t A_t^{\Phi} \qquad\qquad \text{式（27）}$$

在 $\Phi > 0$ 的情况下，这个微分方程是"不止线性的"。正如我们接下来讨论的那样，增长率将如此快速地爆发，以至于收入在有限时间内变得无限。这个结果的基本直观来自于注意到这个模型本质上是微分方程 $\dot{A}_t = A_t^{1+\phi}$ 的二维版本（例如，将方程［27］中的 K 替换为 A）。这个微分方程可以用标准方法求解，得到：

$$A_t = \left(\frac{1}{A_0^{-\phi} - \phi t} \right)^{1/\phi} \qquad\qquad \text{式（28）}$$

从这个解中很容易看出 $A(t)$ 在日期 $t^* = (1 + \phi A_0^{\phi})$ 之前超过了任何有限的值。这是一个奇点。

这一结果的基本直觉来自于本质上是二维微分方程 $\dot{A}_t = A_t^{1+0}$ 的模型［比如，在方程（27）中用 A 代替 K］。这个微分方程可以用标准方法来求解。

$$\frac{\dot{A}_t}{A_t} = \frac{K_t}{A_t} \times A_t^{\phi} \qquad\qquad \text{式（29）}$$

$$\frac{\dot{K}_t}{K_t} = \bar{s}L\,\frac{A_t}{K_t} - \delta \qquad\qquad \text{式（30）}$$

首先，我们证明 $(\dot{A}_t / A_t) > (\dot{K}_t / K_t)$。假设它们相等，那么方程（30）

意味着（$\dot{K}_t/K_t$）是恒定的，但是方程（29）将意味着（$\dot{A}_t/A_t$）正在加速，这与我们最初的假设相矛盾，即增长率是相等的。所以必须是（$\dot{A}_t/A_t$）>（$\dot{K}_t/K_t$）。[①] 注意，从资本积累方程来看，这意味着资本的增长率是随着时间的推移而上升的，那么思想增长率方程意味着思想的增长率也是随着时间的推移而上升的。这两种增长率都在上升。唯一的问题是它们上升的速度是否足够快，是否能提供一个奇点。

要想知道为什么答案是肯定的，就设 $\delta = 0$ 和 $\overline{SL} = 1$ 来简化代数。现在将两个增长率方程相乘，就可以得到：

$$\frac{\dot{A}_t}{A_t} \times \frac{\dot{K}_t}{K_t} = A_t^{\phi} \qquad 式（31）$$

我们已经证明了（$\dot{A}_t/A_t$）>（$\dot{K}_t/K_t$），因此将其与式（31）结合起来，可以得到：

$$\left(\frac{\dot{A}_t}{A_t} \right)^2 > A_t^{\phi} \qquad 式（32）$$

这意味着：

$$\frac{\dot{A}_t}{A_t} > A_t^{\phi/2} \qquad 式（33）$$

也就是说，A 的增长率至少与 $A_t^{\phi/2}$ 一样快。但我们从前面给出的简单微分方程的分析，见方程（28），即使方程（33）成立与相等，这也足以提供奇点。因为 A 的增长速度比这快，所以也表现出奇点。

因为思想是非竞争性的，所以整体经济的特点是收益递增，如 Romer（1990）。一旦思想的生产完全自动化，这种递增的收益就会适用于"可积累的因素"，然后导致第二类增长爆炸，也就是数学上的奇点。

示例 3：没有完全自动化的奇点

以上例子考虑了商品生产的完全自动化（示例 1）和创意生产（示例 2）。在消费电子产品案例中，替代弹性小于 1，我们要求所有任务都是自动

---

① 很容易排除（$\dot{A}_t/A_t$）<（$\dot{K}_t/K_t$）的相反情况。

化的。如果只有一小部分任务是自动化的，那么稀缺要素（劳动力）将占主导地位，增长率不会爆炸。我们在这一节中表明，在柯布—道格拉斯生产中，只要有足够多的任务是自动化的，第二类奇点就可能发生。从这个意义上说，奇点可能甚至不需要完全自动化。

假设商品的生产函数是 $y_t = A_t^\alpha K_t^\alpha L^{1-\alpha}$ 恒定的人口简化了分析，但外生人口增长不会改变事物。资本积累方程和思想生产函数被指定为：

$$\dot{K}_t = \bar{s} L A_t^\sigma K_t^\alpha - \delta K_t \qquad\qquad 式（34）$$

$$\dot{A}_t = K_t^\beta S^\lambda A_t^\phi \qquad\qquad 式（35）$$

其中 $0 < \alpha < 1$，$0 < \beta < 1$，我们还将 S（研究效率或 t）取为常数。按照前面讨论的 Zeira（1998）模型，我们将 α 解释为货物任务中已实现自动化的部分，将 β 解释为理念生产中已实现自动化的任务部分。

标准的内生增长结果要求"可积累要素的收益不变"。为了了解这意味着什么，定义一个关键参数是有帮助的：

$$\gamma := \gamma \frac{\sigma}{1-\alpha} \cdot \frac{\beta}{1-\phi} \qquad\qquad 式（36）$$

在这种设置中，内生增长情况对应于 $\gamma = 1$。那么，如果 $\gamma > 1$，出现奇点情况也就不足为奇了。重要的是，请注意，在 α 和 β 都小于 1 的情况下，也就是任务没有完全自动化的情况下，也会出现这种情况。例如，在 $\alpha = \beta = \phi = 1/2$ 的情况下，那么 $\gamma = 2\sigma$，所以如果 $\sigma > 1/2$，就会出现爆炸性增长和奇点。我们在本节余下的内容中表明，$\gamma > 1$ 会带来第二类奇点。该论证建立在上一小节给出的论证之上。

在增长率中，资本和思想的运动规律是：

$$\frac{\dot{K}_t}{K_t} = \bar{s} L^{1-\alpha} \frac{A_t^\sigma}{K_t^{1-\alpha}} - \delta \qquad\qquad 式（37）$$

$$\frac{\dot{A}_t}{A_t} = S^\lambda \frac{K_t^\beta}{A_t^{1-\phi}} \qquad\qquad 式（38）$$

很容易看出，如果 $\gamma > 1$，这些增长率不可能是恒定的。①

---

① 如果 K 的增长率不变，那么 $\alpha g_A = (1-\alpha) g_K$，所以 K 与 $A^{\alpha/(1-\alpha)}$ 成正比。在式（35）中作这样的代入，并使用 $\gamma > 1$，那么意味着 A 的增长率将爆炸，这就要求 K 的增长率爆炸。

如果增长率随着时间的推移不断上升到无穷大，最终要么$g_{At} > g_{Kt}$，要么相反，要么两种增长率相同。考虑第一种情况，即$g_{At} > g_{Kt}$；其他情况也遵循同样的逻辑。再次，为了简化代数，设$\zeta = 0$，$S = 1$，和$\overline{SL}^{1-\alpha} = 1$。将这种情况下的增长率相乘，可得：

$$\frac{\dot{A}_t}{A_t} \cdot \frac{\dot{K}_t}{K_t} = \frac{K_t^{\beta}}{A_t^{1-\phi}} \cdot \frac{A_t^{\sigma}}{K_t^{1-\alpha}} \qquad \text{式（39）}$$

既然$g_A > g_K$，那么我们就得到了：

$$\left(\frac{\dot{A}_t}{A_t}\right)^2 > \frac{K_t^{\beta}}{A_t^{1-\phi}} \cdot \frac{A_t^{\sigma}}{K_t^{1-\alpha}}$$

$$> \frac{1}{K_t} \cdot \frac{K_t^{\beta}}{A_t^{1-\phi}} \cdot \frac{A_t^{\sigma}}{K_t^{1-\sigma}} \quad （因为 K_t > 1）$$

$$> \frac{1}{K_t^{1-\beta}} \cdot \frac{1}{A_t^{1-\phi}} \cdot \frac{A_t^{\sigma}}{K_t^{1-\sigma}} \quad （重写）$$

$$> \frac{1}{A_t^{1-\beta}} \cdot \frac{1}{A_t^{1-\phi}} \cdot \frac{A_t^{\sigma}}{A_t^{1-\alpha}} \quad （因为 A_t > K_t）$$

$$> A_t^{\gamma-1} \quad （结合项）$$

因此，

$$\frac{\dot{A}_t}{A_t} > A_t^{(\gamma-1)/2} \qquad \text{式（40）}$$

当$\gamma > 1$时，增长率至少与A_t提高到正数的速度一样快。但即使它只增长这么快，我们也会有一个奇点，这与前面给出的论据相同。$g_{kt} > g_{At}$的情况可以用同样的方法处理，用 Ks 代替 As。QED。

示例4：通过超级智能实现奇点效应

上述增长爆炸的例子都是基于自动化的。这些例子也可以理解为创造了作为自动化产物的"超级智能"，在这个意义上，A_t在所有任务上的进步，隐含着在认知任务上的进步，因此，由此产生的奇点可以被设想为与智能爆炸相称。有趣的是，自动化本身可以引发超级智能的出现。然而，在许多未来学家的讲述中，故事的运行方式却不一样，先出现智能爆炸，然后，通过这种超级智能的洞察力，可能达到技术奇点。通常情况下，AI 被看作是通过一个递归的过程进行"自我改进"。

这个想法可以用类似于上面介绍的想法来建模。简单来说，将任务分为两类：物理和认知。通过一个生产力术语 $A_{认知}$ 来定义认知任务的共同智力水平，并进一步定义物理任务的共同生产力 $A_{物理}$。现在想象我们有一个 AI 单元在努力改进自己，迭代随之而来：

$$\dot{A}_{认知} = A_{认知}^{1+\omega} \qquad \text{式（41）}$$

上面我们已经研究过这个微分方程，但现在我们把它单独应用于认知。如果 $\omega > 0$，那么自我改进的过程就会爆发，从而在有限的时间内产生无限制的智能。

接下来的问题是，这种超级智能将如何影响经济的其他部分。也就是说，这种超级智能是否也会产生产出奇点？通往奇点的一条途径可能贯穿于商品生产函数：如果物理任务不是必不可少的（即 $\rho \geq 0$），那么智能爆炸将推动产出的奇点。然而，如果断言物理任务是生产产出的必要条件，似乎是没有争议的，在这种情况下，奇点将直接对商品生产渠道产生潜在的温和影响。

第二种途径在于理念生产函数。这里的问题是超智能将如何进步物理任务的生产力 $A_{物理}$。如果我们假设：

$$\dot{A}_{物理} = A_{认知}^{\gamma} F(K, L) \qquad \text{式（42）}$$

其中 $\gamma > 0$，那么很显然，$A_{物理}$ 也会随着智能的爆发而爆发。也就是说，我们想象一下，超智能的 AI 可以想办法大幅提高物理任务的创新速度。在上述规范中，输出奇点就会在超级智能出现后直接出现。当然，想法生产函数式（41）和式（42）是特殊的，我们有理由相信它们不会是正确的规范，我们将在下一节讨论。

9.4.2 对奇点的反对意见

上述例子显示了自动化可能导致快速加速增长的方式，包括不断提高的增长率，甚至出现奇点。在此，我们可以考虑对这些情景的几种可能的反对意见，这些反对意见大致可以定性为 AI 无法解决的"瓶颈"。

9.4.2.1 自动化的限制

上面已经讨论过的一种瓶颈是当生产的一些基本输入没有自动化时，就会出现瓶颈。AI 能否最终完成所有基本的认知任务，或者更一般地说，能否实现人类智能，目前存在广泛争议。如果没有，那么随着自动化程度的提高和资本密集度的提高（第9.2节和第9.3节），增长率可能仍然会更高，但上述"无劳动力"的特点（第9.4.1节）变得遥不可及。

9.4.2.2　检索限制

第二种瓶颈即使在完全自动化的情况下也会出现。这种类型的瓶颈发生在创意搜索过程本身阻碍了特别快速的生产性收益时。为了看到这一点，再考虑一下创意生产功能。在上面的第二个例子中，我们允许完全的自动化，并表明一个真正的数学奇点可以随之而来。但也要注意，这个结果取决于参数 Φ。

$$\dot{A}_t = A_t^{1+\phi}$$

只有当 $\Phi > 0$ 时，我们才会有爆发性增长。如果 $\Phi \leqslant 0$，那么随着 A_t 的推进，增长率会下降。许多增长模型和相关证据表明，平均而言，创新可能会变得更加困难，这与 Φ 的平均数值较低是一致的。[①]有趣的是，知识负担机制（Jones，2009）基于人类认知的局限性，如果一个 AI 能够理解的知识存量比人类能够理解的知识存量大得多，那么这个知识负担机制可能不会限制一个 AI。然而，被视为寻找新思想的基本特征的钓鱼过程（Kortum，1997），大概也会适用于寻找新思想的 AI。换一种说法，AI 可能解决了渔民的问题，但不会改变池塘里的东西。当然，渔翁得利的搜索问题不仅可以适用于整体的生产力，但同时也对超级智能的出现，限制了 AI 程序自我改进的潜在速度［见公式（41）］，从而限制了通过超级智能渠道实现增长爆发的可能性。

9.4.2.3　Baumol 的任务和自然规律

第三种瓶颈即使是完全自动化，即使是超级智能，也可能出现瓶颈。这种类型的瓶颈发生在一种必要的投入没有多少生产力增长的时候。也就是说，我们有另一种形式的 Baumol 成本病。

为了看到这一点，将 9.2 节中基于任务的生产函数（5）略微概括为：

---

① 例如，见 Jones（1995），Kortum（1997），Jones（2009），Gordon（2016）和 Bloom 等（2017）。

$$Y = \left[\int_0^1 (a_{it} X_{it})^\rho \mathrm{d}i\right]^{1/\rho}, \quad \rho < 0$$

其中我们引入了特定任务的生产力项 a_{it}。

与我们以前的例子不同，在以前的例子中，我们考虑的是影响所有总生产的共同技术项 A_t，而在这里，我们想象的是，一些任务的生产率可能与其他任务不同，可能以不同的速度进行。例如，自第二次世界大战以来，机器计算速度提高了约 10^{11} 倍。①相比之下，电厂的效率提升不大，在卡诺定理等约束条件下，前景有限。这种区分很重要，因为在 $\rho < 0$ 的情况下，产出和增长最终不是由我们擅长的东西决定的，而是由必不可少但难以改进的东西决定的。

特别是，让我们想象一下，某种超级智能确实以某种方式出现了，但它只能在任务的份额 θ 中推动生产力达到（有效地）无穷大，我们从 $i \in [0, \theta]$ 来索引。此后的产出将是：

$$Y = \left[\int_\theta^1 (a_{it} Y_{it})^\rho \mathrm{d}i\right]^{1/\rho}$$

显然，如果这些剩余的技术 a_{it} 不能得到根本性的改进，我们就不再有数学上的奇点（第二类增长爆炸），甚至未来可能没有多少增长。如果剩下的所有任务都能以低成本实现自动化，我们可能最终还是会有一个 AK 模型，如果 a_{it} 能够得到一定程度的改进，这至少可以产生加速增长，但是，最终我们还是会被我们最不擅长改进的本质性事物的生产力增长所牵制。事实上，AI 崛起背后的摩尔定律，部分地站在了 AI 的立场上，可能就是沿着这样的思路在告诫我们。以每秒算术运算量计算，计算能力的提高速度现在已经快得令人瞠目结舌。然而，经济增长并没有加速，甚至可能在下降。

透过本质任务的视角，增长的最终制约因素就会是在真正困难问题上的进步能力。这些制约因素又可能不是由认知的极限决定的（即传统的人类智力极限，AI 超级智能可能会克服），而是由自然规律的极限决定的，比如

---

① 这个比例比较了布莱切利公园（Beltchley Park）的巨像，这台 1943 年的真空管机，每秒进行 5.105 次浮点运算，而顺威太湖之光计算机在 2016 年的峰值为 9.1016 次/秒的操作。

热力学第二定律，它制约着关键的过程。[①]

9.4.2.4 创造性的破坏

从技术限制本身出发，AI（和超级 AI）对生产率增长的积极影响可能会被另一种通过创造性破坏及其对创新激励的影响而抵消。因此，在附录中，我们发展了一个 Schumpeterian 模型，其中：新的创新取代旧的创新；创新包括两个步骤，其中第一步可以由机器完成，但第二步需要人类投入研究。在一个奇异的极限中，连续的创新没有时间间隔，人类研究和发展的私人回报（研究和开发）下降到零，结果创新和增长逐渐减少。更一般地说，AI 导致的每个连续创新的第一步越快，第二阶段创新的人力投资回报就越低，这反过来又抵消了 AI 和上面指出的超级 AI 创新引领的增长的直接影响。

9.4.3 一些附加想法

我们以 AI 及其潜在的奇点效应如何影响增长和收敛的额外想法来结束这一部分。

第一个想法是，新的 AI 技术可能允许前沿技术的模仿/学习变得自动化。也就是说，机器很快就会发现如何模仿前沿技术。那么分歧的一个主要来源可能会变成信用约束，在某种程度上，这可能会阻止较贫穷的国家或地区获得超级智能机器，而发达经济体可以负担得起这种机器。因此，人们可以想象这样一个世界：发达国家将所有的研究工作都集中在开发新的产品线（即前沿创新）上，而贫困国家将把越来越多的研究工作投入到学习新的前沿技术上，因为他们买不起相应的 AI 设备。总的来说，人们会预计世界范围内的分歧程度会越来越大。

第二个猜想是，预见到 AI 对模仿的范围和速度的影响，潜在的创新者可能会不愿意为他们的发明申请专利，担心专利中新知识的披露会导致直接模仿。商业秘密可能会成为常态，而不是申请专利。或者，创新会变成今天的金融创新，即具有巨大网络效应的知识创造，专利范围很小。

最后，随着模仿和学习主要由发达经济体的超级机器来完成，那么研究

---

① 回到上面的示例 4，请注意，公式（42）假定所有的物理约束都可以被超级智能克服。然而，人们也可以规定 $\max(A_{物理}) = c$，代表坚定的物理约束。

人员将（几乎）完全致力于产品创新，增加产品种类或发明新产品（新产品线）来替代现有产品。然后，比以往任何时候，挖掘现有产品线的回报下降将被发现新产品线的潜力增加所抵消。总的来说，想法可能会更容易找到，如果仅仅是因为 AI 对基于重组想法的增长的独特影响的话。

9.5 AI、企业和经济增长

至此，我们已经将 AI 与经济增长联系起来，强调商品和思想的生产功能特征。然而，AI 的进步及其宏观经济效应将取决于企业的潜在多样性行为。我们已经在前一节介绍了一种这样的观点，其中对创造性破坏的考虑提供了一种以激励为导向的机制，这可能是奇点的一个重要障碍。在这一部分，我们更一般地考虑企业的激励机制和行为，以进一步概述 AI 的研究议程。我们研究了在金融机构内部引入市场结构、部门差异和组织考虑时可能出现的一阶问题。

9.5.1 市场结构

关于竞争和创新带动的增长的现有工作指出存在两种抵消效应：一方面，更激烈的产品市场竞争（或模仿威胁）诱使处于技术前沿的并驾齐驱的公司进行创新，以逃避竞争；另一方面，更激烈的竞争往往会阻碍处于当前技术前沿的公司进行创新，从而赶上前沿的金融机构。这两种效应中哪一种占主导地位，反过来取决于经济中的竞争程度，和/或经济的发达程度。虽然逃避竞争效应往往在较低的初始竞争水平和较发达的经济体中占主导地位，但在较高的竞争水平或较不发达的经济体中，气馁效应可能占主导地位。①

AI 能否通过其可能对产品市场竞争产生的潜在影响来影响创新和增长？第一个潜在的渠道是，AI 可能会促进对现有产品和技术的模仿。这里我们特别想到的是，AI 可能促进逆向工程，从而促进对领先产品和技术的模仿。如果我们遵循 Aghion 等（2005）的倒 U 逻辑，在最初模仿水平较低的部门，一些 AI 诱导的逆向工程可能会凭借逃避竞争效应刺激创新。但过高（或过于直接）的模仿威胁最终将阻碍创新，因为潜在的创新者将面临过度

---

① 例如，见 Aghion 和 Howitt（1992）和 Aghion 等（2005）。

征用。AI 的一个相关含义是，它的引入可能会加快创新的进程。随着时间的推移，每个部门都会变得拥挤。这反过来又可能转化为在任何现有部门内进行创新的回报率下降得更快（Bloom 等，2014），但同样，它也可能促使潜在的创新者将更多资源用于发明新的产品线，以逃避现有产品线内的竞争和模仿。对总增长的总体影响又取决于部门内的二次创新和旨在创造新产品线的基础创新（Aghion 和 Howitt，1996）对总体增长过程的相对贡献。

AI 和数字革命可能通过影响产品市场竞争程度来影响创新和增长的另一个渠道，这与平台或网络的发展有关。平台所有者的一个主要目标是在相应的双边市场中，最大限度地增加平台的参与者数量。例如，Google 作为搜索平台享有垄断地位；Facebook 作为社交网络享有类似的地位，每月全球用户超过 17 亿人；Booking.com 的酒店预订也是如此（75% 以上的酒店客户都会求助于这个网络）。而在个人交通领域的 Uber、公寓租赁的 AIrbnb 等也是如此。网络的发展又可能至少在两个方面影响竞争。首先，数据访问可能成为创建新的竞争网络的准入门槛，尽管这并不妨碍 Facebook 在 Google 之后发展新的网络。其次，更为重要的是，网络可以利用其垄断地位，对用户收取大笔费用。对市场参与者收取费用（确实如此），这可能会阻碍这些参与者的创新，无论他们是公司还是自雇个人。

最后，逃避竞争还是抑制效应占主导地位，将取决于部门的类型（前沿或较落后），AI 促进逆向工程和模仿的程度，以及旨在保护知识产权和降低进入壁垒的竞争和/或监管政策。最近的实证工作（Aghion，Howitt 和 Prantl，2015）指出，专利保护和竞争政策在诱导创新和生产力增长方面是互补的。探讨 AI 如何影响这两种政策之间的互补性将是有趣的。

9.5.2 部门间的重新分配

Baslandze（2016）最近的一篇论文认为，信息技术革命产生了重大的知识扩散效应，而知识扩散效应又诱发了重大的部门重新配置，从不太依赖其他领域或部门的技术外部性的部门（如纺织业）转移到比较依赖其他部门技术外部性的部门。我们认为她的论点也适用于 AI，它建立在信息技术对创新激励的以下两个反作用上：一方面，企业可以更容易地相互学习，从而更多地从其他企业和部门的知识扩散中获益；另一方面，信息技术（或AI）所诱导的从其他企业和部门获取知识的途径的改善，增加了企业窃取知识的空间。在高技术部门，企业从外部知识中获益更多，前一种效应——知识扩散——将占主导地位，而在不太依赖外部知识的部门，后一种效应——竞争或商业窃取——将趋于主导地位。事实上，在对知识依赖性较强的部门，企业的生产能力和创新能力的提高幅度要大于对其他部门知识依赖程度较低的部门的企业。

信息技术的扩散，就我们的目的而言，AI 应该导致更多依赖外部知识的部门的扩张（在这些部门中，知识扩散效应占主导地位），而牺牲了企业对外部知识依赖程度不高的更传统（更自我封闭）的部门。

因此，除了对企业的创新和生产能力产生直接影响外，信息技术和 AI 的引入还涉及知识扩散效应，这种知识扩散效应被部门重新分配效应所增强，有利于更多依赖其他领域和部门知识外部性的高技术部门。正向的知识扩散效应被负向的企业窃取效应部分抵消（Baslandze 表明，后者的效应在美国非常大，如果没有它，IT 革命还能为整个美国经济带来更高的生产率增长加速）。

基于她的分析，Baslandze（2016）回应 Gordon（2012）的观点是，Gordon 只考虑了信息技术的直接效应，而没有考虑其对总生产率增长的间接知识扩散和部门再分配效应。

我们认为，对于 AI 而不是信息技术，也可以提出同样的观点，我们可以尝试复制 Baslandze 的校验工作，评估 AI 的直接效应和间接效应的相对重要性，将 AI 的间接效应分解为其知识扩散的正效应及其潜在的负面竞争效应，并评估 AI 通过对部门重新分配的影响对整体生产力增长的影响程度。

9.5.3 组织

我们应该如何期待企业调整其内部组织、劳动力的技能构成和工资政策以适应 AI 的引入？Tirole（2017）在其最近出版的《共同利益的经济学》一书中，阐述了人们可以认为是对企业和 AI 的"共同智慧"期望。即，引入 AI 应该：①增加熟练劳动力和非熟练劳动力之间的工资差距，因为后者对 AI 的替代性大概比前者更强；②引入 AI 可以让企业实现自动化，免除执行监控任务的中间人（换句话说，企业应该变得更扁平化，也就是控制跨度更高）；③应该通过让个人更容易建立自己的声誉来鼓励自我就业。让我们更详细地重温一下这些不同点。AI、技能和工资溢价：关于 AI 和熟练工

种与非熟练工种所获工资之间的差距加大，这个预测让我们回到 Krusell 等
（2000）基于一个总的生产函数，在这个函数中，物理设备对非熟练劳动力
的可替代性比对熟练劳动力的可替代性更强，这些作者认为，自 20 世纪 70
年代中期以来，观察到的生产设备商品相对价格的加速下降可以解释过去
25 年来大学溢价的大部分变化。换句话说，大学溢价的上升在很大程度上
可以归因于（资本体现的）偏重技能的技术进步速度的增加。而据推测，
AI 是资本体现型、技能偏向型技术变革的一种极端形式，因为机器人替代
了非技术型劳动力，但需要技术型劳动力来安装和开发机器人。然而，
Aghion 等（2017）最近的研究表明，虽然技能溢价的预测在宏观经济层面
可能成立，但它或许忽略了企业内部组织的重要方面，组织本身可能会因为
引入 AI 而发生变化。更具体地说，Aghion 等（2017）使用来自英国的雇
主 - 雇员匹配数据，并辅以研发支出信息，分析了创新力与各企业平均工资
收入之间的关系。

第一个并不令人惊讶的发现是，与研发密集度较低的企业相比，研发密
集度较高的企业平均工资较高，雇佣的高技能工人比例也较高（见图 9.4）。
这与上述预测①和预测②完全吻合，因为这表明更具创新性（或更"前
沿"）的企业更多依赖外包来完成低技能任务。然而，Aghion 等（2017）的

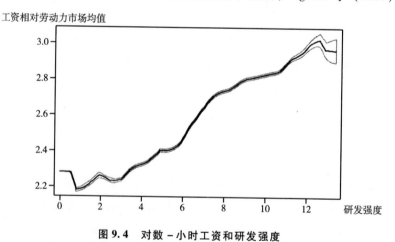

图 9.4 对数 - 小时工资和研发强度

资料来源：Aghion 等（2017 年）。

注：本图绘制了总小时收入的对数与每名员工的总研发支出（校内 + 校外）的对数
（研发强度）。

一个更令人惊讶的发现是，与高技能工人相比，低技能工人从更多的研发密
集型企业工作中获益更多（相对于在不进行研发的企业工作）。这一发现由
图 9.5 概括。在该图中，我们首先看到，在任何公司中，无论该公司的研发
密集程度如何，高技能工人的收入都比低技能工人的收入高（高技能工资
曲线总是严格地位于中等技能曲线之上，而中等技能曲线本身总是位于低技
能曲线之上）。但是，更有趣的是，低技能曲线比中技能和高技能曲线更陡
峭。但每条曲线的斜率恰恰反映了具有相应技能水平的工人在更具创新性的
公司工作的溢价。

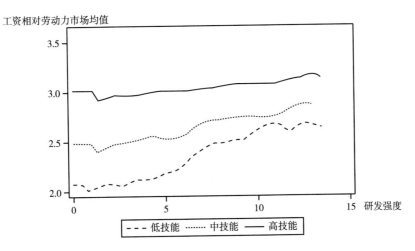

图 9.5　对数 – 小时工资和研发强度

资料来源：Aghion 等（2017 年）。

注：本图绘制了不同技能组的总小时收入对数与每名员工的总研发支出（校内 + 校
外）对数（研发强度）。

同样，我们应该预期 AI 更密集的企业会：①雇用较高比例的（高薪）
高技能工人，②外包越来越多的低技能任务，③给予那些留在公司内的低技
能工人更高的溢价（除非我们采取极端的观点，认为所有由低技能工人履
行的职能都可以由机器人来完成）。

为了使上述发现和后面这些预测合理化，让我们跟随 Aghion 等（2017）
提出的模型，在这个模型中，更具创新性的企业在低技能工人和企业内部其
他生产要素（资本和高技能劳动力）之间表现出更高的互补性。他们模型

的另一个特点是，高技能员工的技能比低技能员工的技能具有较低的企业特异性：即如果企业要用另一个高技能员工取代一个高技能员工，那么下行风险将受到限制，因为高技能员工通常是受教育程度较高的员工，其市场价值主要由其教育和积累的声誉决定，而低技能员工的素质则更具有企业特异性。这个模型是为了抓住这样一个观点，即如果企业的创新能力更强（或者说我们的目的是更多的 AI 密集型），那么低技能员工可能会对企业的价值产生更大的破坏性影响。

特别是，与常识的一个重要区别是，这里的创新性（或 AI 强度）影响到企业的组织形式，特别是影响到企业内部不同技能水平的工人之间的互补性或可替代性，而常识的观点则将这种互补性或可替代性视为给定。想一想一个低技能员工（如助理），他表现出了突出的能力、主动性和值得信赖性。该员工所执行的一系列任务，可能很难或成本太高，无法雇佣高技能的工人；此外，也许更重要的是，低技能员工比高技能的员工在公司的任职时间要长，这反过来又鼓励公司在建立信任和公司特定的人力资本和知识上投入更多。总的来说，这样的低技能员工会对公司的业绩产生很大的影响。

这种关于 AI 和企业的另一种观点与 Luis Garicano 等企业理论家的工作是一致的。因此在 Garicano（2000）下游，低技能员工一直面临着新的问题；在这些新问题中，他们梳理出的是那些自己可以解决的问题（更容易的问题），而更困难的问题他们就会传递给公司层级中的上游高技能员工。据推测，企业的创新能力越强或 AI 密集度越高，越难解决的问题就越难，因此上游高技能员工的时间就越宝贵；这又使得雇佣下游的、能力较高的低技能员工更加重要，以确保企业内部传递给上游高技能员工的问题越少，从而使这些高技能员工有更多的空闲时间来集中解决最困难的任务。另一种解释是，在更多的创新（或更多的 AI 密集型）企业中，低技能员工和高技能员工之间的互补性更高，这是因为在这类企业中，不可靠的低技能员工所带来的潜在损失更大：因此需要挑选出那些不可靠的低技能员工。在更具创新性（或更多 AI 密集型）的企业中，低技能员工与其他生产要素之间的这种较高的互补性反过来又增加了低技能员工在企业内部的议价能力［如果我们遵循 Stole 和 Zwiebel（1996）的说法，它增加了他们的 Shapley 价值］。这反过来解释了低技能工人的较高报酬。它还预测，在创新能力较强（AI 密集型）的公司工作的低技能工人的工作流动率应该比在创新能力较弱的公司工作的低技能工人的工作流动率低（任期应该较高），而这两类公司雇用的高技能工人之间的流动率差异应该较小。这个额外的预测也与 Aghion 等（2017）的数据对峙。

请注意，到目前为止，研究和开发被用作衡量企业的创新力或前沿性。我们希望测试同样的预测，但在回归中使用明确的 AI 强度测量作为等式右侧的变量（对机器人的投资、对数字平台的依赖）。AI 与企业组织形式：最近的实证研究（如 Bloom 等，2014）表明，IT 革命导致企业取消了中间范围的工作岗位，向更扁平的组织结构发展。AI 的发展应该会强化这一趋势，同时或许也会如我们上文所论述的那样，降低企业内部低技能与高技能岗位的比例。

思考公司组织形式的一个潜在的有用框架是 Aghion 和 Tirole（1997）。在那里，委托人可以决定是否向下游代理人授权。她可以通过两种方式进行授权。①通过正式将控制权分配给代理人（在这种情况下，我们说委托人将正式的权力委托给代理人）；或者②通过组织的设计，例如通过增加控制权的跨度或从事多种活动，以非正式的方式进行授权：这些手段使委托人能够承诺将主动权留给代理人（在这种情况下，我们说委托人将真正的权力委托给代理人）。而如果公司需要创新，代理人的主动性就显得尤为重要，这对于其行业中比较前沿的公司来说尤其如此。无论委托人决定将正式权力还是仅将实际权力委托给代理人，委托人都会面临以下权衡：一方面，将更多的权力委托给代理人，会诱导代理人采取更多的主动性；另一方面，这意味着委托人将失去对公司的一些控制权，因此面临着（从她的角度来看）次优决策被更多地采取的可能性。委托的这两种反作用中哪一种占主导地位，又将取决于委托人和代理人偏好的一致程度，同时也关系到委托人扭转次优决策的能力。

引入 AI 应该如何影响这种控制权丧失与主动权之间的权衡？如果 AI 使委托人更容易监控代理人，那么为了仍能引起代理人的主动性，就需要下放更多的权力。将更多的权力下放给下游代理人的动机，也会因为这样一个事实而增强，即有了 AI，下游代理人的次优决策可以更容易地被纠正和扭转：

换句话说，AI 应该减少向下游下放权力所涉及的控制权损失。AI 可能鼓励决策分权的第三个原因与协调成本有关：即如果委托人将决策权下放给下游单位，阻碍了这些单位在公司内部的协调，那么委托人的成本可能会很高（Hart 和 Holmstrom，2010）。但在这里，AI 又可以通过降低委托人与其多个下游单位之间的监控成本来帮助克服这个问题，从而诱发更多的权力下放。

而更多的权力下放又可以通过各种手段来实现：特别是通过消除公司层级中的中间层，将下游单位变成利润中心或完全独立的公司，或者通过横向整合，委托人将时间投入在其他活动上。总的来说，我们可以想象，AI 在更多前沿行业的发展应该会导致公司规模更大，水平整合更多，扁平化的公司会有更多的利润中心，这些利润中心会把越来越多的任务外包给独立的自雇代理人。正如 Tirole（2017）所解释的那样，AI 有助于代理人快速发展个人声誉，这反过来又会促进对自雇独立代理人的依赖。这就涉及 AI 与组织的第三个方面，即自营职业。如上文所强调的，AI 有利于自雇的发展，至少有两个原因：第一，从低技能任务开始，它可能会诱导 AI 密集型企业将任务外包；第二，它使独立代理人更容易发展个人声誉。这是否意味着 AI 应该导致大型综合公司的终结，个人之间只能通过平台进行互动？而哪些代理人更有可能成为自雇者？

关于第一个问题。Tirole（2017 年）提供了至少两个理由，说明为什么企业应该在引入 AI 后生存下来。首先，有些活动涉及大量的沉没成本和/或大量的固定成本，这些成本无法由单个个体承担。第二，有些活动涉及一定程度的风险承担，也可能无法由单个代理人承担。除此之外，我们还应该加上交易成本的论点，即在契约不完整的情况下，垂直整合有利于特定关系的投资。我们能否真正想象 AI 本身就能完全克服契约不完全性？

关于第二个问题。我们上面的讨论表明，随着 AI 在经济中的不同用途，涉及有限风险的低技能活动，以及 AI 帮助发展个人声誉的活动（酒店或交通服务、对老年人和/或残疾人的健康援助、餐饮服务、家庭清洁）是越来越成为自雇工作的主要候选者。而事实上，Saez（2010），Chetty 等（2011）以及 Kleven 和 Waseem（2013）最近的研究指出，低收入个人对旨在促进自营职业的税收或监管变化反应更强烈。这些研究的自然延伸将是探索这种监管变化在多大程度上对 AI 渗透率较高的部门产生更大的影响。

AI 与自营职业之间的相互作用还涉及潜在的有趣的动态方面。因此，值得研究的是，自雇是否有助于个人积累人力资本（或至少保护他们免受失去正式工作后人力资本贬值的风险），在 AI 渗透率较高的行业中，自雇的作用更大。另外，有趣的是，研究自雇和 AI 之间的相互影响本身如何受到政府政策和制度的影响，这里我们主要想到的是教育政策和自雇者的社会或收入保险。这些政策对目前自雇者未来的表现有什么影响，这些政策是否在引入 AI 后完全得到了补充？特别是，目前的自雇者是否会转回大公司工作，转回正常就业的概率在 AI、政府政策以及两者之间的相互影响下有什么不同？据推测，性能更高的基础教育体系和更完善的社会保险体系应该都会鼓励自雇者更好地利用 AI 的机会和支持来积累技能和声誉，从而改善他们未来的职业前景。另一方面，有些人可能会认为，如果 AI 降低了自营职业者未来重新融入正规公司的前景，那么 AI 将对自营职业者产生抑制作用，因为 AI 密集的公司会减少对低技能工人的需求。

9.6　迄今为止关于资本份额和自动化的证据

将 AI 概念化为自动化程度不断提高的力量的模型表明，自动化程度的上升可能体现在对资本的要素支付——资本份额上。近年来，美国和世界各地资本份额的上升一直是研究的中心议题。例如，Karabarbounis 和 Neiman（2013），Elsby、Hobijn 和 Sahin（2013），以及 Kehrig 和 Vincent（2017）。在本节中，我们将探讨这一证据，首先是针对美国国内的行业，其次是针对美国和欧洲的机动车行业，最后是通过观察资本份额随时间的变化与机器人的采用的相关性。

图 9.6 报告了来自 Jorgenson，Ho 和 Samuels（即将出版）的美国 KLEMS数据中各行业的资本份额；份额使用 HP 滤波器与平滑参数 400 进行了平滑，以关注中长期趋势。众所周知，至少从 2000 年开始，美国经济中的总资本份额一直在增加。图 9.6 显示，这种总量趋势在很多行业中都保持着，包括农业、建筑业、化工、计算机设备制造业、机动车、出版业、电信业以及批发和零售业。没有看到这种趋势的主要地方是服务业，包括教育、政府和卫生。在这些行业中，自 1990 年以来，资本占比相对稳定，或者可能略有增加。但是从服务业的这些数据中，人们看到的大趋势是 1950 年到

1980 年之间有很大的下降趋势。如果能更多地了解是什么原因造成了这种趋势，那就很有意思了。

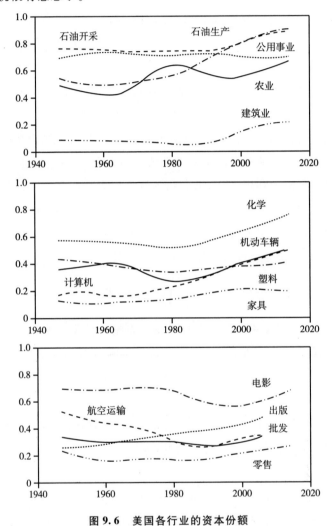

图 9.6　美国各行业的资本份额

数据来源：图中报告的各行业资本份额来自 Jorgenson，Ho 和 Samuels（2017）的美国 KLEMS 数据。

注：份额使用 HP filter 进行平滑参数 400 的平滑。

虽然事实与自动化（或自动化的增加）大体一致，但也很明显，资本和劳动份额也涉及许多其他经济力量。例如，Autor 等（2017）提出，涉及向高资本份额的超级明星企业转移的构成效应是行业趋势的基础。该论文和

Barkai（2017）的论文中指出，行业集中度和加价率的上升可能是部分资本份额增加的基础。随着时间的推移，工会化的变化可能是另一个导致要素份额动态变化的因素。这些都是说，在得出任何结论之前，需要对要素份额和自动化进行更仔细的分析。

考虑到这一重要的警告，图 9.7 显示了美国和几个欧洲国家运输设备制造中的资本份额的证据。正如 Acemoglu 和 Restrepo（2017）所指出的那样（下文会有更多的介绍），机动车行业是迄今为止在过去 20 年中对工业机器人投资最多的行业，因此从自动化的角度来看，这个行业特别有趣。

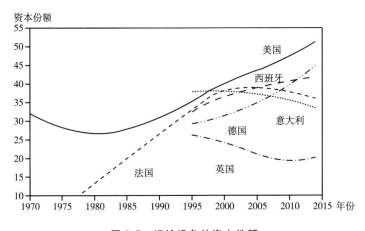

图 9.7　运输设备的资本份额

数据来源：欧洲国家的数据来自欧盟 – KLEMS 项目（http：// www. euklems . net／）的"运输设备"部门，其中包括机动车，但也包括航空航天和造船；见 Jagger（2016）。美国数据来自 Jorgenson，Ho 和 Samuels（2017）中的机动车统计数据。

注：股价采用平滑参数 400 的 HP 滤波器进行平滑。

近几十年来，美国、法国、德国和西班牙在运输设备（包括机动车，也包括飞机和造船）方面的资本份额呈现出大幅增长的趋势。有趣的是，自 1995 年以来，意大利和英国的这一资本份额呈现出下降的趋势。2014 年运输设备资本占比的绝对水平差异也很有意思，从美国的 50% 以上的高位到英国近几年的 20% 左右的低位。显然，更好地理解这些巨大的水平和趋势差异是很有价值的。自动化可能只是故事的一部分。

Acemoglu 和 Restrepo（2017）使用国际机器人联合会的数据来研究工业机器人的采用对美国劳动力市场的影响。在行业层面，该数据是 2004 年至

2014 年十年间的数据。图 9.8 显示了各行业资本份额变化与工业机器人使用变化的数据。

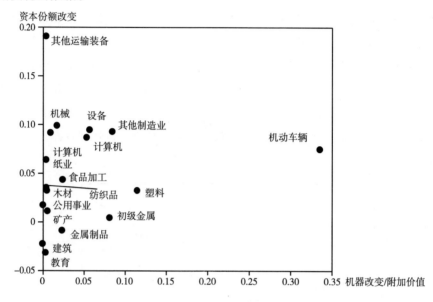

图 9.8　2004—2014 年资本份额和机器人情况

资料来源：该图利用 Acemoglu 和 Restrepo（2017）的机器人数据绘制了 Jorgenson, Ho 和 Samuels（2017）的资本份额变化与机器人存量相对于附加值的变化。

从图中可以看出两个主要事实。首先，如前所述，机动车行业是迄今为止采用工业机器人最多的行业。例如，在 2014 年新购买的工业机器人中，超过 56% 的机器人安装在机动车行业，其次是计算机和电子产品行业，占比不足 12%。

其次，以机器人衡量的自动化程度与 2004 年至 2014 年间资本份额的变化之间几乎没有关联。工业机器人渗透的总体水平相对较小，正如我们前面讨论的，包括市场力量变化、工会化和成分效应在内的其他力量正在以一种很难用简单的数据图来理清的方式转移资本份额。

Graetz 和 Michaels（2017）利用欧盟 - KLEMS 数据和国际机器人联合会 1993 年至 2007 年的数据进行了更正式的计量经济学研究，研究了机器人采用对工资和生产率增长的影响。与我们在图 9.8 中显示的情况类似，他们发现机器人的采用与要素份额之间没有系统性关系。他们确实表明，机器人的采用与劳动生产率的提升有关。

9.7 结论

在本章中，我们讨论了 AI 对增长进程的潜在影响。我们首先将 AI 引入商品和服务的生产功能中，并试图将不断发展的自动化与 20 世纪观察到的资本份额和人均 GDP 增长的稳定性相协调。我们的模型将 Baumol 的"成本病"见解引入 Zeira 的自动化模型中，产生了一系列丰富的可能结果。因此，我们得出了充分的条件，在这些条件下，即使在几乎完全自动化的情况下，人们也可以在资本占比不变的情况下获得总体平衡的增长，并保持远低于 100%。本质上，Baumol 成本病导致与制造业或农业相关的 GDP 份额下降（一旦它们实现了自动化），但随着时间的推移，自动化的经济部分不断增加，这一点被平衡了。由于 Baumol 的洞察力，劳动力的份额仍然很可观：增长不是由我们擅长的东西决定的，而是由必不可少却又难以改善的东西决定的。我们也看到了这个模型是如何在自动化不断推进的同时，产生一个长时间的高资本占比和相对较低的经济总量增长。

接下来，我们推测了在新理念的生产技术中引入 AI 的效果。AI 有可能增加增长，无论是暂时性的还是永久性的，这恰恰取决于如何引入。随着 AI 越来越多地取代人产生创意，持续的自动化有可能会消除人口增长产生指数增长的作用。值得注意的是，在本章中，我们将自动化视为外生性的，各地引入 AI 的激励措施显然可以产生一阶效应。探讨这种设置下的内生自动化和 AI 的细节，是进一步研究的重要方向。

然后，我们讨论了 AI 可能产生某种形式的奇点的（理论）可能性，甚至可能导致经济在有限的时间内实现无限的收入。如果组合任务的替代弹性小于 1，这似乎要求所有任务都要自动化。但在科布—道格拉斯生产中，即使不完全自动化，也可能出现奇点，因为知识的非竞争性会引起收益的增加。然而，在这里，Baumol 的主题也仍然是相关的：即使许多任务都实现了自动化，但由于一些领域仍然是必要的，但很难改进，因此增长可能仍然有限。因此，在附录中，我们表明，如果创新过程中的某些步骤需要人类研发，那么超级 AI 可能最终会通过加剧商业偷窃来减缓甚至终结增长，这反过来又会阻碍人类对创新的投资。这种可能性以及"超级 AI"的其他影响（例如，对跨国融合和产权保护的影响），仍然是未来很有希望的研究方向。

接下来，本章考虑了企业如何被 AI 的进步所影响，并对理解宏观经济结果产生进一步的影响进行了分析。我们考虑了市场结构、部门重新分配和企业的组织结构等多样化的问题。在这些见解中，我们看到，AI 可能在一定程度上通过加速模仿来抑制未来的创新；在这些见解中，我们可以看到，AI 可能会通过加速模仿，在一定程度上阻碍未来的创新；同样，快速的创造性破坏，可能会通过限制创新的收益来限制创新的增长。从组织的角度来看，我们还猜测，虽然 AI 对整个经济来说应该是技能偏向，但 AI 更密集的企业可能会：①将更高比例的低技能任务外包给其他公司；②向公司内部保留的低技能工人支付更高的溢价。

最后，我们考察了部门层面关于资本份额与自动化同步演变的证据。与总资本份额的增加相一致，许多部门的资本份额似乎也在上升（尤其是服务业以外的部门），这与自动化的故事大致一致。同时，将这些模式与部门层面的具体自动化措施联系起来的证据似乎很薄弱，总体而言，资本份额趋势中有许多经济力量在起作用。制定更精确的自动化衡量标准和调查自动化在资本份额动态中的作用，是进一步研究的另一个重要途径。

附录

1. 熊彼特模型中的 AI 与创造性破坏的关系

在本附录中，我们描述并模拟了一种情况，即超级智能（或"超级 AI"）可能会扼杀增长，因为它加剧了创造性破坏，从而阻碍了任何人类对研发的投资。我们首先阐述了熊彼特增长模型的基本版本。其次，我们扩展该模型，在创新技术中引入 AI。

2. 基础知识

时间是连续的，个人是无限生活的，有大量的 L 个人可以决定从事研究工作还是从事生产工作。最终的产出是根据：

$$y = Ax^{\alpha}$$

其中，x 是中间投入的流量，A 是衡量中间投入 x 质量的生产率参数。每次创新都会产生一种生产最终产出的新技术和实施新技术的新中间产品。它通过乘数系数 $\gamma > 1$ 来增强当前的生产率：$A_{t+1} = \gamma A_t$。创新又是研究的（随机）结果，并被假定为以泊松率 λ，n 离散地到达，其中 n 是当前研究的流量。

在稳定状态下，研究和制造之间的劳动分配随时间的推移而保持不变，并由套利方程决定。

$$\omega = \lambda\gamma v \qquad\qquad 式（9A.1）$$

其中，（A）的等式左侧是工人在制造业部门工作所获得的生产率调整工资率 $\omega = (w/A)$，$\lambda\gamma v$ 是投入一单位劳动流量进行研究的预期报酬。一项创新的生产率调整价值 v 由贝尔曼方程决定：

$$rv = \tilde{\pi}(\omega) - \lambda n v$$

其中 (ω) 表示一个成功的创新者应得的经生产力调整的垄断利润流量，而 $(-\lambda nv)$ 一词对应的是被后来的创新者取代所涉及的资本损失。

上述套利方程，可重新表述为：

$$\omega = \lambda\gamma \frac{\tilde{\pi}(\omega)}{r + \lambda n} \qquad\qquad 式（9A.2）$$

连同劳动力市场清算方程：

$$\tilde{x}(\omega) + n = L \qquad\qquad 式（9A.3）$$

其中，$x(\omega)$ 为制造业对劳动力的需求，共同确定稳态研究量 n 为参数 λ，γ，L，r，α 的函数。

平均增长率等于每一步的规模 $\ln\gamma$ 乘以单位时间内平均创新速度 λn 即 $g = \lambda n\ln\gamma$。

3. 一个具有 AI 的熊彼特模型

如前所述，有 L 个工人可以从事现有中间产品的生产或旨在发现新的中间产品的研究。每种中间产品都与一个特定的通用技术相关联。我们按照 Helpman 和 Trajtenberg（1994）的观点，假设在任何与通用技术相关的中间产品能够在最终产品部门有利可图地使用之前，必须有一些最低数量的中间产品。我们假设这个最小数量是一个，就不会失去任何本质。一旦商品被发明，它的发现者就会从其在生产中的独家使用的专利中获利，这与前面所回顾的熊彼特的基本模型完全一样。

因此，这个模型与上述基本模型的区别在于，现在新一代中间产品的发现分两个阶段进行。首先必须有一个新的通用技术，然后必须发明实现该通用技术的中间品。两者都不能先于另一个出现。你需要先看到通用技术，然后才知道什么样的商品会实现它，人们需要先看到以前的通用技术发挥作用，然后才能想到新的通用技术。为了简单起见，我们假设没有人把研发工作导向通用技术的发现。相反，这个发现是在使用前一个通用技术的集体经验中偶然产生的副产品。

因此，经济将经过一系列周期，每个周期有两个阶段；GPT_i 到达时间 T_i。此时，经济进入第 i 个周期的第 1 阶段。在第 1 阶段，投入研究的劳动量 n。阶段 2 在时间 T_{i+i} 开始，当这个研究发现了一个中间产品来实现 GPT_i。在第 2 阶段，所有的劳动都分配给制造，直到 GPT_{i+1}，此时下一个周期开始。

稳态均衡是指每次经济处于第 1 阶段时，人们选择做相同数量的研究，也就是说，从一个通用技术到下一个通用技术，n 是不变的。如前所述，我们可以用研究 – 套利方程和劳动力市场均衡曲线来求解 n 的均衡值。让 ω_j 为工资，v_j 为位于中间垄断者未来利润的预期现值，当经济处于第 j 阶段时，每个现值除以当前使用的通用技术的生产率参数 A。在稳定状态下，这些经过生产力调整的变量将都与当前使用的通用技术无关。由于研究是在第一阶段进行的，但当经济进入第二阶段时，生产力参数由系数 γ 提高后，就会得到回报，因此为了使经济中的研究水平为正，通常的套利条件必须成立：

$$\omega_1 = \lambda \gamma v_2$$

假设我们进入第二阶段后，新的通用技术由一个恒定到达率为 m 的泊松过程传递：

$$rv_2 = \tilde{\pi}(\omega_2) + \mu(v_1 - v_2)$$

通过类比推理，我们得到：

$$rv_1 = \tilde{\pi}(\omega_1) - \lambda n v_1$$

综合上述方程，可得出研究 – 套利方程：

$$\omega_1 = \lambda \gamma \left[\tilde{\pi}(\omega_2) + \frac{\mu \tilde{\pi}(\omega_1)}{r + \lambda n} \right] / (r + \mu)$$

因为在第二阶段没有人做研究，我们知道 ω_2 的值是独立于研究之外的，由市场结算条件 $L = x(\omega_2)$ 决定。因此，我们可以把这个值看成是给定的，并把最后一个方程看成是决定 ω_1 作为 n 的函数 n 的值照例是由这个方程和劳动力市场方程一起决定的。

$$L - n = \tilde{x}(\omega_1)$$

平均增长率将是创新频率乘以规模 $\ln g$，理由与基本模型完全相同。但是，频率的确定与以前有些不同，因为经济必须经过两个阶段。每当一个完整的周期完成时，就会有一次创新。这种情况发生的频率是一个完整周期的预期长度的倒数。这又只是第一阶段的预期长度加上第二阶段的预期长度。

$$1/\lambda n + 1/\mu = \frac{\mu + \lambda n}{\mu \lambda n}$$

因此，我们得到了增长方程：

$$g = \ln\gamma \frac{\mu\lambda n}{\mu + \lambda n}$$

其中 n 满足以下条件：

$$f(L - n) = \lambda\gamma\left\{f(L) + \frac{\mu\tilde{\pi}[f(L-n)]}{r + \lambda n}\right\}/(r + \mu)$$

以及

$$f(\cdot) = \tilde{x}^{-1}(\cdot)$$

作为其参数的递减函数。

我们感兴趣的是 μ 对 g 的影响，特别是由 $\mu \to \infty$ 作为思想生产中 AI 的结果时发生的情况。显然，当 $\mu \to \infty$ 时，$n \to 0$。则 $E = 1/n + 1/\mu \to \infty$，因此：

$$g = \ln\gamma \cdot \frac{1}{E} \to 0$$

换句话说，我们已经描述并模拟了一种情况，即超级智能加剧了创造性的破坏，以至于所有人类对研发的投资都受到了阻碍，从而导致增长减弱。然而，在这个阶段我们可以提出两点意见。

（1）这里，我们假设第二个创新阶段只需要人类研究。如果换成 AI 让这个阶段也由机器来完成，那么 AI 将不再趋于平缓，可以再次成为我们核心分析中的爆炸性增长。

（2）我们认为自动化是完全外生的，没有成本的。但假设反而要花钱让 μ 增加到无穷大：那么，如果像我们上面的分析一样，创造性破坏无限制地增长，那么支付增加 μ 的动机就会降到零，因为阶段性的二次创新的人类补充研发也会降到零。但这违背了 $\mu\to\infty$ ，因此也违背了让 AI 杀死增长过程。[①]

参考文献

Acemoglu, Daron, and David Autor. 2011. "Skills, Tasks and Technologies: Implications for Employment and Earnings." In *Handbook of Labor Economics*, vol. 4, edited by O. Ashenfelter and D. Card, 1043–1171. Amsterdam: Elsevier.

Acemoglu, Daron, and Pascual Restrepo. 2016. "The Race between Man and Machine: Implications of Technology for Growth, Factor Shares and Employment." NBER Working Paper no. 22252, Cambridge, MA.

———. 2017. "Robots and Jobs: Evidence from US Labor Markets." NBER Working Paper no. 23285, Cambridge, MA.

Aghion, Philippe, and Peter Howitt. 1992. "A Model of Growth through Creative Destruction." *Econometrica* 60 (2): 323–351.

———. 1996. "Research and Development in the Growth Process." *Journal of Economic Growth* 1 (1): 49–73.

Aghion, Philippe, Peter Howitt, and Susanne Prantl. 2015. "Patent Rights, Product Market Reforms, and Innovation." *Journal of Economic Growth* 20 (3): 223–262.

Aghion, Philippe, Antonin Bergeaud, Richard Blundell, and Rachel Griffith. 2017. "The Innovation Premium to Low Skill Jobs." Unpublished manuscript.

Aghion, Philippe, Nick Bloom, Richard Blundell, Rachel Griffith, and Peter Howitt. 2005. "Competition and Innovation: An Inverted-U Relationship." *Quarterly Journal of Economics* 120 (2): 701–728.

Aghion, Philippe, and Jean Tirole. 1997. "Formal and Real Authority in Organizations." *Journal of Political Economy* 105 (1): 1–29.

Agrawal, Ajay, John McHale, and Alex Oettl. 2017. "Artificial Intelligence and Recombinant Growth." Unpublished manuscript, University of Toronto.

Alvarez-Cuadrado, Francisco, Ngo Long, and Markus Poschke. 2017. "Capital-Labor Substitution, Structural Change and Growth." *Theoretical Economics* 12 (3): 1229–1266.

Autor, David, David Dorn, Lawrence F. Katz, Christina Patterson, and John Van Reenen. 2017. "The Fall of the Labor Share and the Rise of Superstar Firms." NBER Working Paper no. 23396, Cambridge, MA.

Autor, David H., Frank Levy, and Richard J. Murnane. 2003. "The Skill Content Of Recent Technological Change: An Empirical Exploration." *Quarterly Journal of Economics* 118 (4): 1279–1333.

Barkai, Simcha. 2017. "Declining Labor and Capital Shares." Unpublished manuscript, University of Chicago.

Baslandze, Salome. 2016. "The Role of the IT Revolution in Knowledge Diffusion, Innovation and Reallocation." Meeting Paper no. 1488, Society for Economic Dynamics.

Baumol, William J. 1967. "Macroeconomics of Unbalanced Growth: The Anatomy of Urban Crisis." *American Economic Review* 57:415–426.

Bloom, Nicholas, Charles I. Jones, John Van Reenen, and Michael Webb. 2017. "Are Ideas Getting Harder to Find?" Unpublished manuscript, Stanford University.

Bloom, Nicholas, Luis Garicano, Raffaella Sadun, and John Van Reenen. 2014. "The

---

[①] 当然，我们可以反驳说，超级 AI 在产生新的创新时越来越没有成本，在这种情况下，μ 又会走向无穷大，增长又会降到零。

Distinct Effects of Information Technology and Communication Technology on Firm Organization." *Management Science* 60 (12): 2859–2885.

Boppart, Timo. 2014. "Structural Change and the Kaldor Facts in a Growth Model with Relative Price Effects and Non???Gorman Preferences." *Econometrica* 82:2167–2196.

Chetty, Raj, John N. Friedman, Tore Olsen, and Luigi Pistaferri. 2011. "Adjustment Costs, Firm Responses, and Micro vs. Macro Labor Supply Elasticities: Evidence from Danish Tax Records." *Quarterly Journal of Economics* 126 (2): 749–804.

Comin, Diego, Danial Lashkari, and Marti Mestieri. 2015. "Structural Transformations with Long-Run Income and Price Effects." Unpublished manuscript, Dartmouth College.

Danaylov, Nikola. 2012. "17 Definitions of the Technological Singularity." Singularity Weblog. https://www.singularityweblog.com/17-definitions-of-the-technological-singularity/.

Elsby, Michael W. L., Bart Hobijn, and Ayşegül Şahin. 2013. "The Decline of the U.S. Labor Share." *Brookings Papers on Economic Activity* 2013 (2): 1–63.

Garicano, Luis. 2000. "Hierarchies and the Organization of Knowledge in Production." *Journal of Political Economy* 108 (5): 874–904.

Good, I. J. 1965. "Speculations Concerning the First Ultraintelligent Machine." *Advances in Computers* 6: 31–88.

Gordon, Robert J. 2012. "Is U.S. Economic Growth Over? Faltering Innovation Confronts the Six Headwinds." NBER Working Paper no. 18315, Cambridge, MA.

———. 2016. *The Rise and Fall of American Growth: The US Standard of Living since the Civil War*. Princeton, NJ: Princeton University Press.

Graetz, Georg, and Guy Michaels. 2017. "Robots at Work." Unpublished manuscript, London School of Economics.

Grossman, Gene M., Elhanan Helpman, Ezra Oberfield, and Thomas Sampson. 2017. "Balanced Growth Despite Uzawa." *American Economic Review* 107 (4): 1293–1312.

Hart, Oliver, and Bengt Holmstrom. 2010. "A Theory of Firm Scope." *Quarterly Journal of Economics* 125 (2): 483–513.

Helpman, Elhanan, and Manuel Trajtenberg. 1998. "A Time to Sow and a Time to Reap: Growth Based on General Purpose Technologies." In *General Purpose Technologies and Economic Growth*, edited by E. Helpman. Cambridge, MA: MIT Press.

Hemous, David, and Morten Olsen. 2016. "The Rise of the Machines: Automation, Horizontal Innovation and Income Inequality." Unpublished manuscript, University of Zurich.

Herrendorf, Berthold, Richard Rogerson, and Akos Valentinyi. 2014. "Growth and Structural Transformation." In *Handbook of Economic Growth*, vol. 2, 855–941. Amsterdam: Elsevier.

Jägger, Kirsten. 2016. "EU KLEMS Growth and Productivity Accounts 2016 release-Description of Methodology and General Notes." The Conference Board Europe.

Jones, Benjamin F. 2009. "The Burden of Knowledge and the Death of the Renaissance Man: Is Innovation Getting Harder?" *Review of Economic Studies* 76 (1): 283–317.

Jones, Charles I. 1995. "R&D-Based Models of Economic Growth." *Journal of Political Economy* 103 (4): 759–784.

———. 2016. "The Facts of Economic Growth." In *Handbook of Macroeconomics*, vol. 2, 3–69 Amsterdam: Elselvier.

Jorgenson, Dale W., Mun S. Ho, and Jon D. Samuels. Forthcoming. "Educational Attainment and the Revival of U.S. Economic Growth." *Education, Skills, and*

Technical Change: Implications for Future US GDP Growth, edited by Charles Hulten and Valerie Ramey. Chicago: University of Chicago Press.

Kaldor, Nicholas. 1961. "Capital Accumulation and Economic Growth." In *The Theory of Capital*, edited by F. A. Lutz and D. C. Hague, 177–222. New York: St. Martins Press.

Karabarbounis, Loukas, and Brent Neiman. 2013. "The Global Decline of the Labor Share." *Quarterly Journal of Economics* 129 (1): 61–103.

Kehrig, Matthias, and Nicolas Vincent. 2017. "Growing Productivity without Growing Wages: The Micro-Level Anatomy of the Aggregate Labor Share Decline." Unpublished manuscript, Duke University.

Kleven, Henrik J., and Mazhar Waseem. 2013. "Using Notches to Uncover Optimization Frictions and Structural Elasticities: Theory and Evidence from Pakistan." *Quarterly Journal of Economics* 128 (2): 669–723.

Kongsamut, Piyabha, Sergio Rebelo, and Danyang Xie. 2001. "Beyond Balanced Growth." *Review of Economic Studies* 68 (4): 869–882.

Kortum, Samuel S. 1997. "Research, Patenting, and Technological Change." *Econometrica* 65 (6): 1389–1419.

Krusell, Per, Lee E. Ohanian, José-Víctor Ríos-Rull, and Giovanni L. Violante. 2000. "Capital-Skill Complementarity and Inequality: A Macroeconomic Analysis." *Econometrica* 68 (5): 1029–1053.

Kurzweil, Ray. 2005. *The Singularity is Near*. New York: Penguin.

Legg, Shane, and Marcus Hutter. 2007. "A Collection of Definitions of Intelligence." *Frontiers in Artificial Intelligence and Application* 157 (2007): 17–24.

Manuelli, Rodolfo E., and Ananth Seshadri. 2014. "Frictionless Technology Diffusion: The Case of Tractors." *American Economic Review* 104 (4): 1368–91.

Ngai, L. Rachel, and Christopher A. Pissarides. 2007. "Structural Change in a Multi-sector Model of Growth." *American Economic Review* 97 (1): 429–443.

Nordhaus, William D. 2015. "Are We Approaching an Economic Singularity? Information Technology and the Future of Economic Growth." NBER Working Paper no. 21547, Cambridge, MA.

Peretto, Pietro F., and John J. Seater. 2013. "Factor-Eliminating Technical Change." *Journal of Monetary Economics* 60 (4): 459–473.

Romer, Paul M. 1990. "Endogenous Technological Change." *Journal of Political Economy* 98 (5): S71–102.

Saez, Emmanuel. 2010. "Do Taxpayers Bunch at Kink Points?" *American Economic Journal: Economic Policy* 2 (3): 180–212.

Solomonoff, R. J. 1985. "The Time Scale of Artificial Intelligence: Reflections on Social Effects." *Human Systems Management* 5:149–153.

Stole, Lars, and Jeffrey Zwiebel. 1996. "Organizational Design and Technology Choice under Intrafirm Bargaining." 86 (1): 195–222.

Tirole, Jean. 2017. *Economics for the Common Good*. Princeton, NJ: Princeton University Press.

Vinge, Vernor. 1993. "The Coming Technological Singularity: How to Survive in the Post-Human Era." In *Vision-21: Interdisciplinary Science and Engineering in the Era of Cyberspace*, 11–22. Proceedings of a Symposium Coauthored by the NASA Lewis Research Center and the Ohio Aerospace Institute Held in Westlake, Ohio, Mar. 30–31.

Webb, Michael, Greg Thornton, Sean Legassick, and Mustafa Suleyman. 2017. "What Does Artificial Intelligence Do?" Unpublished manuscript, Stanford University.

Weitzman, Martin L. 1998. "Recombinant Growth." *Quarterly Journal of Economics* 113:331–360.

Yudkowsky, Eliezer. 2013. "Intelligence Explosion Microeconomics." Technical
Report no. 2013–1, Machine Intelligence Research Institution.
Zeira, Joseph. 1998. "Workers, Machines, and Economic Growth." *Quarterly Journal
of Economics* 113 (4): 1091–1117.

评论

Patrick Francois[*]

AI 的政治经济学并没有被列为本次会议的主题，但它出现在了许多对话中，包括我对这一无比发人深省的章节的讨论。所以我想在这里进一步展开讨论。它之所以重要，有两个原因。其一，如果科学家的预测得到证实，我们将处于一种极端世界，在这个世界上人类作为经济投入要素将是非常多余的。我们如何处理富人（拥有关键投入要素）和穷人（只拥有劳动力）之间的关系，将是社会健康的一个关键方面。成功的社会将是包容性的，即富人与穷人共享租金。这一点是很明显的。不太明显的是，无论机器的生产力有多高，管理人类高层决策和机器仆人之间的关系都会涉及很多层面的人类。所以，即使在机器能更好地完成人类生产的极限情况下，人类仍然会在可以被广泛称为政治领域的地方工作。

Philippe Aghion，Benjamin Jones 和 Charles Jones 的这一章是一个很好的起点，我将要在这里开始不那么结构化的讨论。这一章探讨了 AI 的增长意义，重点讨论生产的日益自动化。也就是说，机器在不断增加的生产、服务和创意任务中取代了劳动力。这种形式的自动化并不新鲜，至少从工业革命开始就一直在进行。所以，任何预测将要发生/可能发生的事情的模型都不应该违背卡尔多的基本事实。据此，他们建立了一个尽管劳动力不断从越来越多的部门被转移，但份额相对稳定的模型。

简而言之，这种做法是这样的：由于存在多个部门，并且这些部门生产的商品具有足够低的可替代性，消费者将越来越多的实际财富花在不受自动化约束的部门。这导致非自动化商品部门的相对价格长期上涨。因此，在他们的模型中，两种反作用力产生了劳动力份额相对稳定的力量：①劳动力在

---

　*　Patrick Francois 是不列颠哥伦比亚大学（The University of British Golumbia）温哥华经济学院的教授，也是加拿大高级研究所的高级研究员。

　有关致谢，研究支持的来源以及披露作者的重大财务关系的信息，请访问 http://www.nber.org/chapters/c14028.ack。

较少的部门得到有效利用——降低了其要素份额；但是②在劳动力继续工作的部门，相对价格正在上升——倾向于提高要素份额。本质上，尽管人类可以做的事情越来越少，但这些事情变得相对来讲报酬更高，并且只要还有一些事情人类可以比机器做得更好，这种情况就可以持续下去。

但是当我们开始思考什么是人类在生产中仍然必不可少的产品或服务时，我们就开始遇到问题了。如果人类不能做比机器更好的事情呢？会议上的许多讨论都围绕着这种可能性展开。我必须承认，我发现科学家们在这方面的观点令人信服。尽管随着技术使商品和服务生产机械化，相对劳动密集型的新服务已经出现，其他人（Acemoglu 和 Restrepo，2016）已经证明这是另一种可以稳定劳动力份额的力量。即使如此，如果机器在所有任务的执行中优于人类，商品和服务生产的劳动力将完全被替代。

科学家们对这种可能性有多迫在眉睫意见不一，但很少有人怀疑它最终会发生。虽然这很可能是一个只传到几代人的极限情况，但从现在开始，我会试着想象在这个极限情况下会发生什么。机器能比人类做得更好。我想说的是，即使在这样一个机器在所有任务上都做得更好的世界里，人类的"工作"仍将发挥重要作用。这项工作将涉及管理这些机器的政治性的任务。

1. 机器优势社会将面临的政治经济挑战

但在我谈到这一点之前，在一个完全机器至上的世界里，社会将面临的第一个挑战是：谁拥有机器？资本主义社会在创造投资激励时取得了成功。他们奖励提出并实施好想法的创新者，从而鼓励这些想法。具有非常适合开创当今机器进步的特征的社会也是经济上成功的社会，并且通常是社会上最健康的社会。在产权得到最好保护的地方，以及对成功人士征税最低的地方，对技术进步的激励最大。因此，我们可以预见的是，从最成功的资本主义经济体中，比如美国，机器优先的新世界即将崛起。

但是当机器在创新任务中达到取代人类投入的地步时，一切都变了，这就是 Aghion，Jones 和 Jones 所说的"创意生产函数中的 AI"。在这里，我再次谈论一个极端的例子，在这个例子中，机器比人类做得更好，并且不需要任何人类的投入。在这一点上，关于如何最好地改进当前技术、要承担的风险、要遵循的方向以及实现的决策都是由机器来完成的。然后，在机器的自我改进，进入创造新的更好的机器的过程，都不需要人为干预。

Philippe Aghion，Benjamin Jones 和 Charles Jones 对在这个阶段可能出现的奇点和生产极端的近乎科学行为的可能性进行了一项非常有趣的分析，而我将把重点放在政治经济影响上。

据推测，至少在这一阶段之初，机器的人类拥有者做出的改进（以及这些改进产生的租金流）是很容易辨认的。最开始时，机器的人类拥有者是进行上一轮发明的机器的拥有者。类似地，随着下一代人类拥有者做出的改进出现，上一轮进行的发明可以追溯到最初的机器以及已被辨认的人类所有者，以此类推。那么从某种意义上来说，最后一代人类所有者将对机器产生的租金拥有所有权。

作为一个社会，我们应该承认这种说法吗？答案取决于个人、政治精英和经济精英在私有财产上不可侵犯的问题上的立场是什么。当机器可以自我发明的时候，人类的激励不再起作用，所以就未来的增长而言，将所有权租金重新分配给社会中的所有个人将是无成本的。而没有激励制度对当今许多成功的社会来说并不容易。

如果没有对人类的激励作为代价，社会将会爆发大规模的人类动乱。当社会中的最后一代人类/发明家/投资者是机器的所有者，而社会中的其他人从劳动中赚取收入，在这样的社会中不平等的程度将是极端的。就未来的增长而言，将机器所有权国有化将是无成本的，但拥有机器的精英们（如果历史可以作为指导的话，他们将）极其不愿意将他们"来之不易"的租金和权力让给那些没有远见、不努力工作以及运气差的大多数人，让他们来制造这些机器。未来最有效的社会将是那些最愿意向这最后一代生产力高的发明家/投资者征税，以支持那些不幸的、能力较弱的、甚至可能心甘情愿地懒惰的没有机器的人的社会。一些国家现在不对创新课以重税，并因此走在创造技术未来的前列，但是这些国家的社会价值观可能会使它们在管理创新方面处于不利地位。

这些国家的精英们如果成功地控制了那些敌对的精英们可能用来威胁他们的政治渠道，或者那些不拥有机器所有权的被排斥的大众和他们对抗的政治渠道，那么他们将能够享受机器租金，并且与被排斥的人相比，他们将变得几乎无限富有。苏联的专制精英们在失去了人民群众的合作后的几十年里，正是利用这种排斥和破坏的方法来统治他们的国家。而且他们没有超级智能的机器人来帮助他们。如果国家的未来的精英们愿意保护自己的租金而免于拥有经济生产性资产（机器），如果他们（或者他们的机器可以）足够充分地研究历史上成功的独裁者的话，他们享受机器租金的这种情况可能会持续相当长的一段时间。

相比之下，如果机器归国家所有，如果租金由社会所有成员分享，我称之为包容性社会，我们在消费方面一定能实现平等。资本主义制度下非常好的、基于激励的关于不平等的理由将不再适用。

2. 未来人类工作的政治经济来源

在一个机器比人类更擅长做任何事情的世界里，人类会做些什么工作呢？似乎显而易见的答案是什么都不做。我们将不得不学会从与工作无关的活动中创造意义，并有望克服我们逐渐形成的将个人价值等同于社会生产力的倾向。我要论证这个显而易见的答案是错误的。事实上，在这个世界上，人类将有重要的工作要做，在最具包容性的社会中，要做的工作将是最多的。

3. 管理机器将是人类工作的源泉

为什么机器需要管理？机器将自我复制、自我维护、自我创造、自我修复、自我改进，那么还需要做什么呢？现在还不清楚的是机器在追求什么样的目标。

通常，我们倾向于从定义明确的人类目标的角度来思考，对于其中的大多数来说，机器应该做什么是毫无疑问的。例如，肿瘤机器将根据它们在训练数据上运行数百万次所学到的协议，读取磁共振成像，诊断潜在的癌症，订购更多的测试、手术或药物等。这里的目标相对简单，所以他们了解自己要做什么，成功实现这些目标可以很容易地用来确定最佳行动。所以这些目标非常狭窄的机器需要相对较少的管理。

但是，在我们的经济中，机器将生产所有的产出和服务，在这样做的同时，机器将不断地改造和修改自己，以追求人类主人为它们设定的目标。因此，我们将有一套复杂的不断发展的机器，它们不仅负责所有的生产，还负责所有的发明。我们可以认为这些机器是设计好的，但是通过机器学习和基于机器的创新过程，这些设计将与上一代从事这些工作的人类设计师所想象的相去甚远。对我们人类来说，甚至了解它们在做什么也很困难。也许我们会发展出对它们的直觉，一种更丰富的人类语言，或是对它们所做的事情的叙述，这会让我们对它们的意义有一些模糊的理解，但我们有理由认为没有人会完全理解它们。

问题是，我们是否愿意让这种设计方向在没有人为干预的情况下继续下去？我认为我们不会。我们（"我们"的社会）将非常关心这个设计的方向，管理这个方向将需要巨大的人类监督。人类的监督越是被需要，一个社会就越具有包容性。但是，如果我们已经在这些先进的机器中设定了一系列以人为中心的目标，为什么我们还需要管理它呢？如果我们已经将所需要的人类监督委托给机器了呢？正如 Nick Bostrom（2014）所描绘的那样，我认为，作为这个程序的一部分，我们会找到故障保险装置，来让那些不符合人类福利的机器无法工作，所以我明确排除了这一特定的反乌托邦。

但是即使有这样的故障保险装置，也需要额外的人类投入。这是因为我们不能把一个特定的目标委托给机器，然后用它来完成，因为无论我们在时间 t 执行什么目标，基于我们在时间 t 拥有的知识所表达的这一目标，到时间 $t' > t$ 时很可能已经过时了，因为我们的知识或者我们的价值观在 t' 时改变了。我们将需要人类（显然在机器的极大帮助下）负责弄清我们在时间 t' 的社会共识是什么，通知 t' 时期的其他公民他们需要的相关信息以做出决策，然后在时间 t' 实施这些改变。因为机器会比人类聪明得多，所以这些行动，对于机器来说本应该是简单的，但从本质上来说，这些行动对于在时间 t' 进行我们所有发明和生产的机器来说，是无法实现的，因为这些机器已经被编程设定了在时间 t 时社会的目标函数，而这正是我们希望支持在 t' 时代所要改变的。

整个问题是，编写目标可能会导致机器在时间 t 根据这些目标进化出能力，而这些能力在 t' 时变得过时。为了让我们知道这些目标在 t' 时是否过时，我们必须首先发展出一个关于机器在 t' 时应该做什么的概念，以及这与我们在 t 时的想法有什么不同，我们还需要以某种方式了解机器在 t' 时实际在做什么，以及它与 t 时有什么不同。

比如，假设人类在这些先进的机器中设定一个在 2035 年实现人类福利最大化的目标，其中人类福利以功利主义的方式来定义。然后，设计机器的人类将开始进行机器改进，推进功利的人类目标的实现。但这样做，他们可能最终会对其他目标做出一些暴力行为，总的来说，作为一个社会，我们在2035年已经准备好服从合理的功利主义目标，但在2050年不再愿意支持这些目标。例如，基于功利主义的发明机器可能不重视动物福利，除了它如何间接推进功利主义目标。但可能因为我们的社会目标、信仰、观点等在中间的几年里发生了变化。也许我们学习了更多关于动物神经病学的知识，或者我们只是随着我们变得更富有而改变我们的价值观，然后人类开始像对待自己一样对待其他哺乳动物。或者，也许因为我们对机器的复杂性产生了深刻的印象，使得我们想要认可非有机体生命本身的价值。在这两种情况下，作为人类决策者，我们需要充分理解机器在追求我们早期的一些目标时做了什么，以便能够看到2035年未陈述的社会目标在2050年是否受到约束。如果不会受到约束，那在这种情况下，就不需要对机器作出改进。但是不检查怎么知道是否受到约束呢？

那将是非常复杂的事情。首先，它需要一些人类试图理解2050年机器在做什么：它们是如何进化的，又在做什么？其次，我们需要找出这些信息的相关部分，告知我们的社会决策者。特别地，在包容性社会中，"社会决策者"是很多人。其中一些或者很多决策者几乎没有接受过机器功能方面的技术培训，所以随后我们需要找到一种方法，将这些可能非常复杂的信息传达给这些决策者，让他们可以根据自己掌握的知识和所受培训来做出决策。

当然，这个过程也回避了这样一个问题，即在这种情况下，作为一组社会决策者的"我们"是谁，以及"我们"想要什么。人们要面对这样的伦理性和社会性决策。在这里，我并不是指是否要就汽车应该撞上三个老人而非一个孕妇的问题作出决策，这很困难，但我们至少每天都在含蓄地解决问题。我指的是关于什么是社会目标的更基本的决定，即那些不仅是为我们生产一切，而且是为我们设计和发明一切的机器网络正在努力实现的目标。有的人可能会说，今天作为社会整体，我们也含蓄地参与了这种决策，比如当我们选举政纲相互竞争的政治家或政党时。然而，在未来，社会目标将更加明确，因为我们需要有关社会目标的集体立场来准确地确定我们将引导我们的机器发明家每天前进的方向。

我们不可能将这组沟通交流和任务完全委托给机器（如果可能的话，也是谨慎地委托）。即使在给定一个定义明确的目标函数的情况下，他们可能更聪明，并因此更擅长做出这些决策，但问题是永远不会有这样一个定义明确的社会目标函数（由阿罗不可能定理推知）。我们需要通过我们的政治过程不断地修改它，机器遵循的目标函数将需要根据人类之间发生的社会交流进行调整。在包容性的社会中，几乎所有公民都将在目标函数的决策中有发言权，他们都必须了解情况，以便能够参与社会共识。

管理对话，向"我们"报告与从自我导向的机器世界中出现的对话相关的内容，然后根据"我们"通过任何一种社会机制表达的集体意愿所决定的内容来对机器的运行作出调整，这在某些关键点上就必须要求人类的参与。所以哪怕光看定义，人类的决策行为也不会被机器复制或替代。

总而言之，我描述的是一个我们公认的与当今还相距甚远的世界。在这个世界上，大多数人类都参与了一系列基本的管理机器的政治任务，因为被管理的机器将在我们的经济中进行所有的生产，因此它们决定了我们社会的主要发展方向。有些人需要努力确定我们当前的生产机器在做什么，并使社会决策者（在包容性社会中，将有许多决策者）能够理解。另一组人需要研究公民表达的不同意见如何映射到关于我们的机器应该做什么以及它们应该朝着什么方向前进的共识。所有这些人类都将得到机器的帮助，但因为机器使用的目标函数不会永远不改变，所以帮助人类的机器将需要人类的指导，人类不断讨论改变的也正是机器正在使用的协议。虽然人类比机器笨得多，但在这个过程中，人类是必不可少的，不可替代的。

参考文献

Acemoglu, Daron, and Pascual Restrepo. 2016. "The Race between Man and Machine: Implications of Technology for Growth, Factor Shares and Employment." Unpublished manuscript, Massachusetts Institute of Technology.

Bostrom, Nick. 2014. *Superintelligence: Paths, Dangers, Strategies*. Oxford: Oxford University Press.

10 人工智能与就业

——需求的作用

James Bessen[*]

人们普遍担心 AI 技术将在未来 10 年或 20 年内会造成大规模失业。最近的一篇论文得出结论：新的信息技术将在不久的将来很快到来，各类职业中很大一部分的就业机会将面临风险（Frey 和 Osborne，2017）。

制造业衰退的例子为我们提供了关注技术和失业的充分理由。1958年，美国宽幅纺织工业雇用了 30 多万名生产工人，主要钢铁工业雇用了50 多万人。到 2011 年，宽幅纺织工业仅雇用了 16000 人，钢铁仅雇用了10 万名生产工人。[①] 其中一些损失可归因于贸易，特别是自 20 世纪 90 年代中期以来的贸易活动。然而，总体上自 20 世纪 50 年代以来，大部分劳动力雇佣的下降似乎来自技术发展和不断变化的需求（Rowthorn 和 Ramaswamy，1999）。

但制造业的例子也表明，技术对就业的影响比受影响行业中"自动化导致失业"的简单故事要复杂得多。事实上，图 10.1 显示了纺织、钢铁和汽车制造业在过去几十年里都实现了强劲的就业增长，同时生产率也实现了大幅提高。尽管生产率持续大幅增长，但这些行业几十年来的就业增长超过了失业。这种"倒 U 型"模式似乎在制造业中相当普遍（Buera 和 Kaboski，2009；Rodrik，2016）。[②]

* James Bessen 是波士顿大学法学院技术与政策研究计划的执行主任。

有关确认，研究支持的来源以及披露作者的重大财务关系（如果有）的信息，请访问 http://www.nber.org/chapters/c14029.ack。

① 这些数据适用于使用棉和人造纤维的宽幅织物行业 SIC 2211 和 2221 以及钢铁厂、高炉和轧机行业 SIC 3312。

② 其他实证分析行业变化的论文包括 Dennis 和 Iscan（2009）；Buera Kaboski（2009）；Kollmeyer（2009）；Nickell，Redding，Swaffield（2008）；Rowthorn 和 Ramaswamy（1999）。

纺织、钢铁和汽车制造业的自动化导致就业强劲增长的原因与技术对需求的影响有关，具体将在下文叙述。新技术不仅可以用机器取代劳动力，而且在竞争激烈的市场中，自动化会降低价格。此外，技术可以提高产品质量、实现定制化或提高支付速度，所有这些都能增加需求。如果需求充分增长，即使单位产出所需的劳动力减少，就业也会增加。

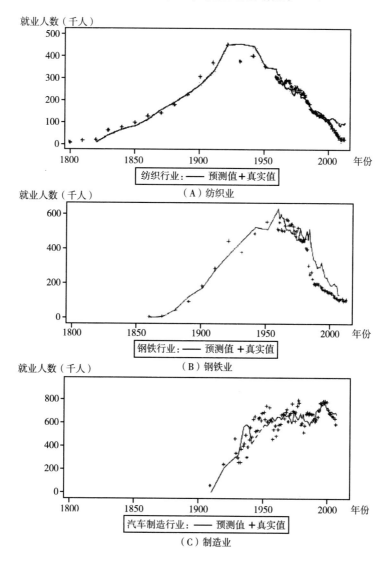

（A）纺织业

（B）钢铁业

（C）制造业

图 10.1 纺织、钢铁和汽车制造行业生产就业情况

［资料来源：国际机器人联会，世界机学（2016，2017）］。

当然，失业可能会被其他行业的就业增长所抵消。本书的其他论文（第9章、第13章）也讨论了这种宏观经济效应。本章将探讨技术对受影响行业本身就业的影响。就业的上升和下降构成了一个重要的谜题。尽管有大量的文献研究了与技术相关的结构变化，但我认为，被最广泛接受的去工业化解释与我们所观察到的历史模式并不一致。为了解释"倒 U 型"曲线，我提出了一个非常简单的模型，说明为什么这些产品的需求在早期具有高弹性，以及为什么需求随着时间的推移变得无弹性。该模型以合理的准确度预测了这些行业的就业增长和下降：图 10.1 中的实线显示了这些预测。随后，我将探讨这个模型对未来 20 年 AI 的影响。

10.1   结构变化

整个制造业的就业相对份额也呈现出类似于图 10.1 的"倒 U 型"，整个制造业的就业相对份额如图 10.2 所示。从逻辑上讲，该图中整个行业的上升和下降是由图 10.1 中单个制造行业的总体上升和下降造成的。然而，基于广泛的部门层面因素对这一现象的解释面临挑战，因为各个行业表现出相当不同的模式。例如，汽车行业的就业人数似乎在纺织业就业人数见顶近一个世纪后才见顶。我们需要有关各个行业的数据来分析这些不同的响应情况。

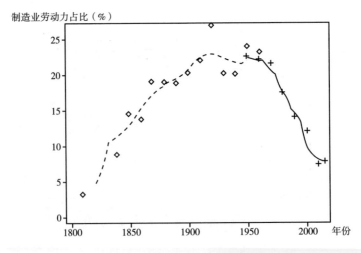

图 10.2   制造业占劳动力比重

资料来源：美国人口普查局，1975 年；劳工统计局现时的就业情况。

注：劳动力包括农业劳动者。

　　结构变化的文献提供了两种解释制造业相对规模的方法，一种基于生产率增长的不同速率，另一种基于不同的需求收入弹性[①]。Baumol（1967）认为，在某些条件下，制造业技术相对于服务业的变化率越高，制造业就业所占比例就越低（Lawrence 和 Edwards，2013；Ngai 和 Pissarides，2007；Matsuyama，2009）。

　　但生产率增长率的差异似乎并不能解释就业率的初始增长。例如，在 19世纪，农业的就业比例下降，而纺织和钢铁等制造业的就业在绝对和相对两方面都出现飙升。但这些制造业的劳动生产率增长速度快于农业的劳动生产率。Parker 和 Klein（1966）发现从 1840 年到 1860 年以及 1900 年到 1910年，玉米、燕麦和小麦的劳动生产率每年分别增长 2.4%、2.3% 和 2.6%。相比之下，从 1820 年到 1900 年，棉纺织品的劳动生产率每年增长 3%，从1860 年到 1900 年，钢铁的劳动生产率每年增长 3%。[②] 尽管如此，棉纺织品和初级钢铁制造业的就业依然增长迅速。

　　制造业相对于农业的增长肯定涉及一些一般均衡因素，也许涉及农业部门的剩余劳动力（Lewis，1954）。但在行业层面，劳动生产率的快速增长和就业的增长必然意味着需求均衡水平的快速增长——消费的数量必须增长到足以抵消技术的劳动力节约效应。例如，棉织品的劳动生产率在 19 世纪增长了近 30 倍，但棉布的消费量却增长了 100 倍。因此，"倒 U 型"模型似乎涉及生产率增长与需求之间的相互作用。

　　长期以来的文献认为，行业变化源于需求收入弹性的差异。Clark（1940）在 Engel（1857）和其他人的早期统计调查结果的基础上提出，食品、服装和住房等必需品的收入弹性小于 1（Boppart，2014；Comin，Lashkari 和 Mestieri，2015；Kongsamut，Rebelo 和 Xie，2001；Matsuyama，1992 关于非同质偏好的一般处理）。"恩格尔定律"背后的概念是，当消费者买得起更多东西时，对必需品的需求就会得到满足，因此，较富裕的消费者在必需品上的支出占预算的比例就会减少。类似地，这种趋势也可以动态地表现出来。随着国家的发展和收入的增长，对农产品和制成品的相对需求下降；随着劳动

---

① Acemoglu 和 Guerrieri（2008）也提出了基于资本深化差异的解释。
② 这是我的估计结果，数据将在下文解释。

生产率的增长，这些行业的相对就业率就下降得更快。

　　然而，这种解释也是不全面的。虽然需求的低收入弹性可以解释 20 世纪晚期的去工业化，但它不能轻易解释 19 世纪对某些相同商品的需求不断增长的情况。例如在这种假设下，棉织品是一种必需品，其需求的收入弹性小于 1。然而，在 19 世纪，随着收入的增加，人们对棉布的需求急剧增长。也就是说，棉布在当时一定是一种"奢侈品"。而该理论中没有任何内容能解释为什么人们对布料的固有偏好会发生变化。

　　需求的性质似乎随着时间而改变。Matsuyama（2002）引入了一个模型，其中需求的收入弹性随着收入的增长而变化（Foellmi 和 Zweimuller，2008）。在这个模型中，消费者对不同的产品有层次偏好。随着他们收入的增长，消费者对现有产品的需求饱和，他们会逐步购买其他层次的新产品。鉴于异质收入随着时间的推移而增长，该模型可以解释"倒 U 型"模式。它还以一种高度程式化的方式对应于图 10.1 中所示的各行业的增长顺序。

　　然而，有两个原因使得该模式可能无法很好地解释个别行业。首先，这些行业增长的时机似乎更多地与特定的创新有关，这些创新开启了生产率加速增长的时代，而不是与其他市场的逐步饱和有关。如 1814 年美国纺织业引进动力织布机后，棉纺织消费大幅增长；1856 年，美国采用 Bessemer 炼钢工艺后，钢材消费量有所增长；1913 年，Henry Ford 的装配线推动了汽车行业的快速增长。

　　其次，将需求的收入弹性视为结构性变化的主要驱动力存在一般性问题：数据表明，对消费者而言，价格往往比收入更重要。从 1810 年到 2011 年，人均实际国内生产总值（GDP）增长了 30 倍，但棉纺织品每小时产量增长了 800 多倍；经通胀调整后的价格相应地下跌了三个数量级。同样，从 1860 年到 2011 年，实际人均 GDP 增长了 17 倍，但每小时钢铁产量增长了 100 多倍，价格也下降了相似的比例。有关结构性变化的文献主要关注需求的收入弹性，往往忽略了价格变化。然而，这些数字表明，低价格可能在很大程度上有助于满足需求。我构建了一个模型，其中包括收入和价格对需求的影响，允许两者都有随时间变化的弹性。

　　工业就业的"倒 U 型"模式可以用需求的价格弹性下降来解释。如果我们假设生产率的快速增长导致竞争性产品市场的价格迅速下跌，那么这些价格下跌将是需求增长的主要来源。在就业上升阶段，均衡需求的增长速度必须要比生产率提高时价格下跌的速度要快。在去工业化阶段，需求增长的比例必须小于价格增长的比例。下面的估计表明，需求的价格弹性正是以这种方式下降。

需求曲线概念的起源可能有助于我们理解为什么会发生这种情况。Dupuit（1844）认识到消费者对不同用途的商品有不同的价值判断：石材价格的下降将有利于现有的石材使用者，但消费者也将以较低的价格购买石材用于新用途，如在建筑或铺路中取代砖或木材。通过这种方式，Dupuit 展示了不同价值下的消费分布如何形成我们现在所说的需求曲线，从而可以计算消费者剩余。

本章基于消费者偏好服从这种分布函数的简单模型，对行业就业的兴衰给出了一个简洁的解释。基本的判断是，当大多数消费者被市场（分布的上尾）挤出时，许多常见分布函数的需求弹性往往会很高。当由于技术变化，价格下降或收入上升到满足大多数消费者需求的点（较低的尾部），那么需求的价格和收入弹性将很小。因此，需求的弹性随着技术为受影响的工业带来较低的价格和一般消费者带来较高的收入而改变。

10.2 模型

10.2.1 简单的"倒 U 型"模型

考虑生产和消费两种商品的布料和一般综合商品自给自足。该模型将关注技术对纺织业就业的影响，假设纺织业的产出和就业只占整个经济的一小部分。

10.2.1.1 生产

设布匹产量 $q = A \cdot L$，其中 L 为纺织劳动力，A 为技术效率的测度。A 中的变化代表了劳动力增加的技术变化。请注意，这与自动化完全取代人工的情况不同。Bessen（2016）的研究表明，这种情况很少见，自动化的主要影响在于技术增加了人类的劳动。

在我的初始假设中，产品和劳动力市场是竞争的，所以布的价格是：

$$p = w/A, \qquad\qquad 式（1）$$

其中，w 是工资。下面，我将检验这种假设是否适用于棉花和钢铁行业。

给定一个需求函数 $D(p)$，将需求等同于产出：

$$D(p) = q = A \times L$$

$$L = D(p)/A \qquad\qquad\qquad\qquad 式（2）$$

我们试图了解代表技术改进的 A 的增加是否会导致就业 L 的减少或增加。这取决于需求的价格弹性 ϵ，假设收入是不变的。对式（2）的 log 对 $\log(A)$ 求导，得到：

$$\frac{\partial \ln L}{\partial \ln A} = \frac{\partial \ln D(p)}{\partial \ln p}\frac{\partial \ln p}{\partial \ln A} - 1 = \epsilon - 1, \epsilon \equiv -\frac{\partial \ln D(p)}{\partial \ln p}$$

如果需求是弹性的（$\epsilon > 1$），技术变革将增加就业；如果需求缺乏弹性（$\epsilon < 1$），工作岗位就会减少。除了这个价格效应，下面将提到，收入的变化也可能会影响需求。

10.2.1.2 消费

现在，考虑消费者对布料的需求。假设消费者对不同的布料有不同的使用价值判断。消费者的第一套衣服可能非常有价值，因此即使价格很高，消费者也可能愿意购买。但布艺窗帘可能是一种奢侈品，除非价格适中，否则消费者不会愿意购买。根据 Dupuit（1844）和产业组织理论中消费者剩余的推导，这些不同的值可以用分布函数来表示。假设消费者对布料有多种用途，每种用途赋予其值 v，不多不少。这些用途所需的布料总码数可以表示为 $f(v)$。也就是说，当使用量递增时，$f(v)$ 是一个递增的密度函数，给出值为 v 所对应的布料码数。如果假设我们的消费者将购买所有用途的布料，其价值超过了布的价格，$v > p$，那么，在价格为 p 时，该消费者的需求是：

$$D(p) = \int_p^\infty f(z)\,\mathrm{d}z = 1 - F(p), F(p) \equiv \int_0^p f(z)\,\mathrm{d}z$$

我们已经将需求标准化，使最大需求为 1。通过这种标准化，f 是密度函数，F 是累积分布函数。假设这些函数是连续的，$p > 0$ 为连续导数。

从这些购买中获得的总价值是购买的所有用途的价值总和，

$$U(p) = \int_p^\infty z \times f(z)\,\mathrm{d}z.$$

这个量衡量的是消费者总剩余，可以与产业组织理论（Tirole，1988）中使用的部分积分后的消费者净剩余的标准测度相关：

$$U(p) = \int_p^\infty z \cdot f(z)\,\mathrm{d}z = \int_p^\infty z \cdot D'(z)\,\mathrm{d}z = p \cdot D(p) + \int_p^\infty D(z)\,\mathrm{d}z.$$

换言之，消费者总盈余等于消费者支出加上消费者净盈余。我把"U"解释为消费者从衣服中得到的效用。①

消费者还从一般商品 x 的消费和闲暇时间中获得效用。假设消费者工作的时间为 l，那么休闲时间为 $1-l$。假设这些商品的效用与布料的效用可加性分离，那么总效用为：

$$U(v) + G(x, 1-l)$$

其中，G 是凹可微函数。消费者将选择 v，x 和 l 以根据预算约束来最大化总效用：

$$wl \geqslant x + pD(v)$$

以复合商品的价格为计算单位。消费者的拉格朗日函数可以写成：

$$L(v, x, l) = U(v) + G(x, 1-l) + \lambda[wl - x - p \times D(v)]$$

考虑一阶条件，回想一下在竞争市场下，$p = w/A$，我们可以得到：

$$\hat{v} = G_l \frac{p}{w} = \frac{G_l}{A}, G_l \equiv \frac{\partial G}{\partial l}$$

其中，G_l 表示闲暇时间的边际价值，应用假设（1）得到第二个等式，即消费者购买衣服的用途至少与衣服相对于闲暇时间的实际价值相同。需要注意的是，如果 G_l 是常数，那么价格的影响和收入的影响是成反比的。这意味着需求的价格弹性等于需求的收入弹性。然而，休闲时间的边际价值很可能随收入增加或减少；例如，如果劳动力供给向后弯曲，收入增加可能会降低均衡 G_l，从而增加休闲时间。为了描述这个情况，把 G_l 参数化，即令 $G_l = w^\alpha$，因此：

$$\hat{v} = w^\alpha/A = w^{\alpha-1}p, \quad D(\hat{v}) = 1 - F(\hat{v}) \qquad \text{式（3）}$$

10.2.2 弹性

利用式（3），保持工资不变的需求价格弹性解为：

$$\epsilon = -\frac{\partial \ln D}{\partial \ln p} = \frac{\partial \ln D(\hat{v})}{\partial \ln \hat{v}} \frac{\partial \ln \hat{v}}{\partial \ln p} = \frac{pf(\hat{v})}{1 - F(\hat{v})} w^{\alpha-1}$$

---

① 请注意，为了使用这种偏好模型来分析随时间推移的需求，必须有两个假设之一。要么没有明显的不能替代的布料，要么这些替代的布料价格变化相对较小。否则，消费者在决定购买之前就必须考虑潜在替代品的价格变化。如果有一个价格相对稳定的近似替代品，则 v 值可以重新解释为相对于替代品的值。下面我将详细介绍棉布、钢材和汽车的替代品的作用。

保持价格不变的需求的收入（工资）弹性为：

$$\rho = \frac{\partial \ln D}{\partial \ln w} = \frac{\partial \ln D(\hat{v})}{\partial \ln \hat{v}} \frac{\partial \ln \hat{v}}{\partial \ln w} = (1 - \alpha)\epsilon.$$

这些弹性随着价格和工资的变化而变化，或者随着劳动生产率 A 的变化而变化。这些变化会导致 "倒 U 型" 的就业。具体而言，如果需求的价格弹性 ϵ 在高价时大于 1 而在低价时小于 1，则随着生产率增长导致价格下降，就业将呈现 "倒 U 型"。在价格相对收入较高的情况下，生产率的提高将创造足够的需求来抵消失业下降；在价格相对于收入较低的情况下，生产率的提高则无法抵消失业下降。

具有这一性质的偏好分布函数可以产生一种产业生命周期，即技术在很长一段时间内不断提高劳动生产率。前期产业价格高，未能满足需求，价格下降导致需求急剧增加；而一个成熟的行业将满足需求，因此价格进一步下跌只会导致需求增长乏力。

这种模式的一个必要条件是，需求的价格弹性必须随着价格在某一重要领域的增长而增加，因此在低价格时需求弹性小于 1，而在高价格时需求弹性大于 1。很多分布函数都有这个性质。这可以从以下命题（证明见附录）看出：

命题 1：单峰值密度函数。如果分布密度函数 f 在 $p = \bar{p}$ 处有一个单峰，则 $(\partial \epsilon / \partial p) \geq 0 \ \forall \ p < \bar{p}$.

命题 2：常见的分布。如果是正态分布、对数正态分布，指数或均匀分布，则存在一个 p^*，这样 $0 < p < p^*$，$\epsilon < 1$，或 $p^* < p$，$\epsilon > 1$。

这些命题表明，由偏好分布导出的需求模型可能具有广泛的适用性。只要价格从高于 p^* 的水平开始下降到低于 p^* 的水平，第二个命题就足以创建就业中的 "倒 U 型" 曲线。

10.2.3　实证估计

这个非常简单的模型没有考虑许多可能影响需求的因素。例如，它没有考虑紧密替代品的作用或商业周期对需求的影响。新技术可能创造出产生新需求的新产品，改变分销，或减少需求的新替代品。全球贸易可能会改变下游产业，影响对布料或钢铁等中间产品的需求。尽管如此，该模型似乎很好地预测了一段历史时期内的实际需求。

假设偏好分布为对数正态分布，我估计了这 3 种商品的人均需求函数

（Bessen，2017）。该模型与数据非常接近，实现了 0.982 以上的 R^2 回归。利用这些预测，我得到了在估计样本的每一端需求价格弹性的粗略估计（见表 10.1）。

需求最初是高度弹性的，但后来变得高度非弹性。

利用估计的人均需求，劳动力需求可以结合人口规模、进口渗透率、劳动生产率和工作时间来计算，如表 10.1 所示。长期来看，这些估计似乎是准确的。在大萧条时期，就业有明显的下降，在"二战"期间，汽车行业的就业过剩。最后，1995 年后纺织业和 1982 年后钢铁业受到全球化影响，就业低于预期。

表 10.1　　　　　　　　　**需求弹性的粗略估计**

棉花		钢铁		汽车	
年份	弹性	年份	弹性	年份	弹性
1810	2.13	1860	3.49	1910	6.77
1995	0.02	1982	0.16	2007	0.15

因此，尽管这个过于简单的模型并不能解释所有影响需求的因素，但它仍然为这些制造业的就业"倒 U 型"模型提供了一个简洁的解释。

10.3　AI 的含义

10.3.1　需求的重要性

虽然本文提出的模型似乎很好地解释了需求是如何调节技术影响的，但这种分析对新技术的相关性是什么？当然，我们不能保证 AI 或其他新技术将应用于与纺织、钢铁和汽车行业类似的偏好分布市场。

这段历史的相关性更为普遍。具体地说，需求的反应能力是了解主要新技术是否会减少或增加受影响行业就业的关键。如果产品需求具有足够的弹性，提高生产率的技术将增加就业。如果需求的价格弹性大于 1，需求的增加将会抵消该技术的劳动力节约效果。而且，如果这项技术能够满足那些对这项技术有着不同偏好和用途的人们尚未得到满足的巨大需求，那么需求很可能具有足够的弹性。这种情况对应于分布函数的上尾。另一方面，如果 AI 的目标是更饱和的市场，那么尽管不一定是整个经济环节，受影响的行业也将会失去就业机会。

一项新技术的变化速度本身并不足以确定该技术对就业的影响。例如，一个普遍的观点认为，更快的技术变革更有可能导致就业机会的削减。一些人认为，由于摩尔定律，AI 的变化速度将很快，这将导致失业（Ford，2015）。然而，我的分析强调了需求在调节自动化影响方面的重要性。如果需求具有足够的弹性，而 AI 不能完全取代人类，那么技术变革将创造就业岗位，而不是摧毁就业岗位。在这种情况下，更快的技术变革速度实际上将创造更快的就业增长，而不是失业。

当然，对 AI 的需求响应是一个经验问题，因此也是 AI 研究议程的重要组成部分。

10.3.2　研究议程

为了理解未来 10 年或 20 年间 AI 与需求之间的相互作用，实证研究人员需要回答几个具体问题。

首先，AI 将在多大程度上取代人类，而在多大程度上只会增加人类的能力？也就是说，AI 在多大程度上完全实现职业自动化，而在多大程度上，它只会使人类所从事的职业需要执行的某些任务（而非全部）自动化。如果人类被完全取代，需求将不再影响就业，因为对人类已经没有任何需求。在过去，尽管生产力普遍提高，但技术几乎总是只实现了部分自动化。想想 1950 年人口普查中使用的 271 种详细职业到 2010 年发生了什么。当时列出的大多数职业在今天仍然以某种形式存在（有时分组不同）。由于种种原因，一些职业被取消了。在许多情况下，对职业服务的需求下降（如寄宿公寓管理员）；在某些情况下，需求下降是由于技术过时（如电报员）。然而，这些都与自动化不同。只有一个案例——电梯操作员，这个职业的衰落和消失在很大程度上归因于自动化。然而，在这 60 年的时间里，出现的广泛的自动化主要是部分自动化。

同样的模式很可能在未来 10 年或 20 年适用于 AI，原因很简单：尽管 AI 在某些任务上能胜过人类，但今天的 AI 在人类执行的其他任务上却惨败。对当前发展的偶然回顾表明，在短期内，AI 可能能够完全自动化司机和仓库工人的一些工作，但大多数 AI 应用程序的目标是自动执行由特定职业执行的一些任务子集。然而，我们需要更严格的经验调查来衡量 AI 带来或将带来完全自动化和部分自动化的程度。

鉴于自动化在短期内仍是局部的，而不是完全的，需求将是关键。这就引出了第二个问题：AI 在未来 10 年或 20 年对需求和就业的影响，将在多大程度上类似于 AI 和计算机自动化在过去几十年的普遍影响？自 20 世纪 50 年代以来，计算机已被用于会计和贷款等活动的自动化工作。第一套全自动贷款申请系统于 1972 年安装。1987 年，AI 系统首次在一个用于检测信用欺诈的系统中投入商业运行。从那时起，AI 应用程序已经被用于自动化其他行业和职业的各种任务，如诉讼法律文件的电子查询等。

这意味着我们已经有一些证据表明 AI 和计算机自动化的普遍影响。到目前为止，计算机自动化或 AI 似乎并没有导致大量的失业；例如，电子查询应用程序市场的蓬勃发展与律师助理的就业增加有关。一些研究估计了计算机技术对就业的影响（Gaggl 和 Wright，2017；Akerman，Gaarder 和 Mogstad，2015）发现，技术的采用使得就业得到适度的增长。[①] 进一步的研究可以加深我们对计算机自动化对就业的影响的理解，以及这种影响在不同的职业和行业中的差异。

此外，我们还需要了解在不久的将来，AI 的应用与最近的应用有何不同。上面的模型提供了分析这个问题的一个框架。特别是，新的应用程序在一定程度上和最近的计算机自动化一样，有着相同的服务和行业目标，那么我们应该预期需求弹性在未来 10 年或 20 年内将保持相似，可能会有适度的下降。换句话说，需求弹性不太可能发生剧烈变化。此外，AI 可能会引入全新的产品和服务，以满足原本无法满足的需求。在这种情况下，可能会有新的和未预料到的就业增长来源。研究可以帮助确定受现有技术所解决的新 AI 应用影响的应用类型、职业和行业的变化程度。但是，如果 AI 创造出全新的应用程序，预测将变得更加困难。实际上，过去关于技术失业的预测确实没有预测到重大的新技术应用和重大的新需求来源。

这项研究的一个关键方面涉及 AI 潜在影响的不均衡性。虽然 AI 在不久的将来可能不会造成整体失业，但它很可能会在一些职业中减少就业岗位，而在另一些职业中创造新的就业岗位。虽然总就业率仍然很高，但需要对工人进行再培训并使他们转行到新的职业（有时到新的地点），这可能是极具颠覆性的。

[①]　而且重要的是，不同技能群体的影响也不同。

最后，值得注意的是，这个分析框架和研究议程仅局限于未来 10 年或 20 年内，原因有二。首先，几十年后，市场很可能会饱和。例如，假设这种需求对当今的许多金融、卫生和其他服务具有高度弹性，因此信息技术将增加这些市场的就业。但如果 AI 迅速降低成本或提高这些服务的质量，需求弹性将会下降。也就是说，这些市场可能会出现如图 10.1 所示的就业增长逆转。

其次，在未来，AI 很可能完全取代更多的职业。那么 AI 对需求的影响对于这些职业而言将不再重要。然而，就目前而言，理解 AI 如何以及在何处影响需求，对于理解就业效应至关重要。

附录

1. 命题

为了简化符号，让工资保持在 1。因此：

$$\epsilon(p) = \frac{pf(p)}{1 - F(p)}$$

那么：

$$\frac{\partial \epsilon(p)}{\partial p} = \frac{f'p}{1-F} + \frac{f^2 p}{(1-F)^2} + \frac{f}{1-F} = \epsilon\left(\frac{f'}{f} + \frac{f}{1-F} + \frac{1}{p}\right)$$

注意括号中的第二项和第三项对 $p > 0$ 是正的；第一项可以是正的，也可以是负的。$(\partial \epsilon / \partial p) \geq 0$ 的一个充分条件是：

$$\frac{f'}{f} + \frac{f}{1-F} \geq 0 \qquad\qquad 式（10A.1）$$

命题 1：对于一个峰值分布模式 $\bar{p}$，若 $p < \bar{p}$，$f' \geq 0$，则 $(\partial \epsilon / \partial p) \geq 0$。

命题 2：对于每个分布，我将表明：

$$\frac{\partial \epsilon}{\partial p} \geq 0, \lim_{p \to 0} \epsilon = 0, \lim_{p \to \infty} \epsilon = \infty$$

总之，这些条件意味着，对于足够高的价格，$\epsilon > 1$，并且对于足够低的价格，$\epsilon < 1$。

2. 正态分布

$$f(p) = \frac{1}{\sigma}\varphi(x), F(p) = \Phi(x), \epsilon(p) = \frac{p}{\sigma}\frac{\varphi(x)}{[1-\Phi(x)]}, x \equiv \frac{p-\mu}{\sigma}$$

其中，φ 和 Φ 分别为标准正态密度和累积分布函数。对密度函数求导，

$$\frac{f'}{f} + \frac{f}{1-F} = -\frac{x}{\sigma} + \frac{\varphi(x)}{\sigma[1-\Phi(x)]}$$

一般米尔斯比率的一个众所周知的不等式（Gordon，1941）认为，对于 $x>0$[①]，

$$x \leqslant \frac{\varphi(x)}{1-\Phi(x)} \qquad\qquad 式（10A.2）$$

应用这个不等式，可以很直观地看出式（10A.1）适用于正态分布。这也意味着 $\lim\limits_{p\to\infty}\epsilon = \infty$。经检验，$\epsilon(0)=0$。

3. 指数分布

$$f(p) \equiv \lambda e^{-\lambda p}, F(p) \equiv 1 - e^{-\lambda p}, \epsilon(p) = \lambda p, \lambda, p > 0$$

因此，

$$\frac{f'}{f} + \frac{f}{1-F} = -\lambda + \lambda = 0$$

因此，式（10A.1）成立。经检验，$\epsilon(0)=0$ 且 $\lim\limits_{p\to\infty}\epsilon = \infty$。

4. 均匀分布

$$f(p) \equiv \frac{1}{b}, F(p) \equiv \frac{p}{b}, \epsilon(p) = \frac{p}{b-p}, 0 < p < b$$

因此，

$$\frac{f'}{f} + \frac{f}{1-F} = \frac{1}{b-p} > 0$$

经检验，$\epsilon(0)=0$ 且 $\lim\limits_{p\to\infty}\epsilon = \infty$。

5. 对数正态分布

$$f(p) \equiv \frac{1}{p\sigma}\varphi(x), F(p) \equiv \Phi(x), \epsilon(p) = \frac{1}{\sigma}\frac{\varphi(x)}{[1-\Phi(x)]}, x \equiv \frac{\ln p - \mu}{\sigma}$$

因此

$$\frac{\partial\epsilon(p)}{\partial p} = \varepsilon\left(\frac{f'}{f} + \frac{f}{1-F} + \frac{1}{p}\right) = \varepsilon\left[-\frac{1}{p} - \frac{x}{p\sigma} + \frac{\varphi}{p\sigma(1-\Phi)} + \frac{1}{p}\right]$$

消去项，利用戈登不等式，得到正数。取戈登不等式的极限，$\lim\limits_{p\to\infty}\epsilon = \infty$。经检验 $\lim\limits_{p\to 0}\epsilon = 0$。

---

① 我提出了戈登不等式的倒数。

参考文献

Acemoglu, Daron, and Veronica Guerrieri. 2008. "Capital Deepening and Nonbalanced Economic Growth." *Journal of Political Economy* 116 (3): 467–498.

Akerman, Anders, Ingvil Gaarder, and Magne Mogstad. 2015. "The Skill Complementarity of Broadband Internet." *Quarterly Journal of Economics* 130 (4): 1781–1824.

Baumol, William J. 1967. "Macroeconomics of Unbalanced Growth: The Anatomy of Urban Crisis." *American Economic Review* 57 (3): 415–426.

Bessen, James E. 2016. "How Computer Automation Affects Occupations: Technology, Jobs, and Skills." Law and Economics Research Paper no. 15-49, Boston University School of Law.

———. 2017. "Automation and Jobs: When Technology Boosts Employment." Law and Economics Research Paper no. 17-09, Boston University School of Law.

Boppart, Timo. 2014. "Structural Change and the Kaldor Facts in a Growth Model with Relative Price Effects and Non-Gorman Preferences." *Econometrica* 82 (6): 2167–2196.

Buera, Francisco J., and Joseph P. Kaboski. 2009. "Can Traditional Theories of Structural Change Fit the Data?" *Journal of the European Economic Association* 7 (2–3): 469–477.

Clark, Colin. 1940. *The Conditions of Economic Progress*. London: Macmillan.

Comin, Diego A., Danial Lashkari, and Martí Mestieri. 2015. "Structural Change with Long-Run Income and Price Effects." NBER Working Paper no. 21595, Cambridge, MA.

Dennis, Benjamin N., and Talan B. İşcan. 2009. "Engel versus Baumol: Accounting for Structural Change Using Two Centuries of US Data." *Explorations in Economic History* 46 (2): 186–202.

Dupuit, Jules. 1844. "De la Mesure de L'utilité des Travaux Publics." *Annales des Ponts et Chaussées* 8 (2 sem): 332–375.

Engel, Ernst. 1857. "Die Productions- und Consumtionsverhältnisse des Königreichs Sachsen." Zeitschrift des Statistischen Bureaus des Königlich Sächsischen Ministerium des Inneren. 8–9:28–29.

Foellmi, Reto, and Josef Zweimüller. 2008. "Structural Change, Engel's Consumption Cycles and Kaldor's Facts of Economic Growth." *Journal of Monetary Economics* 55 (7): 1317–1328.

Ford, Martin. 2015. *Rise of the Robots: Technology and the Threat of a Jobless Future*. New York: Basic Books.

Frey, Carl Benedikt, and Michael A. Osborne. 2017. "The Future of Employment: How Susceptible are Jobs to Computerisation?" *Technological Forecasting and Social Change* 114 (2017): 254–280.

Gaggl, Paul, and Greg C. Wright. 2017. "A Short-Run View of What Computers Do: Evidence from a UK Tax Incentive." *American Economic Journal: Applied Economics* 9 (3): 262–294.

Gordon, Robert D. 1941. "Values of Mills' Ratio of Area to Bounding Ordinate and of the Normal Probability Integral for Large Values of the Argument." *Annals of Mathematical Statistics* 12 (3): 364–366.

Kollmeyer, Christopher. 2009. "Explaining Deindustrialization: How Affluence, Productivity Growth, and Globalization Diminish Manufacturing Employment 1." *American Journal of Sociology* 114 (6): 1644–1674.

Kongsamut, Piyabha, Sergio Rebelo, and Danyang Xie. 2001. "Beyond Balanced Growth." *Review of Economic Studies* 68 (4): 869–882.

Lawrence, Robert Z., and Lawrence Edwards. 2013. "US Employment Deindustri-
alization: Insights from History and the International Experience." Policy Brief
no. 13–27, Peterson Institute for International Economics.

Lewis, W. Arthur. 1954. "Economic Development with Unlimited Supplies of
Labour." *Manchester School* 22 (2): 139–191.

Matsuyama, Kiminori. 1992. "Agricultural Productivity, Comparative Advantage,
and Economic Growth." *Journal of Economic Theory* 58 (2): 317–34.

———. 2009. "Structural Change in an Interdependent World: A Global View of
Manufacturing Decline." *Journal of the European Economic Association* 7 (2–3):
478–486.

———. 2002. "The Rise of Mass Consumption Societies." *Journal of Political
Economy* 110 (5): 1035–1070.

Ngai, L. Rachel, and Christopher A. Pissarides. 2007. "Structural Change in a Multi-
sector Model of Growth." *American Economic Review* 97 (1): 429–443.

Nickell, Stephen, Stephen Redding, and Joanna Swaffield. 2008. "The Uneven Pace
of Deindustrialisation in the OECD." *World Economy* 31 (9): 1154–1184.

Parker, William N., and Judith L. V. Klein. 1966. "Productivity Growth in Grain
Production in the United States, 1840–60 and 1900–10." In *Output, Employment,
and Productivity in the United States after 1800*, edited by Dorothy Brady, 523–82.
Cambridge, MA: National Bureau of Economic Research.

Rodrik, Dani. 2016. "Premature Deindustrialization." *Journal of Economic Growth*
21 (1): 1–33.

Rowthorn, Robert, and Ramana Ramaswamy. 1999. "Growth, Trade, and Deindus-
trialization." *IMF Staff Papers* 46 (1): 18–41.

Tirole, Jean. 1988. *The Theory of Industrial Organization.* Cambridge, MA: MIT
Press.

United States Bureau of the Census. 1975. Historical Statistics of the United States,
Colonial Times to 1970, no. 93. US Department of Commerce, Bureau of the
Census.

11　人工智能经济学中的公共政策

Ausan Goolsbee*

11.1　引言

本次大会技术类专家和经济学学者汇聚一堂集思广益，考虑 AI 的经济职能。当今社会 AI 无处不在，本章小篇幅会呈现政策作用的几点思考。

公众热议 AI 主导的经济体，大多集中在机器人和工作前景。Bill Gates、Stephen Hawking 和 Elon Musk 等公众人物的深思，引起了人们的恐慌，机器人将摧毁我们的工作，甚至可能摧毁整个世界。同样这些公众人物也呼吁各种各样的非传统政策理念，如移居太空殖民地、向机器人征税、不受工作束缚提供全民基本收入（UBI）。

本书的研究和评论认为经济学家似乎对 AI 对就业的影响不再那么悲观。比如近期讨论的作者有 Autor（2015）；Autor 和 Sclomons（2018）；Brynjolfsson 和 McAfee（2014）；Mokyr（2014），他们往往着重宣扬岗位更替与就业创造的历史经验数据，资料表明技术进步引发许多行业失业，却为经济整体拓宽就业面和加薪创造新途径，同时也着重强调这些新技术未来可能具有的优势。

技术/商业领域更多充斥着悲观情绪，或许看到技术进步迫在眉睫，担心机器好到可以取代任何人。麦肯锡全球研究所（McKinsey Global Institute，2017）进行一项重要研究涵盖许多行业，研究表明，截至 2030 年，自动化可能引发 7300 万工作岗位消失，而这一切源于新技术的崛起。

从多种角度来看，很可惜我们对 AI 经济的思考还仅限在劳动力市场政

---

　　* Austan Goolsbee 是芝加哥布斯商学院的罗伯特·P. 格温（Robert P. Gwinn）经济学教授、国家经济研究局的助理研究员。

　　感谢 NBER 人工智能会议的参会者提出的有益意见。致谢、研究项目资助来源以及作者重大财务关系的披露，请参阅 http://www.nber.org/chapters/c14030.ack.

策的层面。AI 对经济的主要影响，不是关于工作岗位，或者至少远远不止于就业层面。技术兴起引发的主要经济效果到底会有多好，如若现行进展得以持续，那么 AI 有潜力提高我们的产品质量和生活水平：改善医疗诊断、提高公路安全、减少交通拥堵、甚至仅仅改善自拍照质量，这些都是消费者的直接福利。这些先进技术能够增加我们的实际收入，可是从质量和新产品改进角度进行评估的经济研究表明，这些技术的价值通常是极其高昂的（讨论见 Bresnahan 和 Gordon，1997；或者评估"免费"商品的讨论，Goolsbee 和 Klenow，2006；Varian，2013）。

换句话说，如果 AI 成功了，它将提高生产率，生产率越高，我们就越富有。这属于乐观派。当然，如果 AI 成功的话，它有望完全逆转在过去十年甚至更久的岁月里，生产率增长缓慢的首要问题。再者，AI 有望绝地反击像 Gordon（2016）这样的长期停滞主义思想家，他认为低生产率增长是发达经济体的一种半永久状态，只是缺乏创新理念，AI 可以改变这个定式吗？

本章节将研讨在 AI 密集经济体（更广泛诠释 AI，包括基于技术理论提高生产率的信息集，远远超过传统意义的 AI 或机器学习）中的不同政见。首先，思索 AI 技术运用速度，影响就业市场和不同地区或人群之间的不平等；再者，讨论 AI 的广泛普及运用，实施全民基本收入存在诸多挑战；又者，谈及了定价、隐私和竞争政策；最后，质疑 AI 是否会改进政策制定本身。

11.2 运用速度：就业市场和不平等的影响

首先，经济学家看待失业得到的基本结论是：在过去的一百年存在大量的失业，但是结构性失业率似乎并没有上升，更无从谈起完全失业的趋势问题。从长远视角看，减少劳动力的技术将正面推动市场经济，势如破竹。如若恐惧 AI 顶替低技能岗位，实际上过去几年里，数以千万乃至上亿个低技能岗位早已成为技术的手下败将，如今形势更胜从前。不过，此一时彼一时，AI 将开启历史先河，自动化时代的利剑斩向高技工或白领。历史数据表明这两类群体能够适应冲击，相比低技能工人，更容易融入新领域和地理区域。

核心问题是工作调整会有多快？AI 技术普及速度又有多快？虽然长期而言，经济体确实有能力挖掘出新的工作，但很显然，瞬间发生这种变革，调整问题必然焦头烂额，或许时间是最好的良药，这一切问题终将回归原点。花点时间谈论自动驾驶汽车的故事。2015 年，卡车、公共汽车和出租车的司机师傅大约有 350 万人，假设无人驾驶技术代替他们的岗位，若用时 15 年，平均计算每月 1.9 万个。相比较真实数据，2017 年职位空缺和劳动力更替调查局（Job Openings and Labor Turnover Survey，JOLTS）公布指出，每月经济体会产生 530 万个工作岗位（包括每月 510 万离职人员）。前面每月淘汰的 1.9 万个司机师傅，完全补加到 510 万个离职岗位，比率还不到 0.4%，这意味着司机师傅被迫进入新领域，也打破原有谋生方式。从宏观经济现象来看，AI 对就业的影响微乎其微，但若失业发生在两年之内，影响将无比巨大。所以需要思考，影响 AI 运用速度的因素有哪些，当然还有关键的决定因素，AI 相较于人类，实际上会有多好？这点似乎许多经济分析人士认为是唯一决定运行速度的因素。不过至少还有两个因素值得深思：价格和调整成本。

第一，AI 创新前期需要投放庞大资金，单凭这一点，其运用就可能延缓一段时间。以网约司机为例，按当前汽车价格考量，司机师傅用尽浑身解数才勉强维系汽车的运营成本（包括折旧、燃料、维护和保险）。如若 AI 自动驾驶汽车投放公众后，实际上来看，这种车的成本要比传统汽车更高，难道汽车公司会绕开付费司机而承担巨额前期成本吗？答案真的要取决于不为人知的价格。

第二，欲速则不达，"更好"不代表更快的运用。经济学家已经证实几十年来通过指数基金进行的自动选股优于管理层，但是人们仍手持数万亿效率低、收费高的基金。数百万人有高于市场利率的抵押贷款，导致无法再融资，手机数据的规划也有与他们的使用不相配等原因。不使用互联网的人达数千万人之多。惯性是减缓科技产品运用的强大阻力，如果预测人们多久会舍弃日常行为（比如驾车），那么惯性因素必然值得深思。

第三，一个重要常识告诉我们，AI 只能与试用样本一样好，而且全国有各式各样类型的客户群体，这让 AI 的质量改进更倾向某些类型的客户群体。微软（Microsoft）借鉴微博（Twitter）创建了一款 AI 程序，检测程序编写的内容人们是否会误以为是人类编写的。美国最初开始运行这款 AI 程序，后来程序具有侮辱性和攻击性，中途被迫戛然而止。程序能够折射网上的一切信息。如果同样的程序在中国运行，则会受到密切监控，那么该程序就会表现良好，不会遭到滥用。AI 试用样本与其客户群体的关切度决定研制产品的特性和产品的"质量"。

这可能影响到不同地区 AI 技术的运用率。再者，回想自动驾驶汽车的案例：我们从早期试用者那里收集大量在城市区域、高速公路或硅谷的驾驶信息，按需量身定制，随后发现在土路、农村地区或没有港湾天气的地方却行不通。

多样化需求是 AI 理念的软肋。与试用群体的差异越大，运用 AI 技术越慢，部分原因可以说功效最小。这导致另一种表面形式——数字鸿沟。基于此观念，AI 技术的兴起会加剧收入问题和区域不平等问题的恶化。广义看待新兴 AI 技术造价昂贵，而且倾向试用人群量身定制，类似低通胀，更大程度的消费者剩余流向上述人群（讨论价格差异和收入群体的创新，或在线买家对决离线买家，Jaravel（2017）；Goolsbee 和 Klenow（2018）。

与今天相比，政府政策在红州/蓝州、高学历/低学历地区、高收入/低收入社区将面临潜在的分歧。

11.3 制定全民基本收入存在的诸多挑战

现在假设否定前述论证。AI 的运用速度毫不减缓，短时间内存在大量的岗位替换。信奉全民基本收入（Universal Basic Income，UBI）政策的人们，呼声将会越来越高。全民基本收入与 Milton Friedman 的负所得税（Negative Income Tax）的旧理念密切相关，无论人们就业状态如何，都会赋予他们一定程度的基本收入，这视为一种新型安全网。从此，任何人只要工作，除了 UBI 收入外，还有额外工作收入。在最纯粹的自由主义概念中，这种 UBI 将会取代现有的安全网项目。UBI 的优势是可以让人们在就业机会稀少的环境中生存，以相对有效的方式且保全私营经济体的所有激励因素，扶贫济困。UBI 旨在区别就业与"谋生"的含义。芬兰和新西兰等少数国家或者美国由个人出资，尝试开展小规模的 UBI 实验。负所得税和 UBI 作为解决 AI 广泛运用的政策措施还存在着诸多挑战。

第一，若采纳经济学家的基本劳动力供给模型，认为人们珍惜休闲时间，付费才肯工作，那么相当规模数量的在职人员仅仅是因为他们迫不得已。在引入 AI 导致高失业率的环境中，把工作和收入分开，可能是个不错的选择。相比，如今我们所在的世界将会因为基本收入保障，导致劳动力市场低收入者大幅度减少。从某种程度来看，失业的那部分劳动力已经是一个问题，UBI 会让局势雪上加霜，也存在激怒更加广泛公众的风险。

第二，UBI 可能不会将再分配的定量资金转给非常贫困的人群。简而言之，有 500 亿美元用来扶贫助困，现今大多数国家遵循的是精准目标，用这 500 亿美元救助 2500 万最贫穷/重病的人群，并且相当于给他们每人提供相当于 2.5 万美元的福利。对于广泛 UBI 政策则会均摊同样的 500 亿美元，比如 1 亿人每人得到 5000 美元。或许 UBI 会改变一个社会再分配的总体偏好——以同等收入方式保障最弱势的人群，并提高了总开支——只要这种 UBI 较当前体系不是倒退，就必然需要更多的公共资金支持。

第三，UBI 看似是代替五花八门的其他实物转移支付（In - Kind Transfers）和安全网项目（Safety Net Programs），但却忘记安全网的历史渊源。从根本而言，实物安全网（In - Kind Safety Net）今天之所以存在，是因为社会里的富裕阶层反感进入医院的伤病患者，若无钱医治就只能吃闭门羹，或者父母无钱供养孩子处于"衣不遮天、食不果腹"的状态等。废除实物安全网转换成 UBI 将会引起某些人挥霍 UBI 资金的局面，比如赌博、毒品、垃圾食品、庞氏骗局，诸如此类毫无怜悯之心的行径。如今，这些人突发急诊，或者他们的孩子身陷饥饿，天道轮回，他们注定没那么幸运。而这才是 UBI 的用武之地。发达经济体为避免这种情形发生，演化出一种实物安全网，这让我回想以直接转移支付方式实施"UBI 规范"替换安全网，可能需要发达经济体人民的心里发生超常的转变。

11.4 超越就业问题，针对 AI 的政策：定价、数据产权和反垄断

正因为 AI 的影响远远不止于就业层面，从而相应政策也开启多样化的考量。

首先，反反复复的买方力量和卖方力量的定价制衡。首度兴起的电子商务发生同样的问题，顾客用全新的在线数据建立了新形式的价格歧视和市场

力量，比较购物促进竞争，降低搜索成本（Brown 和 Goolsbee，2002）。截至目前，绝大多数卖家拥有 AI 技术的力量，实施个性化市场、展开价格歧视，利润上升。但是消费者会找到驾驭 AI 技术的措施实行反击，挫败商家。但更直接手段是遵循过去的做法，将各种行为和做法，定为非法。这也包括消费者隐私的限制、公司使用客户信息的方式，从而一场财产权的争论就此打开，谁掌握消费者的数据、什么层面的认可才可利用数据、反对各种类型价格歧视需制定什么样的规则等。无论形式如何，在以 AI 为中心的世界里，错综复杂的定价和数据议题俨然成为政策制定的核心领域。

第二点谈论 AI 经济体。固定成本/规模经济显得相当重要，而且在多数情况中，众多行业需求方面往往也存在网络外部性和转换成本。所有这些似乎预示着，许多行业会出现赢家通吃（Winner – Take – All Market Structure）的市场结构，或者持续升温的"平台"竞争，而不是传统竞争。如果是这样的话，AI 的兴起将刷新反垄断政策的重视度，在很大程度上，与镀金时代早期的工业整合如出一辙。

11.5　结束语：机器人也会取代政策制定者的工作吗

本书组织者还问及我们：AI 是否会增进甚至取代政策制定者的工作，以及机器学习和 AI 的改进是否可以用于政策制定过程本身。就我个人而言，我不这么认为，因为最重要的政策问题是政策的核心，而不是预测的讨论。AI 提高我们预测反应的能力，但无法平衡利益或参与政治。我们早已知晓人口老龄化对社会保障的财政影响。话说，AI 提高我们预测各种政策选择的收益结果，但这并不是解决社会保障问题，而是关乎价值判断与策略选项之间的抉择问题。AI 帮助解决的是那些需要大量过去数据提供决策的问题。小样本数据或与过去截然不同的情况均会让机器学习能力大大降低。对于小问题，AI 提高政策的准确性，比如，在什么情况下监管机构可以提高他们对银行贷款开始违约的概率的估计。不过，对于大的方面，比如美联储是否会提高利率或高收入人群税收是否会减免，这些方面我对 AI 的援助持怀疑态度。

加大 AI 平台商业行为的关注度也是一种保障，比如关于平台的定价、消费者个人数据的利用、对竞争者的态度，以及市场力量的持续整合。

以上各点都可能是未来政策争论的关键主题。不过，就现在而言，政策
制定者自身的工作似乎相对安全……止于眼下。

参考文献

Autor, David. 2015. "Why Are There Still So Many Jobs? The History and Future of
Workplace Automation." *Journal of Economic Perspectives* 29 (3): 3–30.

Autor, David, and A. M. Salomons. 2018. "Is Automation Labor-Displacing?
Productivity Growth, Employment, and the Labor Share." *Brookings Papers
on Economic Activity* 2018, Spring. https://www.brookings.edu/bpea-articles
/is-automation-labor-displacing-productivity-growth-employment-and-the
-labor-share/.

Bresnahan, Timothy, and Robert Gordon, eds. 1997. *The Economics of New Goods.*
Chicago: University of Chicago Press.

Brown, Jeffrey, and Austan D. Goolsbee. 2002. "Does the Internet Make Markets
More Competitive? Evidence from the Life Insurance Industry." *Journal of Po-
litical Economy* 110 (3): 481–507.

Brynjolfsson, Erik, and Andrew McAfee. 2014. *The Second Machine Age: Work,
Progress, and Prosperity in a Time of Brilliant Technologies.* New York: W. W.
Norton.

Goolsbee, Austan D., and Peter J. Klenow. 2006. "Valuing Consumer Goods by the
Time Spent Using Them: An Application to the Internet." *American Economic
Review, Papers and Proceedings* 96 (2): 108–113.

———. 2018. "Internet Rising, Prices Falling: Measuring Inflation in a World of
E-Commerce." *American Economic Review, Papers and Proceedings* 108 (5): 488–92.

Gordon, Robert. 2016. *The Rise and Fall of American Growth: The US Standard of
Living since the Civil War.* Princeton, NJ: Princeton University Press.

McKinsey Global Institute. 2017. *Jobs Lost, Jobs Gained: Workforce Transitions in a
Time of Automation.* December. McKinsey & Co. Accessed Apr. 26, 2018. https://
www.mckinsey.com/~/media/McKinsey/Global%20Themes/Future%20of%20
Organizations/What%20the%20future%20of%20work%20will%20mean%20
for%20jobs%20skills%20and%20wages/MGI-Jobs-Lost-Jobs-Gained-Report
-December-6–2017.ashx.

Jaravel, Xavier. 2017. "The Unequal Gains from Product Innovations: Evidence
from the US Retail Sector." Unpublished manuscript, London School of Eco-
nomics. April.

Mokyr, Joel. 2014. "Secular Stagnation? Not in Your Life." In *Secular Stagnation:
Facts Causes and Cures*, edited by Coen Teulings and Richard Baldwin, 83–89.
London: CEPR Press.

Varian, Hal. 2013. "The Value of the Internet, Now and in the Future." *Economist*,
Mar. 10. Accessed Apr. 26, 2018. https://www.economist.com/blogs/freeexchange
/2013/03/technology-1.

12　如果未来的自动化看起来和过去的一样，我们可以放心吗

Jason Furman[*]

很多关于 AI 对经济影响的争论都集中在"这一次是否会不同"上。一些乐观主义者认为 AI 和之前出现过的技术没有什么不同，几个世纪以来人们对机器将取代人类的担忧被证明是毫无根据的，机器反而创造了以前意想不到的岗位，提高了人们的收入。另一些人认为，AI 有所不同，通过替代认知工作，它可能使人类的大量就业变得多余，进而导致悲观主义者眼中的大规模失业，或者乐观主义者眼中前所未有的休闲和自由。

美国经济在过去几十年运用自动化技术的历史告诉我们，即便 AI 和之前的自动化浪潮很相似，也不能完全令我们放心，因为最近几十年的技术进步在带来巨大好处的同时也增加了不平等，减少了劳动力参与度。但这一结果并非不可避免，因为技术变革对劳动力的影响是由一系列广泛的机构来调节的，所以政策选择将对实际结果产生重大影响。AI 并不需要一个像以无条件基本收入（UBI）代替现有保障体系的倡导者提出的那种全新的经济政策范例，而是巩固一些被证明合理的措施，这些措施可以保证增长成果被广泛分享。

事实上，到目前为止，我们所面临的问题并不是自动化程度太高，而是太低，在考虑劳动力市场更快的创新速度对不公平和劳动力参与可能产生的一些潜在有害副作用之前，我将先讨论这个问题。在这个讨论过程中，我将

＊　Jason Furman 是哈佛大学肯尼迪学院（Harvard Kennedy School）经济政策与实践专业的教授，彼得森国际经济研究所（Peterson Institute for International Economics）非全职高级研究员。

致谢，研究项目资助来源以及作者重大财务关系的披露，请参阅 http：//www. nber. org/chapters/c14031. ack.

讨论政策在多大程度上可以促进 AI 的发展，同时确保更多的人分享它的好处，这两个目标最终是互补的。

12.1　更多 AI 的好处

技术专家在我们周围看到了革命性的变化，但经济学家们则更为悲观，他们关注的是生产率统计数据，这些数据显示，我们每小时的产出几乎没有增加。在 36 个发达经济体中，35 个经济体的生产率增速放缓，从 1996—2006 年，2.7% 的平均年增长率放缓至 2006—2016 年 1.0% 的平均年增长率，七国集团（G7）的劳动生产率的增长情况如图 12.1 所示。

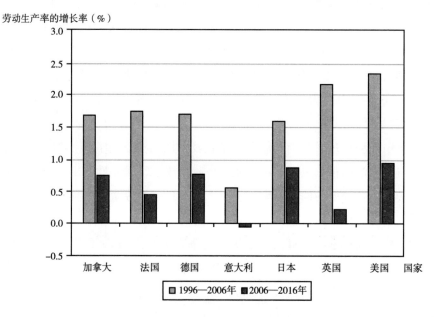

图 12.1　G7 集团劳动生产率的增长情况

有很多理由相信，官方统计数据未能全面反映生产率的提高，因此 1.0% 的估计可能低估了 2006—2016 年的生产率增长。但同样，2.7% 这个数字也低估了生产率增长在 1996—2006 年的变化，这段时间内见证了互联网和相关的搜索引擎、电子商务、电子邮件甚至移动互联网端手机和移动电子邮件的广泛应用。最近的研究证实，包括数据统计准确的行业在内，几乎没有理由怀疑生产率增长幅度的放缓。

考虑到人们对新发明（包括机器人、AI 和更广泛的自动化）的兴奋之情，这似乎有违直觉。尽管这些创新令人兴奋，但与住房、零售、教育和医疗等其他经济领域相比，它们在我们生活中所占的比例仍然很小。至少到目前为止，它们在这些领域没有显著改善我们的经济状况。

也就是说，经济的技术部门正在为生产力增长作出重要贡献。2015 年在 17 个国家开展的针对机器人的研究中发现，它们在 1993—2007 年，平均每年能提高这些国家约 0.4% 的国内生产总值（GDP）增长率，占这些国家同一时期总体 GDP 增长率的 1/10 以上（Graetz 和 Michaels，2015）。此外，自 2010 年以来，世界范围内的工业机器人出货量大幅增长，如图 12.2 所示，这可能预示着未来生产率的进一步增长。

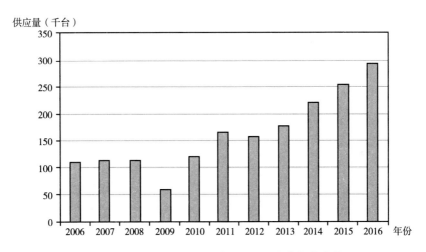

图 12.2 2006—2016 年全球工业机器人的年供应量

数据来源：国际机器人联合会，世界机器人学（2016，2017）。

与此相关的是，近年来 AI 及其在不同领域的应用取得了巨大进展。例如，一些公司正在使用 AI 分析在线客户交易，以发现和阻止欺诈行为的发生；社交网站也在使用 AI 检测账户在何时可能更容易被劫持。有了AI 网络搜索应用程序现在更加精确，如通过纠正手工输入错误降低搜索成本。在放射学领域，医生必须检查出放射图像中的异常情况，AI 优秀的图像处理技术能很快地提供更准确的图像分析，提早发现有害异常并减少误报，最终达到更好的疗效。AI 也正在进军公共部门，例如，预测分析在改善刑事司法程序方面就有很大潜力，尽管它还需要被合理地使用，以免误判。

尽管对 AI 的研究已经进行了几十年，但仍属新兴学科，因此截至目前尚未对宏观经济产生重大影响。AI 最近的主要进展是深度学习，这是一种强大的方法，但必须因情施策。尽管我们最近在诸如逻辑推理等 AI 的其他领域没有取得大的进展，但深度学习技术的进步至少能在一定程度上起到替代作用。

虽然 AI 在许多方面优于人类，但在涉及社会智能、创造力和一般智能的任务上，人类仍然比 AI 保持着巨大的优势。例如，如今的 AI 可以做出像样的翻译，但无法与人类在语言、社会和文化背景、作者的观点、情感状态和意图等方面相比。就目前而言，即使是最流行的机器翻译也无法达到人类翻译的准确性。

像电力这样的重大新发明以一浪接一浪地提高生产率形式表现出来，这种模式在未来可能会重复出现。

12.2 创新有时会加剧不平等，AI 更可能重蹈覆辙

在过去的 3 个世纪里，发达国家见证了大量的创新。18 世纪存在的大多数工作如今都不存在了，当时没有人能想象到工作已经取代了它们。因此，尽管多年以来技术发生了巨大的变革，但在美国只要想找工作，大约95% 的人都还能找到。

尽管劳动力市场的运行不像经济学教科书中常见的程式化模型作用于大宗商品，如小麦，但在广泛的参数范围内，供需的基本运作是基于确保所有想找工作的人都能找到工作的机制。然而，要实现这一点，需要调整工资水平，使得供给与需求相等。近几十年来，这种工资调整在很大程度上是以大幅降低低技能工人相对于高技能工人的工资实现的。从 1975—2016 年，拥有高中学历的人的相对工资从全职工作人员的 70% 以上下降到 50% 多。

令人担心的不是这一次在 AI 方面可能会有所不同，而是这一次可能与我们过去几十年经历的一样。传统观点认为，我们不需要担心机器人抢走我们的工作，但我们仍然担心，因为我们仍能保住工作的唯一原因是我们愿意

以更低的工资来做这些工作。

受到未来自动化威胁的工作岗位所占比例引发了激烈的争论，据经济合作与发展组织（OECD）估计，这一比例在 9%（Arntz, Gregory, Zierahn, 2016）到 50%（Carl Frey 和 Michael Osbourne, 2013）。尽管这个问题很重要，但对于最有可能被自动化取代的工作的工资与技能的比值却没有那么模糊。例如，经合组织的研究人员发现，在高中以下的工作中，44% 的人拥有高度自动化的技能，而只有 1% 的人拥有大学学位（见图 12.3）。

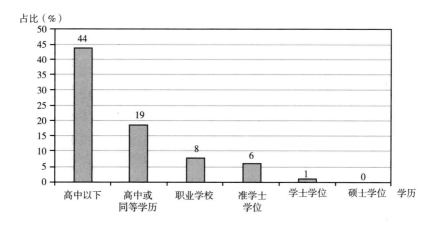

图 12.3　高度自动化技能的工作者学历分布

数据来源：Arntz, Gregory, Zierahn（2016）基于成人技能调查（PIAAC, 2012）的计算。

这与 Frey 和 Osbourne 的研究工作中发现的比值非常相似。经济顾问委员会通过工资水平来排列自动化对工人职业带来的风险，发现 83% 的职业时薪低于 20 美元，只有 4% 的职业时薪超过 40 美元，如图 12.4 所示。

由于工资和技能是相关的，这意味着对低技能工作的需求大幅下降，而对高技能工作的需求几乎没有下降。这一结果表明，自动化对劳动力市场的影响正在发生转变。在过去的某些时候，自动化导致了所谓的劳动力市场的两极分化，因为需要中等技能水平的工作（历史上包括簿记员、办事员和某些装配线上的工人）更容易常规化，尽管最近这种两极分化的过程似乎已经停止（Schmitt, Schierholz, Mishel, 2013）。相反，高技能的工作需要解决问题的能力、直觉和创造力，而低技能的工作需要环境适应性和沟通能力，这些工作不太容易模式化。如果说有什么不同的话，那就是新趋势可能会给收入不平等带来更大压力。我们已经看到了一些这样的情况。例如，当我们购物时，可以把食品、杂货放到一个售货亭而不是收银员那里，或者当我们拨打客户服务热线时，会与自动化的客户服务代表进行交互而不是客服人员。

自动化职业占比的中值（%）

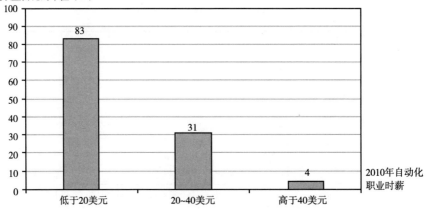

图 12.4 自动化职业时薪中位数

然而，如果认为不平等纯粹是技术的作用，那就错了。相对工资确实在一定程度上取决于对劳动力的需求，这在一定程度上是技术的作用。但它们也依赖于不同水平技能的供给影响，换句话说，是受到了受教育程度的分布（Goldin 和 Katz，2008）和集体谈判等薪资制度安排的影响（Western 和 Rosenfeld，2011）。

许多国家都经历了与美国类似的技术变革，但在过去的 40 年里，美国的收入不平等程度和总体不平等程度都高于其他主要发达经济体，如图12.5 所示。当涉及不平等问题时，制度和政策可以帮助决定技术变革是否以及在多大程度上影响经济运行的结果。

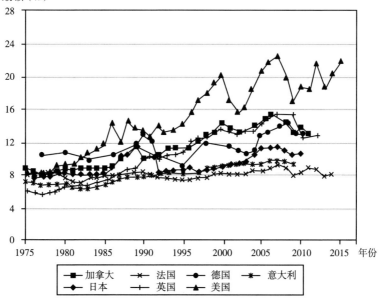

图 12.5　1975—2015 年收入最高的 1% 人群所占收入份额

12.3　劳动力参与率长期下降引发了对 AI 潜在影响的其他担忧

美国劳动力市场过去半个世纪的经历，甚至让人们对这样一种（相对）乐观的观点产生了疑问：我们可以避免以更大不平等为代价的大规模失业。事实上，25～54 岁的男性劳动力参与率从 20 世纪 50 年代的 98% 的高点下降到 2016 年的 89%，让人们对将充分就业视为整体经济状况良好的自满情绪产生了怀疑。正如经济顾问委员会在 2016 年的一份报告中详细讨论的那样，劳动力参与率的下降主要集中在高中及以下学历的男性中，与此同时，他们的相对工资也在下降。这一下降现象表明，这一群体中，劳动力参与率的下降是劳动力需求下降的一种表现，最终导致就业机会减少，技能较低的人工资降低。技术进步，包括自动化的日益普及，可能在一定程度上解释了对低技能劳动力需求下降的原因，全球化可能也是原因之一。

（我之所以关注黄金年龄段的男性，是因为我认为他们过去 60 年的经历，是未来科技变革对男性和女性劳动力参与率影响的最佳历史参照。在

20 世纪下半叶，随着"二战"后几十年的社会和文化变革抵消了技术变革对女性参与的负面影响，黄金年龄女性的参与率大幅上升。然而，值得注意的是，黄金年龄女性的参与率在过去 15 年中有所下降，主要是高中及以下学历的女性，与黄金年龄男性的早期经历相当。)

人们担心的不是机器人会抢走人类的工作，让人类无法就业。几个世纪的经验证明，反对这种观点的传统经济学论据是站得住脚的。相反，令人担忧的是，在人员流动过程中，由于技术带来了新的消费需求，从而创造了新的就业岗位，被技术取代的工人会找到新的就业岗位，这可能会导致要持续一段时间，而此时大部分人都没有工作。传统的经济观点在很大程度上是关于长期均衡的陈述，而不是关于短期到中期会发生什么。劳动力参与率的下降表明，随着经济走向这种长期均衡，我们还必须仔细考虑短期动态。从短期来看，并不是所有的工人都能接受 AI 的培训，或者有能力找到 AI 创造的新工作。此外，这种"短期"（即描述经济与均衡的关系，而不是描述一定的时间长度）可能持续数十年，事实上，经济可能处于一系列"短期"之中，持续时间甚至更长。

因此，AI 有潜力进一步侵蚀劳动力参与率和就业率，就像我们在过去几十年看到的其他创新一样。这并不意味着我们一定会看到很大一部分工作被机器人取代，但即使延续之前的趋势，每年黄金年龄的男性的劳动力参与率下降近 0.2 个百分点，也会给整个经济和数百万人带来实质性的问题。

然而，就像在不平等的情况下分析的那样，我们不应该将其解释为技术决定论。尽管大多数其他发达经济体的壮年男性劳动力参与率都出现了下降，但美国的下降幅度却比其他发达经济体都要大，如图 12.6 所示。部分原因可能是美国劳动力市场机构对劳动力参与的支持程度低于其他国家（CEA，2016）。

市场经济会以比我们今天高得多的技术和生产力水平创造大量就业。然而，重要的是我们的劳动力市场机构如何应对这些变化，帮助创造新的就业机会，并成功地使工人与之匹配。一些潜在的政策包括扩大总需求，增加劳动力的支持，改革税收以鼓励工作，为工人创造更多的灵活性。其他可能的应对政策包括扩大教育和培训，让更多的人受益于创新，提升能力，增加税收的累进税制度，确保每个人在大经济环境中的受益，扩大对提高工资的制度的支持，包括提高最低工资、更强的集体谈判和其他形式的工人的声音。

黄金年龄男性劳动力参与率（％）

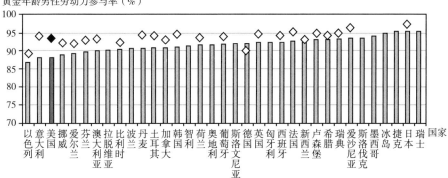

图 12.6　黄金年龄男性劳动力参与率

数据来源：经济合作发展组织 OECD。

12.4　用无条件基本收入取代现行安全保障的代价

由于担心自动化和 AI 等原因导致大量工作岗位流失，一些人提议对政府援助结构进行深层次改革。更常见的提案之一是以无条件基本收入（UBI）代替部分或者全部的当前安全保障：给美国的每一个男人、女人和孩子提供一个普遍的、无条件的现金资助，而不是贫困家庭临时援助（TANF）、补充营养援助计划（SNAP）或医疗补助。

虽然各种 UBI 提案都不相同，但这个想法已经被 Charles Murray（2006）和 Andy Stern，Lee Kravitz（2016）从不同的角度提出，已经成为一些技术专家对未来政策的主流愿景（Rhodes，Krisiloff 和 Altman，2016）。不同的建议有不同的动机，包括当前的社会保障体系中一些真实出现的和可以感知的缺陷，相信可以创造一个更简单、更高效的系统，前提是我们的政策需要因势利导，应对随着 AI 和更广泛的自动化将带来的变化。

问题不在于自动化会让绝大多数人失业。相反，工人们要么缺乏技能，要么缺乏成功匹配自动化创造的高薪工作的能力。虽然市场经济会为工人提供新的就业机会，但它并不总是像我们在过去半个世纪所看到的那样成功地做到这一点。培养技能、培训、就业援助和其他劳动力市场机构比 UBI 更能直接地解决 AI 引发的就业问题。

即使有了这些变化，新技术也可能通过工资分配的变化加剧不平等，甚至可能加剧贫困。用 UBI 取代我们目前的反贫困项目在任何现实设计中都只会让收入分配变得更糟，而不是更好。我们的税收和转移体系主要针对收入分配中较低的那部分人，这意味着它有助于减少贫困和收入不平等。用普遍的现金补助取代部分或全部的现有保障体系，无论收入如何分配给所有美国人，这都意味着针对底层人群的补助更少，所以收入不平等不减反增。除非有人愿意接受相比当前更多的税收，否则既难以向所有个人提供一个共同数额，又难以确保这笔数额足以满足最贫穷家庭的需要。对于任何想要在保障体系上进行的额外投资，都必须面对同样的目标问题。

最后，UBI 的一些动机与未来的技术发展无关。相反，一些 UBI 的支持者提出，它将比我们今天的社会救助体系更简单、更公平、更少扭曲。这里不详细讨论这个问题，但足以说明今天的系统是不完美的。但与此同时，一波又一波最近的研究发现，许多常见的批评诸如这些项目阻碍了工作、没有减少贫困的例子被夸大了。一些项目，包括营养援助、医疗补助和收入税收抵免（EITC）对接受者家庭的孩子来讲是对其健康和教育等方面长期保障的重要福利收益。

这并不是说我们不应该让税收和转移体系更加进步，而是说我们需要使目标匹配可用收入，并理解哪些已经在我们的社会保障体系中取得了成功。

12.5　总结

目前，AI 是美国经济创新的一个关键领域。至少到目前为止，AI 还没有对宏观经济或劳动力市场的总体表现产生重大影响。但未来几年，它可能会变得更加重要，带来大量的机遇，而我们的第一反应应该是完全接受它。

我们需要更多的生产力增长，包括使用更多的 AI。大部分创新将由民营企业推动，但政府政策也会通过基础研究产生影响，并围绕隐私、网络安全和竞争建立监管环境。

与此同时，无论有没有 AI，如果我们想解决严重的不平等和不断下降的劳动力参与率，都有很多事情要做。我们对 AI 的乐观程度，应该会增加我们进行这些改变的动力。但几乎没有理由相信 AI 应该大幅改变我们当前政策的总体方向或目标。

外生的技术发展并不能唯一的决定增长、不平等或就业的未来。帮助因技术而失业的工人找到更好的新工作的政策以及对需求作出反应并确保机会公平的保障体系等公共政策将影响我们是否能够充分利用 AI 的好处，同时将其对经济和社会的潜在破坏性影响降到最低。在这个过程中，这些政策和 AI 本身的进步也会影响生产率的增长。

参考文献

Arntz, Melanie, Terry Gregory, and Ulrich Zierahn. 2016. "The Risk of Automation for Jobs in OECD Countries: A Comparative Analysis." OECD Social, Employment and Migration Working Papers no. 189, Organisation for Economic Co-operation and Development.

Autor, David. 2014. "Polanyi's Paradox and the Shape of Employment Growth." NBER Working Paper no. 20485, Cambridge, MA.

Byrne, David, John Fernald, and Marshall Reinsdorf. 2016. "Does the United States Have a Productivity Slowdown or a Measurement Problem?" *Brookings Papers on Economic Activity*, Spring 2016. https://www.brookings.edu/wp-content/uploads/2016/03/byrnetextspring16bpea.pdf.

Council of Economic Advisers (CEA). 2016. "The Long-Term Decline in Prime-Age Male Labor Force Participation." Report, Executive Office of the President of the United States.

Executive Office of the President (EOP). 2016. "Artificial Intelligence, Automation, and the Economy." Report.

Frey, Carl, and Michael Osborne. 2013. "The Future of Employment: How Susceptible are Jobs to Computerization." Unpublished manuscript, Oxford University.

Goldin, Claudia, and Lawrence Katz. 2008. *The Race between Education and Technology*. Cambridge, MA: Harvard University Press.

Graetz, Georg, and Guy Michaels. 2015. "Robots at Work." CEPR Discussion Paper no. DP10477, Centre for Economic Policy Research.

Murray, Charles. 2006. *In Our Hands: A Plan to Replace the Welfare State*. Washington, DC: AEI Press.

Rhodes, Elizabeth, Matt Krisiloff, and Sam Altman. 2016. "Moving Forward on Basic Income." Blog, Y Combinator. May 31.

Schmitt, John, Heidi Shierholz, and Lawrence Mishel. 2013. "Don't Blame the Robots. Assessing the Job Polarization Explanation of Growing Wage Inequality." EPI Working Paper, Economic Policy Institute. https://www.epi.org/publication/technology-inequality-dont-blame-the-robots//

Stern, Andy, and Lee Kravitz. 2016. *Raising the Floor: How a Universal Basic Income Can Renew Our Economy and Rebuild the American Dream*. New York: PublicAffairs.

Syverson, Chad. 2013. "Will History Repeat Itself? Comments on 'Is the Information Technology Revolution Over?'" *International Productivity Monitor* 25 (2): 37–40.

———. 2016. "Challenges to Mismeasurement Explanations for the U.S. Productivity Slowdown." NBER Working Paper no. 21974, Cambridge, MA.

Western, Bruce, and Jake Rosenfeld. 2011. "Unions, Norms, and the Rise in U.S. Wage Inequality." *American Sociological Review* 76 (4): 513–537.

13 研究与发展投资，结构性 改革和收入分配

Jeffrey D. Sachs[*]

13.1 引言

此处讨论平衡发展。在索罗经济增长模型中，劳动力以恒定的速度促进技术变革，就会产生人均产出和工资的长期同速增长。资本的回报率是稳定的，就像国民收入中劳动和资本的要素配额。在索罗模型全盛时期，这些观点被 Kaldor（1957）等看作是长期经济增长的固定模式。这些固定模式大约从 2000 年开始明显瓦解。在持续增长的劳动生产率（人均国内生产总值）和人均收入的停滞之间有了强烈的分割，结果就是使得国民收入中劳动比重明显下降，如图 13.1 所显示非农业商业部门的数据（Elsby，Hobijn 和 Sahin，2013；ILO 和 OECD，2015；Karabarbounis 和 Neiman，2013；Koh，Santaeulalia Llopis 和 Zheng，2015）。劳动力比重大幅下降，不严谨地讲可以归因于自动化——机器人和其他智能机器对人工劳动力的取代。

除了自动化还有其他潜在的因素，包括垄断力量的提升，美国联邦辐射范围的缩小、力量的减弱，以及贸易全球化对收入分配的影响。当然，也可能是多个因素共同作用的结果。我认为自动化是其中最重要的因素，也就是说人工劳动力被机器和编程取代。

事实上，我认为自动化所导致的劳动力比重下降在 2000 年以前已经发生，但在微观经济数据领域，由于与劳动力结构变化的抵消，劳动力下降渐

———————————

 ＊ Jeffrey D. Sachs 是哥伦比亚大学教授，可持续发展研究克托莱（Quetelet）教授，哥伦比亚大学卫生政策与管理教授，国家经济研究局副研究员。

 如需确认、研究支持来源和披露作者的重大财务关系，请访问 http：//www. nber. org/chapters/c14014. ack。

渐变得模糊。短期内平衡增长都只是一种美好幻想。现实是，不平衡变得越来越明显，并且很可能加剧。

2000 年以前，由于不同经济部门间受自动化影响的程度不同，发展不平衡很少被强调，并且确实有被抵消的情况发生。我认为把国内生产总值拆分为五个部门来看有助于进一步分析：

商品生产部门：农业、矿业、建筑业、制造业。

基本商业服务：公共事业、批发贸易、零售业、运输业、仓储。

个人服务：艺术、休闲、餐饮、住宿、其他个人服务。

专业服务：信息、金融、教育、健康、管理、科技和其他专业部门。

政府服务：联邦、州、地区。

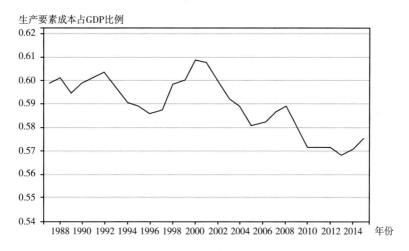

图 13.1　1988—2014 年劳动生产要素成本占 GDP 比例折线图

数据来源：《工业附加值的组成部分》，经济分析部门，2016 年 11 月 3 日出版。

注：劳动份额定义为：劳动报酬除以国内生产总值中劳动报酬和营业盈余的总和。

这些部门不同程度地受自动化的影响（见表 13.1），回顾历史，人们常常用工作的专业需求程度和工作的可重复/预测性这两个关键维度，来区分工作是否适合被自动化。要求高专业化水平的任务（比如以受教育水平来衡量的工作）和可预测性低重复率的工作更不容易被自动化。基于部门间职能交叉和生产过程，我们大致可以把这些部门按图 13.2 排序。

表 13.1　　　　　　不同部门对专业要求和工作可预测性对比表

部门	专业/受教育程度	工作流程的可预测性
商品生产	偏低	高
基本商业服务	中等	较高
个人服务	偏低	较低
专业服务	高	低
政府	偏高	偏高

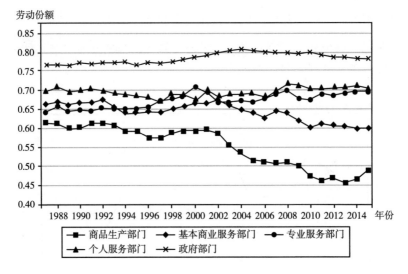

图 13.2　1988—2014 年不同部门间劳动份额增减对比图

数据来源：图 13.1 中的数据来源。

注：分部门的劳动份额：各个部门劳动报酬除以所有部门的劳动报酬营业盈余总和。

表 13.1 显示商品生产部门最容易被自动化，专业服务部门则最不容易被自动化，剩下部门因各自具体部门的不同而介于中间角色。正如我下文所述，AI 将改变自动化所发挥的角色，这会导致更多的高技能（高精尖）工作被自动化。

自 1987 年劳动收入份额开始增加（用要素成本衡量），部门间自动化倾向的差异随之出现。

我们可以看到，在商品生产部门，劳动收入份额骤降，从 61.7% 下降到 48.9%，这与该部门自动化进程吻合，而与之形成鲜明对比的是在相对难被自动化取代的专业服务部门和政府部门劳动份额的增加。基础商业服务部门的劳动份额也稍稍下降，从 66.3% 下降到 60.1%。在个人服务部门，劳动份额稳定不变，相对低的可预测性使其更难被自动化。

图 13.2 清楚地指出，在商品生产和基本商业服务部门，自动化已经进行了数十年，但这个趋势却因为其他部门相对少的自动化而渐渐模糊，加之产出和就业都已经从商品生产转移到专业服务领域，即从最易被自动化的部门转移到了最不易被自动化的部门。

即使是劳动力份额下降最显著的商品生产部门，劳动力的结构性变化依旧被低估——劳动力的组成已经从低水平的生产工人巨变成为高水平的监管人员。这一变化也标志着按生产要素分配收入的提高，即使是靠人力要素取得而不是靠商业固定资本要素取得。

图 13.3 以受教育程度为核算标准，粗略地预估了劳动份额的总收入。为便于研究，我把受教育程度分为三个等级，即低水平、中等水平和高水平。利用工人平均收入和不同受教育水平的普查数据，我们可以把劳动份额收入归入不同类别。

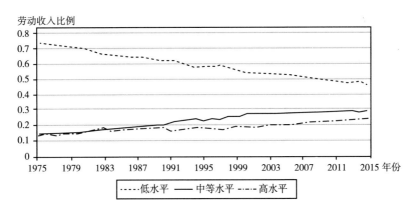

图 13.3 不同受教育程度劳动收入比例

数据来源：数据来自美国人口普查局，表 A–3，"按教育程度、种族、西班牙裔血统和性别分列的 18 岁及以上工人的平均收入：1975 年至 2015 年"（https://census.gov/data/tables/2016/demo/education–attainment/cps–detailed–tables. html）。

注：低学历水平：高中及高中以下学历，部分学院和大专学历；中等学历水平：本科及以下；高学历水平：硕士、博士等高级学位。按受教育程度划分的总收入是有收入的工人人数和平均收入的乘积。

本科以下学历工人的劳动收入份额从 72.7% 骤降到 46.1%。本科学历的工人目睹了他们劳动份额收入从 14.3% 翻倍至 29.6%，拥有高级学位的工人也目睹了劳动份额收入从 12.9% 翻倍至 23.4%。

图 13.4 中，受教育水平不同的工人实际人均平均收入却表现出相似的趋势。低水平工人的收入（这里定义各种本科以下以及大专院校）在 20 世纪 70 年代中期开始停滞，自那之后就没有再提升。本科及以上学历工人的平均收入 2000 年左右持续上升，2000 年开始停滞，甚至下降，更确切地讲，是那些拥有高级学历的人。

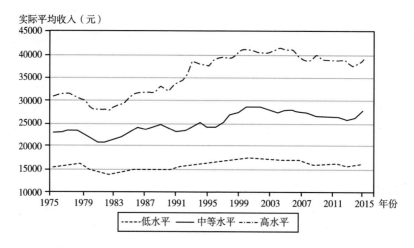

图 13.4　1982—1984 年不同受教育程度工人的实际平均收入

数据来源：图 13.3 的收入数据。

注：各受教育程度群体的实际平均收入：将某一教育水平的收入加总，除以工人数量，用消费者价格指数具体表示。

由于市场机制的刺激和政府针对不同层面教育的支出，不同受教育水平的相对人数发生变化。正如我们在图 13.5 中所看到的，本科学历以下的工人比例从 83.4% 下降到 64.3%，那些拥有本科学历的工人比例从 10.0% 上升至 22.6%，1975—2015 年，本科以上学历的工人比例从 6.65% 上升至 13.2%。

在我看来，近些年随着大数据，机器学习和其他不同形式 AI 的兴起，自动化取代人工的可能性大大提升。这些是使上述趋势显得尤为重要的真正原因。迄今为止劳动份额收入的下降，高技能工人收入份额的增加，以及易被自动化取代的那类工人实际收入的下降，这种潮流也许会影响更多的工人和部门。

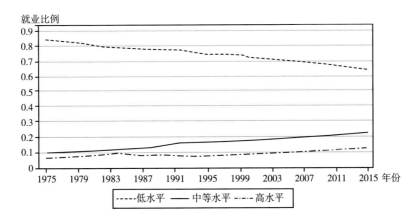

图 13.5　不同受教育程度工人的就业比例

数据来源：表 13.3 的就业数据。

　　本质上讲，作为基础性用途技术，数字信息就如同蒸汽动力和电子技术，我们正目睹着它们逐渐普及。20 世纪三四十年代随着 Alan Turing，John von Neumann，Claude Shannon 和 Norbert Weiner 取得理论上的突破，数字信息开始发展。之后随着 20 世纪 40 年代第一台大型计算机的诞生，1947 年晶体管的发明，20 世纪 50 年代集成电路的问世以及 50 年代末摩尔定律的提出，并以惊人的速度进步。当然，正在进行的数字革命也运用了非常广泛的科学技术，包括固态物理学，纳米技术、光纤光学，数码交流在内的一系列跨学科领域和经济部门的应用。

　　用于研究和开发经费的增加是信息技术发展的基础和结构转型的根本动力。图 13.6 是国家统计部门估计的每年用于研究和开发的经费和知识产权的累计存量，都算入国内生产总值的情况。从 20 世纪 50 年代至今，GDP 中研究和开发的经费的比例从约 1.3% 增至 2.6%，大约翻了一番。知识产权存量的比例从 4.5% 左右升至 14%。更重要的是，知识产权增速远超 GDP 增速，表明经济发展方式变得更加科学。

　　除索罗模型中的事实因素外，故提出如下替代因素：

　　（1）经历自动化的部门中，资本要素收入占国民收入的份额在这期问上升，尤其是当把人力资本也算入资本时。

　　（2）低水平劳动收入占国民收入的比重下降了，而高水平劳动收入的比例则上升了。

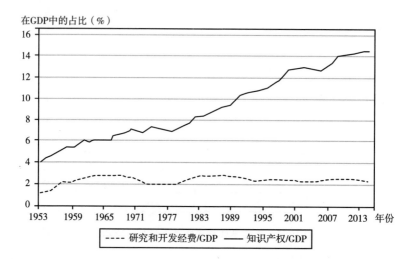

图 13.6 研究和开发经费以及知识产权占 GDP 的比例

数据来源：知识产权产品的净股份数据：经济分析部门，图 2.1，"采用现时成本法计算净股份的固定私人资产，设备，结构和各类知识产权产品"（https：//www. bea. gov/iTable/iTable. cfm？reqid = 10 step = 3 isuri = 1 1003 = 18# reqid = 10 step = 3 isuri = 1 1003 = 18）。

知识产权产品的投资数据：经济分析部门，表 1.5，"固定资产和消费者耐用品投资"（https：//www. bea. gov/iTable/iTable. cfm？ReqID = 10 step = 1# reqid = 10 step = 3 isuri = 1 1003 = 96 1004 = 1950 1005 = 2016 1006 = a 1011 = 0 1010 = x）。

（3）在自动化趋势从低技术和可预测性工作蔓延至更高技术要求和更低可预测性工作的过程中，不同部门间的动力是变化的。

（4）就投入与发展投资、知识产权、劳动力中的科学专业知识而言，自动化反映出科学技术在经济发展中地位的提升。

（5）未来与 AI 有关的技术变革将使得那些从事高等技术工作工人的国民收入转移给商业资本（固定资本和知识产权产品）占有者。

因此，确实还有许多理论和计量的问题尚未解决，但我现在将以更正式的形式提出一些基本概念。

13.2 一个基本模型

考虑经济产业（农业，采矿业，建筑业和制造业）的第一个自动化的产品生产部门。设 Q 为产出，由资本和劳动力创造。这里我将区分两种物质资本，建筑物（*B*）和机器（*M*），以及两种非物质资本，人力资本和机器技术中体现的专有技术。

劳动力通常包括：管理、生产、销售等。一般来说，这些工作需要不同水平的专业知识：不熟练（*U*），中级（*I*）和高级（*H*），分别对应于教育水平：低于学士学位，学士学位和高级学位（硕士学位、专业人员或博士）（Acemogl 和 Autor，2011）。

为了阐述，假设劳动只有两种工作形式：生产（*P*）和非生产（*N*）。非生产工作需要掌握中级技能。有三个工作需要高级技能：研发、医学等专业服务和大学教育。需要基本技能的工作也可以由具有中级或高级技能的工人执行，而需要中级技能的工作也可以由具有高学历的工人执行。

机器（*M*）可以替代劳动力，而建筑物（*B*）可以对模型进行补充。[参见 Sachs 和 Kotlikoff（2012）以及 Sachs，Benzell 和 La Garda（2015）的类似方法]。举一个简单的例子，假设输出 *Q* 是 *P*、*N* 和 *B* 的柯布—道格拉斯生产函数：

$$Q = P^a N^b B^{(1-a-b)}. \qquad\qquad 式（1）$$

生产 *P* 是由劳动力 L_p 或者可以完全替代劳动力的机器 M_P（例如，装配机器人）产生，t_p 用来测量机器 M_P 的技术复杂性：

$$P = L_p + t_p \times M_P. \qquad\qquad 式（2）$$

同样地，非生产工作可以由劳动力 L_N 或机器 M_N 产生：

$$N = L_N + t_N \times M_N. \qquad\qquad 式（3）$$

在科技的历史发展中，让机器执行基本的机械任务（生产）会比执行中间任务（非生产）更容易，所以我从最简单的假设开始，即 $t_P > 0$ 和 $t_N = 0$。我再次强调，随着机器越来越智能，它们能够完成更多的非生产任务。

具有基础教育程度的工人只能在生产部门工作，而具有中等教育水平的工人可以从事生产或非生产工作。让 L_U 等于有基础教育程度的工人的数量 *U*，L_I 表示教育程度达到中等程度的工人数量 *I*。然后，用 L_{ij} 表示从事任务 *i*(*N*，*P*) 和掌握技能 *j* 的工人数量，满足充分就业：

$$L_U = L_{PU}$$

$$\qquad\qquad\qquad\qquad\qquad\qquad\qquad\qquad 式（4）$$

$$L_I = L_{NI} + L_{PI}.$$

市场均衡可能会涉及依据工人掌握技能的程度不同（生产中的非熟练工人，非生产中的中等技术工人，即 $L_{PI}=0$）对工作进行分类，或者可能涉及一些中等技术工人却在从事基本技术工作，即 $L_{PI}>0$，这种情况被称为减缩技能。在动态背景下，后一种情况应该是暂时的。因为工人通常不会为需要较低教育程度的工作投入额外的教育年限。

在任何时期，资本存量 K 通常都是依据过去的储蓄而确定的，并在生产任务中的建筑和机器之间进行分配：

$$K = B + M_P. \qquad \text{式（5）}$$

投资者可以通过设置 K 等于建筑物和机器的边际产品，或者通过在拐角解设置 $M_P=0$ 来最大化其资本收入（当建筑物的边际产品大于机器的边际产品时，有 $B=K$，$M_P=0$）。

在纯排序均衡中，L_U 和 L_I 的工资如下：

$$W_U = a \times (L_U + t_P \times M_P)^{(a-1)} L_I^b S^{(1-a-b)}$$
$$W_I = b \times (L_U + t_P \times M_P)^a L_I^{b-1} S^{(1-a-b)}, \qquad \text{式（6）}$$

资本 K 的回报率 r 如下：

$$r = (1-a-b) \times L_U^a L_I^b M_P^{-(a+b)}. \qquad \text{式（7）}$$

如果 t_P 小于阈值 t_P^T，那么整个资本 K 将会分配给建筑，因此 $B=K$ 且 $M=0$。在这种情况下没有自动化。如果 t_P 高于阈值 t_P^T，那么部分资本将会分配给机器，并增加一个均衡条件：

$$r = t_P \times W_U. \qquad \text{式（8）}$$

当 $B=K$ 时，阈值 t_P^T 可以通过将 $t_P^T \times W_U$ 与结构的边际产品相等来找到。具体地说，$t_P^T \times L_U^{(a-1)} L_I^b \times K^{(1-a-b)} = (1-a-b) \times L_U^a L_I^b K^{-(a+b)}$。通过一个代数，我们发现：

$$t_P^T = (1-a-b) \times \left(\frac{L_U}{K}\right). \qquad \text{式（9）}$$

收入 KS 的资本份额简单地给出：

$$KS = \frac{r \times K}{Q}. \qquad \text{式（10）}$$

现在假设经济在自动化范围内运行，$t_P > t_P^T$ 且 $M>0$。t_P 进一步上升的比较静态效应如下：

$$\frac{\partial r}{\partial t_P} > 0,$$

$$\frac{\partial W_B}{\partial t_P} < 0,$$

$$\frac{\partial W_I}{\partial t_P} > 0, \qquad\qquad 式（11）$$

$$\frac{\partial M_P}{\partial t_P} > 0,$$

$$\frac{\partial KS}{\partial t_P} > 0.$$

机器技术（自动化）的逐步改进导致资本回报率上升（a），基本劳动力工资下降（b），中间劳动力工资上升（c），自动化程度上升（d），以及资本收入份额的增加（e）。这仅仅是一种技能偏向的技术变革，以技术变革的形式，使得产品生产部门的机器取代受教育程度较低的工人。

13.3　投资教育部门

到目前为止，我们把 L_U 和 L_I 的供给视为既定的，这一假设在给定时间下是合理的，但在动态背景下就不是了。劳动力市场的上升反映到教育上面，有 $[\partial(W_I - W_U)]/\partial t_P > 0$，将会导致学校教育投资的增加，无论是家庭支出还是公共部门支出。

在准静态背景中，假设我们从 $K(0)$，$L_B(0)$ 和 $L_I(0)$ 表示 K，L_B 和 L_I 的初始水平开始，并假设给定的储蓄流量（SV）可以分配到固定的商业投资（F）或教育（E_I），用于将基本技能升级到中级技能：

$$SV = F + E_I,$$

$$K = K(0) \times (1 - d) + F,$$

$$L_I = L_I(0) + \frac{E_I}{c_I}, \qquad\qquad 式（12）$$

$$L_U = L_U(0) - \frac{E_I}{c_I}.$$

参数 c_I 是一名低等技能的工人中变成一名中等技能的工人所花费的单位成本，在这里是固定不变的。这笔费用包括直接教育费用（如学费）和机会费用，特别是在学习期间学生减少了劳动力市场的参与和收入。

再次，应将其他投资的边际收益设定为相等，以便将固定资本的边际产量（等于 r）设定为等于教育收益，以 $W_I - W_U$ 来衡量。在平衡状态：

$$r \times c_I = W_I - W_U. \qquad\qquad 式（13）$$

那么，t_P 的增长如何影响教育投资呢？这里有两种影响，一方面，通过提高固定投资的回报率 r，投资分配可以从人力资本转移到商业固定资本。另一方面，通过提高中等技能的工人相对于基础技能工人的工资，提高了教育的净回报率。在实际生活中，第二个影响可能占主导地位，特别是如果我们也认识到资本回报率的上升也可能会提高 SV 的整体储蓄率。

如果教育激励影响确实占据主导地位，那么技术进步会增加接受高等教育的学生数量，从而减少了基础技术工人的供应，增加了中等技术工人的供应。技术工人供应的增加缓和了 t_P 上升后引起的工资不平等加剧的状态。在 r 保持不变的极端情况下，工资差异也将保持不变，因为熟练劳动力的抵消增加足以将工资差异推回到原始水平 $r \times c$。

13.4 内生增长

通过允许技术进步的速度取决于高技术科学家和工程师在研发方面的投资，该模型可以得到极大地丰富。因此让我们引入一群数量为 L_H 的高技能专业工作者。我们假设这些工人通常拥有科学，技术，工程和数学（STEM）领域的高级学位。

高技能工人通常从事于四项主要工作：①研发，$L_{R\&D}$；②高等教育，L_{ED}；③医疗保健，L_{HL}（医生，医疗设备工程师，统计员等）；④专业顾问服务 L_C。除了卫生专业人员和学术研究人员之外，大多数拥有高级学位的工人都受雇于专业（工程，咨询，建筑，法律等）公司，这些专业公司向其他行业的公司出售他们的研究和咨询服务，比如制造业：

$$L_H = L_{R\&D} + L_{ED} + L_{HL} + L_C. \qquad\qquad 式（14）$$

高技能的专业人士需要高级学位，因此他们在学士学位水平的教育，表示为 E_H。我们将式（11）中的等式修改如下：

$$SV = F + E_I + E_H,$$

$$K = K(0) \times (1 - d) + F,$$

$$L_H = L_H(0) + \frac{E_H}{c_H},$$

式（15）

$$L_I = L_I(0) + \frac{E_I}{c_I} - \frac{E_H}{c_H},$$

$$L_U = L_U(0) - \frac{E_I}{c_I}.$$

当然，投资高级培训的回报取决于高技能工人在其四种工作中的生产力：研发，教育，医疗保健和咨询。因此，我们需要为这四项工作指定生产函数。研发的主要成果之一是提高自动化水平，即提高 t_P。一个合理的关系可能是这样的：

$$t_P(t+1) = t_P(t)(1 - \mathrm{dep}_{t_P}) + \mathrm{R\&D}(t),$$

式（16）

因此，$\mathrm{R\&D}(t)$ 反过来将由研发部门的熟练劳动力，智能机器和建筑的组合共同生产，例如：

$$\mathrm{R\&D}(t) = (\Theta_{\mathrm{R\&D}} \times L_{\mathrm{R\&D}})^g \times B_{\mathrm{R\&D}}^{(1-g)}.$$

式（17）

参数 $\Theta_{\mathrm{R\&D}}$ 显示了高技术工人的研究效率。$\Theta_{\mathrm{R\&D}}$ 的数值越大意味着科学研究越处于一个成果丰硕的时期，例如，归因于科学研究的重大突破。20 世纪 40 年代和 50 年代的晶体管和集成电路的发明，以及同时期现代计算机的设计，意味着第二次世界大战后应用物理学家和工程师的生产力显著提高，引领着信息革命，以及一直持续到今天的研发黄金时代，这确实在加速。

参数 $t_{\mathrm{R\&D}}$ 表明了 AI 替代新研发中的研究人员的可能性。这已经发生在药物研究等领域，在这个领域机器学习可以扫描大量候选药物库以寻找潜在的研究目标。迄今为止，先进的机器主要是补充而不是替代高技能的研究人员，但是当智能机器在生物化学、基因组学、代码编写和机器设计等方面的研究表现优异时，不难想象被 AI 替代的这一天终会到来。超级计算机的发明者最终将使自己破产，或者至少大幅降低自己的工资，因为 $t_{\mathrm{R\&D}}$ 显著地上升。

卫生部门的输出 HL 具有类似的生产功能，例如：

$$\mathrm{HL}(t) = (\Theta_{\mathrm{HL}} \times L_{\mathrm{HL}} + t_{\mathrm{HL}} \times M_{\mathrm{HL}})^g \times S_{\mathrm{HL}}^{(1-g)}.$$

式（18）

Θ_{HL} 的增加将会导致医疗服务的供给和医疗工作者需求的增加。但是对医疗服务的需求是什么呢？我们可能认为对 Θ_{HL} 的需求也会增加。随着医疗科技的重大突破，这些趋势有望成为法律保障中基本医疗服务的最低限度的一部分，并得到公共部门支出的支持。因此，医疗服务的公共支出将随着 Θ_{HL} 增加而增加。

13.5 美国经济模型的参数化

该模型的较长期实际目标是为了创造出一个关于美国经济的可计算一般均衡（CGE）模型，用来分析技术变革（尤其是 AI 和机器人）对收入分配、财富、工作，以及其他因素在过去和未来的影响。主要目的是分析 AI 在替代许多当前对教育水平具有高要求的职业领域可能取得的进展，如在医疗保健领域（远程病人监测，先进的成像，机器诊断），教育领域（线上教学，专业的教师培训和教育方法），以及其他领域的研究和开发。与此同时，这方面的工作仍在不断发展中。

在当前阶段，他必须有能力提供一些还未将美国条件参数化的说明性模型所推导出的模拟结果。我将提供两个此类模拟：一类是研发生产力的提高；另一类是中等技术自动化水平的提高（目前需要学士学位的工作）。

13.6 研发生产力的提高

由于一种新的通用技术（比如：收音机，20 世纪 50 年代的电脑，再或者是 21 世纪 20 年代的机器学习和 AI）的发展，导致了研发回报的上升和经济结构的变化。准确地说，这个实验是对高技能研发人员的生产力和 $\Theta_{\mathrm{R\&D}}$ 的一次性和永久性的提高。在第一个变量中，我认为只有低层次的技工才会面临来自自动化生产的威胁。从某种意义上来说，这描述了 20 世纪 50 年代至 21 世纪 10 年代间数字革命的突破使得低技能工作的自动化成为可能的画面，并且在补充资料中有完整的模型和具体参数。而在这里，我更强调定性结果。

$\Theta_{\mathrm{R\&D}}$ 的增长预计将发生在第一阶段，但数据实例表明其发生在第五阶段。甚至在研发投入上升之前，工人们开始提高他们的教育水平，因为他们预计低技能职业的工资和高技能职业工资的差距会越来越大。在 $\Theta_{\mathrm{R\&D}}$ 增加以后，受教育程度的变化越发明显。最终的结果是，低技能工人的比例急剧下降，中等技能工人和高技能工人的比例相应上升，如图 13.7 的数据所示，从定量角度看该模式与我们在图 13.5 中看到的美国经济的经验模式相同。

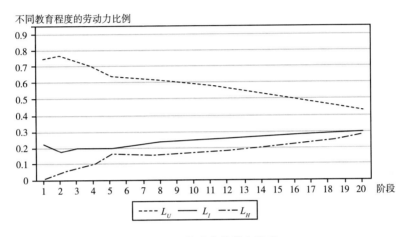

不同教育程度的劳动力比例

L_U —— L_I ——— L_H

图 13.7　劳动力的教育程度

自动化首先导致非技术工人的工资下降，以及中等和高技能行业的工资上涨。因此，高技能工人和低技能工人之间的工资差距开始扩大，接下来导致了图 13.7 中教育程度的变化，从而倾向于恢复发生变化前拥有相对于此工资水平的技能水平。

在第二次模拟中，目前伴随着中等技能工作自动化研发生产率的类似增长（开始于第十阶段），低技能工作 $\Theta_{R\&D}$ 亦增长（再次开始于第五阶段）。因此，自动化取代了低技能和中级技能的工人。当然，这样导致的结果是促进了对硕士、博士等高级学位的需求，使得 L_U 和 L_I 都下降了，而 L_H 上升了。如图 13.8 中的数据所示，可以与图 13.7 进行比较。

在非熟练和中级技能任务自动化的情况下，主要结果是市场力量促使那些获得学士学位的人继续深造。劳动力市场最终只剩下两种类型的劳动力：非熟练劳动力和高技能劳动力，而中级技能工人正在逐渐消失。注意，到目前为止，该模型假定所有工人都有接受各级教育的能力；例如，STEM 技术不存在"稀缺"价值，这将限制高技能工人的供应。在一个更现实的模型中，我们将努力解决这样一个明显的事实：并非所有学生都有能力获得高等学位，从事高质量的工作。从长远来看，对高等教育的溢价将作为对高教育能力的一种自然租金而持续下去，而不是因为教育程度的高度弹性变化而抵消工资差异。

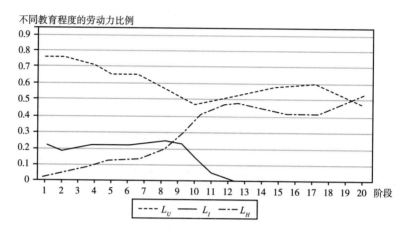

图 13.8　劳动力受教育程度：低技能和中等技能任务的自动化

在这两种情况下，劳动力占 GDP 的比重都显著下降，因为自动化导致就业岗位减少。图 13.9 显示了第二种场景中劳动力占 GDP 比重的变化趋势，其中低技能工人的自动化在第 5 期之后开始，而中级技能工人的自动化在第 10 期之后开始。虽然劳动在收入中所占的比例在第 5 期开始下降，但随着熟练工人工资的增加，在第 10 期前，劳动在收入中所占的比例会再次上升。随着时间的推移，随着工人受教育程度的提高，在自动化的压力下，工资会下降，劳动在收入中所占的比重也会大幅下降。

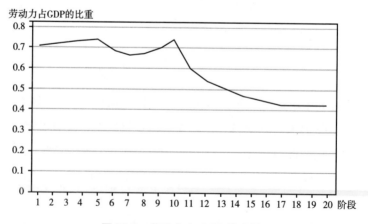

图 13.9　劳动力占 GDP 的比重

13.7 下一步计划

到目前为止，模拟的结论是完全定性的。建模的下一步将是根据美国经济的主要结构特征对模型进行参数化。当然，关于建模和概念选择，我们还有许多困难需要克服，包括根据最近的历史验证参数化模型，以及使用该模型来预测未来技术变化的影响。其中的一些困难如下：

（1）用经验细节对自动化过程进行建模。例如，通过识别不同技能和职业上具有互补或是替代性质的机器类别进行建模。

（2）估计自动化研发的回报，以及对先进技术工人收入的影响。

（3）将高等教育供求关系描述为工资差异、借贷成本和受教育能力的函数。

（4）描述私人和公共部门在决定研发和教育投资方面的相互作用。

（5）为智能机器的未来发展及其与不同技能水平的职业之间的互动创造现实的场景。

（6）建模自动化的代际动态，如 Sachs 和 Kotlikoff（2012）以及 Benzell，Kotlikoff，LaGarda 和 Sachs（2015）。

（7）计算专利的垄断租金，以及与智能机器和 AI 相关的市场结构的其他变化。

（8）以谷歌和亚马逊（Amazon）等巨头为例，考虑大数据和网络外部性带来的收入分配影响。

（9）考虑非物质化生产（电子商务、电子书、电子支付）和共享经济（如按需汽车）的分配含义。

（10）建模分析过去和未来劳动力参与和休闲时间的变化，以此作为智能机器、AI 和自动化的结果。

附录 A　GAMS 方程式

$Kf(tf)...K(tf) = e = K0;$
$Hf(tf)...H(tf) = e = H0;$
$Uf(tf)...U(tf) = e = U0;$
$Sf(tf)...S(tf) = e = S0;$
$IPPAf(tf)...IPPA(tf) = e = IPPA0;$

IPPAIf(*tf*). . .IPPAI(*tf*) = *e* = IPPAI0;

Output(*t*). . .Q(*t*) = *e* = *TA*(*t*)**Alpha*M(*t*)**(1-Alpha);

BAprod(*t*). . .BA(*t*) = *e* = MBA(*t*)**.2*SBA(*t*)**.2*HBA(*t*)**.6;

PROFprod(*t*). . .PROF(*t*) = *e* = MPROF(*t*)**.2*ProdPROF(*t*)*
   HPROF(*t*)**.8;

*PROFprod(*t*). . .PROF(*t*) = *e* = ProdPROF(*t*)*HProf(*t*);

Health(*t*). . .HL(*t*) = *e* = MHL(*t*)**.2*LUHL(*t*)**.1*SHL(*t*)**
   .2*HHL(*t*)**.5;

*HealthD(*t*). . .HL(*t*) = *e* = HLmin*IPP(*t*)**.2;

HealthD(*t*). . .HL(*t*) = *e* = .01;

Capital(*t*). . .K(*t*) = *e* = M(*t*) + MBA(*t*) + MPROF(*t*) + MHL(*t*) + RA(*t*)
   + RAI(*t*);

Task(*t*). . .TA(*t*) = *e* = (LU(*t*) + A(*t*))**Beta*(LS(*t*) + AI(*t*))**(1-Beta);

Robot(*t*). . .A(*t*) = *e* = ThetaA(*t*)*HA(*t*)**Gamma*IPPA(*t*)**
   Delta*RA(*t*)**(1-Gamma-Delta);

ArtInt(*t*). . .AI(*t*) = *e* = ThetaAI(*t*)*HAI(*t*)**Gamma*IPPAI(*t*)**
   Delta*RAI(*t*)**(1-Gamma-Delta);

RDA(*t* + 1). . .IPPA(*t* + 1) = *e* = IPPA(*t*)*(1-depRD) +
   PRODRDA(*t*)*HRD(*t*);

RDAI(*t* + 1). . .IPPAI(*t* + 1) = *e* = IPPAI(*t*)*(1-depRD) +
   PRODRDAI(*t*)*HRD(*t*);

HighS(*t*). . .H(*t*) = *e* = HAI(*t*) + HA(*t*) + HRD(*t*) + HBA(*t*) + HPROF(*t*)
   + HHL(*t*);

KNext(*t* + 1). . .K(*t* + 1) = *e* = K(*t*)*(1-dep) + FINV(*t*);

Saving(*t*). . .C(*t*) = *e* = Q(*t*)—FINV(*t*) ;

UNext(*t* + 1). . .U(*t* + 1) = *e* = U(*t*)*(1-n)—BA(*t*) + n*(U(*t*) + S(*t*) + H(*t*)) ;

SNext(*t* + 1). . .S(*t* + 1) = *e* = S(*t*)*(1-n) + BA(*t*)—PROF(*t*);

HNext(*t* + 1). . .H(*t* + 1) = *e* = H(*t*)*(1-n) + PROF(*t*);

LaborU(*t*). . .U(*t*) = *e* = LU(*t*) + BA(*t*) + LUHL(*t*);

LaborS(*t*). . .S(*t*) = *e* = LS(*t*) + 0.2*PROF(*t*) + SBA(*t*) + SHL(*t*);

Utils(*t*). . .Ut(*t*) = *e* = log(C(*t*));

KLast(*tl*). . .KL(*tl*) = *e* = K(*tl*)*(1-dep)+ FINV(*tl*);

CLast(*tl*). . .CL(*tl*) = *e* = Q(*tl*)—dep*KL(*tl*);

Utility. . .Util = *e* = sum(*t*,disc(*t*)* Ut(*t*)) + sum(*tl*,disc(*tl*)*log(CL(*tl*))/
   Discrate);

* Output

Parameter WageU(*t*), WageS(*t*), WageH(*t*), Rrate(*t*), IPPArate(*t*),
   IPPAIrate(*t*), Lshare(*t*), Kshare(*t*), HAshare(*t*), RArate(*t*), Income(*t*),
   Lshare(*t*), LUshare(*t*), LSshare(*t*), LHshare(*t*);

Parameter Kshare(*t*), IPshare(*t*), LULF(*t*), LSLF(*t*), LHLF(*t*), LF(*t*);

WageU(*t*) = Alpha*Q.L(*t*)/TA.L(*t*) * Beta * TA.L(*t*)/(LU.L(*t*) + A.L(*t*));

WageS(*t*) = Alpha*Q.L(*t*)/TA.L(*t*) * (1-Beta) * TA.L(*t*)/(LS.L(*t*) +
   AI.L(*t*));

Rrate(*t*) = (1-Alpha)*Q.L(*t*)/M.L(*t*) ;

WageH(*t*) = ThetaA(*t*)*Gamma*(A.L(*t*)/HA.L(*t*))*WageU(*t*);
HAshare(*t*) = HA.L(t)/H.L(*t*);
RArate(*t*) = (1-Gamma-Delta)*(A.L(*t*)/RA.L(*t*))*WageU(*t*);
IPPArate(*t*) = Gamma*(A.L(*t*)/IPPA.L(*t*))*WageU(*t*);
IPPAIrate(*t*) = Gamma*(AI.L(*t*)/IPPAI.L(*t*))*WageS(*t*);
Income(*t*) = WageU(*t*)*LU.L(*t*) + WageS(*t*)*LS.L(*t*) + WageH(*t*)*H.L(*t*)
    + Rrate(*t*)*K.L(*t*) + IPPArate(*t*)*IPPA.L(*t*) + IPPAIrate(*t*)*IPPAI.L(*t*);
Lshare(*t*) = (WageU(*t*)*LU.L(*t*) + WageS(*t*)*S.l(t) + WageH(*t*)*H.L(*t*))/
    Income(*t*);
LUshare(*t*) = WageU(*t*)*LU.L(*t*)/Income(*t*);
LSshare(*t*) = WageS(*t*)*LS.L(*t*)/Income(*t*);
LHshare(*t*) = WageH(*t*)*H.L(*t*)/Income(*t*);
Kshare(*t*) = Rrate(*t*)*K.L(*t*)/Income(*t*);
IPshare(*t*) = (IPPArate(*t*)*IPPA.L(*t*) + IPPAIrate(*t*)*IPPAI.L(*t*))/
    Income(*t*);
LF(*t*) = LU.L(*t*) + LS.L(*t*) + H.L(*t*);
LULF(*t*) = LU.L(*t*)/LF(*t*);
LSLF(*t*) = LS.L(*t*)/LF(*t*);
LHLF(*t*) = H.L(*t*)/LF(*t*);

附录 B　参数值

Parameters Gamma, Alpha, Beta, Delta, Disc(*t*), dep, depRD, HLmin,
    Discrate;
Gamma = .5;
Alpha = .7;
Beta = .7;
Gamma = .3;
Delta = .3;
Discrate = .06;
Disc(t) = (1/(1+Discrate))**(ord(*t*)-1);
dep = 0.05;
depRD = .05;
HLmin = .1;
Parameters ThetaA, ThetaAI, tfpRA(*t*), tfpRAI(*t*);
ThetaA(*t*) = 1;
ThetaAI(*t*) = 1;
*tfpRA(*t*) = .01;
*tfpRA(*t*)$(ord(*t*) ge 10) = 1;
*tfpRAI(t) = .01;
*tfpRAI(t)$(ord(*t*) ge 15) = 1;
tfpRA(*t*) = 1;
tfpRAI(*t*) = 1;

附录 C   初始值

Parameter K0, U0, S0, H0, ProdRDA(t), ProdRDAI(t), ProdPROF(t),
  IPPA0, IPPAI0, n, Start(t);
K0 = 21.9;
U0 = 7.3;
S0 = 2.25;
H0 = 0.15;
ProdRDA(t) = .01;
ProdRDAI(t) = .01;
*ProdRDAI(t)\$(ord(t) ge 10) = 1;
ProdPROF(t) = 2;
IPPA0 = 0.001;
IPPAI0 = 0.001;
n = 0.05;

参考文献

Acemoglu, Daron, and David Autor. 2011. "Skills, Tasks and Technologies: Implications for Employment and Earnings." In *Handbook of Labor Economics*, vol. 4b, edited by Orley Ashenfelter and David E. Card. Amsterdam: Elsevier.

Chui, Michael, James Manyika, and Mehdi Miremadi. 2016. "Where Machines Could Replace Humans and Where They Can't (Yet)." *McKinsey Quarterly* July 2016. https://www.mckinsey.com/business-functions/digital-mckinsey/our-insights/where-machines-could-replace-humans-and-where-they-cant-yet.

Elsby, Michael W. L., Bart Hobijn, and Ayşegül Şahin. 2013. "The Decline of the U.S. Labor Share." Federal Reserve Bank of San Francisco Working Paper Series no. 2013–2027, Federal Reserve Bank of San Francisco, September.

Frey, Carl Benedikt, and Michael A. Osborne. 2013. "The Future of Employment: How Susceptible are Jobs to Computerization." Working Paper, Oxford Martin School, University of Oxford. September. https://www.oxfordmartin.ox.ac.uk/downloads/academic/The_Future_of_Employment.pdf.

International Labor Organization (ILO) and Organisation for Economic Co-operation and Development (OECD). 2015. "The Labor Share in the G20 Economies." G20 Employment Working Group, February.

Karabarbounis, Loukas, and Brent Neiman. 2013. "The Global Decline of the Labor Share." NBER Working Paper no. 19136, Cambridge, MA.

Koh, Dongya, Raul Santaeulalia-Llopis, and Yu Zheng. 2015. "Labor Share Decline and the Capitalization of Intellectual Property Products." Working Paper, January.

McKinsey Global Institute. 2017. "A Future that Works: Automation, Employment, and Productivity." Report, January. https://www.mckinsey.com/mgi/overview/2017-in-review/automation-and-the-future-of-work/a-future-that-works-automation-employment-and-productivity.

Sachs, Jeffrey D., Seth G. Benzell, and Guillermo LaGarda. 2015. "Robots: Curse or Blessing? A Basic Framework." NBER Working Paper no. 21091, Cambridge, MA.

Sachs, Jeffrey D., and Laurence J. Kotlikoff. 2012. "Smart Machines and Long-Term Misery." NBER Working Paper no. 18629, Cambridge, MA.

14 人工智能对收入分布和失业的影响

Anton Korinek，Joseph E. Stiglitz[*]

14.1 引言

AI 的出现是漫长的自动化进程的一段延续。在 19 世纪晚期和 20 世纪初期，机械化的进步让大多数需要人工劳动的工作得以自动化。在 20 世纪中期和晚期，信息技术的进步让大多数本应由人工完成的数据处理工作实现自动化。然而，这些自动化仍然无法完全取代大部分只能由人类执行的工作。

有人认为，AI 领域的进展仅仅是长期以来的自动化进程中最近的一次浪潮，相较于过去的科技进展，并不能驱动更多的经济增长（Gordon，2016）。与之相反，有人强调 AI 与过去的技术发明有重要的不同：由于 AI 与人类智商越来越接近，各个领域的大量劳动力都面临被淘汰和被 AI 取代的风险。从这个角度看，AI 领域的进展并不仅仅是自动化进程的延续，而是科技进步造就的结果。这次 AI 可能会使历史进程与过去创新浪潮所推动的进程截然不同，甚至会成为 James Barrat（2013）所称的"人类的最终发明"。

无论 AI 有怎样的长期影响，目前清楚的是，AI 在一段时期内具有扰乱

* Anton Korinek 是弗吉尼亚大学和达顿商学院（The University of Virginia and Darden GSB）的经济学和工商管理学副教授，国家经济研究局的教员研究员。Joseph E. Stiglitz 是哥伦比亚大学教授，国家经济研究局副研究员。

本章作为 NBER 会议人工智能经济学的背景文件编写。我们要感谢我们的讨论者 Tyler Cowan 以及 Jayant Ray 和与会者在 NBER 会议上的有益意见。我们还感谢 Haaris Mateen 的研究援助，以及新经济思想研究所（INET）的财政支持，以及罗斯福研究所（Roosevelt Institut）的重写规则项目，该项目得到了福特（Ford）、开放社会（Open Society）、伯纳德和艾琳施瓦茨基金会（The Bernard and Irene Schwartz Foundations）的支持。

如需确认、研究支持来源和披露作者的重大财务关系，请访问 http://www.nber.org/chapters/c14018.ack。

劳动力市场的潜力，能够影响到众多不同职业和不同技能水平的工人。[①] 而这些市场被扰乱的程度取决于两种重要因素：AI 发展的速度和 AI 发展的要素偏差。

在第一种因素方面，尽管 AI 热潮席卷全球，但近年来生产力增长速度仍然较为缓慢。[②] 如果按照最近的生产统计数据，与 AI 相关的创新只能以较为缓慢的速度投入到经济生产领域，那么这次生产方式的变革会比 20 世纪 50 ~ 70 年代的机械化变革要慢，因此所导致的扰动可能不会很显著。然而，仍然有三种可能的其他说法：首先，有人提出生产力被显著地低估了，比如生产质量的提升无法被准确地衡量。现有可行的最佳估计结果表明这个误差可以被限制在 1% 的水平之内（Groshen，2017）。而且，还有其他未被衡量的影响生产力水平的因素，比如由于顾客服务自动化所导致的服务质量下降。其次，AI 发展的总体影响可能是滞后的，这类似于 20 世纪 80 年代引入计算机后的影响。Robert Solow（1987）提出了一句有名的论述，即"除了在生产统计数据这方面，你在任何地方都能看到电脑时代的来临"。直到 20 世纪 90 年代，计算机行业持续被投资，商业模式进行重新组织后，计算机所带来的总生产水平的显著提升才被观测到。再者，如技术奇点的拥护者指出（Kurzweil，2005），生产力增长可能会出现明显的间断点。

在第二种因素方面，由 AI 相关创新导致的扰动取决于它们是否能节省劳动力，按照 Hicks（1932）的术语，即给定工资水平，AI 的创新是否能够导致更低的劳动需求。有人认为，AI 主要可以协助人类提高生产效率，这种 AI 其实应该被称为"智能协助"（Intelligence – Assistance）创新。尽管大多数与 AI 相关的创新都或多或少可与一些工作互补，但是从更广的角度看，AI 的发展更可能成为人类劳动力的替代，甚至直接取代工人。本章接下来的正式模型部分进行了这样的假设。

我们相信，AI 的兴起给经济领域带来的最主要挑战与收入分布有关。经济学家不只是要指出技术进步能使人们获得更多福利，还必须去说明技术

---

① 例如，Frey 和 Osborne（2017）警告，美国经济中47%的工作都有被 AI 相关领域的自动化进展所替代的风险。近期人类智力逊色于 AI 的领域包括放射学、金融市场交易、法务、承销和驾驶等领域。

② 例如，Google Trends 揭露人类对"AI"主题的搜索兴趣在过去4年内翻了4倍。

进步是如何实现这一点的。本章通过讨论 AI 引入的一些关键的经济研究问题，以说明技术进步如何帮助社会福利提升。①

在 14.2 部分，我们对科技发展与社会福利之间的关系进行了笼统的分类。首先，我们观察到在一个一阶最优（First - Best）的经济里，市场具有完全风险，所有个人都能从技术进步中获益。然而，由于真实世界并不是这么运转的，因此需要收入再分配以确保技术进步能够产生帕累托改进。如果市场是完美的，收入再分配不需要任何成本，那么就可以保证技术进步总是可以提高每个人的福利。如果收入再分配的成本足够低，上述结论也成立。在这样的情况下，人们都会偏好技术进步。然而，如果收入再分配的成本太高，可能就无法补偿在技术进步中受到损失的人，他们就会理性地抵制技术进步。更糟糕的情况是，如果经济存在市场缺陷，那么技术进步可能会使帕累托边界前移，导致一些人的福利受到损害。最后，我们观察到第一福利定律并不适用于技术创新过程，因此，私人最优的创新选择会将帕累托边界内移。

在 14.3 部分，我们将创新影响不平等的传导机制分解成以下两个渠道：第一，不平等出现的缘由是因为创新者获利。除非创新市场是完全可竞争的，否则由创新者得到的利润就会超过创新的成本，因此就包含了我们称之为"创新者租金"的部分。我们会讨论能够影响这类租金分配的政策，比如反托拉斯法案，以及知识产权方面的变化。第二，创新会影响市场价格。它们会改变对要素的需求，比如对不同类型的劳动和资本的需求，进而影响它们的价格，产生再分配效应。例如，AI 会大幅降低人力工资，并且对创业者进行再分配。从完全保险市场的一阶最优情况视角来看，这些要素价格的变动代表了经济外部性。我们将讨论这些政策，以反驳要素价格变动带来的影响。

在 14.4 部分，我们将构建一个简单且正式的工人—替代科技变化的模型，即引入一个能够完美替代人类劳动力的机械技术。本文研究这一冲击对工资的影响，并讨论在相应政策上的解决方案。短期内，一单位额外的机械

---

① 一个重要的而且可能更复杂的补充问题是分析涉及的政治问题，但这超出了本章的讨论范围。

劳动力进入经济生产会产出相应的边际产品，但也会导致一个劳动与传统资本之间零和博弈下的再分配效应。因为这个机械劳动力改变了两者的相对供给。长期内，机械技术会将劳动力转变为一个可再生的要素。因此，长期来看，经济增长很可能被其他某个不可再生的要素所限制，所有技术进步带来的福利会累积到这个要素上。然而，因为这个要素的供给是固定的，就可以对其纳税，对其产生的收益在不发生扭曲的情况下进行再分配，因此就可以轻易实现帕累托改进。

在第二个模型里，我们阐述了在工人和创新者之间不能进行总量转移的情况下，知识产权有效期和对资本征税的改变如何作为一个二阶最优的工具实现再分配。更长的知识产权有效期不仅推迟了创新进入公共领域的时间，降低了消费者价格，还增加了创新类生产工人替代机械的动机。然而，只要资本的供给弹性足够低，对工人造成的损失就可以通过对资本施加扭曲税并提供转移支付进行弥补。

我们还讨论了科技进步的内生要素偏差的影响。工人替代类型的科技进步应该使节约资本型的创新更受欢迎，因为这对工人更加有利。我们的经济向着服务型经济演进，政府在很多服务领域（如教育、健康等）扮演的重要角色对这些行业进行了充分干预，从而支持了工人。

在 14.5 部分，我们观察到创新导致技术型失业的两类原因。第一类原因是工资即使在长期内也无法进行调整：有效工资理论指出，雇佣者发现支付比市场出清水平更高的工资更有效率，因为工人会更有动力而努力工作。如果技术进步降低了工人的边际产出，那么他们的真实工资就会降低至低于他们生活成本的水平，那么古典的营养效率工资模型此时就适用了：在第一类失业的原因下（在没有政府支持的情况下）工人无法在市场出清水平的工资下生存，雇佣者将实际工资提高至高于市场出清水平时会得到好处，因为这会导致工人生产力的提升。第二类原因是一个转移现象，即工作被取代的速度比工人找到新工作的速度要快。我们讨论了一系列降低该过程的因素。有效工资理论也可能在这个过程中扮演重要角色，尤其是在工人对公平工资的观念具有黏性的情况下。最终，我们讨论工作不仅提供工资，还意味着除非社会对 AI 兴起浪潮的态度改变，否则应加强就业补贴，而不是简单地进行再分配，才能提升社会福利。

在 14.6 部分，我们从更长期的视角出发，讨论超 AI 的潜在影响。我们讨论两种情况：第一，某些人利用科技去提升自身，获得了超 AI；第二，与人类完全不同的自动化机械实现了超 AI。在两种情况下，超 AI 的优越生产力很可能导致收入的巨大不平等。从马尔萨斯人口论的观点来看，超 AI 体很可能会掌控经济体中越来越多的稀缺资源，有可能会威胁到普通人类的基本生存问题。我们将讨论一系列可能的纠正措施。

14.2　技术进步和社会福利：分类讨论

1930 年，凯恩斯就"未来的经济发展可能"这一主题撰文，讲述技术进步概率如何转化为效用概率。他担心在一个过度享乐的时代人们的生活质量问题，认为所有人都将面临这个问题。但近些年发生的事情引入了另一种可能性：创新只能导致少部分富人会面临这种情况，大部分普通工人会被排除在外，他们的工资远比当初在工业时代巅峰时期的工资要低。

因此，首先考虑新技术的诞生可以部分（或全部）替代工人，那么就有一个问题：这些工人的生活标准一定会下降吗？我们将在不同的背景下考虑这个问题，分类讨论在不同的环境下，技术进步怎样影响社会中不同的群体。

14.2.1　一阶最优

本文首先考虑一阶最优的情况：假设所有市场都是完美的，包括了不存在逆向诱因效应且允许个人在不知情的情况下对创新技术的出现投保的风险市场，即个人在投保时不确定自己是工人还是创新者。考虑这种理想化情况的主要目的是，说明从事前的视角看，对工人由于技术进步而遭受的损失进行补偿是一个经济学效率问题，而非再分配问题。

如果风险市场是完美的，所有的代理人在知道自己在经济体中的角色之前都能进入该市场，那么他们就能对所有可能影响自身效用的风险进行投保，包括降低他们要素禀赋的创新风险。例如，工人可以对降薪风险投保。[①] 通过这些，我们就有以下观察：

观察 1：考虑一个一阶最优的世界，所有个人在知道自己是创新者还是工人之前，就都能进入一个完美的保险市场。如果这个世界出现了创新，那

---

① 我们会在下文讨论为何这种情况一般不会出现。

么获利者就会以最优风险共享的形式对损失者进行补偿。因此，技术进步永远会使每个人获利，大家会对支持技术进步达成共识。

这个观察是一个很有说服力的事实，因为它说明如果我们有一个理想的市场，那么再分配就会自然发生。在一阶最优经济中，不存在技术进步的受害者。以此为基准，只有风险市场存在缺陷时，才会存在受损失的人。用更经济学的语言表述，工人替代类型的技术进步对工人产生了经济外部性，在风险市场存在缺陷时导致无效率（Stiglitz 和 Weiss，1981；Greenwald 和 Stiglitz，1986；Geanakoplos 和 Polemarchakis，1986；或 Davila 和 Korinek，2018）。

这说明缓解或消除由于技术进步导致的经济外部性的政治手段，比如收入再分配项目，从事前角度来看会使经济分配更有效率，并不会干预经济效率。这种情况让我们更加了解一个运行良好的风险市场能够实现怎样的分配。反对以补偿创新的损失者为目标的再分配政策的制定者是站在事后视角，即在创新发生之后，且每个人都知道自己在经济里扮演的角色后，政策制定者认为再分配干预了自由市场。尽管他们试图宣传理想化的自由市场，但显然他们并没有完全理解一个理想化的自由市场运转的意义，即这种市场会给损失者提供一定的保险，这种保险正是政策制定者所反对的。

实际上，很多可能会被技术进步取代的工人并不能购买保险合约，以防范被取代的风险，所以在缺乏足够的政府支持的情况下，他们会被创新损害。为什么真实世界中不存在这种理想化的风险市场？原因有很多。

首先，人类生命周期的有限性导致很难去签订能够延续到多代的合同。工人必须提前很久得到这份合同，但那时 AI 还不能够被大家所理解，它的影响也尚未清楚，相关的保险费用可能会很低。可能有远见的人会签订根据一份随情况变化而变化的合同。现在，想得到这样一份合同，工人必须支付更多，因为被 AI 取代的概率大大提高了。简而言之，有效的合同必须在 AI 时代到来之前签订。

换句话说，只有创新的概率不可被忽略时，个人最初的"可投保损失"才会出现，因为在此时，用以平滑收入的保险费用才较为可观，此时个人的福利才会降低。个人会希望购买保险来抵御保险费用上涨的风险。因此，在一个完美市场里，当到创新发生的概率可以被忽略的时候就需要有保险市场了。这就带来了一个问题：在那个时期 AI 的概念是否已经成熟到可以成为一个被投保事件，并且其发生的概率不为零。

其次，即使人类的生存时期有限，与技术变革相关的风险市场也显然存在缺陷。其主要原因就有信息问题。

（1）描述状态空间。首先，描述未来的状态空间就是一个难题。[①] 我们并不能在某个事物被确切发明出来之前，就能针对该事项写出对应的合同。解决这个问题需要确保导致工资降低的技术进步事项都能得以投保。但是这种保险合同必然具有逆向诱因效应。

更一般地看，阻碍保险市场的信息不对称效应会再度出现。

（2）逆向选择。创新会导致重要的逆向选择问题。市场中有些人会比其他人的信息更多。在理想的市场里，创新的获利者会向受损者提供保险。获利者（创业者）比受损者（工人）掌握更多信息。

（3）道德困境。创新还可能会受限于道德困境问题，即保险的存在会影响被保险事项发生的概率。尽管工人不太可能影响 AI 创新的进程，但是创新者的行动却会在某种程度上被影响。如果他们想完全确保创新的收益得到保险，那么他们就没有动力付出努力。[②] 因为，在一个完美保险的世界，获利者会补偿受损者，完美的保险会导致创新停滞不前。

（4）保险和再分配。相对于观察 1，一个自然的互补情况是，在缺乏完美保险市场的情况下，确保所有技术进步能够带来帕累托改进的条件是进行再分配。即使工人有渠道获得抵御 AI 风险的保险，但这个保险并不是完美的，这就仍然存在对再分配的需求。

例如，现在购买 AI 保险要求工人支付一大笔保费。从理论上看，如果我们可以回到过去，在 AI 及其影响还未被广泛认知的时代，那么这笔保费就会相当低。但由于对于一些重大事件，即使其发生概率很低，保费也会很高，

---

① 有趣的是，当创新发生后，这类信息问题很容易处理，因为我们知道具体发明了什么，并且我们位于哪个状态。但这些在事前合约里很难被捕捉到。

② 有些人可能会说，在创新发生之前或之后，这个问题同样难以处理。如果我们事后对创新者征税，它会破坏激励机制，就像我们确保能够从创新中获得所有回报一样。然而，在这两种情况下，任何不良反应的意义都不清楚。创新者至少部分动机是由非金钱驱动的。部分保险或部分再分配总是一种选择。如果比尔·盖茨被告知尽管政府会从他超过 100 亿美元的回报中拿走 50%，但他几乎没有理由相信这种行为会对创新和投资产生任何重大影响。因此，事后对"赢家通吃"游戏中的赢家征税可能只有很小的激励效果。

所以上述情况也可能不成立。在任何一种情况下，当 AI 的概念最早出现的时候，AI 就会带来分配效应。工人必须支付保费以使得自己免遭其威胁，因此他们的福利相对于创新者（即获利者）受到了损失。

14.2.2 事后视角的完美市场和无成本的再分配

我们接下来将分析一个二阶最优的情况，在此情况下不存在之前假设的完美市场，但从事后视角看，所有市场都运行良好，存在无须成本的再分配。这个情况可以推导出一些较为明显的重要结果，但是由于对 AI 和技术进步的争论，这些结果会被普遍忽视。

观察 2：如果再分配不需要成本，并且存在合适的再分配决定，那么技术进步受所有代理人欢迎。在这种情况下，支持技术进步是社会共识。

为简便和通用起见，我们将再分配成本为零、市场运行良好的世界称为事后视角一阶最优世界；尽管之前的分析指出，在一个真实的一阶最优的世界里，工人拥有抵御 AI 风险的保险，因此他们可以相应地分享创新带来的收益。如果这个世界是事后视角的一阶最优，那么效用可能性曲线（或帕累托边界）会向外移动。图 14.1 给出了一个例子，即两种类型的代理人、工人和企业家的效用可能性边界。在这个例子中，给定任一水平的工人效用，技术进步会提高企业家的最大效用水平。[①] 创新增加了生产可能性，并且对总生产进行再分配时，生产可能性的扩张意味着效用可能性的扩张，即所有人都能获得更好的福利。

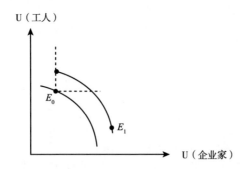

图 14.1 无成本的再分配下的创新前后帕累托边界

---

① 更一般地，我们可以通过添加个人的种类数量，甚至对每个人命名，来定义一个多维效用可能性边界。

"能"并不代表着"必然"，最终还要取决于机构规划安排。在图 14.1 中，我们记最初的均衡水平为 E_0，创新后的均衡水平记为 E_1。本文不称之为竞争市场均衡，因为市场本身就不可能是真空的（Stiglitz 等，2015）。市场存在规则和管制，例如，知识产权保护和反垄断法案，也存在税法等其他法案。本文因此指代 E_0 和 E_1 是在现有的一系列机构下，创新前和创新后的均衡。注意，在图 14.1 的例子里，工人的福利受到损失。这就是 Hicks 所指的劳动节约型创新，即给定工资水平，创新会导致对劳动的需求更低。AI 正是一个劳动节约型创新，下面我们将介绍的工人替代类型创新的模型就是这种情况。

因此推论出以下两点重要的结论。

第一，再分配不合适会导致工人抵制创新。Luddism 是以 Ned Ludd 这个科幻小说人物命名的运动，该运动旨在反对 18 世纪末和 19 世纪初英国纺织业的自动化。这个名词指受到自动化损害并且不能被充分补偿的工人的理性回应。

第二，在民主制度下，工人占据主要地位，那么创新者就有动力去进行再分配，以保证工人至少利益不受损失。有了再分配，创新者和工人的福利都会更好。如果再分配合适，每个人都能够分享技术进步的成果，那么他们就会一致支持技术进步，技术进步就不会再有争议。

可能会有一些激烈的争论，关注工人到底应该受到多少补偿，即社会应当处于 E_0 的东北角的哪个位置。一方面，这种争论关注创新所带来的剩余分配。另一方面，劳动节约型创新会降低工资，产生一个从工人向其他要素禀赋所有者（如租赁者和资本家）的再分配效应，工人由此会寻求补偿。这个再分配代表了创新的经济外部性，这一点我们将在第 14.3.2 部分讨论。

在图 14.1 里，本文加粗标记了创新后的帕累托边界，它代表了帕累托改进，并且位于 E_0 的东北方。一系列哲学理论可以用来解释怎样才是对创新成果的公平分配。或许可以利用行为经济学的观点提出一个大家接受的分配方案。[①]

---

① 考虑一个这样的模型：工人和创新者必须统一关于创新是否可接受的意见。创新者有权力划分收益（即沿着这条曲线，在 E_0 东北方，新均衡的具体位置），但是工人有权力接受或拒绝。这就是标准的最后通牒博弈，有大量文献提出创新的部分成果必须与工人分享。如果他们认为福利划分不公平，他们会宁愿选择福利更低（即位于没有创新时的原点），也不愿意位于让他们的福利状况与之前没有区别的新的点上 ［Fehr 和 Schmidt（2003）］。

当然，创新也有可能不是劳动节约型的，均衡 E_1 本身就可能位于 E_0 的东北方。这种情况即使分析起来更简单，但是从创新得到的收益的分配，以及其所牵扯到的经济外部性和租金仍然可能存在争议，尤其是当这些导致收入巨大差距的时候。如这个例子所示，根据有效工资理论，分配会和生产相互作用。

14.2.3　完美市场下有成本的再分配

事实上，还存在一种可能性，即我们在进行再分配的时候，新的效用可能性曲线可能会位于原本的效用可能性边界内部，接近原本的均衡水平。即使在事后视角一阶最优的世界，即创新发生后，帕累托效率的所有条件都会在事后得到满足。

观察 3：如果世界是事后视角的一阶最优，但是再分配存在限制或者是有成本，那么帕累托改进就是不可行的，社会中某些群体可能会反对科技进步。只要社会福利函数对不平等的厌恶程度上升到足够水平，社会福利一定会降低。

图 14.2 对此情况做出阐释。效用可能性边界受再分配的成本限制。尽管从科技层面看，创新会使在给定经济体一系列现有机构中的每个人福利更高，但由于不能避免工人的效用损失，因此实际来看福利得不到提高。

有些经济学家会坚称现实世界是如图 14.2 所描述的，如果我们试图让创新者对工人转移支付，那么就会损失大量产出，工人的福利仍然会损失。在这种情况下，我们就不能说创新是帕累托改进。我们会慎重使用"创新"一词。它意味着某种改变，可能是技术上的改变，可以让某些人的福利提高，而另外一些人的福利降低。它是能引导分配的改变，并且是存在争议的。

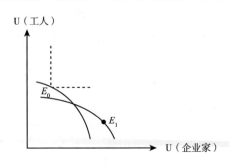

图 14.2　有成本再分配的潜在帕累托边界

不考虑不平等的社会福利函数把富有的创新者的 1 美元和贫穷工人的 1 美元一视同仁，会得出人人都偏好创新的结论。但一个更符合实际情况、厌恶不平等的社会福利函数会得出所谓的创新会削减福利的结论。

工人的福利受到损失，会理性地抵制创新。如果工人占社会大多数，创新者希望能维持自己的地位，他们就理应思考如何进行再分配。对于创新者，尤其是个人创新者，尽管他们的行为会导致工人的福利降低，但对整个经济体不平等的影响程度是有限的。因此，创新者经常会付出努力以提高其市场势力，但这会进一步降低工人的实际收入，创新者还会努力利用现有的法律框架，或者通过政治贿赂手段以逃避税收。对上述情况的忽视会导致政治家对创新的反对，一些创新者可能试图削弱税收体系的渐进特质，导致能被创新损害的工人的福利提供保障的公共资源更少。

根据"涓滴经济学"长期以来的理论，不断地创新最终会增加创新者的财富，进而导致这些福利惠及普通工人。从这个角度看，如图 14.1 所示，帕累托改进长期来看是可行的，尽管如此短期内一代工人会受到损害。事实上，第一次工业革命就是一个例子。在工业革命期间，工人最终获得足够的人力资本，这个资本与创新者的利益相关，因此工资最终都上涨了。然而在当代，一旦机器足够聪明，创新者可能不再有动力去支持人力资本积累所需要的公共融资，这会导致工人的生活标准降低。特别是在受财政支配的政治体系下，日渐富裕的创新者会利用他们的经济和政治影响力去抵抗再分配。而且，即使长期的"涓滴经济学"是正确的，那也会导致短期内的工人遭受巨大损失、引发社会动荡。同样，创新者承诺只要他们足够富裕就会支持工人，但目前他们还不够富裕，这种说法显然是不可信的。

这就导致了一个重要的问题：再分配实际上需要多少成本？正如之前所说，市场并不是真空的，存在法律和规章制度需要执行，形成了所谓收入的"市场"分配结果，而这些分配受制于税收和转移支付，最终导致了税后的收入分配。但这种传统的区别可能不太明显：关于再分配的游戏规则会影响市场收入的分配，因此本身就是具有内生性的，它们会受到政治决策的影响，进而反过来影响财富的分配（Piketty，Saez 和 Stantcheva，2014；Stiglitz，2017）。假设法律、制度规定和机构等目前保持不变，E_0 和 E_1 描述了技术变革前后的均衡结果。但是，并不能认为在某个重大的技术变革

（如 AI）到来后，这些法律、制度和机构仍然不会变化。

暂不考虑这些规则本身的内生效应。每一个可行的法律、制度和机构等都定义了一个可行的效用可能性边界。我们可以将二阶最优的效用可能性边界看作这些边界外围的外壳，这些边界提供的再分配方案，比那些与规则、制度和机构有关的边界提供的要更灵活。这说明法律、制度和机构的任意变革也具有再分配效应。给定这种灵活性，如图 14.1 里的帕累托改进发生的可能性更大。我们将在第 14.4 部分给出进一步解释。

14.2.4 不完美市场

以同样的方式去思考第四种情况。这种情况并不一定反映了 AI 进步背景下的真实情景，但是我们仍然需要在评估技术创新时理解并考虑这种情况。

观察 4：如果经济不是事后视角一阶最优的，那么效用可能性边界可能会在生产可能性的扩张冲击影响下向内移。

当我们说到某个经济不是一阶最优时，我们指的是偏离了阿罗—德布鲁基准的经济体，即存在市场缺陷的经济体，比如信息问题、市场不完整、价格和工资刚性，这会导致总需求问题、多头垄断和寡头垄断问题等。这就意味着市场均衡不是帕累托有效的。将市场缺陷视为给定的，效用可能性边界代表了给定企业家的情况下工人的最大效用。

这个情况在图 14.3 里得到阐释。最初的均衡是 E_0，不存在市场缺陷时创新会带来更大的效率，但在此时创新会使工人福利受到损害，即使再分配不需要任何成本，也无法同时让工人和企业家都获益。

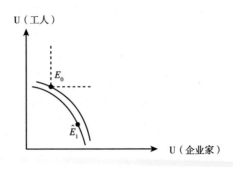

图 14.3　存在市场缺陷的潜在帕累托边界

Delli Gatti 等（2012a，2012b）讲述一个 19 世纪末和 20 世纪初农业技术进步的例子。结果是农产品价格暴跌，农场收入和农村地区的收入也因此暴跌。但由于迁移成本较高，转移到城市需要资本，很多农民眼睁睁看着自己的资本随农场价值的下跌而消失。他们无法偿还贷款，资本市场缺陷（基于信息不对称角度）意味着农民无法借款以迁移到可以找到工作的城市里。伴随着农村地区收入的暴跌，他们无法购买由制造业生产的商品。城市和农村地区的工人福利都下降了。① 这个例子可以用来解释经济大萧条——短期内，创新会带来帕累托次优。

另一个例子可以用一个现在看来合理的结果去解释，即没有良好的风险市场，自由贸易可能会导致所有人福利降低（Newbery 和 Stiglitz，1984）。这个结果可以用技术进步作为例子去理解。假设两国之间不存在运输商品的方式，那么在 Newbery - Stiglitz 构建的合理条件下，两国（所有人的）福利都会降低。

二阶最优的理论（Meade，1955；Lipsey 和 Lancaster，1956）提醒我们，当市场缺陷存在时，提升一个市场的功能可能会损害整体的福利。有理由相信金融市场的某些创新，如结构化金融产品和某些衍生品、信用违约互换，在缺少合理的监管时会导致经济大萧条（金融危机调查委员会，2011）。②

我们需要明白如何去理解观察 4 所描述的结果，进而理解机构部门和市场缺陷在决定社会是否会从创新中获益、具体获益多少的过程中发挥的重要作用。

14.2.5　确定经济体类型

实际上，确定经济到底属于以上 4 个类型中的哪一个并不是件容易的事。通常，我们唯一可以观察到的就是创新使得一些人福利提高，一些人福利降低。（在对 AI 的分析方面，我们假设它降低了工人的福利，提高了企

---

①　在 Delli Gatti 等的核心模型里，农业行业具有常数规模收益，城市行业的工资具有刚性，所以农业的创新毫无疑问是削减福利的。在这个模型的一个变式里，城市工资是可变的，工资的降低导致了失业率升高。即使企业家可以从工资降低中获取多于他们销售损失的收益，但在社会福利函数的不平等厌恶程度较高时，社会福利仍然是递减的。

②　从理论层面上，Simsek（2013）和 Guzman 与 Stiglitz（2016a，2016b）已经说明通过金融创新开放新的市场会导致消费的更大波动。

业家的福利。）这个情况的前提假设是创新的风险市场是高度不完美的（所以观察 1 就不适用），再分配成本较高（所以观察 2 就不严格适用），市场存在缺陷（因此观察 3 就不严格适用），但如果再分配的成本足够低、市场缺陷足够小，从而图 14.1 仍然适用时，每个人的福利都能得到提高。相应的，再分配的成本过高时，就会出现图 14.2 的情况。如果市场缺陷过大，再分配成本过高时，就会出现图 14.3 的情况。

再次强调，出现哪种情况并不仅仅取决于事后视角的再分配可能性，还取决于机构的灵活程度，这决定了事前的分配情况。

注意到，二阶最优的效用可能性边界是所有可能的有限制的效用可能性边界最外层的部分，这反映出经济里存在的所有可能的机构部门和所有可能的市场缺陷。"机构部门"指的是所有直接的税收和再分配体系（从负收入税收体系到无条件基本收入再到当今的累进税率体系）、知识产权保护、就业项目、教育项目，但不包括与慈善捐赠相关的社会行为。"市场缺陷"包括了所有与阿罗—德布鲁"最优"基准不同的市场条件，该基准包括能确保市场帕累托有效的条件。注意到，这个名词涵盖了信息、竞争、风险和资本市场（包括"缺失"市场）的缺陷，还包括了要素再分配刚性或价格刚性，这两种刚性决定了要素和产品能够被再分配的容易程度，以及技术进步的背景下哪个会更重要。

改变任意一个机构部门或者市场缺陷都会对工人的福利有影响。总的来看，应该对所有机构进行一揽子改革以确保实现技术进步后的帕累托改进。例如，在 14.4.3 部分，我们说明通过结合知识产权保护和改变资本税收可以确保创新是帕累托改进的。

最后，我们还注意到实现帕累托改进的可能性取决于怎样定义受到创新影响的人的类型。之前的例子简单地把人划分为两个种类：工人和企业家。更一般地，我们可以把工人划分为不同类型，如熟练工人和非熟练工人，或者是不同行业或不同工种的工人。不同类型的工人受到创新的影响不同。同样的，不同类型企业家或创新者受到创新的影响也不同。例如，如果一个企业家被其他企业创新挤出，那么其福利就会降低。由于受到各种限制，如果考虑经济体每个代理人的福利，就很难找出严格意义上的帕累托改进。因此，我们的分析范围必须针对某一个相关的层面。

从政治和宏观经济视角看，我们的福利分析最好关注足够大的群体，因为他们对于政治和经济均衡影响较大。同样，关注某些政策措施的目标群体也是有意义的。此外，能够保障失败个体的社会安全网络有重要意义，比如保护一个由于竞争失败而破产的创新者。

14.2.6　内生的技术进步

最后一个需要强调的点是，对于内生的创新，不存在第一福利定理。通常来说，经济体中创新的私人收益与社会收益是有差别的。[①]

观察5：即使再分配不需要成本，创新的私人最优选择可能会使得效用可能性边界往内移。

这意味着干预创新过程以产生帕累托改进可能是有好处的。例如，让它变得不那么节约劳动力（Stiglitz，2014b）。这并不是特指 AI 的进展，这可能并不适用于 AI 领域的大部分创新案例，但是我们仍然可以举出私人最优创新产生帕累托恶化，例如，高频交易在金融市场中的应用（Stiglitz，2014c）。

14.2.7　技术进步和全球化的关系

一般来说，技术进步的很多影响，尤其是 AI 的影响，与全球化的影响相似。事实上，全球化可以被视为技术变革，即可以与世界的其他地区进行贸易。尤其是发达国家与发展中国家的贸易就是"劳动力节约型"（根据 Hicks 的定义）：给定工资水平，对非熟练工人的需求，或者总体对工人的需求降低了，意味着尽管生产可能性曲线外移了，效用可能性曲线可能也会外移，新的均衡使得工人福利降低了，如图 14.1 和图 14.2 所示（如果没有良好的风险市场，那么所有人的福利都降低了，见图 14.3）。因此，全球化是否提高了福利这一问题可以回溯到本章试图解决的问题：是否可能确保通过再分配税或者是改变机构/规则，使得工人的福利不受损失？此处假设可

[①]　很难得知谁是第一个有这个想法的人。Thomas Jefferson，美国的第三任总统，说出这句话时领悟了这个观点：知识就像一个蜡烛，当它点燃其他蜡烛时，第一根蜡烛的光芒并未消逝。在经济学文献里，Arrow（1962）和 Stiglitz（1987a）明确提出了这个观点。更近一些论述为何创新的社会收益和私人收益不同的文章可参见 Stiglitz 和 Greenwald（2015）。不管知识产权保护制度如何，这些结果都成立。设计不好的知识产权保护制度会损害创新。可以参考 Stiglitz（2014a）提出的一个简单理论模型；参考 Williams（2010）提出的实证经验。

以对资本（或企业）收税以提供所需要的再分配。①

下面我们将详细讨论，创新和知识产权保护的副作用之一就是产生了市场势力，导致了事后视角的无效率结果。相似地，全球化的后果之一就是削弱了工人的市场势力。这一点尤其重要，因为有大量证据说明劳动力市场远不是完美竞争的。确保全球化带来帕累托改进的必要补偿和（或）机构规则的变革必须要更多。

14.3　技术进步与收入不平等渠道

技术进步影响资源分布、进而影响收入不平等的渠道主要有两种：第一，通过创新者获得的剩余价值；第二，通过经济中对其他代理人的影响。

14.3.1　通过创新者获得的剩余价值

技术是一种信息商品，具有非竞争性，但可能具有排他性。非竞争性是指信息不会被消耗殆尽，很多经济主体可以同时使用相同的科技。如果某项创新的信息被广泛共享，那么就可以被所有社会成员使用，对使用它的人提供福利效用。信息的排他性是指，一些人可能不能获取或使用某个技术，例如不向公众公布（如商业机密）或依靠某些社会机构制度，如知识产权保护（如版权或专利）。这种排他性可能会赋予创新者一定的市场势力，使得他们能够从创新中收取一定价格并获得剩余价值。

社会公众面临一个艰难的权衡，即决定如何去调整创新的最佳水平。在一阶最优的世界里，创新过程中不存在代理人问题，公众最优的解决方案就是对创新提供资金，以使得它们可以被所有人利用（Arrow，1962）。事实上，对创新提供资金的模型在基础的经济学研究中很常见，并且导致了历史上一些突出的创新成果，其中就包括互联网的诞生。另一个与此相关的解决方案是对创新的产生进行非金钱的奖赏，例如，在软件领域甚至 AI 领域的

---

① 尽管一个开放外贸的国家总是会在一阶最优的世界得到更高福利，但确保国家减轻贸易壁垒后实现全局帕累托改进比在创新发生后实现更加困难，因为贸易壁垒的变动会影响贸易的国际条款，并导致不同国家的再分配，而这种再分配只能通过跨境转移支付抵消（Korinek，2016）。而且，在每个国家内，从贸易获得的收益要求相对价格的变动，这意味着更有可能出现大规模的再分配。

开源技术的流行。①

然而，在很多情况下，私人代理人在生产创新方面占有优势，当他们对创新提供资金时，他们就希望得到收益。由创新者获得的剩余价值发挥了重要的经济作用，因为它们对创新者是一种奖励，代表了创新活动的经济回报。然而，这造成了创新一般会伴随着一些市场势力，尤其是存在知识产权保护体系的情况下，通常会导致相较于一阶最优分配情况下创新作为公共商品被分配情况下的无效率。②

我们下面将区分两种情况，这两种情况分别决定了创新者是否能获得租金，即获得大于他们创新活动成本的收益：

第一，如果进行创新活动是受到限制的，那么创新者剩余或者净收入通常会大于创新活动的成本。一个自然的例子就是，只有一小部分拥有特别技能的人能够创新。这些创新者通过自己的排他能力赚取了租金。

创新活动的限制也可能是由市场结构产生的：当市场存在伯川德竞争时，第一个创造出一个高成本的发明的进入者往往会获得垄断竞争的位置，因为任意一个潜在竞争者都知道，如果他进入这个市场，现在的垄断者就会把价格降低至边际成本的水平，导致他不能收回创新的成本。③

第二，如果创新活动是可竞争的，即存在足够多的有相同技术水平的潜在创新者，那么创新的期望租金将在竞争中降低至 0，即创新活动的边际进入者认为创新与否对自己没有区别。④ 然而，鉴于创新的回报是高度不确定的，事后来看会有成功者和失败者。新技术下创新回报的分布是逐渐偏斜的——小部分企业家获得巨额回报，大部分企业家只能获得超过成本的回

---

① 这种方法取决于愿意以创新来交换非金钱奖赏（如荣誉）的个人或公司，也可以取决于一个精心谋划后的决定，例如，提供免费的科技能够吸引潜在的客户和雇员加入创新者的平台，这一情况和 AI 领域的情况类似。

② 关于融资和激励创新的其他方式的优点的讨论，见 Dosi 和 Stiglitz（2014），Baker, Jayadev 和 Stiglitz（2017），Stiglitz（2008），Korinek 和 Ng（2017）。

③ 见 Stiglitz（1987b），Dasgupta 和 Stiglitz（1988）。当公司的数量有限，市场是古诺竞争的，会存在与创新有关的租金。关于对产业结构和创新相关的更一般的理论讨论，见 Dasgupta 和 Stiglitz（1980a，1980b）与 Stiglitz 和 Greenwald（2015）。

④ 鉴于预测创新活动是否成功和判断成功概率的困难程度，这种机制在实践中的效率值得质疑。例如，一些潜在企业家的过度自信会导致超量进入，或者由于对于风险厌恶型创业家，由于保险市场缺陷导致的进入过少。如果某些人比另外的人更擅长创新，这些人就能赚取超过边际的创新租金。

报。这导致创新者之间也存在显著的收入不平等。①

在这两种情况下，创新者得到的回报可能与创新的社会回报不密切对应；特别地，一部分利润实际上是本可能由其他企业家获得的垄断利润。

分享创新者剩余的政策。近年来人们越来越达成以下共识：收入不平等的增速来源之一是租金的增速，其中包括创新者获得的超过创新成本的租金（Korinek 和 Ng，2018）。在确保 AI 和其他技术进步是帕累托改进的方面，对这种租金收税并进行再分配起着重要作用。此外，反托拉斯法案也能降低这类租金，以确保创新的福利被更多人共享，因为更多的竞争能够降低消费者价格，因此给所有人带来好处。从低工资工人的角度来看，创新对他们造成损害，因此通过高租金税支持一些有目标的财政开支项目，会比单纯降低价格带来更大好处，因为单纯降低价格只会让有更高购买力的人享受到比例更高的福利。

而且，知识产权保护（IPR）的变化会影响得到创新福利的人，因此会影响创新的进行，因为 IPR 给创新者提供了更多的市场势力。②

此外，实施政府或公众能获得大部分收益的公共研究，而不让私人企业进行研究，辅以更有力度的竞争政策，可能会降低占据大部分创新收益的垄断竞争的范围，因此使得 AI 更可能是帕累托改进的。

工人可能会注意到，最终会导致 AI 的创新，包括那些由私有企业家创造的创新，都是建立在大量的公共支持上的。整个社会，而不仅仅是这一代的创新者，作为一个整体都在为这个知识付费，因此理应分享由创新产生的收益。一个确保工人能分享创新收益、降低他们受创新损害概率的建议是，给工人分配其在企业中的股份来确保他们的福利与股东/创新者的利益是一致的。

14.3.2 通过经济中对其他代理人的影响

创新同样导致经济里其他个体的大量再分配，他们不直接参与创新的过程，例如，一些突然经历劳动力需求提高或降低的工人。这些再分配可以被

---

① 如果对创新分配资源的收益是递减的，那么有效资源分配会导致与创新有关的租金。获取这些租金的人会受到机构制度（包括税收）的影响。在缺乏让公众能捕捉到这些租金的充足机制的情况下，可能会存在对创新的过度投资，这是经济学中常见的结果。

② 特别是存在伯川德竞争的情况下，创新的福利可能很快在专利到期后就被顾客分享了。

视为创新的外部性，它们正是创新引起关于不平等的担忧的原因之一。我们将外部性划分为两类：经济外部性和非经济外部性，下面将具体讨论这些外部性。

14.3.2.1　经济外部性：价格和工资变化

技术变革带来的最卓著的影响是它能够影响生产要素的价格（包括工资）和生产商品的价格。Hicks（1932）已经观察到创新通常会改变对要素的需求量，因此在均衡时改变要素价格，特别是改变工资水平。由创新导致的价格和工资变化体现了经济外部性。Arrow 和 Debrue 提出的传统的一般均衡理论里，强调经济外部性与帕累托有效时是一致的。然而，帕累托有效的基准与收入分配无关。即使在一个帕累托有效的创新发生后达到了均衡，经济外部性也会导致再分配发生，意味着仍然存在获益者和受损者。[①]

如果按众多技术专家预测，AI 直接取代人类劳动力，那么对人类劳动的需求就会下降，工资也会下跌。更一般地，创新通常会降低某些需要以及某些特定人力资本的特定劳动类型的需求。例如，自动驾驶汽车会降低司机的工资，能阅读诊断图像的 AI 会降低传统的放射科医师的工资。相反地，AI 必然会导致对计算机科学家的需求增加，并已经导致他们的工资大幅上升，尤其是在与 AI 直接相关的子领域。由于 AI 是一个应用目标普遍的技术，有理由相信 AI 领域的进步会对许多其他领域造成巨大影响，并且导致接下来几十年整个经济体里工资水平的巨大变动。对许多不同类型的特定资本的价值和需求，以及对特定产品的价格和需求，也会相似变动。

尽管时常存在利益受到损害的人，技术进步本质上还是将生产可能性边界向外推进了。这意味着获益者的总收益超过了损失者的总损失。[②] 在接下来的14.4 部分，我们将使用这个技术进步的特质去说明，在一系列更宽松的条件下，这一点会确保创新带来帕累托改进：由技术进步带给某些禀赋拥有者的收益是未收取租金的超额收益，可以在不给经济带来扭曲的情况下被

---

① Greenwald 和 Stiglitz（1986）以及 Geanakoplos 和 Polemarchakis（1986）阐述了存在市场缺陷的情况下（例如不完美信息、不完全市场）经济外部性同样影响效率；市场均衡因此不是帕累托有效的。

② 如果总量转移支付可行，获利者可以补偿受损者。然而，在缺乏这种补偿的情况下，社会福利可能更低。

征集税收。

尽管注意到经济外部性通常被视为是帕累托有效的，实际上有两种原因能解释它们为何在实践中与无效率联系在一起。第一，Greenwald 和 Stiglitz（1986）以及 Geanakoplos 和 Polemarchakis（1986）指出当存在不完全信息或不完整市场这类市场缺陷时，经济外部性会影响市场效率；市场均衡因此不是帕累托有效的。相比于理想的保险市场这一基准，创新导致的经济外部性很明显不是有效的。而且额外的市场缺陷很可能导致额外的无效率。第二，如果创新带来的经济外部性导致对实施成本较高的再分配政策的需求，那么政策相应会产生更多的无效率。

14.3.2.2 解决工资降低问题的政策

除了总量转移支付以外，还存在大量的政策可用来抵消被机器所取代的工人经历的工资降低，尤其是针对那些技术含量低的工种。这些包括了工资补贴和劳动所得税扣抵制。如果劳动力市场的议价能力偏向于雇佣者，那么提高最低工资可以确保全职工作人员不会过于贫困。而且，确保高的总需求，从而保持低失业率，同样可以增加工人的议价能力，进而导致工资提高。

其他能够增加对低技能工种岗位需求的政策包括了提高替代工种的工资，例如，提高公共行业的工资、增加公共投资和其他公共开支。这些政策可以提高经济体的普遍工资。

给这些措施提供资金的政策包括二氧化碳税收，这个税收会鼓励资源节约型创新，抑制劳动节约型创新，因此可以同时解决两个最严重的全球性问题：全球气候变化和收入不平等。[1]

此外，不对利息进行税收扣除以及对资本进行纳税会增加资本成本，引导更多的资本投入型创新，而非劳动节约型创新。[2]

14.3.2.3 非经济外部性

创新可能会对除创新者之外的其他代理人产生非经济外部性。典型的

---

[1] 正如之前所说，对于创新，第一福利定理不成立。事实上，这里存在一个前提假设：相对于"拯救地球"为导向的创新，市场更倾向于劳动力节约型的创新（Stiglitz, 2014b）。

[2] 对资本导向型科技变革的资源分配取决于资本的税后份额。如果替代弹性小于1，资本相对成本的增加会增加资本的份额。大多数实证研究证实了这一情况成立。

例子是创新产生了公共产品，造成或减轻了污染。在偏离阿罗—德布鲁基准模型的市场里，会出现一系列非金钱影响。例如，创新可能会影响对某个商品或者要素购买的数量或者购买与出售的概率，包括失业的概率。

一些效应可以被理解为经济外部性或非经济外部性。例如，一件产品的发明代表价格发生了变动——新创造的商品的价格从无穷变成了某个正数——或者被理解为由该商品提供的消费服务价格的变动。此外，还能将产品（如智能手机）看作是向顾客提供的一系列服务，但只能以固定的比例购买（不能只够买一半或者一部分的智能手机）。从这个角度看，创新体现了不完全市场的结构变化，因为它能改变从某个商品上获得的消费服务。相似地，工作质量的改变可以被理解为，将每个工作看作一系列交易的向量，这些交易已经预先决定，创新能够改变这个系列的元素。众所周知，这方面的市场不完善程度导致了外部性［Greenwald 和 Stigilitz（1986）的一个具体应用］。

14.4 工人替代类型的进步和再分配

该部分考虑某个单独形式的技术进步，称之为工人替代类型的技术进步。我们将建立两个简单的模型去分析产生收入不平等的两个渠道。在第14.4.1 部分和第14.4.2 部分，我们分别从静态和动态角度，考虑由工人替代类型的技术进步导致的经济外部性（再分配）。在第14.4.3 部分，建立一个剩余价值由专利保护程度决定的模型，研究归属于创新者的消费者剩余的分配。我们将进一步在 14.4.4 部分讨论技术进步过程中内生性要素偏差的影响。

14.4.1 工人替代类型进步的静态经济外部性

对于第 14.4.1 部分和第 14.4.2 部分，我们考虑 Korinek 和 Stiglitz（2017）提出的一个简单的工人替代类型技术变革模型。假设有一个将资本和劳动用常数规模收益（CRS）的函数结合的生产技术，其中劳动由人力劳动和机械劳动共同组成。假设人力劳动和机械劳动进入生产函数时可以累加，即两者是完美替代品。基准模型的细节见拓展阅读 14.1。

我们分析以下 3 个问题：工人替代类型的科技变革在短期内对工资有什

么影响？在长期有什么影响？政策对这一现象有什么影响？

首先，先单独分析短期内的影响，此时其他因素尚未调整。

观察6：机器劳动力和要素收益（在短期内）：增加额外一单位的机器劳动力会降低人力工资，但是会对应提高互补要素的收益。

直觉来看，增加一单位的机械劳动力首先可以得到对应的边际收益，但是其次就会有从劳动力到资本的再分配，目前资本相对来说更稀缺。资本的收益正是劳动力现存量的损失。

技术进步产生的再分配可以被看作是经济外部性。相对于第 14.2.1 部分考虑的一阶最优基准情况，工人工资的损失和其他要素拥有者的收入增加是无效率的。在这个例子里，资本拥有者得到了意外之财，但是没有试图去获得更高的收益。由资本拥有者对工人的补偿型的转移支付可以缓解这些意外之财的冲击影响，使得每个人都和之前的状况一样。

更一般来看，增加机械劳动力会产生偏离人力资本、偏向互补要素的再分配。无论互补要素（如资本、土地、熟练工人、非熟练工人、企业家租金）是什么，这个结果对于任一常数规模收益的函数都成立。政策可以通过对意外之财收税去抵消这些再分配，让价格体系处于边际状态。如果我们将技术拥有者所赚取的利润视为对潜在生产要素"企业家精神"的补偿，那么这个结果对规模收益递减的生产函数也成立，此时"企业家精神"将参与零和博弈下的再分配过程。

我们要强调，对那些之前积累但是突然获得未预期到的超额收益的要素征税并不会带来扭曲效应。这意味着，原则上实施无成本的再分配，并达成帕累托改进是有可能的（此处需要说明，该结果依赖于我们可以区分之前积累的资本和新的资本的假设）。

拓展阅读 14.1〔来源：Korinek 和 Stiglitz（2017）〕

机器劳动力和要素利润

假设一个常数规模收益函数，投入资本 K 和人力劳动 H 与机器劳动 M，可得到产出 Y：

$$Y = F(K, H + M)$$

在这个公式里，人力劳动和机器劳动是完美替代品，所以机器就是我们所称的工人替代型科技。

在一个竞争均衡里，工资是由劳动的边际产品所决定的：

$$w = F_L$$

命题 1：机器劳动力和要素利润：增加额外一单位的机器劳动力会降低人力工资，但是会同等程度增加资本收益，除此之外，还会增加劳动边际产品带来的产出，劳动的边际成本等于工资。

证明：使用欧拉定理，我们可以将生产函数改写为：

$$(H + M)F_L(\,\cdot\,) + K F_K(\,\cdot\,) = F(K, H + M)$$

我们现在可以确定额外一单位 M 的影响：

$$F_L + (H + M)\ F_{LL} + K F_{KL} = F_L$$

或者，简化后有：$(H + M)F_{LL} + K F_{KL} = 0$，其中等号左边第一项是工资的减少程度，第二项是资本 K 的收益增加程度。

14.4.2 工人替代类型进步的动态影响

从更长期来看，工人替代类型的技术变革会导致显著的经济变革。这意味着产出最大的限制，即劳动的稀缺性，会被突然放松。因此，大量的替代性要素，这里特指资本，就会得到积累。

观察 7：机器劳动力和劳动力的充足性：如果资本和劳动都可以很低的成本再生，那么经济就完全被要素积累驱动，即使不存在进一步的技术变革，也会按照 AK 模式呈指数增加。

Korinek 和 Stiglitz（2017）描述了随着由机器生产制造的机器更加有效率、制造成本更低的时候的动态过程。我们识别出了一个奇点，在这个点上机器替代人类劳动力的成本开始有效。[①] 在最简单的情况下，当互补要素，如资本进行无摩擦调整时，人类工资有可能是没有变化的，因为资本 K 是随有效劳动力（$H + M$）按比例增长的，因此劳动的边际生产力和工资都不

---

① 这个奇点捕捉到了技术专家，如 Vernor Vinge（1993）或 Ray Kurzweil（2005），所称的技术奇点的最重要的经济特征。Aghion，Jones 和 Jones（2017）提出了相似的一个论点。

发生改变。换句话说，投资是在传统机器和替代人类的机器人之间分配，并且投资收益等于跨期边际替代率。假设工人只关注他们的绝对收入，不关注相对收入，那么上述结果可能并不太糟糕：在绝对意义上，即使人类劳动力的份额会降低至零（因为越来越多的劳动力是由机器承担），但是工人的福利并没有由于 AI 变得更差。

由于要素调整的速度很慢，这种转变的模式可能会很复杂，对人类劳动力的需求可能会暂时下降。[①] 一般来看，调整的模式取决于资本存量与劳动力存量调整的相对速度。（例如，如果预期到未来机器劳动力供给增加但实际还未增加，资本存量也会因此增加，此时人类工资甚至可能上涨。）[②]

然而，下面的观察说明，从长期看，如果不存在不可再生的稀缺互补因素（例如，土地或其他自然资源），工人的福利也会由于机器劳动力而受到损害。

观察 8：机器劳动力和稀缺资源的收益：如果存在不可再生的互补要素，最终它们会限制经济增长；人类实际的工资会降低，不可再生要素的拥有者会获得所有租金。

直觉上看，由于引入机器劳动力，有效劳动力的供给激增，经济中代理人会竞争稀缺的不可再生资源，例如土地，进而提高它们的价格。

相似的结论对不可再生的消费商品也成立：即使生产过程中所有的要素都是可再生的，使得经济中的生产产出呈现 AK 模式的增长，工人的工资仍保持不变，对固定资产的竞争可能会导致工人福利更差，因为这部分固定资产也是工人的必需消费品，如用于居住的土地。这一点对城市尤其符合，因为城市的经济活动大多发生在市中心。富裕的租赁者可以占据靠近市中心最好的地段，工人只能居住在价格更低的城市外围，从而花更多通勤时间。因此，AI 的出现会降低他们的效用。

然而，正如在之前案例中所述，最终工人与不可再生要素拥有者之间的再分配在边际上是一个零和博弈。因为对不可再生要素征集的税收本质上不

---

① Berg，Buffie 和 Zanna（2018）指出，在劳动节约型技术发生变革后，经济体的补充资本存量可能需要数十年去进行调整。

② 这假设在 AI 到来前的资本投资与到来后的生产力相同，如果人类和机器人相同的话，这种情况的确是成立的。

会带来扭曲效应，所以仍有可能存在无扭曲效应的再分配。

观察9：不可再生要素和帕累托改进：只要可以对要素租金收取非扭曲税，劳动力替代类型的创新可以是帕累托改进的。

14.4.3　通过改变制度对创新者剩余再分配

如果公开的再分配不可行或者受限制，那么可能存在另外的一些制度变革，使得市场分配更能被工人接受。例如，对技术进步的干预措施可以作为二阶最优情况的工具。

本部分将介绍一个例子，讨论知识产权保护的改变，即缩短专利保护期限，能有效地将一些创新者的剩余再分配给工人（消费者），以减轻他们工资遭受的经济外部性影响，最终实现创新的成果被更多人共享的目标。如果创新导致生产成本更低，那么创新者在专利有效期内可以获得更高的利润；但是专利失效后，社会将享受更低价格的福利。这个权衡的关键在于，缩短专利的有效期可能会减慢创新的进度。但是从二阶最优的理论出发，通常会存在一个"最优的"专利有效期，既能激励创新，又能保障工人权益。

由于网络外部性，创新者仍然可以在专利失效后保证自己的主导地位，可能继续从创新中获得剩余。对垄断利润征税可以确保创新是帕累托改进类型的，即使是人类劳动力替代类型的技术变革也可以提高工人的福利。

拓展阅读 14.2

知识产权制度和再分配

考虑一个有一单位工人的经济系统，$H=1$，该系统里每一期供应的资本存量 $K(\tau)$ 是扭曲资本税 τ 的函数，这些资本税会被分配给工人，机械劳动力的有效存量 $M(z)$ 是专利有效期 z 的递增函数。

工人的总收入 I 包含了他的工资加上资本税的收益：

$I = w + \tau K(\tau)$

对于任一水平的 $M(z)$，定义 $\tau(M)$ 是让工人的福利在引入机器劳动力前后不发生变化的资本税价值。

命题1：只要资本公积的弹性不大，我们永远可以从 z=0 出发增加 z，通过提高资本税 τ 去补偿工人。

稳态的动态变化

考虑跨际背景下，增长率 $g=g(z,\tau)$ 是专利 z 的有效期与资本税率 τ 的函数，即对创新者收取的税率。假设用于投资的产出是增长率 $i(g)$ 的函数，对创新者而言，未用于投资的产出的合适比例是 $b(z,\tau)$。在稳定状态，工人收入贴现后的现值可以近似看作：

$$PDV = \frac{[1-i(g)][1-(1-\tau)b(z,\tau)]}{r-g}$$

其中，r 是贴现率。如果我们选择能最大化 PDV 的 $\{z,\tau\}$，那么通常最优解都不是一个角点解，角点解的情况下任何创新都会损害工人。

命题2：一般来说，最优解 $\{z^*,\tau^*\}$ 能够保证 $g>0$。

很容易能写出命题2成立的充分条件：即令 τ^* 等于 0，我们只需要 $|g_z|$ 相对于 $|b_z|$ 不是太大。

14.4.4　基于要素的创新变革

目前为止，我们简单地假设了技术变革，即 AI 的引入，是工人替代类型的。但是技术上的进步会使得一部分机器更具有生产力，而另外一部分没有得到提升，影响到了传统资本的（边际）收益。[1] 因此，可以考虑世界上存在三类群体：资本家、工人和创新者。知识产权保护（和反垄断法）决定了创新者的收益，但是竞争市场中技术变革的本质决定了工人和资本家之间的收入分配。

参考 Kennedy（1964）、Von Weizacker（1966）和 Samuelson（1965）的研究，这一系列经典文献描述了技术进步中要素偏差的内生决定问题。[2] 核心结果是当劳动的份额降低时，要素偏差会向资本主导的技术进步偏移。如

---

[1] 之前提到，智力协助型创新可以提高人类的生产力，如果替代弹性小于 1 的话，就能提高对人类的需求。

[2] Drandakis 和 Phelps（1965）也作出重要贡献。更近期的研究可见 Acemoglu（2002），Stiglitz（2006，2014b），Acemoglu 和 Restrepo（2018）等。

果世界运行模式和模型一致，那么这个结果应当能够限制劳动份额的降低，并且降低收入不平等程度。① 当劳动份额减少时，进行工人替代类型的创新（如 AI）的动力会降低。但是奇点附近的未来贴现工资足够大，使得存在跨过奇点的动机。

假设一旦人力资本完全被机器劳动力取代，土地就成为生产约束。在这种情况下，假设土地和其他生产要素（资本和劳动）的替代弹性小于 1，土地的份额随时间增加，就能得出长期阶段所有技术进步都是土地为导向的结果。如果生产函数是关于土地、劳动力（包括机器劳动力）和传统资本的常数规模收益函数，那么长期增长率是由以土地为导向的技术变革的发展速度决定的。

服务业的角色。当下，AI 的进展主要集中在经济体的某些特定行业，如制造业。部分原因可能是 AI 导致制造业成本更低，还可能是社会偏好结构的原因，经济正向服务型经济进化。（如果不同行业的生产力不同，对创新行业的需求弹性不高，那么生产要素就会从该行业流出至其他行业。如果偏好不是同质的，例如，对食物的需求和对许多制造业商品的需求的收入弹性都小于 1。）教育、健康、军队和其他公共服务业是关键的几个服务行业。这些服务业的价值大部分是由社会决定的，即由公共政策所决定的，并不只是一个市场过程。如果我们高度重视这些服务——支付较高的工资、提供好的工作环境，创造出足够数量的工作，那么就会限制市场收入不平等的水平。政府通常在这些行业发挥重要作用，他们的雇佣政策因此在 AI 的转变中发挥重要作用。很多服务行业的职业对技术要求并不高。然而，更高的公共行业工资会通过标准均衡影响，提高私人行业的工资水平，并且提高工人的议价能力，导致某些职业受到更大"尊重"。这些都要求税收收益。如果创业服务的弹性比较低，例如，企业家部分受到非金钱动机激励，那么可以增加更多税收来支持这些公共行业岗位。

14.5　技术型失业

失业是技术进步带来的负面社会影响之一——新的科技意味着原本

---

① 可以使用标准的工资设置机制去描述这个动态。只要要素之间的替代弹性小于 1，这个体系就是稳定的（Acemoglu，1998；Stiglitz，2006，2014b）。

的工作不再被需要，工人需要找到新的工作。经济学家能够理解"劳动合成谬误"，这个观点认为存在固定数量的工作，并且某一个工作的自动化意味着永远减少了经济体里的某一个工作。在一个功能完善的经济体里，通常我们预期技术进步能够创造额外的收入，进而支持更多的工作。

然而，有两类可靠的经济学原因能说明为什么技术进步能够造成失业：第一，工资并不能随一些结构化原因而调整，如有效工资理论所描述的例子；第二，过渡现象。这两种现象可能在某些重要方面相互作用，例如，当对有效工资的考虑减慢了转变到新均衡的速度时。我们将在下面的几个部分讨论这两类原因。

当技术进步节约了劳动力时，失业的影响是比较复杂的，因为技术进步导致了工资降低或者是互补要素，如资本充分调整以使得劳动力市场恢复均衡状态，甚至是高于历史工资。

14.5.1 有效工资理论和不可调整的工资

技术导致的失业的第一种类型发生在工资由于结构性原因无法调整的时候。有效工资理论强调生产力取决于工资，所以雇佣者有理由去支付高于市场出清水平的工资。最初有关有效工资的论文（Stiglitz，1969）提出了一点原因：收入的悬殊会降低工人工作的动力。Akerlof 和 Yellen（1990）将这种说法正式地称为"公平工资假说"。

如果从公平的角度考虑更多，工人会认为降低他们的工资是"不公平"的（因为企业家的工资增加了，他们认为企业家很容易可以承担涨薪的成本），这意味着，可以将效用可能性曲线外移且没有再分配的劳动力节约型的进步范围相当有限。如果工人的福利和努力与相对工资相关时，相似的结果也成立。新的效用可能性曲线可能位于之前的曲线外侧，位于 E_0 北边，即存在一个帕累托改进的可能性；但它也可能位于之前的曲线内侧，靠近 E_1，即给定企业家的效用水平，工人的效用可能性会降低，因为工人减少了努力程度，有效劳动力供给也降低了，技术带来的所有收益都被怠工抵消了。Shapiro 和 Stiglitz（1984）强调了支付高于市场出清水平的工资能够降低怠工，导致失业。

此外如果自动化持续发展，低技能工人的劳动边际产出有可能比他们的生活成本更低，这是有效工资的另一个更可怕的例子。除非向这些工人提供基本的社会服务，否则营养效率工资模型就适用于此情况，即与 Stiglitz（1976）描述发展中国家的情况相似：雇佣者可以不支付市场出清工资，因为他们知道即便如此雇员也不能养活自己、保持生产力。[①] 在本章最后一部分，我们将继续分析这一主题。

在传统的有效工资模型里，有效工资的失业影响是永久持续的，是作为长期均衡的一部分。例如，如果技术变革导致了更大的收入不平等，激励效应和由此导致的有效工资的反应意味着失业的均衡水平上升了。

然而，有效工资理论能够减缓创新后达到新均衡的速度，这个主题将在第 14.5.2 部分讨论。

最低工资和不可调整的工资。为何工资不能调整到市场出清水平的另一个可能的原因是最低工资制度的存在。基本的经济学原理说明，当工资设置到一个足够高的水平时，一定会出现失业。尽管这是一个理论上的可能性，近期美国发生的事件不断说明增加最低工资水平对就业没有影响，但是提高了最低工资水平工人的收入，对总需求有正向影响，因为低收入的工人消费的边际倾向更大（Schmitt，2013）。从经济理论的角度，这些观察都是有可能发生的，因为工资并不完全是由瓦尔拉斯定理决定的，当潜在雇佣者和雇员匹配时，存在大量的讨价还价，导致最低工资增加，替代了工人缺失的议价能力（Manning，2011）。

14.5.2 技术型失业是一种过渡现象

技术型失业的第二个类型是过渡现象，指的是技术变革让工人不能及时地找到新工作，或者新工作还未被创造出来。这个现象早已被 Keynes（1932）发现。众所周知，由于劳动市场震荡，永远存在某一"自然"或"均衡"水平的失业率。搜索与就业关系匹配的基准模型刻画了失业的均衡水平特征（Mortensen 和 Pissarides，1994，1998），就业关系被随机分离，工人和雇佣者需要搜索新的匹配对来替换它们。这个框架里的随机冲击可以被视为个人企业里技术进步带来的生命周期内的过渡现象。从这一

---

① 在存在缺陷的资本市场里，如果某一日对健康和营养的投入会影响到后期的生产力，更糟糕的结果也有可能发生。

点来看，技术进步速度的增加对应了更高的工作分离率，导致了更高水平的失业率。

如果技术进步意味着工人之前的技能过时了，需要学习新的技能，找到新的匹配他们技能的工作，那这个过渡阶段会更持久（Restropo，2015）。

即使长期来看，工人对 AI 调整完毕，这个过渡可能也是困难的。AI 会对某些行业有更大的影响，会造成众多失业。一般来说，市场本身并不擅长结构化调整。工作消失的速度比创造新工作要快，特别是在资本市场存在缺陷的情况下，这阻碍了企业家利用新机会的能力。

（1）经济大萧条：过渡式失业的范例。大萧条可以被认为是由于农业创新速度过快导致的（Delli Gatti 等，2012a）。由于需要生产食物的工人数量变少，导致农业产品价格和收入下跌，导致对城市产品需求下降。在 20 世纪 20 年代晚期，这些影响大到逆转了长期以来的移民模式。

本应该是帕累托改进的事件却酿成悲剧，城市和农村都深受其害。

由于运输摩擦和刚性的存在（部分是由于资本市场缺陷所导致的，因为农业工人不能获得足够资金去获得城市行业的人力资本，而且不能迁移生产地），技术变革有可能是降低福利的。很长的一段时间内，经济都可能处于高失业、低产出的低水平均衡陷阱里。

在大萧条的例子里，政府干预（第二次世界大战的副产品）最终实现了结构性变革：干预不仅仅是凯恩斯主义的经济刺激，还推动了从农业地区向制造业刚刚萌芽的城市地区的迁移，并且进行劳动力培训，帮助工人学习城市制造业需要的工作技能。这些措施是成功的工业化政策案例。

将这个案例对照今天的情形，我们很明显地发现大部分劳动力并不具有在 AI 时代顺利工作的技能。

（2）过渡性的有效工资理论。有效工资理论可以降低技术进步后向新均衡的过渡速度。例如，如果工人的工作动机取决于上一期的工资，那么在劳动力替代类型的创新发生后，很难将工资降低至市场出清水平，因此失业会持续很长时间。[1]

---

　　[1]　在这种有限的情况下，雇佣者可以保持工资不变，以避免负激励效应，失业情况会一直持续下去——除非一些抵消型的冲击出现。

14.5.3　工作的价值

大量工作岗位的消失可能会有严重的人文社会方面的影响，因为工作不止意味着收入，还代表了很多精神层面的服务，如价值、尊严和成就感。工作是否是过去延续下来的传统，个人是否能在其他形式的活动中找到意义，是一个哲学论题。

如果工人将工作本身的意义价值看作独立的好处，那么相比简单地提供总量补贴，工作补贴能更好地确保技术进步提升福利。

这个讨论偏离了常见的新古典理论，在新古典理论里工作会对个人福利有负向影响。虽然有些人认为从工作中获取尊严和价值是在缺乏劳动力的世界里人工捏造的产物，在不存在工人的 AI 的世界里，人们必须通过其他方式获得认同和尊严，例如，通过精神价值或文化价值。事实上，大多数人可以在退休后找到有意义的生活，这能说明在提供意义价值方面，的确存在工作的替代物。

14.6　更长期的观点：AI 和马尔萨斯主义的重返

最后值得讨论的一点是 AI 对收入不平等的影响。这一点涉及更长期的观点。当下，AI 处于一个这样的阶段：它在某些特定领域要明显优于人类的智力，比如在国际象棋、识别 X-射线图像的模式和驾驶等方面。但这些通常被定义为"狭义"的 AI。与之对比，人类能够在更多领域应用自己的智力，这个能力才能称为"广义"的智能。

如果 AI 达到并超过了这个广义的智能水平，就必须进行一系列本质不同的考虑。一些乐观主义者预测广义 AI 最早在 2029 年就能到来（Kurzweil，2005），尽管 AI 专家社群里中规中矩的估计将在 2040—2050 年到来，90%的 AI 领域专家估计广义 AI 将在这个世纪到来（Bostrom，2014）。一小部分人认为广义 AI 永远不会到来。然而，大家都认为如果人类水平的广义 AI 到来后，它们很快就会超过人类的智商，因为在智能机器的帮助下，技术进步都是趋于加速的。鉴于这些预测，我们必须认真思考广义 AI 对人类和对经济的影响。

假设我们的社会和经济体系在广义 AI 和超 AI 到来时都保持不变①，那么有两种情形。第一种情形是人和机器会合并，即人类会使用更先进的科技去"提升"自己，身体素质和精神能力会由科技和 AI 所决定，而不是由传统的人类生物学所决定（Kurzweil，2005）。第二种情形是 AI 个体会与人类分道扬镳，拥有自己的目标和行为（Bostrom，2014；Tegmark，2017）。下面我们将讨论这两种情形只有在短期内有所不同。

第一种情形：人类提升和收入不平等

人类用机器提升自身可能会加剧不平等现象，除非政策制定者意识到这个威胁，并采取措施以平等化每个人使用这个提升技术的渠道。② 相比于人类的智力和仅次于人类的其他物种的智力的差距，人类个体之间智力的差异范围不大。如果智力可以成为一个商品，那么可想而知最富有的人类可以比穷人智商更高，让大多数人类变得越来越落后。事实上，如果智力提升是可行的，那么除非采取预防性措施，很难想象怎样去避免上面的情况发生。对于那些可以支付得起的富人，购买这类商品的动机很大，尤其是他们在和其他富人竞争的时候。如果在一个赢者得到全部利益的经济体中，或者福利水平基于相对收入的经济体中，也会出现这种现象。不能负担得起最新技术的人类必然依赖于公共产品，如果创新速度加快，最新科技和公共产品之间的差距就会进一步拉大。

可以将人类提升人体机能技术与医疗健康产业对比——但后者是用来保持而不是提升人体机能。不同的国家选择了不同的提供医疗健康产品的模式，有些国家认为这是一项基本人权，有些国家认为这是一个商品。例如，美国穷人和富人的平均寿命在近几十年来差异巨大，部分就是因为两个群体对健康产业的获取能力不同，更贵的新科技只对那些支付得起的人开放。如果按不同国家来看，这个差距就更明显了，最富有国家的国民平均寿命比最不发达国家长了 2/3（UN，2015）。正如医疗健康产业，可以想到在人类提

① 研究 AI 安全的学者指出存在一种最糟糕的情景：足够先进的 AI 会将人类灭绝，因为人类妨碍了它们的目标。例如 Bostrom（2014）用"回形针最大化"AI 的例子去阐释了这一点，这个 AI 是用来生产尽量多的回形针，但不会考虑人类的其他目标，它会意识到人类拥有更多本应该用于生产回形针的宝贵原材料。

② 在很多方面，这个问题等同于与提升人体机能的药剂有关的问题。在体育领域，这些问题被高度监管，但在其他领域并没有。

升人体机能技术上，不同的社会群体也会做出不同的选择。

一旦最富有的人类提升人体机能后与未提升人体机能的人类差距过大，他们就能被看作是一个单独的 AI 的代理物种。为了强调生产力之间的区别，Yuval Harari（2017）给这两种阶级取名为"上帝"和"无用者"。在这种情况下，第一种情形的长期影响与第二种情形就一致了。

第二种情形：AI 代理人和马尔萨斯的重返

现在讨论第二种情形，AI 个体发展成区别于常规人类的群体。它们的特征之一是按照某个目标行动（Omohundro，2008）。这些目标包括了自我保护、自我提升、积累资源。

如果人类不能保持对 AI 或超 AI 实体的所有权，将会发生什么?① 足够发达的 AI 很有可能进行自治。

为了描述由此导致的经济系统，Korinek（2017）假设存在两类个体，未提升的人类和 AI 个体，这两类都处于同一个马尔萨斯竞赛里，但是受技术进步的影响不同。马尔萨斯模型的核心是存活和繁衍需要的资源，而资源是稀缺的。② 更正式地说，传统的马尔萨斯模型能够通过描述有限的要素供给如何与两种相关系列的技术相互作用去表达这一观点，这两种技术是生产技术和消费/繁衍技术：第一，人类提供劳动要素，用于生产消费商品；第二，消费/繁衍技术将消费商品转化为人类的生存和繁衍行为，决定了未来的劳动要素供给。

在整个人类历史中，马尔萨斯动态学里的稀缺消费商品局限了人类的生存和繁衍。在过去的两个世纪，人类很幸运地逃脱了马尔萨斯限制：工业革命带来的资本积累和快速的以劳动为导向的技术进步意味着我们生产消费商品的技术领先了保证生存所需的消费商品。而且，人类选择限制自身繁衍，

① 如果人类和 AI 个体在智力水平上接近，人类还是有可能取得对 AI 的控制的。实际上，在人类发展历史上，那些决定并执行财产权的人并不永远是最聪明的。例如，人类可以威胁关闭或者摧毁 AI 运行的计算机。然而，如果人类和超级 AI 的差距太大，可能人类无法继续去控制，就像一个 2 岁的小孩不可能控制一个成年人。

② 如果 AI 将它的能力利用在破除资源限制上，不难想到这种限制可能会被提高，这正如我们人类试图突破化石燃料有限供应带来的限制。现在，人类只消耗了地球从太阳吸收全部能源的 0.1%。然而，天体物理学家如 Tegmark（2017）指出，根据当前已知的物理定律，给定从我们视界内可以获得的所有能源，对于超级 AI 来说仍然存在最终的资源限制。

意味着更高的生产力带来的收益只有一部分分配给了增加的人口。然而，这种状态不一定能永远持续。

Korinek（2017）比较了人类和 AI 的生产和消费/繁衍技术，发现他们之间有明显差异：在生产方面，人类劳动力要素迅速被 AI 劳动力要素替代。换句话说，AI 在生产方面慢慢变得比人类更加有效率。在消费/繁衍方面，人类将消费商品（食物和房产）转化为未来人类的技术几乎没有发生任何技术变革——未提升人类的基本生物状态且改变很慢。与此对比，AI 的繁衍技术——将 AI 消费的商品（如能源、硅、铝）转变为未来的 AI，正在经历指数级增长。例如，摩尔定律预测每美元的算力每隔两年将翻一倍。[①]

长期来看，这两个情况意味着人类可能在这场竞赛中失败，除非对 AI 实施制约。我们接下来要追溯这会产生什么影响，应该怎么应对。在经济学方面，最有意思的部分就是过渡动态和马尔萨斯竞赛的经济学机制。

最初，在 AI 主导的世界里缺乏实用技能的人可能会发现，他们在竞争稀缺资源时处于劣势，他们的收入会降低。AI 的兴起最初只会对稀缺资源的价格产生轻微影响，因为这些资源大部分对人类并没有太大用处（如硅），所以人类会从 AI 的高生产力和贸易中收益。从人类的角度来看，好像是 AI 带来了世界的发达生产力。而且，任何对 AI 繁衍和提升有帮助的稀缺资源（如擅长编程的人类劳动力和知识产权），人类通过对这些稀缺资源的获取都会得到可观的收益。

随着时间流逝，AI 优越的生产力和消费技术会不断发展。它们不断提升的效率会导致对供应有限的不可再生要素的激烈竞争，如土地和能源，进而推高这些要素的价格，使得普通人不能负担起它们的价格。因此 AI 反倒会吸收（即消费）我们更多的资源。

最终，这会使得人类削减他们自己的消费，使得自己的数量减少。技术专家描述了集中反乌托邦的生存方式——比如将自己沉浸在一个虚拟世界

---

① 最初版本的摩尔定律，是由 Intel 的创始人，Gordon Moore（1965）提出的，指出集成电路的元件数量每一年会增加一倍。Moore 在 1975 年将他的论述修改为每两年增加一倍。在近几年，Intel 公司已经预测摩尔定律在接下来的 10 年将会失效，因为传统的单核集成电路的设计已经达到了它的物理极限。然而，多维集成电路、多核处理器和其他用于并行处理特殊芯片的引入意味着在接下来的几十年摩尔定律可能被推广，以每美元多少算力的形式表达。量子计算还可以将这个定律的适用时间推广至未来若干年。

（更节省能源）①，或者服用能降低能源摄入的药物。人类数量的减少可能和以往马尔萨斯描述的情况不太一样——人类确确实实在挨饿，因为人类的繁衍是一种选择，与营养和食物无关。鉴于人类面临的要素价格，会有越来越多的未提升人类认为他们无法承担繁衍的成本，因此降低繁衍，人类的出生率无法达到人类替代率的要求。

那么，人类是否应该减缓或者在某一特定点上停止发展 AI 呢？然而，即使这个做法是被认可的，但是在技术上也是难以实现的，必须在广义 AI 出现很久之前就停止发展 AI。而且，并不能排除有一个在地下车库工作的研究生就能创造出世界上第一台超级 AI。

如果 AI 领域的进展不能被打断，我们上述的分析就提出了这么一个确保人类能继续生存的机制：因为人类一开始拥有一部分供应有限的生产要素，如果人类被禁止转移这些要素，他们就可以不用承担价格上升的风险，继续消费这些要素。这就在 AI 主导的世界里创造了一类人类"保留"。出于以下两个原因，人类可能会受到诱惑，卖出他们最初持有的要素：第一，人类比 AI 更缺乏耐心；第二，超级 AI 可以从这些要素赚取更多收益，因此相比其他人类愿意支付更多。这就是为什么，在未来有必要限制某些人类向 AI 卖出他们的生产要素的能力。而且，对于能源这种会被消耗殆尽的要素，有必要分配给人类永久使用权。相应地，我们可以给人类提供一个不断调整的收入流，以确保人类收入与要素价格上涨保持一致速度。②

14.7 结论

AI 的兴起和其他形式工人替代类型科技的变革在一阶最优的经济里的影响是不确定的，在一阶最优的经济里，个人拥有能完美抵御创新带来的负面影响的保险，或者是可以进行再分配。如果缺乏这种干预，工人替代类型的技术变革可能不止会导致工人获得的收入比重逐渐降低，还会影响他们的绝对收入。

---

① 例如，见 Hanson（2016）。事实上，Aguiar 等（2017）记载低教育水平的年轻男性将他们大量的时间用于网络事件，而不是向市场经济提供自己的劳动力，因为工资水平对于他们没有吸引力。

② 所有的这些都假设超级 AI 个体不会使用他们的权力去废除这些财产权。

　　再分配的幅度是由以下事实决定的：要素价格变化导致了其互补要素的拥有者获得意外之财，这意味着帕累托改进是有可能实现的。如果存在对再分配的限制，就不能保证帕累托改进。这会导致社会中利益受损人群的反对。因此，可以使用一系列二阶最优的政策，例如改变知识产权保护条款，以最大化 AI（或者更一般地，技术进步）产生帕累托最优的可能性。

　　AI 和其他技术变革导致我们需要进行众多调整。尽管个人和经济体对缓慢的变化可以进行调整，当变化太快时，人类可能来不及调整。事实上，在这种情况下，结果可能是帕累托次优的。社会越愿意支持必要的过渡阶段，提供给"落后者"支持，那么社会就能越快地适应创新的步伐，保证结果是帕累托最优的。在不愿采取这些措施的社会里，创新会被抵制，带来不确定的政治和经济后果。

参考文献

Acemoglu, Daron. 1998. "Why Do New Technologies Complement Skills? Directed Technical Change and Wage Inequality." *Quarterly Journal of Economics* 113 (4): 1055–1089.

———. 2002. "Directed Technical Change." *Review of Economic Studies* 69 (4): 781–809.

Acemoglu, Daron, and Pascual Restrepo. 2018. "The Race between Machine and Man: Implications of Technology for Growth, Factor Shares and Employment." *American Economic Review* 108 (6): 1488–1542.

Aghion, Philippe, Benjamin Jones, and Charles Jones. 2017. "Artificial Intelligence and Economic Growth." NBER Working Paper no. 23928, Cambridge, MA.

Aguiar, Mark, Mark Bils, Kerwin Kofi Charles, and Erik Hurst. 2017. "Leisure Luxuries and the Labor Supply of Young Men." NBER Working Paper no. 23552, Cambridge, MA.

Akerlof, George, and Janet Yellen. 1990. "The Fair Wage-Effort Hypothesis and Unemployment." *Quarterly Journal of Economics* 105 (2): 255–283.

Arrow, Kenneth. 1962. "Economic Welfare and the Allocation of Resources for Invention." In *The Rate and Direction of Inventive Activity: Economic and Social Factors*, edited by Richard R. Nelson, 609–626. Princeton, NJ: Princeton University Press.

Baker, Dean, Arjun Jayadev, and Joseph E. Stiglitz. 2017. "Innovation, Intellectual Property, and Development: A Better Set of Approaches for the 21st Century." AccessIBSA: Innovation & Access to Medicines in India, Brazil & South Africa.

Barrat, James. 2013. *Our Final Invention: Artificial Intelligence and the End of the Human Era*. New York: St. Martin's Press.

Berg, Andrew, Edward F. Buffie, and Luis-Felipe Zanna. 2018. "Should We Fear the Robot Revolution? (The Correct Answer is Yes)." *Journal of Monetary Economics* 97. www.doi.org/10.1016/j.jmoneco.2018.05.012.

Bostrom, Nick. 2014. *Superintelligence: Paths, Dangers, Strategies*. Oxford: Oxford University Press.

Dasgupta, Partha, and Joseph E. Stiglitz. 1980a. "Uncertainty, Industrial Structure and the Speed of R&D." *Bell Journal of Economics* 11 (1): 1–28.

———. 1980b. "Industrial Structure and the Nature of Innovative Activity." *Economic Journal* 90 (358): 266–293.

———. 1988. "Potential Competition, Actual Competition and Economic Welfare." *European Economic Review* 32:569–577.

Dávila, Eduardo, and Anton Korinek. 2018. "Pecuniary Externalities in Economies with Financial Frictions." *Review of Economic Studies* 85 (1): 352–395.

Delli Gatti, Domenico, Mauro Gallegati, Bruce C. Greenwald, Alberto Russo, and Joseph E. Stiglitz. 2012a. "Mobility Constraints, Productivity Trends, and Extended Crises." *Journal of Economic Behavior & Organization* 83 (3): 375–393.

———. 2012b. "Sectoral Imbalances and Long-run Crises." In *The Global Macro Economy and Finance*, edited by Franklin Allen, Masahiko Aoki, Jean-Paul Fitoussi, Nobuhiro Kiyotaki, Robert Gordon, and Joseph E. Stiglitz. International Economic Association Series. London: Palgrave Macmillan.

Dosi, Giovanni, and Joseph E. Stiglitz. 2014. "The Role of Intellectual Property Rights in the Development Process, with Some Lessons from Developed Countries: An Introduction." In *Intellectual Property Rights: Legal and Economic Challenges for Development*, edited by Mario Cimoli, Giovanni Dosi, Keith E. Maskus, Ruth L. Okediji, Jerome H. Reichman, and Joseph E. Stiglitz, 1–53. Oxford: Oxford University Press.

Drandakis, Emmanuel, and Edmund Phelps. 1965. "A Model of Induced Invention, Growth and Distribution." *Economic Journal* 76:823–840.

Fehr, Ernst, and Klaus M. Schmidt. 2003. "Theories of Fairness and Reciprocity—Evidence and Economic Applications." In *Advances in Economics and Econometrics*, Econometric Society Monographs, Eighth World Congress, vol. 1, edited by Mathias Dewatripont, Lars Peter Hansen, and Stephen J Turnovsky, 208–257. Cambridge: Cambridge University Press.

Financial Crisis Inquiry Commission. 2011. "The Financial Crisis Inquiry Report." Final Report of the National Commission. January. http://www.gpoaccess.gov /fcic/fcic.pdf.

Frey, Carl Benedikt, and Michael A. Osborne. 2017. "The Future of Employment: How Susceptible Are Jobs to Computerisation?" *Technological Forecasting and Social Change* 114:254–280.

Geanakoplos, John, and Herakles Polemarchakis. 1986. "Existence, Regularity, and Constrained Suboptimality of Competitive Allocations When the Asset Market Is Incomplete." In *Uncertainty, Information and Communication: Essays in Honor of KJ Arrow*, edited by W. Heller, R. Starr, and D. Starrett, 65–96. Cambridge: Cambridge University Press.

Gordon, Robert. 2016. *The Rise and Fall of American Growth: The U.S. Standard of Living since the Civil War*. Princeton, NJ: Princeton University Press.

Greenwald, Bruce, and Joseph E. Stiglitz. 1986. "Externalities in Economics with Imperfect Information and Incomplete Markets." *Quarterly Journal of Economics* 101 (2): 229–264.

Groshen, Erica L., Brian C. Moyer, Ana M. Aizcorbe, Ralph Bradley, and David M. Friedman. 2017. "How Government Statistics Adjust for Potential Biases from

Quality Change and New Goods in an Age of Digital Technologies: A View from the Trenches." *Journal of Economic Perspectives* 31 (2): 187–210.

Guzman, Martin, and Joseph E. Stiglitz. 2016a. "Pseudo-Wealth and Consumption Fluctuations." NBER Working Paper no. 22838, Cambridge, MA.

Guzman, Martin, and Joseph E. Stiglitz. 2016b. "A Theory of Pseudo-Wealth." In *Contemporary Issues in Macroeconomics: Lessons from The Crisis and Beyond*, edited by Joseph E. Stiglitz and Martin Guzman. IEA Conference Volume no. 155-II. Basingstoke, UK: Palgrave Macmillan.

Hanson, Robin. 2016. *The Age of Em*. Oxford: Oxford University Press.

Harari, Yuval N. 2017. *Homo Deus: A Brief History of Tomorrow*. New York: Harper.

Hicks, John. 1932. *The Theory of Wages*. London: Macmillan.

Kennedy, Charles. 1964. "Induced Bias in Innovation and the Theory of Distribution." *Economic Journal* LXXIV:541–547.

Keynes, John Maynard. 1932. "Economic Possibilities for our Grandchildren." In *Essays in Persuasion*, 358–73. San Diego, CA: Harcourt Brace.

Korinek, Anton. 2016. "Currency Wars or Efficient Spillovers? A General Theory of International Policy Cooperation." NBER Working Paper no. 23004, Cambridge, MA.

———. 2017. "Artificially Intelligent Agents." Working paper, Johns Hopkins University.

Korinek, Anton, and Ding Xuan Ng. 2018. "The Macroeconomics of Superstars." Working paper, Johns Hopkins University and University of Virginia.

Korinek, Anton, and Joseph E. Stiglitz. 2017. "Worker-Replacing Technological Progress." NBER Working Paper no. 24174, Cambridge, MA.

Kurzweil, Ray. 2005. *The Singularity Is Near: When Humans Transcend Biology*. New York: Viking.

Lipsey, Richard, and Kelvin Lancaster. 1956. "The General Theory of Second Best." *Review of Economic Studies* 24 (1): 11–32.

Malthus, Thomas Robert. 1798. *An Essay on the Principle of Population*. Project Gutenberg.

Manning, Alan. 2011. "Imperfect Competition in Labour Markets." In *Handbook of Labor Economics*, vol. 4, edited by O. Ashenfelter and D. Card. North-Holland: Amsterdam.

Meade, James E. 1955. *Trade and Welfare*. Oxford: Oxford University Press.

Moore, Gordon E. 1965. "Cramming More Components onto Integrated Circuits." *Electronics* 38 (8): 114:ff.

Mortensen, Dale T., and Christopher A. Pissarides. 1994. "Job Creation and Job Destruction in the Theory of Unemployment." *Review of Economic Studies* 61 (3): 397–415.

———. 1998. "Technological Progress, Job Creation, and Job Destruction." *Review of Economic Dynamics* 1 (4): 733–753.

Newbery, David, and Joseph E. Stiglitz. 1984. "Pareto Inferior Trade." *Review of Economic Studies* 51 (1): 1–12.

Omohundro, Stephen M. 2008. "The Basic AI drives." In *Artificial General Intelligence 2008: Proceedings of the First AGI Conference*, edited by Pei Wang, Ben Goertzel, and Stan Franklin, 483–492. Amsterdam: IOS.

Piketty, Thomas, Emmanuel Saez, and Stefanie Stantcheva. 2014. "Optimal Taxation of Top Labor Incomes: A Tale of Three Elasticities." *American Economic Journal: Economic Policy* 6 (1): 230–271.

Restrepo, Pascual. 2015. "Skill Mismatch and Structural Unemployment." Working paper, Massachusetts Institute of Technology.

Samuelson, Paul. 1965. "A Theory of Induced Innovations along Kennedy-Weisacker Lines." *Review of Economics and Statistics* XLVII:444–464.

Schmitt, John. 2013. *Why Does the Minimum Wage Have No Discernible Effect on Employment?* Washington, DC: Center for Economic and Policy Research.

Shapiro, Carl, and Joseph E. Stiglitz. 1984. "Equilibrium Unemployment as a Worker Discipline Device." *American Economic Review* 74 (3): 433–444.

Simsek, Alp. 2013. "Speculation and Risk Sharing with New Financial Assets." *Quarterly Journal of Economics* 128 (3): 1365–1396.

Solow, Robert. 1987. "We'd Better Watch Out." *New York Times Book Review*, July 12, 36.

Stiglitz, Joseph E. 1969. "Distribution of Income and Wealth among Individuals." *Econometrica* 37 (3): 382–397.

———. 1976. "The Efficiency Wage Hypothesis, Surplus Labour and the Distribution of Income in LDCs." *Oxford Economic Papers* 28:185–207.

———. 1987a. "On the Microeconomics of Technical Progress." In *Technology Generation in Latin American Manufacturing Industries*, edited by Jorge M. Katz, 56–77. New York: St. Martin's Press.

———. 1987b. "Technological Change, Sunk Costs, and Competition." *Brookings Papers on Economic Activity* 3:883–947.

———.2006. "Samuelson and the Factor Bias of Technological Change." *Samuelsonian Economics and the Twenty-First Century*, edited by M. Szenberg et al., 235–251. New York: Oxford University Press.

———. 2008. "The Economic Foundations of Intellectual Property." *Duke Law Journal* 57 (6): 724–1693.

———. 2014a. "Intellectual Property Rights, the Pool of Knowledge, and Innovation." NBER Working Paper no. 20014, Cambridge, MA.

———. 2014b. "Unemployment and Innovation." NBER Working Paper no. 20670, Cambridge, MA.

———. 2014c. "Tapping the Brakes: Are Less Active Markets Safer and Better for the Economy?" Presentation at the Federal Reserve Bank of Atlanta 2014 Financial Markets Conference.

———. 2017. "Pareto Efficient Taxation and Expenditures: Pre- and Redistribution." NBER Working Paper no. 23892, Cambridge, MA.

Stiglitz, Joseph E., and Bruce Greenwald 2015. *Creating a Learning Society: A New Approach to Growth, Development, and Social Progress.* New York: Columbia University Press.

Stiglitz, Joseph E., with Nell Abernathy, Adam Hersh, Susan Holmberg, and Mike Konczal. 2015. *Rewriting the Rules of the American Economy,* A Roosevelt Institute Book. New York: W. W. Norton.

Stiglitz, Joseph E., and Andrew Weiss. 1981. "Credit Rationing in Markets with Imperfect Information." *American Economic Review* 71 (3): 393–410.

Tegmark, Max. 2017. *Life 3.0: Being Human in the Age of Artificial Intelligence.* New York: Knopf.

Turing, Alan M. 1950. "Computing Machinery and Intelligence." *Mind* 59 (236):433–460.

United Nations Department of Economic and Social Affairs (UN). 2015. "United Nations World Population Prospects: 2015 Revision." https://esa.un.org/unpd/wpp/publications/files/key_findings_wpp_2015.pdf.

Vinge, Vernor. 1993. "The Coming Technological Singularity: How to Survive in the Post-Human Era." In *Proc. Vision 21: Interdisciplinary Science and Engineering in the Era of Cyberspace*, 11–22. NASA: Lewis Research Center.

von Weizacker, C. C. 1966. "Tentative Notes on a Two Sector Model with Induced Technical Progress." *Review of Economic Studies* 33:245–251.

Williams, Heidi. 2010. "Intellectual Property Rights and Innovation: Evidence from the Human Genome." NBER Working Paper no. 16213, Cambridge, MA.

15 人工智能经济学中被忽视的开放性问题

Tyler Cowen[*]

众多当代研究都将 AI 或更广泛意义上的"智能软件"视为一种变革性技术。通常而言，这些研究将重点放在资本替代劳动力以及随之而来的国内劳动力市场效应之上。笔者无意淡化该主题的重要性，但希望将本研究重点放在 AI 如何影响我们社会的其他方面之上。

15.1 消费者剩余分配

大多数自动化分析都关注生产功能，但自动化生成的新兴的与低价的输出同样具有分布效应。例如，除了将工厂和田间的工作推向机械化之外，工业革命也使得食品更加便宜，在供应上更加可靠。一个新的、更大的、更便宜的和更多样化的图书市场得以建立起来，诸如此类。反之，AI 可以降低下一代自动化生产的产出价格。想象一下，因为我们更大限度地使用智能软件进行生产，教育和制成品将变得更加便宜。其结果是，即使机器人让你失业或降低工资，但消费者却会得到一定补偿。像 Facebook（脸书）这样的互联网商品已经成为个人时间分配的重要组成部分，当然它们是免费的或非常便宜的。

值得思考的是，这种全新的 AI 驱动的产出是以怎样的成本进行生产的，是不变、增加还是下降？通常而言，软件密集型产品往往会降低生产成本。例如，某软件最终成型，需要一个较为庞大的前期投资，但随着生产逐渐成形，产品价格将逐渐降低，甚至有可能变成免费。

成本下降的情况似乎是一种较为乐观的看法。如果边际成本为零或接近

* Tyler Cowen 是乔治·梅森大学 (George Mason University) 的经济学教授。

有关致谢，研究支持的来源以及披露作者的重大财务关系的信息，如果有任何问题，请访问 http://www.nber.org/sections/c14032.ack。

零，从长期来看，产出价格应该大幅下降。但在某些情况下，例如，社交网络，价格可能从零开始，或者可能倒贴，以鼓励人们加入网络。一旦我们考虑到这些消费副作用，AI革命的分配意义可能比单纯的工作替代效应更为均衡。

例如，考虑当今智能手机和手机在非洲所扮演的角色。这些物件的边际成本相对较低，而且在当地以便宜的价格出售。它们通过改变某些非洲经济部门使管理企业变得更加容易，并且还使非洲人更容易相互沟通。在智能手机制造业中，劳动力替代资本并没有对非洲经济造成太大影响，因为非洲不是供应链的主要部分。在世界上的许多地方，科技产品聚集越多，消费效应的影响就越强。

如果约束下一代AI生成的不是软件而是硬件，那么这些分布效应就可能不那么均衡。因为硬件更有可能表现出持续或不断上涨的成本，而这将使得供应商更难以向穷人收取低价。你可能认为未来的生产力明显将来自软件领域，而且极有可能来自智能手机，如iPhone，这也体现了材料领域的重大创新。真正有效的AI设备可能需要昂贵的便携式硬件。在这一点上，我们尚不清楚，但是假设未来的创新与当下的创新一样是软件密集型的，显然是不明智的。

如果未来的AI创新带来非常低的消费者价格，则可能会影响我们的政策建议。担心自动化的分析师通常呼吁更好的教育和职业培训。这可能是好主意，但另一种路径同样可以获得回报。在生产率非常高且价格非常低的情况下，工人拥有一定的资本或自然资源就足够了。也就是说，在假定低价带来的极高购买力的情况下，财富可以作为收入的替代品。除了可能对教育和劳动力市场带来改变之外，给予个人一些土地、生育权补助金或主权财富基金的股份也是可以考虑的选择。

或许与直觉相反，自然资源经济学在这样的世界中将变得更加重要。劳动力的稀缺性要小得多，而且机器人可以用来制造更多的机器人。你甚至可以想象软件程序会产生新的产品和想法，并将新产品和新想法进行拼接。事实上，什么会限制生产？答案是能源，也有可能是土地。由于投入稀缺，土地和能源将决定哪些经济体能做得好，哪些经济体做得不好。在这样的世界中，教育回报可能非常低而不是很高。另一种可能性是，新的稀缺资源成为鼓励AI主导生产的制度，例如，最大限度地保障产权。在这种情况下，公共选择因素将成为国家和区域结果的一个更重要的决定因素。如果"好政府"成为某种公共利益，这将有利于具有高效治理能力的国家和地区，例如，新加坡。

15.2　AI 革命的国际影响

信息技术还与国际贸易相互作用。智能软件的其中一个作用是实现更多的价格要素的均衡。它能帮助已经成功的企业变得更大，并拓展国际业务；例如，如果苹果仅拥有几十年前的通信技术，那么它在中国的 iPhone 业务将难以推广。近年来，公司领导层可以通过手机、电子邮件和其他技术管理国际商业帝国。如果这些得以实现，则对中国工人的投资将增加，并相对应地减少对美国和其他发达国家的工人投资，特别是分布在较低技能端的国家。

也就是说，如果你想象 AI 和其他技术进一步发展，工资差距可能就不再是移居海外的理由了。如果公司几乎没有雇佣任何劳动力，那么工资差异又有什么关系呢？因此，美国或西欧的制造业可能会回流。

这可能会增加美国对门卫的需求，也会增加他们的工资，即使这些门卫的人数可能很少。最大的收入分配效应可能是对于那些无法再通过工资差距实现工业化的较贫穷国家来说，AI 将变得糟糕得多；Rodrik 将这种现象称为"过早地去工业化"。与此同时，AI 对于工资最低的人来说也许没问题，即纯手工工作根本无法外包。信息技术在收入分配的低端可能是进步的，而在中间却被挖空，这可以说是我们在美国看到的一种现象。收入分配的最大影响可能是跨越国界，而不是在国内。换句话说，非洲可能永远没有机会跟随日本和韩国在工业化方面的脚步。

从平等主义的观点来看，这些分配效应可能很难解决，因为它们跨越了国界。公民通常愿意支持本国国内的收入再分配，但他们不太可能支持对外国援助进行大规模投资，尤其是对遥远国家，而不是对邻国或主要贸易伙伴的援助。

15.3　AI 与收入再分配的政治经济学

关于 AI 的讨论有时假定有大量失业或未充分就业的人，他们可能依靠有保障的补助金或其他某种形式的大规模再分配而维持生活。一方面，我们可以看到转向大额现金支付的原因。然而，关于保障收入的经济学、政治学和社会学可能会带来其他问题。

如果问现在哪些国家的公民几乎不工作，你会想到文莱和卡塔尔这两个资源丰富的君主制国家。在这样的国家，人们从政府中获得大量资金，而外国工人从事大部分劳动。从分析的角度来看，这与依赖机器人没有太大区别。

这些国家最近的历史表明，再分配在政治上是一个棘手的概念。想象一下，在一个政体中，大多数的国内生产总值（GDP）都以某种方式被回收或重新分配。我预计，由此产生的政治经济不会像挪威那样，因为没有石油的挪威的生活水平仍将接近瑞典或丹麦，但没有化石燃料的文莱或卡塔尔可能会穷得多。鉴于这一现实，当如此多的 GDP 通过政治重新分配时，我想知道这是否符合美国或西方的民主理念。例如，控制石油的寡头政治势力可能会预先向可能反对它们的利益集团提出报价，以巩固它们的控制。的确，这些君主制国家的政权似乎是稳定的，而且它们朝民主方向发展的趋势并不显著。他们的政府对公民可以算得上是仁慈的，但他们也利用大量盈余来达到自己的目的，这可能是宗教或意识形态上的。似乎那些依靠化石燃料实现GDP 增长的国家，最终并没有形成庞大的中产阶级，而在西方，中产阶级至少在一定程度上控制着政府，也是我们公民社会和社会资本的主导力量。或许石油富国没有经济基础来维持西方式的自由民主，而这与如此多的GDP 被再利用和再分配有关。这与政治上软弱的中产阶级和太容易被收买的反对派有关；至少到目前为止，我们在一些化石燃料丰富的小国中观察到的情况正是如此。

文莱和卡塔尔的例子也显示出了问题：政府当局应该重新分配什么？在简单的经济模型中，现金被重新分配给那些通常最需要现金的人。但在拥有大量资源财富的更舒适的环境中，可能也有必要重新分配地位。这很难做到，而对于社会科学家来说，建立模型也比较困难。我们可能需要重新定义拥有一份有意义的工作的概念，因为尽管文莱和卡塔尔的人均收入很高，包括中等收入群体，但所有外部观察者都不清楚他们的公民是否幸福和满足。

政府"创造就业"的工作有可能为人们提供地位，但也存在一种危险，即"创造就业"的成分过于明显,由此产生的工作将带来低地位,而不是高地位。在上一届美国总统竞选中,Hillary Clinton 更多地谈到再分配,Donald Trump 更多地谈到就业;Trump 的信息似乎是两者中更有效的一个。

一些理想的再分配可能跨越性别界线。例如,随着人口老龄化,女性将比男性有更大的照顾负担,因为女性似乎把更多的时间和精力放在照顾年迈的父母上。把钱重新分配给女性可能会有所帮助,但问题的核心可能是压力,而非金钱本身。社会规范的改变可能比简单地分发支票产生更好、更有效的再分配。

如果我们认为照顾老人是一项有高增长潜力的潜在工作,那么平均来讲,女性可能会比男性做得更好,这一劳动力市场对男性是不利的。一般来讲,向服务部门转变的工作可能更有利于女性,而非低技能的男性。一些男性需求的公共政策与女性需求的政策可能不同,而现金并不总能识别出这些不同。

在陌生的未来中,再分配是什么,或者说必须是什么,与简单的帕累托模型完全不同。这是一个前沿问题,我们经济学家还没有做太多研究,但 AI 的不断进步可能会让这些问题变得更加相关。

第三部分

机器学习和监管

16　人工智能、经济学和产业组织

Hal Varian[*]

16.1　简介

机器学习和 AI 已存在多年。然而在过去的五年中，多层神经网络技术在图像识别、语音识别和机器翻译等不同领域的应用取得了显著进展。AI 是一项可能对许多行业产生影响的通用技术。本章将探讨机器学习的可用性是如何对提供 AI 服务的企业及采用 AI 技术行业的产业组织产生影响的。我的目的并非对这一快速发展的领域做一个笼统概述，而是对一些实用型技术做一个简短的总结，并对一些未来可能研究的领域进行描述。

16.2　机器学习概述

想象一下，我们有一组数字图像以及一组用于描述这些图像内容的标签，如猫、狗、海滩、山脉、汽车或人。我们的目标是使用这些数据来训练计算机，使其学习如何预测一组新数字图像的标签。（相关的详细演示信息，请参阅 cloud. google. com/vision，您可以在其中上传照片并获得与照片相匹配的标签列表。）

机器视觉的经典方法包括创建一组人类可识别特征的规则，如颜色、亮度和边缘，然后用这些特征来预测标签，但是这种"特征化"的方法成功率有限。现代方法是使用分层神经网络技术直接处理原始像素。这一方法不

　＊　Hal Varian 是加州大学伯克利分校（The University of California，Berkeley）名誉教授、谷歌首席经济学家。

　为了共同创作一部作品，Carl Shapiro 和我一同开始起草这一章节。不幸的是，Carl 越来越忙，不得不退出这个项目。我很感激他抽出时间投入精力。我还要感谢 Judy Chevalier 和 2017 年秋季在多伦多举行的 NBER 人工智能经济学会议的与会者。

　如需了解致谢、研究经费的来源以及研究工作相关的财务披露信息（如有），请访问 http：//www. nber. org/ chapters/c14017. ack。

仅在图像识别领域取得了成功，在语音识别、语言翻译和其他传统方法难以进行的机器学习任务中的表现同样出色。如今，在许多类似的任务中，计算机的表现能够胜过人类。

这一方法被称作深度学习，需要用于训练的标记数据，神经网络的算法，以及用于运行算法的专用硬件。科研公司已经免费提供训练的数据和算法，而且云计算平台以及计算设备都可以以很低的成本获得。

（1）用于训练的标记数据。例如，包含 950 万张带标签图片的数据集 OpenImages，以及包括了 120 个犬类品种、20580 张图片的 Stanford Dog 数据集。

（2）神经网络的算法。流行的开源包括 TensorFlow、Caffe、MXNet 和 Theano。

（3）用于运行算法的专用硬件。CPUs（中央处理单元）、GPUs（图形处理单元）和 TPUs（张量处理单元）都可以通过云计算提供商获得。这些工具允许用户整合大量数据，从而用以训练机器学习模型。

当然，拥有能够管理数据、优化算法和构建整个过程的专家也至关重要。事实上，上述技能正是目前该领域面临的主要瓶颈，但与此同时，高校也正在不断提供创造和利用机器学习所必需的教育和培训以及时应对挑战。

除了机器视觉，深度学习研究领域已经在语音识别和语言翻译方面取得了巨大进步。这些领域还能够在没有先前机器学习系统所需特性标识的情况下取得此类进展。

对于这一话题，在维基百科中描述了其他类型的机器学习。机器学习的一个重要形式是强化学习，即一种机器优化任务的学习方式，例如，在下棋或电子游戏中取胜。其中，多臂老虎机便是一个强化学习的例子。但同时，这一领域也使用了许多其他的工具，其中有一部分涉及了深层神经网络。

强化学习是一种顺序实验，因此其本质上是因果相关的：例如将一枚特定的棋子从一个位置移动到另一个位置会增加获胜的可能性；不同于仅使用观测数据的被动机器学习算法。

强化学习也可以在对抗情境下进行。例如，在 2017 年 10 月，DeepMind 宣布了一款机器学习系统 Alpha Go 0，该系统通过与自己进行围棋博弈开发出了一种高效的策略。

"自主机器学习"模型是博弈论中一个有趣的模型。深度网络能否完全依靠自身学会竞争和/或学会与其他玩家合作?机器学习学得的行为是否看起来会像我们所建立的博弈论模型中的均衡?到目前为止,这些技术主要应用于完整信息博弈,他们是否可以在信息不完整或不对称的博弈中起作用呢?

AI 有一个完整的子领域称为对抗性 AI(或对抗性机器学习),该领域结合了来自 AI、博弈论和计算机安全的主题,用以研究攻击和防御 AI 系统的方法。例如,假设我们拥有一个训练有素、平均表现良好的图像识别系统,它最糟糕的表现会如何呢?事实证明,有一些方法可以创建出对人类判断无负面影响但能够持续愚弄机器学习系统的图像。正如"视觉错觉"可以愚弄人类一样,这些"机器学习错觉"也可以愚弄机器。有趣的是,对人类和机器而言,最佳错觉是非常不同的。对此,可以参见一些相关示例,如 Goodfellow 等(2017)的说明性示例,以及 Kurakin,Goodfellow 和 Bengio(2016)的技术报告。计算机科学研究人员已经证实了对抗性 AI 与博弈论的联系;在我看来,这一领域为合作提供了许多有趣的机会(Sreevallabh 和 Liu,2017)。

16.2.1 机器学习可以做什么

在大众媒体上所展示的机器学习例子强调了新颖的应用,比如在国际象棋、围棋和乒乓球等比赛中获胜。然而,同样也有许多利用机器学习来解决实际业务问题的应用程序。Kaggle 是观测机器学习可以解决哪些问题的好地方。这家公司会举办一些机器学习竞赛。在这些竞赛中,一些公司或其他组织提供数据、问题描述和一些奖金,然后数据科学家利用这些数据来解决上述公司或组织所提出的问题。最终,获胜者可以带走奖金。如今,网站上有超过 200 个相关比赛,这里展示了一些最新信息。

(1)乘客威胁。提高国土安全威胁识别的准确性:150 万美元。

(2)房价。提高 Zillow 房价预测的准确性:120 万美元。

(3)维基百科页面流量。预测未来维基百科页面流量:2.5 万美元。

(4)个性化医疗。预测基因变异对个性化医疗的影响:1.5 万美元。

(5)出租车运营持续时间。预测纽约出租车总运营行驶时间:3 万美元。

（6）产品搜索的相关性。预测 homedepot. com 搜索结果的相关性：4 万美元。

（7）聚类问题。你能找出意图相同的问题对吗？2.5 万美元。

（8）宫颈癌筛查。哪种癌症治疗方式最有效？10 万美元。

（9）点击预测。你能预测每个用户会点击哪些推荐内容吗？2.5 万美元。

（10）库存需求。最大化销售量并且最小化烘焙产品的退货率：2.5 万美元。

对多方而言都有益的是，这些问题和资金都是实实在在来自于企业或组织的，而同时他们也确实需要为这些真实的问题寻求实际的解决方案。而 Kaggle 给出了一个关于机器学习如何应用于实际业务问题的具体例子。①

16.2.2　什么因素是稀缺的

假设您想在您的组织机构中植入一个机器学习系统，第一个必需的要素就是拥有一个能够收集和组织您所感兴趣数据的数据基础设施——数据管道。例如，零售商需要一个能够在销售点收集数据的系统，并将数据上传至计算机上，计算机就可以将数据整合到数据库中。然后，这些数据将与其他数据结合，如库存数据、物流数据，可能还有一些客户的信息数据。构建数据管道通常是构建数据基础设施中劳动力最密集、成本最高的部分，因为不同企业的遗留系统通常具有难以互连和异质性的特征。

数据一旦被组织整合好，就可以被统一收集到数据仓库中。数据仓库允许用户便捷地访问可操作、可视化以及可分析的数据系统。

在传统方式中，公司往往自己运营数据仓库，不仅需要购买昂贵的计算机，还需要系统管理员来确保一切功能正常运行。现如今，在云计算设施中存储和分析数据的情况越来越常见，例如，亚马逊网络服务平台（Amazon Web Services）、谷歌云平台（Google Cloud Platform）或微软 Azure 云平台（Microsoft Azure Cloud）均可以提供此类服务。

云提供商负责管理和更新托管数据库和数据分析工具所必需的硬件和软

---

① 披露：在 Kaggle 被谷歌收购之前，我一直是该公司的天使投资人。从那以后，我与这家公司之间就不存在任何经济利益关联了。

件。有趣的是，从经济学的角度来看，用户过去的固定成本（数据中心）现在变成了可变成本（数据中心的租用时间）。一个组织或机构几乎可以购买任何数量的云服务产品。因此，即使是小公司也可以以最低门槛进入购买市场，并根据其使用情况收费。使用云计算比拥有自己的数据中心更划算，因为用户可以根据自身需要购买计算服务和数据资源。因此，如今大多数科技初创企业都选择云提供商的服务与产品来满足自身对硬件、软件和网络的需求。

云提供商还提供各种机器学习服务，如语音识别、图像识别、翻译等。由于供应商已经训练好了这些系统，客户可以立即使用，因此每个公司不再需要为这些任务去开发自己的软件。

云提供商之间的竞争非常激烈。供应商可以以每幅图像的1‰或更少的成本提供非常详细和具体的图像识别服务，并在此价格基础上给予数量折扣。

正如上述提到的销售点数据一样，用户还能够获得与自己业务相关的个性化数据。与执行当下流行的机器学习算法相比，云提供商还可以提供最新的、高度优化的硬件和软件。只要用户具备获取这些数据的专业能力，这些产品与服务能够使得用户获得即时访问等高性能工具的能力。

如果有可用的硬件、软件和专业知识，我们所需要的做就只有标记数据了，而获取这类数据的方法多种多样。

（1）在运营过程中产生的副产品。设想在连锁餐厅中，一部分餐厅表现得比另一些要好，那么管理层就可能会对与这部分表现好的餐厅的相关因素产生兴趣。例如在上述提到的Kaggle竞赛中，大部分数据都是作为日常运营中的副产品而产生的。

（2）网页抓取。这是一种从网站中提取数据的常用方法。关于数据的收集和如何使用数据的问题存在着一场法律辩论。由于这一争论过于复杂，在此不做赘述，但在维基百科中，关于网页抓取的条目十分贴切，即将之解释为使用其他人已经收集好的数据。例如，Common Craw数据库包含了超过八年的已经编译好的网页爬取的PB级数据。

（3）提供一项服务。当谷歌开始从事语音识别业务时，既没有专业知识，也没有相应数据，于是公司聘请了相关专家。专家们想出了一个主意，即用语音输入电话簿作为一项获取数据的途径，例如当用户说"乔的比萨

（Joe's Pizza），大学街道（University Avenue），帕洛阿尔托（Palo Alto）"时，系统就会给出一个电话号码。数字化的问题和用户的最终选择会被上传到云端，接着机器学习技术就会被用来评估谷歌系统给出的答案和用户行为之间的关系。例如，用户拨打了公司系统所建议的号码。机器学习培训使用了数以百万计的个人数字请求的数据，并且具备快速高效的学习速度。ReCAPTCHA 采用了一个类似的模型，在这一模型中，人类给图片贴上标签，以证明他们是人类而不是一个简单的机器人。

（4）雇佣人工来标记数据。Mechanical Turk 和其他系统可以用以支付费用来让人们对数据进行标签（Hutson，2017）。

（5）从供应商处购买数据。有许多提供各种数据的提供商，数据包括邮件列表、信用评分等。

（6）共享数据。共享数据可能对各方都有利，这一现象在学术研究者中十分常见。Open Images 数据集包含大约 900 万张由大学和研究实验室提供的标记图像。出于各种各样的原因，如公共安全的考虑等，共享可能是强制性的，例如，飞机上的黑匣子或流行病的医学数据。

（7）来自政府的数据。政府、大学、研究实验室和非政府机构提供了大量可用数据。

（8）来自云提供商的数据。许多云提供商同时也提供公共数据资料库。例如，谷歌公共数据集（Google Public Data Sets）、谷歌专利公共数据集（Google Patents Public Data Set）以及 AWS 公共数据集（AWS Public Data Sets）。

（9）计算机生成的数据。上文中提到的 Alpha Go 0 系统通过与自己对弈来生成数据。机器视觉算法可以用"合成图像"来进行训练。"合成图像"将实际的图像以各种方式进行移动、旋转和缩放。

16.2.3　数据的重要特征

信息科学使用"数据金字塔"的概念来描述数据、信息和知识之间的关系。一些系统必须收集原始数据，然后对数据进行整合、分析，以便将其转换为信息。例如，可以被人类理解的文本图像。试想一下，图像中的像素被转换成人类可读的标签。在过去，这些过程都是由人工完成的；而在未来将有越来越多的工作由机器完成（见图 16.1）。

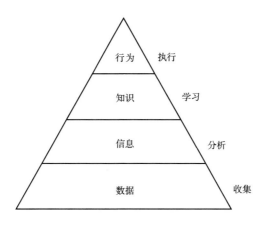

图 16.1　信息金字塔

接下来，那些基于信息的见解可以被转化为与人们息息相关的知识。我们可以将之类比理解：数据储存于比特单元中，信息存储于文档中，而知识存储于人类的思维中。信息（书籍、文章、网页、音乐、视频）和知识（劳动力市场、顾问）都有健全的市场与监管环境。如果从无组织的比特集合层面上来理解，数据市场并未充分发展。这也许是因为原始数据通常依赖于环境，并且在其被转换为信息之前并不是非常有用的。

16.2.3.1　数据所有权与数据访问

有观点认为"数据是新的石油"。当然，这两者在一个方面是相似的：即它们都需要通过被改进来变得有用。但两者的一个重要区别是：石油是一种私人商品，对其消费会产生一种竞争关系：即如果一个人消费了石油，那么其他人可以消费的石油就会减少。但数据是无须竞争的：即一个人对数据的使用不会减少或削弱另一个人对数据的使用。

因此，我们的确应该思考数据访问问题，而并非关注数据"所有权"这一用于私人物品的概念。数据很少会以私人物品的销售方式"出售"，而是被授权用于特定用途。目前在欧洲有一场关于"谁应该拥有自动驾驶汽车数据"的政策辩论。一个更深入的问题是"谁应该有权访问自动驾驶汽车的数据？他们能用这些数据做什么？"这一构想强调了多方可以同时访问自动驾驶车辆数据。事实上，从安全的角度来看，可能确实应该允许多方访问自动驾驶车辆的数据。汽车有几处很容易收集数据的点：引擎、导航系统、乘客口袋里的手机等。在没有充分理由的情况下要求排他性，将对数据应用的可能性起到无谓的限制。

Ross Anderson 对飞机坠毁事件的描述能够很好地说明为什么允许多方访问数据可能很重要。

当一架飞机坠毁时会成为新闻头条。调查小组们会赶赴现场，而随后的调查将由来自不同利益团体的专家共同进行，这些团体包括航空公司、保险公司、制造商、航空公司飞行员工会和当地航空管理局。他们的调查结果会被记者和政客们审查，会被飞行员当作谈资，还会被飞行指导员们传阅。简而言之，飞行社群拥有强大和体系化的学习机制（Anderson，1993）。

难道我们不应该对自动驾驶汽车也采取同样的学习机制吗？有些信息可以受版权保护，但在美国，电话号码簿等原始数据不受版权保护（参见维基百科上关于 Feist 出版物公司诉乡村电话服务公司一案的条目）。

尽管如此，数据提供者可能会编译一些数据，并通过某些条款向其他方提供许可。例如，有几家数据公司将美国人口普查数据与其他类型的地理数据合并，并将之授权给其他各方使用，但这些交易可能禁止转售或重新授权。尽管没有可保护的知识产权，其合同条款性质与任何其他私人合同一样，是可以由法院强制执行的私人合同。

16.2.3.2　边际收益递减

理解数据通常显示出与任何其他生产要素一样的规模报酬递减性质至关重要。同样的基本原则也适用于机器学习。图 16.2 显示了斯坦福犬种分类的准确性如何随着训练数据量的增加而变化。正如人们所期望的那样，随着训练图像数量的增加，分类的准确度也会相应提高，但其增长速率会降低。

图 16.3 为我们展示了过去几年中 Image Net 竞赛的错误率是如何下降的。一个需要明确的重要事实是，在比赛期间，训练和测试的观察数是固定的。其中，样本量恒定意味着获胜系统的性能改进不依赖于样本量的变化。其他因素，如改进的算法、硬件和专业知识，比训练数据中观察到的数量重要得多。

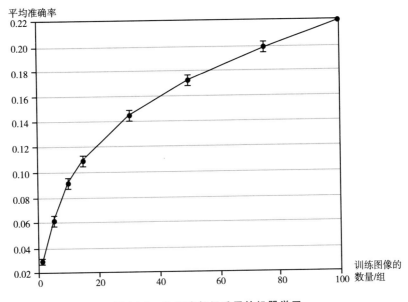

图 16.2 被经济部门采用的机器学习

数据来源：http：//vision. stanford. edu/aditya86/ImageNetDogs/。

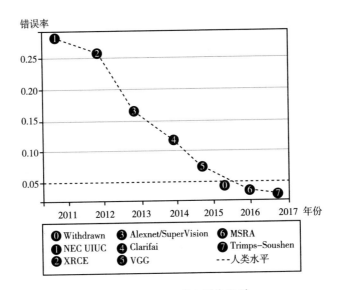

图 16.3 Image Net 图像识别

数据来源：Eckeisley 和 Nassei（2017）。

16.3 机器学习应用产业结构

如同其他新技术一样，机器学习的出现同样也带来了一些经济问题。

（1）哪些公司和行业将成功地运用机器学习？

（2）我们会在运用时长和有效使用机器学习的能力上看到异质性吗？

（3）后期的技术使用者能模仿早期使用者吗？

（4）专利、版权和商业秘密扮演的角色是什么？

（5）地理位置在应用模式中扮演什么角色？

（6）对于早期成功技术应用者而言是否具有很大的竞争优势？

近期，Bughin 和 Hazan（2017）对 3000 名具有"AI 意识"的高管进行了一项关于应用该技术的准备情况调查。在这些高管中，有 20% 的人认为自己是"切实应用者"，有 40% 的人认为自己是"试验者"，而还有 28% 的人认为他们的公司"缺乏技术能力"来实现机器学习。图 16.4 将不同经济部门应用机器学习的情况进行了分解。意料之中的是，电信、科技和能源等行业在机器学习的应用上领先于建筑和旅游等不那么精通技术的行业。

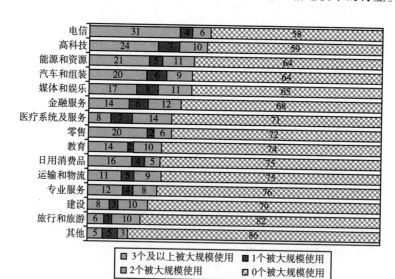

图 16.4　在商业领域被规模化或应用于核心部分的 AI 相关技术数量

数据来源：McKinsey（2017）。

16.3.1　机器学习与垂直整合

工业组织的一个关键问题是如何结合机器学习工具和数据用以创造价值。这种情况会发生在公司内部还是跨公司之间？机器学习用户会开发专属的机器学习工具还是从供应商那里购买机器学习解决方案？这一经典的制造与购买问题是理解现实世界工业组织的关键。

如上文所述，云供应商为数据操作和分析提供了集成的硬件和软件环境。他们还提供公共和私人数据库的访问、标签服务、咨询和其他数据处理和分析的一站式相关服务。由云提供商提供的专用硬件（如 GPUs 和 TPUs）已经成为区分提供商服务的关键技术。

通常情况下，标准化和差异化之间存在着一种张力。云供应商正为了提供易于维护的标准化环境而激烈竞争。与此同时，他们也希望自身提供的服务能使他们的产品有别于其竞争对手。

数据处理和机器学习是典型的竞争产品速度与性能的领域。

16.3.2　公司规模和边界

机器学习会增加或减少最小有效规模吗？这一问题的答案取决于固定成本和可变成本之间的关系。如果企业必须花大量的钱通过开发定制化解决方案来解决问题，我们可能会认为其固定成本是巨大的，因为公司规模必须很大才能分摊这些成本。从另一方面来看，如果企业能够从云供应商那里购买现成的服务，我们就会认为其固定成本和最小有效规模较小。

例如，一个加油站可以通过使用数据库来实现根据客户名字来欢迎回头客的设想，即数据库可以将车牌号码与客户姓名和服务历史记录进行匹配。但对于一个小的供应商而言，编写这一类软件来实现其想法的过程成本高昂。因此，只有大型连锁店才能提供类似的服务。另一方面，第三方可能会通过以较小的成本开发一个智能手机应用程序来提供这项服务，而这种服务可能会使得最小有效规模得以降低。以上思考对于其他小型服务提供者（如餐馆、干洗店或便利店）而言同样适用。

由于当下几家业务服务提供商的存在，新成立的公司能够外包各种业务流程。正如快餐供应商可以通过完善一家机构运营模式，并将其推广至全国一样，商业服务公司一旦建立了一个系统，就能够在全球范围内复制与应用。

一家初创企业外包十几个业务的流程如下所述。

（1）在 Kickstarter 上为项目融资。

（2）使用谷歌（Google）、亚马逊（Amazon）或微软（Microsoft）的云计算和网络。

（3）使用 Linux、Python、Tensorflow 等开源软件。

（4）使用 GitHub 管理软件。

（5）成为一个微型跨国公司，从国外聘请程序员。

（6）举办一个机器学习的 Kaggle 竞赛。

（7）使用 Skype、Hangouts、谷歌文档（Google Docs）等软件进行团队沟通。

（8）使用 Nolo 处理法律文件［公司、专利、保密协议（NDAs)]。

（9）使用 QuickBooks 记账。

（10）使用 AdWords、Bing 或 Facebook 进行营销。

（11）使用 ZenDesk 提供用户支持。

以上步骤只是一部分，而大多数硅谷和 SOMA 的初创企业都采用了这些业务流程服务。通过选择标准化的业务流程，初创企业可以专注于提升自身核心竞争力，并购买与自身规模相匹配的必要服务。由于这些业务流程服务的可得性与可用性，人们期待看到这一领域更多的选择与创新。

16.3.3　定价

云计算和机器学习的可用性为用户提供了许多根据客户特征调整价格的机会，在这一过程中，拍卖和其他新的定价机制可以很容易被实现，而价格的易于调整则意味着能够实现各种形式的差别定价。然而，我们必须明确的是，客户并不是完全独立做选择的，他们还可以运用自身强大的搜索能力。例如，航空公司可以采用将购买价格与起飞日期挂钩的策略，但同样也可以设计出其逆向算法来提供服务，即为消费者提供何时购买机票的建议（Etzioni 等，2003）。在 Acquisti 和 Varian（2005）构建的理论模型中，探讨了消费者如何根据其历史数据得出的基准价格作出反应，以及其作出该反应的原因。

16.3.4　差异定价

传统上，将差异定价分成三个级别：

（1）一级（个性化定价）。

（2）二级（所有消费者具有相同的定价清单，但相应价格根据数量或质量的不同而变化）。

（3）三级（基于会员资格的团体定价）。

完全个性化的定价是不现实的，但根据消费者颗粒度的精细特征来定价则应该是可行的。因此，三级和一级价格歧视之间的界限正在变得模糊。Shiller（2013），Dube 和 Misra（2017）对使用机器学习模型能够提取多少消费者剩余进行了研究。

二级价格歧视也可以看作是一种基于群体成员的定价，但要认识到群体成员及其行为的内生性。使用观察数据进行的机器学习对设计此类定价方案的帮助较为有限，但这一行为对强化学习技术而言（如多臂老虎机）可能也是有益的。

在大多数非经济学观点看来，唯一比价格差异更糟糕的情形是价格歧视。然而，大多数经济学家认识到从效率和公平的角度出发，价格差异往往是有益的。价格差异使得那些原本得不到服务的市场得到服务，而这些未能得到服务的市场往往包括了低收入消费者。

Della Vigna 和 Gentzkow（2017）认为，"我们所记录的统一定价机制显著增加了贫困家庭相对于富裕家庭的支付价格"，同时这种影响可能是实质性的。作者指出，"在商店消费者中，收入最低的 10% 的消费者的支付价格会比他们在弹性定价下的支付价格增加 0.7%，而收入最高的 10% 的消费者的支付价格会比弹性定价下减少 9.0%"。

16.3.5 规模报酬

至少有三种类型的规模报酬可能与机器学习有关。

（1）经典的供给方规模报酬（降低平均成本）。

（2）需求方规模报酬（网络效应）。

（3）边做边学（通过经验提高质量或降低成本）。

16.3.5.1 供给方规模报酬

软件是供给方规模报酬的典型范例：开发软件的固定成本很高，而分销软件的可变成本很低。但如果我们将这个公认的简单模型与现实世界进行比较，就会发现一个迫在眉睫的问题。

软件开发不是一次性的操作；几乎所有的软件都会持续更新和改进，手机操作系统就是一个很好的例子：通常系统提供方每月都会进行漏洞修复和安全改进，同时每年都会发布系统重大升级。

请注意，这与有形货物是非常不同的。诚然，汽车存在机械故障需要修理，但是汽车自身的性能在时间上是相对恒定的。一个值得注意的特例是特斯拉，它会定期发布最新的操作系统。

随着越来越多的产品具备了联网功能，我们可以预期到这种升级改进的情形会更频繁地发生。你的电视机过去是一台静态设备，但它现在可以学习新技术。如今许多电视都具备了语音交互功能，我们可以预期到机器学习将不断在这一领域取得进展，这意味着你的电视机将会变得越来越善于沟通，并且很可能会更好地辨别你对各种内容的偏好。其他电器也是如此，它们的功能将不再在销售时被固定，而是会随着时间的推移而改进完善。

由此也提出了关于商品和服务之间区别的有趣经济学问题。当人们购买手机、电视或汽车时，他们购买的已经不仅仅是一种静态产品，而是一种可以让他们拥有全套服务的设备，进而引发了一系列有关定价和产品设计的问题。

16.3.5.2 需求方规模报酬

需求方的规模报酬（或网络效应）有不同的种类。直接网络效应即产品或服务对增量使用者的价值取决于其他使用者的总数；而间接网络效应即其中有两种及以上类型的互补使用者。用户更喜欢具有大量应用程序的操作系统，而开发人员更喜欢具有大量用户的操作系统。

直接网络效应可能与机器学习系统中使用的编程语言选择有关，但其主要的语言都是开源的。同样，潜在用户可能更喜欢拥有大量其他用户的云提供商。然而在我看来这与许多其他行业没有什么不同，汽车购买者很可能更偏爱经销商、修理店、零部件店和机械师都完备易得的流行品牌。

在律师和监管者之间流传着一个概念称为"数据网络效应"的模型。在这一模型中，拥有更多客户的公司可以收集更多数据，从而利用这些数据改进其产品。这通常是正确的——正是优化改进操作的前景使机器学习具有吸引力——但这一领域较难创新。这当然不是网络效应，其本质上是一种供给方效应，称为"边做边学"（也称为"经验曲线"或"学习曲线"）。这一领域的经典论述来自 Arrow（1962）；同时 Spiegel 和 Hendel（2014）的研究涵盖了一些最新讯息和一个引人注目的案例。

16.3.5.3　边做边学

"边做边学"通常被描述为一个随着累计生产或投资的增加，单位成本下降（或质量增加）的过程。粗略的经验法则是，产量翻番会使得单位成本下降 10% 至 25%。虽然这种效率提高的原因尚未非常明确，但正如 Stiglitz 与 Greenwald（2014）所描述的，这一过程最为重要的是"边做边学"需要企业的意愿和投资。

这将"边做边学"和往往与自动化有关的需求方或供给方"网络效应"区分开来。这也并非是真的；全部的关于战略行为的著作都是在网络效应存在的前提下撰写的。但"边做边学"和所谓的"数据网络效应"之间存在一个重要区别，即一家公司可以拥有大量数据，但如果公司对这些数据不做任何处理，就不会产生任何价值。

根据我的经验，问题往往不在于缺乏资源，而在于缺乏技术。一个拥有数据却没有人去分析它的公司会在利用数据方面处于劣势。如果公司内部缺少专业技术，就很难明智地决定需要哪些技能，以及如何找到和聘用具备这些技能的人。雇佣优秀人才一直是公司取得竞争优势的关键，但由于涉及数据广泛可得性的领域相对较新，这个问题尤为尖锐。汽车公司可以雇佣懂得如何制造汽车的人，因为这是他们核心竞争力的一部分，然而他们可能没有足够的内部专业知识来判断与雇佣优秀的数据科学家。这就是为什么当这种新技能渗透到劳动力市场时，我们可以看到生产率的异质性。Bessen（2016，2017）对这一问题有深刻的论述。

16.3.6　算法合谋

几十年来，人们都知道重复博弈中存在许多均衡。这一领域的核心结果是所谓的"无名氏定理"，即实际上任何结果都可以在重复博弈中作为一种均衡而被实现。这一结果的各种公式可以参见 Fudenberg（1992）和 Pierce（1992）的调查。

寡头之间的互动可以被看作是一种重复的博弈，在这种情况下，需要特别关注的是合谋的结果。有一些非常简单的策略可以用来促成合谋。

16.3.6.1 快速反应平衡

例如，我们可以思考一个经典案例：假设街对面的两个加油站能够快速地改变价格，并为固定数量的消费者提供服务。最初，他们的定价均高于边际成本。如果其中一家加油站降价一美分，那么另一家很快就会据此调整价格。在这种情况下，两个加油站的情况都将是更糟的，因为他们都在以低价出售产品。因此，降价是没有回报的，但高价可以普遍存在。正如 Varian (2000) 所述，这类策略可能已经用于在线竞争。Borenstein (1997) 记录了机票定价情形下的相关行为。

16.3.6.2 重复囚徒困境

20 世纪 80 年代初，Robert Axelrod (1984) 举办了一场囚徒困境锦标赛，将研究人员提交的算法策略互相重复博弈。Anatol Rapoport 提交的一份名为"以牙还牙"的简单策略以较大优势胜出。在这一战略中，双方一开始选择合作（收取高价）；如果其中任何一方玩家有违约（降低价格），另一方玩家也会选择同样策略进行匹配。随后，Axelrod 又举办了一个锦标赛，根据比赛中的收益反向复制策略。结果表明，表现最好的策略与以牙还牙非常相似。由此说明，在经典的双寡头博弈中，AI 可能会学习合作策略。

16.3.6.3 纳斯达克报价

在 20 世纪 90 年代初，纳斯达克的报价是 1/8 美元而非 1 美分。因此，如果当出价为 3/8 美元，而要价是 2/8 美元时，交易就会发生。在此交易中，买方支付 3/8 美元，卖方得到 2/8 美元，而买入价和卖出价之间的差额即为"内部差价"，用以补偿交易员承担的风险以及维持参与市场所需的资本。需注意的是，内部价差越大，做市商所获得的补偿就越大。

20 世纪 90 年代中期，两位经济学家 William Christie 和 Paul Schultz 研究了纳斯达克（NASDAQ）排名前 70 位的上市公司的交易情况，他们惊讶地发现几乎没有以"奇数—八分之一"美元的价格成交的交易。作者的结论是，"我们的结果很可能反映了做市商之间的一种认识或含蓄的协议，即在对这些股票进行报价时避免使用'奇数—八分之一'的价格分数"（Christie 和 Schultz，1995，203）。

随后，美国司法部（DOJ）发起的一项调查最终以 10.1 亿美元的罚款达成和解，这在当时是反垄断案件中最大的一笔罚款。

正如这些例子所展示的那样，隐性（或显性）合作似乎有可能发生在反复互动的背景下，Axelrod 称之为"合作的进化"。

最近，这类问题在"算法合谋"的背景下重新出现。2017 年 6 月，经济合作与发展组织（OECD）举行了一场关于"算法和合谋"的圆桌会议作为他们在数字经济竞争工作的一部分。具体内容可以参见 OECD 背景文件（2017）。同时，Ezrachi 和 Stucke（2017）对圆桌会议有代表性贡献。

在这一背景下涌现出许多有趣的研究问题。无名氏定理表明，共谋结果可以成为一种重复博弈的均衡情形，但它的确阐明了导致这种结果的特定算法。众所周知，这是一种非常简单的算法，例如，仅有少量情形的有限自动机的情况下，无法发现所有均衡（Rubinstein，1986）。

有一些类似拍卖的机制可以被用于近似垄断的结果；具体内容可以参见 Segal（2003）。然而，我并没有在寡头垄断的背景下看到类似的机制。

16.4　机器学习供给行业的结构

16.4.1　概述

到目前为止，我们已经对应用机器学习的行业进行了研究，但我们同样对研究提供机器学习的公司抱有浓厚的兴趣。

如上所述，机器学习的供应商很可能会提供几个相互关联的服务。我们立刻能够想到的一个问题是，在供应商之间切换的容易程度如何？针对性开发容器等技术是为了让应用程序从一个云供应商转移到另一个的过程更加便捷。开源工具，如 dockers 和 kubernete 都是现成可用的。尽管对于中小型应用程序来说，锁定并不是问题，但对于那些可能涉及定制化应用的大型复杂应用程序而言，则是可能存在的问题。

由于硬件易于在芯片、主板、机架或数据中心的层面对安装进行复制，计算机硬件表现出恒定的规模报酬。对恒定回报率的经典复制参数方法在这里仍然适用，因为增加性能的基本方法是对之前做的事进行复制：即向处理器添加更多的核心，在机架中添加更多的主板，在数据中心添加更多的机架，以及构建更多的数据中心。

我之前曾建议，云计算对大多数用户来说比从零开始构建数据中心更具成本效益。有趣的是，需要较强数据处理能力的公司能够复制现有的基础设施，并将额外的产能出售给其他较小的实体。但对应的现实行业结构与经济学家想象的有所不同。一家汽车公司会不会拥有过剩的产能，然后卖给其他公司？这种情况并非闻所未闻，但却很少见。同样的，正是这种计算的通用性质使这一模型得以生效。

16.4.2　机器学习服务的定价

与任何其他以信息为基础的行业一样，软件的生产成本很高，但复制成本很低。如上所述，由于硬件易于在芯片、主板、机架或数据中心本身的层面复制安装流程，计算机硬件显示出恒定的规模报酬。

一旦服务被高度标准化，供给者很容易陷入类似伯特兰德大减价的困境。即使在早期，机器定价的竞争似乎也非常激烈。例如，在所有主要的云供应商中，图像识别服务的成本约为每张图像的1‰。我们可以推测，供应商们将试图通过速度和准确性两个维度使自己在竞争者中脱颖而出。同时，只要用户愿意支付额外费用，那些能够提供更好服务的公司也许能够提供增值服务。然而，目前业内图像识别的速度和精度已经非常高，尚不清楚用户是否会对这些维度的进一步改进有很大期许与依赖。

16.5　政策问题

目前为止，我们已经讨论了关于数据所有权、数据访问、差别定价、规模收益和算法合谋的问题，并且所有的这些话题都具有重要的政策层面意义；其余的政策领域问题主要包括了安全性和隐私性。我首先谈谈安全问题。

16.5.1　安全性

在安全方面存在的一个重要问题是，企业是否在这方面有适当的激励措施。在一篇经典文章中，Anderson（1993）比较了美国和英国的自动柜员机（ATM）政策。在美国，除非银行能够证明用户是错的，否则用户就是对的；而在英国，除非用户证明银行是错的，否则银行就是正确的。这项责权分配的结果是美国银行斥资装配了安保监控等安全设备，而英国银行则没有采取类似的基本预防措施。

该行业的例子表明，责任分配对为安全层面创造适当投资激励而言的重要性。对侵权法从法律和经济学两个方面进行分析有助于理解不同责任分配的含义以及理解最佳分配可能是什么样的。

在这一过程中，有一个原则是"尽责关注"标准。如果企业遵循某些标准程序，例如，在安全补丁发布的几天内安装上补丁、实施双因素身份验证、对员工进行安全实践教育等，他们就可以安心地承担与安全事件相关的成本。

然而，应有的保护标准从何而来？一种可能性是来自政府，特别是军事或执法实践。其中，橙皮书及其后续著作共同标准就是很好的例子。另一种可能性是保险机构向安全措施执行良好的主体提供保险的过程。正如发行人可能要求自动喷水灭火系统提供火灾保险一样，网络保险只能提供给从事最佳相关实践的公司（有关更多讨论，请参阅 Varian，2000）。

该模型在解决相关问题中较有吸引力，但我们知道有很多涉及保险的问题，如逆向选择和道德风险问题需要加以解决。更多该领域相关的工作，请参阅信息安全经济学研讨会的档案以及 Anderson（2017）的概述。

16.5.2　隐私

隐私政策是一个非常庞大的领域。Acquisti，Taylor 和 Wagman（2016）对相关的经济学文献进行了全面的回顾。

机器学习领域出现了几个政策问题。例如，企业是否有恰当的激励措施来提供适当程度的隐私？隐私与经济表现之间是如何权衡的？众所周知，隐私法规可能会限制机器学习供应商整合来自多个来源的数据的能力，并且会限制跨越公司边界的数据传输和/或数据销售。目前，这一领域有发布监管规章的趋势，这可能会导致产生意想不到的后果。一个相关的例子是 1996 年的健康保险流通与责任法案，通常称为 HIPAA。该立法的最初目的是通过建立医疗记录保存标准来刺激保险公司之间的竞争。然而，许多研究人员认为它对医学研究的数量和质量产生了显著的负面影响。

16.5.3　解释

欧洲监管机构正在研究"解释权"的概念。假设有关一个消费者的信息被输入模型以预测他或她是否会违约贷款。如果根据模型，消费者被拒绝贷款，是否需要能够"解释"的原因？如果是这样，什么算作解释？一个组织能否保守预测模型的秘密？因为一旦被揭示，它就有可能被操纵。一个值得注意的例子是判别库存函数。此外，更广为人知的例子是国税局用来触发审计的 DIF 函数，对 DIF 函数逆项工程是否合法？有关 DIF 功能的链接集，请参阅 CAvQM（2011）。

我们对机器学习模型的要求可以超过对一个人的要求吗？假设我们向您展示一张您的配偶的照片，同时您正确地将其识别出来。接着我们问，"您是怎么知道的？"最好的答案可能是"因为我看过很多我知道是我配偶的照片，而这张照片看起来很像她！"但如果是从计算机中得到这个答案，这个解释是否令人满意呢？

16.6 总结

本章仅涉及了 AI 和机器学习如何影响产业结构的浅层论述。该技术正在迅速发展，而目前这一领域的主要瓶颈是缺乏那些能够实施这些机器学习系统的分析师。鉴于该领域的大学课程正在不断被普及推广，同时相关的在线教程非常丰富，我们预计这一瓶颈将在未来几年内得到突破。

参考文献

Acquisti, Alessandro, Curtis R. Taylor, and Liad Wagman. 2016. "The Economics of Privacy." *Journal of Economic Literature* 52 (2).

Acquisti, Alessandro, and Hal Varian. 2004. "Conditioning Prices on Purchase History." *Marketing Science* 24 (4): 367–381.

Anderson, Ross. 1993. "Why Cryptosystems Fail." *Proceedings of the 1st ACM Conference on Computer and Communications Security*. https://dl.acm.org/citation.cfm?id=168615.

———. 2017. "Economics and Security Resource Page." Working paper, Cambridge University. http://www.cl.cam.ac.uk/~rja14/econsec.html.

Arrow, Kenneth J. 1962. "The Economic Implications of Learning by Doing." *Review of Economic Studies* 29 (3): 155–173.

Axelrod, Robert. 1984. *The Evolution of Cooperation*. New York: Basic Books.

Bessen, James. 2016. *Learning by Doing: The Real Connection between Innovation, Wages, and Wealth*. New Haven, CT: Yale University Press.

———. 2017. "Information Technology and Industry." Law and Economics Research Paper no. 17-41, Boston University School of Law.

Borenstein, Severin. 1997. "Rapid Communication and Price Fixing: The Airline Tariff Publishing Company Case." Working paper. http://faculty.haas.berkeley.edu/borenste/download/atpcase1.pdf.

Bughin, Jacques, and Erik Hazan. 2017. "The New Spring of Artificial Intelligence." Vox CEPR Policy Portal. https://voxeu.org/article/new-spring-artificial-intelligence-few-early-economics.

CavQM. 2011. "Reverse Engineering The IRS DIF-Score." Comparative Advantage via Quantitative Methods blog, July 10. http://cavqm.blogspot.com/2011/07/reverse-engineering-irs-dif-score.html.

Christie, William G., and Paul H. Schultz. 1995. "Did Nasdaq Market Makers Implicitly Collude?" Journal of Economic Perspectives 9 (3): 199–208.

DellaVigna, Stefano, and Matthew Gentzkow. 2017. "Uniform Pricing in US Retail Chains." NBER Working Paper no. 23996, Cambridge, MA.

Dubé, Jean-Pierre, and Sanjog Misra. 2017. "Scalable Price Targeting." NBER Working Paper no. 23775, Cambridge, MA.

Eckersley, Peter, and Yomna Nassar. 2017. "Measuring the Progress of AI Research." Electronic Frontier Foundation. https://eff.org/ai/metrics.

Etzioni, Oren, Rattapoom Tuchinda, Craig Knoblock, and Alexander Yates. 2003. "To Buy or Not to Buy: Mining Airfare Data to Minimize Ticket Purchase Price." *Proceedings of the Ninth ACM SIGKDD International Conference on Knowledge Discovery and Data Mining*. www.doi.org/10.1145/956750.956767.

Ezrachi, A., and M. E. Stucke. 2017. "Algorithmic Collusion: Problems and Counter-Measures—Note." OECD Roundtable on Algorithms and Collusion. https://www.oecd.org/officialdocuments/publicdisplaydocumentpdf/?cote=DAF/COMP/WD%282017%2925&docLanguage=En.

Fudenberg, Drew. 1992. "Explaining Cooperation and Commitment in Repeated Games." In *Advances in Economic Theory: Sixth World Congress*, Econometric Society Monographs, edited by Jean-Jacques Laffont. Cambridge, MA: Cambridge University Press.

Goodfellow, Ian, Nicolas Papernot, Sandy Huang, Yan Duan, Pieter Abbeel, and Jack Clark. 2017. "Attacking Machine Learning with Adversarial Examples." OpenAI blog, Feb. 26. https://blog.openai.com/adversarial-example-research/.

Hutson, Matthew. 2017. "Will Make AI Smarter for Cash." *Bloomberg Business Week*, Sept. 11.

Kurakin, Alexy, Ian Goodfellow, and Samy Bengio. 2016. "Adversarial Examples in the Physical World." Cornell University Library, ArXiv 1607.02533. https://arxiv.org/abs/1607.02533.

Organisation for Economic Co-operation and Development (OECD). 2017. "Algorithms and Collusion: Competition Policy in the Digital Age." www.oecd.org/competition/algorithms-collusion-competition-policy-in-the-digital-age.htm.

Pierce, David G. 1992 "Repeated Games: Cooperation and Rationality." In *Advances in Economic Theory: Sixth World Congress*, Econometric Society Monographs, edited by Jean-Jacques Laffont. Cambridge, MA: Cambridge University Press.

Rubinstein, Arial. 1986. "Finite Automata Play the Repeated Prisoner's Dilemma." *Journal of Economic Theory* 39:83–96.

Segal, Ilya. 2003. "Optimal Pricing Mechanisms with Unknown Demand." *American Economic Review* 93 (3): 509–529.

Shiller, Benjamin Reed. 2013. "First Degree Price Discrimination Using Big Data." Working Paper no. 58, Department of Economics and International Business School, Brandeis University.

Spiegel, Yossi, and Igal Hendel. 2014. "Small Steps for Workers, A Giant Leap for Productivity." *American Economic Journal: Applied Economics* 6 (1): 73–90.

Sreevallabh, Chivukula, and Wei Liu. 2017. "Adversarial Learning Games with Deep Learning Models." International Joint Conference in Neural Networks. www.doi.org/10.1109/IJCNN.2017.7966196.

Stiglitz, Joseph E., and Bruce C. Greenwald. 2014. *Creating a Learning Society*. New York: Columbia University Press.

Varian, H. 2000. "Managing Online Security Risks." *New York Times*, June 1.

评论

Judith Chevalier[*]

Varian 对由于运用机器学习和 AI 而产生的工业组织问题做了一个很好的概述，同时其中的一些问题具有潜在的竞争政策含义。例如，利用 AI 技术可能会增加或减少规模经济，发生潜在地影响市场力量的状况。同时，如果数据所有权在特定行业的竞争中至关重要，就可能会造成进入壁垒。例如，算法合谋的潜在可能性显然会导致对反垄断执行的关注。在这里，我将简要地讨论其中一个问题，数据所有权，并强调一些对潜在反垄断政策的回应。虽然我在此关注的是将数据所有权当作进入壁垒，但我讨论的一些政策权衡问题与 Varian 强调的其他潜在市场的结构变化密切相关。

通常，原始数据在 AI 和机器学习过程中被当作输入要素。正如 Varian 所指出的，我们并不清楚数据是否违背了我们通常的预期，即一项稀缺资产或资源最终将面临规模报酬递减的情况。尽管如此，我们可以想象这样一种情况：对数据的独有权将为市场现有者提供几乎不可逾越的优势。尽管对获取稀缺资产会造成进入壁垒的担忧可能是近些年才产生的，但其本质的经济问题对我们而言并不陌生。长期以来，所有司法管辖区的反垄断机构都在努力制定针对公司的最优政策，因为对这些公司而言，稀缺资产的所有权会产生进入壁垒。在美国，对这一问题的分析至少可以追溯到"美国诉终端铁路协会"［224 US 383（1912）］一案，在该案件中，铁路财团拒绝竞争对手进入唯一横跨圣路易斯河的铁路桥梁。在本案和随后的案件中，法院偶尔会明确规定，有责任为一家拥有市场权力、控制对竞争至关重要的资产（或设施）获取权，且竞争对手无法复制该资产的企业进行交易。然而，确定垄断者在何种确切情况下有肯定义务与竞争对手打交道，在反垄断法中仍是一个未解决的领域。

原则上，这种反垄断的必要设施原则可以应用于数据所有权领域。事实

* Judith Chevalier 是耶鲁大学管理学院威廉·S. 拜内克（William S. Beinecke）经济与管理学教授，美国国家经济研究局研究员。

有关致谢、研究支持的来源，以及作者的重要财务关系的披露，（如有）请参阅 http：//www.nber.org/chapter/c14033.ack。

上，尽管 Varian 在补救措施问题上保持沉默，美国最近的法律文献对一些应用于数据的必要原则抱有较高热情（Meadows，2015；Abrahamson，2014）。此外，欧洲反垄断机构已经开始阐明一种必要的、控制大数据的原则。例如，欧盟竞争专员 Margrethe Vesteger（2016）最近在一次演讲中提到"我们确实不应该怀疑每一家拥有一组有价值数据的公司，但我们确实需要密切关注企业是否控制着独一无二的数据，并利用这些数据将竞争对手拒之门外。"在演讲中，她强调了 2014 年的一个案例，当时法国竞争管理局要求法国能源生产商法国燃气苏伊士集团与业内竞争对手共享一份客户名单。

虽然人们当前对某些相关领域展示出了一定的热情，但将必要设施原则应用于数据共享需要进一步的利弊权衡与实际考虑。我们先从权衡谈起。在评估创新产业的反垄断政策时，非常重要的一点是，我们要认识到，消费者从新技术中获得的好处不仅来自用具有竞争力的价格买到的商品和服务，而且还来自创新中不断改进的新产品和服务。因此，反垄断政策的评估不仅要看企业对价格和产出的影响，还要看其对创新速度的影响。事实上，在高科技产业中，对这些动态效率的考量似乎比对其静态效率的考量更为重要。将必要设施原则应用于数据的情形需要进行大量的权衡，但就目前而言，方向尚未明确。

经常被人们用来批评必要设施原则的一点是，设立事后责任分担机制会降低对基本设施的投资动机（Pate，2006）。在这种情况下，设立事后责任来分享数据可能会削弱现有的投资于数据创建进程的动机，从而拖慢创新的步伐。然而，整体的激励权衡并非如此简单。在新进入者是潜在创新重要来源的情况下，现有企业的排他性行为会降低进入者投资于研发的动机，从而使创新速度减慢。也就是说，在数据层面，如果特定的数据是 AI 创新的必要补充，那么现有企业对数据的排他所有权可能会减缓进入者的创新步伐。反垄断执法对创新速度的影响仍然是一个新兴的研究领域，但已经有了一定对理论的探索，例如 Segal 和 Whinston（2007）的研究。总而言之，尽管从事后静态效率的角度来看，将必要设施原则广泛应用于专有数据的结果可能富有吸引力，但仍有必要对事前激励行为保持谨慎。

除了已经讨论过的权衡之外，任何将必要设施原则应用于数据共享的行为还需要基于大量的实际考虑。就如同任何必要设施的情形一样，一旦法院或反垄断机构确立了交易义务，它还必须明确交易条款。显然，如果缺乏一些明确条款，市场在位者实际上可以通过建立对数据的任何潜在竞争对手都没有吸引力的交易条款来拒绝交易。鉴于市场条件不断变化，对贸易条件进行持续的管制将是不可避免的。当然，在某些情况下，美国法院已成为公司交易的持续监管机构，而法院已对这些公司施加了交易义务。例如，对 ASCAP 和 BMI 音乐许可证合同的持续监督就是一个很好的例子，说明了交易的责任会导致法院的监管。然而，这种持续监管结构的建立增加了监管实体和被监管公司两方的成本，而必要设施不是一个快速的解决方案。

最后，虽然必要设施原则可能并不总是解决集中的数据所有权的最好工具，但在兼并分析中，应考虑到兼并创造重要集中数据的可能性。就像合并分析认为的一样，合并有可能在很大程度上集中一些生产能力的其他要素。

显然，在实施反垄断解决方案来应对由关键数据排他所有权造成的潜在问题时，需要一些重要的权衡，而这至少提出了一些其他有待探索的公共政策途径。例如，考虑到数据的公共品性质，在某些情形下，特别是在私人创建此类数据会导致反垄断问题担忧的情况下，对数据创建的公共投资和由此创建的数据公共所有权同样是可能值得探索的。

参考文献

Abrahamson, Zachary. 2014. "Comment: Essential Data." *Yale Law Journal* 124 (3): 867–868.

Meadows, Maxwell. 2014. "The Essential Facilities Doctrine in Information Economies: Illustrating Why the Antitrust Duty to Deal is Still Necessary in the New Economy." *Fordham Intellectual Property, Media, and Entertainment Law Journal* 25 (3): 795–830.

Pate, R. Hewitt. 2006. "Refusals to Deal and Essential Facilities." Testimony of R. Hewitt Pate, DOJ/FTC Hearings on Single-Firm Conduct, Washington DC, July 18. https://www.justice.gov/atr/refusals-deal-and-essential-facilities-r-hewitt-pate-statement.

Segal, I., and M. Whinston. 2007. "Antitrust in Innovative Industries." *American Economic Review* 97 (5): 1703–1730.

Vesteger, Margrethe. 2016. "Making Data Work for Us." Speech at the Data Ethics event on Data as Power, Copenhagen, Sept. 9. https://ec.europa.eu/commission/commissioners/2014–2019/vestager/announcements/making-data-work-us_en.

17 隐私、算法和人工智能

Catherine Tucker[*]

设想以下场景，你与医生的预约时间眼看就要过了，于是你疯狂地寻找停车位。你知道你经常会忘记把车停在哪里，所以，你下载并使用了一个名为"找车"的应用程序。用这个 APP 给你的车拍照，然后对照片进行地理编码，当你来取车时，就能够轻松地找到正确的位置。这个应用程序能准确地预测何时应该给你提供指示。这一切听起来很有用。可是，这个例子却说明了 AI 世界中的各种隐私问题。

（1）数据持久性：由于存储数据的成本较低，所以，一旦创建了这些数据，其可能比创建该数据的人寿命要长。

（2）数据重用：目前尚不清楚未来将会如何使用这些数据，但是，一旦创建了这些数据，就可以无限期地重新利用它们。例如，十年后，停车习惯可能会被健康保险公司用来作为分配个人风险溢价的部分参考数据。

（3）数据溢出：照片可以记录他人信息，对于那些没有拍下这张照片的人来说，可能会有溢出效应，通过人脸识别技术来识别人脸信息，或对偶然捕获的车辆通过车牌数据库进行识别。照片中的这些人没有选择创建数据，但我选择了创建数据，就可能会在未来产生溢出效应。

本文将在考虑隐私经济学理念与 AI 经济学的关系之后，再来详细讨论这些问题。

---

* Catherine Tucker 是麻省理工学院斯隆管理学院（Sloan School）斯隆杰出管理学教授，国家经济研究局副研究员。

如需确认、研究支持来源和披露作者的重大财务关系，请访问 http://www.nber.org/chapters/c14011.ack。

17.1 经济学与 AI 中的隐私理论

17.1.1 当前的经济学和隐私模型及其缺陷

长久以来，隐私经济学中关于如何通过数据来建立隐私模型，因为缺乏清晰的认识，而一直备受困扰，大多数经济学理论模型，都将隐私视为中间产品（Varian，1996；Farrel，2012）。这意味着个人对数据隐私的渴求，取决于他们对数据在未来可能对自己经济结果的影响的预测。比如，这些数据会导致某公司可以通过数据观察到他们的行为，并收取更高的价格，消费者就可能会希望有隐私保护。再比如，数据可能会导致某家公司侵犯他们的时间，那消费者可能也会要求隐私保护。

然而，这与许多隐私条款制定者甚至消费者对隐私条款的选择和看法形成了鲜明对比，两者至少在侧重点上有所不同。

（1）许多条款辩论涉及消费者是否有能力在围绕提供数据的问题上做出正确选择，"通知和同意"是否为消费者提供了足够的信息，使他们能做出正确的选择。Mc Donald 和 Cranor（2008）等的研究表明，即使在 10 年前，认为消费者有时间正确地了解他们的数据将会被如何使用都是不切实际的，因为阅读隐私条款估计每年就要花费 244 小时。自那项研究以来，收集数据的设备数量（自动调温器、智能手机、应用程序、汽车）急剧增加，这表明，即使现在的消费者有时间去真正理解他们在以上这些情况中所做的选择，也是不可信的。

（2）与其相关的是，即使假定消费者已获得了充分的信息，但一项新的关于隐私的"行为学"文献表明，来自行为经济学的影响，如捐赠效应或"锚定"效应，也可能扭曲消费者围绕其数据做出决策的方式（Acquisti，Taylor和Wagman，即将发表）。这种扭曲可允许采取"轻度"干预政策，以使消费者能够做出更好的决定（Acquisti，2010）。

（3）这一理论的前提是，消费者只有在他们的数据确实被用于某些用途时，才会希望获得隐私保护，而不是对收集数据的想法感到厌恶。的确，在互联网时代关于隐私的一些最早的研究中，Varian（1996）指出，"我并不真的在乎别人有我的电话，只要他们不在我吃饭时打电话给我，并试图向我推销保险。同样的，我也不在乎别人是否有我的地址，只要他们不向我寄很多看起来很官方的信件，表示愿意为我的房子再融资，或把抵押贷款保险卖给我就行了"。

（4）然而，有证据表明，人们只关心收集数据这一事实，并在一定程度上改变了他们的行为，即使他们会遭到数据收集所带来的有意义的不良后果的可能性很小。美国国家安全局（NSA）收集到的人们对搜索查询（Marthews 和 Tucker，2014）的反应的实证分析表明，即使政府不打算使用这些数据来识别恐怖分子，其行为也发生了重大变化，即使这只是个人的尴尬。从法律上讲，美国宪法第四修正案涵盖了"不合理查封"以及"不合理搜查"人民的"文件和财物"，这表明政府和代表政府行事的金融机构不能只关注搜查是否合理，而完全忽视对数据的查封。因此，提供"数据光"和"端到端加密"通信和软件解决方案的公司，出现了一个不断增长的消费市场，在这些提供的解决方案的公司平台中，收集的消费者活动行为数据很少，甚至没有。这些问题表明，数据收集的事实可能与数据的使用方式一样重要。

（5）经济理论通常假定，虽然消费者希望企业拥有能够允许他们更好地匹配其水平差异偏好的信息，但他们并不希望企业拥有能够获取其支付意愿的信息（Varian，1996）。可是，这种认为消费者可能会寻求横向个性化的观点，与消费者普遍认为个性化令人反感甚至毛骨悚然的报道相悖（Lambrecht 和 Tucker，2013），似乎在对所用数据有操控感或拥有所有权的情况下，使用水平差异偏好信息的个性化产品才是可被接受或成功的，即使这种所谓的操控最终都是虚幻的（Tucker，2014；Athey、Catalini 和 Tucker，2017）。

17.1.2　AI 和隐私

跟"隐私"一样，AI 常常被用于泛指很多事情。本文遵循 Agrawal，Gans 和 Goldfarb（2016）的观点，重点讨论 AI 与降低预测成本的关系。这对传统隐私模型的显著影响是，更多类型的数据将被用于预测更广泛的经济目标。

同样，对隐私的渴望（或缺乏渴望）是个人对其数据被用于预测算法的结果的预期函数。如果他们预见 AI 在使用他们的数据后，他们将面临更糟糕的经济后果，他们可能希望限制自己的数据被共享或创造的行为。

对数据收集的简单不喜欢或厌恶将转移到使用自动预测算法来处理他们的数据之上。在使用数据的过程中，会产生对隐私的渴望，这种令人毛骨悚然的感觉将被传递给算法。确实，有一些证据表明，在类似的行为过程中，一些客户只有在有控制感的情况下才会接受算法预测（Dietvorst，Simmons 和 Massey，2016）。

在这种情况之下，AI 算法的问题看起来似乎是困扰隐私经济学早期研究的紧张局势的延续。因此，自然而然地引出了一个问题：AI 是否会带来新的或不同的问题？本文认为，在我们传统的隐私模型中，AI 和隐私选择的许多问题，将限制客户在共享数据时做出选择的能力。我强调了三个我认为可能会以重要和经济有趣的方式扭曲这一过程的主题（见 17.2、17.3 和 17.4 节）。

17.2　数据持久性，AI 和隐私

数据持久性是指一旦创建了数字型数据，就很难完全删除。从技术角度来看，这是事实（Adee，2015）。与模拟记录不同，模拟记录可以很容易地被销毁，而有意删除数字数据则不同，它需要资源、时间和小心谨慎。

17.2.1　与以往不同，现在创造的数据很可能会持续存在

过去，成本限制意味着只有最大的公司才能负担得起存储大量数据的费用，即使是在有限的时间内，这种限制基本上已经消失了。

数据供应基础设施的巨大转变，使收集和分析大量数字数据的工具变得司空见惯。基于云计算的资源，如亚马逊、微软和 Rackspace，创建的这些工具不再依赖于公司规模①，数据存储成本持续下降，因此一些人推测它们最终可能会趋于零。② 这使得非常小的公司也能够获得强大而廉价的计算资源。成本的降低表明，数据可以无限期地存储，后续如果被认为是一个有用的预测指标，便可用于预测训练。

发展大数据解决方案的主要资源限制是缺乏具备数据科学技能，并可从大型数据集中分析并得出适当结论的人才（Lambrecht 和 Tucker，2017）。随着时间和技能的发展，这种约束可能会变得不那么紧迫。

从隐私的角度来看，数字持久性可能令人担忧，因为隐私偏好可能会随着时间而改变。个人在创建数据时感受到的隐私偏好，可能与他们年长时的

---

① http：//betanews.com/2014/06/27/comparing – the – top – three – cloud – storage – providers/.

② http：//www.enterprisestorageforum.com/storage – management/can – cloud – storage – costs – fall – to – zero – 1.html.

隐私偏好不一致。这是我们在 Goldfarb 和 Tucker（2012）中记录的内容。我们发现虽然年轻人对数据往往更加开放，但随着年龄的增长，他们对数据隐私的偏好也在增长。这是一个在群体中持续存在的稳定效应。这并不是说今天的年轻人对数据非常随意；年轻一代对数据的态度都比较随意，但这种模式在以前只是不太明显，因为当时还不存在社交媒体，以及其他分享和创建潜在尴尬数据的方式。

这意味着关于 AI 和隐私的一个问题是，它可能会使用过去很久之前创建的数据，而现在回想起来，当事人会后悔创造了那些数据。

首先，在创建 $t = 0$ 的数据时，看起来似乎是无伤大雅的，并且在 $t = t + 1$ 时，仍旧可能是无害的，但一旦增加算力，可能能够从 $t + 1$ 相对于 t 的其他无害数据聚合中得出更具侵入性的结论。其次，生成的各种个人数据，可能都是个人不一定有意识地选择创建的。其中不仅包括偶然收集的数据，例如，被某一方拍摄的数据，还包括增加的公共空间被动监视所产生的数据，以及手机技术的使用，个人没有充分了解到它向包括政府在内的第三方，披露了多少有关个人和位置的数据。

尽管在将行为经济学的见解引入隐私经济学的研究方面已经做了大量工作，但在时间偏好一致性方面的研究工作却很少，尽管时间偏好一致性是最古老和研究中最多的一种行为经济学现象（Strotz，1955；Rubinstein，2006）。因此，将短视行为或双曲线贴现的可能性，纳入数据创建时的隐私选择模型的方式，似乎是一个重要的步骤。即使有关经济学家拒绝将行为经济学或短视行为作为一种可接受的解决方案。至少有必要强调，隐私选择应该建模，因为创建数据和使用数据之间的时间很短。相对而言，为决策建模，可能会在很长一段时间内更容易被接受。

17.2.2　数据的预测能力会持续多久

如果我们假设，由于存储成本较低，创建的任何数据可能会持续存在，那么对于理解隐私的动态性而言，更重要的问题可能是数据的预测能力可以持续多久。

有观点认为，今天创建的许多数据，对于明天没有多大的预测能力似乎是合理的。我们在 Chiou 和 Tucker（2014）的调查研究中发现，欧洲联盟（EU）限制搜索引擎对数据的保留时长，似乎并未影响其生成有用搜索结果的算法的成功率。这个搜索结果的成功率是通过用户是否被迫感到需要再次搜索来衡量的。这在搜索引擎的世界中可能是有意义的，因为许多搜索是孤立的或是对新事件的关注。例如，2017 年 8 月 31 日，谷歌的热门搜索关键词是"Hurricane Harvey"，这是无法基于几周之前的搜索行为进行预测的。[①]

但是，有一些数据类型，可以合理地认为它们的预测能力几乎可以无限期地存在。这方面最重要的例子是遗传数据的创建。Miller 和 Tucker (2017) 指出，遗传数据具有不随着时间推移而变化的与众不同的特性。像 23andme.com 这样的公司正在创建大型的基因数据库，覆盖超过 120 万人。

虽然一个人在其 20 岁时的互联网浏览行为，可能不适合预测其在 40 岁时的浏览行为，但根据他 20 岁时的基因数据几乎可以完美地预测其在 40 岁时的基因数据。[②]

17.3　数据重用，AI 和隐私

数据被数字化后持续存在于漫长的时间范围中，从而增加了围绕数据使用方式的不确定性。这是因为数据一旦被创建，一段数据就可以无限次地重复使用。由于预测成本较低，通常会扩大可能使用数据的环境和场合的数量。如果一个人无法合理地预见到他们的数据将如何被重新利用，或者数据在这种重新设定用途的环境中可以预测什么，那么通过对他们创建数据时的选择进行建模，假设数据必然会被如何使用，比我们在当前非常确定的情况下建模，变得要更加困难和充满不确定性。

17.3.1　意外的相关性

当数据被创建时，用户之间的行为可能存在着无法预料的相关性，并且，正是在这些溢出效应中，AI 的隐私问题存在最大的潜在影响。

其中一个著名的例子是，在脸书（Facebook）上喜欢（或不喜欢）卷曲薯条的人，可能无法合理地预测是否喜欢卷曲薯条会预测智力（Kosinski、Stillwell 和 Graepel，2013），因此可能会被算法用作潜在的筛选工具，用于识别理想的员工或学生。

---

① https://trends.google.com/trends/.

② 如文章中所讨论的"DNA 确实会随着时间的推移发生一些变化，但这种变化本身是可以预测的。"来源于 http://www.nature.com/news/2008/080624/full/news.2008.913.html.

17.3.2 相关性的意外扭曲

在这些情况下，算法可能会使用为不同目的而创建的数据，从而对基于数据之间的相关性做出潜在推测。隐私经济学模型的结果是，它们假定数据被单一使用，而不是在不可预测的环境中被允许重复使用。

然而，即使假设个人能够合理地预期到他们的数据会被重新利用，但是考虑到数据重新利用时可能产生的失真，也会面临越来越多的挑战。

我们在新的研究中调查分析了基于数据相关性数据失真的可能性。[①]

在 Miller 和 Tucker（2018）的报告中，我们通过广告算法记录广告的分布，该算法试图通过在线数据预测一个人的民族亲和力。我们开展了多项针对非裔美国人，亚裔美国人和西班牙裔美国人民族关系的平行广告宣传活动。同时，我们还针对除以上三种种族关系的人开展了另一场运动。这些活动突出了一项联邦计划，旨在通过实习和职业指导来提高进入联邦工作的途径。[②] 我们做了一个星期的广告，并收集了每个县的广告曝光人数数据。我们发现，根据人口普查数据，相对于该县实际人口构成的预测，广告算法倾向于预测更多的非洲裔美国人生活在有非洲裔美国人歧视历史记录的州。这种模式适用于在美国内战时期允许奴隶制的州，也适用于在 20 世纪限制非洲裔美国人投票的州。在这些州，只有非洲裔美国人的存在超过预测，而不包含具有西班牙裔或亚裔背景的人。

我们的研究表明，不能通过算法对这些州的行为数据的响应作为解释，因为在各州不同的活动中，无论有无歧视历史，点击浏览模式并没有差异。

我们将通过算法如何运作的四个事实来讨论并解释这一点：

（1）该算法基于人们对诸如名人、电影、电视节目和音乐之类的文化现象的喜好程度，将用户识别为具有特定的种族亲和力。

（2）收入较低的人更有可能使用社交媒体来表达对名人、电影、电视节目和音乐的兴趣。

（3）收入较高的人更有可能使用社交媒体来表达他们对政治和新闻的

---

① 这项新研究将成为我在 NBER 会议上的发言重点。

② 有关该计划的详细信息，请参阅 https：//www. usajobs. gov/Help/working – in – government/u-nique – hiring – paths/students/.

看法。①

（4）经济学研究表明，非裔美国人更有可能在那些具有歧视历史的州，获得较低的收入（Sokoloff 和 Engerman，2000；Bertocchi 和 Dimico，2014）。

在具有歧视历史模式的地理区域，种族预测算法更倾向于预测某个人是黑人，这一经验规律很重要，因为它突出了算法行为中的历史持久性潜力。它表明，早期历史的动态结果可能会影响 AI 做出预测的方式。如果早期的历史令人反感，那就更令人担忧了。在这种特殊情况下，当数据的生成是内生的，那么解决方案是使用特定的数据片段来预测特征。

这强调了预测算法世界中的隐私政策，要比个人对其数据做出二进制决策的简单世界复杂得多。在我们的例子中，禁止低收入者通过与音乐或视觉艺术的亲和力来表达他们的身份似乎是有问题的。他们这样做可能会导致算法做出他们是属于特定种族群体的预测。用户可能事先并没有意识到，披露音乐偏好可能导致 Facebook 推断用户的民族亲和力，并在此基础上向其推送广告的风险。

17.3.3 意想不到的数据再使用及意外后果

在大多数经济模型中，消费者对数据隐私的潜在渴望，取决于消费者能否准确预测数据的用途。数据隐私的一个问题是，AI/算法对现有数据集的使用可能遇到这样的情况，比如说，人们在 2000 年或 2005 年创建的数据，无法合理地预见数据会被使用和重新组合，然后将其纳入当时的决策之中。

同样，这也带来了法律上的困扰，即个人数据的聚合或拼接，被认为比孤立地考虑每个数据更具侵入性。在美国诉琼斯案（2012）中，Sotomayor 法官在一个众所周知的同意意见中写道："可能有必要重新考虑这样一个前提，即个人在自愿向第三方披露的信息中，没有合理的隐私预期……这种方法不适用于数字时代，人们在执行日常任务的过程中向第三方披露了大量关于自己的信息"。AI 系统已经证明，它们能够基于我们现在在数字媒介的日常活动中聚合信息并进行分析，为个人的品位、活动和观点绘制非常详细的画像。对公司而言，马赛克法的一部分风险在于，以前被认为不具有个人身份信息或个人敏感信息的数据，如邮政编码、性别或年龄，如果用今天的算

---

① 社交媒体上高收入的最佳预测因素之一是喜欢丹·拉瑟（Dan Rather）。

法进行聚合和分析，在十年内就可以识别出你的个人身份。

围绕未来数据使用的这种普遍不确定性，加上数据对企业可能有用的确定性，影响了消费者明确地选择创建或共享数据的能力。由于私人数据的使用方式存在大量风险和不确定性，这会影响个人处理他们对隐私的偏好。

17.4　数据溢出，AI 和隐私

在美国，隐私被定义为个人权利，特别是个人不受打扰的权利（Warren 和 Brandeis，1890）（这个具体案例来自于一个带摄像机的记者）。

经济学家试图设计一种反映隐私的效用函数，反映了这种个人主义观点。由于与公司互动的潜在后果，一个人倾向于保密（或不保密）信息。到目前为止，他们的隐私模型并未反映出另一个人的偏好或行为可能会对这一过程产生溢出效应的可能性。

17.5　算法使用的某些数据类型——可能天生会产生溢出效应

17.5.1　概述

例如，在遗传学方面，创建遗传数据的决定对家庭成员具有直接影响，因为个人的遗传数据与其家庭成员的遗传数据非常相似。这为那些将自己的基因档案上传到 23andme 的人的亲属造成了隐私溢出效应。那些预测我可能在以后的生活中，患有视力不佳或黄斑变性的数据，也可用于合理地预测那些与我有血缘关系的人，他们也可能有类似的风险特征。

当然，人们希望个人能够通过家庭成员基因数据的披露，将潜在的外部性内化，但想象这种内化不会发生，且会有明显的外部性的疏远情况似乎并不牵强。

在二进制数据领域之外，还有其他数据类型本质上可能会产生溢出效应。这些数据包括在公共场所拍摄的照片、视频和音频数据。此类数据的创建可能出于某一个目的，比如出于娱乐目的，希望用视频来捕捉记忆或增加安全性，但创建数据时，可能产生关于其他个体的数据，这些个体的声音或图像被捕捉，而他们并不知道自己的数据正在被记录。传统上，隐私的法律模型区分了有隐私期望的私人领域和没有合理隐私期望的公共领域。例如，在加州最高法院诉 Greenwood（1988）的案件中，法院拒绝接受个人对他留在路边的垃圾有合理的隐私预期。

然而，在一个人们广泛使用移动设备和照片捕获的世界中，脸部识别允许在公共场合准确地识别任何个体，并且个体难以避免此类识别。我们在公共领域没有合理的隐私期望有两个潜在的错误：一个人在公共场所的存在通常是短暂的，以至于不会被记录；并且在公共场所的活动记录通常不会被记录、解析和利用，以备将来使用。

因此，技术的进步混淆了数据创建上的产权分配。尤其是，目前尚不清楚我在公共空间的行为视频片段，有可能准确地预测经济学上有意义的结果，如健康结果。可以明确地视为我是在对隐私没有期许的环境，或至少没有控制数据创建的权利。无论如何，这些新形式的数据，在某种意义上，由于数据创建的偶然性，似乎破坏了对大多数经济隐私模型中显而易见的假设，即数据要易于定义，且产权要明确。

17.5.2 算法天生会在数据之间产生溢出效应

AI 及其自动预测能力的主要后果之一是，个人与其他经济主体之间可能存在溢出效应。如果 AI 算法能够从一个人对某些信息做出保密的决定之中预测他在其他方面的个人行为，那么这种保密信息也会产生溢出效应。

研究已经记录了似乎具有歧视性的算法结果，并且认为这种结果可能会发生，因为算法本身将学会根据提供给它的行为数据来做出偏见（O'Neil，2017）。被记录在案的所谓算法偏见包括：考试准备软件向亚洲人收取更高的费用①、黑人名字更有可能被用于制作犯罪记录核查广告（Sweeney，2013）、女性更不可能看到高管培训服务的广告（Datta、Tschantz 和 Datta，2015）。

这种基于数据的歧视，通常被认为是隐私问题（Custers 等，2012）。争论的焦点是，一个人的数据被用来歧视他们自己，是令人憎恶的，尤其是如果他们一开始就没有明确同意收集这些数据的话。然而，尽管在以法律为导向的，基于数据歧视的文献中并不经常讨论，但是对于基于数据歧视的潜在

---

① https：//www.propublica.org/article/asians – nearly – twice – as – likely – to – get – higher – price – from – princeton – review。在这种情况下，所谓的歧视显然源于这样一个事实，即亚洲人更有可能生活在考试准备软件价格较高的城市。

可能性表现出来的担忧，与早期统计的关于歧视的经济学文献之间存在许多联系。当雇主从女性的生育决策和结果的一般数据中，推断出女性对生育能力和行为的类似预期时，有些人会觉得很反感，同样地，制定类似推断的算法也一样令人反感。算法的这种统计歧视实例，可能反映出预测能力在个体之间的溢出效应，而这种溢出效应未必会被每个个体所内化。

然而，迄今为止，很少有人试图理解为什么广告算法会产生明显的歧视结果，或数字经济本身是否可能在这种明显的歧视中发挥作用。我认为，除了与经济学中统计的歧视文献明显相似之外，有时，明显的歧视可以被最好地理解为算法决策的溢出效应。这使得隐私问题不仅仅是个人数据被用来歧视他们的潜在问题之一。

在 Lambrecht 和 Tucker 即将出版的书中，我们讨论了一个明显的关于算法偏差的实地研究。我们使用了来自于科学、技术、工程和数学领域（STEM）招聘广告，显示实地场测数据。这则广告不太可能向女性展示。这似乎是算法的计算结果，因为广告主希望广告中性化。我们探索了各种各样的方法，也许可以解释为什么该算法以一种明显的歧视方式运行。排除了一组显而易见的解释，例如，这并不是因为预测算法显示广告的女性人数较少，而且预测算法并不知道女性点击广告的可能性较小，因为在有条件展示广告的条件下，女性比男性更有可能点击广告。换句话说，这不仅仅是统计歧视。

我们还表明，算法并非从历史上可能对女性产生偏见的本地行为中学习。我们使用来自 190 个国家的数据，表明我们衡量的效果似乎并未受到该国妇女地位的影响。相反，我们提供的证据表明该算法正在对广告客户的溢出效应做出反应。女性在广告商中是一个受人青睐的群体，因为她们通常更有利可图，且因为他们控制着大部分家庭开支。因此，利润最大化的公司展示吸引女性眼球的广告费用高于男性，尤其是在年轻人群中。通过广告客户的溢出效应和算法尝试将这些溢出效应成本最小化，解释了我们测量的效果。由于挤出效应，女性不太可能看到一个有性别中立预期的广告。

简而言之，以下这些因素导致了我们的测量结果：

（1）广告算法旨在最大限度地降低成本，以便广告主的广告收入能够进一步扩大。

（2）其他广告主认为吸引女性眼球更为可取且投资回报更高，因此愿意花更多的钱向女性展示广告而不是男性。

在 Lambrecht 和 Tucker（即将出版）的书中，探讨了明显的算法偏差，这是一个组织与另一个组织之间对眼球价值对比之下，明显的经济溢出结果。例如，除了确保发布招聘广告的公司意识到了潜在的后果，很难知道需要什么样的干预政策，或是什么程度上应该被认为是一个隐私问题，而不是通过已经建立的政策工具来解决歧视问题。

然而，这种溢出现象是互联网经济中的另一个例子，规定隐私作为单个公司和单个消费者之间的隐私交换模式，可能不再适用于互联网经济。相反，单个公司可以使用任何数据的方式，本身可能会受到来自经济体中其他实体溢出效应的影响，同样，这种方式在数据创建时可能难以预见。

17.6　影响和未来研究议程

本章简要介绍了 AI 与隐私经济学之间的关系。它强调了三个主题：数据持久性、数据重用和数据溢出。

这三个领域可能会对传统的个人效用函数中的隐私处理提出一些新的挑战，我们对个人如何选择创建个人数据进行建模，这些个人数据后续可用于告知算法。在最高水平上，这表明未来经济学上隐私方面的工作可能集中在数据持续性和数据重用的动态性，以及破坏数据明确性的溢出效应，而不是传统经济学中更传统的聚焦在原子主义和静态层面的隐私经济模型。

17.6.1　未来研究议程

在本章结束时，我强调了以下三个方面的具体研究问题：

17.6.1.1　数据持久性

（1）是什么导致消费者的隐私偏好随着时间的推移而演变？这些偏好的稳定性和持续时间有多长？

（2）随着年龄的增长，消费者是否能够正确预测其隐私偏好的演变？

（3）旨在限制公司存储数据的时间长度的法规，是否会增加或减少福利？

（4）从长远来看，影响数据价值持续性的因素是什么？是否有某些类型的数据，对算法而言会快速失去价值？

17.6.1.2　数据重用

（1）消费者是否了解其数据可以重复使用的程度，以及他们是否能够预测他们的数据可以预测的内容？

（2）限制数据重用的哪种规则可能是最优的？

（3）基于区块链或其他降低交易成本的技术，如数据合同的方法，是否能够通过数据启用足够广泛的合同（以及建立产权）？

（4）是否应该明确限制算法重用的数据类别？

17.6.1.3　数据溢出

（1）有没有什么机制（理论上或实践上）可用于确保人们将其数据创建的后果对其他人内化。

（2）个人可以通过什么最优机制，来主张将其从广泛收集的某些类型的数据（如遗传数据、视觉数据、监视数据等）中排除出去？

（3）是否有证据表明有偏见的 AI 程序员的假设，会导致有偏见的 AI 算法？改善技术社区多样性的努力是否会降低产生偏见的可能性？

（4）与反事实人类过程相比，又有多少有偏颇的算法参与数据库歧视。

参考文献

Acquisti, A. 2010. "From the Economics to the Behavioral Economics of Privacy: A Note." In *Ethics and Policy of Biometrics*, edited by A. Kumar and D. Zhang, 23–26. Lecture Notes in Computer Science, vol. 6005. Berlin: Springer.

Acquisti, A., C. R. Taylor, and L. Wagman. Forthcoming. "The Economics of Privacy." *Journal of Economic Literature*.

Adee, S. 2015. "Can Data Ever Be Deleted? *New Scientist* 227 (3032): 17.

Agrawal, A., J. Gans, and A. Goldfarb. 2016. "The Simple Economics of Machine Intelligence." *Harvard Business Review*, Nov. 17. https://hbr.org/2016/11/the-simple-economics-of-machine-intelligence.

Athey, S., C. Catalini, and C. Tucker. 2017. "The Digital Privacy Paradox: Small Money, Small Costs, Small Talk." Technical Report, National Bureau of Economic Research.

Bertocchi, G., and A. Dimico. 2014. "Slavery, Education, and Inequality." *European Economic Review* 70:197–209.

Chiou, L., and C. E. Tucker. 2014. "Search Engines and Data Retention: Implications for Privacy and Antitrust." MIT Sloan Research Paper no. 5094-14, Massachusetts Institute of Technology.

Custers, B., T. Calders, B. Schermer, and T. Zarsky. 2012. "Discrimination and Privacy in the Information Society." In *Volume 3 of Studies in Applied Philosophy, Epistemology and Rational Ethics* Berlin: Springer.

Datta, A., M. C. Tschantz, and A. Datta. 2015. "Automated Experiments on Ad Privacy Settings." *Proceedings on Privacy Enhancing Technologies* 2015 (1): 92–112.

Dietvorst, B. J., J. P. Simmons, and C. Massey. 2016. "Overcoming Algorithm Aversion: People Will Use Imperfect Algorithms If They Can (Even Slightly) Modify Them." *Management Science* https://doi.org/10.1287/mnsc.2016.2643.

Farrell, J. 2012. "Can Privacy Be Just Another Good?" *Journal on Telecommunications and High Technology Law* 10:251.

Goldfarb, A., and C. Tucker. 2012. "Shifts in Privacy Concerns." *American Economic Review: Papers and Proceedings* 102 (3): 349–353.

Kosinski, M., D. Stillwell, and T. Graepel. 2013. "Private Traits and Attributes are Predictable from Digital Records of Human Behavior." *Proceedings of the National Academy of Sciences* 110 (15): 5802–5805.

Lambrecht, A., and C. Tucker. Forthcoming. "Algorithmic Discrimination? Apparent Algorithmic Bias in the Serving of Stem Ads." *Management Science.*

———. 2013. "When Does Retargeting Work? Information Specificity in Online Advertising." *Journal of Marketing Research* 50 (5): 561–576.

———. 2017. "Can Big Data Protect a Firm from Competition?" *CPI Antitrust Chronicle*, Jan. 2017. https://www.competitionpolicyinternational.com/can-big-data-protect-a-firm-from-competition/.

Marthews, A., and C. Tucker. 2014. "Government Surveillance and Internet Search Behavior." Unpublished manuscript, Massachusetts Institute of Technology.

McDonald, A. M., and L. F. Cranor. 2008. "The Cost of Reading Privacy Policies." *Journal of Law and Policy for the Information Society* 4 (3): 543–568.

Miller, A., and C. Tucker. 2017. "Privacy Protection, Personalized Medicine and Genetic Testing." *Management Science.* https://doi.org/10.1287/mnsc.2017.2858.

———. 2018. "Historic Patterns of Racial Oppression and Algorithms." Unpublished manuscript, Massachsetts Institute of Technology.

O'Neil, C. 2017. *Weapons of Math Destruction: How Big Data Increases Inequality and Threatens Democracy*. Portland, OR: Broadway Books.

Rubinstein, A. 2006. "Discussion of 'Behavioral Economics.'" Unpublished manuscript, School of Economics, Tel Aviv University, and Department of Economics, New York University.

Sokoloff, K. L., and S. L. Engerman. 2000. "Institutions, Factor Endowments, and Paths of Development in the New World." *Journal of Economic Perspectives* 14 (3): 217–232.

Strotz, R. H. 1955. "Myopia and Inconsistency in Dynamic Utility Maximization." *Review of Economic Studies* 23 (3): 165–180.

Sweeney, L. 2013. "Discrimination in Online Ad Delivery." *ACM Queue* 11 (3): 10.

Tucker, C. 2014. "Social Networks, Personalized Advertising, and Privacy Controls." *Journal of Marketing Research* 51 (5): 546–562.

Varian, H. R. 1996. "Economic Aspects of Personal Privacy." Working paper, University of California, Berkeley.

Warren, S. D., and L. D. Brandeis. 1890. "The Right to Privacy." *Harvard Law Review* 4 (5): 193–220.

18 人工智能和消费者隐私

Ginger Zhe Jin[*]

由于大数据的发展，AI 激发了令人激动的创新。与此同时，AI 和大数据正在形成消费者隐私和数据安全方面的风险。在本章中，作者首先定义问题的本质，然后介绍一些关于正发生风险的事实。本章的大部分内容描述美国市场在当前政策环境下如何应对风险，最后总结研究人员和决策者面临的关键挑战。

18.1 问题的实质

在 20 世纪 80 年代早期，经济学家倾向于认为，在重要交易中，消费者隐私存在信息不对称。例如，消费者想要隐藏他们的支付意愿，就像公司想要隐藏他们的真实边际成本，而持有较少的有利信息的消费者（比如信用评分低的消费者）倾向于持币观望而非交易，同时卖家想要隐瞒产品质量差的事实（Posner，1981；Stigler，1980）。信息经济学认为，买卖双方都有隐藏或披露私人信息的动机，而这些动机对市场效率至关重要。在单笔交易中，较少的隐私并不一定会影响经济效率。揭示消费者类型的数据技术可以促进产品和消费者之间更好的匹配，帮助购买者评估产品质量的数据技术，可以鼓励生产高质量的产品。

新的担忧出现是因为技术的进步使得大规模采集、存储、处理和使用数据的成本急剧下降，大量的数据使得信息不对称远远超出了单笔交易的范

  * Ginger Zhe Jin 是马里兰大学（The University of Maryland）经济学教授，国家经济研究局副研究员。

  我非常感谢 Ajay Agrawal，Joshua Gans 和 Avi Goldfarb 邀请我为 2017 年 NBER 人工智能经济学会议作出贡献，并感谢 Catherine Tucker，Andrew Stivers 和会议参与者进行的鼓舞人心的讨论和评论。本文文责自负。

  如需确认、研究支持来源和披露作者的重大财务关系，请访问 http：//www. nber. org/chapters/c14034. ack。

围。这些进步通常可以用"大数据"和"AI"来概括。这里所指的大数据，是指大量的交易级数据，它们可以单独或与其他数据集的结合使用来识别单个消费者。最流行的 AI 算法将大数据作为输入，以便理解、预测和影响消费者行为。现代 AI 被合法企业使用，可以提高管理效率，激励创新，更好地匹配供求关系，但 AI 在不法分子的手中，将产生大量的假冒伪劣产品。

由于数据可以在交易后长时间内存储、交易和使用，未来的数据使用可能会随着数据处理技术（如 AI）的发展而增长。更重要的是，当买方决定是否在重要交易中提供个人数据时，交易双方对未来数据的使用都是模糊的。根据未来的数据技术，卖方可能不愿意将数据的使用限制在特定的目的、特定的数据处理方法或特定的时间范围内。即使他自身不打算使用任何数据技术，仍然可以把数据卖给想要使用它的人。数据市场促使卖家采集尽可能多的消费者愿意提供的信息。

经验丰富的消费者可能会预料到这种不确定性，从而不愿透露个人数据。然而，在许多情况下，身份和支付信息对于完成重要交易是至关重要的，即使是最老练的消费者也要在重要交易的即时收益和未来数据使用的潜在损失之间进行权衡。可能有人会说，未来的数据使用只是在重要交易中产品的一个新属性，只要该属性在买方和卖方之间明确传达（如通过一份完善的隐私政策），在竞争激烈的市场中，卖方将会尊重买方对有限数据使用的偏好。不幸的是，该属性目前在重要交易时还没清晰地明确，随着时间的推移，它可能会根据卖方数据策略的方式变化，但完全超出买方的观点、控制、预测能力或价值能力。这种持续的信息不对称，如果不妥善处理，未来的数据使用可能会导致"柠檬市场现象"（关于未来的数据使用）。

在 AI 与消费者隐私的交互中，有关未来数据使用的不完整信息并不是潜伏的唯一问题。至少还有与未来数据使用和价值的不确定性相关的两个问题：一个是外部性；[①] 另一个是承诺。

很明显，未来的数据使用可能对消费者有利或有害。因此，理性的消费

---

① 从一个玩家到另一个玩家可能存在正的外部效应。例如，跟踪全国范围内一种传染病的数据集可以为每个人带来巨大的公共卫生利益。但是，如果每个数据采集者只访问部分数据，并且无法从基于全国数据的最终产品中获益，那么他可能会有动机不充分采集和不充分共享数据。这里我将重点放在负外部性上，以强调过度采集和过度共享的风险。

者可能在某种程度上更愿意共享个人数据（Varian，1997）。然而，未来数据使用的好处，例如，更好的消费者分类、更好的需求预测或更好的产品设计，通常可以通过内部数据使用或通过向第三方出售数据，由数据采集者进行内部化。相反，由于未来的不当使用，例如，身份盗用、敲诈、勒索或欺诈，造成的损害往往不是数据采集者造成的，而是消费者造成的。由于通常很难将消费者的损失追溯到特定的数据采集者，因此数据采集者或使用者在选择如何与采集设备交互时，可能无法将这些损害内部化。一部分原因是受害的消费者可能与数百名卖家共享了相同的信息，而无法控制每条信息避免落入不法分子的手中。利益可获得与损失不可追究之间的不对称，导致了卖方对买方的负外部性。[①] 如果没有办法追究其责任，卖方就会有过度采集买方信息的动机。

　　由于很难去跟踪数据采集器的操作造成的损害，以及对未来使用数据的不确定性和数据采集者行为的持续信息不对称，也会引发承诺问题。假设消费者关心数据的使用，那么每个卖家都有动机吹嘘自己在重要交易中拥有对消费者最友好的数据政策，但也会保留在数据采集后违约的选项。如果卖家的实际做法被公开，并被发现与其承诺相矛盾，那么可能会强制执行已声明的特定的数据政策承诺，然而，真实的数据采集行为通常很难被发现。由于法院经常要求一个"实地机构"提供有害结果的证据，以及对该结果与数据采集者的行为之间存在因果关系的证据，因此纠正数据政策失实对消费者造成的损害就更加困难了。[②]

---

　　① 关于负外部性的争论已经在许多论文中进行了讨论，包括 Swire and Litan（1998）以及 Od-lyzko（2003）。Acquisti，Taylor，and Wagman（2016）for a more comprehensive summary。

　　② 联邦贸易委员会（FTC）和 LabMD 之间正在进行的斗争最能说明法院对有形损害的重视。LabMD 是一个医学检测实验室，从消费者那里采集敏感的个人和医疗信息。联邦贸易委员会指控 LabMD 违反了联邦贸易委员会的法案，没有采取合理和适当的措施来防止未经授权去访问消费者的个人信息。2015 年 11 月，美国联邦贸易委员会行政法官驳回了美国联邦贸易委员会投诉，认为未能证明 LabMD 的数据安全行为对消费者造成或可能造成实质性的伤害（https：//www.ftc.gov/news - events/press - releases/2015/11/administrative - law - judge - dismisses - ftc - data - security - complaint）。2016 年 7 月，由于 FTC 委员的意见和最终命令（https：//www.ftc.gov/news - events/press - releases/2016/07/commission - finds - labmd - liable - unfair - data - ecurity - practices），这一决定被推翻。2016 年 11 月，美国联邦第 11 巡回上诉法院批准了 LabMD 的请求，即使是在暴露的数据高度敏感的情况下，也不应该强制执行联邦贸易委员会的命令（尽管上诉法院正在审理此案）。法庭意见可浏览 http：//f.datasrvr.com/frl/016/73315/2016_ 1111.pdf。数据安全实践需要什么样的消费者伤害才能变得不公平和非法仍然是一个悬而未决的问题。

AI 会加剧人们对于信息不对称、外部性和承诺问题的担忧。更具体地说，通过潜在地扩大消费者数据使用的范围和价值，AI 可以增加大数据的预期收益和成本。但是，由于这些好处对数据和 AI 的所有者来说更内化，而不是消费者的风险，AI 可能会鼓励侵入性地使用数据，尽管对消费者来说风险更高。出于同样的原因，AI 带来的新好处，比如节约成本或更好的销售，可能会诱使企业秘密地放弃其在隐私或数据安全方面曾做出的承诺。

简而言之，大数据给消费者隐私带来了三个"新"问题：①在重要交易之后，卖家最初比买家拥有更多关于未来数据使用的信息；②卖家不需要完全将对消费者的潜在损害内化，因为无法将损害追溯至数据采集者；③卖家在采集数据时可能承诺对消费者更为友好的数据政策，但在事后却会食言，因为事后很难发现和惩罚这些行为。① 这三者都会鼓励不负责任的数据采集、数据存储和数据使用。

AI 和其他数据技术可能会加剧这三个问题。在本章的后面，将描述一些 AI 技术，旨在减轻对消费者隐私和数据安全的风险。因此，AI 对隐私的净影响需要兼顾双方。

18.2　消费者隐私和数据安全的持续风险

与隐私和数据安全相关的风险是真实存在的。从根本上说，数据产生的风险可以直接或间接地与 AI 和其他数据技术有关。例如，由于 AI 提高了数据的预期价值，因此使得企业更希望采集、存储和积累数据，无论是否会使用 AI 技术，不断增长的大数据仓库成为黑客和骗子的首要目标。

18.2.1　数据处于风险中

根据私隐权利清算中心的资料，自 2005 年以来，共有 7859 宗数据泄露事件发生，令数十亿份载有个人可识别信息（PII）的记录可能被滥用。② 更令人担忧的是，我们不仅观察到影响数百万人的大规模入侵行为，而且还发现了一次入侵造成的数据损失会扩散到所有的个人可识别信息。2013 年 12 月，塔吉特丢失了 4000 万份记录，黑客获得的数据主要是借记卡和信用

---

① Jin 和 Stivers（2017）对这三个信息问题做了更详细的阐述，但是他们并没有将它们与 AI 或其他数据技术联系起来。

② https：//www. privacyrights. org/data－breach，2017 年 12 月 18 日访问。

卡号码。但 2017 年 9 月的 Equifax 泄露事件影响了 1.45 亿人，社会保险号、整个信用记录甚至驾照和交易纠纷数据都是从同一个数据库窃取的。更令人担忧的是，数据泄露发生在积累大量 PII 数据的组织中，这些组织包括零售商、征信机构、金融机构以及政府、学校和医院等非营利组织。

数据泄露的原因也在不断演变。十年前，大多数数据丢失是由人为错误造成的，比如垃圾中未被粉碎的记录、丢失的没有加密数据的笔记本电脑，或者不小心上传到开放网络的数据。最近的入侵通常是有针对性的黑客攻击和勒索软件攻击的结果。如果我们把一个恶意的黑客看作一个小偷，那么勒索软件攻击者就是一个绑架者，他控制了你的数据系统，并要求立即支付赎金。例如，2017 年 5 月的勒索软件攻击已经感染了 99 个国家（包括美国）的电脑，导致许多地方的交通、银行、核设施以及医院系统瘫痪。[1]

Thomas 等（2017）从 2016 年 3 月到 2017 年 3 月一直在跟踪暗网，被动地监控通过数据泄露暴露身份的论坛，欺骗用户将身份信息提交到虚假登录页面的钓鱼工具，以及从受感染的机器上获取密码的键盘记录程序。他们发现了大量的潜在受害者，包括 788000 个现成的键盘记录程序，1240 万个网络钓鱼工具，以及 19 亿个通过数据泄露而暴露的用户名和密码。在将这些暴露的证书与谷歌的内部数据库匹配之后，他们发现 7% 到 25% 的暴露密码与受害者的谷歌账户匹配。更令人担忧的是，他们观察到"对不良行为者的外部压力明显不足，自 2005 年以来，钓鱼工具包和键盘记录器功能基本上保持不变。"

18.2.2 消费者处于风险中

数据泄露可能造成的最具体危害是身份盗窃。根据美国司法统计局（BJS）的数据，身份盗窃影响了 1760 万（7%）美国 16 岁以上居民（Harrell，2014）。一直以来，身份盗窃都是最大的消费者投诉类别之一——2014 年第一次，2015 年第二次，2016 年第三次（FTC，2014，2015，2016）。2016 年，身份盗窃占消费者投诉的 13%，紧随其后的是债务催收（28%）和冒牌货诈骗（13%），所有这些都可能以丢失的个人数据为依据（FTC，2016）。

---

① http：//www.bbc.com/news/technology - 39901382，于 2017 年 10 月 20 日访问。

　　当然，并非所有的身份盗窃都是由隐私保护不足或数据安全不足造成的。在大数据和 AI 出现之前，骗子们长期练习他们的诈骗创意。然而，身份盗窃造成的损失很可能是数据滥用造成的。据 BJS（Harrell，2014）报道，86% 的身份盗窃受害者经历过对现有账户信息的欺诈性使用，64% 的人报告称，身份盗窃事件造成了直接的经济损失。在直接经济损失的报告中，个人资料欺诈的受害者平均损失 7761 美元（中位数为 2000 美元），而现有银行被欺诈的受害者平均损失 780 美元（中位数为 200 美元）。①

　　研究人员试图在数据滥用和消费者伤害之间建立一种统计上的关系。Romanosky，Acquisti 和 Telang（2011）研究了各州关于数据泄露披露法规的差异，发现采用数据泄露披露法律的州，数据泄露导致的身份盗窃平均减少了 6.1%。Romanosky，Hoffman 和 Acquisti（2014）进一步研究了从 2000 年到 2010 年间联邦数据泄露的诉讼案件。研究表明，当个人遭受经济损失时，公司被起诉的概率是 3.5 倍，而当公司提供免费信用监控时，被起诉的概率则比前者的概率低 6 倍。Telang 和 Somanchi（2017）研究了数据滥用的一个更间接的后果。他们利用一家美国银行的详细交易数据发现，如果消费者在 6 个月内经历了未经授权的欺诈性交易，银行失去该消费者的可能性会提高 3 个百分点。虽然未经授权的交易可能是以前数据泄露的结果，但很难将欺诈归咎于特定的数据泄露。换句话说，银行和消费者都可能因为数据泄露而蒙受损失，但数据被泄露的公司几乎没有蒙受损失。

　　税务欺诈提供了另一个窥视滥用数据危害的视角。通过政府会计办公室（GAO 2015），美国国税局（IRS）报告了一份关于身份盗窃未遂退款欺诈的估算报告（截至 2013 年）。尽管美国国税局阻止或追回 242 亿美元的欺诈性退款，但依然支付了 58 亿美元的退税，这些退税后来被认定为身份盗窃欺诈。2015 年 5 月，美国国税局披露了一起数据泄露事件，10 万个纳税人账户在其有记录的应用程序中被泄露。这一漏洞暴露了一些敏感信息，比如纳税人上一年度的纳税申报。更重要的是，它之所以受到攻击，并不是因为黑客入侵了美国国税局的系统后门，而是因为黑客能够捕捉到一个多步骤的身份验证过程信息，这个过程需要事先知道纳税人的社会安全号码、出生

---

　　① 直接经济损失并不一定等于盗窃受害者的实际经济损失，因为一些经济损失可以得到补偿。

日期、身份和街道地址。① 换句话说，黑客利用他们已经拥有或能够轻易猜到的信息进入美国国税局系统的前门。这些信息可能来自以前的数据泄露或黑市上的数据。这表明数据泄露可能会产生连锁反应效果：一个数据库中的一个小漏洞可能会破坏完全不相关组织中的数据安全性。

在某些情况下，数据在错误的人手中可能造成比欺诈指控更大的损害。例如，据说 Ashley Madison 网站的数据泄露与多起自杀事件有关。② 据报道，2017 年 5 月的勒索软件攻击导致英国 16 家医院关闭③，严重损毁医疗设备④，在美国至少造成一场手术延误。⑤ 随着越来越多的医疗设备接入互联网，数据安全可能会对手术和生命保障系统造成破坏。不难想象，联网汽车和"物联网"也存在类似的风险。

有人可能会说，持续不断的数据泄露事件更多地是由数据可用性而非数据处理技术驱动的。目前这可能是事实，但最近的趋势表明，犯罪分子正变得越来越老练，并准备利用数据技术。

例如，由于信息技术的相对标准进步，机器人电话（Robocalls）——使用计算机自动拨号器一次向多部电话传送预先录制的信息的做法已经变得很普遍。但是，模式识别和传递的方法改进似乎提高了这些呼叫的效率，从而提高了它们的普及率。例如，通过假装呼叫来自一个听者熟悉的本地号码，可以诱使听者收听不需要的电话营销。同样，网络钓鱼邮件长期以来一直致力于针对易受金融欺诈其他欺诈侵害的人。由于一旦它似乎来自一个熟悉的电子邮件地址，并包含据说只有家人和朋友知道的个人信息，网络钓鱼尝试可能更有效，有效网络钓鱼尝试仅受到定制每封电子邮件的投入成本限

---

① https：//www. irs. gov/newsroom/irs – statement – on – the – get – transcript – application，2017 年 10 月 19 日浏览。

② http：//www. dailymail. co. uk/news/article – 3208907/The – Ashley – Madison – suicide – Texas – police – chief – takes – life – just – days – email – leaked – cheating – website – hack. html，http：//money. cnn. com/2015/08/24/technology/suicides – ashley – madison/index. html，2017 年 10 月 26 日浏览。

③ https：//www. theverge. com/2017/5/12/15630354/nhs – hospitals – ransomware – hack – wannacry – bitcoin，2017 年 10 月 20 日浏览。

④ https：//www. forbes. com/sites/thomasbrewster/2017/05/17/wannacry – ransomware – hit – real – medical – devices/#7666463e425c，2017 年 10 月 20 日浏览。

⑤ https：//www. recode. net/2017/6/27/15881666/global – eu – cyber – attack – us – hackers – nsa – hospitals，2017 年 10 月 20 日浏览。

制。当骗子大量生产 PII 定制的网络钓鱼邮件时，这种危险很容易被放大，这些邮件带有个性化的目标、诉求并被大量的投递。

具有讽刺意味的是，大型科技公司用于合法业务的数据技术，也可能被转化为数据滥用的工具，AI 也不例外。2017 年 9 月 6 日，Facebook 承认从大约 3000 个广告中获得了大约 10 万美元的广告收入，这些广告连接到 470 个相互关联的虚假账户和页面，这些虚假账户和页面很可能在俄罗斯境外运营。[①] 据估计，多达 1.26 亿美国用户的这类信息被获取。[②] Twitter 和 Google 也发生过类似的情况。正在进行的调查表明，这些俄罗斯支持的账户有策略地选择了他们的内容，因此嵌入平台的算法——包括搜索排名、广告定位和帖子推荐，有助于向特定的群体传播信息。[③]

用不了多久，同样的算法就会被用于跟踪、勒索和其他不正当用途。根据 Vine、Roesner 和 Kohno（2017）的研究表明，通过移动广告跟踪某人的位置，只需花费 1000 美元。这是通过利用移动平台和移动应用程序中广泛使用的广告跟踪和广告定位算法实现的。我们不知道这种技术手段是否在现实中使用过，但它发出了两个令人不寒而栗的信息。首先，个人数据不仅可以提供给大型面向消费者的公司，这些公司可以使用 AI 进行大规模、个性化但非个人的营销，而且可以让小型非市场机构利用这些数据针对消费者进行个性化定位。可以说，后者对目标个人来说更危险，因为小型非市场参与者面临的声誉约束较少，他们对消费者不可见，而且他们可能对造成更大伤害感兴趣，而不仅仅是让消费者购买不需要的产品。其次，这些坏人可能能够利用关键算法，这些算法旨在为合法目的获取 AI 的好处。随着这些算法的进一步发展，它们也可能导致数据滥用。

即使我们能够严格保护所有数据，并将 AI 限制在其预期用途之内，也不能保证预期用途不会对消费者造成伤害。预测算法通常假设有一个隐藏的事

---

① https：//newsroom. fb. com/news/2017/09/information - operations - update/，2017 年 10 月 19 日浏览。

② https：//www. nytimes. com/2017/10/30/technology/facebook - google - russia. html，2017 年 12 月 19 日浏览。

③ https：//www. nytimes. com/2017/09/07/us/politics/russia - facebook - twitter - election. html，http：//money. cn. com/2017/09/28/media/blacktivist - Russia - facebook - twitter/index. html，2017 年 10 月 19 日浏览。

实需要学习，这可能是消费者的性别、收入、位置、性取向、政治偏好或支付意愿。然而，有时候，将来要学的"真理"会进化，并受到外部影响。从这个意义上说，算法可能想要发现真相，但最终却定义了真相。这可能是有害的，因为算法开发人员可能使用算法来服务于他们自己的利益，而他们的利益，比如盈利、寻求政治权力或领导文化变革，可能会与消费者的利益发生冲突。

在 2016 年美国总统大选期间，俄罗斯赞助的帖子如何在社交媒体上传播的争议中，就已经看到了误导算法的危险。在 2017 年 10 月 31 日和 11 月 1 日举行的国会听证会上，议员们表达了担忧。Facebook、Twitter 和谷歌的商业模式依赖于来自大量用户的广告收入，这可能会阻碍它们识别或限制问题用户错误信息的意愿[①]，因为社交媒体用户更有可能消费平台算法推送给他们的信息，所以他们最终的消费可能会是对他们有害的信息。[②]

同样的利益冲突也引发了人们对价格歧视的担忧。首先，这种观点认为，如果 AI 能够让一家公司预测消费者的支付意愿，它就可以利用这些信息榨取消费者剩余的每一分钱。这个观点在理论上是有道理的，但是评估至少需要三个方面的考虑：首先，如果不止一家公司可以使用 AI 来发现相同的消费者支付意愿，他们之间的竞争将缓解完全价格歧视的问题。其次，经济学文献一直证明了价格歧视的福利效应模糊不清。价格歧视是不完善的，例如，公司不能强制要求消费者买单，有些消费者可能会因为降低价格而从这种做法中受益，而其他消费者则会蒙受损失。从社会规划者的角度来看，是否鼓励或惩罚 AI 导致的价格歧视，取决于它赋予社会不同部分的权重。最后，从长远来看，AI 可能会降低企业内部的运营成本（例如，通过一个更有效的库存管理系统），并促进更符合消费者需求的产品创新。这些变化对公司和消费者都是有益的。

另一个有点相反的担忧是，AI 和其他预测技术在预期用途上并非 100%

---

① 这些听证会的完整视频和文字记录可在 c‐span.org 查阅（https：//www.c‐span.org/video/？436454‐1/facebook‐google‐twitter‐executives‐testify‐russia‐election‐ads，andhttps：//www.c‐span.org/video/？436360‐1/facebook‐google‐twitter‐executives‐testify‐russias‐influence‐2016‐election&live）。

② 请注意，算法并不一定比人类判断更有偏见。例如，Hoffman，Kahn 和 Li（2018）在 15 家公司研究工作测试技术，他们发现，平均而言，经理们根据测试建议招聘的员工情况更糟。这表明管理者经常否决测试建议，因为他们有偏见或错误。

准确。如果 Netflix 不能准确预测我想看的下一部电影，可能不会带来太多的低效或浪费，但如果美国国家安全局（NSA）基于某种 AI 算法将我列为未来的恐怖分子，它可能会产生更大的影响。正如 Solove（2013）所指出的，一个人几乎不可能证明自己将来不会成为恐怖分子。但与此同时，他们可能被禁止乘坐飞机旅行，与被监视的朋友进行私人交谈，并被限制从事工作、贸易和休闲活动。如果这种 AI 算法适用于大量的人群，即使出错的概率接近于零，它也会造成很大的危害。

总而言之，隐私和数据安全确实存在风险。风险的大小及其对消费者的潜在危害，将取决于 AI 和其他数据技术。

18.3 美国市场如何应对隐私和数据安全方面的风险

在我们得出监管结论之前，我们必须问问市场如何应对隐私和数据安全方面的风险。不幸的是，简短的答案是我们知道的不多。下面将介绍其在需求和供应方面所了解的情况，以及美国现有公共政策的概要。诚然，下面引用的文献更多的是关于隐私和数据安全，而不是 AI。这并不奇怪，因为 AI 刚刚开始涉足电子商务、社交媒体、国家安全以及物联网领域。然而，考虑到当前的风险以及 AI 与该风险之间潜在的交互作用，从全局进行考虑是很重要的。

18.3.1 消费者态度

在需求方面，消费者的态度是多种多样的，不断演变的，有时甚至是自相矛盾的。在调查中，消费者往往对隐私表达了严重的担忧，尽管自我报告的隐私价值涵盖了一个很大的范围［Acquisti，Taylor 和 Wagman（2016）的总结］。然而，在真实的交易中，许多消费者愿意提供个人数据，以换取小折扣、免费服务，或小奖励（Athey，Catalini 和 Tucker，2017）。这种冲突，有人称之为"隐私悖论"，表明我们还没有理解消费者态度和消费者行为之间的联系。此外，研究人员发现，隐私偏好会随着年龄（Goldfarb 和 Tucker，2012）、时间（Stutzman，Gross 和 Acquisti，2012）以及环境（Acquisti，Brandimarte 和 Loewenstein，2015）而变化。尽管旧数据显示对搜索结果没有什么价值（Chiou 和 Tucker，2014），但指纹、面部特征和基因特征等生物特征数据可以持续更长时间。因此，消费者可能对生物特征数据有不同的偏好，对快速过时的数据则没有这种偏好。这些异质性使得我们更难全面了解消费者对隐私的态度和行为。

对于数据安全的态度也存在类似的困惑。皮尤研究中心（Pew Research Center）最近的一项调查显示，鉴于大量备受关注的数据泄露事件，许多人都担心自己的个人数据的安全（Pew Research Center，2016）。然而，根据Ablon 等的研究（2016），只有 11% 的人停止与受影响的公司打交道，77%的人对该公司在违约后的反应非常满意。

很难说消费者为什么愿意在真正的交易中提供数据。一种可能性是，消费者对未来有很大甚至是夸张的低估，这促使他们重视重要交易的当下收益，而不是将来数据滥用的潜在风险。其他行为因素也可能起作用。根据最近的一项实地试验（Athey，Catalini 和 Tucker，2017），小的激励，小的成本，以及无关紧要但隐私的信息，都可以说服人们放弃个人数据。

关于数据泄露和隐私问题的新闻报道也有可能引起消费者对整体风险的担忧，但他们不知道如何评估特定交易的风险。尽管有大量的新闻报道，人们可能有一种错觉，认为黑客攻击不会发生在他们身上。这种错觉可以解释为什么前国土安全部部长、现任白宫办公厅主任 John Kelly 几个月来一直使用一部被盗用的私人电话。[1]

第三种解释是，消费者完全意识到了这种风险，但考虑到他们的个人数据已被许多公司共享，而且很可能已经在某个地方被攻破，他们认为与多一家公司共享数据的额外风险很小。调查证据似乎对这一推测提供了一些支持。皮尤研究中心（Pew Research Center，2016）的数据显示，几乎没有人相信，由不同公司和组织维护的活动记录将保持隐私和安全。绝大多数（91%）的成年人同意，消费者已经失去了对企业如何采集和使用 PII 的控制，尽管大多数人认为个人控制很重要。此外，86% 的互联网用户已经采取措施消除或掩盖他们的数字足迹，许多人表示他们想做得更多，但不知道他们可以使用的工具。[2]

---

[1] http：//www.wired.com/story/john - kelly - hack - phone/，2017 年 10 月 15 日访问。

[2] "斯诺登事件后美国的隐私状况"，由皮尤研究中心发布，来源：http：//www.pewresearch.org/fact - tank/2016/09/21/The - state - of - privacy - in - America/。保护和支付保护（http：//money.cnn.com/2012/09/24/pf/discover - penalty - telemarketing/index.html）。2015 年 12月，LifeLock 同意支付 1 亿美元，以了结 FTC 对其违反订单的藐视法庭罪的指控。2010 年的法院命令要求该公司保护消费者的个人信息，并禁止该公司在身份盗窃保护服务中进行欺骗性广告。

消费者的焦虑或许可以解释为什么身份盗窃保护服务已经成为一个价值30亿美元的产业。[①] 然而，政府会计办公室的一项市场调查显示，身份盗窃服务提供了一些好处，但通常不能防止身份盗窃或解决其所有变化。例如，这些服务通常不处理医疗身份盗窃或身份盗窃退款欺诈。事实上，一些身份盗窃服务提供商被发现进行欺骗性的营销索赔[②]，人们质疑这种"保险式"的服务。

18.3.2 供应方的行动

供应方面的统计数据也是喜忧参半。

Thales（2017b）对1100多名高级安全管理人员进行了一项全球调查，其中100多名受访者来自美国、英国、德国、日本、澳大利亚、巴西和墨西哥等主要地区市场，以及联邦政府、零售、金融和医疗保健等关键领域。调查发现，68%的受访者曾遭遇过网络入侵，26%的人在去年遭遇过。这两个数字都比2016年有所上升（61%和22%）。

尤其是金融服务领域，Thales（2017a）发现，在采取安全措施保护之前，企业意识到自己面临的网络风险，但倾向于部署新技术（如云、大数据、物联网）。只有27%的美国金融服务机构表示，他们"非常"或"极其"容易受到数据威胁（全球平均比例为30%），尽管42%的美国金融机构过去曾被攻破（全球平均比例为56%）。一直以来，美国和全球金融机构都将数据安全排在支出计划的最后，制度惰性和复杂性是主要原因。根据Accenture（2017）的最新报告，这些数字应该令人担忧，因为金融行业的网络犯罪成本最高。令人安慰的是，Thales（2017）还报告说，安全支出包括但不限于数据安全呈上升趋势：78%，美国财务报告支出比去年高，仅次于美国卫生护理（81%）和全球平均水平（73%）。

企业愿意投资于数据安全，部分原因是它们直接遭受数据泄露而耗费的成本。一些文献研究了股市对数据泄露的反应。虽然各研究的结果不尽相

---

① http://www.ibisworld.com/行业－趋势/专业－市场－研究－报告/技术/计算机－服务/身份－盗窃－保护－服务。2017年10月26日访问。

② 例如，2012年9月，Discover与消费者金融保护局（CFPB）和联邦存款保险公司（FDIC）达成和解，向消费者返还2亿美元，并处以1400万美元罚款。联邦消费者金融保护局和联邦存款保险公司指控Discover在身份盗窃保护、信用评分跟踪、钱包等方面进行误导电话营销。

同，但普遍的结论是，金融市场的反应很小，而且是短暂的、负面的（Campbell 等，2003；Cavusoglu 等，2004；Telang 和 Wattal，2007；Ko 和 Dorantes，2006）。几项研究提供了成本的绝对估计。Ponemon（2017）调查了 13 个国家和地区的 419 个组织，数据泄露的平均综合总成本为 362 万美元。Ponemon（2017）进一步发现，数据泄露在美国代价是最大的，人均数据泄露成本高达 225 美元。相比之下，Romanosky（2016）研究了 12000 个网络事件的样本，包括但不限于数据保护，他发现，一个典型的网络事件（对受影响的公司）的成本不到 20 万美元，大约是该公司年估计收入的 0.4%。

这些估计数字仅反映了网络事件给公司造成的直接损失，而不包括对消费者造成的所有后果。例如，大多数被攻破的公司为受影响的消费者提供为期一年的免费信用监测服务，但数据滥用可能在一年后发生。无论哪种方式，消费者都必须花费时间、精力和金钱来处理由于数据泄露而导致的身份盗窃、声誉受损、欺诈、敲诈，甚至失业。联邦贸易委员会（FTC）与温德姆酒店及度假村集团（Wyndham Hotel and Resort）之间的诉讼就是一个具体的例子。温德姆在 2008 年和 2009 年多次遭到黑客攻击，影响了 61.9 万多名消费者。在达成和解之前，联邦贸易委员会指控温德姆的欺诈指控超过 1060 万美元。[①] 虽然最终的解决方案不涉及金钱，但这个案例表明，通过增加身份盗窃的风险和调解风险的成本，对消费者造成的损害可能比违反金融中间人协议所遭受的直接损失要严重得多。可以说，正是这种差异促使企业过度采集数据或采用松散的数据安全措施，而不顾存在数据泄露的风险。

好消息是，市场力量确实推动企业尊重消费者对隐私和数据安全的需求。例如，Facebook 的个人资料会随着时间的推移而扩展，因此相同的默认隐私设置往往会向更大的受众显示更多的个人信息。[②] 2014 年 9 月，Facebook 将其默认的隐私设置从公开发布调整为好友发布，这限制了第三方访问新用户的 Facebook 帖子。与此同时，Facebook 让现有用户更容易更新他

---

① https://www.washingtonpost.com/business/economy/2012/06/26/gJQATDUB5V_story.html? utm_term=.1ab4fedd7683，2017 年 10 月 19 日访问。

② Matt McKeon 在 2017 年 10 月 24 日访问 http://mattmckeon.com/Facebook-privacy/网站，展示了 Facebook 隐私从 2005 年到 2010 年的演变过程。

们的隐私设置，屏蔽广告，编辑他们的广告资料。① 我们不知道变更背后的确切原因，但这可能与以下几件事情有关：例如，从 2005 年到 2011 年用户在 Facebook 上共享数据的意愿显著下降（Stutzman，Gross 和 Acquisti，2012），学术研究表明，很容易根据在 Facebook 上公开发布的照片识别陌生人（Acquisti，Gross 和 Stutzman，2014）。Facebook 花了 2000 万美元来解决集体诉讼指向它的"赞助故事"（一项广告功能，被指控挪用用户头像照片且未经用户同意）。②

同样，一场隐私恐慌促使三星改变了其隐私政策。2015 年 2 月，CNN 引用了三星的一段隐私政策指出，三星智能电视前所说的话会被捕获，并通过语音识别传输给第三方。③ 出于对智能电视"监视"私人客厅的强烈担忧，三星后来改变了其隐私政策。④ 三星还澄清说，语音识别可以被禁用，它使用行业标准加密技术来保护数据安全。

智能手机市场的隐私竞争更加有趣。2015 年，谷歌在 Android 6.0⑤ 中发布了 Android Marshmallow，它会提示用户在第一次使用手机应用程序时授予或拒绝该应用程序的单独权限（例如，对摄像头的访问），而不是在安装时自动授予应用程序所有指定的权限。它还允许用户随时更改权限。相似的特征早先在苹果 iOS8 中提供。⑥ 2015 年 12 月，加州圣贝纳迪诺发生恐怖袭击，当时苹果拒绝解锁其中一名枪手的 iPhone，这也凸显了苹果对隐私保护的承诺。

---

① http：//60secondmarketer. com/blog/2014/09/21/facebook – tightens – privacy – controls – affect – marketing/，2017 年 10 月 24 日访问。

② https：//www. wired. com/2013/08/judge – approves – 20 – million – facebook – sponsored – sto-ries – settlement/，2017 年 10 月 24 日访问。

③ 据美国有线电视新闻网报道的（http：//money. cnn. com/2015/02/09/技术/安全/三星 – 智能电视 – 隐私/index. html）三星隐私政策："请注意，如果你的口语词汇包括个人或其他敏感信息，这些信息将在数据捕获和传输到第三方时通过你使用语音识别。"文章进一步指出，三星 SmartTV 有一组预先编程的命令，即使你不选择语音识别，它也能识别这些命令。

④ https：//www. cnet. com/news/samsung – changes – smarttv – privacy – policy – in – wake – of – spying – fears/，2017 年 10 月 24 日访问。

⑤ Android Mashmellow 于 2015 年 5 月 28 日首次发布测试版，随后于 2015 年 10 月 5 日正式发布。其新的应用程序权限模式获得了积极的响应：https：//fpf. org/2015/06/23/android – m – and – privacy – giving – users – control – over – app – permissions/。

⑥ https：//fpf. org/2014/09/12/ios8privacy/，2017 年 10 月 24 日访问。

作为生物识别认证的先驱，苹果公司最近在其下一代智能手机（iPhone X）发布会上宣布了人脸识别技术。尽管人脸识别的目的是为了提高便利性和安全性，但它也引发了许多隐私问题，包括将消费者的隐私暴露给苹果员工，以及允许警方使用用户的脸强行解锁手机。这项 AI 技术是否会减少或加强隐私保护，仍是一个悬而未决的问题。

需要注意的是，市场机制也可能损害消费者隐私和数据安全。Dina Florencio 和 Cormac Herley（2010）研究了 75 个网站的密码策略，发现一些最大、受攻击最多的网站的密码强度较弱，这些网站应该有更大的动机来保护其有价值的数据库。与安全需求相比，竞争似乎更有可能促使网站采用较弱的密码要求，因为它们需要争夺用户、流量和广告。这项研究的样本量太小，不足以代表整个市场，但它传达的信息令人担忧：消费者在隐私和数据方面的需求，可能与相同的消费者对方便性、可用性和其他属性（如更低的价格）的需求相竞争。当这些需求相互冲突时，公司可能会有更强的动机去适应那些更明显、更容易评估的属性。也许同样的原因解释了为什么只有一小部分公司采用多项要素认证[①]，尽管它能够降低数据风险。

到目前为止，AI 是一个潜在增加隐私侵犯和数据泄露风险的外部因素。重要的是要认识到 AI 也可以作为降低风险的工具。最近，AI 在围棋等游戏中表现出了超级智能，即使在没有任何人类知识的帮助下（Silver 等，2017）。想象一下，如果同样的 AI 被用于向授权人员授予数据访问权限、在数据攻击出现时（甚至出现之前）检测数据攻击，以及准确预测用户生成的帖子是真实的还是虚假的，那么数据风险将会是什么样子？事实上，技术前沿正在朝这个方向发展，尽管其净收益仍有待观察。

以差分隐私为例，它是十多年前被发明的（Dwork 等，2006），自 2016 年以来，苹果声称它是数据采集中保护消费者身份的一项关键功能，其基本逻辑是：数据采集公司在将单个用户的信息上传到云之前，会添加随机噪声。这样，公司仍然可以使用采集到的数据进行有意义的分析，而不需要知

---

①　多项要素认证是一种安全措施，需要两个或多个独立凭证来验证用户的身份。https：//twofactorauth.org/允许搜索公司是否在各种类型的产品或服务中使用多因素身份验证。

道每个用户的秘密，该技术的有效性取决于要添加多少噪声，这是由数据采集公司控制的参数。

为了评估苹果在实践中如何实现差分隐私的，Tang 等（2017）对苹果的 MacOS 和 iOS 操作系统进行了逆向工程。他们发现，苹果差分隐私算法允许的每日隐私损失超过理论界可接受的值（Hsu 等，2014），每台设备的总体隐私损失可能是无限的。苹果对这一结果提出了异议，称其差分隐私功能取决于用户选择的限制。谷歌是另一个实现差分隐私的公司（在其浏览器 Chrome 中）。根据 Erlingsson，Pihur 和 Korolova（2014）的估计，谷歌使用的"噪声"参数似乎比苹果声称的更能保护隐私，但仍然超出了最可接受的范围。[①] 这些争论使人们对差分隐私的前景产生了怀疑，尤其是它的实际用途相对于理论潜力。

另一个有前途的技术是区块链。简单地说，区块链是一个不断增长的记录（块）列表，这些记录（块）与时间戳和交易数据相链接，区块链由密码学保护，它被设计成可验证的、永久的和防止数据被篡改的。它在比特币上的成功应用表明，类似的技术可以追踪数据交易和数据使用中的身份，从而降低隐私和数据安全方面的风险（Catalini 和 Gans，2017）。具有讽刺意味的是，2017 年 5 月，一名勒索软件攻击者要求用比特币支付而不是传统的纸币，可能同样是出于类似的安全原因。

18.3.3　政策层面

没有对政策背景的总结，任何市场描述都是不完整的。在美国，没有关于消费者隐私或数据安全的全面立法。到目前为止，政策架构是由联邦和地方法规拼凑而成的。

只有少数几部联邦法律明确规定了隐私保护，而且往往都是针对特定行业的。例如，Gramm‐Leach‐Bliley 法案（GLBA）约束着金融机构处理个人数据，1996 年健康保险流通和责任法案（HIPPA）规定提供数据隐私和安全的医疗记录，1998 年的儿童在线隐私保护法案（COPPA）规定学科在线服务针对 13 岁以下儿童。按照规定，隐私是按照部门受联邦政府监管的：

---

① https：//www. wired. com/story/apple‐differential‐privacy‐shortcomings/，2017 年 10 月 24 日访问。

卫生与人力资源部（DHHS）在卫生保健领域实施了强制健康保险流通与责任法案（HIPPA）。联邦通信委员会（FCC）规范电信服务，美国联邦储备理事会（美联储，FCC）监管金融机构，证券交易委员会（SEC）监管上市公司和证券交易所，美国国土安全部（DHS）处理恐怖主义和国家安全相关的网络犯罪。

有两个例外值得一提。首先，联邦贸易委员会（FTC）可以效仿1914年的FTC法案，将侵犯隐私和数据安全视为欺骗性和不公平的做法。这一执行权力几乎涵盖了所有行业，并与许多特定行业的监管机构重叠。

更具体地说，FTC的隐私执法侧重于"通知和选择"，强调公司的实际数据操作如何偏离他们向公众披露的隐私通知。对于不受GLBA、HIPPA或COPPA约束的行业，没有强制要求隐私通知的立法，但许多公司自愿提供隐私通知，并在购买或消费前征求消费者同意。一些行业也采取自我监管的计划，以鼓励某些隐私做法。[1] 在这种背景下，联邦贸易委员会可以获得目标公司的隐私通知，并根据该通知执行联邦贸易委员会法案。

联邦贸易委员会已经发布了一些关于隐私保护的指导方针[2]，但是理解其执行的最好方法是通过司法判例。例如，联邦贸易委员会指控 Practice Fusion 误导了消费者，它首先为医生征求意见，然后在没有充分通知消费者的情况下将这些意见公开发布在互联网上。此案最终于2016年6月结案。[3] 在另一起针对 Vizio 的案件中，联邦贸易委员会指控 Vizio 在智能电视上每秒抓取视频信息，在观看数据中添加特定的人口统计信息，并将这些信息出售给第三方，用于定向广告和其他目的。根据投诉，Vizio 吹嘘其"智能交互性""提供计划和建议"的功能，但没有通知消费者，这些设置也允许采集消费者的浏览数据。[4] 这起案件与新泽西州司法部长共同起诉，最终于2017

---

[1] 例如，数字广告联盟（DAA），一个由广告和营销行业协会领导的非营利组织，为数字广告建立并实施隐私实践。

[2] FTC 最全面的指导方针是其 2012 年隐私报告（FTC，2012）。有关私隐的新闻稿，请浏览 https：//www.ftc.gov/news－events/media－resources/protection－consumer－privacy/ftc－privacy－report。

[3] https：//www.ftc.gov/news－events/press－releases/2016/06/electronic－health－records－company－settles－ftc－charges－it－deceived，2017年10月24日访问。

[4] https：//www.ftc.gov/news－events/press－releases/2017/02/vizio－pay－22－million－ftc－state－new－jersey－settle－charges－it，2017年10月25日访问。

年 2 月以 220 万美元和解。第三个案例是反对 Turn 的。Turn 是一家数字广告公司，通过在线浏览器和移动设备跟踪消费者，并利用这些信息应用于数字广告。FTC 指控 Turn 使用唯一标识符跟踪数百万 Verizon 用户，即使他们选择屏蔽或删除网站上的 cookies，这与 Turn 的隐私政策不一致。2016 年 12 月 Turn 最终与 FTC 达成和解。①

虽然隐私通知是消费者可以访问、读取（他们是否读取是另一个问题）和同意的东西，但大多数情况下，数据安全行为是不可见的，除非有人暴露了数据漏洞（通过数据泄露或白帽子发现）。因此，FTC 对数据安全的执法重点是公司是否拥有足够的数据安全，而不是公司是否向消费者提供了足够的信息。按照这种逻辑，联邦贸易委员会已与 Ashley Madison、Uber、Wyndham Hotel 和 Resorts、联想（Lenovo）和 TaxSlayer 达成和解，但正与 LabMD 和 D – link 进行诉讼。②

第二个例外与政府查阅个人资料有关。可以说，根据美国宪法第一和第四修正案，已经涵盖了个人言论自由的权利，以及政府获取个人财产的有限能力。然而，宪法究竟如何适用于电子数据还有待法律论证（Solove，2013）。

除了宪法，一系列联邦法律，例如，1986 年的电子通信隐私法（ECPA）、1986 年的存储通信法（Stored Communications Act）、1986 年的 Pen Register Act 和 2001 年的 USA Patriot Act，规定了政府何时以及如何采集和处理个人的电子信息。但这些法律中的许多都是在水门事件之后颁布的，远远早于互联网、电子邮件、搜索引擎和社交媒体的使用。目前还不清楚它们如何适用于实际案例。法律上的模糊性在以下三个事件中得到了凸显：第一，正如爱德华·斯诺登（Edward Snowden）揭露的那样，美国国家安全局（NSA）为其全球监控项目秘密采集了大量个人信息，此次曝光引发了人们对隐私的强烈要求，并在个人隐私与国家安全之间引发了一场激烈的辩论。第二，美国最高法院尚未审结微软电子邮件一案，此案重点在于美国政府是

---

① https://www.ftc.gov/news – events/press – releases/2016/12/digital – advertising – company – settles – ftc – charges – it – deceptively，2017 年 10 月 25 日访问。

② 有关 FTC 数据安全案件的列表，请参见 https：//www.FTC.gov/enforcement/cases – proceed-ings/terms/249。

否有权访问微软在海外存储的电子邮件。[①] 第三，苹果拒绝解锁 2015 年圣贝纳迪诺恐怖袭击案枪手之一的 iPhone。由于 FBI 能够在庭审前解锁这款手机，苹果是否有法律义务帮助 FBI 仍不得而知。[②]

在地方政府层面，50 个州中有 48 个州颁布了数据泄露通知法，但联邦法律还没获得通过。[③] 根据美国州议会的数据，至少有 17 个州也通过了一些关于个人隐私的法律。这些地方法律往往在内容、覆盖范围和补救措施方面差异很大。[④] 从研究的角度来看，这些变化对于研究数据泄露法律对身份盗窃（Romanosky, Acquisti 和 Telang, 2011）[⑤] 和数据泄露诉讼的影响是有用的，但如果一家公司在多个州经营，它们可能很难遵守。消费者也很难形成对隐私保护的期望，尤其是如果他们同时与州内和州外的公司进行交易。

简而言之，美国数据保护的法律体系是零碎的、多层次的，而欧盟试图通过其《全面数据保护条例》（General Data Protection Regulation，将于 2018 年生效）统一数据保护。[⑥] 哪种方法对社会更有利，还将产生持续的辩论。

---

① http：//www. reuters. com/article/us – usa – court – microsoft/u – s – supreme – court – to – decide – major – microsoft – email – privacy – fight – idUSKBN1CL20U，2017 年 10 月 25 日访问。

② http：//www. latimes. com/local/lanow/la – me – ln – fbi – drops – fight – to – force – apple – to – unlock – san – bernardino – terrorist – iphone – 20160328 – story. html，2017 年 10 月 25 日访问。

③ 关于联邦数据泄露通知法，已经有过多次争论。2012 年，参议员杰伊·洛克菲勒（Jay Rockefeller）主张制定一项网络安全立法，加强报告网络犯罪的要求。2014 年 1 月，参议院商业、科学和运输委员会（由洛克菲勒参议员领导）提出了一项法案，要求联邦政府对数据泄露通知作出规定（1976 年《数据安全和 2014 年违反通知法》）。在 2015 年的国情咨文演讲中，奥巴马总统提出了一项新的立法，以建立一个全国性的数据泄露标准，并对数据泄露提出 30 天的通知要求。随后，美国众议院提出了相关法案（2015 年第 1770L 号决议）。他们都失败了。国会已经介绍了通知和个人资料保护法 2017（H. R. 3806），2017 年的数据保护法案（H. R. 3904），2017 年的市场数据保护法案（3973 号决议），网络违反通知（H. R. 3975），数据代理问责与透明法案（1815）和数据安全性和违反通知行为（S. 2179）。他们正在接受委员会的审查，可能会合并。

④ 全国州议会会议采集有关这些州法律的资料。有关数据泄露法律，请参阅 http：//www. ncsl. org/research/telecommunications – and – information – technology/security – breach – notification – laws. aspx. For privacy laws，see http：//www. ncsl. org/research/telecommunications – and – information – technology/state – laws – related to internetprivacy. aspx.。

⑤ Romanosky、Acquisti 和 Telang（2011）研究了各州数据泄露通知法之间的差异，并将它们链接到 FTC 2002 年至 2009 年的身份盗窃数据库。研究发现，他们发现采用数据泄漏披露法律平均减少了 6 1% 的数据泄露导致的身份盗窃。

⑥ 有关 GDPR 的概述，请访问 http：//www. eugdpr. org/。

18.4 未来的挑战

总而言之，消费者隐私和数据安全方面存在着紧迫的问题，其中许多问题可能会被 AI 和其他数据技术重塑。

一系列重大问题正在涌现：我们是应该继续让市场在现有法律下发展，还是应该在政府监管方面更加积极？如果消费者既要求便利又要求隐私保护，企业如何选择数据技术和数据政策？如何平衡 AI 带来的创新与同样的技术给隐私和数据安全带来的额外风险？如果需要决策者采取行动，我们是让地方政府探索和试错，还是在全国范围内推动联邦立法？我们是应该等待新的立法来解决存在的漏洞，还是应该依靠法院系统来逐一澄清现有的法律？这些问题值得包括经济学、计算机科学、信息科学、统计学、市场学和法律在内的许多学科的研究人员关注。

在我看来，最主要的担忧是公司对给消费者隐私和数据安全带来的风险不用承担充分的责任。[①] 要恢复责任制，需要克服三个障碍：①难以观察公司在数据采集、数据储存和数据使用方面的实际行动；②难以量化数据实践的后果，特别是在小概率不良事件出现之前；③难以在公司的数据实践与其结果之间建立因果关系。

存在这些困难，不仅因为技术上的限制，而且因为激励措施失调。即使区块链可以跟踪每一项数据，AI 可以预测每一项不良事件的可能性，是否开发和采用这种技术取决于公司。在目前的环境下，公司仍然有动机向公众隐瞒真实的数据行为，混淆向消费者披露的信息，或者将消费者损害归咎于其他随机因素。

我们有理由进一步改革，在从数据实践到有害结果的过程中逐步增加透明度，并将结果（已实现的或概率性的）转化为直接影响企业选择数据实践的激励措施。这些变革不应仅仅因为大公司的规模庞大、即将实现 AI 的突破，就放慢数据技术的发展速度，或拆分大公司。相反，激励修正的目标应该是帮助有利于消费者的数据实践从"柠檬"中脱颖而出，从而促进尊重消费者隐私和数据安全需求的创新。

---

① 同样的问题也适用于非营利组织和政府。

　　解决激励错位问题的方法可能有多种，包括新立法、行业自律、法院裁决和消费者保护。下面我就对其中一些挑战发表评论。

　　第一种方法是人们倾向于遵循安全监管方面的步骤。毕竟，正如第18.1节所强调的，我们在隐私和数据安全方面遇到的信息问题类似于食品、药品、航空、汽车或核安全方面的问题。在这些领域，质量控制不足的后果是随机和嘈杂的，就像身份盗窃和退款欺诈一样。此外，企业的投入和工艺选择，如原料和植物保养往往是最终消费者无法看到的。一个常见的解决方案是对公司行为的直接监管：例如，餐馆必须将食物保持在一定的温度，核电站必须通过定期检查，等等。这些规则是基于这样的假设，即我们知道哪些行为是好的，哪些是坏的。不幸的是，这种假设在数据行为中并不容易得到。随着技术的快速进化，我们能否确定华盛顿特区的政治家是判断多因素身份验证优于 20 个字符的密码的最优人选？我们如何确保监管法规随每一轮技术进步得以更新？

　　第二种方法依赖于公司信息披露和消费者选择。"通知和选择"已经是FTC（在隐私方面）执法的支柱，数据违反通知法也遵循类似的原则。为了使这种方法有效，我们假设消费者可以为自己做出最佳选择，只要他们手头拥有足够的信息。这种假设不太可能存在于隐私和数据安全领域，因为大多数消费者不阅读隐私声明（麦当劳和卡拉纳，2008），许多数据密集型公司可能没有一个消费者的界面，它可以让消费者难以选择，因为他们没有能力来评估不同的数据实践和不知道选择什么来减轻潜在的伤害。此外，随着技术的进步，企业的数据实践可能会频繁地发生变化，因此向消费者发送更新的通知可能是不可行的。

　　第三种方法是行业自律。企业对数据技术和数据实践了解得更多，因此能够更好地确定最佳实践。然而，我们能相信公司会把监管规则强加给自己吗？历史表明，如果没有政府监管的约束，行业自律可能不会发生（Fung，Graham 和 Weil，2007）。这表明，推动政府采取行动，可能是对行业自律努力的补充，而不是替代。另一个挑战是技术上的：许多组织都试图并发一个数据实践的评级系统，但是逐个公司寻找全面和更新的信息是一个挑战。考虑到企业和消费者之间的信息不对称，这并不奇怪。解决这个问题对于任何评级系统的正常运行都是至关重要的。

　　第四种方法是将隐私和数据使用定义为"权利"并加以强制。长期以来，法律学者一直认为隐私是一种不受干涉的权利，并就隐私权和财产权是否应该分开对待展开了辩论（Warren 和 Brandeis，1890）。正如 Acquisti，Taylor 和 Wagman（2016）所总结的，当经济学家将隐私和数据使用作为权利时，他们倾向于将其与财产权联系起来。实际上，欧洲联盟采取了"人权"办法，这种办法限制转让和承包权利，而这些权利往往是在"财产权"办法下假定的。在 2018 年生效的新法规（GDPR）中，欧盟承认个人拥有数据访问、数据处理、数据纠正和数据删除的权利。GDPR 的影响还有待观察，但有两个挑战值得一提：首先，对于许多数据密集型产品（比如自动驾驶汽车），数据在用户与产品交互之前并不存在，通常是在第三方支持下（比如 GPS 服务和汽车保险）。数据应该属于用户、生产者还是第三方？其次，即使可以明确界定数据的产权，也并不意味着完全遵守。音乐盗版就是一个很好的例子。如果创新者必须事先从多方获得使用数据的权利，这两个挑战都可能阻碍数据驱动的创新。

　　显然，没有一种方法是没有挑战性的。考虑到 AI 和大数据可能对经济产生的巨大影响，正确把握市场环境非常重要。这种环境应该尊重消费者对隐私和数据安全的需求，鼓励负责任的数据实践，促进有利于消费者的创新。

参考文献

Ablon, Lilian, Paul Heaton, Diana Lavery, and Sasha Romanosky. 2016. *Consumer Attitudes Toward Data Breach Notifications and Loss of Personal Information*. Santa Monica, CA: RAND Corporation.

Accenture. 2017. *2017 Insights on the Security Investments That Make a Difference*. https://www.accenture.com/t20170926T072837Z__w__/us-en/_acnmedia/PDF-61/Accenture-2017-CostCyberCrimeStudy.pdf.

Acquisti, Alessandro, Laura Brandimarte, and George Loewenstein. 2015. "Privacy and Human Behavior in the Age of Information." *Science* 347 (6221): 509–514.

Acquisti, Alessandro, Ralph Gross, and Fred Stutzman. 2014. "Face Recognition and Privacy in the Age of Augmented Reality." *Journal of Privacy and Confidentiality* 6 (2): Article 1. http://repository.cmu.edu/jpc/vol6/iss2/1.

Acquisti, Alessandro, Curtis Taylor, and Liad Wagman. 2016. "The Economics of Privacy." *Journal of Economic Literature* 54 (2): 442–492.

Athey, Susan, Christian Catalini, and Catherine E. Tucker. 2017. "The Digital Privacy Paradox: Small Money, Small Costs, Small Talk." MIT Sloan Research Paper no. 5196-17, Massachusetts Institute of Techonolgy. https://ssrn.com/abstract=2916489.

Campbell, Katherine, Lawrence A. Gordon, Martin P. Loeb, and Lei Zhou. 2003. "The Economic Cost of Publicly Announced Information Security Breaches: Empirical Evidence from the Stock Market." *Journal of Computer Security* 11 (3): 431–448.

Catalini, Christian, and Joshua S. Gans. 2017. "Some Simple Economics of the Blockchain." Rotman School of Management Working Paper no. 2874598. https://ssrn.com/abstract=2874598.

Cavusoglu, Huseyin, Birendra Mishra, and Srinivasan Raghunathan. 2004. "The Effect of Internet Security Breach Announcements on Market Value: Capital Market Reactions for Breached Firms and Internet Security Developers." *International Journal of Electronic Commerce* 9 (1): 69–104.

Chiou, Lesley, and Catherine E. Tucker. 2014. "Search Engines and Data Retention: Implications for Privacy and Antitrust." MIT Sloan Research Paper no. 5094-14, Massachusetts Institute of Technology.

Dwork, Cynthia, Frank McSherry, Kobbi Nissim, and Adam Smith. 2006. "Calibrating Noise to Sensitivity in Private Data Analysis." In *Theory of Cryptography Conference*, Lecture Notes in Computer Science, vol. 3876, edited by S. Halevi and T. Rabin, 265–84. Berlin: Springer.

Erlingsson, Úlfar, Vasyl Pihur, and Aleksandra Korolova. 2014. "RAPPOR: Randomized Aggregatable Privacy-Preserving Ordinal Response." In *Proceedings of the ACM SIGSAC Conference on Computer and Communications Security (CCS)*:1054–1067.

Federal Trade Commission (FTC). 2012. *Protect Consumer Privacy in an Era of Rapid Change: Recommendations for Businesses and Policy Makers.* https://www.ftc.gov/sites/default/files/documents/reports/federal-trade-commission-report-protecting-consumer-privacy-era-rapid-change-recommendations/120326privacyreport.pdf.

———. 2014. *Consumer Sentinel Network Data Book from January—December 2014.* https://www.ftc.gov/system/files/documents/reports/consumer-sentinel-network-data-book-january-december-2014/sentinel-cy2014-1.pdf.

———. 2015. *Consumer Sentinel Network Data Book from January—December 2015.* https://www.ftc.gov/system/files/documents/reports/consumer-sentinel-network-data-book-january-december-2015/160229csn-2015databook.pdf.

———. 2016. *Consumer Sentinel Network Data Book from January—December 2016.* https://www.ftc.gov/system/files/documents/reports/consumer-sentinel-network-data-book-january-december-2016/csn_cy-2016_data_book.pdf.

Florêncio, Dina, and Cormac Herley. 2010. "Where Do Security Policies Come From?" *Symposium on Usable Privacy and Security (SOUPS)*, July 14–16, Redmond, WA.

Fung, Archon, Mary Graham, and David Weil. 2007. *Full Disclosure: The Perils and Promise of Transparency.* Cambridge: Cambridge University Press.

Goldfarb, Avi, and Catherine E. Tucker. 2012. "Shifts in Privacy Concerns." *American Economic Review: Papers and Proceedings* 102 (3): 349–353.

Government Accountability Office (GAO). 2015. *Identity Theft and Tax Fraud: Enhanced Authentication Could Combat Refund Fraud, but IRS Lacks an Estimate of Costs, Benefits and Risks,* GAO-15–119, January. https://www.gao.gov/products/GAO-15–119.

———. 2017. *Identity Theft Services: Services Offer Some Benefits but Are Limited in Preventing Fraud,* GAO-17-254, March. http://www.gao.gov/assets/690/683842.pdf.

Harrell, Erika. 2014. *Victims of Identity Theft, 2014.* Bureau of Justice Statistics. https://www.bjs.gov/content/pub/pdf/vit14.pdf.

Hoffman, Mitchell, Lisa B. Kahn, and Danielle Li. 2018. "Discretion in Hiring*."

Quarterly Journal of Economics 133 (2): 765–800.

Hsu, Justin, Marco Gaboardi, Andreas Haeberlen, Sanjeev Khanna, Arjun Narayan, Benjamin C. Pierce, and Aaron Roth. 2014. "Differential Privacy: An Economic Method for Choosing Epsilon." In *27th IEEE Computer Security Foundations Symposium (CSF)*:398–410.

Jin, Ginger Zhe, and Andrew Stivers. 2017. "Protecting Consumers in Privacy and Data Security: A Perspective of Information Economics." Working paper. https://ssrn.com/abstract=3006172.

Ko, Myung, and Carlos Dorantes. 2006. "The Impact of Information Security Breaches on Financial Performance of the Breached Firms: An Empirical Investigation." *Journal of Information Technology Management* 17 (2): 13–22.

McDonald, Aleecia, and Lorrie Faith Cranor. 2008. "The Cost of Reading Privacy Policies." *I/S: A Journal of Law and Policy for the Information Society* 4 (3): 540–565.

Miller, Amalia, and Catherine E. Tucker. Forthcoming. "Privacy Protection, Personalized Medicine and Genetic Testing." *Management Science*.

Odlyzko, Andrew. 2003. "Privacy, Economics, and Price Discrimination on the Internet." In *Economics of Information Security*, edited by L. Jean Camp and Stephen Lewis, 187–212. Norwell, MA: Kluwer Academic Publishers.

Pew Research Center. 2016. *The State of Privacy in Post-Snowden America*. http://www.pewresearch.org/fact-tank/2016/09/21/the-state-of-privacy-in-america/.

Ponemon. 2017. *2017 Ponemon Cost of Data Breach Study*. https://www.ibm.com/security/data-breach/index.html.

Posner, Richard A. 1981. "The Economics of Privacy." *American Economic Review* 71 (2): 405–409.

Romanosky, Sasha. 2016. "Examining the Costs and Causes of Cyber Incidents." *Journal of Cybersecurity* 2 (2): 121–135.

Romanosky, Sasha, Alessandro Acquisti, and Rahul Telang. 2011. "Do Data Breach Disclosure Laws Reduce Identity Theft?" *Journal of Policy Analysis and Management* 30 (2): 256–286.

Romanosky, Sasha, David Hoffman, and Alessandro Acquisti. 2014. "Empirical Analysis of Data Breach Litigation." *Journal of Empirical Legal Studies* 11 (1): 74–104.

Silver, David, Julian Schrittwieser, Karen Simonyan, Ioannis Antonoglou, Aja Huang, Arthur Guez, Thomas Hubert, Lucas Baker, Matthew Lai, Adrian Bolton, Yutian Chen, Timothy Lillicrap, Fan Hui, Laurent Sifre, George van den Driessche, Thore Graepel, and Demis Hassabis. 2017. "Mastering the Game of Go without Human Knowledge." *Nature* 550:354–359.

Solove, Daniel. 2013. *Nothing to Hide: The False Tradeoff between Privacy and Security*. New Haven, CT: Yale University Press.

Stigler, George J. 1980. "An Introduction to Privacy in Economics and Politics." *Journal of Legal Studies* 9 (4): 623–644.

Stutzman, Fred, Ralph Gross, and Alessandro Acquisti. 2012. "Silent Listeners: The Evolution of Privacy and Disclosure on Facebook." *Journal of Privacy and Confidentiality* 4 (2): 7–41.

Swire, Peter P., and Robert E. Litan. 1998. *None of Your Business: World Data Flows, Electronic Commerce, and the European Privacy Directive*. Washington, DC: Brookings Institution Press.

Tang, Jun, Aleksandra Korolova, Xiaolong Bai, Xueqiang Wang, and Xiaofeng Wang. 2017. "Privacy Loss in Apple's Implementation of Differential Privacy on MacOS 10.12." https://arxiv.org/pdf/1709.02753.pdf.

Telang, Rahul, and Sriram Somanchi. 2017. "Security, Fraudulent Transactions and Customer Loyalty: A Field Study." Working paper, Carnegie Mellon University.

Telang, Rahul, and Sunil Wattal. 2007. "An Empirical Analysis of the Impact of Software Vulnerability Announcements on Firm Stock Price." *IEEE Transactions on Software Engineering* 33 (8): 544–557.

Thales. 2017a. *2017 Thales Data Threat Report: Trends in Encryption and Data Security (Financial Services Edition)*. https://dtr-fin.thalesesecurity.com/.

Thales. 2017b. *2017 Thales Data Threat Report: Trends in Encryption and Data Security (Global Edition)*. https://dtr.thalesesecurity.com/.

Thomas, Kurt, Frank Li, Ali Zand, Jacob Barrett, Juri Ranieri, Luca Invernizzi, Yarik Markov, Oxana Comanescu, Vijay Eranti, Angelika Moscicki, Daniel Margolis, Vern Paxson, and Elie Bursztein. 2017. "Data Breaches, Phishing, or Malware? Understanding the Risks of Stolen Credentials." Proceedings of the 2017 ACM SIGSAC Conference on Computer and Communications Security, 1421–34. https://acmccs.github.io/papers/p1421-thomasAembCC.pdf.

Varian, Hal R. 1997. "Economics Aspects of Personal Privacy." In *Privacy and Self-Regulation in the Information Age*. Washington, DC: US Department of Commerce, National Telecommunications and Information Administration.

Vines, Paul, Franziska Roesner, and Tadayoshi Kohno. 2017. "Exploring ADINT: Using Ad Targeting for Surveillance on a Budget—or—How Alice Can Buy Ads to Track Bob." *The 16th ACM Workshop on Privacy in the Electronic Society* (WPES 2017).

Warren, Samuel, and Louis Brandeis. 1890. "The Right to Privacy." *Harvard Law Review* 4:191.

19　人工智能与国际贸易

Avi Goldfield，Daniel Trefler[*]

在过去的 200 年里已经产生了一系列重大的创新，其中最为重要的是AI。与其他的重大创新一样，AI 可能会提高平均收入并且改善社会福利，但也可能会扰乱劳动力市场，加剧不平等，推动不必要增长。然而，即使在理解 AI 的影响方面取得了进展，我们仍然基本上不了解其国际层面的影响，这是我们领域的空白。

即使在理解 AI 的影响方面取得了进展，我们仍然基本上不了解其国际层面。这是我们的巨大损失。目前，一些国家正在谈判限制政府管理 AI 主权的国际协议，例如，北美贸易协定（NAFTA）和跨太平洋伙伴关系（TPP）-11。同样，世界各地的政府都在自由地将公共资金用于新的 AI 集群，旨在将国际比较优势转移到他们偏爱的地区，包括多伦多的向量学院和北京周边的清华—百度深度学习实验室。AI 创新和政策的国际层面并不总是经过深思熟虑的，如今这项工作开始进行了。

中国已成为许多国际讨论的焦点。美国认为，中国的市场保护降低了谷歌和亚马逊等美国企业进入中国市场的机会。这种保护使中国企业能够发展用于商业的 AI 功能，百度（谷歌等搜索引擎），阿里巴巴（亚马逊等电子商务门户网站）和腾讯（微信的开发者，可以看作 Skype，Facebook 和 Ap-

* Avi Goldfarb 担任多伦多大学罗特曼管理学院（The Rotman School of Management, University of Toronto），AI 与医疗保健领域主席、是罗特曼管理学院营销学教授，也是国家经济研究局的研究员。Daniel Trefler 是多伦多大学 J. 道格拉斯（J. Douglas）和露丝·格兰特（Ruth Grant）竞争力与繁荣研究主席，也是国家经济研究局的研究员。

作者向 Dave Donaldson 和 Hal Varian 深思熟虑的反馈表示感谢。同时，Trefler 感谢加拿大高级研究所（The Canadian Institute for Advanced Research, CIFAR）的"机构、组织和成长"计划（Institutions, Organizations and Growth, IOG）的支持。

如需了解致谢、研究经费的来源以及研究工作相关的财务披露信息（如有），请访问 http://www.nber.org/chapters/c14012.ack。

ple 的功能相结合）等公司证明了这一点。虽然没有中国 AI 密集型公司在中国境外获得认可，但每个人都认为这不会持久。此外，一系列边境监管的不对称将帮助中国企业进入加拿大和美国市场。

甚至五角大楼也很担心。中国的导弹系统非常复杂，可能会扰乱我们对现代战争的看法；航空母舰等庞大而昂贵的军事资产正变得越来越容易受到智能武器的攻击。[①] 这可能不仅仅是改变了大规模的国防工业；这些 AI 的发展可能从根本上改变了全球军事力量的平衡。

作为国际经济学家，我们通常对这种习以为常的炒作不屑一顾。Agrawal，Gans，Goldfarb 在 2017 年将 AI 的商业诞生日期定为 2012 年。尽管 AI 出现的时间还不长，但它对我们日常经济和社会活动的快速渗入迫使我们去评估 AI 的国际影响，并提出最佳的政策回应。当前的政策回应通常是按照美国的一种说法，该说法强调这是一场零和竞争，不是美国胜出就是中国胜出。用美国的这种零和表述来研究 AI 的影响以及制定 AI 政策是否正确呢？此外，Bill Gates，Stephen Hawkins 和 Elon Musk 等杰出专家纷纷呼吁要立即采取行动，这可能会鼓励政府放松他们的钱袋。但政府补贴能否有效促进全面繁荣发展，抑或是成为另一种形式的无效企业福利呢？有哪些具体政策能够扭转局势，远离无效的企业救济呢？

贸易经济学家利用比较优势理论，对成功推动产业的政策的正确组合进行了长期和艰苦的思考。我们之前的许多理论都意味着采用自由放任的方法。然而，自 20 世纪 80 年代初以来，我们的理论已经证明某些类型的政府干预可能是成功的。例如，Krugerrand（1980），Gross 和 Hellman（1991），以及 Porter（1990）的非正式理论。这些理论强调规模的作用以及知识创造和传播的作用。不幸的是，这些理论产生的精确政策处方对规模的形式和知识创造和传播的形式非常敏感。竞争也可以发挥重要作用。

因此，我们从第 19.2 节开始，确定 AI 技术在规模和知识方面的关键特征。迄今为止，没有任何模型具有与 AI 有相关的特定规模和知识特征的经验。在第 19.3 节中，我们使用这些特征来找出一些适合模型的建议，以及对政策产生的影响。这导致了对政策的高度思考。例如，模型为评估 AI 研

---

① 纽约时报，2017 年 2 月 3 日。另见 2016 年 10 月，总统办公室为 AI 的未来做准备。

究员 Geoff Hinton 和其他人提出的关于 AI 公共投资潜在收益的最新建议提供了基础。[①] 然而，这些模型的严谨程度不足以直接捕捉"落后于边境"的现有监管问题，如隐私政策、数据本地化、技术标准和行业监管。因此，在第19.4 节中，我们审查了许多已经影响 AI 关于边境落后的政策，并讨论了它们对比较优势和贸易协定设计的影响。我们首先对 AI 的国际层面进行实际概述。

19.1　从宣传到政策

可以通过多种方式跟踪国际 AI 在各国实施的情况及其如何传播统计数据，例如，一个地区生产情况的基础研究文章，专利和专利引用的数量；在一个地区建立的初创企业的数量；或某地区上市的 AI 公司市值。

我们看看其中两个指标：基础研究和市值。对于前者，我们收集了在一个重要的 AI 研究会议上［即人工智能促进协会（AAAI）人工智能会议］发表过的作者的所有论文，在表 19.1 中，我们比较了 2012 年和 2017 年的会议。2012 年，41% 的作者在美国机构，但到 2017 年，这一比例下降到34%。另外两个最大跌幅的国家是加拿大和以色列。虽然这些国家的绝对参与人数都增加了，但相对而言，他们的参与率下降了，原因是中国的参与率从 2012 年的 10% 跃升至 2017 年的 24%。

我们没有审查专利号，但 Fuji 和 Manage（2017）的结论表明 AI 的国际差异较弱：IBM 和微软等美国科技巨头仍然是世界上主要的专利申请者。

表 19.1　　　　　　　　　　主要人工智能会议的参与者

国家（地区）	2012（%）	2017（%）	Change（%）
美国	41	34	−6
中国	10	23	13
英国	5	5	0
新加坡	2	4	2

① "AI 是未来，加拿大可以抓住它"，由 JordanJacobs，TomiPoutanen，RichardZemel，Geoffrey-Hinton 和 EdClark 执掌。环球邮报，2017 年 1 月 7 日。

续表

国家（地区）	2012（%）	2017（%）	Change（%）
日本	3	4	1
澳大利亚	6	3	−2
加拿大	5	3	−3
印度	1	2	1
中国香港	3	2	−1
德国	4	2	−1
法国	4	2	−2
以色列	4	2	−3
意大利	2	2	−1
其他	10	10	0

注：人工智能促进协会（AAAI）中人工智能会议的参与率。例如，在 2017 年会议上提交的论文中，34% 的作者与美国有联系。

　　AI 经济的未来的另一个迹象来自世界上市值最大的上市公司。表 19.2 列出了全球 12 家最大的公司。该表的惊人之处在于，可能被主观描述为"AI 密集型"的公司数量，12 家公司中有 7 家大量从事 AI（如 Alphabet/Google），其中 3 家正在融资（使用 AI 正在快速增长），其中一家是大型制药企业（AI 可能很快就会降低开发成本）。表 19.2 与国际贸易相关的是，目前全球两家最大的公司都是中国的 AI 密集型企业（腾讯和阿里巴巴）。真正值得注意的是，两家中国大型私营企业，而不是国有企业，这两家企业是世界上最大的公司之一。虽然我们不得不用超过十轮的数量来达到这一点，但它仍然是惊人的，它预示即将到来的重大全球变革。

　　从表 19.1 和表 19.2 可以得出结论，大多数世界上最大的公司都会在短时间内直接与中国的公司相竞争，而且并不是中国的公司走向全世界。2000 年的时候李彦宏验证了这个结论，通过移居中国建立百度。在美国训练有素的人才正在持续回归中国。今年，前微软高管 Quill 加入百度担任首席运营官（COO）。在描述中国时，卢齐写道，"我们有机会领导 AI 的未来。"[①] 但

---

① 经济学人，2017 年 7 月 15 日。

是并不是每个人都同意。一些人认为，现在的中国 AI 密集型公司在与谷歌等居于全球领导者面前不具备全球竞争力。根据中国在其他领域取得成功的经历，这种成功的情况将会不断发生。实际上，Sutton 和 Trifler（2016）从理论和经验两方面描述了中国等发展中国家最初如何以低质量水平进入新市场，但随着时间的推移，开发出高质量具有国际竞争力的商品和高质量的服务的能力。

表 19.2   世界上最大的上市公司和 AI 曝光量

公司	市场价值	AI 曝光量
1. Apple	754	高
2. Alphabet	579	高
3. Microsoft	509	高
4. Amazon	423	高
5. Berkshire Hathaway	411	上升
6. Facebook	411	高
7. ExxonMobil	340	低
8. Johnson & Johnso	338	上升
9. JPmorgan Chase	314	上升
10. Wells Farga	279	上升
11. Tencent Holdings	272	高
12. Alibaba	269	高

注：截至 2017 年 3 月 31 日，最大的上市公司的市值来自 PWC（2017）。"AI 曝光量"是我们对 AI 在公司业绩中的作用的主观评估。

许多专家正在考虑如何应对"中国威胁"，更广泛地说，如何通过支持基于 AI 的细分市场持续竞争优势的集群政策来丰富当地经济。Geoff Hinton 和合作者已经说服加拿大政府建立一个大型 AI 研究所，该研究所将在全球范围内培养大量的机器学博士和硕士生，并成为推动多伦多，安大略和加拿大经济的 AI 超级集群的引擎。[①] Hinton 还强调了获取数据的重要性。"为什么？因为一台机器能够智能地'思考'，它必须经过大量数据的训练。"

虽然 Hinton 的倡议有潜在的意义，但它提出了两个在我们的想法中占

---

① 环球邮报，2017 年 1 月 7 日。

据重要地位的观点。首先，专注于集群的经济学家对集群政策的效率深表怀疑［例如，Duranton（2011）］。这些政策经常失败，集群政策的理论正确性对知识差异的假设非常敏感。例如，Hinton 的博士会留在加拿大，他们所产生的知识会在加拿大被商业化吗？其次，关于隐私、数据本地化、技术标准的边境法规和产业政策的后续的法规将会影响加拿大企业在美国、欧洲和中国等大型市场中相对于其竞争对手获取数据的能力。这些国内数据的法规的现状如何？它们如何影响贸易模式？它们是否符合公共利益，是否被用于变相保护以产生比较优势，是否应该受到国际贸易协定所约束（正如 TPP 电子商务章节中所介绍的那样）？

以下部分有助于回答这些问题，并指引我们寻求更优的政策以促进 AI 发展，防止企业福利和减少福利的变相保护。

19.2　技术背景：规模、范围、公司规模和知识扩散

牛津英语词典将 AI 定义为"能够执行通常需要人类智能的任务的计算机系统的理论和发展。"这意味着不同时期有不同的事物。在 20 世纪 60 年代和 70 年代，计算机科学家使用规则来研究这个问题，使用 fifth 语句和符号逻辑。这个适用于工厂机器人和下棋程序。到了 20 世纪 80 年代，很明显，符号逻辑无法处理非社会环境的复杂性，AI 研究开始显著放缓。但是在一些地方的研究所还在继续用各种方法尝试，包括加拿大高级研究所（CIFAR）。

最近一种方法发动了 AI 研究的复兴：计算机拥有可以从示例中"学习"的洞察力。这种方法通常被称为"机器学习"，是一个计算统计领域。最受关注的算法是神经网络中的反向传播，最值得注意的是"深度学习"，但是这是十分复杂的技术，包括深度学习、强化学习等。因为当前关于 AI 的复兴是由机器学习驱动的，所以我们在这里专注于这一种特定的算法。

出于目的，我们需要了解下述 AI 技术的四个方面，即与数据相关的规模经济，与 AI 研究团队相关的规模经济，团队在多个应用中使用的范围经济以及知识外部性。这些方面是思考 AI 经济学的核心。

19.2.1　数据规模经济

统计预测随着数据的数量和质量而提高。回想一下统计数据，预测质量

随着 N（或更准确地说是根 N）的增加而提高。在其他条件相同的情况下，这意味着拥有更多观测值的公司的预测将更加准确。从这个意义上说，规模经济很重要。尽管如此，由于根 N 的预测精准度增加了，虽然规模很重要，但就预测的准确性而言，这导致了规模收益递减。

然而，这个关系很微妙。谷歌和微软都运营搜索引擎。谷歌声称他们的搜索引擎具有更高的市场份额，因为它具有更好的质量。[①] 微软声称质量更高是规模导致的后果。通过提供更多数据，谷歌可以更准确地预测人们对搜索结果的期望。谷歌回应微软拥有数十亿的搜索结果。虽然谷歌拥有更多数据，但搜索记录在十亿条之前，大数规则仍然适用。因此，更多数据不会带来有意义的优势。微软的回应这是规模经济约束的原因。虽然他们有数十亿的搜索量，但很多搜索查询都非常罕见。微软可能只得到两三个结果，所以谷歌可以更好地预测这些罕见的查询。如果人们根据在罕见的搜索中的质量差异选择搜索引擎，那么谷歌拥有更多的数据将导致市场份额大幅增加。拥有更大的市场份额可为谷歌提供更多数据，从而提高质量并支持更大的市场份额。

因此，这里的规模经济来源是直接网络外部性。更多客户生成了更多数据，从而又产生了更多客户。这与关于两个市场和间接网络外部性的文献不同。网络外部性类似于电话网络，而不是在市场上的买卖双方之间的外部性，就像 Ebay 一样。这在贸易环境中是很重要的，因为贸易文献强调了两种特征的匹配，例如，Ranch（1999）和 Claret（2000）。这不同于所有的有关贸易和市场的结构文献，后者强调固定成本驱动的规模经济，因此贸易理论目前没有适用于 AI 技术环境的模型。

直接网络外部性环境导致 AI 竞争的核心方面：数据竞争。拥有最佳数据的公司可以作出更好的预测。这会创建一个正反馈循环，以便他们可以收集更多的数据。换句话说，数据的重要性导致了规模经济的强大。

19.2.2　发展 AI 功能的成本所带来的规模经济

AI 的另一个规模经济来源涉及在企业内部建立 AI 能力的固定成本。主

---

① 存在鸡和蛋的问题，无论是好的算法能否推动市场份额，还是市场份额能否推动招聘会，最终都会找到更好的算法。从另一个角度来看，请参阅 https：//www.cnet.com/news/googles - varian - search - scale - is - bogus/。

要成本是人员工资。许多软件都是发放源代码的，在许多情况下，硬件可以通过云服务作为实用工具购买。AI 的使用方面必须足够广，以证明建立 AI 专家团队的巨大成本是合理的。AI 领域的世界领导者薪水很高，通常是数百万美元或数千万美元。

顶尖学术研究人员已经被聘请加入谷歌（Hinton）、苹果（Platitudinous）、Facebook（Cullen）和优步（Surtax）。到目前为止，聘请精英研究人员和其他人之间，在开发 AI 的能力方面存在着有意义的差异。

19.2.3　规模经济

也许建立 AI 能力的固定成本产生的不只是规模经济。如果公司有多种应用程序可供使用，那么在公司内部拥有一个 AI 团队是值得的。许多目前领先的 AI 公司都是多产品公司。例如，Google 的母公司 Alphabet 拥有搜索引擎（Google），在线视频服务（YouTube），移动设备操作系统（Android），自动驾驶汽车部门（Haymow）以及各种其他业务。在大多数情况下，规模经济是通过人才，更好的硬件和更好的软件在供给侧产生的。

规模经济的另一个重要来源是跨应用程序共享数据。例如，来自 Google 搜索引擎的数据可能有助于确定 YouTube 广告的有效性，或者可能需要其地图服务来开发自动驾驶汽车。由于边境背后的变相保护政策，导致数据共享是国际摩擦的主要根源。隐私政策的差异意味着与其他国家相比，在某些国家或地区的应用程序之间共享数据更容易。例如，当 Ebay 拥有 PayPal 时，与美国相比，它在加拿大使用 PayPal 数据时面临着不同的限制。我们后面会讨论这个问题。

这与贸易文献中关于规模经济的主要重点形成对比，后者强调需求方面。AI 的规模经济似乎不是关于品牌认知或者销售渠道中的需求外部性。相反，它们似乎受到创新规模经济的影响。拥有更广泛潜力的应用程序，会投资的人鼓励投资于 AI 研究团队，而且，由于在应用程序之间共享数据的潜力，它为每个特定的 AI 项目带来了更多的好处。

19.2.4　知识外部性

在 AI 领域讨论知识差异时存在分歧。

一方面，重大的科学进步通常是在大学中的教授所做的，并且会在期刊上发表，为企业和政府人员提供快速方便的前沿研究。此外，正如 Robbing

和 Quill 的上述例子所示，有跨地区和国家的人员迁移，这表明知识外部性在范围上是全球性的。

另一方面，AI 专业知识也倾向于在全球几个狭义的地区聚集。与其他信息技术一样，硅谷的大部分专业知识都来自硅谷。柏林、西雅图、伦敦、波士顿、上海，以及多伦多和蒙特利尔在某种程度上都可以说是 AI 创新的中心。这表明 AI 涉及许多隐性知识，这些知识不易被修改并转移给其他人。

事实上，传统的知识外部性讨论在 AI 的背景下呈现出有差异的观点。这些研究人员可以长途通信吗？他们必须在一起吗？AI 中的聚集力量有多重要？截至 2017 年，AI 专业知识仍然令人惊讶地植根于发明这些技术的大学所在地。谷歌的 DeepMind 公司在伦敦，因为这是首席研究员所居住的地方。然后，英国以外的第一次 DeepMind 公司扩张到了艾伯塔省的埃德蒙顿，因为强化学习的主要发明者 Richard Sutton 住在埃德蒙顿。优步在多伦多开设了一家 AI 办公室，因为它想聘请多伦多大学教授 Raquel Urtasun。

一般来说，有少数主要的 AI 研究部门：斯坦福大学，卡内基梅隆大学，多伦多大学和其他几个。它们的位置通常与总部完全脱节，因此公司开设在人才所在地，而不是强迫人才迁移到公司所在地。

正如我们将要看到的，知识外部性的性质，对于理解集群和其他政策是否可能成功非常重要。这些外部性的性质也有一些意想不到的含义，例如，非竞争条款（Slovenia，1994）以及有人会说英语与有人会说中文和有人会两种语言，这使得获取信息的不对称性产生了知识的不对称性。

19.3 贸易理论与工业企业案例和战略贸易政策

工业化国家有许多派系，例如，主张产业政策和战略性贸易政策，其目的是促进生活水平的提高。其中许多派系都指出中国的成就是一种可重复的例子。对中国提出的大部分诉讼以及曾经对日本提出的要求都具有分析的价值。我们必须了解增加政府政策干预成功可能性的行业特征。

为此，我们从国际贸易的特定因子模型开始分析（Muss，1974；Mayer，1974），其中自由贸易偏离的情况很弱。然后，我们添加其他元素，并检查其中哪些对于政策成功很重要。第一，规模和知识外部性是至关重要的。第二，仅仅这两个因素是不够的：它们的明确的形式也很重要。

19.3.1　科学家，异质科学家和超级明星科学家

许多因素都会影响到企业所处行业地位的决策，包括获得本地人才，本地融资或管理以及本地市场份额。在本节中，我们将重点关注与大学相关的人才的作用。本次会议的参与者包括顶级 AI 公司的三位主要研究人员：Geoffrey（多伦多大学和谷歌），俄罗斯的 Platitudinous（卡内基梅隆大学和Apple），以及杨立昆（纽约大学和 Facebook）。每个人都加入了各自的公司，同时保留了他的学术地位，每个人都继续住在他的大学附近而不是公司总部附近。这三个例子并不例外，正如 Deep Mind 和 Richard 以及 Suprasegmental 和 Uber 的上述例子所示。

19.3.1.1　科学家

我们从最简单的贸易模式开始，包括两类员工，科学家和生产工人；两个行业，搜索引擎和服装。生产工人受雇于这两个行业，并在它们之间移动，以便他们的工资在各个行业中得到平衡。科学家们对搜索引擎行业来说是"特定的"，因为他们非常擅长 AI 算法并且在缝纫方面毫无用处。我们还假设科学家和工人不能在国际上迁移。然后很明显，一个国家的科学家越多，搜索引擎行业的规模和服务出口就越大。

我们从这个基础模型开始，因为在这种情况下，没有规模或外部因素，没有市场失灵的情况，因此，除了自由贸易外，任何贸易政策都没有简单的案例。例如，考虑一项限制搜索引擎服务进口的政策，正如中国对谷歌所做的那样。这种限制有助于中国科学家，但可能伤害中国的生产工人和消费者的利益（Muffin，Jones，1977）。

这一基础模型有几处偏差，从而导致模型与提高福利的出口补贴背道而驰，以及其他违反自由贸易的行为。正如我们将要看到的，最重要的两个是规模经济和知识创造。然而，我们从专业知识开始，因为专业知识是支持战略性贸易政策论据的核心（Krugerrand，1986）。由于特定因子模型中没有优势，我们通过引入异质性的科学家来介绍优势。

19.3.1.2　异质性科学家

设想一个企业能提供搜索引擎并产生广告收入的产业，有一个以科学家的"质量"q 为区分的科学家连续体。公司以其首席科学家的素质而著称，因此公司也以 q 为索引。一个更高质量的科学家会产生更好的搜索引擎。企

业参与活动 a 增加广告收入 $r(a)$，其中 $r_a>0$。让 $p(q)$ 成为选择企业 q 搜索引擎的消费者的比例。假设 $p_q>0$，即更好的科学家产生更理想的搜索引擎。在向科学家付费之前，公司的利润是 $\pi(a,q)=p(q)r(a)-c(a)$，其中 $c(a)$ 是公司的广告生成活动的成本。在这个模型中，公司本质上是科学家，但我们可以通过假设科学家获得股票期权并因此获得一小部分 $(1-\mu)$ 的利润来脱离这两者之间的关系。简单地表明，$\pi(a,q)$ 中的 (a,q) 是超模。这意味着积极的配对；与更好的科学家合作的公司会有机会参与更多的广告活动。这意味着拥有更好科学家的企业也将拥有更多的用户 $(p_q>0)$，更多的收入 $\{\partial r[a(q),q]/\partial q>0\}$ 和更高的利润 $\{\partial \pi[a(q),q]/\partial q>0\}$。把这些放在一起，更好的科学家将会使企业更强、更专业。[①]

为了将这种模式置于国际贸易环境中，我们假设有多个国家。在第二个不断扩大的规模工业（服装）中没有科学家或工人的国际移民。因为搜索引擎行业中存在利益，所以扩大该行业的政策产生了更高的利益。这是战略性贸易政策的基础。最简单的形式是，如果有超常的利润，那么关税和其他贸易政策可以用来将利润从外国转移到国内。

战略性贸易政策最早由 Brander 和 Spencer（1981）提出，其演变出现在下面讨论的许多模型中。不幸的是，战略性贸易政策的情况并不像看起来那么清晰。其最大的逻辑问题是假设积极的利益：如果有自由进入，那么进入将继续，直到利润被驱动为零。这意味着鼓励企业进入企业或培训科学家的任何政府政策，都将被企业或科学家的低效进入所取消。简而言之，战略性贸易政策只有在有利的情况下才有效，但自由进入就意味着没有专业知识（Eaton 和 Gross，1986）。我们从中得出的结论是，该模型在用于证明贸易政策合理性之前需要对模型进行丰富。

在充实该模型之前，我们注意到，还有两个令人信服的理由怀疑战略贸易政策的有效性。首先，这些政策为企业制定了政治经济激励措施，以获取

---

① 广告活动的首要条件是 $\mu\pi_a=\mu(pr_a-c_a)=0$。我们假设满足第二阶条件：$\mu\pi_{aa}<0$。超模是由 $\partial^2\pi(a,q)/\partial a\partial q=p_a r_a>0$ 推导出来的。广告活动水平 $a(q)$ 在 q 中增加的结果来自于第一个订单条件的不同：$\mu p_a r_a+\mu\pi_{aa}a_q=0$ 或 $a_q-p_a r_a/\pi_{aa}>0$。平均收入 $p(q)r(a)$ 在 q 中增加的结果是 $\partial p(q)r[a(q)]/\partial q=p_q r+p r_a a_q>0$。$\pi[a(q),q]$ 中的 q 增加的结果来自 $\partial\mu\pi(a,q)/\partial q=\mu\pi_a+\mu p_q r(a)=\mu p_q r(a)>0$，其中我们使用了一阶条件（$\pi_a=0$）。

用于确定政府补助金额和形式的监管流程。其次，如果外国政府进行报复，战略贸易政策的逻辑就会失效。报复导致贸易战，两国都输了。AI 符合 Busch（2001）认为可能导致贸易战的所有条件。我们现在转向对我们的模型进行丰富。

19.3.1.3　超级明星科学家[①]

在规模或知识创造的差异普遍存在的环境中，战略性贸易政策更具吸引力。为此，我们遵循第 19.2 节，假设数据存在规模经济。这将导致市场由少数搜索引擎企业主导；也就是说，它会将我们的模型变成看起来像超级明星模型的东西。更确切地说，它与标准超级明星模型有点不同，它们在需求方面做出假设 Risen（1981）。这里的超级明星假设是在供应方面。

接下来稍微修改我们的模型，我们通过假设选择搜索引擎 $[p(q)]$ 的消费者份额以增加的速率（$p_{qq}>0$）来引入数据中的比例；[②] $p_{qq}>0$ 意味着利润和科学家的收益以增长的速度增长，也就是说，它们在 q 中是凸的。[③] 反过来，这意味着公司规模的分布变得高度倾向于大公司。这也意味着大公司的股东将获得惊人的收益，即 1% 的收益将从社会其他方面撤离。

在这种情况下，我们预计少数大型企业将占据搜索引擎的全球大部分市场。此外，这些公司将是非常有用的。我们想到的是搜索引擎市场中经验丰富的情况。排名前五的领导者（括号中可看出每月数十亿的访客）：Google（1.8），Ding（0.5），Yahoo（0.5），百度（0.5）和 Ask（0.3）。[④] 如果中国政府政策支持百度或将谷歌排除在中国之外，那么百度将占据更大的市场份额。这为中国境内的股东带来了更高的利润和更高的收益，使中国在绝对和相对美国的情况下更加富裕。根据模型的具体情况，美国的情况可能会更糟，也可能不会更糟。

---

① 据我们所知，Manasse 和 Turrini（2001）之外没有超级明星和贸易模型，它涉及贸易和工资不平等。

② 这是一个特殊的假设，但如果它具有规模经济的特点，我们将在下面回顾的模型中看到较少的特殊变化。

③ 从之前的脚注中，$\partial\pi(a,q)/\partial q=p_q r(a)$，可以得到 $\partial^2\pi(a,q)/\partial q^2=p_q r_a a_q+p_{qq}r>0$。

④ 资料来源：http://www.ebizmba.com/articles/search-engines，2017 年 7 月。

这个例子与 20 世纪 80 年代中期关于商用喷气机生产的讨论非常相似。在此之前，据了解，该行业只有两名参与者（波音和麦克唐纳·道格拉斯是领导者），欧盟（EU）大量补贴空客，并最终迫使麦克唐纳·道格拉斯退出市场。欧盟的这些补贴金额是巨大的，但可能对欧盟纳税人是有益的。[①]

我们的超级巨星模型为政府干预提供了一个更具说服力的案例，因为数据规模是进入市场的天然障碍，阻止了自由条件不会影响政府政策的影响。因此，政府可以有力地补贴 AI 科学家的教育或补贴进入市场的企业，例如，通过减税，补贴，专业知识，孵化器等。这表明规模经济和超常的利润有时意味着加强了战略贸易政策的案例。

然而，我们还有一个假设是对战略性贸易政策的论证至关重要的，即没有国际知识溢出效应。在极端情况下，如果所有知识，例如，加拿大科学家创造的知识，都可以自由地移动到美国或中国，那么加拿大的补贴将有助于世界，但不会对加拿大有所帮助。这确立了知识差异（除了规模）在促进 AI 的政府政策方面的关键作用。

19.3.1.4 经验主义

我们对经验丰富的超级明星效应了解多少？没有任何贸易文献。我们知道，超级巨星对学术研究的创新速度和方向起着重要的作用。我们知道，大学在开发 AI 专业知识方面发挥了关键作用，在少数大学附属首席科学家在开发新技术方面发挥了关键作用。我们也有一些知识外部性的证据。Outlay，Graffiti 和 Wang（2010）表明，超级明星科学家在一个领域的死亡减缓了超级明星研究领域的进展。由于与已故超级明星相关的科学家的研究成果较少，该领域受到影响。虽然 Outlay，Graffiti 和 Wang 没有研究 AI，但他们的研究指出存在本地而非全球的知识溢出效应。

19.3.1.5 不等式

关于不等式没有多少说法。在我们的超级巨星模型中，产业政策和战略

---

① 40 多年来，企业补贴一直没有减少。2016 年，世界贸易组织（WTO）发现，不符合 WTO 标准的欧盟补贴为 100 亿美元。这不包括符合 WTO 标准的补贴。同样，世界贸易组织也发现了不符合 WTO 规定的美国对波音补贴金额。见 Busch（2001）的研究。这就提出了这样一种可能性，即旨在让企业"站稳脚跟"的补贴成为永久性补贴，这也是对战略贸易政策持怀疑态度的另一个原因。

贸易政策之所以成功，恰恰是因为它们促进了大型和高度专业化的企业。我们知道，这些企业占经济活动总量的比重越来越大，而且它们很可能是导致劳动力份额下降（Actor 等，2017），以及越来越严重的社会不平等的主要因素。因此，我们的模型所支持的政策不会带来大范围的繁荣。这不容忽视。

19.3.1.6 扩展

虽然上述 AI 科学超级巨星的模型很有用，但它还有许多其他问题。通过附加建模解决这些问题超出了本章的范围。相反，我们强调每个问题并审查相关的国际贸易和经济增长的文献，以便深入了解如何改进模型以及这些改进对于考虑贸易和贸易政策的影响。我们讨论的问题如下。

（1）假设规模 $p_{qq} > 0$ 是临时的。在 19.3.2 小节中，我们将考虑公司外部的规模收益，并表明规模的形式对政策有意义。

（2）在我们的模型中，企业内部没有知识创造，也没有跨企业和国际的差异。在 19.3.3 小节中，我们将回顾内生增长模型，并表明知识形式的差异，无论是地方的还是全球的，都对政策很重要。

（3）我们的模型忽略了行业的地理位置，因此不谈经济地理和"超级集群"政策。在 19.3.4 小节中将回顾新经济地理学文献。

（4）在 19.3.5 小节中，我们将讨论对超级集群策略的影响。

19.3.2 增加企业外部规模收益——基于基本贸易模型

我们从一个简单的贸易模型开始，该模型具有规模经济，其地理范围是可变的，即区域、国家或国际性的。该模型反映了由 Either（1982），Marksman（1981）和 Hellman（1984）研究得更丰富模型的核心见解，以及 Gross 和 Cross – bencher（2010，2012）的最新发展。

用生产函数表示同类型的产品用符号 i 表示。

$$q_i = Q^\alpha F(L_i, K_i)$$

其中 L_i 是劳动就业，K_i 是资本就业，F 表示规模报酬不变，Q 是工业产出（$Q = \sum_i q_i$），$0 < \alpha < 1$；Q^α 就像 Slow 索尔残差一样，它控制着生产力。这个想法是，一个人的生产力取决于所有人的产出。[①] 如果 Q^α 是行业

[①] 每个企业都忽略了其产出决策对 Q 的影响，因此规模收益可以被视为企业的外部因素。

的世界产出,那么国际上所有企业的生产力 Q^{α} 是相同的,企业规模对有优势的企业在生产力方面是没有影响的。另一方面,如果 Q 是该行业的国家产出,那么产量 Q 较大的国家将具有更高的生产率 Q,因此将占领整个世界的市场。

作为一个行业,AI 的技术介于国家规模收益(Q 是国家产出)和国际规模收益(Q 是国际产出)之间。随着国家规模收益的增加,如关税或生产补贴等增加国内产出的政府政策将增加国民福利,因为该政策提高了国内的平均生产率并推动了出口。它是否有助于还是伤害外国企业取决于许多因素,例如,规模收益的强度(a 的大小)和国家的规模(Hellman,1984)。最重要的是,工业和贸易政策的国内利益取决于国家地理范围的规模,即国家与国际之间的差异程度。

无论是个国层面还是国际层面的规模经营都不容易评估,也没有尝试过使用 AI。对于 20 世纪 80 年代的 DRAM 市场,Irwin 和 Knowles(1994)表明,外部规模经济完全是国际经济而非国家经济。AI 经济国际化的其他证据是 AI 算法已经通过科学期刊和教学在国际上传播,而研究与开发(研发)AI 知识,在国际上通过模仿和逆向工程得到了广泛应用。另外,AI 研究人员在硅谷和其他几个技术中心的位置,暗示着国家乃至次国家的规模报酬。Outlay,Graffiti 和 Wang(2010)也提出了地方规模收益的存在。显然,需要更多关于 AI 国家与国际规模回报程度的研究。

19.3.3 知识创造和扩散:内生增长

在上一节中,规模对企业是外部性的,企业也没有进行相关研究。现在我们对公司的研究做一介绍。便捷的是,企业创新的一些关键含义与前一部分相似,即贸易政策在很大程度上取决于知识溢出在多大程度上是国家的或国际的。为了看到这一点,我们回顾了以国际贸易为特征的主要内生增长模型,Gross 和 Hellman(1989,1990,1991),Rebarbative 和 Comer(1991),以及 Fashion 和 Hewitt(2009,第 15 章)。企业在这些模型中进行昂贵的研发,并且存在影响这些成本的外部性。贸易文献中的主导模型以质量阶梯(Gross 和 Hellman)为特色,具有垂直(质量)差异。最高质量的企业占据了整个市场并获得了利润。[①]

　　创新以一定比例提高前沿企业的质量。在 $t>0$ 时，令 $n(t)$ 为时间间隔 $(0，t)$ 内的质量改进次数，使边界质量为 $n(t)$。企业在研发上投入了大量资金，这就产生了成为质量领导者的内生概率 $p(r)$ ［质量 $\lambda^{n(t)+1}$ ］。

　　研发过程的一个关键特征是外部性：创新者站在巨人的肩膀上，因为他们在前沿质量水平上有所提升。如果他们改善自己的品质，就没有外部性。Gross 和 Hellman（1991）出现了一个两部门，两国质量阶梯模型。Gross 和 Hellman 假设有一个标准的不变规模收益部门和一个质量部门。[②]

　　另一种流行的方法是 Comer（1990）的扩展品种模型。最终产品生产商使用恒定的替代弹性（CES）生产函数组合各种中间体，以便有各种各样的热爱。在任何日期 t，存在 $N(t)$ 个品种的量度。新品种的边际回报是积极的，但却在减少。关键的"建立在巨人的肩膀上"的外部性是开发新品种的成本与品种的衡量成反比。因此，创新成本随着时间的推移而下降，从而产生内生增长。在 Rebarbative 和 Comer（1991）中出现了一个单一的，两个国家的扩展。Gross 和 Hellman（1991）出现了两个部门，两个国家的扩展。

　　这个简短的综述产生了大量的观察结果。与前一节一样，贸易政策的收益取决于外部性是在国家层面还是国际层面上运作。上一节的 Q 在这里被替换为 $\lambda^{n(t)}$ 或 $N(t)$。所以，如果每个企业都建立在国际前沿 $\lambda^{n(t)}$ 或国际品种数量 $N(t)$ 的基础上，那么就不会对比较优势产生影响；然而，如果每个企业都建立在其国家 $\lambda^{n(t)}$ 或国家 $N(t)$ 的基础上，那么这个前沿国家将在质量或扩大品种部门方面获得日益增强的比较优势。具有了国家层面的外部性，一个国家就能占据质量或（和）品种部门的最大份额。此外，一个国家可以利用研发和贸易政策来占领这一部门。

　　内生增长模型为研发和贸易政策的细节提供了重要的见解。研究和开发政策直接针对知识外部性，因此优先考虑次优贸易政策。第一个研发政策的途径是促进知识差异化。这可以通过针对本地内部互动和行业—大学合作的

---

　　① 为了证明研发费用的合理性，需要事后准备专业知识。然而，这些模型有一个自由进入的条件，使预先的利润为零。

　　② 将内生增长纳入两部门模型，以便于讨论两者的比较优势，比较两者优势不是那么容易的，因为除非其他价格或非价格"拥挤"因素被阻止，否则质量提高的部门会慢慢接管整个经济。

非营利组织的补贴来实现。第二个研发政策的途径是通过所有企业、大学和学生都可以获得的研发补贴来促进知识创造。这两条途径之间存在紧张关系；知识差异可以阻碍知识创造，因为知识扩散到竞争对手那里会降低创新回报。然而，紧张局势有时是建设性的：硅谷从马萨诸塞州 128 号公路的阴影中出现，部分原因在于"开源态度"（Slovenia，1994）和加利福尼亚州对非竞争条款的限制（Marbling 和 Fleming，2012）。将知识传播到国外的可能性不如国内有益。

这类模式不鼓励针对个体企业或"选择赢家"的政策。为了解行业领导者不应占据政策优势的原因，需要反直觉而上，行业领导者由于"市场窃取"效应反而会是最不具有创新精神的企业。如果一个参赛者创新，它就会从领导者那里窃取市场。如果一个领导者创新，它则会自我吞噬。因而领导者缺乏创新的动力。Aghion 等（2001，2005）通过开发了一种模型来应对这种反直觉的结果。该模型中领导者需要进行创新来逃避竞争。Aghion 等（2017）以及 Lim，Trefler 和 Yu（2017）目前正在开发用以逃避竞争的国际贸易模型。

在 AI 的背景下，上述内生增长模型都不是理想的，这导致我们猜测适当的模型可能是什么样子。内生增长模型的优势在于它们强调知识创造和差异化。更深入地思考 AI 开发和商业化，区分大型企业 AI 研究部门的两个方面是有用的。首先，他们改进了 AI 算法，它是攀登高质量的阶梯。（回想一下，质量可以是消费者所感知的东西，或者与此相关的东西，它可以降低边际成本。）其次，AI 研究部门开发了现有 AI 的新应用；例如，Google 将 AI 用于其搜索引擎、自动驾驶汽车、YouTube 推荐、广告网络、数据中心的能源使用等。这表明了一个扩展的组织模型，但在企业内部运作。我们不知道任何具有这些功能的内生增长模型。Gross 和 Hellman（1991）有第一个，Kettle 和 Tumor（2004）有第二个。将它们组合在一个模型中并非易事，分析结果可能必须用校准代替。

19.3.4　新经济地理和集聚

上一节中的讨论指出知识溢出是地方性的可能性，这自然导致了硅谷等区域集群理论。新的经济地理学或 NEG（Krugerrand，1980）通常不考虑知识溢出效应，但它确实考虑了推动区域集群的其他地方外部性。三种机制尤为突出：需求方"本土市场效应"，上游与自身流动联系，以及劳动力市场联营。所有这些理论都有两个关键要素：跨地区的交易成本（例如，关税）和在企业层面增加规模报酬（可以认为是开发新产品的固定成本）。我们在家庭市场效应的背景下解释这两个要素的作用。

考虑具有 CES 垄断竞争的模型和两个区域（$j=1$，2）。机器种类繁多，可供选择的机器越多，生产者的生产率就越高。设 N_j 是区域 j 中可用的机器品种的度量。然后，通过 CES 生产函数，生产率与 N_j 成正比。[①] 推动集聚的根本因素是这种多样化/生产率外部性的强度（这与 Romer 扩大品种模型的外部性有关，后者也与 N_j 成正比）。和之前的模型一样，外部性是在地方层面而非国际层面上运作。这种外部性鼓励企业联合或凝聚，因为企业的集聚可以提高 N_j 和生产率。被这种集聚反向推动的根本因素是贸易成本：企业可以通过靠近消费者而不是靠近其他生产者来避免贸易成本。这种模型的主要观点是，在均衡状态下，世界各企业不等比例的份额将位于同一地区，则该地区将具有更高的生产率，进而这个地区将变得更加富有。请注意，企业正在选择将其建在竞争最激烈并且工资和房价最高的地方。

上述的聚集模型已经以无数种方式得到过扩展（例如，Krugmanand Venables，1995；Fajgelbaum 等，2011；Duranton 和 Puga，2001）。关于积聚力量的应用，容易令人想到的不是各种各样的机器，而是企业所掌握的多样性知识。如果这种知识是隐形的，意味着它不能在文档中被编码和传输，那么知识溢出效应只能通过面对面的互动在本地进行传播。在这种情况下，知识外部性会导致企业聚集，其结果就是出现像硅谷这样的地区。

19.3.5 集群政策

集群政策长期以来一直是政治家最好的朋友，但经济学家仍然高度批评他们。在调查这些政策成功的证据时，Araguaya 和 Kilogram（2012）写道："没有明确的证据表明，从长远来看，集群能够在创新、生产力或就业方面产生强大和可持续的影响。"作为集群经济学领域的世界领导者之一，Grandiloquent 称他的 2011 年调查为"'加州梦想'：集群政策的弱势案例。"

根据我们所描述的内容，第一个问题是：集群策略何时可能成功？答案

---

① 更准确地说，生产率与 $N^{1/(\sigma-1)}$ 成正比，其中 $\sigma>1$ 是品种之间的替代弹性。

是，当有明确证据表明规模经济和知识创造和当地知识差异同时存在时，他们最有可能取得成功。尽管国际知识差异的程度不容忽视，但 AI 可以显示出这些特征。

第二个问题是：哪些政策可能有效？为了回答这个问题，我们转向了 Rotman 创意销毁实验室（CDL）主任 Jayawardene 和集群政策业务的 Carmichael 的见解。我们从 Allegra 开始。Allegra 确定了加拿大背景下开发 AI 的两个问题。首先，缺乏具备扩大公司技能的人才，Allegra 称这些人为"1000 人计划"。其次，关于初创企业质量的信息成本十分的高，以至于资本市场无法确定最优秀和最聪明的初创企业。Allegra 的 CDL 解决了这两个问题，将初创企业与能够识别出良好创业的连续企业家联系起来，利用 1000 倍的增长，并向全球投资者传递有关创业质量的宝贵信息。

关于什么政策可能有效的问题的另一种方法是利用 Porter（1990）的思路，它强调了聚类的四个特征：①大学等因素条件和 AI 科学家的大量供应；②AI 的家庭市场需求外部性；③来自专门中间投入 AI 的供应商的外部性，如金融服务；④竞争环境。

项目②~④涉及的效果已在我们对知识溢出的讨论中描述，并且是当地集聚的核心。项目①是一个更传统的经济因素，即通过补贴其供应来降低关键投入的价格。然而 Porter 的研究表明，许多的集群是由一个主要的集群驱动的。也就是说，实践中最重要的一项政策很简单：按照 Hinton 的建议，在当地培训大量的 AI 科学家。

我们的模型还提出了 Hinton 建议中的两个需要改善的观点。首先，由于加拿大培训的科学家可能会离开加拿大前往硅谷、中国或者其他 AI 热点国家（地区），因此存在国际知识差异而非国家知识差异。这表明在新加坡使用成功了的有价值的项目，如果学生不在新加坡至少工作几年，就需要偿还学生贷款。

其次，对于像加拿大这样的国家来说，数据规模是一个巨大的问题。为了作出这方面的适当解决方案，我们现在转向关注数据和 AI 使用的国家监管环境的细节。

19.4　边境贸易壁垒：国内监管环境

鉴于这些模型，我们接下来转向可能影响贸易政策的具体监管问题。围绕 AI 的许多核心贸易问题涉及数据访问。数据是 AI 的关键输入，有许多政府政策可以保护数据访问和数据流。如果这些法规在不同国家或地区有所不同，它们可以使一些国家的 AI 行业受益。上述模型表明，如果存在规模经济、地方外部性和租金，这种优势可能会产生不良的后果。

我们特别强调五项政策。前三项涉及数据：家庭隐私政策、数据本地化规则和访问政府数据。其他方面则是 AI 应用行业（如自动驾驶汽车）法规的制定和源代码保护。隐私政策、数据本地化和源代码访问已经成为重要的贸易问题。例如，TPP 解决了这三个问题，美国贸易代表的 NAFTA 重新谈判目标也是如此。美国的立场是，加拿大和墨西哥强有力的隐私规则、本地化要求和获取外国源代码都是美国出口 AI 相关商品的障碍。换言之，这些领域对贸易政策的监管可能被伪装成保护政策，帮助国内企业，伤害外国企业。在下面的讨论中，我们将探讨这种起始假设的适当程度。

19.4.1　隐私条例

隐私法规涉及限制数据收集和使用的政策。这种监管在不同地点之间存在差异。隐私政策有权限制或扩大企业有效使用 AI 的能力。对数据使用的限制意味着在可用数据的情况下限制使用 AI 的能力；但是，如果可以使消费者信任收集数据的公司，那么对数据使用的限制也可能增加可用数据的供应，尽管该理论含糊不清，但到目前为止，经验证据有利于前者的平衡效应。更严格的隐私法规降低了企业和非营利组织收集和使用数据的能力，从而导致数据创新使用率降低（Goldfield 和 Tucker，2012）。因此，某些国家的企业可能会受益于有利的隐私政策。

我们认为贸易隐私政策最有用的类比与劳工和环境法规有关。由于各种原因，这些法规在各国之间也存在差异。它们可以反映不同国家的偏好差异，也可以被视为富裕国家愿意支付但贫穷国家不愿意支付的正常商品（Gross 和 Bruegel，1995）。对于如何收集或使用数据存在合理的分歧。有些国家会限制用于预测的信息，而有些国家则不会。例如，对于保险，可以使用的数据因州而异，不同的州对保险中的种族、宗教、性别和性取向的使用提供了各种限制。① 即使有这样的限制，如果其他变量为这些类别提供了替代品，那么企业可能会被迫完全放弃 AI 方法以获得更透明的预测技术。在隐私政策方面，我们认为考虑到各国在限制数据收集和使用的政策偏好方面存在差异是有用的。

鉴于偏好的这些差异，对贸易有何影响？假设用于发展 AI 行业的最佳隐私政策涉及的数据限制相对较少。AI 需要数据，因此政府对数据收集的限制越少，行业发展的速度就越快。② 如果年轻公司倾向通过专注于国内市场来成长，这将有利于某些国家的 AI 公司相对于其他国家的成长。因此，与政策严格的国家相比，宽松的隐私政策可能有助于国内产业，正如宽松的劳动和环境监管可能有助于国内产业一样。

这表明隐私政策中存在"恶性竞争"的可能性。在执行劳工政策（Davies 和 Lamination，2013）和环境政策（Baron，Murdoch 和 Veggieburger，2003；Didrikson 和 Aliment，2002）中发现了这类状况的证据。有证据表明，隐私监管确实对支持广告软件的行业管辖区域不利。特别是，Goldfield 和 Tucker（2011）研究了欧洲隐私法规的变化（2004 年实施），这使得欧洲互联网公司收集有关其在线客户的数据变得更加困难。这种监管变化极有可能会降低依赖于在跟踪客户数据的网站上投放广告的效率。通过对数千个在线广告活动的有效性的一致衡量，结果显示，与监管前相比，与其他司法管辖区的广告相比，主要是指美国地区，欧洲在线广告的效率降低约 65%。换句话说，隐私监管似乎降低了公司有效使用数据的能力。在不同的背景下，Miller 和 Tucker（2011）表明，州级隐私限制可能会降低医疗质量。虽然这些证据与 AI 无关，但就像 AI 一样，在线广告和医疗保健使用数据作为关键输入。换句话说，相同的隐私监管政策可能会起到限制 AI 运作能力的作用。

在战略性贸易模式下，如果能从 AI 中获得租金，那么这种竞争的底线就会很重要。在具有本地溢出效应和各种聚集模型的内生增长的模型下，这

---

① http：//repository. law. umich. edu/cgi/viewcontent. cgi? article = 1163&context = law_econ _current.

② 重要的是，从公司的角度来看，这不是关于最佳隐私政策的声明。如果消费者偏好隐私，私营部门即使在没有监管的情况下也可以提供隐私。如果消费者偏好隐私，私营部门甚至可以在没有法规的情况下提供。有关这一点的更丰富的辩论，请参阅 Goldfarb 和 Tucker（2012）以及 Acquisti，Taylor 和 Wagman（2016）。

可以创造一种均衡，其中 AI 行业以最宽松的政策迁移到该国。目前，欧洲的隐私政策比美国或中国要严格得多。① 此外，美国和中国之间的此类政策存在许多的差异。这可能使美国和中国在这个行业中优于欧洲。

如果更严格的隐私政策可能会打击国内公司从而偏袒外国公司，我们期望政策可以避免这种竞争；然而，最近的贸易谈判将重点放在隐私监管上，作为变相保护。例如，这一论点与当前美国贸易谈判目标不一致，美国希望削弱加拿大隐私法。根据其他数据推动行业的现有证据，我们认为，从长期来看，这将相对于美国更加有助于加拿大行业的长期发展，即使它有利于短期内在加拿大开展业务的美国公司。此外，TPP 关于电子商务的第 14 章包含试图限制变相保护的条款，但除了第 14.8.5 条中关于努力交换任何此类（个人信息保护）的信息之外，几乎不包含鼓励协调隐私政策的语言，并探索扩展这些或其他合适安排的方法，以促进它们之间的兼容性。"努力"和"探索"这些词语在贸易政策文献中被称为"有抱负"的语言，通常没有任何效力。一般而言，CETA 协议在电子商务方面更加模糊。电子商务部分，第 16 章说得很少，但"承认"电子商务监管和互操作性的重要性，"双方同意就电子商务提出的问题保持对话。"②

值得注意的是，这不是关于公司战略的陈述。市场可以在隐私方面进行纪律处分并提供消费者保护。特别是苹果公司在推出 AI 计划时强调了对客户个人信息的保护，这个策略是否会在消费者忠诚度和获得更好质量数据方面获得回报，这是一个悬而未决的问题。

我们还要强调，我们对监管强制执行的最佳隐私政策是表示中立的态度。事实上，我们认为这对经济学家来说是一个难以回答的问题。鉴于经验证据表明，迄今为止实施的隐私监管，似乎导致了创新的减少，确定最佳隐私量不应该根据创新的程度制定（正如 TPP 在第 14.8.1 条中强调的那样，"这种隐私保护对提高电子商务中消费者信心所作的贡献"）。相反，它对隐

---

① 加拿大位于中部和欧洲部分地区对数据收集和使用都很严格。加拿大的核心限制包括用于与收集背景不同的目的。美国强调合同，只要隐私政策明确，公司就可以根据自己的意愿收集和使用数据（至少在某些受监管行业之外，如健康和财务）。

② https：//ustr.gov/sites/default/files/TPP - Final - Text - Electronic - Commerce.pdf，http：//www.international.gc.ca/trade - commerce/trade - agreements accords - commerciaux/agr - acc/ceta - aecg/text - texte/16.aspx？lang = eng.

私的道德价值（甚至是权利）以及国内 AI 行业的创新和发展起着重要的作用。

重申一下，隐私监管与许多其他法规不同，因为隐私（可能不成比例地）会限制国内企业。因此，贸易谈判不应该以隐私监管是变相保护的假设开始。相反，讨论应该从 TPP 第 14.8.1 条中提到的"保护电子商务用户个人信息的社会福利"的公共政策目标开始。然后，如果需要，讨论可以转移到任何特定情况，其中隐私法规可能真的是变相保护。正如我们希望可以从上述讨论中清楚看到的那样，限制企业如何收集和使用数据的国内隐私法规，不太可能是变相的保护措施。接下来，我们将讨论另外两项法规，它们可能会将隐私权作为一个有利而非束缚国内公司的借口。

19.4.2 数据本地化

数据本地化法规涉及限制企业向国外用户传输数据的能力。这些限制通常是由隐私动机所引发的。各国可能希望数据保留在国内以保护隐私和（相关）国家安全。特别是，数据本地化的论点强调政府希望其公民的数据受到国内法律的保护。外国国家安全机构不应该访问在一个国家内发生的数据，外国公司应该受到收集数据的国家的法律的约束。反对这种本地化的论点（至少在公开场合）是技术性的：这种本地化给想要做生意的外国公司带来了巨大的成本。他们需要在每个国家建立业务，他们需要确定一个系统，确保数据不会在国际线路上（技术上成本高昂，特别是对于集成通信网络，如欧洲内部或北美地区）。美国公司已经游说反对这些要求。[1]

在技术方面，考虑居住在同一国家的两方 A 和 B。如果没有特定的技术指导（以及一些质量方面的成本），A 和 B 之间的互联网流量不能在某一个国家内进行限制，因为数据要通过路由器连接互联网。另外，关于 A 和 B 之间的交易的数据可以存储在位于不同国家或地区的服务器上。此外，如果 A 和 B 位于不同的国家或地区，则该交易的数据可能会存储在这两个国家或地区。[2]

数据本地化是 AI 的一个问题，因为 AI 需要数据。它通常涉及将不同的

---

① https：//publicpolicy. googleblog. com/2015/02/the – impacts – f – data – localization – on. html.
② Dobson，Tory，and Trefler（2017）.

数据源合并结合在一起。如果数据规模仅限于一个国家，那么 AI 的汇总预测质量将会降低。换句话说，本地化是限制 AI 中任何国家可能会产生的规模，但代价是整体质量较低。

不同的是，数据本地化是一种可能有利于国内企业的隐私政策。与上面强调的消费者保护隐私政策不同，它可以有利于国内公司而不是外国公司，因为外国公司的 AI 专家可能无法访问数据。TPP 认识到这一点，并在第14.11.3a 条中明确对此加以限制，该条规定，信息的跨境转移不应受到"对贸易进行变相限制"的限制。[①]

19.4.3　有权访问政府数据

另一个可能被隐私问题所证明的贸易限制包括访问政府数据。政府收集了大量的数据。这些数据可能对训练 AI 和改进其预测精准度有价值。这些数据包括税收和银行数据、教育数据和健康数据。例如，作为安大略省大多数医疗保健服务的唯一合法提供者，某政府除了拥有关于 1400 万人的健康需求，还拥有对其进行治疗的方案和治疗结果等异常丰富的数据。如果国内企业获得对该数据的特权访问，它将为国内 AI 行业创造间接补贴。

我们认为当前贸易文献中最有用的例子是加拿大和美国之间长期的软木木材贸易争端。在软木木箱中，加拿大的大部分木材都生长在政府拥有的土地上，而在美国，大多数木材都生长在私有土地上。美国的投诉声称加拿大木材价格过低，因此是加拿大木材行业的政府补贴。虽然多年来一直有各种协议，但分歧尚未完全解决。表面问题是获取政府资源的公平价格。真正的问题是，是否存在合法的监管差异，为了传达不公平的利益，从而构成了贸易非法补贴。

从政府数据也可以看到。国家与公司之间的联系因国家而异，这可能对一些公司比其他公司更有帮助。访问数据的公平价格是多少？重要的是，各

---

①　与数据本地化相关的问题是，谁拥有外国个人或公司有权收集的国内个人数据。例如，考虑一家使用秘鲁手机收集农业和气候数据的美国公司。谁将拥有这些数据的权利？允许美国从这些数据中获益？个体之间的合同是否可以满足要求？或者是否需要国际法或法律？如果不是为私人公司收集数据，则可能不会被允许收集数据，但这些公司使用数据的目的不是为了公共利益，而是为了提供数据方秘鲁人的利益。最近孟山都公司和约翰迪尔公司的合资企业，以及美国司法部反托拉斯公司对这项协议的破坏性担忧，凸显了这个问题的切实可行性。

国政府可能不想让外国公司获得同样的数据，这些问题是数据本地化动机的基础。因此，各国在数据访问政策上看似合理的差异最终可能有利于国内行业。

19.4.4 工业监管

大多数国际协议都有关于竞争政策和工业监管的部分。这是因为监管可能成为不公平比较优势或劣势的根源。在 AI 应用程序中，此列表很长。除了上面强调的关于数据和隐私的要点之外，许多 AI 应用涉及可能尚未存在标准的补充技术，法律框架可能仍在不断发展。

例如，在自动驾驶车辆中，需要围绕车辆之间的通信、交通信号以及汽车设计的许多其他方面开发各种标准。大多数标准将由行业参与者（Simone，2012）之间进行谈判制定，可能需要一些政府投入。与其他情况一样，国家的拥护者可以试图让他们的政府采用提高外国竞争成本的标准，这导致了国际标准战的可能性。对于可能涉及大量政府投入的标准尤其如此。例如，假设政府要求自动驾驶车辆背后的 AI 足够透明，那么调查人员就能够确定导致事故的原因。如果没有国际标准，不同的国家可能需要来自不同传感器的信息，或者他们可能需要访问作为该技术基础的模型和数据的不同方面。对于公司来说，确保他们的 AI 以这种方式与多种监管制度兼容将是昂贵的。这种国内法规可能是一种有利于国内企业的方式。换句话说，围绕 AI 如何与法律制度相互作用的国内技术标准是变相限制贸易的潜在工具。

自动驾驶汽车法律框架正在发展，不同的国家（甚至美国境内的国家）允许在其公共道路上实现不同程度的自治。无人机是美国联邦航空管理局（FAA）严格管制美国领空的另一个例子，而中国和其他一些国家的限制较少。这可能使中国的商用无人机行业比美国的行业更先进。[①] 因此，监管也会影响创新的速度，从而影响比较优势。

19.4.5 源代码

在 AI 可能存在歧视的范围内，政府可能会要求提供有关根据反歧视法

---

① https：//www.forbes.com/sites/sarahsu/2017/04/13/in – china – drone – delivery – promises – to – boost – consumption – especially – in – rural – areas/#47774daf68fe.

律制定 AI 预测算法的信息。更一般地，对于包括 AI 在内的软件，政府可能出于安全原因要求访问源代码，例如，减少欺诈或保护国家安全。因此，以消费者保护或国家安全为借口，政府可能会降低外国企业维护商业秘密的能力。此外，此类商业秘密的网络间谍活动可能很普遍，但这超出了本章的范围。① 从广义上讲，TPP 谈判已经认识到这个问题，第 14.17 条强调不能要求获取源代码，除非源代码是关键基础设施的基础，或者除非需要源代码来遵守其他非贸易限制的国内法规。

其他可能影响国内 AI 行业规模的政策包括知识产权、反垄断、研发补贴和国家安全。如果 AI 是下一个重要的战略产业，那么所有标准问题都会出现在这些行业的贸易政策中。我们不会详细讨论这些问题，因为我们认为有关这些政策的贸易特定问题与 AI 不同，但更广泛地通过对创新和贸易的讨论来捕捉。关于 AI 和贸易的国内政策的其他方面的主要观点是，在公共部门的 AI 中存在规模经济。此外，我们预计 AI 行业的一些外部因素仍然是本地的。

19.5　AI 和国际宏观经济学

在得出结论之前，必须认识到 AI 将对国际宏观经济产生影响。例如，假设中国确实成功地建立了一个大型 AI 产业。这可能会增加其与世界其他国家的贸易顺差，特别是服务贸易。此外，假设中国通过促进从农村到城市的人口流动，以及放宽一次性政策来控制工资上涨。然后，这可能会对人民币（RMB）施加上涨压力，对美元施加下跌压力。

这将对美国劳动力市场产生影响。在低端市场，美元贬值可能会带回制造业就业岗位。在高端市场，有经验的美国工人将首次接触来自低工资国家的竞争。孤立地说，这将减少美国国内不平等的一个方面。

如果中国市场对美国技术巨头开放（反之亦然），Elitism（2003）模型和 Bobberfied（即将推出）贸易模型都将可以预测，这些巨头企业会将进一步扩大。在这些公司已经吸收了美国增值的 1/5，并可能导致在美国高度不

① https：//obamawhitehouse.archives.gov/sites/default/files/omb/IPEC/admin_strategy_on_mitigating_the_theft_of_u.s._trade_secrets.pdf.

平等的情况下，国际贸易对进一步扩大这些影响的影响可能会进一步增加高度不平等。

19.6 结论

AI 将如何影响贸易模式？它如何使我们对贸易政策有不同的看法？在本文中，我们试图强调一些关键点。

第一，该技术的性质表明规模经济和范围经济将是重要的。此外，作为知识密集型行业，知识外部性也很重要。关于其他行业的以往文献表明，这种外部性通常是局部的，但需要更多的证据。

第二，在理解 AI 的影响方面，可能最有用的贸易模型是阐释了以下要素的模型，特别是规模、知识创造和知识扩散的地理分布。这些模型显示，以 AI 为核心的贸易政策（或以 AI 为核心的集群投资）是否为最优的，这将很大程度上取决于规模的存在以及缺乏迅速的国际知识扩散。

第三，我们讨论了监管是否支持以及如何用于支持国内产业。我们强调，针对消费者保护的隐私政策与许多其他法规不同，因为相比于国外企业，它可能会更加阻碍国内企业。因此，这些讨论应该强调监管的协调，而不是将贸易讨论集中在如何将隐私政策用作贸易上的变相限制，以避免恶性竞争。相比之下，其他一些政策可用于支持国内企业，包括数据本地化规则，对政府数据的有限访问，行业规则（如无人机的使用，以及强制访问源代码）。

一般来说，这是一个新复兴的贸易研究和政策新领域。在我们全面了解这些问题之前，还有很多东西需要学习。

参考文献

Acquisti, Alessandro, Curtis Taylor, and Liad Wagman. 2016. "The Economics of Privacy." *Journal of Economic Literature* 54 (2): 442–492.

Aghion, Philippe, Antonin Bergeaud, Matthieu Lequien, and Marc Melitz. 2017. "The Impact of Exports on Innovation: Theory and Evidence." Working paper, Harvard University.

Aghion, Philippe, Nick Bloom, Richard Blundell, Rachel Griffith, and Peter Howitt. 2005. "Competition and Innovation: An Inverted-U Relationship." *Quarterly Journal of Economics* 120 (2): 701–728.

Aghion, Philippe, Christopher Harris, Peter Howitt, and John Vickers. 2001. "Competition, Imitation and Growth with Step-by-Step Innovation." *Review of Economic Studies* 68 (3): 467–492.

Aghion, Philippe, and Peter Howitt. 2009. *The Economics of Growth*. Cambridge, MA: MIT Press.

Agrawal, Ajay, Joshua Gans, and Avi Goldfarb. 2018. *Prediction Machines: The Simple Economics of Artificial Intelligence*. Boston, MA: Harvard Business Review Press.

Autor, David, David Dorn, Lawrence F. Katz, Christina Patterson, and John Van Reenen. 2017. "Concentrating on the Fall of the Labor Share." NBER Working Paper no. 23108, Cambridge, MA.

Azoulay, Pierre, Joshua S. Graff Zivin, and Jialan Wang. 2010. "Superstar Extinction." *Quarterly Journal of Economics* 125 (2): 549–589.

Beron, Kurt J., James C. Murdoch, and Wim P. M. Vijverberg. 2003. "Why Cooperate? Public Goods, Economic Power, and the Montreal Protocol." *Review of Economics and Statistics* 85 (2): 286–297.

Brander, James A., and Barbara J. Spencer. 1981. "Tariffs and the Extraction of Foreign Monopoly Rents under Potential Entry." *Canadian Journal of Economics* 14 (3): 371–389.

Brandt, Loren, and Xiaodong Zhu. 2000. "Redistribution in a Decentralized Economy: Growth and Inflation in Reform China." *Journal of Political Economy* 108 (2): 422–439.

Busch, Marc L. 2001. *Trade Warriors: States, Firms, and Strategic-Trade Policy in High-Technology Competition*. Cambridge: Cambridge University Press.

Davies, Ronald B., and Krishna Chaitanya Vadlamannati. 2013. "A Race to the Bottom in Labor Standards? An Empirical Investigation." *Journal of Development Economics* 103:1–14.

Dobson, Wendy, Julia Tory, and Daniel Trefler. 2017. "Modernizing NAFTA: A Canadian Perspective." In *A Positive NAFTA Renegotiation*, edited by Fred Bergsten, 36–49. Washington, DC: Petersen Institute for International Economics.

Duranton, Gilles. 2011. "California Dreamin': The Feeble Case for Cluster Policies." *Review of Economic Analysis* 3 (1): 3–45.

Duranton, Gilles, and Diego Puga. 2001. "Nursery Cities: Urban Diversity, Process Innovation, and the Life Cycle of Products." *American Economic Review* 91 (5): 1454–1477.

Eaton, Jonathan, and Gene M. Grossman. 1986. "Optimal Trade and Industrial Policy under Oligopoly." *Quarterly Journal of Economics* 101 (2): 383–406.

Ethier, Wilfred J. 1982. "National and International Returns to Scale in the Modern Theory of International Trade." *American Economic Review* 72 (3): 389–405.

Fajgelbaum, Pablo, Gene M. Grossman, and Elhanan Helpman. 2011. "Income Distribution, Product Quality, and International Trade." *Journal of Political Economy* 119 (4): 721–765.

Fredriksson, Per G., and Daniel L. Millimet. 2002. "Strategic Interaction and the Determination of Environmental Policy across U.S. States." *Journal of Urban Economics* 51 (1): 101–122.

Fujii, Hidemichi, and Shunsuke Managi. 2017. "Trends and Priority Shifts in Artificial Intelligence Technology Invention: A Global Patent Analysis." RIETI Discussion Paper Series no. 17-E066, Research Institute of Economy, Trade, and Industry, May.

Goldfarb, Avi, and Catherine Tucker. 2011. "Privacy Regulation and Online Advertising." *Management Science* 57 (1): 57–71.

———. 2012. "Privacy and Innovation." In *Innovation Policy and the Economy*, vol. 12, edited by Josh Lerner and Scott Stern, 65–89. Chicago: University of Chicago Press.

Grossman, Gene M., and Elhanan Helpman. 1989. "Product Development and International Trade." *Journal of Political Economy* 97 (6): 1261–1283.

———. 1990. "Trade, Innovation, and Growth." *American Economic Review Papers and Proceedings* 80 (2): 86–91.

———. 1991. *Innovation and Growth in the Global Economy*. Cambridge, MA: MIT Press.

Grossman, Gene M., and Alan B. Krueger. 1995. "Economic Growth and the Environment." *Quarterly Journal of Economics* 110 (2): 353–377.

Grossman, Gene M., and Esteban Rossi-Hansberg. 2010. "External Economies and International Trade Redux." *Quarterly Journal of Economics* 125 (2): 829–58.

———. 2012. "Task Trade between Similar Countries." *Econometrica* 80 (2): 593–629.

Helpman, Elhanan. 1984. "Increasing Returns, Imperfect Markets, and Trade Theory." In *Handbook of International Economics*, edited by Peter B. Kenen and Ronald W. Jones, 325–65. Amsterdam: North-Holland.

Irwin, Douglas A., and Peter J. Klenow. 1994. "Learning-by-Doing Spillovers in the Semiconductor Industry." *Journal of Political Economy* 102 (6): 1200–1227.

Klette, Tor Jakob, and Samuel Kortum. 2004. "Innovating Firms and Aggregate Innovation." *Journal of Political Economy* 112 (5): 986–1018.

Krugman, Paul R. 1980. "Scale Economies, Product Differentiation, and the Pattern of Trade." *American Economic Review* 70 (5): 950–959.

———. 1986. *Strategic Trade Policy and the New International Economics*. Cambridge, MA: MIT Press.

Krugman, Paul R., and Anthony J. Venables. 1995. "Globalization and the Inequality of Nations." *Quarterly Journal of Economics* 110 (4): 857–880.

Lim, Kevin, Daniel Trefler, and Miaojie Yu. 2017. "Trade and Innovation: The Role of Scale and Competition Effects." Working paper, University of Toronto.

Manasse, Paolo, and Alessandro Turrini. 2001. "Trade, Wages, and Superstars." *Journal of International Economics* 54 (1): 97–117.

Markusen, James R. 1981. "Trade and the Gains from Trade with Imperfect Competition." *Journal of International Economics* 11 (4): 531–551.

Marx, M., and L. Fleming. 2012. "Non-compete Agreements: Barriers to Entry . . . and Exit?" In *Innovation Policy and the Economy*, vol. 12, edited by J. Lerner and S. Stern. Chicago: University of Chicago Press.

Mayer, Wolfgang. 1974. "Short-Run and Long-Run Equilibrium for a Small Open Economy." *Journal of Political Economy* 82 (5): 955–967.

McLaren, John. 2000. "'Globalization' and Vertical Structure." *American Economic Review* 90 (5): 1239–1254.

Melitz, Marc J. 2003. "The Impact of Trade on Intra-Industry Reallocations and Aggregate Industry Productivity." *Econometrica* 71 (6): 1695–1725.

Miller, A. R., and C. Tucker. 2011. "Can Healthcare IT Save Babies?" *Journal of Political Economy* 119 (2): 289–332.

Mussa, Michael L. 1974. "Tariffs and the Distribution of Income: The Importance of Factor Specificity, Substitutability, and Intensity in the Short and Long Run." *Journal of Political Economy* 82 (6): 1191–1203.

Oberfield, Ezra. Forthcoming. "A Theory of Input-Output Architecture." *Econometrica*.

Porter, Michael E. 1990. "The Competitive Advantage of Nations." *Harvard Business Review* 68 (2): 73–93.

PWC. 2017. "Global Top 100 Companies by Market Capitalisation." March 31, 2017, update. https://www.pwc.com/top100. Accessed August 17, 2017.

Rauch, James E. 1999. "Networks versus Markets in International Trade." *Journal of International Economics* 48 (1): 7–35.

Rivera-Batiz, Luis A., and Paul M. Romer. 1991. "Economic Integration and Endogenous Growth." *Quarterly Journal of Economics* 106 (2): 531–555.

Romer, Paul M. 1990. "Endogenous Technological Change." *Journal of Political Economy* 98 (5): S71–102.

Rosen, Sherwin. 1981. "The Economics of Superstars." *American Economic Review* 71 (5): 845–858.

Ruffin, Roy J., and Ronald W. Jones. 1977. "Protection and Real Wages: The Neoclassical Ambiguity." *Journal of Economic Theory* 14 (2): 337–348.

Saxenian, AnnaLee. 1994. *Regional Advantage Culture and Competition in Silicon Valley and Route 128*. Cambridge, MA: Harvard University Press.

Simcoe, Timothy. 2012. "Standard Setting Committees: Consensus Governance for Shared Technology Platforms." *American Economic Review* 102 (1): 305–336.

Sutton, John, and Daniel Trefler. 2016. "Capabilities, Wealth and Trade." *Journal of Political Economy* 124 (3): 826–878.

Uyarra, Elvira, and Ronnie Ramlogan. 2012. "The Effects of Cluster Policy on Innovation Compendium of Evidence on the Effectiveness of Innovation Policy Intervention." Technical Report, Manchester Institute of Innovation Research Manchester Business School, March.

20 惩罚机器：侵权责任经济学与人工智能创新问题

Alberto Galasso，Hong Luo[*]

20.1 概述

侵权行为是指行为人因造成损害或损失而承担法律责任的行为。侵权行为制度的目标是阻止行为人伤害他人，并赔偿受到侵权的人群。侵权行为法有两大类，一类是保护消费者不受残次品或危害品侵害的产品责任法，另一类是管理医师职业过失的医药医疗事故责任法。由于他们的巨额赔偿金，侵权诉讼经常占据头版头条。例如，通用汽车（General Motors）最近在一起关系到124人死亡的点火开关故障案件中支付了约25亿美元罚款和和解金。[①]

AI和机器人技术领域的高速发展引发了关于将侵权行为法应用于这些技术领域的激烈讨论。例如，自动驾驶汽车的快速崛起有可能将机动车事故诉讼的焦点从驾驶员责任转移到产品（即制造商）责任。由于用于老年人和残疾人的机器人辅助手术和机器人辅助技术的进步，类似的责任转移也可能发生在健康医疗领域。这些发生在技术和经济领域的变化也被视为是重新设计监管和责任规则的契机。例如2017年2月，欧洲议会以压倒性的票数通过了一项决议，其中包含了对全欧盟立法的建议，以监管"尖端机器人、机器人程序、人型机器人和其他类AI的载体"，并建立了与它们的行为责

---

* Alberto Galasso 是多伦多大学战略管理学院副教授，也是国家经济研究局的研究助理。Hong Luo 是哈佛商学院企业管理专业的詹姆斯·迪南（James Dinan）和伊丽莎白·米勒（Elizabeth Miller）副教授。

如需确认、研究支持来源和披露作者的重大财务关系，请访问 http：//www. nber. org/chapters/c14035. ack。

① https：//ca. reuters. com/article/businessNews/idCAKBN19E25A – OCABS。此外，截至 2008 年底，Del Rossi 和 Viscusi（2010）记录了百余宗惩罚性赔偿金不少于 1 亿美元的案件。

任相关的立法工具（2017 年欧洲议会）。有效地设计和实施这些政策变化，需要了解责任风险如何影响企业的经营策略和未来的技术进步方向。

在一本颇具影响力的著作中，Porter（1990）总结道："产品责任的极端性和不确定性甚至阻碍了创新"，他同时建议对美国的产品责任体系进行系统性改革。许多法律学者认同这一观点，并对创新可能产生的"寒蝉效应"提出了警告；也就是说，高额赔偿金可能会降低企业开发新兴、高风险技术的意愿，即使这些技术极有可能优于现有的常规产品（Huber，1989；Parchomovsky 和 Stein，2008）。过度责任可能阻碍创新的观点也形成了一些备受瞩目的法律案件，如 2008 年最高法院对 Riegel 起诉 Medtronic 公司的判决，是目前美国国会讨论的侵权改革的关键争论点。

抛开这一争议中基本的相关性，探索侵权责任与创新之间关系的实证工作少之又少。Huber 和 Litan（1991）邀请了许多专家就经济相关的五大板块内容开展研究，其中责任制度体系的影响最大。虽然该书的作者们对调研案例和历史案例的研究远未达成共识，但是作者们一致认为研究仍然缺乏数据和系统证据，并对未来的研究提出了期许。本章使用大量的数据样本回顾少数关于责任和创新两者关系的实证研究。笔者通过上述回顾旨在对侵权责任的潜在影响和机器人、AI 领域的创新速度和创新方向可能发生的系统性变化提供一些见解，并确定未来研究的领域和问题。[①]

20.2　责任与创新：一个说明性的理论模型

本节通过介绍一个简单、程式化的模型来探讨侵权责任风险对创新动因的影响。技术通常具有多维度性、异质性。具体来说，一项技术 i 的特性由两个参数决定：$b_i \in [0, 1]$ 和 $r_i \in [0, 1]$；b_i 是将技术 i 整合到公司产品的预期利润，r_i 是使用该产品可能引发人身伤害的概率。假定伤害发生造成的预期责任成本是 H，表示发生责任诉讼的（条件）概率以及公司如果卷入这样的诉讼将面临的预期成本。我们假设 H 为正数，因为即使责任诉讼中

---

① 值得注意的是，本章仅关注创新和技术变革方向可能产生的影响。我们推荐有兴趣的读者参考 Hay 和 Spier（2005），Polinsky 和 Shavell（2010）关于责任制度及其特性的整体福利探讨，参考 Marchant，Lindor（2012）和 Hubbard（2015）关于侵权行为法的细节和自动驾驶汽车、尖端机器人相关应用的探索。

涉及的金钱损失可由公司所投保险完全覆盖，责任诉讼案件本身也将产生关于公司雇员时间、公司资源和公司声誉等的机会成本。

该公司的预期利润、责任风险净额（含并入技术的销售产品）为：

$$\prod_i = b_i - r_i H$$

假定该公司目前在使用的技术表示为 O，假设该公司决定发展一项新技术 N。考虑一个简单的研发流程，如果创新者研发成本为 $C(x) = x^2/2$，那么成功研发的概率为 $p(x) = x$。借鉴 Aghion 等（2016），将 x 称为"创新强度（Innovation Intensity）"，描述了成功开发一项新技术的可能性。在这种假设下，创新企业面临的利润最大化问题是：

$$\text{Max } X \prod_N + (1 - x) \prod_O - \frac{x^2}{2}$$

结果如下：

$$x^* = \prod_N - \prod_O = b_n - b_o + (r_o - r_n)H \qquad \text{式（1）}$$

式（1）为责任与创新的关系式。首先，在集约边际上，x^* 对 H 导数的系数符号决定了责任风险增加对创新强度的影响方向。因此，责任风险的增加会抑制风险高于现有技术的新技术创新（$r_o > r_N$），但同时也鼓励了更为安全的新技术创新（$r_o < r_N$）。换言之，责任风险的变化会影响企业投资的技术类型和创新方向。其次，相对于传统技术，如果新技术的利润潜力大于它的责任风险，那么将会进行投资创新，即仅当 $b_N - b_o > (r_o - r_N)H$ 时，$x^* > 0$。因此，在集约边际，责任风险的边际变动将不会影响该公司是否开发新技术，即使该公司将获得比现有技术更高的收益（即 $b_N - b_o$ 非常大），除非该技术风险极高。相比之下，责任问题将更多地聚焦在技术的"边际效用"上（即预期盈利的增长幅度不大）。

Galasso 和 Luo（2017）将这种程式化的模型扩展到医疗场景，诸如医生（技术的直接使用者）面临的医疗事故责任风险。医生责任风险暴露的变化通过需求渠道影响了医疗技术领域的创新动因。假设这些新技术的想法（b_N，r_N）是由二元分布产生的随机数（Scotchmer，1999），研究结果证明侵权行为改革在减少医生责任风险的创新动因整体效果上是不确定的，并且仅取决于现有技术的特点（$b_N - r_o$）。

这个演示模型主要传达的意思是责任和创新之间的联系比仅仅简单地表述为"责任阻碍创新"来的更为复杂和微妙，后者忽略了责任风险对一系列帮助企业和他们的用户管理风险创新的潜在鼓励作用。

20.3 责任与创新的实证

在一项开创性的研究中，Viscusi 和 Moore（1993）研究了产品责任保险成本与企业研发投资之间的关系，使用的数据集涵盖了 1980—1984 年美国多个行业的大型制造企业。研究表明，当企业的预期责任保险成本较低或相对适中时，这种成本与企业研发强度呈显著正相关。只有当责任成本非常高时，两者相关系数才为负。此外，责任—创新关联主要由产品驱动，而非过程研发。他们将这些结果解释为，一般而言产品责任不是抑制创新，而是促进了企业对产品安全进行投资（有可能通过产品设计）。

Galasso 和 Luo（2017）研究了减少医生在医疗事故诉讼中责任暴露的侵权行为改革是否会影响开发新医疗技术的动机。与 Viscusi 和 Moore（2017）对产品责任的关注不同，他们研究了用户（医生）面临的责任成本如何影响上游研究投资。值得注意的是，这种观点将创新的范围从产品安全设计扩大到各种更为宽泛的帮助医生管理风险的互补技术，诸如监测和诊断设备，以及有助于减少不良事件发生的被用于复杂流程的各类其他设备等。由于这些技术本身不受产品责任的约束，它们更可能通过需求渠道受到用户责任变化所产生的影响，而不是受到产品责任的影响。

Galasso 和 Luo（2017）在 1985—2005 年使用固定样本数据研究发现，平均而言，同一单位内每发生一项非经济损害会减少 15% 的医疗设备专利申请。然而，该影响是高度异质性的：侵权行为改革在医疗领域具有最大的负面影响，其中对医疗事故索赔的影响最多，并且它们似乎不会影响最高或最低质量的专利申请。这些结果与某种观点一致，即创新的减少主要是由于医生减少了对安全性更高的技术或辅助技术的需求，尽管这些技术可以帮助他们更好地管理风险。然而，数量如此大幅度下降带来的福利损失似乎并不令人担忧，因为受其影响最大的专利不会受到负面影响。

Galasso 和 Luo（2018）研究了 20 世纪 90 年代初的医用植入物行业，在此期间，原材料供应商所面临的责任风险相对于下游生产商所面临的风险显著增加。Vitek 是 20 世纪 80 年代下颌种植体（颞下颌关节）的龙头企业。其产品获食品药物管理局（FDA）批准，被认为是最先进的和安全的产品，且广泛应用于全美的口腔外科医生（Schmucki，1999）。20 世纪 80 年代末，Vitek 的产品出现了意想不到但普遍发生的不良问题。1990 年，Vitek 公司在一系列诉讼中申请破产，Vitek 公司破产后，已植入种植体的患者开始对 Vitek 医疗植入物的原材料供应商——DuPont 公司提起大量诉讼，DuPont 公司是一家财力雄厚的大公司。

业内观察人士的共识是，这些事件大大增加了永久性医疗植入物原料供应公司的责任风险，其中许多生产商已经退出了这个市场。1994 年的一份关于生物材料市场状况的报告（Aronoff，1995）很好地总结了这一观点，该报告将对产品责任的担忧与颌骨植入诉讼案件关联起来。最终，DuPont 公司赢得了所有的诉讼，但整个过程耗时 10 年，耗资超过 4000 万美元（众议院，1997）。然而，DuPont 公司从这些医疗植入物中获得的总收入不过几千美元。

Galasso 和 Luo（2018）比较了植入设备（不包括这些诉讼中涉及的技术）与其控制组——非植入医疗技术的专利获得率，后者的供应商没有受到诉讼风险增加的影响。双重差分模型结果显示，总体而言，在 1990 年 Vitek 破产后的 5 年内，植入物的新专利数量大幅下降。平行趋势检验表明，种植体和非种植体技术在 1990 年以前呈平行增长趋势，负面效应对种植体技术的影响在 1990 年以后即刻出现，并且随着时间的推移而增加。医疗植入物创新的速度显著下降，似乎在很大程度上是由设备生产商对材料投入供应短缺的预期推动的。

为了解决这一问题，1998 年，美国国会通过了《生物材料准入保证法案》（BAAA），该法案免除了医用植入物的生物材料供应商的责任，只要他们不参与植入物的设计、生产、测试和分销。BAAA 是为数不多的联邦责任改革之一，这一领域的立法权通常保留给各州（Kerouac，2001）。[①]

Viscusi，Moore（1993）和 Galasso，Luo（2017，2018）的实证共同挑战了"责任阻碍创新"这一简单观点。这三篇论文都认为，责任和创新之间

---

① 类似的联邦政策的例子包括 1994 年的《通用航空复兴法案》规定，小型飞机制造商可在飞机使用 18 年之后免除法律责任，1986 年的《全国儿童疫苗损害法案》，限制了制药公司的责任并为那些受到疫苗伤害的群体创建了一个无过错赔偿制度。

的联系取决于环境，包括创新的性质、责任风险的水平和技术的价值。此外，影响一个领域的责任风险可能影响其他垂直相关领域的创新动因。需要更多的研究来理解责任和创新之间复杂而微妙的联系，并探讨有针对性的政策能否解决此类问题。

20.4　侵权行为责任与 AI 技术的发展

责任制度可能会以不同方式影响 AI 技术和尖端机器人的创新动机，而这些技术的发展可能反过来推动法律的调整。下面，我们将重点介绍几个领域，并着重从理论和实证的角度进一步研究经济权衡。[①]

生产者和消费者之间的责任风险分配。为 AI 技术设计责任体系的一个核心问题是，责任风险应该如何在生产者和消费者之间分配，以及这种分配可能如何影响创新。有效的政策需要对人类和 AI 技术之间的关系有一个基本的了解——例如，它们到底是替代品还是互补品（Agrawal，Gans 和 Goldfarb，第 3 章）。

AI 技术的一个关键是获得自主权。由于消费者可以采取的预防措施空间较小，相对的责任负担可能会转移到生产商身上，特别是在生产商比个人用户更能控制风险的情况下。例如，一组自动驾驶汽车的操作者们有数据和预测能力能够对不良事件提供即时警告。观察系统和危险用户行为的成本如果变得足够低，生产商就可以更有效地通过产品重新设计来采取预防措施。这种转变如何影响创新动因，将取决于生产者责任如何界定，特别是长期社会利益是否包括在生产者责任分析中。

另外，在 AI 技术的过渡时期，可能仍然需要大量的人为监管。AI 与人类之间的这种互动可能并不明显，也很难预测。例如，当司机没有认真驾驶时，他们可能难以全神贯注，反应速度也不够快。[②] 随着用于提高人类技能的相关技术的发展，人机交互也可能变得更加广泛并涉足越来越复

---

①　值得注意的是，创新动因可能产生的影响还将取决于公司签订合同的能力和保险市场的发展（Schwartz，1988）。我们将这些重要话题的讨论以及责任法和合同法之间的相互作用将在未来的研究中进一步探索。在外部性（对第三方有害）较高，且 AI 技术处于早期阶段的情况下，保险市场可能没有办法得到较好的发展或者说根本不存在，这些系统的作用可能比成熟的技术更有限。

②　美国国家运输安全委员会（National Transportation Safety Board）认定，2016 年特斯拉致命车祸的部分原因是，尽管制造商发出了安全警告，但司机仍对汽车自动化有忽视和过度依赖现象。

杂的领域。比如在机器人辅助手术的情况下，医生可能没有足够的动力去参加充分的培训，或者在机器出现故障的情况下为备用方案做好充分的准备。

在很多情况下，生产者监测个别用户并进行干预可能有些不切实际或所耗成本巨大。因此，更重要的就是明确消费者需要承担的责任，使 AI 技术的使用者有足够的动机采取预防措施，进而尽量避免潜在伤害。当负外部性足够高时，监管机构可能会发现有必要采取强制措施进行相关培训。例如，驾驶一辆自动驾驶汽车可能需要一张特殊的驾驶执照。同样地，医生会被要求在进行特定类型的手术前完成至少若干课时的机器人系统培训课程。[①]

消费者责任可能刺激用户自主创新，以帮助他们自身采取更有效的预防措施（Von Hippel，2005）。例如，医院可能重新设计手术室流程，或者重新安排医生的培训和工作日程。此外，消费者责任也可能刺激生产者创新，因为用户可能会有更安全、更易于使用的设计特征（Hay 和 Spier，2005），而强制培训将有利于"简化教学"的设计，目的是降低采用成本。

20.4.1 联邦法规

另一个关键问题是，国会是否应该通过有关 AI 和机器人技术安全的联邦法规以取代州法律，以及此类法规将如何影响创新。建立一个类似于 FDA 的药品和高风险医疗器械的集中监管体系：联邦监管机构将细化安全标准，在特定条件下获得批准的产品将免于州内责任索赔。[②] 就自动驾驶汽车而言，众议院于 2017 年 9 月在两党支持下通过了一项立法的规定（《自动驾驶法案》，H. R. 3388）。

从创新的角度来看，一个集中的 AI 监管体系需要权衡。一方面，相对于事后通过法官和陪审团来审查责任案件的侵权行为法，实现立法和安全优

---

① 一些专业的机器人外科医生和许多外科学会都表示，需要对机器人手术技能进行基本的、标准化的培训和认证（O'Reilly，2014）。

② 联邦政府相对于州法律的优先权可能是不确定的，前者更为明确。在 Riegel 起诉 Medtronic 公司的案件中（2008），美国最高法院根据产品上市前通过 FDA 批准进行裁定，从而保护生产商免于州法律的责任索赔。然而，在 Wyeth 起诉 Levine（2009）的案件中，美国最高法院裁定，佛蒙特州侵权行为法并不具有优先权。

先权将显著降低责任风险的不确定性。① 减少不确定性一般来说会增加研发投入和其他互补的投资。此外，协调不同的、进展缓慢的州法规也会加速试验和采用过程。就自动驾驶汽车而言，截至 2017 年 9 月，仅有不到一半的州明确允许进行一些不同程度限制和安全标准的测试。

另一方面，联邦法规可以用灵活性来权衡确定性。随着 AI 技术的快速发展，联邦机构在早期发展阶段可能没有足够的信息来制定有效的标准。如果这些规定很难改变，他们可能会对创新的速度和方向产生不利影响。

垂直产业链的责任风险分配。AI 和尖端机器人技术通常是复杂的技术，涉及多个软、硬件供应商，这些供应商可能需要不同组件之间的高度集成。此外，AI 技术与其他通用目的的技术（如高分子）一样，一旦在最初的几个领域得到开发，以后可能会以更低的成本发展出广泛的应用。

现行法律（如零部件和经验丰富的买方教条）规定零部件供应商不承担责任，除非该零部件本身存在缺陷，或整合零部件的过程造成了不利影响（Hubbard，2015）。然而，实践中，某些情况下这些法律是不恰当的，并可能使零部件供应商面临与期望收益不匹配的相对较高的责任风险。Galasso 和 Luo（2018）的研究表明，在这种情况下下游行业的创新可能会受到影响。关于责任成本应该如何在不同的组件生产商之间分配以及它对创新的影响、政策制定者应该在什么条件下考虑使用豁免条例（比如在医疗植入物行业颁布的 BAAA）的研究将十分有意义。

研究责任规则除了直接影响创新以外，探究责任条例如何影响企业边界也将是一件有趣的事情，因为企业边界也会影响创新。例如，BAAA 之类的条例可能会阻碍产业链上下游整合，因为它的豁免只适用于充分脱离下游活动的零部件材料供应商。同样，责任条例也可能影响产品和服务的设计。例如，责任条例可能鼓励更多的模块化设计，以更好地隔离不同组件之间的责任风险。

20.4.2 责任风险与市场结构

更好地理解责任风险与行业市场结构之间的相互作用，以及由责任风险

---

① Kaplow（1992）对规则与标准进行了一般性的经济分析，也就是说分析法律的内容应该是事前的还是事后的。基本的权衡取决于各种因素，包括不良事件的频率和异质性程度，以及个体学习和应用法律的相对成本。

驱动的市场结构变化是否会对创新产生长期影响（Agrawal 等，2014），也是一件有趣的事情。

责任风险如何影响不同规模的公司可能取决于其实际情况。起诉人更有可能把目标对准规模更大、资金更充裕的公司（Cohen，Gurun 和 Kominers，2014 在专利诉讼案件中发现了这种现象）。与此同时，更大的公司更善于承受更高的责任风险，因为他们有更多的资源进行自我保险，并向供应商提供更慷慨的赔偿合同。

一些观点认为责任保险可以使生产者免受潜在责任问题的影响。然而，在 AI 技术的早期阶段，由于缺乏关于不良事件及其损害的数据，责任保险市场可能尚未充分发展，甚至还未形成。即使在保险市场发达的情况下，高责任风险也可能导致高保费，这对小公司而言可能过于昂贵，进而阻碍了小公司进入市场。

20.4.3 责任诉讼

一个有效的责任制度的特点是纠纷能迅速得到解决。较长时间的争端延迟通常与谈判各方较高的交易成本有关。更重要的是，这一过程中的延迟和不确定性意味着处于争议中心的 AI 技术推广速度将会放缓。

目前尚不明确与 AI 技术相关的责任诉讼是否会比涉及其他技术的诉讼更容易解决。需要特别强调的是，这些新技术以及某些类型的人机交互的复杂性可能会加大诉讼当事人的难度。根据经典的审前谈判模型预测，当诉讼各方之间的信息不对称减少时，和解的可能性更高（Spier，2007）。AI 技术的制造商可能会发现，设计机器的数据记录能力有利于发现过程和加速解决问题，这符合他们自己的利益。在制造商缺乏此类动机的情况下，如果某些设计能明显地提高效率，授权就变得有必要了。同样，AI 技术的这些数据能力在促进纠纷解决方面的有效性也将取决于法院系统理解和解释数据的能力、私人对数据共享的激励，以及是否制定了政策来阻止数据的错误陈述和操纵。

20.4.4 责任风险与知识产权保护

责任风险对创新的影响还将取决于知识产权的实力。直观地说，当知识产权强时，企业可以投资于更安全的产品，并通过收取溢价收回投资。然而，如果竞争对手能够轻易地复制功能或者销售类似的产品，创新的动力就会降低。如果消费者不能轻易区分产品是否安全，同时他们又对危险产品心有恐惧，就会抑制他们对这一类产品的需求，那么上述情况就不一样了。例如，Jarrell 和 Pelzman（1985）的研究表明，一家公司的产品被召回可能会对竞争对手和相关产品的生产商产生不良的声誉影响。当这种负向外溢效应较强时，采用其他方式获取收入的企业（如规模较大的企业）可能会有动力投资于安全性，并与同行分享以维持整个行业的消费者需求。

最后，Green 和 Scotchmer（1995）指出，在渐增的创新环境中，同一类创新者之间的知识产权分配可能对各自的创新动因产生重要影响。在同一类创新者之间分配责任损害赔偿时，可能也会出现相关的权衡。

20.5 结论

本章研究了在 AI 和尖端机器人的整体背景下，将责任风险与创新动因以及技术进步方向联系起来的一些基本的经济权衡。责任制度的特点，例如，生产者和消费者之间的风险分配和立法的集中程度，可能对这些新技术的发展和推广以及应用这些技术的产品和服务产生重大影响。这些影响的程度也可能取决于市场结构和产业链上下游创新的组合。

更广泛地说，我们的分析支持这样一种观点，即责任制度及其改革可以影响技术变革的速度和方向，这表明这些政策对创新动因具有动态影响，而不仅仅是对用户和其他相关者的安全性产生短期影响。正如 Finkelstein（2004）所强调的，认识和估计这些动态效应对于评估政策改革的成本和效益至关重要。

参考文献

Aghion, P., A. Dechezleprêtre, D. Hemous, R. Martin, and J. Van Reenen. 2016. "Carbon Taxes, Path Dependency, and Directed Technical Change: Evidence from the Auto Industry." *Journal of Political Economy* 124:1–51.

Agrawal, A., I. Cockburn, A. Galasso, and A. Oettl. 2014. "Why Are Some Regions More Innovative Than Others? The Role of Small Firms in the Presence of Large Labs." *Journal of Urban Economics* 81:149–165.

Aronoff, M. 1995. "Market Study: Biomaterials Supply for Permanent Medical Implants." *Journal of Biomaterials Applications* 9:205–260.

Cohen, L., U. Gurun, and S. D. Kominers. 2014. "Patent Trolls: Evidence from Targeted Firms." NBER Working Paper no. 20322, Cambridge, MA.

Del Rossi, A., and K. Viscusi. 2010. "The Changing Landscape of Blockbuster Punitive Damages Awards." *American Law and Economics Review* 12:116–161.

European Parliament. 2017. Civil Law Rules on Robotics 2015/2103(INL)—16/02/2017.

Feder, Barnaby. 1994. "Implant Industry Is Facing Cutback by Top Suppliers." *New York Times*, Apr. 25. https://www.nytimes.com/1994/04/25/us/implant-industry-is-facing-cutback-by-top-suppliers.html.

Finkelstein, A. 2004. "Static and Dynamic Effects of Health Policy: Evidence from the Vaccine Industry." *Quarterly Journal of Economics* 119:527–564.

Galasso, A., and H. Luo. 2017. "Tort Reform and Innovation." *Journal of Law and Economics* 60:385–412.

———. 2018. "How Does Product Liability Risk Affect Innovation? Evidence from Medical Implants." Working paper, Harvard Business School.

Green, J., and S. Scotchmer. 1995. "On the Division of Profit in Sequential Innovation." *RAND Journal of Economics* 26:20–33.

Hay, B. and K. Spier. 2005. "Manufacturer Liability for Harms Caused by Consumers to Others." *American Economic Review* 95:1700–1711.

House of Representatives. 1997. Subcommittee on Commercial And Administrative Law.

Hubbard, F. 2015. "Allocating the Risk of Physical Injury from 'Sophisticated Robots': Efficiency, Fairness, and Innovation." In *Robot Law*, edited by R. Calo, A. Froomkin, and I. Kerr. Cheltenham, UK: Edward Elgar Publishing.

Huber, P. 1989. *Liability: The Legal Revolution and Its Consequences*. New York: Basic Books.

Huber, P., and R. Litan, eds. 1991. *The Liability Maze: The Impact of Liability Law on Safety and Innovation*. Washington, DC: Brookings Institution.

Jarrell, G., and S. Peltzman. 1985. "The Impact of Product Recalls on the Wealth of Sellers." *Journal of Political Economy* 93:512–536.

Kaplow, L. 1992. "Rules versus Standards: An Economic Analysis." *Duke Law Journal* 42:557–629.

Kerouac, J. 2001. "A Critical Analysis of the Biomaterials Access Assurance Act of 1998 as Federal Tort Reform Policy." *Boston University Journal of Science and Technology Law* 7:327–345.

Marchant, G., and R. Lindor. 2012. "The Coming Collision between Autonomous Vehicles and the Liability System." *Santa Clara Law Review* 52:1321–1340.

O'Reilly, B. 2014. "Patents Running Out: Time to Take Stock of Robotic Surgery." *International Urogynecology Journal* 25:711–713.

Parchomovsky, G., and A. Stein. 2008. "Torts and Innovation." *Michigan Law Review* 107:285–315.

Polinsky, M., and S. Shavell. 2010. "The Uneasy Case for Product Liability." *Harvard Law Review* 123:1437–1492.

Porter, M. 1990. *The Competitive Advantage of Nations*. New York: Free Press.

Schwartz, A. 1988. "Products Liability Reform: A Theoretical Synthesis." *Yale Law Journal* 97:353–419.

Schmucki, R. 1999. "Final Status Report on History of TMJ Litigation." DuPont, unpublished communication.

Scotchmer, S. 1999. "On the Optimality of the Patent Renewal System." *RAND Journal of Economics* 30:181–196.

Spier, K. 2007. "Litigation." In *Handbook of Law and Economics*, edited by A. M. Polinsky and S. Shavell. Amsterdam: North-Holland.

Viscusi, K., and M. Moore. 1993. "Product Liability, Research and Development, and Innovation." *Journal of Political Economy* 101:161–184.

Von Hippel, E. 2005. *Democratizing Innovation*. Cambridge, MA: MIT Press.

第四部分

机器学习和经济学

21 机器学习对经济学的影响

Susan Athey[*]

21.1 引言

我相信机器学习将在短时间内对经济学领域产生巨大的影响。事实上，机器学习已经开始影响经济学，所以预测其中的一些影响结果可能并不太难。

第一，阐述了本章所使用的机器学习的定义，对机器学习的优缺点进行描述，并将机器学习与实证经济学文献主要关注的、传统的因果推理所使用的计量经济学工具进行了对比。第二，回顾机器学习在经济学中的一些应用，其中，直接运用了机器学习方法：经济学中所使用例子本质上与机器学习中工具设计和优化的使用例子相同。第三，回顾了"预测策略"这一问题（Kleinberg 等，2015），从中可知预测工具已经嵌入到经济决策背景中。第四，概述了所考虑的问题，以及计算机学和统计学中结合机器学习和因果推理的新兴文献的早期主题，这些文献从机器学习和统计/计量经济学的角度提供了新颖的见解和理论结果。第五，退一步分析，从整体上描述机器学习对经济学领域的影响。综上所述，自始至终我都对文献进行了广泛的参考，但是我并没有尝试进行了广泛的调查或者尝试参考经济学中的每一次应用。

本章突出了以下几个主题。

第一个主题：机器学习并没有非常关注识别的问题——识别问题涉及什

---

 * Susan Athey 是斯坦福大学商学院的技术经济学教授，也是国家经济研究局的研究员。

 我感谢 David Blei，Guido Imbens，Denis Nekipelov，Francisco Ruiz 和 Stefan Wager，我与他们合作完成了许多机器学习和计量经济学的交叉项目，这些项目对我的思想产生了影响；Mike Luca，Sendhil Mullainatha 和 Hal Varian 也通过写作，演讲笔记和很多对话为我的思考提供帮助。

 至于感谢，研究支持的来源以及作者的实质性财务关系的披露（如果有），请访问 http：//www . nber . org/ chapters/ c14009. ack.

么时候可以用无限的数据去估计感兴趣的对象（例如，因果效应），而是在当目标是进行半参数化估计时或者有大量的协变量与观测值的数量相关时取得了很大的改进。机器学习在灵活地使用数据选择功能形式方面具有巨大的优势。

第二个主题：机器学习的一个关键优势是机器学习将实证分析当作估计和比较许多备选模型的"算法"。这种研究人员根据原理选择一个模型并对其进行一次评估的方法与经济学形成对比（原则上，虽然现实中很少）。机器学习将"调整"作为算法的一部分。调整本质上是模型选择，在数据驱动的机器学习算法中也是如此。这种方法有很多优点，包括改进性能以及使研究人员能够系统地完整地描述他们选择模型的过程。当然，交叉验证在历史上也被用于经济学中，例如，用内核回归选择带宽，但是，这种方法被视为机器学习算法的一个基本部分。

第三个主题：当问题"简单"时，将"外包"模型选择到算法非常有效——例如，预测和分类任务，在一个留出的测试集中可以通过查看模型中的拟合优度来评估模型的性能。这些通常不是经济学中实证研究人员最感兴趣的问题，实证研究人员关注因果推理，事实上通常没有一个无偏估计可供比较。因此，将算法应用于经济问题需要做更多的工作。在本章中，回顾了最近关于机器学习和因果推理交叉的文献，重点是为因果推理量身定制的算法提供概念框架和特定的建议。

第四个主题：当数据用于选择模型时，还必须修改算法，为估计的效果提供有效的置信区间。最近的许多论文都使用了诸如样本分割、留一法估计和其他类似的技术来提供在理论和实践中都有效的置信区间。其中的好处是，使用机器学习可以提供两个方面的最佳选择：模型选择是数据驱动的、系统的，并且考虑了多种模型；然而，模型选择过程是充分记录的，而置信区间考虑了整个算法。

第五个主题：机器学习和新获得的数据集的组合将以很基本的方式改变经济学，从新问题、新方法到合作（更大的团队和跨学科交互），到改变经济学家在政策工程和实施方面的参与方式。

21.2 什么是机器学习？早期使用的例子是什么

对机器学习给出一个可操作的定义可能比人们想象的要困难。机器学习能够（并且已经）被广泛或狭义地使用；它既可以指计算机科学的一组子领域，也可以指在计算机科学、工程学、统计学以及越来越多的社会科学中开发和使用的一系列主题。实际上，我们可以用一整篇文章来讨论机器学习的定义，或者讨论机器学习是否真的需要一个新名称，而不是统计学，或者讨论机器学习和 AI 之间的区别等。然而，我将把这场辩论留给其他人，重点放在一个狭窄的、实用的定义上，这个定义直到最近才将使机器学习与应用计量经济学中最常用的计量方法更容易区分开来。① 对于有机器学习背景的读者，同样重要的是，要注意应用统计学和计量经济学已经形成了一系列关于从尚未纳入主流机器学习的因果推论到效率的主题的见解，而其他机器学习有重叠部分的方法几十年来已经被用于应用统计学和社会科学。

机器学习是从一个相对狭窄的机器学习领域开始的，它开发用于数据集的算法，主要关注的领域是预测（回归）、分类以及聚类或分组任务。这些任务分为两个主要分支，有监督的和无监督的机器学习。无监督的机器学习包括寻找在协变量方面相似的观测簇，因此可以解释为"降维"；它通常用于视频、图像和文本。无监督学习有多种可用的技术，包括 k 均值聚类、主题模型、网络的社区检测方法等。例如，隐狄利克雷分配模型（Blei，Ng 和 Jordan，2003）经常用于在文本数据中查找"主题"。典型的无监督机器学习模型的输出是观察集的一个分区，其中分区的每个元素的观察值根据某度量是相似的，或者根据概率向量是相似的，或者根据描述观察值可能属于的主题或组的混合是相似的。如果你在报纸上看到一位计算机科学家"在 YouTube 上发现了猫"，这可能意味着他们使用了一种无监督的机器学习方法将一组视频分成几组，当一个人看到最大的一组时，他们就会观察到大多数视频在最大的组中包含猫。这被称为"无监督学习"，因为输入数据中的

---

① 我将重点介绍机器学习最受欢迎的部分。正如许多领域一样，可以发现将自己定义为机器学习领域的成员的研究人员们在做各种不同的事情，包括使用其他学科的工具推动机器学习的边界。在这一章中，我认为这样的工作是跨学科的，而不是"纯"机器学习，并将就此进行讨论。

任何图像上都没有"标签";只有在检查了每组中的条目后,观察者才会确定算法找到了猫或狗。并不是所有降维方法都涉及创建集群;旧方法如主成分分析可以用来降低维数,而现代方法包括矩阵分解(发现两个低维矩阵的乘积很好地近似于一个更大的矩阵)、正则化矩阵规范化、层次泊松分解(在贝叶斯框架中)和神经网络。

在我看来,这些工具作为经济学实证研究的中间步骤非常有用。它们提供了一种数据驱动的方法来查找类似的报纸文章、餐馆评论等,从而创建可用于经济分析的变量。这些变量可能是结果变量或解释变量构造的一部分,具体取决于上下文。例如,如果分析师希望估计不同商品的消费者需求模型,通常会对商品的特性建立消费者偏好模型。许多项目都与文本描述以及在线评论相关联。在寻找潜在相关产品的初始阶段,无监督学习可用于发现具有类似产品描述的项目,也可用于确定相似产品的子组。无监督学习可以进一步用于将评论分类为一些类型。评论组的指标可以用于后续分析,而不需要分析人员对评论内容进行人工判断;这些数据将揭示某种类型的评论是否与更高的消费者品质认知度有关。使用无监督学习来创建协变量的一个优点是根本不使用结果数据;因此,对构建的协变量与观察到的结果之间的伪相关性的关注问题较少。尽管如此,Egami 等(2016)认为,研究人员可能倾向于通过测试他们在预测结果方面的表现对协变量的构建微调,从而导致协变量和结果之间的虚假关系。他们建议采用样本分割的方法,即对一个数据样本进行模型调优,然后将所选模型应用于另一个新的数据样本。

无监督学习也可以用来创建输出变量。例如,Athey, Mobius 和 Pal(2017)研究了谷歌关闭西班牙的谷歌新闻对新闻消费者阅读类型的影响。在这种情况下,不同类别的新闻份额是一个有趣的结果。在这类分析中,无监督学习可以用来对新闻进行分类;本文采用网络理论中的社区检测技术。在没有降维的情况下,很难总结关闭对相关时间段内所消费的所有不同新闻文章的影响。

监督机器学习通常需要使用一组特征或协变量(X)来预测相应的结果(Y)。在使用术语"预测"时,必须强调的是,该框架不侧重于预测,而侧重于在其中同时观察到 X 和 Y 的一些标记观察值(训练数据)的设置,目

标是预测结果（Y）在独立测试集中，基于测试集中每个单元的 X 的实现值。换句话说，目标是构造 $\hat{\mu}(X)$，$\hat{\mu}(X)$ 是 $\mu(x)=E[Y\,|\,X=x]$ 的估计量，这一目标是为了很好地预测独立数据集中 Y 的真实值。通常我们假设观察值是独立的，并且训练集中 X 和 Y 的联合分布与测试集中的相同。这些假设是大多数机器学习方法工作所需的唯一实质性假设。

在分类的情况下，我们的目标是准确地对观察值进行分类。例如，结果可以是图像中描绘的动物，"特征"或协变量是图像中的像素，并且目标是将图像正确地分类为所描绘的正确动物。一个相关的但不同的估计问题是 $Pr=(Y=k\,|\,X=x)$ 对 Y 的 k 个可能值。

需要强调的是，机器学习文献本身并没有将其作为解决估算问题的框架，因此估算 $u(x)$ 或 $Pr=(Y=k\,|\,X=x)$ 并不是主要目标。相反，我们的目标是通过将实际结果最小化和预测结果之间的偏差来实现独立测试集的拟合优度。在应用计量经济学中，我们经常希望理解像 $\mu(x)$ 这样的对象，以便执行诸如在保持其他变量不变的情况下，评估改变一个协变量的影响这样的一些练习。机器学习建模的明确目标并不是如此。

监督学习的机器学习方法有很多种，如正则化回归（LASSO、Ridge 和 Elastic Net）、随机森林、回归树、支持向量机、神经网络、矩阵因子分解等，还有很多其他方法，如模型平均。请参阅 Varian（2014），了解一些最受欢迎的方法，参阅 Mullainathan 和 Spiess（2017）了解更多细节。[另请注意，White（1992）试图在 20 世纪 90 年代早期推广神经网络经济学，但当时没有实质性的性能改进，在经济学中也没有流行起来。]是什么使我们将这些方法分类为机器学习方法而不是把他们分类为传统的计量经济学或统计方法？首先容易观察到：直到最近，这些方法既没有在已发表的社会科学研究中使用，也没有在社会科学课程中教授，而是在自描述的机器学习和/或统计学习文献中被广泛研究。一个例外是在经济学上受到了一些关注的岭回归以及 LASSO 回归。但是从更实用的角度来看，许多机器学习方法的一个共同特征是它们使用数据驱动的模型选择。也就是说，分析者提供协变量或特征的列表，功能形式至少部分地被确定为数据函数，而不是确定为单个估计的执行（至少理论上计量经济学中已经完成）。因此，该方法更好地描述为一种可以估计许多替代模型然后在其中进行选择以最大化标准的算法。

　　通常在模型的表现（例如，线性回归中包含更多的协变量）和过拟合风险之间存在权衡，当模型相对于样本量过于丰富时，就会发生过拟合。［详见 Mullainathan 和 Spiess（2017）对此的更多讨论］在后一种情况下，当在估计模型的样本上测量时，模型的拟合优度预计将比在一个独立的测试集模型的拟合优度好。机器学习文献使用多种技术来平衡模型表现和过拟合。最常见的方法是交叉验证，分析人员根据部分数据反复估计模型（"训练集"），然后根据补充（"测试集"）对模型进行评估。选择模型的复杂度，使预测的均方误差（模型预测与实际结果的平方误差）在测试集上的平均最小。控制过拟合的其他方法包括对许多不同的模型求平均值，有时在数据的子样本上估计每个模型（可以用这种方法解释随机森林）。

　　相比之下，在经济学的许多跨部门计量经济学和实证工作中，传统的做法是，研究人员指定一个模型，在完整的数据集上估计模型，并依赖统计理论来对估计参数的置信区间进行估计。重点在于估计的效果，而不是模型的拟合优度。对于经济学中的许多实证工作来说，主要兴趣在于对因果效应的估计，例如，培训计划的影响、最低工资增长或价格上涨的效应。研究人员可以通过报告两个或三个备选设定来检查这个参数估计的稳健性。研究人员经常在幕后检查数十种甚至数百种替代设定，但很少报告这种做法，因为它会使报告的置信区间无效（因为他们担心多次测试和寻找具有需要结果的设定）。传统方法存在许多缺点，研究人员发现难以系统或全面地检查替代设定，进一步说，是因为研究人员没有办法去纠正设定的寻找过程这一不诚实的做法。我认为正则化和系统模型选择与传统方法相比具有许多优势，因此将成为经济学中经验实践的标准部分。尤其如此，因为我们更频繁地遇到具有许多协变量的数据集，并且我们也看到了关于模型选择的系统性优势。然而，正如我稍后讨论的，当研究人员的最终目标是估计因果效应而不是最大化测试集的拟合优度时，这种做法必须从传统的机器学习中进行修改，并且一般来说要"小心处理"。

　　为了对因果效应估计和预测之间的区别建立一些直觉联系，有用的做法是考虑广泛使用的工具变量方法。工具变量被经济学家用来研究因果效应。例如，价格对公司销售的影响，但经济学家只能获得观察（非实验）数据。

在这种情况下，一种工具变量可能是随时间变化的公司投入成本，它与改变消费者产品需求的因素无关（这种需求改变的因素可称为"干扰因素"，因为它们会通过公司影响最优价格并且影响产品销售）。工具变量法本质上是将观察到的价格投射到投入成本上，因此在估计价格对销售的影响时，只利用投入成本的变化来解释价格的变化。常见的情况是，预测模型（如最小二乘回归）可能具有很高的解释能力（如高 R^2），而因果模型（如工具变量回归）可能具有很低的解释能力（就预测结果而言）。换句话说，经济学家通常放弃对结果进行准确预测的目标，而追求对感兴趣的因果参数进行无偏估计。

另一个差异来自不同方法中的关键关注点，以及如何处理这些关注点。在预测模型中，主要关注的是表达性和过拟合之间的权衡，这种权衡可以通过查看独立测试集中的拟合优度来评估。相比之下，因果模型有几个不同的关注点。第一个是来自特定样本的参数估计是否为伪估计，即估计值是否是由于抽样变化而产生的，因此如果从总体中抽取一个大小相同的新随机样本，参数估计是否会有很大的不同。计量经济学和统计学中这个问题的典型方法是证明关于参数估计的一致性和渐近正态性的定理，提出估计参数估计方差的方法，最后使用这些结果来估计反映抽样不确定性的标准误差（在理论条件下）。一种数据驱动的方法是使用自助法并通过自助法样本估计参数估计的经验分布。因为在任何测试集中实际上都没有观察到感兴趣的参数，所以评估测试集表现的典型的机器学习方法并不能直接处理参数估计的不确定性问题，研究人员需要在测试集中重新估计参数。

第一个问题是，"确定"因果效应所需的假设是否得到了满足，在计量经济学中，如果我们最终能够用无限的数据（即使在极限情况下，数据的结构也与所考虑的样本相同）来学习某个参数，我们就称该参数得到了确定。第二个问题是，是否满足"识别"因果效应所需的假设，其中在计量经济学中如果我们最终可以用无限的数据来学习它，那么就会识别出一个参数（即使在极限情况下，数据在考虑的样本中也具有相同的结构）。众所周知，如果不做假设，就无法确定处理的因果作用，而这些假设通常是不可测试的（也就是说，不能通过查看数据来拒绝假设）。识别假设的例子包括假设处理组是随机分配的，或者处理组的分配是"不混淆的"。在某些情况下，这些假设要求分析人员观察所有潜在的"混杂因素",并对它们进行充分的控制;在其他设置中,假设要求工具变量与未观察到的结果组成部分不相关。在许多情况下,可以证明,即使有无限的数据集,这些假设也不是可测试的——这些假设不能通过查看数据来拒绝,而是必须基于实质性的理由进行评估。证明假设是应用经济学观察性研究的主要组成部分之一。如果违反了"识别"假设,那么在训练数据和测试数据中,估计可能会有偏差(以同样的方式)。测试假设通常需要额外的信息,比如数据中的多个实验(设计的或自然的)。因此,用来测试集中评估表现的机器学习方法根本没有解决这个问题。相反,机器学习可能有助于使估计方法更可信,同时保持识别假设:在实践中,要提出对处理效应进行无偏估计的估计方法,需要灵活地建模各种经验关系,例如,处理分配和协变量之间的关系。由于机器学习擅长于数据驱动的模型选择,因此在进行技术估计时,机器学习可以在系统化地搜索最佳函数形式方面发挥作用。

经济学家还建立了更复杂的模型,包括行为假设和统计假设,来估计从未使用过的反事实政策的影响。一个经典的例子是 McFadden 在 20 世纪 70 年代早期分析交通选择的方法论工作(McFadden,1973)。通过加强消费者在作出选择时最大化效用的行为假设,可以估计消费者效用函数的参数,并估计在增加或删除选择,或者当商品的特征(如价格)发生变化时,可能发生的福利效应和市场份额变化(例如,扩展 BART 运输系统)。另一个具有更复杂行为假设的例子是拍卖。对于来自采购拍卖的投标的数据集,"结构"方法包括估计投标人价值的概率分布,然后评估改变拍卖设计的反事实效果(Laffont,Ossard 和 Vuong,1995;Athey,Levin 和 Seira,2011;Athey,Coey 和 Levin,2013;或者来自 Athey 和 Haile,2007 的综述)。关于预测和参数估计之间的对比的进一步讨论,请参见 Mullainathan 和 Spiess(2017)的文献。机器学习中有一小部分文献称为"逆强化学习"(Ng 和 Russell,2000),与结构估计的文献经济学方法相似。这些机器学习文献大多独立运作,没有太多参考早期计量经济学文献。这些文献试图从动态设置中观察到的行为中学习"奖励函数"(效用函数)。

同样,还有其他类型的机器学习模型。例如,异常检测侧重于寻找异常值或异常行为,用于检测网络入侵、欺诈或系统故障。我还将回到强化学习

（粗略地说，近似动态规划）和多臂赌博机实验（选择手臂的概率来平衡探索和开发的动态实验）。这些文献通常采用更明确的因果关系视角，因此在某种程度上更容易与经济模型联系起来，所以，在讨论有关赌博机的文献时，必须对我关于机器学习缺乏因果推理的关注的一般陈述加以限定。

在下一步研究之前，有必要强调机器学习文献的另一个贡献。这种贡献是计算性而不是概念性的，但由于它产生了如此巨大的影响，值得简短讨论。该技术被称为随机梯度下降（SGD），它被用于许多不同类型的模型中，包括神经网络的估计以及大规模贝叶斯模型［如 Ruiz，Athey 和 Blei（2017），下文将详细讨论］。简而言之，随机梯度下降法是一种优化目标函数的方法，如似然函数或广义矩目标函数法。当目标函数的计算成本较高时（例如，需要积分），可以使用随机梯度下降法。梯度下降的主要思想是，如果目标是与单个观测值对应的项的和，则可以通过选取单个数据点并使用该观测值处的梯度作为梯度平均值（超过观测值）的近似值来近似梯度。这种梯度的估计将是非常嘈杂的，但无偏的。如果计算资源的重点是每步都进行非常精确的目标梯度估计，那么相对于采取少量步，每步都是正确方向而言，朝一个有噪声但无偏的方向经过很多步的"爬山"更有效。随机梯度下降可以带来显著的性能改进，从而使对使用非常复杂的传统方法且难以处理的模型进行估计成为可能。

21.3　运用预测方法进行政策分析

21.3.1　预测方法在经济学政策问题中的应用

预测方法已成功地应用于许多政策问题。Kleinberg 等（2015）认为在一系列问题中，现成的机器学习预测方法是重要政策和决策问题的关键部分。他们举了一些例子，比如，决定是否为一位老年病人做髋关节置换手术，如果你能根据他们的个人特征预测他们将在一年内死亡，那么你就不应该做手术。许多美国人在等待审判期间被监禁，如果你能预测谁会出庭，你就能让更多的人获得保释。目前，许多司法管辖区正在使用机器学习算法进行这一决策。另一个自然的例子是信用评分；Bjorkegren 和 Grissen（2017）的一篇经济学论文使用机器学习方法，利用手机数据预测贷款偿还。在其他应用中，Goel，Rao 和 Shroff（2016）使用机器学习方法来检验拦截搜身法，使用警察事件的可观察性来预测嫌疑人拥有武器的可能性，当在可观察和能搜身的情况下，他们的研究表明黑人拥有武器的可能性远低于白人。Glaeser, Hillis 等（2016）帮助城市设计了一个竞赛来建立一个预测模型，目的是预测餐馆违反健康规范的行为，以便更好地分配检查员资源。越来越多的文献使用机器学习以及卫星和街道地图上的图像来预测贫困、安全和家庭价值（Naik 等，2017）。Glaeser, Kominers 等（2015）认为，这种预测方法有多种应用。它可以用于在非常微小的水平上比较随时间变化的结果，从而使评估各种政策和变化的影响成为可能，比如，社区振兴方面。从更广泛的意义上讲，由大规模图像和传感器创造的新机会可能产生对生产力和福祉进行新型分析。

虽然预测问题往往是资源分配问题的很大一部分，但很可能成为的共识是，几乎肯定会死的人不应该接受髋关节置换手术，富人不应该接受贫困援助。Athey（2017）讨论了识别处于风险中的单位和那些干预对其最有益的单位之间的差距。决定哪些单位应该接受处理是一个因果推理问题，回答这个问题不需要预测而是需要不同类型的数据。要么需要随机实验要么用自然实验来评估异质性处理效应和最佳分配策略。在商业应用中，通常忽略这一区别而专注于风险识别。例如，截至 2017 年，Facebook 提供给广告商的广告优化工具针对消费者点击量进行优化，但并不针对广告的因果效应进行优化。在商业领域的营销材料和讨论中，这一区别往往不被强调，这可能是因为许多实践者和工程师并不精通预测和因果推理之间的区别。

21.3.2 对于政策设置在预测中的其他主题

Athey（2017）总结了预测方法在政策应用中出现的各种研究问题。其中一些问题已引起机器学习和社会科学的初步注意，跨学科会议和讲习班已开始探讨这些问题。

第一个问题涉及模型的可解释性。文章讨论了可解释性的含义，以及更简单的模型是否具有优势。当然，经济学家早就明白，简单的模型也可能具有误导性。在社会科学数据中，个体或地点的许多属性都是正相关的，这是很典型的。例如，父母的教育、父母的收入、孩子的教育等。如果我们对条件均值函数感兴趣，并且估计 $\hat{\mu}(X) = E[Y_i | X_i = x]$，那么使用省略协变量子集的简单模型可能会产生误导。在更简单的模型中，省略的协变量和结果

之间的关系被加载到包含的协变量上。从模型中省略协变量与在分析中控制协变量是不一样的,有时,解释协变量控制其他因素的部分影响比记住所有其他(省略)因素以及它们如何与模型中包含的因素共变要容易得多。因此,更简单的模型有时会误导人;简单的模型可能看起来很容易理解,但从中获得的理解可能是不完整的或错误的。

通常易于理解和解释的一种模型是因果模型。正如 Imbens 和 Rubin (2015)所述,因果推理框架通常使得估计非常精确。例如,如果对一个特定的群体进行处理,包括平均效应、条件平均处理效应(取决于个体的一些可观察的特征),或处理对一个亚群体如"依从者(采用的处理受工具变量影响的人)"的平均效应的估计。这些参数通过定义给出了明确定义的问题答案,因此大小很容易解释。"结构"模型的关键参数也很容易解释——它们表示消费者效用函数、需求曲线的弹性、拍卖中的竞标者估值、企业的边际成本等参数。一个需要进一步研究的领域是,是否有其他方法可以从数学上解释形式化模型的,或者从经验上分析可解释性的含义。Yeomans,Shah 和 Kleinberg(2016)实证研究了一个相关的问题,即人们对基于机器学习的推荐系统信任多少,以及为什么信任。

第二个吸引了大量关注的领域是公平和非歧视的问题。例如,当在雇佣、司法判决或贷款等环境中使用算法时,算法是否会促进性别或种族歧视。还有许多有趣的问题可以考虑。例如,如何定义公平约束?需要什么样的公平?例如,如果使用预测模型根据简历分配工作面试,有两种类型的错误,第 I 类错误和第 II 类错误。很明显,在两类不同的人(例如,男性和女性)之间,通常不可能同时平衡第 I 类错误和第 II 类错误,所以分析人员必须选择哪一种来平衡(或者两者都平衡)。参见 Kleinberg,Mullainathan 和 Raghaven(2016)对预测算法中内在的公平性权衡的进一步分析和研究。总的来说,关于这个主题的文献在过去两年中增长迅速,我们预计随着机器学习算法在越来越多的领域中得到应用,这个主题将继续发展。我的观点是,机器学习模型更有可能帮助资源分配得更公平,而不是更不公平;算法可以比人类吸收和有效地使用更多的信息,因此不太可能像人类那样依赖于刻板印象。当无约束算法确实具有不希望出现的分布结果时,可以使用约束算法。一般来说,算法可以在约束条件下被训练来优化目标,因此,将社会目标强加于算法上可能比强加于人类的主观决策上更容易。

第三个问题是稳定性和稳健性。例如，对样本变化或环境变化的响应。机器学习中有许多相关的概念，包括领域适应（如何使在一个环境中训练的模型在另一个环境中表现良好）、"迁移学习"以及其他。机器学习的基本问题是机器学习算法在大量可能的设定中进行彻底的搜索，寻找基于 X 预测 Y 的最佳模型。模型将在 X 和 Y 之间找到微妙的关系，其中一些可能在时间上或跨环境中不稳定。

第四个问题是可操作性。在使用移动数据进行信用评分的应用中，一个担忧是消费者可能会将贷款提供商观察到的数据进行复制（Bjorkegren 和 Grissen，2017）。例如，如果特定的行为模式帮助消费者获得贷款，消费者可以通过访问城市的特定区域使其看起来具有这些行为模式。例如，如果通过卫星图像将资源分配给看起来很穷的家庭，那么家庭或村庄可能会修改其房屋的空中外观，使其看起来更穷。未来研究的一个开放领域是如何约束机器学习模型，使其更不易操作，Athey（2017）文章中讨论了一些其他的例子。在将机器学习应用于该领域时，还可以考虑其他因素，包括计算时间、收集和维护模型中使用的"特性"的成本等。例如，技术公司有时使用简化的模型来减少实时用户信息请求的响应时间。

总的来说，我的预测是社会科学家（以及与社会科学交叉的计算机科学家），特别是经济学家和其他社会科学家，将在正式定义这些类型的问题和关注点并提出解决方案方面作出重大贡献。这不仅可以在政策中更好地实施机器学习，还可以为有趣的研究提供丰富的素材。

21.4　机器学习与因果推理新文献

尽管有一些"现成的"或稍加修改的预测方法的迷人例子，但总体而言，机器学习预测模型解决的问题与社会科学中的许多实证工作根本不同，后者侧重于因果推理。我的预测是，将有一个活跃而且重要的文献会结合机器学习和因果推理来创建新方法，利用机器学习算法的优势来解决因果推理问题的方法。事实上，我们很容易满怀信心地做出这样的预测，因为这场运动已经在进行之中。在这里，我将重点介绍几个例子，重点介绍一系列主题，同时我们强调这不是一个全面的调查或彻底的回顾。

　　要查看预测和因果推断之间的区别，假设有一个数据集，其中包含关于酒店价格和入住率的数据。价格很容易通过比价网站获得，但酒店通常不会公布入住率。首先，假设一家连锁酒店希望根据公开的价格对竞争对手的入住率进行估计。这是一个预测问题：我们的目标是得到一个很好的入住率估计值，其中使用标价和其他因素（如当地的事件、天气等）来预测入住率。对于这样的模型，你会发现更高的标价预示着更高的入住率，因为酒店往往会随着客流量的增加而提高价格（使用收益管理软件）。相比之下，假设一家连锁酒店希望估计出如果其全面提价（也就是说，如果它对收益管理软件进行重新编程，使全球每个州的房价都上涨5%），入住率会发生怎样的变化的情况。这个问题是一个因果推理的问题。很明显，即使在一个典型的数据集中房价和入住率是正相关的，我们也不会得出提价会增加入住率的结论。在因果推理文献中，我们都知道，如果没有额外的假设或结构，仅仅通过检查历史数据是无法回答物价上涨问题的。例如，如果酒店之前进行了随机的定价实验，这些实验的数据可以用来回答这个问题。更常见的情况是，分析师会利用自然实验或工具变量，而工具变量是与影响消费者需求的因素无关的变量，但这些因素会转移企业成本，进而影响价格。大多数经典的监督机器学习文献对如何回答这个问题几乎没有论述。

　　为了理解预测和因果推理之间的差距，回顾一下监督机器学习方法的基础是通过模型选择（例如，交叉验证）来优化测试样本的拟合优度。一个模型只有在测试集中能够很好地预测结果时才是好的。相反，大量计量经济学研究建立的模型会大大降低模型的拟合优度，以便估计价格变化等因素的因果效应。如果数据中的价格和数量正相关，那么任何估计真正因果效应的模型（如果改变价格，数量会下降）都不能很好地拟合测试数据集，这个测试集具有相同价格和数量的联合分布作为训练集。带有因果估计的计量经济学模型做得更好的地方是，当世界发生变化时，带有因果估计的计量经济学模型能够更好地拟合公司在某一特定时间点实际改变价格时所发生的情况，并做出反事实的预测。工具变量等技术试图仅使用数据中的部分信息，比如干净的、外生的或实验性质的价格变化，牺牲当前环境下的预测准确性，从而了解更基本的关系，这将有助于做出价格变化决策。

　　然而，一篇新的文献正在解决使用机器学习方法进行因果推理的问题。

这篇新文献吸收了机器学习方法的许多优点和创新，但可以将它们应用于因果推理。这样的做法需要改变目标函数，因为在任何测试集中都没有观察到因果参数的基本真理。同样，由于在测试集中没有观察到事实，即便分析师人员已经访问独立测试集，直接评估参数估计事实的准确性也会变得更加困难，因此统计理论在评估模型中起着更重要的作用。对于预测问题，给定单位的预测（给定其协变量）可以总结为一个数字，预测结果和预测的质量可以在一个测试集上进行评估，而无须进一步建模假设。事实上，这个讨论强调了预测比参数估计简单得多的一个关键方法：虽然测试集上模型的平均预测误差是随机测试集上均方误差的预期值的噪声估计（由于样本量较小），但是大数定律适用于此平均值并且随着测试集的大小的增加会迅速收敛到真实值。由于预测误差的标准差可以很容易地估计出来，因此评估预测模型很简单，不需要附加任何假设。

许多问题可以用机器学习方法来解决。下文列出了一些早期引起注意的项目的一份不完整的清单。首先，我们可以考虑识别因果效应的识别策略类型。一些在新的机器学习/因果推理文献中关注的内容包括：

（1）随机分配处理（实验数据）。

（2）处理分配非不混淆（以协变量为条件）。

（3）工具变量。

（4）面板数据设置（包括双重差分设计）。

（5）回归不连续的设计。

（6）个人或公司行为的结构模型。

在每一种情况下，值得注意以下几个不同的问题：

（1）估计平均处理效应（或低维参数向量）。

（2）在简单模型或有限复杂度模型中估计异构处理效应。

（3）非参数估计异质性处理效应。

（4）评估最佳处理分配策略。

（5）确定处理效应相似的个体群体。

虽然早期的文献已经太多，以至于无法总结出识别策略和感兴趣的问题的每种组合的所有贡献，但是一个很有用的观察是，包括平均处理效应和异构处理效应，几乎所有与不同识别策略相关的"箱"中都有输入。这章我将提供一些已广泛关注的主要案例的更多细节，以讲清楚一些文献的关键性主题。

同样有用的观察是，尽管后面四个问题似乎是紧密联系的，但它们是不同的，用于解决它们的方法以及出现的问题也是截然不同的。这些区别在因果推理的文献中并没有被强调得过多，但这些区别在数据驱动模型所选择的环境中更重要，因为每个模型都有各自的目标，而目标函数在基于机器学习的模型中选择模型时会产生很大的差异。推论的问题也是不同的，这些我们将在下面进一步讨论。

21.4.1 平均处理效应

在因果推理的文献中，有一个重要的分支是在不混淆假设下估计平均处理效应。这个假设要求以协变量为条件，潜在的结果（一单位在替代处理方案中的结果）独立于处理分配。换句话说，在控制了协变量后，处理分配和随机分配一样好。20 世纪 90 年代到 21 世纪第一个十年间，出现了关于使用半参数方法估计平均处理效应的文献（Bickel 等，1993），这些文献关注的是具有固定数量的相对于样本大小而言具有很小协变量的环境。文献的方法是半参数的，其目的是估计一个低维参数（在本例中是平均处理效应），而不需要对协变量影响结果的方式进行参数假设（Hahn，1998）。（Imbens 和 Wooldridge，2009；Imbens 和 Rubin，2015 的综述）。在 21 世纪的第一个十年中期，Mark van der Laan 和合作者引入并开发了一套称为"目标最大似然"的方法（van der Laan 和 Rubin，2006）。其思想是利用极大似然估计高维干扰参数存在时的低维参数向量。该方法允许使用不太成熟或收敛速度较慢的技术来估计多余参数。该方法可用于估计各种识别假设下的平均处理效应参数，重要的是，这种方法可用于许多协变量。

机器学习方法在经济学中应用于因果推断的早期例子（Belloni，Chernozhukov 和 Hansen，2014；Chernozhukov，Hansen 和 Spindler，2015 的综述）使用了正则化回归方法，该方法在结果模型"稀疏"的环境中处理许多潜在的协变量，只有少量协变量实际上影响平均结果（有许多观察值，分析者不知道哪些重要）。在一个无混淆的环境中，由于一些协变量与处理的分配和结果都相关，如果分析人员没有对它们设置条件，则忽略混杂因子将导致对处理效应的有偏估计。Belloni，Chernozhukov 和 Hansen 提出了一种基于 LASSO 的双重选择方法。LASSO 是一个正则化的回归过程，使用一个目标函数来估计回归，该函数平衡样本内包括拟合优度和一个惩罚项，惩罚项取决于回归系数大小的和。这种惩罚形式导致许多协变量的系数为零，可以有效地将它们从回归中删除。惩罚参数的大小是通过交叉验证来选择的。作者观察到，如果用 LASSO 对结果和处理指标以及其他协变量进行回归，处理指标的系数将是对处理效应的有偏估计，因为与结果关系较弱但与处理分配关系较强的混杂因子可能被唯一目标是选择预测结果的变量的算法归零。

在非混淆假设下，将机器学习和传统计量经济学方法相结合，估计平均处理效应的方法还有很多。Athey，Imbens 和 Wager（2016）提出使用一种"剩余平衡"的方法，该方法以 Zubizarreta（2015）平衡权重为基础。该方法类似于估计平均处理效应的"双重稳健性"方法，即对有效得分取平均值，得分包括对给定协变量的结果的条件平均值的估计，以及对估计的倾向得分的倒数的估计；然而，剩余平衡用二次规划得到的权值代替了反倾向得分权值，其中权值的设计是为了达到处理组和对照组之间的平衡。使用 LASSO 对结果的条件平均值估计。本文的主要结果是，在几个关键假设条件下，该过程是有效的，并且达到了与已知结果模型相同的收敛速度。最重要的假设是，可能存在大量协变量，结果模型是线性和稀疏的，分析者不需要知道哪些协变量是重要的。当线性假设很强的时候，允许关键结果没有任何关于除了重叠（倾向评分严格限制在 0～1，这是识别平均处理效应所必需的）以外，映射协变量到分配的过程的结构假设。没有分配模型假设，其他方法无效。在分配模型比较复杂的情况下，仿真结果的方法比其他方法工作得更好，而且不会在更简单的模型上牺牲太多性能。复杂的分配规则和许多薄弱的混杂因素经常出现在技术公司中，在这些公司中，使用复杂的模型将观察的用户历史数据映射到推荐和广告等的分配上。

最近，Chernozhukov 等（2017）提出了"双机器学习"，这是一种类似于 Robinson（1988）的方法，使用半参数残差—残差回归作为一种方法来估计在不混淆情况下的平均处理效应。其思路是结果对协变量进行非参数回归，处理指标对协变量进行第二次非参数回归。然后，第一次回归的残差对第二次回归的残差进行回归。在 Robinson（1988）中，非参数估计量是一个核回归；最近的研究表明，任何机器学习方法都可以用于非参数回归，只要是一致的，并且以 $n^{1/4}$ 的速度收敛。

后两种方法有些共同的主题。一是建立在统计效率的传统文献基础上的重要性，这些文献对什么类型的估计可能成功提供了强有力的指导，也提供了双稳健性方法用于平均处理效应估计的特殊优势。第二个主题是正交化在实践中可以很好地发挥作用——使用机器学习灵活地估计结果与处理指标和协变量之间的关系，并且接下来在使用残差结果和/或残差处理指标估计平均处理效应上很有用。直觉是，在高维上估计多余参数可能出错，但是使用残差变量使得平均处理效应的估计与估计多余参数的误差正交。我希望这些观点在未来的文献中继续得到应用。

21.4.2 异质性处理效应及优化策略

另一个活跃的研究领域是评估处理效应的异质性，我们指的是观察到的协变量的异质性。例如，如果处理是使用药物，我们可以感兴趣的是该药物的疗效如何随个体特征而变化。Athey 和 Imbens（2017）对认为与异质性有关的各种问题进行了更为详细的回顾；我们将在本文集中讨论一些。

对处理效应的异质性感兴趣的要么是为了对基础科学的理解（可以用来设计新的政策或用来理解机制），要么是将处理效应的异质性作为一种从用户特征到处理方法映射的估计处理分配政策的最终估计方法。

从对处理效应的基本科学理解开始，另一个问题是我们是否希望发现简单的异质性模式，或者是否需要一个关于如何随协变量变化的处理效应的完全非参数估计量。Athey 和 Imbens（2016）提供了一种发现更简单模式的方法。本文提出了建立协变空间的划分方法，然后对各分区元素的处理效应进行估计。分割规则对于寻找展示处理效应异质性的分割进行了优化。文章还提出了样本分裂的方法，以避免使用相同的数据发现异质的形式，并估计异质性的大小。样本分裂方法是将一个样本用于构建分区，另一个样本用于估计处理效应。这样，无论有多少协变量，围绕第二个样本的估计值建立的置信区间就都具有名义覆盖率。直观来看，由于分区是在一个独立的样本上创建的，所以分区使用与第二个样本中的结果实现完全无关。另外，用于创建分区的过程会惩罚分割，因为分割的方法过多地增加了估计处理效应的方差。这种方法和交叉验证一起来选择树的复杂性，可以确保叶子不会变得太小，因此置信区间具有名义覆盖率。

从医学到经济领域的实验。"因果树"已经有了广泛的应用。这些方法允许研究人员发现事前分析计划中没有详细说明的异质性形式，而不会使置信区间无效。然而，研究人员必须认识到，仅仅因为使用三个协变量来描述分区的一个要素（例如，收入在 10 万美元到 120000 美元之间以及接受 15 到 20 年的学校教育的男性），协变量的所有值的平均值将随分区元素而变化。因此，重要的是不要得出关于协变量与处理效应异质性无关的结论。本章以"基于模型的递归划分"（Zeileis，Hothorn 和 Hornik，2008）的早期工作为基础，该工作着眼于更复杂模型的递归划分（最大似然估计的一般模型），但没有提供统计特性（也没有建议 Athey 和 Imbens，2016 的重点的样本划分）。Asher 等（2016）提供了另一个在 GMM 模型中构建异质性分类树的相关例子。

在某些背景下，协变量空间的简单划分是最有用的。在其他情况下，对处理效应如何随协变量变化进行完全非参数估计是可取的。在传统计量经济学文献中，可以通过核估计或匹配技术来实现；这些方法具有很好的统计性质。然而，尽管它们在理论上工作得很好，但在实践中，当协变量数量多时，匹配方法和内核方法就会崩溃。

根据 Wager 和 Athey 的研究，我们引入了"因果森林"这一概念。从本质上讲，因果森林是许多因果树的平均值，其中的树由于二次抽样而彼此不同。从概念上讲，因果森林可以被认为是最近邻匹配方法的一个版本，它有一个数据驱动的方法来确定哪些用来匹配的协变量空间的维度是重要的。本章主要技术成果是，建立了第一个用于随机森林预测的渐近正态性结果；然后将这个结果扩展到因果推理。同样，我们提出了一种方差估计方法，并对其一致性进行了证明，构造了置信区间。

我们对随机森林研究结果的一个关键要求是，每棵树都是"诚实的"；也就是说，我们使用不同的数据来构造协变量空间的分区，区分于用来估计叶内处理效应的数据。也就是说，我们使用了样本分割，类似于 Athey 和 Imbens（2016）。在随机森林的上下文中，所有的数据都用于"模型选择"和估计，因为一棵树的分区构建子样本中的观测值可能在另一棵树的处理效应估计样本中。

Athey，Tibshirani 和 Wager（2017）将框架扩展到分析任何模型的非参数异质性，其中感兴趣的参数可以通过高斯混合模型（GMM）估计。该框架的算法用随机森林方法来建造一系列的树，该算法不是在每棵树的叶子中估计一个模型，而是提取森林中隐含的权重。特别而言，当估计某一特定 X 值的处理效应时，我们估计一个"局部 GMM"模型，其中越接近 X 的观测值权重更大。具体多大呢？权重由森林创建阶段期间观测值在同一叶子中结束的时间分数确定。一个微妙之处在于，根据预测参数异质性的协变量，很难设计出用于通用的分区构建，以及计算量较轻的"分裂规则"。我们提供了该问题的解决方案，并提供了估计的渐近正态性的证明，以及置信区间的估计。本文重点介绍了工具变量的情况，以及如何使用该方法来寻找使用工具变量估计的处理效应参数的异质性。Hartford，Lewis 和 Taddy（2016）提出了一种基于神经网络的工具变量模型参数异质性估计方法。一般非参数理论对神经网络来说更具挑战性。

Athey，Tibshirani 和 Wager（2017）的"广义随机森林"方法可以用来替代"传统"方法，如局部广义矩法或局部极大似然法（Tibshirani 和 Hastie，1987）。局部方法（如局部线性回归）通常针对特定的协变量值，并在运行回归时使用核加权函数对附近的观测值进行更大的加权。Athey，Tibshirani 和 Wager（2017）的观点是，随机森林可以被重新解释为生成加权函数的方法，而基于森林的加权函数可以在局部线性估计过程中替代加权函数。森林加权函数具有数据自适应和模型自适应的优点。数据的适应性在于，在确定哪些观测值"在附近"时，对我们感兴趣的参数的异质性很重要的协变量被赋予了更重要的意义。模型自适应关注给定模型中参数估计的异质性，而不是像传统回归森林中那样，关注在预测结果的条件均值时的异质性。

Athey，Tibshirani 和 Wager（2017）的观点更为通用，我希望它能再次出现在其他文章中：在传统计量经济学中可能使用核函数的任何地方，机器学习方法在实践中的表现优于核函数从而可以替代它。然而，为了确保基于机器学习的过程具有参数估计的渐近正态性等期望的性质，我们需要建立统计和计量理论新方法。Athey，Tibshirani 和 Wager（2017）对其用于估计参数估计异质性的广义随机森林运用了新方法，Hartford，Lewis 和 Taddy

（2016）对半参数工具变量使用神经网络而不是核函数。Chernozhukov 等
（2017）在推广 Robinson（1988）半参数回归模型时就是这么做的。

当异质结构被假定为一种简单的形式时，或者当分析人员愿意理解处理
效应，只局限于协变量的一个子集，而不是试图局限于所有相关协变量时，
还有其他可能的方法来估计条件平均处理效应。目标最大似然是其中一种方
法；最近，Imai 和 Ratkovic（2013）提出使用 LASSO 来揭示异质处理效应，
而 Kunzel 等（2017）提出了一种使用"Metalearners"的机器学习方法。但
是，必须指出的是，如果没有足够的数据来估计所有有关协变量的影响，像
LASSO 这样的模型将倾向于删除与其他包含的协变量相关的协变量（以及
它们之间的交互作用），这样包含的协变量就可以"获得"忽略的协变量的
影响。

最后，了解处理效应的一个激励目标是估计最优策略函数；也就是说，
函数是从个体的可观察协变量映射到策略分配的函数。举例来看，Kitagawa
和 Tetenov（2015）最近在经济学中研究了这个问题，他们的研究专注于从
一类有限复杂度的潜在政策中估计最优策略。研究的目标是选择一个策略函
数，以最小化由于未能使用（不可行的）理想策略而造成的损失，称为策
略的"遗憾"。尽管机器学习文献中对因果推理的研究普遍缺乏，但最优策
略估计问题却受到了一定的关注。例外的是，有一系列研究尽管通常没有太
多参考统计学和计量经济学文献，但纳入了倾向得分加权或双重稳健的方法
的概念。机器学习文献中专注于政策学习的论文包括 Strehl 等（2010），
Dudik，Langford 和 Li（2011），Li 等（2012），Dudik 等（2014），Li 等
（2014），Swaminathan 和 Joachims（2015），Jiang 和 Li（2016），Thomas 和
Brunskill（2016），以及 Kallus（2017）。文献中的一种结论确立了算法的后
悔边界。在 Athey 和 Wager（2017）的文章中，我们展示了如何从半参数效
率理论中引入观点从而使我们能够建立比现有文献更严格的"后悔边界"，
最终大大缩小了可能实现后悔边界的算法集。这突出了计量经济学理论文献
的附加值尚未在机器学习中得到充分利用的事实。另一个不相关的观察结果
或许令人惊讶，是在一类有限复杂性的潜在策略中估计最优策略函数的问题
的计量经济学，其与估计条件平均处理效应的问题完全不同，尽管这些问题
是相关的。

21.4.3 上下文赌博机（Contextual Bandit）：利用自适应实验估计最优策略

在此之前，回顾了评估映射从单个协变量到处理分配的最优策略估计的方法。越来越多的文献主要基于机器学习研究"赌博机"问题，这是一种主动学习哪种处理方法最好的算法。当环境可以快速测量结果，且有许多可能的处理方法时，在线实验工作将产生巨大的好处。在基本赌博机问题中，当所有单位具有相同的协变量时，"在线实验"或"多臂赌博机"的问题使用来自早期个体的数据，提出了如何设计实验以在个体到达时将个体分配给处理组的问题，确定了为每个处理组分配新个体的可能性，平衡探索需求与开发愿望。也就是说，赌博机在学习的需要和避免给予个体次优处理的愿望之间取得了平衡。在有许多可能的处理方法的情况下，这种类型的在线试验比传统的随机对照试验更快地得出可靠的答案（Scott，2010）；这样做的好处在于，效果不好的处理方法会被有效抛弃，因此新到的处理单元会被分配给最好的候选者。当目标是估计最优策略时，就没有必要继续将单位分配给那些相当肯定不是最优的处理。此外，从预期收益的角度来看，从统计学上区分两种非常相似的处理方法也并不重要。现有文献已经开发了许多用于管理的探索——利用权衡的启发式方法；例如，"汤普森（Thompson）采样"就是按照每个处理臂是最佳的估计概率将单位分配给处理臂的方法。

人们对个体所观察到的属性的设置知之甚少，在这种情况下，目标是构建和评估个性化的处理分配策略。这个问题被称为"上下文赌博机"问题，因为处理分配对"上下文"（在本例中是用户特征）很敏感。首先，这个问题看起来非常具有挑战性，因为可能的策略的空间很大而且很复杂（每个策略都从用户特征映射到可能的处理空间）。但是，如果对每个操作的返回值都可以作为单个属性的函数进行估计，则可以通过找到其返回值被估计为最高的操作来构建策略，并与探索需要进行平衡。虽然在文献中已经有许多针对上下文赌博机问题的方法被提出，但是对于如何在方法中进行选择，以及哪些方法在实践中可能表现得最好，却知之甚少。例如，关于最优策略估计的文献表明，特定的策略估计方法可能比其他方法更有效。

特别地，研究人员在选择上下文赌博机算法时必须做出多种选择。这些包括将用户特征映射到预期结果的模型的选择［文献中考虑了诸如岭回归等替代方法，Li 等（2010）；普通最小二乘法（OLS），Goldenshluger 和 Zee-vi（2013）；广义线性模型（GLM），Li，Lu 和 Zhou（2017）；LASSO，Bastani 和 Bayati（2015）；随机森林 Dimakopoulou，Athey 和 Imbens（2017）；Feraud 等（2016）]。另一种选择涉及用于平衡探索和开发的启发式，主要选择 Thompson 抽样和置信区间上界（UCB）（Chapelle 和 Li，2011）。

Dimakopoulou，Athey 和 Imbens（2017）强调了上下文赌博机中出现的一些独特的问题，这些问题直接与评估问题有关，这些问题一直是关于评估处理效应的文献的重点（Imbens 和 Rubin，2015）。例如，本文重点比较了非上下文赌博机和上下文赌博机，前者将有许多未来个体以及完全相同的上下文（因为他们都共享相同的上下文），而后者每个单元都是唯一的。因此，对特定个体的分配有助于对未来的学习，因为未来的个体将具有不同的上下文（特征）。通过关于构建环境如何与结果相关的模型，探索有益于未来的事实改变了特定的问题。

这一讨论突出了机器学习和因果推理之间联系的另一个主题：在上下文赌博机的"小样本"设置中，评估考虑因素甚至更为重要，其中的假设是，决策者没有足够的数据来完美地估计最优分配。然而，我们从计量经济学文献中了解到，不同估计值的小样本属性在不同的设置中可能会有很大的差异（Imbens 和 Rubin，2015），这表明最好的上下文赌博机方法也可能在不同的设置中有所不同。

21.4.4　稳健性和补充分析

在最近的一篇综述中，Athey 和 Imbens（2017）强调了"补充分析"对于在没有额外信息的情况下无法直接检验关键假设的环境中建立因果估计的可信度的重要性。补充分析的例子包括安慰剂测试，在安慰剂测试中，在没有找到处理效应的时候，分析人员需要评估是否一个给定模型可能找到处理效应的证据。一种补充分析是稳健性方法。Athey 和 Imbens（2015）提出使用基于机器学习的方法对目标参数（如处理效应）进行一系列不同的估计，其中通过引入模型参数和协变量之间的交互作用来创建范围。稳健性方法被定义为跨模型设定的参数估计的标准差。本文为基于机器学习的稳健性方法提供了一种可能的方法，我预测随着机器学习方法变得越来越流行，将会开发更多的方法。

Athey, Imbens 等（2017）提出的另一种基于机器学习的补充分析，使用基于机器学习的方法来构建对特定环境中混杂问题的挑战程度。所提出的测量方法构建了对结果而言估计的条件平均函数和估计的倾向得分，然后估计两者之间的相关性。

未来进一步发展补充分析的潜力很大。机器学习具有明确定义的系统算法，用于比较各种模型设定，这使得机器学习非常适合构建额外的稳健性检查和补充分析。

21.4.5　面板数据与双重差分模型

另一种常用的确定因果效应的方法是利用面板数据中关于结果如何随单位和时间变化的假设。在典型的面板数据设置中，数据单位不一定随机分配给某个处理组，但是所有数据单位都在某些数据单位被处理之前被观察到；确定的假设是，一个或多个未经处理的数据单位可以用来估计在没有处理的情况下处理数据单位可能发生的反事实的时间趋势。最简单的"双重差分"包括两组和两个时间段；更广泛地说，面板数据可能包括许多组和许多时期。对于面板数据案例而言，传统的计量经济学模型利用函数形式假设。例如，假设在一个特定时间段一单位的产出是一个单位效应、时间效应和独立冲击的相加函数。然后，可以通过预处理期间的处理数据单位推断出单位效应，而在某些数据单位接受处理的期间，可以从未经处理的数据单位推断出时间效应。注意到这个结构意味着平均结果矩阵（包含与单位相关的行和与时间相关的列）有一个非常简单的结构：它的秩为 2。

最近有一些方法将机器学习工具引入面板数据设置中。Doudchenko 和 Imbens（2016）受合成对照组（Abadie，Diamond 和 Hainmueller，2010 率先提出）的启发，开发了一种方法，使用对照组观察的加权平均来构建处理组数据单位在处理期间的反事实未经处理的结果。Doudchenko 和 Imbens（2016）提出使用正则化回归确定权重，通过交叉验证选择惩罚参数。

因子模型和矩阵补全。在面板数据设置中考虑因果推理的另一种方法是考虑矩阵补全问题；Athey，Bayati 等（2017）提出了这样一个观点。在机器学习文献中，矩阵补全问题是，存在一个观察到的数据矩阵（在我们的例子中是单位和时间周期），但是一些条目缺少。我们的目标是提供这些条目的最好的可能预测。对于面板数据应用，我们可以考虑作为缺失条目处理的单位和时间段，因为在没有处理的情况下我们不能观察到这些单位的反事实结果（这是对于估计处理效应而言缺失信息关键点）。

Athey，Bayati 等（2017）建议使用矩阵形式的正则化回归来找到一个矩阵，该矩阵很好地逼近未处理结果的矩阵（具有与处理单元和周期相对应的缺失元素的矩阵）。回想一下 LASSO 回归最小化了样本中误差的平方和，加上一个与回归中系数大小和成正比的惩罚项。我们提出矩阵回归，使所有矩阵元素的平方误差和最小，加上一个与矩阵核范数成比例的惩罚项。核范数是矩阵奇异值的绝对值之和。一个低核范数的矩阵被一个低秩矩阵很好地近似。

我们如何解释一个矩阵可以被一个低秩矩阵很好地近似？一个低秩矩阵可以被"分解"成两个矩阵的乘积。在面板数据的情况下，我们可以将这种分解解释为包含每个单位的潜在特征向量和每个时间段的潜在特征向量。某一特定单位在某一特定时期的结果，如果不加以处理，近似等于该单位特征与该时期特征的内积。例如，如果数据是关于县级的就业情况，我们可以认为县级的结果取决于不同行业的就业比例，那么每个行业在每个时期都有共同的冲击。因此，一个县的潜在特征将是产业份额的向量，而时间特征将是特定时期内的行业冲击。

Athey，Bayati 等（2017）表明，当计量经济学文献中对矩阵补全方法所需的假设成立时，矩阵补全方法简化为常用的技术，但是矩阵补全方法能够在数据中以更复杂的模式建模，同时允许数据（而不是分析人员）指出在单位内的时间序列模式或一段时间内的截面模式或更复杂的组合，在预测反事实结果时更有用。

矩阵补全方法可以与过去 20 年时间序列计量经济学中关于因子模型的文献联系起来（Bai 和 Ng，2008 的综述）。矩阵分解方法与此类似，但它不是假设真实模型有固定但未知的因子数量，而是仅仅在惩罚矩阵范数的同时寻找最佳拟合。矩阵很好地近似于具有少量因子的矩阵，但不需要以这种方式精确表示。Athey，Bayati 等（2017）描述了矩阵补全方法的一些优点，并表明它在一系列设置中比现有的面板数据因果推理方法表现得更好。

21.4.6　因子模型和结构模型

机器学习和因果推理之间的另一个重要联系涉及更复杂的结构模型。几十年来，从事市场营销和经济学交叉研究的学者建立了消费者选择的结构模型，有时是在动态环境中，并使用贝叶斯估计来估计模型，通常使用马尔可夫链蒙特卡罗模型。最近，机器学习文献开发了多种技术，允许在更大的范围内估计类似类型的贝叶斯模型。这些已经被应用到一些设置中，比如在文本分析和用户选择中，例如 Netflix 的电影（Blei，Ng 和 Jordan，2003；Blei，2012）。我希望在未来能看到这两篇文献更加紧密的联系。例如，Athey，Blei 等（2017）建立在层次泊松因子分解模型的基础上，创建了消费者需求模型，该模型同时考虑消费者对数千种产品的偏好，但消费者在每个产品类别中的选择是相互独立的。该模型通过使用低维因子表示消费者的平均效用以及消费者对每种产品的价格敏感性，从而降低了问题的维数。同时考虑多个产品类别，可以获得显著的效率收益；通过在消费者在其他产品中的使用行为，可以了解消费者对某一产品的价格敏感性。本文不同于机器学习中的纯预测文献，而是基于模型在预测消费者对价格变化的反应方面的表现来评估和调整模型，不是简单地基于整体拟合优度。特别地，本文强调不同的模型将被选择为"拟合优度"的目标，而不是"反事实推理"的目标。为了实现这一目标，本文在预测价格变化前后的产品需求变化方面分析了拟合优度，证明价格变化可以被视为调节了周效应后的自然实验（价格变化总是发生在周中）。本文还展示了与更加标准的需求估计方法相比个性化预测的优点。因此，本文再次强调了因果推理的目标函数不同于标准预测这一主题。

有了更可拓展的计算方法，就可以用更少的关于产品的先验信息构建更丰富的模型。Ruiz，Athey 和 Blei（2017）分析了消费者对从杂货店5000多种商品中选择的捆绑包的偏好，没有包含关于哪些商品属于同一类别的信息。因此，模型揭示了物品是替代品还是互补品。因为当有5000个产品时就有25000个捆绑包，所以原则上每个消费者的效用函数有25000个参数。即使我们将效用函数限制为只有成对的交互作用，消费者的效用函数仍然有数百万个参数。Ruiz，Athey 和 Blei（2017）使用矩阵分解方法来降低问题的维度，分解项目的平均效用、项目之间的交互影响以及用户对项目的价格敏感性。数据中的价格和可用性变化使模型能够区分相关的偏好（一些消费者喜欢咖啡和尿布）和互补性（玉米饼和玉米饼壳放在一起更有价值）。为了进一步简化分析，该模型假设消费者在作出选择时是有界理性的，并在消费者顺序地将商品添加到购物车时考虑产品之间的交互。如果消费者考虑将所有 25000 个捆绑包进行优化，这种选择似乎是不合理的。因此，将人类的计算约束纳入结构模型，似乎是机器学习和经济学交叉的另一个潜在的富有成效的途径。在 Ruiz，Athey 和 Blei（2017）的计算算法中，我们依靠一种称为变分推断的技术来近似后验分布，以及随机梯度下降技术（上文详细描述）来寻找提供最佳近似的参数。

在另一个类似方法的应用中，Athey 等（2018）使用旧金山湾区数千名手机用户的样本数据，分析了消费者对午餐餐厅的选择。这些数据被用来识别典型的早晨的用户所在位置，以及他们对午餐餐厅的选择。我们构建了一个模型，其中餐馆具有潜在特征（其分布可能取决于餐馆的可观察性，如星级评级、食品类别和价格范围），每个用户都对这些潜在特征有偏好，而这些偏好在不同用户之间是异构的。同样，每个项目都有潜在的特征来描述用户的旅游意愿，每个用户对这些潜在的特征都有自己特定的偏好。因此，用户的旅行意愿和每个餐厅的基本实用程序都因用户—项目配对而异。为了使估算在计算上可行，我们基于 Ruiz，Athey 和 Blei（2017）的方法。我们表明，我们的模型比标准的竞争模型（如多项 logit 和嵌套 logit 模型）的性能更好，估计的个性化是部分原因。我们特别证明，我们的模型在预测消费者对餐馆开张和关门的反应时表现得更好，我们还分析了在餐馆关闭后，消费者是如何重新分配他们的需求的。由于数据中有几百家餐厅开业和关门，我们可以利用数据中大量的"自然实验"来评估模型的性能。最后，我们展示了该模型如何用于分析涉及反事实的问题，例如，在给定位置，哪种类型的餐厅会吸引最多的消费者。

Wan 等（2017）最近发表的另一篇论文在消费者需求结构模型的背景下使用因子分解。本文建立了一个消费者选择模型，包括类别选择、类别内购买和购买数量。该模型允许个人偏好的异质性，并使用因子分解技术来估计模型。

21.5 关于机器学习对经济学影响的更广泛预测

我的预测是，实证工作的实施方式会发生重大变化；事实上，它已经发生了，并且这种预测已经可以高度确定地进行。我预测一系列的变化将会发生，总结如下：

（1）为其预期任务采用现成的机器学习方法（预测，分类和聚类，例如，用于文本分析）。

（2）预测方法的扩展和修改，以考虑公平性，可操作性和可解释性等因素。

（3）开发基于机器学习的新计量经济学方法，旨在解决传统的社会科学评估任务。

（4）因果效应识别理论没有根本性的改变。

（5）利用现代数据设置（包括大面板数据集和许多小实验环境）对因果效应进行识别和估计策略的渐进进展。

（6）加强对模型稳健性和其他补充分析的重视，以评估研究的可信度。

（7）实证主义者大规模采用新方法。

（8）生产力和测量方面的复兴和新研究。

（9）设计和分析大型管理性数据的新方法，包含合并这些来源和隐私保护方法。

（10）增加跨学科研究。

（11）经济研究的组织、传播和资助的变化。

（12）经济学家作为工程师参与公司、政府在数字环境下的政策设计和实施。

（13）与公司和政府合作，设计和实施一次性和持续数字实验，包括多臂赌博机实验算法。

（14）研究开发可以快速测量的高质量指标，以促进快速增量创新和实验。

（15）在所有层次的经济学教学中增加数据分析的使用；增加跨学科的数据科学项目。

（16）研究 AI 和机器学习对经济的影响。

本章详细讨论了前三种预测，现在我将依次讨论剩下的每一个预测。

首先，正如在关于使用机器学习的好处的讨论中所强调的那样。机器学习是一个非常强大的数据驱动模型选择工具。由于许多原因，获得最灵活的函数形式来拟合数据是非常重要的；例如，当研究人员假设处理分配是有序的，灵活地控制协变量仍然是至关重要的，并且大量的文献已经记录了建模选择的重要性。本章强调的主题是，在传统的计量经济学文献中可以使用半参数方法，都可以通过使用机器学习来替代。然而，找到最佳函数形式是一个明显的问题，即是否可以用足够的数据来识别经济参数。因此，在思考识别问题方面，机器学习没有明显的好处。

然而，由于数字化而变得广泛可用的数据集类型提出了新的识别问题。例如，电子商务平台中的算法经常变化是常见的。算法上的这些变化会导致用户体验（以及平台和市场上的卖家体验）的变化。因此，一个典型的用户或销售商可能会经历大量的变化，而每一个变化都有适度的影响。关于在这样的环境中可以学到什么，还有一些悬而未决的问题。从估计的角度来看，也有发展机器学习启发算法的空间，那就是利用市场参与者所经历的许多变化来源。在 2012 年 Fisher Schultz 的演讲中，我阐述了利用科技公司进行的随机实验作为评估付费搜索广告位置效应的工具的想法。此后，这一想法已被其他公司（Goldman 和 Rao，2014）更充分地利用，但关于如何使用此类数据集中的信息的最佳方式，仍有许多悬而未决的数字化问题从而导致许多面板数据集的产生，这些数据集以相对较高的频率记录了一段时间内的个人行为。关于如何充分利用丰富的面板数据，有许多悬而未决的问题。之前，我们讨论了几篇利用面板数据（Athey，Bayati，2017）的机器学习和计量经济学交叉领域的新论文，但我预测这类论文将在未来几年大幅增长。

实证主义者大规模采用机器学习方法的原因有很多。首先，许多机器学习方法简化了分析人员需要做出的各种任意选择。在更大、更复杂的数据集中，他们有更多的选择。每个选择都必须记录在案，证明其合理性，并且可能会成为对论文批评的潜在来源。当系统的、数据驱动的方法可用时，研究就可以变得更有原则、更系统化，并且可以有客观的衡量标准来评估这些选择。的确，对于一个使用传统经验方法的研究人员来说，完全记录选择模型专门化的过程是不可能的；相比之下，算法选择（当算法被给予该问题的正确目标时）具有更优越的性能，同时又具有可重复性。虽然认真考虑算法的目标是至关重要的，但最终它们是非常有效的。因此，它们帮助解决诸如"p 值操纵"之类的问题，为研究人员提供了两全其美的优势——卓越的性能，以及考虑到规范选择过程的正确的 p 值。在许多情况下，可以得到新的结果。例如，如果作者进行了现场实验，没有理由不使用 Athey 和 Imbens（2016）等方法来寻找异质性处理效应。该方法确保能够获得有效的置信区间，从而估计处理效应的异质性。

除了针对旧问题采用机器学习方法外，生产和测量领域也将出现新的问题和分析类型。其中一些例子已经得到强调，例如，能够通过图像等手段，在较长时期内以粒状水平衡量经济成果。Glaeser 等（2018）很好地概述了大数据和机器学习作为一个领域将如何影响城市经济以及城市的运营效率。更广泛地说，随着各国政府开始吸收高频率、细粒度的数据，它们将需要努力解决这样一个问题：在基础数据变化迅速的世界，如何保持官方统计数据的稳定性。如何利用高频、噪声、不稳定的数据构建一个测量系统，同时产生统计数据，这些统计数据的意义和与广泛经济变量的关系保持稳定，将会产生新的问题。当企业试图利用噪声的，高频的数据预测与自身业务相关的结果时，也将面临类似的问题。学术界、政府和工业界关于宏观经济学中"临近预测"的新兴文献［例如，Banbura 等（2013）和机器学习开始讨论这些问题中的一些，但不是全部］。我们还将看到描述分析新形式的出现，其中一些是受到机器学习的启发。这些例子包括描述关联的技术，例如，做 A 的人也做 B；以及对无监督机器学习技术输出的解释和可视化，如矩阵分解、聚类等。经济学家可能会对这些方法进行改进，使它们在量化上可以直接使用，并用于商业和政策决策。

更广泛地说，使用预测模型以高粒度和保真度度量经济结果的能力将改变我们可以提出和回答的问题类型。例如，来自卫星或谷歌街景的图像可以与调查数据结合使用，以训练模型，这种模型可以用于对在美国境内或管理数据有问题的发展中国家内的个人住宅层面经济成果估算（Jean 等，2016；Engstrom，Hersh 和 Newhouse，2017；Naik 等，2014）。

经济转型的另一个领域将是大规模管理数据集的设计和分析。我们将目睹把不同来源的资料汇集在一起的尝试，以便对个人和公司提供更全面的看法。个人在金融世界、物理世界和数字世界中的行为将被关联起来，在某些情况下，机器学习仅仅需要将来自不同环境的不同身份的个体匹配到同一个人身上。此外，我们将观察个体随时间推移的行为，通常是高频测量。例如，儿童将在整个教育过程中留下数字足迹，包括他们检查家庭作业的频率、作业本身、教师评论等。孩子们将与自适应系统互动，该系统根据他们之前的参与和表现来改变他们接收到的原料。这将需要在现有机器学习工具的基础上创建新的统计方法，但是这些方法更适合具有显著动态效应的面板数据集（可能还有同群效应；参见关于分析大规模网络数据的一些最新统计进展，Ugander 等，2013；Athey，Eckles 和 Imbens 等，2015；Eckles 等，2016）。

　　未来研究的另一个领域是如何在不损害用户隐私的情况下分析个人数据。计算机科学中有一篇关于在查询数据的同时保护隐私的文献，这篇文献被称为"差分隐私"。最近的一些研究将这篇计算机科学文献与估算统计模型的问题结合在一起（Komarova，Nekipelov 和 Yakovlev，2015）。

　　我还预测跨学科工作将有显著增长。计算机科学家和工程师在算法设计、计算效率和相关问题上可能仍然更接近前沿。下面我将进一步展开，所有学科的学者都将获得更大的能力，以一种便于测量和因果推理的方式干预环境。随着数字交互和数字干预扩展到社会的各个领域，从教育到卫生、从政府服务到交通，经济学家将与其他领域的领域专家合作，设计、实施和评估技术和政策的变化。其中，许多数字干预将由机器学习提供动力，并将使用机器学习的因果推断工具来估计干预的个性化处理效应，并设计个性化处理分配策略。

　　随着跨学科工作的增加，经济学研究的组织、资助和传播也将发生变化。对具有复杂数据创建和分析管道的大型数据集的研究可能是劳动密集型的，同时需要专业技能。使用大数据集进行大量复杂数据分析的学者们已经开始采用一种"实验室"模型，这种模型与当今计算机科学和许多自然科学中的标准模型极为相似。一个实验室可能包括一个博士后研究员，多个博士生，博士生前研究员（学士和博士之间的全职研究助理），本科生，可能还有全职工作人员。当然，这种规模的实验室是昂贵的，因此经济学的资助模式将需要适应这一现实。一个令人担忧的问题是，这种研究所需资源的获取具有不平等性，因为它的成本太高，无法得到传统资金池的支持，而传统资金池只能供研究型大学的一小部分经济学家使用。

在实验室中，我们将看到越来越多的协作工具的采用，例如，软件公司中使用的协作工具。工具包括 GitHub（用于协作，版本控制和软件传播），以及通信工具（例如，我的通用随机森林软件在 Github 上作为开源软件包提供，网址为：http：//github. com/swager/grf，用户通过 GitHub 报告问题，并可以提交请求修改或添加代码。）

现在也越来越重视建立一个大型实验室功能所必需的文档化和可再现性。这种情况也会发生在即使某些数据源仍然是专有的时候。"假"数据集将被创建，允许其他人运行实验室的代码并复制分析（不包括真实数据）。为支持实验室模式而设立的机构的一个例子是，斯坦福大学商学院（Stanford GSB）和斯坦福经济政策研究所（Stanford Institute for Economic Policy Research）都有博士前研究员"库"，供成员共享；这些项目提供指导、培训，每个季度有机会上一节课，而且从人口统计上看，这些项目比研究生群体更多样化。博士前研究员在斯坦福有一种特殊的学生身份。其他公共和私营研究机构也采用了类似的项目，新英格兰地区的微软研究院是这一领域的早期创新者，而哈佛大学和麻省理工学院等大学的研究人员多年来也一直在任用博士前研究助理。

我们还将看到经济学家如何与政府、工业、教育和卫生领域打交道的变化。市场设计专家 obert Wilson，Paul Milgrom，Al Roth（2002）所提倡的"经济学家是工程师"的概念，甚至 Duflo（2017）所提倡"经济学家是水管工"，将超越市场设计和开发的范畴。随着数字化在各个应用领域和经济部门的普及，它将为经济学家提供机会，制定和实施能够以数字化方式实现的政策。农业咨询、在线教育、卫生咨询和信息、政府服务提供、政府集合和个性化的资源分配，所有这些为经济学家通过随机化与交叉推出的评估方法提出政策，设计策略的支付和实施创造机会，并且继续通过一轮轮创新渐进式改进已采用的政策。信息反馈会来得更快，也会有更多的机会来收集适应和调整数据。经济学家将参与提高政府和工业的运行效率，降低成本、改善成果。

当机器学习方法在工业、政府、教育和卫生等领域得到应用时，就能逐步改进。技术行业的标准做法是通过随机对照试验评估渐进式改进。像谷歌和 Facebook 这样的公司每年都会对机器学习算法进行 10000 次或更多次的随机对照试验，以逐步改进机器学习算法。一个新兴的趋势是使用赌博机技术将实验直接构建到算法中。如前所述，多臂赌博机是一种算法的术语，它平衡了探索和学习与利用现有信息之间的关系。赌博机可以显著高于标准的随机对照实验，因为他们有不同的目标：这个目标是学习最好的选择是什么，而非是在一个标准的随机对照试验，准确的估计每个选择的平均结果。

实现赌博机算法需要在提供处理的系统中嵌入统计分析。例如，用户可能访问一个网站。根据用户的特点，上下文相关的赌博机可能会随机分布在处理臂之间，与当前对每个臂对该用户最优的概率的最佳估计成比例。随机化将立刻发生，因此赌博机的软件需要与提供处理的软件集成。这需要分析师和该技术之间的更深层次的关系，而不是分析师"离线"分析历史数据的场景（也就是说，不是实时的）。

开发与利用的平衡涉及有限信息和资源约束下最优化的基本经济概念。赌博机通常更有效率，我预测他们将在实践中得到更广泛的应用。反过来，这将为社会科学家创造机会，更有效地优化干预措施，并更快、更高效率地评估大量可能的替代方案。从更广泛的意义上讲，统计分析将被普遍放在一个长期的背景下，在这个背景下，信息会随着时间而累积。

除了赌博机，其他主题还包括通过结合实验和观测数据来提高估计的准确性（Peysakhovich 和 Lada，2016），以及在得出结论时利用大量相关实验。

优化机器学习算法需要对目标或结果进行优化。在一个频繁和高速实验的环境中，需要在短时间内获得成功的措施。这就导致了一个非常具有挑战性的问题：哪些好的措施与长期目标相关，但可以在短期内进行衡量，并对干预措施作出反应？经济学家将参与帮助确定目标，并构建可用于评估渐进式创新的成功衡量标准。一个重新受到关注的研究领域是"替代物"，这是一个可以用来替代长期结果的中间措施的名称（Athey 等，2016）。经济学家还将重新关注设计激励机制，以抵消短期试验所产生的短期激励。

所有这些变化也会影响教学。由于预计到工业和政府的数字化转型，大学生接触编程和数据的机会将比十年前高得多。在十年内，大多数本科生将进入大学（大多数 MBA 将进入商学院），他们从小学到高中、夏令营、在线教育和实习中积累了丰富的编程经验。许多大学生将在大学里学习编码和数据分析，把这些课程视为为就业做的基本准备。需要改变教学计划，从而补充其他课程涵盖的知识体系。在短期内，更多的学生可能会在计量经济学课堂上从所有问题都是预测或分类问题的角度来思考数据分析。他们可能有一本满是算法的烹饪书，但对如何使用数据来解决现实问题，回答商业或公共政策问题却缺乏直觉。然而，这样的问题在商界很普遍：公司想知道广告活动①的投资回报率、价格变化或产品推出的成果，等等。教育经济学将在教育学生如何使用数据回答问题方面发挥重要作用。鉴于经济学作为一门学科在这些手段和方法上具有独特的优势，许多新设立的数据科学本科和研究生项目将引入经济学家和其他社会科学家，从而增加了对实证经济学家和应用计量经济学家教学的需求。我们还将看到更多的跨学科专业；杜克和麻省理工学院最近都宣布了计算机科学与经济学的联合学位。还有很多新创建的数据科学硕士课程，但一个关键的观察是，尽管早期的课程最常出现在计算机科学和工程学中，但我预测这些课程将随着时间的推移被纳入更多的社会科学领域，或者采用和教授社会科学实证方法本身。进入职场的毕业生将需要了解一些基本的实证策略，比如商业世界中经常出现的"差异中之差异"（例如，一些消费者或地区接受了某种治疗，而其他地区没有，而且需要控制重要的季节性效应）。

最后一个预测是，我们将看到更多关于机器学习对社会影响的研究。需要解决的将是大规模、非常重要的监管问题。围绕自动驾驶汽车和无人机这些交通基础设施实施监管就是一个关键例子。这些技术有潜力创造巨大的社会效率。除此之外，大幅降低交通成本，有效地增加了在城市通勤范围内的土地和住房供应，从而降低了为较富裕人群进城通勤时提供服务的人的住房成本。这种住房成本的降低将对在城市提供服务的人的生活成本产生非常大的影响，这可以有效地减少不平等现象（否则这种不平等现象可能继续上

---

① 例如，几家大型科技公司聘用了拥有顶尖大学博士学位的经济学家，他们专门评估和分配数亿美元的广告支出；参见 Lewis and Rao（2015）对其中一些挑战的描述。

升）。但是还有太多的政策问题需要解决，诸如保险和责任、安全政策、数据共享、公平、竞争政策等。一般来说，监管机构如何处理对公众有巨大影响的算法的问题根本没有解决。算法是根据结果，还是根据程序和过程来管理的？例如，如果一个自动驾驶汽车系统改变了它的驾驶算法，监管机构应该如何处理平衡效应，以及如何与其他人沟通？我们如何避免困扰个人计算机软件的问题，更新后常见的错误和故障是什么？我们如何处理这样一个事实：由于交互作用的影响，1%的汽车使用的算法并不能证明100%的汽车都能使用它。

对机器学习的监管已经出现问题的另一个行业是金融服务业。金融服务监管传统上涉及各项流程与规章制度。目前还没有一个框架来进行成本效益分析，或者说决定如何测试和评估算法，并确定一个可接受的错误率。对于可能对经济产生影响的算法，如何评估系统风险？这些也是未来研究的富有成果的领域。当然，随着机器学习在越来越广泛的经济领域得到应用，机器学习将如何影响未来的工作也存在一些关键问题。我们还将看到机器学习和AI实践方面的专家与不同的经济学子领域专家合作，从而评估AI和机器学习对经济的影响。

总而言之，我预测AI和机器学习将极大地改变经济学。我们将构建更强大且更优化的统计模型，并且我们将引领修改算法的方式以使其具有其他期望的属性，例如，从防止过度拟合和有效置信区间，到公平性或不可操作性。我们所做的研究将会改变；特别是，将开辟各种新的研究领域，它们具有更好的度量，新方法和不同的问题实质。我们将努力解决如何重组研究过程，这将为那些可以资助它的人，增加固定成本和更大规模的研究实验室。我们将改变我们的课程，并在教育未来劳动力的实证和数据科学技能方面占据重要位置。而且，我们将研究机器学习和AI带来的一系列政策问题，包括出台相关政策使部分劳动力需要在因自动化而失业时可以顺利转换工作。

21.6 结论

对机器学习对经济的影响作出预测，或许比人们想象得要容易，因为许多最深刻的变革正在顺利进行。令人兴奋和充满活力的研究领域正在涌现，数十篇应用论文使用了这些方法。简而言之，我相信会有一个重要的转变。与此同时，统计算法某些方面的自动化并没有改变经济学家一直担心的问题：是否真的从数据中识别出因果关系，是否测量了所有的混杂因素，哪些是识别因果关系的有效策略，在特定的应用环境中纳入哪些考虑因素是重要的，如定义反映总体目标的结果指标，如何构建有效的置信区间，以及其他许多因素。随着机器学习将数据分析的一些常规任务自动化，对经济学家来说，保持他们在技术方面的可信和有影响力的实证工作的专业技能变得更加重要。

参考文献

Abadie, A., A. Diamond, and J. Hainmueller. 2010. "Synthetic Control Methods for Comparative Case Studies: Estimating the Effect of California's Tobacco Control Program." *Journal of the American Statistical Association* 105 (490): 493–505.

Asher, S., D. Nekipelov, P. Novosad, and S. Ryan. 2016. "Classification Trees for Heterogeneous Moment-Based Models." NBER Working Paper no. 22976, Cambridge, MA.

Athey, S. 2017. "Beyond Prediction: Using Big Data for Policy Problems." *Science* 355 (6324): 483–485.

Athey, S., M. Bayati, N. Doudchenko, G. Imbens, and K. Khosravi. 2017. "Matrix Completion Methods for Causal Panel Data Models." Cornell University Library. arXiv preprint arXiv:1710.10251.

Athey, S., D. Blei, R. Donnelly, and F. Ruiz. 2017. "Counterfactual Inference for Consumer Choice across Many Product Categories." Working paper.

Athey, S., D. M. Blei, R. Donnelly, F. J. Ruiz, and T. Schmidt. 2018. "Estimating Heterogeneous Consumer Preferences for Restaurants and Travel Time Using Mobile Location Data." *AEA Papers and Proceedings* 108:64–67.

Athey, S., R. Chetty, G. Imbens, and H. Kang. 2016. "Estimating Treatment Effects Using Multiple Surrogates: The Role of the Surrogate Score and the Surrogate Index." Cornell University Library. preprint arXiv:1603.09326.

Athey, S., D. Coey, and J. Levin. 2013. "Set-Asides and Subsidies in Auctions." *American Economic Journal: Microeconomics* 5 (1): 1–27.

Athey, S., D. Eckles, and G. W. Imbens. 2015. "Exact P-Values for Network Interference." NBER Working Paper no. 21313, Cambridge, MA.

Athey, S., and P. A. Haile. 2007. "Nonparametric Approaches to Auctions." *Handbook of Econometrics* 6:3847–3965.

Athey. S., and G. Imbens. 2015. "A Measure of Robustness to Misspecification." *American Economic Review* 105 (5): 476–480.

———. 2016. "Recursive Partitioning for Heterogeneous Causal Effects." *Proceedings of the National Academy of Sciences* 113 (27): 7353–7360.

———. 2017. "The State of Applied Econometrics: Causality and Policy Evaluation." *Journal of Economic Perspectives* 31 (2): 3–32.

Athey, S., G. Imbens, T. Pham, and S. Wager. 2017. "Estimating Average Treatment Effects: Supplementary Analyses and Remaining Challenges." *American Economic Review* 107 (5): 278–281.

Athey, S., G. W. Imbens, and S. Wager. 2016. "Approximate Residual Balancing: De-Biased Inference of Average Treatment Effects in High Dimensions." Cornell University Library. preprint arXiv:1604.07125.

Athey, S., J. Levin, and E. Seira. 2011. "Comparing Open and Sealed Bid Auctions: Evidence from Timber Auctions." *Quarterly Journal of Economics* 126 (1):207–257.

Athey, S., M. M. Mobius, and J. Pál. 2017. "The Impact of Aggregators on Internet News Consumption." Working Paper no. 3353, Stanford Graduate School of Business.

Athey, S., J. Tibshirani, and S. Wager. 2017. "Generalized Random Forests." Cornell University Library. https://arxiv.org/abs/1610.01271.

Athey, S., and S. Wager. 2017. "Efficient Policy Estimation." Cornell University Library. https://arxiv.org/abs/1702.02896.

Bai, J., and S. Ng. 2008. "Large Dimensional Factor Analysis." *Foundations and Trends® in Econometrics* 3 (2): 89–163.

Banbura, M., D. Giannone, M. Modugno, and L. Reichlin. 2013. "Now-Casting and the Real-Time Data Flow." ECB Working Paper no. 1564, European Central Bank.

Bastani, H., and M. Bayati. 2015. "Online Decision-Making with High-Dimensional Covariates." *SSRN Electronic Journal*. https://www.researchgate.net/publication/315639905_Online_Decision-Making_with_High-Dimensional_Covariates.

Belloni, A., V. Chernozhukov, and C. Hansen. 2014. "High-Dimensional Methods and Inference on Structural and Treatment Effects." *Journal of Economic Perspectives* 28 (2): 29–50.

Bickel, P. J., C. A. Klaassen, Y. Ritov, J. Klaassen, J. A. Wellner, and Y. Ritov. 1993. *Efficient and Adaptive Estimation for Semiparametric Models*. Baltimore: Johns Hopkins University Press.

Bjorkegren, D., and D. Grissen. 2017. "Behavior Revealed in Mobile Phone Usage Predicts Loan Repayment." *SSRN Electronic Journal*. https://www.research gate.net/publication/321902459_Behavior_Revealed_in_Mobile_Phone_Usage _Predicts_Loan_Repayment.

Blei, D. M. 2012. "Probabilistic Topic Models." *Communications of the ACM* 55 (4): 77.

Blei, D. M., A. Y. Ng, and M. I. Jordan. 2003. "Latent Dirichlet Allocation." *Journal of Machine Learning Research*, 3 (Jan): 993–1022.

Chapelle, O., and L. Li. 2011. "An Empirical Evaluation of Thompson Sampling." *Proceedings of the Conference on Neural Information Processing Systems*. https://papers.nips.cc/paper/4321-an-empirical-evaluation-of-thompson-sampling.

Chernozhukov, V., D. Chetverikov, M. Demirer, E. Duo, C. Hansen, and W. Newey. 2017. "Double/Debiased/Neyman Machine Learning of Treatment Effects. January. Cornell University Library. http://arxiv.org/abs/1701.08687.

Chernozhukov, V., C. Hansen, and M. Spindler. 2015. "Valid Post-Selection and Post- Regularization Inference: An Elementary, General Approach." January. www.doi.org/10.1146/annurev-economics-012315-015826.

Dimakopoulou, M., S. Athey, and G. Imbens. 2017. "Estimation Considerations in Contextual Bandits." Cornell University Library. https://arxiv.org/abs/1711.07077.

Doudchenko, N., and G. W. Imbens. 2016. "Balancing, Regression, Difference-in-Differences and Synthetic Control Methods: A Synthesis." Technical report, National Bureau of Economic Research.

Dudik, M., D. Erhan, J. Langford, and L. Li. 2014. "Doubly Robust Policy Evaluation and Optimization." *Statistical Science* 29 (4): 485–511.

Dudik, M., J. Langford, and L. Li. 2011. "Doubly Robust Policy Evaluation and Learning." *International Conference on Machine Learning.*

Duflo, E. 2017. "The Economist as Plumber." NBER Working Paper no. 23213, Cambridge, MA.

Eckles, D., B. Karrer, J. Ugander, L. Adamic, I. Dhillon, Y. Koren, R. Ghani, P. Senator, J. Bradley, and R. Parekh. 2016. "Design and Analysis of Experiments in Networks: Reducing Bias from Interference." *Journal of Causal Inference* 1–62. www.doi.org/10.1515/jci-2015-0021.

Egami, N., C. Fong, J. Grimmers, M. Roberts, and B. Stewart. 2016. "How to Make Causal Inferences Using Text." Working paper. https://polmeth.polisci.wisc.edu /Papers/ais.pdf.

Engstrom, R., J. Hersh, and D. Newhouse. 2017. "Poverty from Space: Using High-Resolution Satellite Imagery for Estimating Economic Well-Being (English)." Policy Research Working Paper no. WPS 8284, Washington, DC, World Bank Group.

Feraud, R., R. Allesiardo, T. Urvoy, and F. Clerot. 2016. "Random Forest for the Contextual Bandit Problem." *Proceedings of Machine Learning Research* 51:93–101.

Glaeser, E. L., A. Hillis, S. D. Kominers, and M. Luca. 2016. "Predictive Cities Crowdsourcing City Government: Using Tournaments to Improve Inspection Accuracy." *American Economic Review* 106 (5): 114–118.

Glaeser, E. L., S. D. Kominers, M. Luca, and N. Naik. 2015. "Big Data and Big Cities: The Promises and Limitations of Improved Measures of Urban Life." NBER Working Paper no. 21778, Cambridge, MA.

Glaeser, E. L., S. D. Kominers, M. Luca, and N. Naik. 2018. "Big Data and Big Cities: The Promises and Limitations of Improved Measures of Urban Life." *Economic Inquiry* 56 (1): 114–137.

Goel, S., J. M. Rao, and R. Shroff. 2016. "Precinct or Prejudice? Understanding Racial Disparities in New York City's Stop-and-Frisk Policy." *Annals of Applied Statistics* 10 (1): 365–394.

Goldenshluger, A., and A. Zeevi. 2013. "A Linear Response Bandit Problem." *Stochastic Systems* 3 (1): 230–261.

Goldman, M., and J. M. Rao. 2014. "Experiments as Instruments: Heterogeneous Position Effects in Sponsored Search Auctions." The Third Conference on Auctions, Market Mechanisms and Their Applications. www.doi.org/10.4108 /eai.8-8-2015.2261043.

Gopalan, P., J. M. Hofman, and D. M. Blei. 2015. "Scalable Recommendation with Hierarchical Poisson Factorization." Proceedings of the Thirty-First Conference on Uncertainty in Artificial Intelligence, 326–335.

Hahn, J. 1998. "On the Role of the Propensity Score in Efficient Semiparametric Estimation of Average Treatment Effects." *Econometrica*:315–331.

Hartford, J., G. Lewis, and M. Taddy. 2016. "Counterfactual Prediction with Deep Instrumental Variables Networks." Working paper. https://arxiv.org/pdf /1612.09596.pdf.

Imai, K., and M. Ratkovic. 2013. "Estimating Treatment Effect Heterogeneity in Randomized Program Evaluation." *Annals of Applied Statistics* 7 (1): 443–470.

Imbens, G. W., and D. B. Rubin. 2015. *Causal Inference in Statistics, Social, and Biomedical Sciences.* Cambridge: Cambridge University Press.

Imbens, G. W., and J. M. Wooldridge. 2009. "Recent Developments in the Econometrics of Program Evaluation." *Journal of Economic Literature* 47 (1): 5–86.

Jean, N., M. Burke, M. Xie, W. M. Davis, D. B. Lobell, and S. Ermon. 2016. "Combining Satellite Imagery and Machine Learning to Predict Poverty." *Science* 353 (6301): 790–794.

Jiang, N., and L. Li. 2016. "Doubly Robust Off-Policy Value Evaluation for Reinforcement Learning." *Proceedings of the 33rd International Conference on Machine Learning*, vol. 48, 652–661.

Kallus, N. 2017. "Balanced Policy Evaluation and Learning." Cornell University Library. https://arxiv.org/abs/1705.07384.

Kitagawa, T., and A. Tetenov. 2015. "Who Should Be Treated? Empirical Welfare Maximization Methods for Treatment Choice." Technical report, Centre for Microdata Methods and Practice, Institute for Fiscal Studies.

Kleinberg, J., J. Ludwig, S. Mullainathan, and Z. Obermeyer. 2015. "Prediction Policy Problems." *American Economic Review* 105 (5): 491–495.

Kleinberg, J., S. Mullainathan, and M. Raghavan. 2016. "Inherent Trade-Offs in the Fair Determination of Risk Scores." Cornell University Library. https://arxiv.org/abs/1609.05807.

Komarova, T., D. Nekipelov, and E. Yakovlev. 2015. "Estimation of Treatment Effects from Combined Data: Identification versus Data Security." In *Economic Analysis of the Digital Economy*, edited by A. Goldfarb, S. M. Greenstein, and C. Tucker, 279–308. Chicago: University of Chicago Press.

Künzel, S., J. Sekhon, P. Bickel, and B. Yu. 2017. "Meta-Learners for Estimating Heterogeneous Treatment Effects Using Machine Learning." Cornell University Library. https://arxiv.org/abs/1706.03461.

Laffont, J.-J., H. Ossard, and Q. Vuong. 1995. "Econometrics of First-Price Auctions." *Econometrica: Journal of the Econometric Society* 63 (4): 953–980.

Lewis, R. A., and J. M. Rao. 2015. "The Unfavorable Economics of Measuring the Returns to Advertising." *Quarterly Journal of Economics* 130 (4): 1941–1973.

Li, L., S. Chen, J. Kleban, and A. Gupta. 2014. "Counterfactual Estimation and Optimization of Click Metrics for Search Engines." Cornell University Library. https://arxiv.org/abs/1403.1891.

Li, L., W. Chu, J. Langford, T. Moon, and X. Wang. 2012. "An Unbiased Offline Evaluation of Contextual Bandit Algorithms with Generalized Linear Models." *Journal of Machine Learning Research Workshop and Conference Proceedings* 26:19–36.

Li, L., W. Chu, J. Langford, and R. Schapire. 2010. "A Contextual-bandit Approach to Personalized News Article Recommendation." *International World Wide Web Conference*. https://dl.acm.org/citation.cfm?doid=1772690.1772758.

Li, L., Y. Lu, and D. Zhou. 2017. "Provably Optimal Algorithms for Generalized Linear Contextual Bandits." *International Conference on Machine Learning*. https://arxiv.org/abs/1703.00048.

McFadden, D. 1973. "Conditional Logit Analysis of Qualitative Choice Behavior." In *Frontiers in Econometrics*, edited by P. Zarembka. New York: Wiley.

Mullainathan, S., and J. Spiess. 2017. "Machine Learning: An Applied Econometric Approach." *Journal of Economic Perspectives* 31 (2): 87–106.

Naik, N., S. D. Kominers, R. Raskar, E. L. Glaeser, and C. A. Hidalgo. 2017. "Computer Vision Uncovers Predictors of Physical Urban Change." *Proceedings of the National Academy of Sciences* 114 (29): 7571–7576.

Naik, N., J. Philipoom, R. Raskar, and C. Hidalgo. 2014. "Streetscore-Predicting the Perceived Safety of One Million Streetscapes." In *Proceedings of the IEEE Conference on Computer Vision and Pattern Recognition Workshops*, 779–785.

Ng, A. Y., and S. J. Russell. 2000. "Algorithms for Inverse Reinforcement Learning."

In *Proceedings of the Seventeenth International Conference on Machine Learning*, 663–70. https://dl.acm.org/citation.cfm?id=657801.

Peysakhovich, A., and A. Lada. 2016. "Combining Observational and Experimental Data to Find Heterogeneous Treatment Effects." Cornell University Library. http://arxiv.org/abs/1611.02385.

Robinson, P. M. 1988. "Root-n-Consistent Semiparametric Regression." *Econometrica: Journal of the Econometric Society* 56 (4): 931–954.

Roth, A. E. 2002. "The Economist as Engineer: Game Theory, Experimentation, and Computation as Tools for Design Economics." *Econometrica* 70 (4): 1341–1378.

Ruiz, F. J., S. Athey, and D. M. Blei. 2017. "Shopper: A Probabilistic Model of Consumer Choice with Substitutes and Complements." Cornell University Library. https://arxiv.org/abs/1711.03560.

Scott, S. L. 2010. "A Modern Bayesian Look at the Multi-Armed Bandit." *Applied Stochastic Models in Business and Industry* 26 (6): 639–658.

Strehl, A., J. Langford, L. Li, and S. Kakade. 2010. "Learning from Logged Implicit Exploration Data." *Proceedings of the 23rd International Conference on Neural Information Processing Systems*, vol. 2, 2217–2225.

Swaminathan, A., and T. Joachims. 2015. "Batch Learning from Logged Bandit Feedback through Counterfactual Risk Minimization." *Journal of Machine Learning Research* 16 (Sep.): 1731–1755.

Thomas, P., and E. Brunskill. 2016. "Data-Efficient Off-Policy Policy Evaluation for Reinforcement Learning." *Proceedings of the 33rd International Conference on Machine Learning*, vol. 48, 2139–2148.

Tibshirani, R., and T. Hastie. 1987. "Local Likelihood Estimation." *Journal of the American Statistical Association* 82 (398): 559–567.

Ugander, J., B. Karrer, L. Backstrom, and J. Kleinberg. 2013. "Graph Cluster Randomization." In *Proceedings of the 19th ACM SIGKDD International Conference on Knowledge Discovery and Data Mining—KDD '13*, 329. New York: ACM Press. ISBN 9781450321747. doi: 10.1145/2487575.2487695. http://dl.acm.org/citation.cfm?doid=2487575.2487695.

van der Laan, M. J., and D. Rubin. 2006. "Targeted Maximum Likelihood Learning." Working Paper no. 213, UC Berkeley Division of Biostatistics.

Varian, H. R. 2014. "Big Data: New Tricks for Econometrics." *Journal of Economic Perspectives* 28 (2): 3–27.

Wager, S., and S. Athey. Forthcoming. "Estimation and Inference of Heterogeneous Treatment Effects Using Random Forests." *Journal of the American Statistical Association*.

Wan, M., D. Wang, M. Goldman, M. Taddy, J. Rao, J. Liu, D. Lymberopoulos, and J. McAuley. 2017. "Modeling Consumer Preferences and Price Sensitivities from Large-Scale Grocery Shopping Transaction Logs." In *Proceedings of the 26th International Conference on World Wide Web*, 1103–1112.

White, H. 1992. *Artificial Neural Networks: Approximation and Learning Theory*. Hoboken, NJ: Blackwell Publishers.

Yeomans, M., A. K. Shah, and J. Kleinberg. 2016. "Making Sense of Recommendations." Working paper, Department of Economics, Harvard University. https://scholar.harvard.edu/files/sendhil/files/recommenders55.pdf.

Zeileis, A., T. Hothorn, and K. Hornik. 2008. "Model-Based Recursive Partitioning." *Journal of Computational and Graphical Statistics* 17 (2): 492–514.

Zubizarreta, J. R. 2015. "Stable Weights That Balance Covariates for Estimation with Incomplete Outcome Data." *Journal of the American Statistical Association* 110 (511): 910–922.

评论

Mara Lederman[*]

Athey 为机器学习正在并将继续对经济学领域产生的影响提供了一个全面的、可理解的、令人兴奋的总结。这是一个彻底的、深思熟虑的和乐观的章节，表明机器学习和传统计量经济学的独特优势——基于因果推理的技术，突出了结合这些方法解决可能在每个领域中遗留的各种任务和问题的机会。本章包含几个有用的和实际的例子，说明了机器学习技术在经济学家感兴趣的问题上的应用，包括分配医疗资源的程序、定价和衡量广告投放的效果。

从广义上讲，本章有四个主要部分。首先给出了无监督和有监督机器学习的简单定义。Athey 说得很简单：无监督机器学习使用算法来识别其协变量中相似的观察值，而有监督机器学习使用算法从协变量的观察值预测结果变量。需要强调的是，机器学习算法能够处理的观察值和变量往往不像经济学家在实证分析中使用的典型定量数据。无监督和有监督机器学习技术都可以应用于文本、图像和视频。例如，无监督机器学习算法可以用来识别类似的视频（不需要预先指定是什么使这些视频相似）或类似的餐馆评论（同样，不需要指定哪些评论是正面的或负面的，或者哪些单词或短语使评论是正面的或负面的）。有监督的机器学习算法可以用来预测变量，例如，人们发推特时的情绪或发表报纸文章时的观点倾向，而无须事先指定相关的协变量是什么。

其次讨论了一些现成的机器学习技术可以直接集成到传统经济学研究中的方法。例如，无监督机器学习和有监督机器学习都可以用来创建可以在标准计量经济学分析中使用的变量。此外，机器学习技术可以直接应用于 Kleinberg 等（2015）所称的"预测政策问题"。这些政策问题或决策本质上涉及预测组件，在这些情况下，机器学习技术可能优于其他统计方法。这些问题可能涉及所谓的"大数据"的新来源——如 Glaeser 等（2018）使用的

* Mara Lederman 是多伦多大学罗特曼管理学院战略管理系副教授。

有关致谢，研究支持的来源以及披露作者的重大财务关系的信息，请访问 http://www.nber.org/chapters/c14036.ack。

卫星图像数据——但没有必要。它们只是政策问题，其中未知变量的预测值作为决策的输入。

再次讨论了机器学习、统计学和计量经济学交叉领域不断增长的文献。正如 Athey 所说，本文正在开发新的方法，"利用机器学习算法的优势来解决因果推理问题"。Athey 提供了该领域最近一些贡献的细节，强调了基于机器学习而改进的估计方法的部分，以及继续依赖于传统计量经济学方法和假设的部分。他们预测，这些技术将很快在经济学的应用实证工作中得到普遍应用。

最后，本章还有讨论了一些更广泛的影响，机器学习可能在经济学界，除了对我们做实证研究的影响，包括经济学家会问的各类问题、跨学科合作的程度、用于研究的生产函数、"经济学家作为一个工程师"的出现、处理企业和政府实施政策以及数字环境下的实验。

Athey 的章节为经济学的实证研究描绘了一个令人兴奋的未来。很明显，机器学习技术和计量经济学技术之间存在真正的互补性，她和其他人正在努力开发相关的方法学工具，并将其提供给应用研究人员。Athey 也指出，机器学习的增长和基于机器学习的决策引起一些新的疑问，随着算法的普及，如何避免算法的"博弈"和如何确保算法公平、一视同仁，经济学家和其他社会科学家似乎特别适合于揭示这些类型的问题。

虽然 Athey 讨论了经济学家在他们的研究中使用"现成的"机器学习方法在目前的可能性，例如，将模型选择和稳健性检查系统化，创建变量，或进行预测练习，我认为这一点更值得强调。对于研究人员来说，将机器学习技术集成到传统的简化形式或结构性实证工作中的机会似乎是巨大的。这是因为，在基本层面上，机器学习接受的输入与数据不一样，并将其转化为输出，这种输出与我们可以在传统计量经济学分析中包含的数据类型非常相似。机器学习是一种预测机器。有时，这种预测练习看起来就像我们可能用一个简单的 Logit 或 Probit 模型进行的那种预测练习。例如，我们可能有关于哪些学生从大学毕业的数据，以及他们入学时的一些特征，我们可能使用这些数据来开发一个模型，预测每个新大学申请者的毕业概率。

然而，机器学习算法最令人兴奋的地方是可以处理"非结构化"的数据集，这些"非结构化"数据集在一连串序列中不包含一组整齐标记的协变量。实际上，机器学习甚至不需要指定或标记协变量。由算法确定相关的协变量是什么。接下来考虑文本，文本看起来不像数据。无论是长文本还是短文本片段，我们不能轻易地将文本放入回归模型中。但是机器学习所能做的是将文本作为输入，并预测一系列关于文本的事项—文本的内容、情感、政治倾向，这些在传统的实证分析中被用作变量。如 Gans, Goldfarb 和 Lederman（2017）所示一个简单的例子，我们使用一个情感分析算法来分类超过 400 万条关于美国主要航空公司的推文。这种方法允许我们构建一系列变量，这些变量不仅可以衡量数量，还可以衡量某一天对航空公司"表达的声音"的情感，并用于我们的实证分析。如果没有该算法，我们能够计算出推文的数量，但除了一个足够小到可以手工编码的样本外，我们将很难对推文的情感进行分类。

推特只是一个例子。有许多潜在的有趣的信息来源的文本，现在可以通过机器学习在实证研究中加以利用。例如，其他类型的社交媒体帖子、在线评论、专利申请、职位描述、报纸文章、商业合同、法庭记录、研究论文、电子邮件通信、客户服务日志、绩效评估和财务主管等。事实上，在本章中其他人已经讨论了其中一些例子。机器学习技术为经济学家们打开了一扇新的数据来源之门，他们可以用这些数据来回答各种领域的重要问题。

最后，除了考虑我们作为研究人员如何将机器学习技术集成到我们自己的工作中之外，似乎还应该考虑将机器学习集成到组织的决策中可能会对我们的研究产生什么影响。尽管随机实验的使用越来越多，但应用经济学的大多数研究仍然依赖于观察数据。当然，观测数据对因果识别造成了挑战，因为数据生成过程不太可能是随机的。我们认为，所观察到的均衡价格是供需相互作用的结果。因此，我们不能用数量对价格的回归来估计需求曲线的斜率。或者，用组织经济学中的一个例子来说，我们认为组织形式的选择是为了最大化绩效，包括节约交易成本，因此我们不能简单地将绩效倒退到组织形式上，以估计企业边界决策的绩效影响。我们开发理论模型来帮助理解数据生成过程，这反过来又告知我们对因果关系以及我们开发的识别策略的担忧。

随着越来越多的组织将决策分配给基于机器学习的算法，我们需要问一下，这对我们观察和利用用于研究的数据中的变化有什么影响。有许多因素需要考虑。首先，基于机器学习的决策通常是不透明的。因此，即使部署机器学习的组织也可能无法解释某些决策是如何做出的。因此在某些情况下，我们可能无法理解数据生成过程。其次，在某种程度上，组织使用机器学习来优化决策。例如，针对那些将产生最大影响的决策投放广告，或者录取那些预计在毕业时最成功的 MBA 学生——使用机器学习可能会加剧选择问题。我们在数据中观察到的处理组和未处理组在不可观察到的情况下可能更加不同，因为这两组是基于机器学习的决策的结果。另外，在某些情况下，基于机器学习的决策可能更接近于我们指定的行为模型。例如，许多行业组织的结构性论文指定了复杂的定价或进入模型。基于机器盈利的算法可能比公司内的单个决策者更接近于解决这些问题。最后，由于机器学习和其他 AI 技术在不同的组织中的使用不同，它们很可能以不同的速度扩散。这意味着，至少在某些数据集中，我们可能会观察到基于机器学习的决策和传统决策的混合，从而产生另一个潜在的重要的未观察到的异质性来源。总体而言，作为与现实世界数据集打交道的应用研究人员，我们需要认识到，我们正在分析的数据越来越多地成为算法决策的结果，其中决策过程可能和社会科学家的建模相似或者不相似。

参考文献

Gans, Joshua S., Avi Goldfarb, and Mara Lederman. 2017. "Exit, Tweets and Loyalty." NBER Working Paper no. 23046, Cambridge, MA.

Glaeser, Edward L., Scott Duke Kominers, Michael Luca, and Nikhil Naik. 2018."Big Data and Big Cities: The Promises and Limitations of Improved Measures of Urban Life." *Economic Inquiry* 56 (1) 114–137.

Kleinberg, Jon, Jens Ludwig, Sendhil Mullainathan, and Ziad Obermeyer. 2015. "Prediction Policy Problems." *American Economic Review* 105 (5): 491–495.

22　人工智能、劳动力、生产率和对企业级数据的需求

Manav Raj，Robert Seamans[*]

22.1　引言

AI 的技术能力急剧上升。[①] 例如，2016 年 2 月，Google 的 Deep‑Mind 使用其 AI 技术击败了韩国围棋大师李世石[②]；2017 年 1 月，名为 DeepStack 的 AI 系统在复杂的扑克游戏"德克萨斯扑克"[③] 中击败了人类。电子前线基金会（EFF）跟踪了 AI 在语音识别、翻译、视觉图像等其他[④]领域中的执行人力水平任务的快速进展。这些进步既激起了人们对新技术能够促进经济增长的兴奋，又在这个计算机算法可以执行许多人类可执行功能的世界中，引发了对人类工作者命运的担忧（Frey 和 Osborne，2017；Furman，2016b）。

对于该领域出现的这种令人兴奋的现象，最近的学术研究使用了全世界机器人出货量的国家级数据，该研究表明，1993 年至 2007 年国内生产总值（GDP）增长的 1/10 可能是由机器人技术贡献的（Graetz 和 Michaels，2015）。此外，根据 2016 年美国总统经济报告，2010 年至 2014 年全球对机器人技术的需求量几乎翻了一番，机器人导向的专利数量和份额也有所增加

＊ Manav Raj 是纽约大学斯特恩商学院（Stern School of Business，New York University）管理与组织系的博士学位学生。Robert Seamans 是纽约大学斯特恩商学院管理与组织系副教授。

有关确认，研究支持的来源以及作者的重大财务关系的披露（如果有），请访问 http：//www. nber. org/chapters/c14037. ack。

① AI 是一个宽泛的术语，用于描述一系列展现人类智能的先进技术，包括机器学习、自动机器人和交通工具、计算机视觉、语言处理、虚拟代理和神经网络。

② https：// www. nytimes. com/2016/03/10/world/asia/google ‑ alphago ‑ lee ‑ se ‑ dol. html.

③ https：// www. scientificamerican. com/article/time ‑ to ‑ fold ‑ humans ‑ poker ‑ playing ‑ ai ‑ beats ‑ pros ‑ at ‑ texas ‑ hold ‑ rsquo ‑ em/.

④ https：//www. eff. org/ai/metrics.

（CEA，2016）。因此，与过去相比，机器人现在对 GDP 增长的贡献可能
更大。

然而，即使这些技术可能在国家层面上促进了 GDP 的增长，但我们并
不了解它们如何以及何时对企业生产率作出贡献，不了解它们补充或替代劳
动力的条件，不了解它们如何影响新企业的形成，以及也不了解它们是如何
塑造区域经济的。我们之所以对这些问题缺乏了解，是因为迄今为止，我们
缺乏关于使用机器人和 AI 的企业级数据。这些数据对于回答这些问题，以
及为决策者提供有关这些新技术在经济和社会中所起作用的信息非常重要。

本章描述了关于机器人技术对经济影响的重要发现，同时突出了几篇关
于 AI 影响的文章，描述了现有数据的缺点，并提出了在公司层面进行更系
统的数据收集的论点。我们响应了最近的国家科学院科学报告（NAS，
2017）中呼吁更多关于自动化（包括 AI 和机器人技术）对经济影响的数据
收集的号召。通常，收集和访问粒度数据可以更好地分析复杂的问题，并通
过多组研究人员的重复工作提供"科学保障"（Lane，2003）。

22.2　现有的实证研究

尽管对 AI 或机器人的影响几乎没有实证研究，但相比之下，对机器人
的研究更多一些，这可能是由于它们的物理性质使它们更容易被跟踪时间和
地点。关于机器人对生产力和劳动力影响的初步研究提供了一种混合的观
点。利用国际机器人联合会（IFR）中国家、行业和年度机器人的出货数
据，Graetz 和 Michaels（2015）发现了其对生产率增长的巨大影响。通过观
察 17 个国家的机器人出货量的国家级数据，Graetz 和 Michaels 表明，机器
人可能导致了这些国家 1993—2007 年间国内生产总值增长的 1/10，并可能
使生产率增长超过 15%。这是一个重要的影响，且据作者说，它与 19 世纪
蒸汽机的应用对英国劳动生产率的影响是相当的。他们还发现，平均而言，
工资随着机器人的使用而增加，但低技能和中等技术工人的工作时数有所
下降。

在使用 IFR 数据的另一项研究中，Acemoglu 和 Restrepo（2017）研究了
1990 年至 2007 年间工业机器人使用量的增加对美国区域劳动力市场的影
响。通过使用其他先进国家的工业机器人分布作为工具，作者发现，在这段

时间内，美国工业机器人的运用与就业及工资呈负相关。他们估计，每增加一名机器人就会减少 6 名就业工人；在 1000 名工人中，每增加一台新机器人，工资将减少 0.5%。作者指出，这种影响在制造业中最为明显，尤其是在日常手工和蓝领职业以及没有大学学位的工人中。此外，在任何行业中，他们都没有发现由于采用机器人技术而对就业产生的积极影响。

欧洲委员会机器人和就业报告（EC，2016）研究了欧洲工业机器人的使用情况。该报告依赖于来自欧洲制造业调查的机器人数据，该调查以 7 个欧洲国家的 3000 家制造企业为样本，这些样本自 2001 年以来会定期进行管理，最近一次是在 2012 年。通过使用这些数据，作者发现，在较大的公司，即批量生产的企业，以及出口导向的企业中更有可能使用工业机器人。该研究没有发现使用工业机器人对就业产生直接影响的证据，尽管利用机器人技术的企业确实具有更高的劳动生产率水平。

更广泛地说，现有的自动化和就业情况表明，自动化可以替代或补充劳动力。Frey 和 Osborne（2017）认为，在未来 20 年内，美国就业总人数中几乎有一半将面临自动化的风险。同样，Brynjolfsson 和 Mcafee（2014）认为，由于认知任务的自动化，新技术可能越来越多地作为替代品而不是补充品。另一方面，其他研究发现，积极的技术冲击在历史上总体上增加了就业机会和就业（Alexopoulos 和 Cohen，2016）。

无论自动化对直接受影响行业的就业情况影响如何，采用技术都可能对劳动力产生积极的上游和下游影响。Autor 和 Salomons（2017）表明，虽然随着特定行业生产力的增加，就业似乎是某一个行业范畴内的事情，但对其他行业的积极溢出效应会超过对自身行业就业效应的负面影响。此外，Bessen（2017）发现，在存在大量未满足需求的市场中，如果新技术能够提高生产率，则将对就业产生积极影响。在机器人技术和自动化领域，Bessen 认为新的计算机技术与需求普遍得到满足的制造业中的就业率下降有关，但也与较不饱和的非制造业中的就业增长相关。同样，研究电子商务所带来影响的 Mandel（2017）发现，实体百货商店的失业人数超过了在运营中心和呼叫中心的新就业机会。Dauth 等（2017）将德国劳动力市场的数据与 IFR 机器人的出货数据相结合发现，虽然每个额外的工业机器人都会导致两个制造业工作岗位的流失，但在服务行业中会创造出足够多的新工作从而有所抵消，且在某些情况下还会过度补偿制造业中负面的就业影响。

关于 AI 对经济的影响的系统研究较少。有两个值得注意的例外是，Frey 和 Osborne（2017）以及麦肯锡全球研究院（MGI）的研究。Frey 和 Osborne（2017）试图确定哪些工作可能特别容易受到自动化的影响，并试图提出自动化对美国劳动力带来多大的影响。作者特别关注机器学习及其在移动机器人中的应用，并提出了一个模型来预测计算机化对非常规任务的影响程度，同时指出了在涉及高水平感知或操纵、创造性智能和社会智能的任务中的潜在工程瓶颈。根据面对自动化的敏感性程度对任务进行分类后，Frey 和 Osborne 将这些任务映射到职业信息网（O＊NET）工作调查中，该调查提供了对随着时间推移，职业所涉及的技能和职责的开放式描述。将这一数据集与劳工统计局（BLS）的就业和工资数据相结合，可以使作者发现可能处于高、中或低自动化风险的劳动力市场中的某些子集。该研究发现，47% 的美国就业人员正处于计算机化的高风险之中。值得注意的是，这项研究是基于一个总体大致性的水平，并未考察企业的应对措施、可能出现的任何节省劳动力的创新以及潜在的生产力或经济增长。

Frey 和 Osborne 的工作也得到了其他国家研究人员的应用。通过将 Frey 和 Osborne 的职业水平调查结果映射到德国劳动力市场数据中，Brzeski 和 Burk（2015）表明，59% 的德国工作岗位非常容易受到自动化的影响。在芬兰也有同样的分析，Pajarinen 和 Rouvinen（2014）表明，35.7% 的芬兰工作岗位正面临着自动化的高风险。

经济合作与发展组织（OECD）同样将 Frey 和 Osborne 的研究应用于基于任务的方法，以此开始评估该组织 21 个国家中就业的自动化程度。经济合作与发展组织（OECD）的报告认为，某些任务将被取代，且由于不同国家各职业的任务不同，可能使某些职业比 Frey 和 Osborne 预测得更不容易实现自动化。依靠 Frey 和 Osborne 所做的任务分类，作者将任务对自动化的敏感性映射到国际成人能力评估调查（PIAAC）的美国数据中，国际成人能力评估调查（PIAAC）是一个包含了社会经济特征、技能、工作相关信息、工作任务和个体层面竞争力指标的微观数据源。然后，他们通过使用 PIAAC 数据中的可观察量创建预测的自动化敏感性，以反映 Frey 和 Osborne 创建的自动化分数，从而构建模型。然后，该模型被应用于所有 PIAAC 的工人级别数据，以预测职业对自动化的敏感性有多大。通过在个人层面进行分析，经合组织认为，它能够更好地解释同一职业中个体之间的任务差异。因此，该报告表明 Frey 和 Osborne 高估了职业受自动化影响的程度。经合组织报告认为，美国和经合组织国家中只有9%的工作岗位非常容易受到自动化的影响。该报告继续讨论了经合组织国家之间的差异，且表明这一比例从6%（韩国）到12%（奥地利）不等。

Mann 和 Puttmann（2017）采用了不同的方法来分析自动化对就业的影响。在他们的研究中，作者依赖于授权专利提供的信息。他们将机器学习算法应用于1976年至2014年授予的所有美国专利，以识别与自动化相关的专利（自动化专利被定义为"独立于人为干预并合理完成任务的设备"）。然后，他们将自动化专利与它们可能被使用的行业联系起来，并确定美国的哪些领域与这些行业相关。通过将经济指标与一个地区使用的自动化专利密度相比较进行检查，Mann 和 Puttman 发现，虽然自动化导致制造业就业率下降，但它增加了服务业的就业率，并且总体上对就业产生了积极影响。

2017年6月，麦肯锡全球研究所发布了一份独立的讨论文件，以研究 AI 投资的趋势、AI 运用的普遍程度，以及开始使用该技术的公司是如何部署 AI 的（MGI 报告2017）。该报告中，作者采用了相当狭窄的 AI 的定义，仅关注了被编程执行一套任务的 AI 技术。MGI 报告采用多方面方式进行调查：它调查了3000多家国际公司的高管，采访了行业专家，并使用第三方风险投资、私募股权和并购数据分析了投资流量。通过使用收集的数据，MGI 报告试图根据部门、规模和地理位置回答有关技术运用的问题，观察技术运用的绩效影响，并研究对劳动力市场的潜在影响。尽管调查结果是在总体水平上呈现的，但大部分数据，特别是对高管的调查，都是在公司层面收集的，因此如果一个人有权限，则可进一步进行调查。

除了这些已发表的研究之外，其他研究人员已经开始研究 AI 对个人能力和技能的影响，从而研究 AI 对职业的影响。Brynjolfsson，Mitchell 和 Rock（即将出版）采用了 Brynjolfsson 和 Mitchell（2017）的专栏，该专栏评估了将机器学习应用于劳动统计局职业信息网（O＊NET）职业数据库中的工作活动和任务的可能性。通过这种分析，他们为美国的劳动投入创造了一种"机器学习的适合性"。Felten，Raj 和 Seamans（即将出版）的类似研究使用了电子前线基金会（EFF）汇总的 AI 数据跟踪进展，涵盖了各种不同的 AI 指标和职业信息网（O＊NET）职业数据库中的一组 52 种能力，以用于识别 AI 对每种能力的影响，并创建一个用于衡量 AI 对职业的潜在影响的职业级分数。由于来自电子前线基金会的数据被 AI 度量分隔，因此该工作可以实现调查和模拟不同类型的 AI 技术的进展，例如，图像识别、语音识别以及玩抽象策略游戏的能力等。

目前，关于机器人技术和 AI 应用的实证文献量正在增长，但仍然很薄弱。尽管研究经常试图回答类似的问题，但不同的研究会发现不同的结果。这些差异突出了进一步查询、复制研究以及更完整和详细数据的必要性。

22.3 对企业级数据的需求

虽然通常缺乏关于检查 AI 和机器人技术的应用、使用和效果的数据，但目前关于 AI 的信息更少。无论是在宏观还是微观层面上，都没有关于 AI 的使用或应用的公共数据集。最完整的信息来源，即 MGI 研究，是专有的，且对公众或学术界来说是不可访问的。

检查机器人扩散的最全面和最广泛使用的数据集是国际机器人联合会机器人装运数据。自 1993 年以来，国际机器人联合会一直在记录有关全球机器人库存和出货数据的信息。国际机器人联合会从其成员收集这些数据，这些成员通常是大型机器人制造商，如发那科机器人公司、库卡机器人公司和安川电机公司。这些数据按国家、年份、行业和技术应用分类，可以分析技术应用对特定行业的影响。但是，IFR 数据集也有缺点。国际机器人联合会（IFR）将工业机器人定义为"可在三维或更多维度上编程的、自动控制的、可重新编程的多用途机械手并且可以固定就位或移动以用于工业自动化应用"。此定义限制了工业机器人的设定并确保了国际机器人联合会不会收集有关专用工业机器人的任何信息。此外，一些机器人没有按行业分类，详细数据仅适用于工业机器人（而不是服务、运输、仓储或其他部门的机器人），地理信息通常被汇总（例如，数据是以北美的分类而存在，而不是美国或美国境内的个别州）。

IFR 数据的另一个问题是难以将其与其他数据源集成。国际机器人联合会在组织数据时使用自己的行业分类，而不是依赖于广泛使用的分类标准，如北美行业分类系统（NAICS）。将 IFR 数据映射到其他数据集（如劳工统计局或人口普查数据），首先需要将 IFR 分类交叉引用到其他标识符。行业层面的数据也不能用于回答关于企业层面技术应用的影响和反应的微观问题。

虽然 IFR 数据可用于某些目的，特别是根据工业和国家检查机器人技术的应用，但其集成性质掩盖了行业内和跨地区的差异，因此很难揭示机器人何时以及如何作为劳动力的替代或补充，并掩盖了行业或国家内技术应用的不同影响。我们需要额外的数据来回答上面提出的问题并复制现有的研究。特别地，美国国家科学院报告（NAS，2017）强调了在企业和职业层面分解计算机资本的需求、随时间按领域的技能变化，以及与技术应用相关的组织过程数据。

欧洲制造业调查（EMS）自 2001 年以来一直由欧洲的许多研究机构和大学定期组织和执行，它是目前仅在公司层面检查机器人技术应用的一个数据集。EMS 的总体目标是提供有关技术创新在企业制造中的使用和影响的经验证据。EMS 通过对 7 个欧洲国家（奥地利、法国、德国、西班牙、瑞典、瑞士和荷兰）中至少有 20 名员工的制造企业进行随机抽样的调查来实现这一目标。虽然调查中的某些方面因国家而异，但核心问题包括询问企业是否使用机器人、机器人使用的强度以及对机器人新技术的再投资。目前存在 5 个调查周期的数据：2001—2002 年、2003—2004 年、2006—2007 年、2009—2010 年和 2012—2013 年，并且已在欧盟委员会创建的报告中用于分析机器人的使用及其对劳动力模式，包括工资、生产率和离岸外包的影响。

截至目前，EMS 似乎是少数几个在企业级别捕获机器人和自动化使用的数据源之一。这为分析机器人技术对企业生产力和劳动力的微观影响，以及分析应用技术后的企业决策提供了机会。但是，EMS 有其自身局限性。该调查仅考虑了工业机器人，核心调查问卷仅询问有关在工厂环境中使用机器人的三个问题。该调查是在具有多个地理位置与多种商业活动企业层面进行的［具有单个地理位置与单种商业活动企业层面进行的，样本规模相当小（3000 家）］。相比之下，人口普查的年度制造商调查（ASM）每年调查 50000 家（具有单个地理位置与单种商业活动）企业，每五年调查 300000

家（具有单个地理位置与单种商业活动）企业。① 最后，与许多其他现有数据集类似，EMS 完全专注于制造业，并未涉及少于 20 个员工的较小公司的技术应用。

22.4 其他企业级研究问题

关于 AI 使用的企业级数据将使研究人员解决许多问题，包括但不限于：AI 补充或替代劳动的程度和条件；AI 如何影响（具有多个地理位置与多种商业活动）企业或（具有单个地理位置与单种商业活动）企业层面的生产力；哪种类型的公司更可能或更不可能投资 AI；市场结构如何影响企业投资 AI 的动力；以及技术应用如何影响企业战略。随着工作本身的性质伴随技术应用的增加而变化，研究人员还可以研究特别是中低层的企业管理如何受到影响。

此外，如果没有分类数据，还有许多重要的政策问题是无法解决的。其中一些问题涉及在进入劳动力市场之前重新评估个人培训方式的必要性。如果不了解技术应用所带来的工人经验变化，就很难制定适当的工人教育、职业培训和再培训计划。此外，可以审查与不平等有关的问题，特别是关于"数字鸿沟"和技术应用对不同人口布局的影响。关于技术应用对区域经济的不同影响，还有一些悬而未决的问题。例如，AI 对劳动力的影响在某些地区可能会很明显，因为行业，甚至是这些行业内的职业，往往在地理上聚集在一起（Feldman 和 Kogler，2010）。因此，关于 AI 或机器人在某些行业或职业中替代劳动力的程度，那些严重依赖这些行业和职业以及就业和地方税收的地区可能会遭受损失。此外，在最近的金融危机之后，一些州的失业保险储备恢复缓慢（Furman，2016a）。关于 AI 区域应用的数据可用于模拟未来技术应用可能增加失业的程度以及失业保险储备是否有足够的资金。

最后，这些新技术可能对企业家产生影响。企业家可能缺乏如何最好地将机器人技术与劳动力相结合的知识，并且经常面临融资约束，这使他们更难以应用资本密集型技术。在 AI 的情况下，企业家可能缺乏培训 AI 系统所

---

① 人口普查每五年对所有 300000 家（具有单个地理位置与单种商业活动）制造企业进行调查，每年轮换一次 50000 家的子样本。请参阅：https://www.census.gov/programs surveys/asm/a-bout.html。

需的客户行为数据集。关于 AI 使用的企业级调查将帮助我们更好地理解这些及相关问题。

22.5　收集更多数据的策略

关于 AI、机器人和其他类型自动化应用的微观数据可以通过各种方式创建，其中最全面的方法是通过人口普查。人口普查数据将为相关机构的所有人口提供信息，虽然所提供的信息很窄，但质量可能很高。此外，人口普查局的数据与其他政府数据源可高度整合，如劳工统计局的就业或劳工统计数据。数据可以作为独立调查收集，类似于管理和组织实践（MOPS）调查（Bloom 等，2017），或者通过类似于 Brynjolfsson 和 McElheran（2016）所做的向现有调查添加问题，其中涉及将数据驱动决策的问题添加到现有的人口普查调查中。

通过对企业的调查来创建数据。调查数据可获得比人口普查更详细的查询，并且以更快、更便宜的方式进行。此外，各种私人和公共组织可能有兴趣和能力进行有关 AI 或机器人技术应用的调查。但是，调查引入了有关样本选择和响应率的问题，并且根据管理调查的组织不同，对数据的访问可能是有限的或昂贵的。

收集有关技术应用的调查数据并不是一个全新的概念。制造技术调查（SMT）由人口普查局与国防部在 1988 年、1991 年和 1993 年合作进行，以衡量美国制造业新技术的推广、使用和计划的未来使用情况。SMT 对 10000 家（具有单个地理位置与单种商业活动）企业进行了调查，以了解工厂特征与 17 种已建立的技术应用，这些技术分为五类：设计和工程、加工和装配、自动化材料处理、自动化传感器以及通信和控制。由于该调查由人口普查局管理，因此，SMT 的数据可以很容易地与劳工统计局或人口普查局的其他企业级数据整合。该调查还考虑了面板数据分析，因为样本中的公司子集是多个版本的受访者。继 1993 年 SMT 之后，人口普查局出于资助原因终止了调查。

国防部使用 SMT 数据评估技术的传播，其他联邦机构利用这些数据来衡量美国制造业的竞争力。这些数据还被私营部门用于市场分析、竞争力评估和规划。包括 Dunne（1994）；Mcguckin，Streitwieser 和 Doms（1998）；Doms，Dunne 和 Troske（1997）以及 Lewis（2011）在内的多项学术研究分析了 SMT 数据，以解决与生产率增长、技能偏向的技术变革、收入、资本—劳动力替代等相关的问题。

在许多方面，SMT 可以作为未来探索机器人技术应用的模型。它提供了对美国制造业的广泛了解，并能够在与劳工统计局或人口普查局的其他数据相结合时检查随时间变化的影响，以及实现企业和个人层面的分析。但是，任何更新版本的 SMT 都需要重新定义相关技术，检查使用强度，并研究不同技术所被用于的任务。

在个别公司收集的私人数据也可以是一个有用的工具。企业内部数据放大了调查数据的优缺点。与通过人口普查或调查创建的数据相比，在单一企业收集的数据可提供无与伦比的细节和丰富程度。例如，Cowgill（2016）使用来自单个企业的详细个人级技能和绩效数据，以此评估招聘决策中使用的机器学习算法的回报。然而，如果样本量为 1，那么公司选择就是一个非常突出的问题，普遍性可能很低。此外，所产生的任何数据几乎肯定都是专有的，很难被其他研究人员访问，这使得复制性变得困难（Lane，2003）。

22.6　结论

最近，我们在机器人和 AI 领域看到的技术能力的急剧上升为社会提供了无数的机遇和挑战。为了有效利用这些技术，我们必须全面彻底地了解这些技术对增长、生产力、劳动力和平等的影响。关于应用和使用这些技术的系统数据，特别是在企业层面，这对了解这些技术对整个经济和社会的影响很有必要。通过人口普查、公共或私人组织进行的调查以及在个别公司收集的内部数据，创建和汇总这些数据集，将为研究人员和政策制定者提供经验，调查这些技术影响所需的工具，并制定适当的应对这种现象的工具。

最后，在这一领域对高质量数据的需求也与国家竞争力有关，特别是在制定适当的政策应对方面。Mitchell 和 Brynjolfsson（2017）认为，缺乏 AI 信息可能削弱我们为技术进步的影响做准备的能力，导致错失机会和潜在的灾难性后果。例如，关于是否对 AI 或机器人征税或补贴的决定依赖于了解特定的技术是否能够作为劳动力的替代或补充。这些决策可能会影响技术应用模式，如果对这些技术对劳动力市场的影响不完全了解，可能会导致经济增长放缓、招聘减少，以及工资降低。此外，还必须利用数据正确应对技术应用带来的后果。确定哪些人群最容易受到就业替代的影响并有效地构建就业再培训计划，需要全面了解应用这些技术对微观层面的影响。

参考文献

Acemoglu, Daron, and Pascual Restrepo. 2017. "Robots and Jobs: Evidence from US Labor Markets." NBER Working Paper no. 23285, Cambridge, MA.

Alexopoulos, Michelle, and Jon Cohen. 2016. "The Medium Is the Measure: Technical Change and Employment, 1909–1949." *Review of Economics and Statistics* 98 (4): 792–810.

Autor, David, and Anna Salomons. 2017. "Robocalypse Now—Does Productivity Growth Threaten Employment?" Working paper, Massachusetts Institute of Technology.

Bessen, James. 2017. "Automation and Jobs: When Technology Boosts Employment." Law and Economics Paper no. 17-09, Boston University School of Law.

Bloom, Nicholas, Erik Brynjolfsson, Lucia Foster, Ron Jarmin, Megha Patnaik, Itay Saporta-Eksten, and John Van Reenen. 2017. "What Drives Differences in Management?" NBER Working Paper no. 23300, Cambridge, MA.

Brynjolfsson, Erik, and Andrew McAfee. 2014. *The Second Machine Age: Work, Progress, and Prosperity in a Time of Brilliant Technologies*. New York: W. W. Norton.

Brynjolfsson, Erik, and Kristina McElheran. 2016. "The Rapid Adoption of Data-Driven Decision-Making." *American Economic Review* 106 (5): 133–139.

Brynjolfsson, Erik, and Tom Mitchell. 2017. "What Can Machine Learning Do? Workforce Implications." *Science* 358 (6370): 1530–1534.

Brynjolfsson, Erik, Tom Mitchell, and Daniel Rock. Forthcoming. "What Can Machines Learn, and What Does It Mean for Occupations and the Economy?" *American Economic Association Papers and Proceedings*.

Brzeski, Carsten, and Inga Burk. 2015. "Die Roboter Kommen." ("The Robots Come.") ING DiBa Economic Research. https://www.ing-diba.de/binaries /content/assets/pdf/ueber-uns/presse/publikationen/ing-diba-economic-analysis _roboter-2.0.pdf.

Council of Economic Advisers (CEA). 2016. "Economic Report of the President." https://obamawhitehouse.archives.gov/administration/eop/cea/economic-report -of-the-President/2016.

Cowgill, Bo. 2016. "The Labor Market Effects of Hiring through Machine Learning." Working paper, Columbia University.

Dauth, Wolfgang, Sebastian Findeisen, Jens Südekum, and Nicole Wößner. 2017. "German Robots—The Impact of Industrial Robots on Workers." IAB Discussion Paper, Institut für Arbeitsmarkt- und Berufsforschung. https://www.iab.de /en/publikationen/discussionpaper.aspx.

Doms, Mark, Timothy Dunne, and Kenneth R. Troske. 1997. "Workers, Wages and Technology." *Quarterly Journal of Technology* 62 (1): 253–290.

Dunne, Timothy. 1994. "Plant Age and Technology Use in U.S. Manufacturing Industries." *RAND Journal of Economics* 25 (3): 488–499.

European Commission (EC). 2016. "Analysis of the Impact of Robotic Systems on Employment in the European Union—2012 Data Update."

Feldman, Maryann P., and Dieter F. Kogler. 2010. "Stylized Facts in the Geography of Innovation." *Handbook of the Economics of Innovation* 1:381–410.

Felten, Ed, Manav Raj, and Rob Seamans. Forthcoming. "Linking Advances in Artificial Intelligence to Skills, Occupations, and Industries." *American Economics Association Papers & Proceedings*.

Frey, Carl B., and Michael A. Osborne. 2017. "The Future of Employment: How Susceptible Are Jobs to Computerisation?" *Technological Forecasting and Social Change* 114:254–280.

Furman, Jason. 2016a. "The Economic Case for Strengthening Unemployment Insurance." Remarks at the Center for American Progress, Washington DC, July 11. https://obamawhitehouse.archives.gov/sites/default/files/page/files /20160711_furman_uireform_cea.pdf.

———. 2016b. "Is This Time Different? The Opportunities and Challenges of Artificial Intelligence." Remarks at AI Now: The Social and Economic Implications of Artificial Intelligence Technologies in the Near Term, New York University, July 7. https://obamawhitehouse.archives.gov/sites/default/files/page/files /20160707_cea_ai_furman.pdf.

Graetz, Georg, and Guy Michaels. 2015. "Robots at Work." CE P Discussion Paper no. 1335, Centre for Economic Performance.

Lane, Julia. 2003. "Uses of Microdata: Keynote Speech." In *Statistical Confidentiality and Access to Microdata: Proceedings of the Seminar Session of the 2003 Conference of European Statisticians*, 11–20. Geneva.

Lewis, Ethan. 2011. "Immigration, Skill Mix, and Capital Skill Complementarity." *Quarterly Journal of Economics* 126 (2): 1029–1069.

Mandel, Michael. 2017. "How Ecommerce Creates Jobs and Reduces Income Inequality." Working paper, Progressive Policy Institute. http://www.progressive policy.org/wp-content/uploads/2017/09/PPI_ECommerceInequality-final.pdf.

Mann, Katja, and Lukas Püttmann. 2017. "Benign Effects of Automation: New Evidence from Patent Texts." Unpublished manuscript.

Mcguckin, Robert H., Mary L. Streitwieser, and Mark Doms. 1998. "The Effect of Technology Use on Productivity Growth." *Economics of Innovation and New Technology* 7 (1): 1–26.

McKinsey Global Institute (MGI). 2017. "Artificial Intelligence the Next Digital Frontier?" https://www.mckinsey.com/business-functions/mckinsey-analytics /our-insights/how-artificial-intelligence-can-deliver-real-value-to-companies.

Mitchell, Tom, and Erik Brynjolfsson. 2017. "Track How Technology Is Transforming Work." *Nature* 544 (7650): 290–292.

National Academy of Sciences (NAS). 2017. "Information Technology and the U.S. Workforce: Where Are We and Where Do We Go from Here?" https://www.nap .edu/catalog/24649/information-technology-and-the-us-workforce-where-are -we-and.

Pajarinen, Mike, and Petri Rouvinen. 2014. "Computerization Threatens One Third of Finnish Employment." ETLA Brief no. 22, Research Institute of the Finnish Economy.

23 人工智能和机器学习如何影响市场设计

Paul R. Milgrom，Steven Tadelis[*]

23.1 引言

几千年来，市场在为个人和企业提供从贸易中获利机会的方面发挥了关键作用。市场往往需要结构和直观的支持体系才能有效运作。例如，当价格发现至关重要时，拍卖已经成为一种从交易中获益的常用机制。源于 Vickrey（1961）在市场设计领域中的研究表明，为了实现有效的结果，更广泛地设计拍卖和市场制度是至关重要的（Milgrom，2017；Roth，2015）。

任何市场设计师都需要了解预计将完成的交易的一些基本细节，以便设计最有效果和最有效率的市场结构来支持这些交易。例如，将医生与医院住所相匹配的全国居民配对计划最初是在一个几乎所有医生都是男性且妻子跟随他们住院的时代设计的。它需要在 20 世纪 90 年代进行重新设计，以满足夫妻的需求，因为那时男女医生再也不会被分配在不同城市工作。即使是在农民死亡时出售农场这样的平凡事情，也需要了解结构并决定是否将整个农场作为一个整体出售，或将房屋分开作为周末休养所并同时将土地出售给邻近的农民，或将森林单独出售给野生动植物保护基金。

在复杂的环境中很难理解交易的基本特征，要充分了解它们以设计最佳机制，从而有效地从交易中获得收益，这是具有挑战性的。例如，考虑到将广告客户与在线广告进行匹配的在线广告交易所的近期增长。许多广告都使

* Paul R. Milgrom 是斯坦福大学经济系的雪莉和伦纳德·伊利（Shirley and Leonard Ely）人文和科学教授，也是管理科学与工程学系和商科研究生院教授。Steven Tadelis 担任詹姆斯·J（James J.）和玛丽安·B. 洛瑞（Marianne B. Lowrey）的商业主席，并且是加州大学伯克利分校的经济学，商业和公共政策教授，并且是国家经济研究局的研究助理。

有关确认，研究支持的来源以及作者的重大财务关系的披露（如果有），请访问 http://www. nber. org/chapters/c14008. ack。

用了实时拍卖机制分配给广告客户。但是，出版商应如何设计这些拍卖以充分利用其广告空间，以及如何最大限度地提高其活动的回报？基于 Myerson（1981）的早期理论性的拍卖设计工作，Ostrovsky 和 Schwartz（2017）已证明，以更好的保留价格形式呈现的市场设计会对在线广告平台赚的利润产生巨大的影响。

但是，市场设计者如何才能了解设定最优的特征，或至少是更好地保留价格所需的特征？或者更一般地说，市场设计师如何能更好地了解其市场环境？为了应对这些挑战，AI 和机器学习正在成为市场设计的重要工具。诸如 eBay、淘宝、亚马逊、优步等零售商和市场正在挖掘他们的大量数据，以确定能够帮助他们为客户创造更好体验并提高市场效率的模式。通过拥有更好的预测工具，可以帮助公司预测并更好地管理复杂和动态的市场环境。AI 和机器学习算法提供的改进预测，可以帮助市场和零售商更好地预测消费者需求和生产者供应，并可以将产品和活动定位到更精细的细分市场。

回到在线广告市场，像谷歌这样将广告客户与消费者相匹配的双边市场，不仅使用 AI 来设定保留价格，并将消费者细分为更精细的广告定位类别，而且他们还开发了基于 AI 的工具来帮助广告客户对广告进行出价。2017 年 4 月，谷歌推出了"智能出价"，这是一款基于 AI 和机器学习的产品，可帮助广告客户根据广告转化率自动对广告进行出价，从而更好地确定最佳出价。谷歌解释说，这些算法使用了大量数据并不断改进用户转换模型，以便更好地将广告客户的资金用于能给他们带来最高转化率的地方。

AI 在改善预测以帮助市场更有效运作的另一个重要应用是在电力市场。为了有效运营，加州独立系统运营商等电力市场制造商必须参与需求和供给预测。电网预测不准确会严重影响市场结果，导致价格出现高度差异，更严重的会造成停电。通过更好地预测需求和供给，市场制造商可以更好地将用电负荷分配到最有效的区域并保持一个更稳定的市场。

正如上面的例子所示，AI 算法在市场设计中的应用已经广泛且多样化。鉴于该技术处于初期，可以肯定，AI 将在广泛的应用领域中，在市场设计和实施中发挥越来越大的作用。在下文中，我们描述了 AI 在市场运作中发挥关键作用的几种不太明显的方式。

23.2　机器学习和激励性拍卖

在 20 世纪的前半叶，美国最重要的基础设施项目涉及运输和能源。然而，到了 21 世纪初，不仅需要人员和货物，还需要信息来进行大量运输。移动设备、WiFi 网络、视频点播、物联网，通过云提供的服务等事物的出现已经创造出对通信网络进行重大投资的需求，且 5G 技术即将到来，更多事情即将发生。

然而，无线通信依赖于基础设施和其他资源。无线通信速率取决于频道容量，而频道容量又取决于所使用的通信技术和专用于它的无线电频谱带宽量。为了鼓励带宽增长和新用途快速发展，奥巴马政府在 2010 年发布了国家宽带计划。该计划设定了一个目标，即从较旧的低效率用途中释放大量带宽，将其用作现代数据高速公路系统的一部分。

2016 年至 2017 年，美国联邦通信委员会（FCC）设计并经营拍卖市场以完成该项工作的一部分。它在该拍卖中出售的无线电频谱许可证总收入约为 200 亿美元。作为为这些新许可证腾出空间过程的一部分，美国联邦通信委员会购买了大约 100 亿美元的电视转播权，并在将其他广播公司转移到新的电视频道上花费了近 30 亿美元。总共提供的约 84MHz 的频谱中，包括了用于无线宽带的 70MHz 和用于未经许可用途的 14MHz。本节描述了所使用的过程，以及 AI 和机器学习在改进支持该市场的基础算法方面的作用。

在规划或实施过程中，从一种用途转到另一种用途的频谱重新分配通常既不简单也不直接（Leyton‑Brown，Milgrom 和 Segal，2017）。规划这样的改变可能涉及非常艰难的计算挑战，并且实施需要高水平的协调。特别地，用于 UHF 广播电视部分频段的重新分配需要决定应清除多少频道，哪些电台将停止广播（为新用途腾出空间），哪些电视频道将被分配给其余继续播放的电台，如何定时更改以避免过渡期间的干扰，并确保取代旧广播设备的电视塔有足够的容量等。原则上，所涉及的几个计算是困难的非确定性多项式时间（NP），因此这是一个特别复杂的市场设计问题。用于该过程的最关键的算法之一——"可行性检查器"，是借助于机器学习方法开发的。

但为什么要重新布局和重新分配电视台呢？广播电视在 20 世纪后期发生了巨大的变化。在电视的早期，所有观看都是使用模拟技术进行的无线广播。在随后的几十年中，有线和卫星服务的扩张如此之多，乃至到 2010 年，这些替代服务覆盖了超过 90% 的美国人口。标清电视信号被高清晰度取代，最终被 4K 信号取代。数字电视和调谐器降低了频道分配的重要性，因此消费者/观众使用的频道不需要与广播公司使用的频道相匹配。数字编码使得频带的使用更加有效，并且可以多路使用，因此曾经是单个标准清晰度的广播频道可以承载多个高清晰度广播。与替代用途相比，边际频谱价值下降。

尽管如此，电视广播的重新分配将是艰巨的，这超出了普通市场机制可能实现的目标。来自美国各地数千个电视广播塔的信号可能会干扰每个方向约 200 英里（1 英里 = 1.609344 千米）的潜在用途，因此需要清除任何频率的所有广播以使频率可用于新用途。不仅需要在美国的不同地区之间进行协调，而且与加拿大和墨西哥的协调也将改善分配；加拿大大部分居住人口以及其大部分电视台都运营在美国边境 200 英里范围内。由于频率在大多数相关广播公司停止运营之前都无法使用，因此在效率方面要求这些变化也需要得到及时协调，它们大致同时进行。此外，还需要跨频率进行协调，原因是我们需要事先知道哪些信道将被清除，然后才能在上行链路使用和下行链路使用之间有效地划分频率。

在要解决的许多问题中，有一个问题是如何确定哪些电台将在转换后继续广播。如果目标是效率，则可以将问题表述为在拍卖之后最大化继续广播的电视台的总价值。设 N 是当前所有广播电视台的集合，设 $S \subseteq N$ 是这些电视台的子集。设 C 是拍卖后分配电台的可用频道集合，ϕ 表示不继续广播的电台的空集。频道分配是映射 $A: N \to C \cup \{\phi\}$。对频道分配的约束主要是排除电视台与电视台之间干扰的约束，采用以下形式：$A(n_1) = c_1 \Rightarrow A(n_2) \neq c_2$ ［某些 $(c_1, c_2) \in C^2$］。每个这样的约束由四元组描述：(n_1, c_1, n_2, c_2)。FCC 的问题中有超过一百万个这样的限制。如果频道分配满足所有干扰约束，则它是可行的；设 $\mathcal{A}$ 表示可行的分配集。如果存在一些可行的频道分配 $A \in \mathcal{A}$ 使得 $\phi \notin A(S')$，则能够分配一组电台 S' 以继续广播，我们用 $S' \in F(C)$ 表示。

大多数干扰限制采取了一种特殊形式。这些约束认为，在地理位置上相邻的两个电台不能被分配到同一频道。我们将这些电台称为"被链接的"，并用 $(n_1, n_2) \in L$ 表示它们之间的关系。对于这样一对电台，约束可以写成：$A(n_1) = A(n_2) \Rightarrow A(n_1) = \phi$。这些是同频道干扰约束。可以认为 $(N,$

L）定义了具有节点 N 和弧 L 的图。如果同频道约束是唯一的，则确定是否存在 $S' \in F$ 将等价于决定是否存在一种方法将 C 中的频道分配到 N 中的电台，从而使得同一频道上没有两个链接节点。

图 23.1 显示了美国和加拿大的同频道干扰约束图。约束图在美国东半部和太平洋沿岸最为密集。

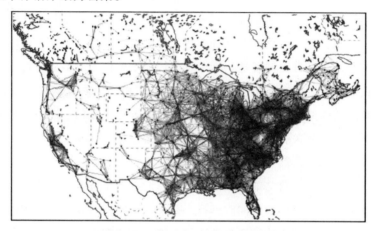

图 23.1　频谱再分配的同频道干扰图

在同频道约束的特殊情况下，检查一组电台的可行性问题是标准的图形着色问题。该问题是指决定是否可以为图中的每个节点（电台）分配颜色（频道），以便没有两个相连的节点会被赋予相同的颜色。图形着色属于 NP–完全问题的类别，该类别目前没有已知的保证快速的算法，并且通常假设[①]在最坏情况下的解决方案的时间随问题大小呈指数增长。由于一般电台分配问题包括图形着色问题，它也是属于 NP 完全的，并且在诸如 FCC 问题的规模上可能变得难以处理。

在理想情况下，联邦通信委员会希望采用拍卖来解决的问题是，在频道 C 减少的情况下，将广播电台的价值最大化。如果电台 j 的值是 v_j，该问题可用如下公式表示：

$$\max_{S \in F(C)} \sum_{j \in S} vj$$

这个问题很难。实际上，正如我们刚才所说，即使检查了条件 $S \in$

---

① P≠NP 的标准计算机科学假设意味着 NP–完全问题不存在快速算法。

$F(C)$ 是 NP – 完全的，在实践中准确地解决相关的最优化将更加困难。计算实验表明，通过几周的计算可以进行近似最优化，但可能有几个百分点的优化不足。

对于电视台所有者而言，在拍卖中制定出价将是复杂的，即使是手中拥有所有出价的拍卖商也会发现确定获胜者很有挑战性。面对这样的问题，一些电台所有者可能会选择不参加。这种担忧使得 FCC 工作人员更倾向于采用反策略性设计，在该设计中，单个电台所有者的最佳出价至少在概念上是相对简单的：计算电台的价值并对该数量进行出价。众所周知，有一个独特的反策略拍卖，该拍卖可以优化分配，并不用对输家支付，即 Vickrey 拍卖。根据 Vickrey 规则，如果拍卖商从电台 j 购买广播权，它必须向所有者支付此价格：

$$p_i = \left(\max_{S \in F(C)} \sum_{j \in S} v_j \right) - \left(\max_{\substack{S \in F(C) \\ i \notin S}} \sum_{j \in S} v_j \right)$$

对于获胜的电台 i，Vickrey 价格 p_i 将大于电台价值。最优化中包含大约 2000 个电台，两个最大化中的任何一个 1% 的误差将导致 p_i 的定价误差约等于平均电台价值的 2000%。如此巨大的潜在定价错误可能会引发一些潜在竞标者的不满。

大幅减轻 Vickrey 拍卖问题的一种方法是设想 FCC 可能写给广播公司的信，以鼓励他们参与：

亲爱的广播公司：

我们听到了您对频谱重新分配过程复杂性的担忧。您甚至可能不确定是否参与以及投标多少。为了让您尽可能轻松，我们采用了被称为"Vickrey 拍卖会"的诺贝尔奖获奖拍卖程序。在本次拍卖中，您需要做的就是告诉我们您的转播权对您有何价值。我们会弄清楚您是否是赢家，以及如果是，则需要支付您多少钱来购买您的权利。真实地报告规则将保障您的利益。这就是 Vickrey 拍卖的神奇之处！

我们所做的计算将非常艰难，我们无法保证它们完全正确。

这封信会让许多电视台所有者感到不安和不确定是否参加。FCC 决定采用不同的设计。

我们在这里描述的是设计的简化版本，其中广播公司唯一要做的选择是销售他们的权利或拒绝 FCC 的提议并继续广播。每个个体广播公司都对它能够以这种方式出价的保证感到欣慰，即使它还有其他选择。[①]

在简化版的拍卖中，每个投标人 i 在拍卖的每一轮 t 中引用了价格 $p_i(t)$，该价格从一轮到另一轮中有所减少。在每一轮中，投标人可以"退出"，拒绝当前价格并保持其广播权，或者它可以接受当前价格。经过一轮投标后，每次处理一个电台。当电台 i 被处理时，因为考虑到已经退出并且必须分配频道的其他电台，拍卖软件将使用其可行性检查器来尝试确定是否能可行地分配电台 i 继续广播。这是前面提到的广义图形着色问题。如果软件超时，或者确定无法分配电台，那么电台将成为胜利者并被支付 $p_i(t-1)$。否则，其价格将降至 $p_i(t)$，并且根据投标人的指示退出或继续。对于电台所有者来说，显而易见的是，无论定价公式以及软件如何执行，当其价值为 v_i 时，其最佳选择是在 $p_i(t) < v_i$ 时退出，否则将继续。[②]

Milgrom 和 Segal（2017）已经开发了这种用于困难计算问题的时钟拍卖理论，他们还报告了展现出高性能效率与极低成本电视转播权采购的模拟。

这种下降拍卖设计的表现在很大程度上取决于可行性检查的质量。根据早期模拟，我们的粗略估计是，可行性检查中每 1% 的失败将增加约 1.5%，或约 1.5 亿美元的成本用于获得广播权。因此，快速解决大多数问题成为拍卖设计团队的首要任务。

作为一个理论命题，任何已知的频谱包装问题中的可行性检查算法都具有最坏情况的性能，其随问题大小呈指数增长。然而，如果我们知道可能问题的分布，仍然很可能存在快速的算法。但是我们如何知道分布以及如何找到这样的算法呢？

美国联邦通信委员会拍卖使用了由不列颠哥伦比亚大学 Kevin Leyton-

---

① 在实际拍卖中，一些广播公司也可选择从 UHF 电视频道切换到高 VHF 频段的频道，或低 VHF 频段的频道（即所谓的 HVHF 和 LVHF 选项）。

② FCC 用于每个站的定价公式是 $p_i(t) = (\text{Pop}_i \text{Links}_i) 0.5 q(t)$。在这个公式中，$q(t)$ 是"基本时钟价格"，它为所有投标人的价格提供度量。这个价格开始于 $q(0)$ 的高水平以鼓励参与，并且在拍卖期间逐渐下降；Pop_i 表示该电台服务区域的人口，代表该电台的价值。通过将价格与服务人口联系起来，拍卖商能够为成功拍卖中高人口地区里有价值的电台提供更高的价格；Links_i 在干扰图中测量了电台 i 所链接的其他电台的数量。通过将这一术语纳入定价公式，希望拍卖能够通过干扰许多其他电台提供更高的价格并购买造成特别困难问题的电台的权利。

Brown 教授领导的拍卖学研究小组开发的可行性检查器。正如 Newman，Frechette 和 Leyton‐Brown（即将出版）所报告的那样，开发过程中有许多步骤，但在这里我们强调机器学习的作用。拍卖学的目标是能够在一分钟或更短的时间内解决 99% 的问题实例。

开发尝试始于模拟计划好的拍卖，以产生在真实拍卖中可能遇到的可行性问题。运行许多模拟生成了大约 140 万个问题实例，这些可用于培训和测试可行性检查算法。分析的第一步是将问题表述为混合整数程序并测试标准商业软件 CPLEX 和 Gurobi，以了解这些问题与实现性能目标的接近程度。答案是：不接近。截取 100 秒的时段，Gurobi 只能解决约 10% 的问题，而 CPLEX 只能解决约 25% 的问题。这些都在实时拍卖中表现得不够好。

接下来，相同的问题被表述为满足性问题，且最近参与 SAT 解决锦标赛的 17 名研究器被用于测试。这些的表现更好，但也没有一个可以在同样长为 100 秒的时段内解决多达 2/3 的问题。而目标是在 60 秒内保持 99%。

下一步是使用自动算法配置，即由 Hutter，Hoos 和 Leyton‐Brown（2011）开发，并由不列颠哥伦比亚大学 Leyton‐Brown 及其学生在此环境下应用的程序。我们的想法是从一个用于解决满足性问题[①]的高度参数化的算法开始，并在给定参数的情况下训练算法性能的随机森林模型。为此，我们首先使用了投标人认为是合理的行为进行模拟拍卖，从而生成代表性问题的大量数据集。然后，我们通过使用各种不同的参数设置来解决这些问题，以确定每个参数向量的解决方案时间的分布。这生成了具有参数和性能度量的数据集。两个最有趣的性能特征是中值运行时间和在一分钟内解决的部分实例。然后，通过使用贝叶斯模型，我们结合了不确定性，其中实验者"认为"实际表现是正态分布，其均值由随机森林确定，方差取决于数据集中来自最近点参数向量的距离。接下来，根据先前给定的均值和方差以及已知最佳参数向量的性能，系统将识别能够最大化预期性能改善的参数向量。

---

① 没有已知的 NP‐完全问题算法可以保证快速，因此现有最好的算法都是启发式算法。这些算法对问题的各种特征进行加权，以决定检查搜索树的不同分支顺序之类的事情。这些权重是可以设置和调整以适用于特定类别问题的参数。例如，在激励性拍卖应用中出现的那些。我们使用的特定软件算法是 CLASP，它有 100 多个可以修改的暴露参数。

最后，系统测试所识别参数的实际性能，并将其作为对数据集的观察。通过迭代，系统将识别出更多参数以进行测试和调查，并将它们添加到数据中以提高模型准确度，直到时间预算耗尽为止。

最终，这种机器学习方法导致投入时间的回报减少。然后，一个人就可以从"慢"参数化算法的实例创建新数据集，如花费超过 15 秒去解决。通过基于这些实例训练新算法，以及同步运行两个参数化算法，机器学习技术带来了性能的显著提高。

实际拍卖还应用了其他一些特定问题的技巧来促进加速。例如，在某种程度上，事实证明可以将整个问题分解为较小的问题，可以将旧的解决方案重新用作搜索的起点，可以存储可能有助于指导解决其他问题的部分解决方案等。最终，全套技术和技巧实现了一个非常快速的、可在规定时间内解决小部分相关问题的可行性检查程序。

23.3　使用 AI 促进在线市场的信任

eBay、淘宝、Airbnb 等许多在线市场自 20 多年前成立以来已经大幅增长，为企业和个人提供了以前无法通过在线交易购物或获利的机会。批发商和零售商可以销售他们的商品或避免多余的库存；消费者可以根据他们的想法轻松地搜索市场，减少了企业投资它们自己的电子商务网站的需要；个人将他们不再使用的物品变现；最近，所谓的"零工经济"是由一些市场组成，这些市场允许个人在不同的生产活动中共享他们的时间或资产并赚取额外收入。

网上市场的惊人成功并未完全实现，主要是因为匿名交易和信息不对称的危害。也就是说，从未相互交易过的、相距数千公里的陌生人如何才能相互信任呢？市场双方的信任对于各方愿意进行交易以及市场取得成功是至关重要的。eBay 的早期成功往往归功于其著名反馈和声誉机制引入的创新，这种机制在 eBay 之后几乎所有其他市场都以某种形式被采用。这些在线反馈和声誉机制提供了一个基于古老的欧洲中世纪贸易展览会实体市场中声誉机制的现代版本（Milgrom，North 和 Weingast，1990）。

尽管如此，最近的研究表明，基于买方反馈的卖家在线声誉测量，并不能准确反映其实际表现。事实上，越来越多的文献表明，用户生成反馈的机制往往存在偏见，受到"等级膨胀"的影响，并且易于被卖方操纵。① 例如，eBay 上对卖家积极反馈的百分比平均约为 99.4%，中位数为 100%。这对解释在线市场的真实满意度产生了挑战。

一个问题自然就出现了：在线市场能否利用其收集的数据宝库来衡量交易质量，并预测哪些卖家会为买家提供更好的服务？众所周知，所有在线市场以及其他基于网络的服务都会收集大量数据以作为交易过程的一部分。有些人将此称为每天在这些市场上发生的数百万笔交易、搜索和浏览所产生的"耗尽数据"。通过利用这些数据，市场可以创造一种促进信任的环境，这与欧洲中世纪贸易展览会中出现的有助于培养信任的机构的方式类似。市场设计的范围远远超出了更主流的应用，例如，设定竞标规则和拍卖保留价格或设计服务等级，我们认为，这包括设计有助于促进市场信任的机制。以下是最近研究中的两个例子，它们展示了市场可以将 AI 应用于其产生数据的多种方式，以帮助为客户创造更多信任和更好的体验。

23.3.1　使用 AI 评估卖方的质量

在线市场帮助参与者建立信任的方式之一，是让他们通过在线消息平台进行交流。例如，在 eBay 上，买家可以联系卖家以向他们询问有关其产品的问题，这对于二手或独特产品特别有用，因为买家可能希望获得比所列出信息更加细致的信息。同样，Airbnb 使得潜在的租房者向房主发送消息，并询问有关房屋的一些在原始列表中无法得到回答的问题。

使用自然语言处理（NLP），即 AI 中的一个成熟区域，市场可以挖掘这些消息生成的数据，以便更好地预测客户重视的功能类型。但是，也可能有更微妙的方法来应用 AI 管理市场的质量。消息传递平台不仅限于事前查询，还在事后使得各方能够相互发送消息。然后一个明显的问题出现了：市场如何分析买卖双方在交易后发送的消息，以推断出反馈没有捕获到的交易质量？

这个问题是由 Masterov，Mayer 和 Tadelis（2015）在最近使用 eBay 市场内部数据的论文中提出并回答的。他们进行的分析分为两个阶段。在第一阶段, 目标是看看当有独立的迹象表明买方不满意时, NLP 能否识别出坏的交易。为此, 他们从交易完成后从买方向卖方发送消息的交易中收集内部数据, 并将其与另一内部数据源进行匹配, 该数据源记录了买方表明有不好交易体验的情况。表明买方不满意的行为包括买方声称未收到商品, 或商品与所描述的内容大不相同, 或留下负面或中立的反馈等。

他们使用的简单 NLP 方法创建了 "差体验" 指标作为机器学习模型将尝试预测的目标 (因变量), 并将消息的内容用作自变量。在最简单的形式和概念证明中使用正则表达式搜索, 以将消息标识为负面的, 其中包括标准的否定词列表, 例如 "烦恼的" "不满意的" "损坏的" 或 "负面反馈"。如果没有出现任何指定的术语, 则该消息被认为是中立的。通过使用这种分类, 他们将交易分为三种不同的类型: ①买方到卖方没有交易后的消息; ②一条或多条负面消息; ③一条或多条没有负面消息的中性消息。

Masterov, Mayer 和 Tadelis (2015) 描述了具有不同消息分类的交易分布以及它们与糟糕体验的关联 (见图 23.2)。图 23.2 的 x 轴显示大约 85% 的交易属于第一类良性的无交易后的消息。在剩余 15% 的交易中, 买方至

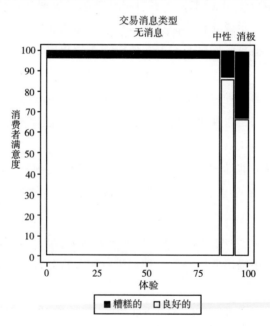

图 23.2　eBay 上信息内容和糟糕体验

少发送了一条消息，消息在消极和中性消息之间平均分配。y 轴的顶部显示了每种消息类型的差体验率。如果没有消息交换，只有 4% 的买家表明有糟糕的体验。每当发送中性消息时，糟糕体验比率就会上升到 13%，如果消息内容为负面的，则超过 1/3 的买家表明有糟糕的体验。

在分析的第二阶段，Masterov，Mayer 和 Tadelis（2015）使用了负面信息与糟糕体验相关联这样一个事实，构建了一种新的卖方质量衡量标准，这是基于收到更高频率负面信息的卖家是更糟糕的卖家的想法。例如，假设卖家 A 和卖家 B 都卖出了 100 件物品，而卖家 A 有 5 次至少有一个负面消息的交易，而卖家 B 有 8 次此类交易。卖家 A 的隐含质量得分为 0.05，而卖家 B 的隐含质量得分为 0.08，前提是卖家 B 是比卖家 A 更差的卖家。Masterov，Mayer 和 Tadelis（2015）表明，这个通过使用过去在任一时点销售汇总的负面消息来为每个卖家计算出的比率，和当前交易将导致糟糕体验的可能性之间的关系是单调增加的。

这个简单的练习是一个概念的证明，它表明通过使用消息数据和简单的自然语言处理 AI 程序，他们能够更好地预测哪些卖家会造成糟糕的体验，而不是从非常夸大的反馈数据中推断出来。eBay 在允许各方交换信息方面并不是唯一的，而且这项研究的经验很容易推广到其他市场。关键之处是市场参与者之间存在信息沟通，过去的沟通可以帮助识别和预测将导致买家糟糕体验的，并对市场整体信任产生负面影响的卖家或商品。

23.3.2 使用 AI 创建反馈市场

除了如前所述的反馈经常被夸大的事实之外，反馈的另一个问题是，并非所有买家都选择不留下反馈。事实上，通过主流经济理论的视角来看，令人惊讶的是，相当一部分在线消费者会留下反馈。毕竟，这是一种需要时间的无私行为，它创造了一个典型的"搭便车"问题。此外，由于潜在买家会从已经建立良好记录的卖家或产品中进行购买，这会产生"冷启动"问题：没有反馈的新卖家（或产品）将面临进入市场的障碍，因为买家在决定是否给他们自己一个合适的机会上会犹豫不决。我们怎样才能解决这些"搭便车"和"冷启动"问题？

Li，Tadelis 和 Zhow（2016）在最近的一篇论文中对这些问题进行了分析，使用了独特新颖的市场实施方案来对庞大的中国淘宝网进行反馈信息调查，在该市场上，他们让卖家向买家返现以获得反馈意见。当然，人们可能会担心允许卖方返现以获得反馈信息会带来不好的效果，因为这似乎是一种惯例，他们只会为良好的反馈付费，而抑制任何不良的反馈，这对增进信任没有任何价值。然而，淘宝网巧妙地使用了 NLP 来解决此问题：使用 NLP AI 模型的平台决定了反馈信息是否相关，而不是由卖家为反馈付费。因此，买家因留下反馈信息而获得的回报实际上是由市场来管理的，并且是为提供有信息的反馈而不是积极的反馈而发放的。

具体而言，2012 年 3 月，淘宝推出了"反馈折扣"（RFF）功能，卖家可通过该功能为其出售的任何商品设置折扣价值（现金返还或商店优惠券）以作为对买家反馈的奖励。如果卖家选择此选项，则淘宝保证将折扣从卖家账户转移给留下高质量反馈的买家。重要的是，反馈质量仅取决于信息量，而不是反馈是正面的还是负面的。淘宝使用 NLP 算法测量反馈的质量，该算法检查评论的内容和长度，并找出是否提到了商品的关键特征。因此，市场通过强制卖家在选定的时间段内在淘宝网存入一定金额来管理反馈市场，以便为符合折扣标准的买家保证资金，而折扣标准本身由淘宝确定。①

淘宝网 RFF 机制背后的动机是促进更多信息反馈，但正如 Li，Tadelis 和 Zhow（2016）指出的那样，经济理论提供了一些见解，即 RFF 特征将如何作为一种有效的信号机制，进一步区分更高质量与更低质量的卖家和产品。要想看到这一点，回想一下 Nelson（1970）发表的文献，他认为广告是质量的信号。根据该理论，广告作为一种烧钱的形式，是一种吸引那些认为只有高质量卖家才会选择做广告的买家的信号。通过重复购买可以实现激励相容：购买和体验广告产品的买家只有在所售商品质量足够高的情况下未来才会返回再次购买。广告的成本可以高到足以阻止低质量的卖家愿意为此花钱并只卖一次，因为这些卖家不会吸引到回头客，且广告的成本仍可以低到足以使高质量卖家获得利润。因此，广告充当了区分高质量卖家的信号，并反过来吸引买家购买他们的产品。

正如 Li，Tadelis 和 Zhow（2016）所说，RFF 机制扮演的角色与广告类

---

① 根据淘宝调查（发布于 2012 年 3 月），64.8% 的买家认为他们更愿意购买具有 RFF 功能的商品，84.2% 的买家认为 RFF 选项会让他们更有可能写详细的评论。

似。假设消费者在所写的反馈中真实地表达了他们的体验，那么任何购买产品并被给予激励以留下反馈的消费者只有在购买体验令人满意时才会留下正面的反馈。因此，只有当卖方希望得到正面反馈时，卖方才会向买家提供RFF激励，并且只有在卖方提供高质量的情况下才会发生这种情况。如果卖家知道他们的商品和服务不令人满意，那么为获得反馈而花钱将产生负面反馈，这将损害低质量的卖家。接着，均衡行为意味着作为高质量信号的RFF将吸引更多买家并导致更多销售。AI 的作用正是为了奖励买家以获得信息，而不是正面的反馈。

Li，Tadelis 和 Zhou（2016）继续分析了实行 RFF 机制时期的数据，并确认了，首先，正如预期的那样，为了响应 RFF 功能提供的激励，更多的反馈被留下了。更重要的是，额外的反馈没有表现出任何偏见，这表明所使用的 NLP 算法能够创建用于选择信息反馈所需的筛选类型。此外，数据证实了简单信号故事的预测，表明使用 NLP 支持新的反馈市场确实解决了阻碍在线市场增长的"搭便车"问题和"冷启动"问题。

23.4　使用 AI 减少搜索摩擦

AI 和机器学习在在线市场中的一个重要应用是潜在买家与网站互动并继续搜索产品或服务的方式。在线搜索产品的搜索引擎是基于各种 AI 算法的，这些算法经过训练可最大化提供者认为正确的目标。这通常归结为转换，即认为消费者越早将搜索转换为购买，那么消费者在短期和长期内都会更快乐。原理很简单，搜索本身就是一种摩擦，因此，最大化将搜索活动转换为购买的成功可以减少这种摩擦。

这与将搜索建模为一个将消费者与他们想要的产品进行分开的且不可避免的昂贵过程的经济理论并不矛盾。经济学中的规范搜索模型或是建立在 Stigler（1961）的开创性工作之上，他认为消费者在固定数量的商店中选择购买价格最低的商品，或经常是基于 McCall（1970）和 Mortensen（1970）的模型，他们认为顺序搜索模型是对消费者搜索行为的更好描述。在两种建模方法中，消费者都清楚地知道他们想要购买什么。

然而，事实证明，与经济理论中使用的简单搜索模型不同，经济理论中消费者知道他们在寻找什么，搜索活动只是代价高昂的摩擦，实际上，人们的搜索行为是丰富多样的。最近，Blake，Nosko 和 Tadelis（2016）的一篇论文使用了来自 eBay 的综合数据，以最少的建模假设阐明了搜索过程。他们的数据显示，消费者的搜索量明显高于其他研究所表明的，那些研究随时间推移对搜索行为的访问有限。

此外，搜索通常从模糊到具体。例如，在搜索的早期，用户可以使用查询"手表"，然后将其进一步限定为"男士手表"，然后添加更多用于条件符合的词语，例如颜色、形状、表带类型等。这表明，作为搜索过程的一部分，消费者经常了解自己的品位，以及存在哪些产品特征。的确，Blake 等（2016）表明，查询中的平均术语的数量随着时间的推移而增加，并且随着用户转向更集中的搜索（如价格排序），使用默认排名算法的倾向会随着时间的推移而下降。

这些观察结果表明，市场和类似的零售商都可以设计他们的在线搜索算法，以了解搜索意图，从而更好地为他们的消费者服务。如果消费者处于搜索过程的早期探索阶段，那么提供一些广度将有助于消费者更好地了解他们的品位和市场上可行的选择。但是，当消费者被迫购买特定产品时，提供与消费者偏好相匹配的较窄产品组会更好。因此，机器学习和 AI 可以在识别客户意图方面发挥重要作用。

AI 和机器学习不仅可以帮助预测客户的意图，而且鉴于消费者品位的巨大异质性，AI 可以帮助市场或零售商更好地将众多客户进行群体划分，从而可以通过定制信息更好地进行服务。当然，使用 AI 进行更精细的客户细分，甚至进行个性化体验的想法也引发了对价格歧视的担忧。例如，2012年《华尔街日报》报道称，"Orbitz 全球公司已经发现，使用 Mac 电脑的人每晚在酒店上花费多达 30% 的时间，因此线上旅行社开始向他们展示与使用 Windows 的游客所看到的不同的或更昂贵的旅行选择。"Orbitz 这种处于早期阶段的尝试展示了如何使用看似无害的信息跟踪人们的在线活动。在该案例中，即客户从 Mac 访问 Orbitz.com 这一事实，从而开始预测他们的品位和消费习惯。[①]

---

① 参见"在 Orbitz，Mac 用户被引导去更昂贵的酒店"，Dana Mattioli，华尔街日报，2012 年 8 月 23 日。http：//www.wsj.com/articles/SB10001424052702304458604577488822667325882。

这些使用消费者数据和 AI 的做法是否有助于或伤害消费者并不明显，因为根据经济理论而众所周知的是，价格歧视可以增加或减少消费者福利。如果平均而言，Mac 用户更喜欢住在更高档和更昂贵的酒店，因为拥有 Mac 与更高的收入和偏好奢侈的品位相关，那么 Orbitz 的做法是有益的，因为它向人们展示了他们想要看到的内容并减少了搜索摩擦。然而，如果这只是一种从对价格敏感度较低，但不一定关心更加时髦的酒店房间的消费者那里获取更多盈余的方式，那么这会伤害到这些消费者。

目前，政策界对基于 AI 的价格歧视和市场细分对消费者的潜在危害很感兴趣。Mc Sweeny 和 O'Dea（2017）认为，一旦 AI 被用于创建更具针对性的细分市场，这可能不仅会影响消费者福利，还会影响反垄断政策和并购的市场定义。但正如 Gal 和 Elkin – Koren（2017）所说，零售商和市场所使用的用于更好地细分消费者的相同 AI 目标工具，可能会被开发成提供给消费者的工具，帮助他们进行更好的交易，并限制市场和零售商参与价格歧视的方式。

23.5 总结

在早期，古典经济理论很少关注市场摩擦，并将信息和计算视为免费的。该理论得出的结论是关于大多数商品的高效和有竞争力的价格，以及宝贵资源的充分利用。为了解决该理论的失败，经济学家开始研究具有搜索摩擦的模型，这些模型预测价格竞争将会减弱，一些工人和资源可能仍然处于未使用状态，并且将可靠的贸易伙伴与其他伙伴区分开来可能是代价高昂的。他们还为复杂的资源分配问题建立了市场，在这里计算和一些交流是集中的，从而解除了各个市场参与者协调的负担。

由于这些是传统经济中的关键摩擦，因此 AI 具有提高效率的巨大潜力。在本章中，我们描述了 AI 可以克服计算障碍，减少搜索摩擦以及区分可靠合作伙伴的一些方法。这些都是传统经济中效率低下的最重要原因之一，毫无疑问的是，AI 正在帮助克服这些问题，并承诺为我们所有人带来广泛的利益。正如 Roth（2002）指出的那样，市场设计者"不能仅使用简单的概念模型来理解市场的一般工作。相反，市场设计需要一种工程方法。"AI 已被证明是作为工程师的经济学家的一种有价值的工具。

参考文献

Blake, T., C. Nosko, and S. Tadelis. 2016. "Returns to Consumer Search: Evidence from eBay."*17th ACM Conference on Electronic Commerce* (EC 2016), 531–45.

Filippas, A., J. J. Horton, and J. M. Golden. 2017. "Reputation in the Long-Run." Working paper, Stern School of Business, New York University.

Gal, M. S., and N. Elkin-Koren. 2017. "Algorithmic Consumers." *Harvard Journal of Law & Technology* 30:1–45.

Hutter, F., H. Hoos, and K. Leyton-Brown. 2011. "Sequential Model-Based Optimization for General Algorithm Configuration." Conference paper, International Conference on Learning and Intelligent Optimization. https://link.springer.com /chapter/10.1007/978-3-642-25566-3_40.

Leyton-Brown, K., P. R. Milgrom, and I. Segal. 2017. "Economics and Computer Science of a Radio Spectrum Reallocation." *Proceedings of the National Academy of Sciences* 114 (28): 7202–7209. www.pnas.org/cgi/doi/10.1073/pnas.1701997114.

Li, L. I., S. Tadelis, and X. Zhou. 2016. "Buying Reputation as a Signal of Quality: Evidence from an Online Marketplace." NBER Working Paper no. 22584, Cambridge, MA.

Masterov, D. V., U. F. Mayer, and S. Tadelis. 2015. "Canary in the E-commerce Coal Mine: Detecting and Predicting Poor Experiences Using Buyer-to-Seller Messages." In *Proceedings of the Sixteenth ACM Conference on Economics and Computation*, EC '15, 81–93.

Mayzlin, D., Y. Dover, and J. Chevalier. 2014. "Promotional Reviews: An Empirical Investigation of Online Review Manipulation." *American Economic Review* 104 (8): 2421–2455.

McCall, J. J. 1970. "Economics of Information and Job Search." *Quarterly Journal of Economics* 84 (1): 113–126.

McSweeny, T., and B. O'Dea. 2017. "The Implications of Algorithmic Pricing for Coordinated Effects, Analysis and Price Discrimination Markets in Antitrust Enforcement." *Antitrust* 32 (1): 75–81.

Milgrom, P. R. 2017. *Discovering Prices: Auction Design in Markets with Complex Constraints.* New York: Columbia University Press.

Milgrom, P. R., D. C. North, and B. R. Weingast. 1990. "The Role of Institutions in the Revival of Trade: The Law Merchant, Private Judges, and the Champagne Fairs." *Economics and Politics* 2 (1): 1–23.

Milgrom, P. R., and I. Segal. 2017. "Deferred Acceptance Auctions and Radio Spectrum Reallocation." Working paper.

Mortensen, D. T. 1970. "Job Search, the Duration of Unemployment and the Phillips Curve." *American Economic Review* 60 (5): 847–862.

Myerson, R. B. 1981. "Optimal Auction Design." *Mathematics of Operations Research* 6 (1): 58–73.

Nelson, P. 1970. "Information and Consumer Behavior." *Journal of Political Economy* 78 (2): 311–329.

Newman, N., A. Fréchette, and K. Leyton-Brown. Forthcoming. "Deep Optimization for Spectrum Repacking." *Communications of the ACM* (CACM).

Nosko, C., and S. Tadelis. 2015. "The Limits of Reputation in Platform Markets: An Empirical Analysis and Field Experiment." NBER Working Paper no. 20830, Cambridge, MA.

Ostrovsky, M., and M. Schwartz. 2017. "Reserve Prices in Internet Advertising: A Field Experiment." Working paper.

Stigler, G. J. 1961. "The Economics of Information." *Journal of Political Economy*

69 (3): 213–225.

Roth, A. E. 2002. "The Economist as Engineer: Game Theory, Experimentation, and Computation as Tools for Design Economics." *Econometrica* 70 (4):1341–1378.

Roth, A. E. 2015. *Who Gets What—and Why: The New Economics of Matchmaking and Market Design*. New York: Houghton Mifflin Harcourt.

Vickrey, W. 1961. "Counterspeculation, Auctions, and Competitive Sealed Tenders." *Journal of Finance, American Finance Association* 16 (1): 8–37.

Xu, H., D. Liu, H. Wang, and A. Stavrou. 2015. "E-commerce Reputation Manipulation: The Emergence of Reputation-Escalation-as-a-Service." *Proceedings of 24th World Wide Web Conference* (WWW 2015):1296–1306.

Zervas, G., D. Proserpio, and J. W. Byers. 2015. "A First Look at Online Reputation on Airbnb, Where Every Stay Is Above Average." Working paper, Boston University.

24　人工智能与行为经济学

Colin F. Camerer[*]

24.1　简介

本章介绍了 AI 和行为经济学如何相互作用，重点关注其在经济领域和研究领域的未来发展。需要注意的是，因为所使用的案例都与机器学习和预测相关，我将交替地使用 AI 和机器学习这两个术语（尽管 AI 的含义更为丰富）。经济学上，Mullainathan 和 Spiess（2017）以及本篇中的其他章节对机器学习有相当精确的介绍。

本章重点阐述了三大观点。第一，机器学习可以应用于搜索影响选择的"行为类型"变量，本文选取了议价和风险选择的实验数据作为案例。第二，人类进行预测时存在一些普遍性限制，而这些限制可以被认为是机器学习实施过程中出现的差错。第三，研究 AI 技术应用于企业和其他机构的过程中如何利用与克服人类的极限是至关重要的。全面了解人机交互需要掌握注意力、偏好、公平感知等行为经济学领域的知识。

24.2　机器学习应用于搜索行为变量

行为经济学被定义为探究人类的自然极限（如计算能力、意志力、利己等方面）与其对经济领域研究（如市场均衡、IO、公共财政等）的启示的学科。行为经济学研究也可以更为宽泛地被定义为开放性地探索影响经济选择的潜在变量。

开放性探索通过联系邻近的社会科学领域以挖掘潜在的有效解释变量，包括心理学、社会学（如规范）、人类学（文化认知）、神经科学、政治学

---

　　* Colin F. Camerer 是加州理工学院行为金融学和经济学罗伯特·柯比（Robert Kirby）教授。

　　如需了解致谢、研究经费的来源以及研究工作相关的财务披露信息（如有），请访问 http://www.nber.org/ chapters/ c14013. ack。

等，相关理论认为行为经济学与邻近学科进行融合。

在"与邻近学科进行融合"的观点中，特征变量通过邻近学科进行构造，包括损失厌恶、身份、道德规范、群体偏好、注意力不集中、习惯、无模型强化学习、个体多基因评分等。但是，扩展地看，开放性探索也可以被描述为使用计算机去学习如何通过最大可能的特征集预测经济结果的过程。

在一般的机器学习方法中，预测特征可以是并且应该是可用于预测的任何变量。例如，对政策目标的预测中，由个体、企业和政府控制的变量可能具有特殊意义。这些变量可以是可测量的各个选项的属性、选项的集合、选择过程中的动态作用、注意力水平、心理层面的生物状态、社会影响、决策者的个体特征（SES、财富、情绪、个性、基因）等。变量越多越有利于预测。

由此，我们可以尝试区分不同理论所提出的特征变量。教科书上经济学中约束条件下效用最大化理论在其最简单也是我们最熟悉的形式中指向了三个关键变量，即价格、信息（据此判断效用水平）和约束条件。

行为经济学的大多数理论在此基础上加入菜单效应、锚定、社会偏好、有限注意力等因素。

在熟悉的理论架构上，机器学习方法指定了非常长的候选变量（即特征变量）列表，具有以下两方面的优点：首先，简单的理论就像是投注，只有少量的特征可以真正起到预测作用，而在机器学习方法中某些变量（如价格）被假定为首要的影响因子；其次，如果较长的变量列表比理论指定的简短列表有更好的预测表现，基于此可以确定可供预测的合理上限。研究结果同时也能为结晶理论（Kleinberg，Liang 和 Mullainathan，2015）奠定了提高预测能力的理论基础。

在预测过程中，机器学习具备筛选并使用有效变量的能力。如果行为经济学被认为是开放性探索可用于预测的变量，那么机器学习是进行行为经济学研究的理想方法。我将用一些例子来说明这一点。

议价。相关实验研究利用博弈论方法来寻找议价结果和分歧率的潜在影响变量，距今已有很长的历史。在 20 世纪 80 年代，实验研究方法转为非合作方式，议价实验的沟通方式、谈判框架进一步结构化（Roth，1995 和 Camerer，2003）。在这些实验中，谈判中潜在报价的顺序受到严格限制并且不允许存在超出提议本身的交流。博弈论的发展驱使了这一转变。博弈论理论提出了全新的影响议价结果的结构变量如延迟成本、时间维度、外部订单的报价和接受度、潜在的外部选项（分歧后的回报）。考虑到在大多数的实战中测度与控制这些结构变量具有难度，因而实验研究方法转变为高度结构化范式以检验结构化议价理论。[①]

早期研究发现，对他人公平或结果的关注会影响自身的效用水平，在子博弈完美理论中提前计划是局限且认知反常的（Camerer 等，1994；Johnson 等，2002；Binmore 等，2002）。实验经济学家由此醉心于理解和把握社会偏好与结构化议价策略的研究。

然而，大多数自然情况下的议价与理论情况不同，理论中假定受到简单的结构化的约束，现实情况则不然。实验研究在 1985 年到 2000 年及以后成为学术界的焦点。自然情况下的议价通常是"半结构化的"——也就是说，协商过程有严格的期限和过程。除此之外，对于哪一方在什么时间提出怎样的提议，使用自然语言或是面对面会议抑或代理报价等都没有限制。

非结构化议价的实验研究兴起的原因有许多（参见 Karagözoğlu 即将出版的作品）。首先，实验室条件下（也可能在实战环境中）衡量讨价还价过程中的指标是可行的。其次，目前可以生成的大量特征变量为机器学习预测议价结果提供了相当理想的输入值。最后，归功于显示原理，即使议价过程非结构化也有可能得出精确预测。正如我们将看到的，机器学习能测试博弈论所提出的影响议价结果的特征变量是否真正具有影响效果以及它们会如何影响预测效力（如果有的话）。

Camerer，Nave 和 Smith（2017）[②] 的实验中，两名参与者被要求对分割一定金额的财产（总额为 1~6 美元，以整数值进行分割）进行协商。其中一个参与者（记为 I）知道财产的总金额，另一个参与者（记为 U）不知道财产总金额，但是 U 知道 I 已经知悉总金额。在如上的设定下，两方对 U 能得到的财产份额进行协商。

---

① Binmore，Shaked 和 Sutton（1985，1989），Neelin，Sonnenschein 和 Spiegel（1988），Camerer 等（1994）以及 Binmore 等（2002）均给出了例证。

② 研究范例建立在 Forsythe，Ken-nan 和 Sopher（1991）关于半结构化议价的开创性工作之上。

参与者在十秒钟内通过在议价号码线上移动游标来出价（见图 24.1）。实验中所采集到的数据是光标位置的时间序列数据，记录了 I 参与者从低报价到较高报价（表示 I 的报价增加）、U 参与者从较高要求到较低要求（表示 U 的出价减少）的过程。

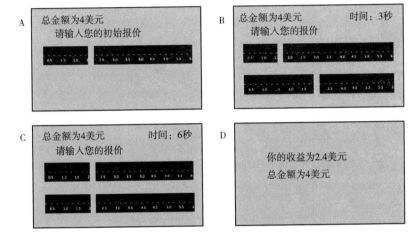

图 24.1　出价示意图

注：图 24.1 中，图 A 为最初报价（参与者 I，白色游标）；图 B 为 3 秒后的报价（白色游标位置为参与者 I 的报价，灰色游标位置为参与者 U 的报价）；图 C 为 6 秒后报价，其中游标相重合意味着达成了意向；图 D 为参与者 I 的结果反馈，参与者 U 也能获得包含分得的金额和占比的结果反馈。

假定我们通过实验中所有能观测到的变量以推断议价过程能否达成协议。从理论的角度来看，基于显示原理能够分析得到有效谈判下总金额 1 ~ 6 美元任一情况下的分歧率。同时值得注意的是，预测结果仅与总金额有关，而与议价过程无关。

然而，机器学习框架在基于所涉金额的无过程预测的基础上纳入了许多描述参与者行为的特征指标以增加预测能力。实验中，每 2 个 15 毫秒记录 2 个光标的位置。光标位置的时间序列中加入了大量的特征信息——光标相距多远、光标移动的间隔时间、上回光标调整的金额、调整的金额与时间之间的相互作用等。

图 24.2 的 ROC 曲线刻画了预测议价试验中是否以不同意（＝1）结束的测试准确性。ROC 曲线坐标轴分别为真阳性率（True Positive Rates）［P

（实际不同意｜预测不同意）］和假阳性率（False Positive Rates）［P（实际同意｜预测不同意）］。改进后的 ROC 曲线向上、向左移动，真阳性率提高、假阳性率下降。很明显，基于过程数据和仅使用总金额（带有黑色圆圈和中空正方形标记的 ROC 曲线）的预测结果准确性几乎相当。同时使用两种类型的数据可以显著提高预测精度（具有中空圆形标记的曲线）。

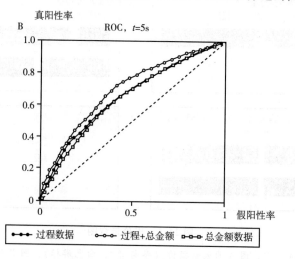

图 24.2 ROC 曲线为预测议价分歧中的假阳性率和真阳性率的组合

注意：改进的预测由向左上方移动的曲线表示。过程（光标位置特征）和总量数据的组合对于任何类型的数据都是明显的改进。

机器学习能够在议价过程的诸多细节中找到提高预测精度的途径（超过简单但效果非常好的仅基于金额的预测）。这一发现启迪了行为经济学的下一步研究。它提出的问题包括：哪些变量可以用于预测？情绪[1]、面对面交流和生物测量（包括全脑成像）[2] 会如何影响讨价还价？人们是否有意识地认识到这些变量的重要性？当人们出于自私反对现实情况时，机器学习方法是否可以捕捉到认知对非结构化议价的影响？[3] 人们能否更改对规则的理解以避免其议价能力受损？是否可以设计机制记录所有实验变量并进行有效

---

① Andrade 和 Ho（2009）。

② Lohrenz 等（2007）以及 Bhatt 等（2010）。

③ Babcock 等（1995）以及 Babcock 和 Loewenstein（1997）。

调解以动员人们自愿参与并从交易中获取所有收益?[1]

24.2.1 风险选择

Peysakhovich 和 Naecker（2017）使用机器学习来分析简单的金融风险决策。随机生成的三元风险集（\$y，\$x，0）具有相关概率（p_x，p_y，p_0）。受试者需要针对每次赌博进行意愿报价（Willingness – to – Pay，WTP）。

特征集包括 5 个数量和概率变量（不包括 \$0 支付）及其平方项、线性和平方项之间的所有双向和三向交互，总计产生 5 + 5 + 45 + 120 = 175（个）变量。

机器学习预测方法来源于正则回归，其具有线性罚分（LASSO）或（绝对）系数的平方罚分（脊）。315 名受试者来自 MTurk 平台，每名受试者需要做出 10 个可用的反应。其中，70% 的观察结果作为训练集，30% 作为测试集。

他们对单变量预期效用模型（Power Utility，PU）和前景理论（PT）模型的预测准确性进行了衡量，增加了额外参数以进行非线性概率加权（Tversky 和 Kahneman，1992）（单独权重，非累积的）。在这些模型中，每人只有 1 ~ 2 个自由参数。[2]

总体数据估计中对所有受试者使用相同的参数集。在该分析中，PT、LASSO 和 Ridge 机器学习预测的测试集精度（均方误差）几乎完全相同，即使 PT 方法仅使用了两个变量而机器学习方法使用了 175 个变量。个体水平分析中每个受试者拥有其自己的参数，相较于总体数据均方误差缩小了大约一半。PT 方法和 Ridge 机器学习方法的表现大致相同。

尽管机器学习方法所适用的预测结果具有相当大的灵活性，但是让人惊讶的是 PT 方法具有相同的准确性。实际上，学者们期望机器学习方法能成为具有极高灵活性的模型并被认为是可实现精度的上限。如果机器学习预测比 EU 或 PT 更准确，则表明引入更复杂的结果和概率参数的组合能够为模型带来改善。但是，结果表明在选择领域更为复杂的模型并不比经过时间考

---

① Krajbich 等（2008）关于使用神经措施来提高公共生产效率试验的相关案例。

② 但请注意，机器学习功能集并不完全嵌套 EU 和 PT 表单。例如，线性结果 X 和二次项 X^2 的加权组合不完全等于 X 的幂函数。

验的双参数形式 PT 模型更为准确。

24.2.2　有限的战略思考

博弈论中的子博弈完美均衡理论假设玩家会对其他玩家在未来的选择节点上所做的选择（甚至是不太可能达到的选择节点）进行前瞻以便预估他们当前选择的后果。这种心理推测在简单游戏中确实具有一定的预测能力。然而，对注意力的直接度量（Camerer 等，1994；Johnson 等，2002）和实验结果推断（Binmore 等，2002）清楚地表明，经验有限的玩家无法预测太远。

更一般地，在同步博弈中，有大量证据表明即使是高智商和受过良好教育的玩家也无法处理全部信息、准确预测其他玩家的做法从而得到均衡（纳什均衡）的最优选择。由此，学术界出现了两类基础理论以解释偏离优化均衡理论的现象。随机最优反应均衡（Quantal Response Equilibrium, QRE）提出了噪声的影响（Goeree，Holt 和 Palfrey，2016）。另一理论则假设偏离纳什均衡是由于战略思维水平的认知层次导致的。从非战略性思维开始（或者没有显著特征，随机选择），思维根据策略的显著特征具有不同层级。高级思想者建立了一个底层思想者如何进行思考的模型（Stahl 和 Wilson，1995；Camerer，Ho 和 Chong，2004；Crawford 等，2010）。这些模型已经应用于数百个实验性游戏和现场实战，但在跨游戏通用性上具有一定程度的缺陷。[1]

QRE 和 CH/level - k 理论都通过使用少量行为参数以简单且精确地说明模型对最优（QRE）或信念合理性（CH/level - k）的偏离程度，由此对均衡理论进行了拓展。那么，我们能否合理利用这些参数从心理学角度[2]提高预测能力？

是否存在比 QRE 或 CH/level - k 具有更高预测准确性的策略及收益特

---

[1]　例如，Goldfarb 和 Xiao，2011，Ostling 等，2011 以及 Hortacsu 等，2017。

[2]　在 CH / level - k 理论中，Mouselab 和 Eyetracking 提出的视觉注意力的直接测量方法已经被用于测试相关理论。参见 Costa - Gomes，Crawford 和 Broseta，2001；Wang，Spezio 和 Camerer，2010；Brocas 等，2014。眼球追踪和光标追踪方法提供了大量数据。先前的相关理论要求选择和注意力信息的一致性以基于选择进行价值计算，由此导致过分过滤（或减少维度）相关数据（Costa - Gomes，Crawford 和 Broseta，2001）。另一种从未尝试过的方法是使用机器学习从巨大的特征集中挑选特征，结合选择和视觉注意力，以检测哪些特征预测效果最佳。

征？如果答案是肯定的，那么新理论即使只是对原有理论的改进，也有很长的路要走。

最新的两项研究朝着这个方向迈出了重要的一步。Wright 和 Leyton - Brown（2014）应用计算机科学领域的方法创建了一个"元模型"，结合收益特征来预测在 6 组双人 3×3 游戏形式下非战略型的"level 0"玩家的情况。先前研究通常假定行为随机或者是基于显著信息的简单动作，"元模型"在这方面对先前研究进行了实质性改进。[①]

进一步地，Hartford，Wright 和 Leyton - Brown（2016）使用深度学习神经网络（NN）来预测人类对相同 6 个数据集的选择。在大多数情况下，NN能够在保留的测试样本中预测 CH 模型。即使没有战略思维等级的模型（方法中的"行动响应层"）也可以很好地适用。虽然仅是初步的结果，但是实验的成功表明纯粹基于潜在的结构特征层的预测具有可行性。从行为博弈论的角度，Fudenberg 和 Liang（2017）探讨了相比较于基于结构化特征的策略，机器学习方法在预测实验选择方面的优势。他们采用 Wright 和 Leyton - Brown（2014）使用过的 6 个数据集并且收集了 MTurk 玩家在奖金随机设定情况下 200 组全新的 3×3 游戏的数据。他们的机器学习方法使用了 88 个描述策略分类结构特性的特征变量。（例如，它是纳什均衡的一部分吗？所获得的回报是否不差于其他任何选择？）

主要分析方法是创建具有 k 个分支节点（k 取 1 到 10）的决策树以预测策略能否被执行。实验中，通过使用 Tenfold Test 以防止过度拟合。通常，最简单的决策树往往是最合适的；当 $k=1$ 提高到 $k=2$，模型的拟合度会有实质性的改善，而之后 k 的提高只会带来较小的改进。在实验数据中，效果最好的 $k=2$ 的决策树被简单地称为 CH/level - k 中的 1 级；经其预测的策略是与对手平分比赛的最佳对策。这一简单的决策树的错误分类率是 38.4%。$k=3$ 的决策树只稍微好一点（36.6%），而 $k=5$ 则更进一步（36.5%）。

结合特征的机器学习的模型具有更为出色的表现。表 24.1 总结了相关的随机游戏结果。在该分析中，泊松认知层次模型（Poisson Cognitive Hier-

archy，PCH）从随机到"最佳可能"（根据实际结果的整体分布）的比率是
92％。而结合特征的机器学习模型表现几乎是完美的，比率高达97％。

其他模型尽管可以通过增加风险规避程度或者尝试使用具有不同特定 τ
值的数据集，但是其表现仍无法令人满意。

表 24.1　　　基于随机收益博弈游戏新数据的各种理论和

机器学习模型的预测误差（来自 Fudenberg 和 Liang，2017）

内容	错误率	完整性
朴素基准模型	0.6667	1
纳什均衡	0.4722 (0.0075)	51.21%
基于泊松分布的认知层次模型	0.3159 (0.0217)	92.36%
基于游戏特征的预测规则	0.2984 (0.0095)	96.97%
"最佳可能"	0.2869	0

请注意，FL 中"最佳可能"测度与 Camerer，Ho 和 Chong（2004）使
用的先知模型（Clairvoyant）的上限相同。给定一个实际人类行为的数据集
并假设受试者需要从该组中进行随机选择，最理想的情况是受试者除了能以
某种方式准确地猜测这些数据并做相应的选择[①]（"先知"一词被用来表示
除了在纯粹的幸运下进行猜测之外，不太可能达到的这个上限。但如果一个
人的选择多次在上限附近，则意味着其有一个直观、准确的心理模型来判断
他人如何选择）。

更进一步地，Camerer，Ho 和 Chong（2004）计算了先知预测的预期奖
励价值，并将其与实际获得的收益总额以及不同策略下获得的收益总额进行
比较。尽管有的理论可以准确地预测频率，但在奖励价值方面，可能会落后
于预测精度相对不那么高的理论（因为"最大平滑"属性[②]）。由此，将奖

[①] 在心理物理学和实验心理学中，专业名词"理想观察者"所指代的表现基准与我们所提到的先知上限非常近似。

[②] 这一属性被 Von Winterfeldt 和 Edwards（1973）称为"最大平滑"。它在实验经济学中得到了很大的发展，当时人们注意到相关理论的预测效果较好，例如，零和博弈中的选择分布。但这种不准确的理论所产生的收益可能并不会比完美理论少很多。

励价值作为度量手段是相当明智的。在所有用于研究的五个数据集中，纳什均衡增加了非常小的边际价值，而 PCH 方法在其中的三个数据集中增加了一些价值，在另外两个数据集中提高了超过最大可实现价值的一半。

24.3 人类预测是不完美的机器学习

24.3.1 决策研究和行为经济学史

我们所知的行为经济学由于对简单理性原则（当时称为"反常"）的挑战而开始苗壮成长，逐渐有了粗糙的实证检验并由此指向了理论上的自然改进。在早期阶段，通常会区分偏好的反常情况，例如，心理账户理论提出的不可转移性和参照依赖，以及判断可能性与数量时的异常。

在当时甚至在现在，经济学家隐藏的事实是，经济学界在许多判断和决策领域（Judgment and Decision Making，JDM）都有积极的研究。JDM 研究伴随着行为经济学而出现。大部分研究在心理学系和一些商学院进行，很少在经济学期刊上发表。S/JDM 研究的年度会议通常作为心理学学会的卫星会议（针对数理、实验心理学家）进行举办。

JDM 研究的重点是理解判断过程的一般方法，包括理解相对于逻辑规范基准的"反常"。对数学模型和检验的尊重使得这项研究蓬勃发展，由此规律性得以累积，牵强的结果得以消除。学界在现实领域中也占有一席之地（例如，自然风险判断、医学决策、法律等），实验室结果的普遍性由此总是被隐含地解决。

从 20 世纪 70 年代开始，JDM 研究的中心论题是实际决策中涉及的认知过程以及这些预测的质量。针对这些现象学术界进行了大量细致的实验，也出现了早期关于所谓的"临床与统计预测"的文献。原始形式的机器学习和行为经济学重要分支 JDM 之间（Lewis，2016）的较量由此展开。Kahneman，Slovic 和 Tversky（1982）编辑的作品［在过去被称为"蓝色 – 绿色圣经"（Blue – Green Bible）］收录了这个时期的许多重要贡献。

最早出现的是 Paul Meehl（1954）的作品。Meehl 是位非常了不起的人物。作为当时十分罕见的临床精神科医生，他同时对统计和论证感兴趣（与明尼苏达州的其他人一样）。他的办公室里有一张弗洛伊德的照片。他供职于退伍军人管理局并在那儿进行了长达 50 年的临床实践。

Meehl 的母亲在他 16 岁的时候去世了，这让他开始怀疑医生是否真正具有治愈病人的能力。

他的书可以理解为科学上对这种怀疑的追求。他收集了他能找到的所有研究，共计 22 项，将这些研究中的临床判断与实际结果进行比较，并应用可观察的预测因子构建简单线性模型（一些客观和主观估计）。

Meehl 的想法是，这些统计模型可以作为临床医生进行评估的基准。正如 Dawes 和 Corrigan（1974）所提到的，"统计分析被认为是判断一个临床医生是否有经验的基准。"而基准竟然也是上限。

在诸多情况下，统计模型的判断准确性超越了普通临床医生。Grove 等（2000）；Dawes，Faust 和 Meehl（1989）后续对 117 项研究进行了整合分析，发现只有 6 个临床医生的平均表现比统计模型更为出色。

在任何一个细分领域，临床医生中都有可能出现明星医生可以更准确地进行诊断。然而，后续的个人层面的研究表明，只有少数临床医生比统计模型表现得更好（Goldberg，1970）。Kleinberg 等（2017）对机器学习和司法拘留决定的研究是同一主题在现代的例子。

在 Meehl 的书出版后的几十年里，有关为什么临床判断如此不完善的证据开始增多。公认的原因是临床医生擅长测量特定变量或建议加入哪些客观变量，但不能很好地将它们进行一致的组合（Sawyer，1966）。Meehl（1986）给出了这一原因的简要描述：

为什么人们会对我的实证结果感到惊讶？我们都知道人的大脑在权衡和计算方面有一定的不足。当你在一家超市购物时，你不会打量购买的东西，并对店员说："它看起来好像价值约 17.00 美元，你觉得怎么样？"店员在出价的基础上进行讨价。在认知心理学的实证研究中，没有强烈的论据认为人类可以主观地在方程中分配最佳权重或者一致地运用自己的权重。Lew Goldberg 的调查得出了如上的吸引人的基本结论。

其他重大发现陆续出现。对于实践而言，统计预测方法的一个缺点是它需要大量高质量的数据样本（在更现代的 AI 语言中，预测需要标记数据）。而在当时很少有可用的数据。

Dawes（1979）提出放弃以普通最小二乘法（OLS）[①] 为代表的通过标准化的"适当"程序估计变量权重的方法，代之以"不适当"权重。其中一个例子是以标准化变量的等权重作为 OLS 加权的非常好的近似。

另一个有趣的"不适当"权重的例子是 Dawes 所谓的"Boot‒Strapping"（与统计领域中的 Bootstrap 重采样完全不同的用法）。Dawes 的想法是对预测因子和临床判断进行回归分析，并使用这些估计的系数权重进行预测。当然，这相当于使用临床判断回归的预测部分并且丢弃残差（或者如果你愿意，正则化为零）。实践表明残差通常是噪声。而在主要是噪声的情况下实施该过程可以提高相关精度（Camerer，1981a）。

后来的研究对临床医生持更为乐观的态度。如果 Bootstrap‒Regression 残差是纯噪声，它们也会降低临床判断的重测信度（即同一个人对同一案例的两次判断之间的相关性）。然而，对报告重测信度和自举回归的研究分析表明，只有约 40% 的残差方差是不可靠的噪声（Camerer，1981b）。因此，残差确实包含可靠的主观信息（尽管它可能与结果无关）。Blattberg 和 Hoch（1990）进一步研究发现，在产品销售和优惠券赎回率的实际管理预测中，残差与结果的相关性约为 0.30。由此，管理决策和统计模型各自均能有效改善预测。

24.3.2 稀疏性对你有好处，但口味并不好

除了下面将提到的令人吃惊的发现即人类的判断确实比统计模型更糟糕以外，早期研究关注的另一方面是较少的变量能产生怎样的效果。这一研究受限于以下事实：在任何情况下都没有大量特征集具有真正大量的变量（所以当时不可能判断大量变量是否比较少变量更好）。

Dawes（1979）举过一个引人注目的例子，例子中运用双变量模型（做爱的频率减去吵架的频率）以预测婚姻幸福。他在两项研究中报告了 0.40 和 0.81 的相关性（Edwards 和 Edwards，1977；Thornton，1977）。[②]

在另一个更著名的例子中，Dawes（1971）在 1964 年到 1967 年间进行了一项关于进入俄勒冈大学心理学攻读博士学位的录取标准的研究。他比较并测量了每个申请人的 GRE、本科 GPA 以及申请人本科学校的质量。对变

---

① Dawes 还提到使用脊回归（Ridge Regression）作为最大化样本外拟合的适当程序。

② 最新使用转录的言语互动的分析得到离婚和婚姻满意度的相关性约为 0.6~0.7。核心变量为批评、防御、蔑视和"扼杀"（听众退出）。

量进行标准化后进行相同的加权。结果变量是 1969 年教师对他们所录取学生的成功程度的评价（显然，这里的选择偏误使整个分析远不够理想，但追踪被拒绝的申请人并在 1969 年测量他们的成功基本上是不可能的）。

简单的三变量统计模型与后来的成功的关联度（0.48，交叉验证）比招生委员会的定量推荐（0.19）更高。[①] 招生委员会的自举模式（Bootstrapping Model）的关联度为 0.25。

尽管有 Dawes 的证据，但我未能说服宾夕法尼亚大学和加州理工学院的任何研究生招生委员会计算统计评分，即使是仅用于过滤可能会被拒绝的申请。

为什么呢？

我认为答案在于人类的思想反对正则化和由此产生的稀疏性。我们天生偏好过度拟合。每个 AI 研究人员都知道包含较少的变量（例如，通过在 LASSO 中给予其中许多零权重，或限制随机森林中的树深度）是预防训练集过度拟合的有效措施。但是，在我们的日常判断中，同样的过程似乎并没有吸引力。

对稀疏性的厌恶具有讽刺意味。事实上，大脑是为了对感官信息进行大量过滤而存在的［并且在可以量化最佳效率的区域（例如视觉）非常有效；参阅 Doi 等，2012］。但人们不喜欢明确地丢弃信息，尤其是信息已经在面前的情况下——博士招生申请表上，或在 AEA 面试酒店房间里谈论他们的研究。比如，要忽略推荐信就需要意志力、傲慢等的组合因素。

稀疏性反叛所误导的典型代表是招聘中的个人简短面谈。有大量证据表明，如果面试官没有受过训练而且没有采用结构化的访谈形式，这种面试无法预测后期工作绩效，相比较于数字预测并没有更好的效果（Dana、Dawes 和 Peterson 2013）。

另一相近的例子是在 ASSA 会议的酒店套房中的面试教师候选人。假设这些面试的目的是预测哪些博士在学校工作的几年间有潜质完成高质量的研究、良好的教学以及其他类型的服务并实现公共价值。

[①] 读者可能会猜测，这些早期论文中所使用的计量手段受限。例如，Dawes（1971）只使用了已被录取并保持注册的 111 名学生，因此可能存在规模缩放等。教师可能也是初次对这些学生进行评价，可能会产生一致性偏差等。

预测目标本身是一种美好的期许，但未经训练的面试官的脑海中浮现的是更多基本的东西：应征者的穿着是否得体？如果有危险，他们可以保护我吗？他们是朋友还是敌人？他们的口音和单词选择和我相似吗？他们为什么要打哈欠？如果他们为了避免迟到而紧张地在费城赶了一整天的路导致出现打哈欠的情况，那么他们的论文将永远不会被《Econometrica》接受！

负责面试的人（包括我）会说我们正试图考查候选人对他们研究主题的理解深度、研究计划的研究前景如何，等等。但我们真正评估的可能更像是"他们属于我的部落吗？"

虽然我认为这样的面试浪费时间[①]，但可以想象他们会产生有效的信息。问题是面试官可能会对错误的信息进行加权（以及过分看重某些应当正则化为零的特征变量）。如果有长期任职前景和同事关系的有效信息，捕获此类信息的最佳方法是将面试过程录像，并将其与其他更接近工作绩效的任务相结合（例如，让他们审阅一篇造诣艰深的论文），利用更大的信息集进行机器学习。

Kahneman 和 Lovallo（1993）创新性地提出的两种预测模式发现了另一个简单例子以印证忽略信息的行为有违直觉。他们将这两种模式称为"内部"和"外部"视图。两种模式在预测项目结果（如写书或商业投资）的背景下进行运用。内部视图"只关注特定案例，通过构建未来进展情景，考虑计划及其完成障碍"。外部观点则"侧重于引用和借鉴与当前案例类似的相关案件的统计数据"。

外部视图故意抛弃关于特定案例的大部分信息（仅保留小部分信息）：它将相关维度减少到外部视图引用类中已经存在的那些维度（这又是一种规范化过程，它将所有在相关方面均不相似的特征归零）。

在机器学习领域中，外部和内部视图类似于不同类型的聚类分析。外部视图将所有先前的案例解析为 K 个集群；当前案例属于这一集群或是另一集群（当然，根据与集群中心的距离，存在不同的聚集程度）。内部视图以其极端形式将每个案例（如指纹和雪花）视为独特的。

---

① 当然，这个强烈的主张有很多要注意的地方。例如，通常是学校发传单以吸引理想的候选人，而不是相反。

24.3.3　假设：人类的判断就像是过度拟合的机器学习

我的理论的核心思想是，日常人类判断的某些表现可以被理解为机器学习运用不当所导致的错误类型。[①] 我将重点关注两个方面：其一是过度自信及其影响因素；其二是有限的纠错。

我计划运用同一项目进行这两方面的研究。项目采集人类预测数据并将结果与机器学习预测进行比较，然后故意重新运行低等的机器学习（例如，未能校正过度拟合）并查看受损的机器学习预测是否具有与人类相似的一些属性。

（1）过度自信。在 JDM Oskamp（1965）早期的一项经典研究中，8 位经验丰富的临床心理学家、24 位研究生和本科生阅读有关 1 个真实的个人材料。材料分为 4 个阶段。第一阶段只有 3 个句子，给出了基本的人口学特征、教育和职业。接下来的 3 个阶段篇幅大概是一页半到两页，分别涉及童年、学校教育以及入伍、退伍的时间，共计 5 页材料。

4 个阅读阶段的每个阶段过后，受试者必须回答关于该对象的 25 个人格问题，每个问题具有 5 个答案选项。[②] 根据有关此案的其他证据，所有这些问题都有正确的答案。随机猜测的准确率为 20%。

Oskamp 研究得出两项结论：第一，经验丰富的临床心理学家和学生之间的准确性并不存在差异。

第二，几乎没有受试者表现得比随机猜测更好，即使在 3 个阶段阅读了更多的材料，准确性也没有提高。在第一阶段之后，他们的准确率为 26%；在阅读了 3 个阶段的所有材料后，准确率为 28%（与 26% 相比无显著差异）。然而，受试者对其准确度的主观信心却几乎呈线性增长，从 33% 增加到了 53%。[③]

这种信心的陡然增加但是准确度没有显著提高的情况，让人联想到 AI 中训练集和测试集准确度之间的偏离现象。随着越来越多的变量被包含在训练集中，（未惩罚的）精度将始终增加。然而，由于过度拟合，当包含太多变量时测试集精度将下降。由此产生的训练集和测试集准确度之间的差距将

---

① Jesse Shapiro 在这个方向提出了独到而深刻的问题，启发了我的观点。

② 多项选择题之一是"孩子目前对母亲的态度是：①对她的理想的爱和尊重；②对她的弱点的深情宽容"等。

③ 一些其他的研究探究临床医生经验多少是否会影响结果，证实了第一个发现（经验并没有提高准确性），但发现经验往往会减少过度自信（Goldberg，1959）。

会增大，就像 Oskamp 中受试者的过度自信水平随着材料中的更多"变量"（即他们获得了所评判对象的更多资料）而提高一样。

（2）过度自信有不同的定义。在预测的背景中，我们将其定义为围绕预测结果具有太窄的置信区间［例如，在回归中这意味着基于可观察量 X 低估了条件预测 $P(Y \mid X)$ 的标准误差］。

我的猜想是，人类过度自信是由于未能获得预测因子（如 LASSO 惩罚特征权重）。这种类型的过度自信是由于忽略过度拟合所导致的。高训练集准确度对应着对预测结果的高度自信，而在过度自信下，从训练到测试的转换中准确度的突然下降会变得无法预料。

（3）有限的纠错。在一些机器学习程序中，训练在试验中进行。例如，最早的神经网络是通过基于一组节点权重进行输出预测，然后反向根据预测误差以调整权重进行反复的训练。这一过程的早期进展与人类学习相对应——比如儿童学习识别自然物体的类别或学习语言属性（Rumelhart 和 Mc Clelland，1986）。

进一步地，有人提出疑问：成年人进行判断考虑的某些特征因素是否与错误纠正过程的因素相对应。当然，神经网络训练隐含的假设是输出错误能被识别（如果学习过程受到标记数据的监督）。但是，如果人类没有认识到错误或对其做出不适当的反应呢？

增加特征变量特别是交互效应变量是对预测误差的不良反应之一。例如，假设某大学的招生主管有一个预测模型，认为具备演奏乐器技能的学生有良好的学习习惯并将在大学取得成功。假设现在一名学生在 Dead Milkmen 朋克乐队中担任鼓手。这名学生被学校录取（因为演奏音乐被认为是优秀特质）但在大学里被退学。

招生主管由此可以反向根据预测误差以调整"演奏乐器"变量的权重。又或者，她可以通过将"演奏乐器"分成"演奏鼓"和"演奏非鼓类乐器"以创建新的特征变量来忽略错误。此过程将生成太多的特征变量并且导致纠错过程失效。①

---

① 另一种对此进行建模的方法是对预测树进行细化，当预测不正确时，为新要素添加分支。这将产生浓密的预测树，通常会损害测试集的准确性。

此外，请注意，不同的招生主管可能会创建两个不同的子特征集，比如"在朋克乐队中演奏乐器"和"在非朋克乐队中演奏乐器"。在这里描述的程式化版本中，两者都将确信心理模型已经得到改善并对未来预测持有高度信心。但是由于他们以不同的方式"改进"他们的模型，评分者信度将会下降。评分者信度为平均预测准确度提供了坚实的上限。

24.4　AI 技术作为人体限制的仿生补丁或恶意软件

我们花了很多时间研究行为经济学中政治和经济系统如何从糟糕的选择中吸取教训或帮助人们做出正确的选择。行为经济学为这一般性讨论作出了贡献。相比较于约束效用最大化（尽管有用），它阐述了一种在心理学角度更为准确地描述人类选择和人类本性的模型。

AI 创建更好的工具以推断个体的需求和行动。有时这些工具会带来潜在的威胁，有时它们会发挥用处。

（1）AI 是有用的。一个典型的例子是推荐系统。推荐系统根据目标用户过往的选择和评价数据、其他人的选择和评级数据，以预测目标客户会多大程度的喜爱他们之前没有做过甚至不知道的某个选择（例如，他们没有听说过的电影或书籍）。推荐系统是一种行为修复，用于弥补人类在注意力和记忆力方面受到的限制以及由此产生的偏好不完整性。

（2）关注 Netflix 的电影推荐。Netflix 使用个人的观看和评分历史以及他人和电影属性的综合意见，作为各种算法的输入以推荐适合用户观看的内容。正如他们的数据科学家所解释的那样（Gomez–Uribe 和 Hunt，2016）：

一个典型的 Netflix 用户在一两个页面上浏览了 10~20 个标题（可能仔细评估了 3 个），在选择了 60~90 秒后会失去兴趣。推荐系统的任务是确保在这 2 个页面上，不同类型的用户都能找到吸引他们的内容并且理解为什么它可能会引起人们的兴趣。

例如，他们的"因为你看过"推荐系统使用视频–视频，相似度算法来推荐类似于用户已经观看和喜欢的未观看视频。

这些推荐系统对于经济学尤其是行为经济学有许多有趣的启示。例如，Netflix 希望其会员"理解为什么它（受推荐的视频）可能会引起人们的兴趣。"这在深层次上是一个关于 AI 输出的可解释性、会员如何从推荐系统的成功和错误中进行学习以及会员是否"信任"Netflix 的问题。所有这些都是心理过程,可能会在很大程度上取决于设计和经验特征(UD,UX)。

(3) AI 是"有害"的。[①] AI 驱使个性化,而个性化的另一面是价格歧视。如果人们对他们想要的东西有较多的了解并且有准确的支付意愿(WTP),那么公司会据此迅速发展个性化定价的能力。这一概念似乎正在迅速兴起,迫切需要工业经济学家深入研究以探究其对福利的影响。

行为经济学可以通过收集人们如何判断价格公平性(Kahneman,Knetsch 和 Thaler,1986)、公平规范是否适用于"个性化定价"以及公平判断如何影响行为范式的证据来发挥作用。

我的直觉是(与 Kahneman,Knetsch 和 Thaler,1986 相呼应),只要存在非常小的产品间差异[②]或公司可以阐明为什么价格不同这两种情况之一,人们就可以接受基本上相同的产品其价格的高度变化。例如,价格歧视可能被视为交叉补贴以帮助那些负担不起高价的人。

个性化定价也可能会损害依靠习惯、不精明的消费者。精明消费者则会通过劫持个性化算法,使其看起来像低 WTP 消费者并由此节省资金〔参见 Gabaix 和 Laibson 精心设计的隐藏("笼罩")属性的模型〕。

24.5 总结

本章讨论了 AI 特别是机器学习与行为经济学关联的 3 种方式。第一,机器学习可用于挖掘行为经济学家认为的可以改善预测选择的大量特征。文中举例说明了简单种类的机器学习(比常用的数据集小得多)在预测讨价还价结果、风险选择和游戏行为等方面的应用。

第二,将人类判断中的典型模式构建为隐式机器学习不适当应用情况下的输出。例如,如果没有对过度拟合进行校正,那么加入更多特征变量会导致训练集精度和测试集精度之间的偏离增大。这被看作人类过度自信的典型范式。

---

① 我在这里引用"有害"这个词作为一种通过标点符号推测的方式,在许多行业中,AI 驱动的个性化定价能力将损害整体的消费者福利。

② 他们的公平框架的一个特点是,如果人们认为成本差异是部分正当的,那么他们并不会介意提价或收取附加费。我记得 Kahneman 和 Thaler 开玩笑地说,如果餐厅有一些附加功能,例如,墨西哥流浪乐队的演奏,那么可以在星期六晚上成功收取更高的价格,即使大多数人不喜欢墨西哥流浪乐队。

第三，AI方法可以帮助人们"组装"对于不熟悉产品的偏好预测（例如，通过推荐系统），但也可以通过提取比以往更多的剩余（通过价格歧视类型）导致消费者福利受到损害。

参考文献

Andrade, E. B., and T.-H. Ho. 2009. "Gaming Emotions in Social Interactions." *Journal of Consumer Research* 36 (4): 539–552.

Babcock, L., and G. Loewenstein. 1997. "Explaining Bargaining Impasse: The Role of Self-Serving Biases." *Journal of Economic Perspectives* 11 (1): 109–126.

Babcock, L., G. Loewenstein, S. Issacharoff, and C. Camerer. 1995. "Biased Judgments of Fairness in Bargaining." *American Economic Review* 85 (5): 1337–43.

Bhatt, M. A., T. Lohrenz, C. F. Camerer, and P. R. Montegue. 2010. "Neural Signatures of Strategic Types in a Two-Person Bargaining Game." *Proceedings of the National Academy of Sciences* 107 (46): 19720–19725.

Binmore, K., J. McCarthy, G. Ponti, A. Shaked, and L. Samuelson. 2002. "A Backward Induction Experiment." *Journal of Economic Theory* 184:48–88.

Binmore, K., A. Shaked, and J. Sutton. 1985. "Testing Noncooperative Bargaining Theory: A Preliminary Study." *American Economic Review* 75 (5): 1178–1180.

———. 1989. "An Outside Option Experiment." *Quarterly Journal of Economics* 104 (4): 753–770.

Blattberg, R. C., and S. J. Hoch. 1990. "Database Models and Managerial Intuition: 50% Database + 50% Manager." *Management Science* 36 (8): 887–899.

Brocas, Isabelle, J. D. Carrillo, S. W. Wang, and C. F. Camerer. 2014. "Imperfect Choice or Imperfect Attention? Understanding Strategic Thinking in Private Information Games." *Review of Economic Studies* 81 (3): 944–970.

Camerer, C. F. 1981a. "General Conditions for the Success of Bootstrapping Models." *Organizational Behavior and Human Performance* 27:411–422.

———. 1981b. "The Validity and Utility of Expert Judgment." Unpublished PhD diss., Center for Decision Research, University of Chicago Graduate School of Business.

———. 2003. *Behavioral Game Theory, Experiments in Strategic Interaction*. Princeton, NJ: Princeton University Press.

Camerer, C. F., T.-H. Ho, and J.-K. Chong. 2004. "A Cognitive Hierarchy Model of Games." *Quarterly Journal of Economics* 119 (3): 861–898.

Camerer, C., and E. Johnson. 1991. "The Process-Performance Paradox in Expert Judgment: Why Can Experts Know So Much and Predict So Badly?" In *Toward a General Theory of Expertise: Prospects and Limits*, edited by A. Ericsson and J. Smith. Cambridge: Cambridge University Press.

Camerer, C., E. Johnson, T. Rymon, and S. Sen. 1994. "Cognition and Framing in Sequential Bargaining for Gains and Losses. In *Frontiers of Game Theory*, edited by A. Kirman, K. Binmore, and P. Tani, 101–120. Cambridge, MA: MIT Press.

Camerer, C. F., G. Nave, and A. Smith. 2017. "Dynamic Unstructured Bargaining with Private Information and Deadlines: Theory and Experiment." Working paper.

Chapman, L. J., and J. P. Chapman. 1969. "Illusory Correlation as an Obstacle to the Use of Valid Psychodiagnostic Signs." *Journal of Abnormal Psychology* 46:271–80.

Costa-Gomes, M. A., and V. P. Crawford. 2006. "Cognition and Behavior in Two-Person Guessing Games: An Experimental Study." *American Economic Review* 96 (5): 1737–1768.

Costa-Gomes, M. A., V. P. Crawford, and B. Broseta. 2001. "Cognition and Behavior in Normal-Form Games: An Experimental Study." *Econometrica* 69 (5): 1193–1235.

Crawford, V. P. 2003. "Lying for Strategic Advantage: Rational and Boundedly Rational Misrepresentation of Intentions." *American Economic Review* 93 (1): 133–149.

Crawford, V. P., and N. Iriberri. 2007. "Level-k Auctions: Can a Nonequilibrium Model of Strategic Thinking Explain the Winner's Curse and Overbidding in Private-Value Auctions?" *Econometrica* 75 (6): 1721–1770.

Dana, J., R. Dawes, and N. Peterson. 2013. "Belief in the Unstructured Interview: The Persistence of an Illusion." *Judgment and Decision Making* 8 (5): 512–520.

Dawes, R. M. 1971. "A Case Study of Graduate Admissions: Application of Three Principles of Human Decision Making." *American Psychologist* 26:180–188.

———. 1979. "The Robust Beauty of Improper Linear Models in Decision Making." *American Psychologist* 34 (7): 571.

Dawes, R. M., and B. Corrigan. 1974. "Linear Models in Decision Making." *Psychological Bulletin* 81, 97.

Dawes, R. M., D. Faust, and P. E. Meehl. 1989. "Clinical versus Actuarial Judgment." *Science* 243:1668–1674.

Doi, E., J. L. Gauthier, G. D. Field, J. Shlens, A. Sher, M. Greschner, T. A. Machado, et al. 2012. "Efficient Coding of Spatial Information in the Primate Retina." *Journal of Neuroscience* 32 (46): 16256–16264.

Edwards, D. D., and J. S. Edwards. 1977. "Marriage: Direct and Continuous Measurement." *Bulletin of the Psychonomic Society* 10:187–188.

Einhorn, H. J. 1986. "Accepting Error to Make Less Error." *Journal of Personality Assessment* 50:387–395.

Einhorn, H. J., and R. M. Hogarth. 1975. "Unit Weighting Schemas for Decision Making." *Organization Behavior and Human Performance* 13:171–192.

Forsythe, R., J. Kennan, and B. Sopher. 1991. "An Experimental Analysis of Strikes in Bargaining Games with One-Sided Private Information." *American Economic Review* 81 (1): 253–278.

Fudenberg, D., and A. Liang. 2017. "Predicting and Understanding Initial Play." Working paper, Massachusetts Institute of Technology and the University of Pennsylvania.

Gabaix, X., and D. Laibson. 2006. "Shrouded Attributes, Consumer Myopia, and Information Suppression in Competitive Markets." *Quarterly Journal of Economics* 121 (2): 505–540.

Goeree, J., C. Holt, and T. Palfrey. 2016. *Quantal Response Equilibrium: A Stochastic Theory of Games.* Princeton, NJ: Princeton University Press.

Goldberg, L. R. 1959. "The Effectiveness of Clinicians' Judgments: The Diagnosis of Organic Brain Damage from the Bender-Gestalt Test." *Journal of Consulting Psychology* 23:25–33.

———. 1968. "Simple Models or Simple Processes?" *American Psychologist* 23:483–96.

———. 1970. "Man versus Model of Man: A Rationale, Plus Some Evidence for a Method of Improving on Clinical Inferences." *Psychological Bulletin* 73:422–432.

Goldfarb, A., and M. Xiao. 2011. "Who Thinks about the Competition? Managerial Ability and Strategic Entry in US Local Telephone Markets." *American Economic Review* 101 (7): 3130–3161.

Gomez-Uribe, C., and N. Hunt. 2016. "The Netflix Recommender System: Algorithms, Business Value, and Innovation." *ACM Transactions on Management Information Systems (TMIS)* 6 (4): article 13.

Grove, W. M., D. H. Zald, B. S. Lebow, B. E. Snits, and C. E. Nelson. 2000. "Clinical vs. Mechanical Prediction: A Meta-analysis." *Psychological Assessment* 12:19–30.

Hartford, J. S., J. R. Wright, and K. Leyton-Brown. 2016. "Deep Learning for Predicting Human Strategic Behavior." *Advances in Neural Information Processing Systems*. https://dl.acm.org/citation.cfm?id=3157368.

Hortacsu, A., F. Luco, S. L. Puller, and D. Zhu. 2017. "Does Strategic Ability Affect Efficiency? Evidence from Electricity Markets." NBER Working Paper no. 23526, Cambridge, MA.

Johnson, E. J. 1980. "Expertise in Admissions Judgment." Unpublished PhD diss., Carnegie-Mellon University.

Johnson, E. J. 1988. "Expertise and Decision under Uncertainty: Performance and Process." In *The Nature of Expertise*, edited by M. T. H. Chi, R. Glaser, and M. I. Farr, 209–28. Hillsdale, NJ: Erlbaum.

Johnson, E. J., C. F. Camerer, S. Sen, and T. Rymon. 2002. "Detecting Failures of Backward Induction: Monitoring Information Search in Sequential Bargaining." *Journal of Economic Theory* 104 (1): 16–47.

Kahneman, D., J. L. Knetsch, and R. Thaler. 1986. "Fairness as a Constraint on Profit Seeking: Entitlements in the Market." *American Economic Review*: 728–41.

Kahneman, D., and D. Lovallo. 1993. "Timid Choices and Bold Forecasts: A Cognitive Perspective on Risk Taking." *Management Science* 39 (1): 17–31.

Kahneman, D., P. Slovic, and A. Tversky, eds. 1982. *Judgment under Uncertainty: Heuristics and Biases*. Cambridge: Cambridge University Press.

Karagözoğlu, E. Forthcoming. "On 'Going Unstructured' in Bargaining Experiments." *Studies in Economic Design by Springer, Future of Economic Design*.

Klayman, J., and Y. Ha. 1985. "Confirmation, Disconfirmation, and Information in Hypothesis Testing." *Psychological Review*: 211–228.

Kleinberg, J., H. Lakkaraju, J. Leskovec, J. Ludwig, and S. Mullainathan. 2017. "Human Decisions and Machine Predictions." NBER Working Paper no. 23180, Cambridge, MA.

Kleinberg, J., A. Liang, and S. Mullainathan. 2015. "The Theory is Predictive, But Is It Complete? An Application to Human Perception of Randomness." Unpublished manuscript..

Krajbich, I., C. Camerer, J. Ledyard, and A. Rangel. 2009. "Using Neural Measures of Economic Value to Solve the Public Goods Free-Rider Problem." *Science* 326 (5952): 596–599.

Lewis, M. 2016. *The Undoing Project: A Friendship That Changed Our Minds*. New York: W. W. Norton.

Meehl, P. E. 1954. *Clinical versus Statistical Prediction: A Theoretical Analysis and a Review of the Evidence*. Minneapolis: University of Minnesota Press.

Mullainathan, S., and J. Spiess. 2017. "Machine Learning: An Applied Econometric Approach." *Journal of Economic Perspectives* 31 (2): 87–106.

Neelin, J., H. Sonnenschein, and M. Spiegel. 1988. "A Further Test of Non-cooperative Bargaining Theory: Comment." *American Economic Review* 78 (4): 824–836.

Oskamp, S. 1965. "Overconfidence in Case-Study Judgments." *Journal of Consulting Psychology* 29 (3): 261.

Peysakhovich, A., and J. Naecker. 2017. "Using Methods from Machine Learning to Evaluate Behavioral Models of Choice under Risk and Ambiguity." *Journal of Economic Behavior & Organization* 133:373–384.

Roth, A. E. 1995. "Bargaining Experiments." In *Handbook of Experimental Economics*, edited by J. Kagel and A. Roth, 253–348. Princeton, NJ: Princeton University Press.

Rumelhart, D. E., and J. L. McClelland. 1986. "On Learning the Past Tenses of English Verbs." In *Parallel Distributed Processing*, vol. 2, edited by D. Rumelhart, J. McClelland, and the PDP Research Group, 216–271. Cambridge, MA: MIT Press.

Sawyer, J. 1966. "Measurement and Prediction, Clinical and Statistical." *Psychological Bulletin* 66:178–200.

Stahl, D. O., and P. W. Wilson. 1995. "On Players' Models of Other Players: Theory and Experimental Evidence." *Games and Economic Behavior* 10 (1): 218–254.

Thornton, B. 1977. "Linear Prediction of Marital Happiness: A Replication." *Personality and Social Psychology Bulletin* 3:674–676.

Tversky, A., and D. Kahneman. 1992. "Advances in Prospect Theory: Cumulative Representation of Uncertainty." *Journal of Risk and Uncertainty* 5 (4): 297–323.

von Winterfeldt, D., and W. Edwards. 1973. "Flat Maxima in Linear Optimization Models." Working Paper no. 011313-4-T, Engineering Psychology Lab, University of Michigan, Ann Arbor.

Wang, J., M. Spezio, and C. F. Camerer. 2010. "Pinocchio's Pupil: Using Eyetracking and Pupil Dilation to Understand Truth Telling and Deception in Sender-Receiver Games." *American Economic Review* 100 (3): 984–1007.

Wright, J. R., and K. Leyton-Brown. 2014. "Level-0 Meta-models for Predicting Human Behavior in Games." In *Proceedings of the Fifteenth ACM Conference on Economics and Computation*, 857–874.

评论

Daniel Kahneman[*]

以下整理了 Kahneman 教授的口头讲话。

在昨天的会谈中，我无法理解一部分的内容，但我觉得我学到了很多东西。我将对 Colin 的观点发表一些评论，然后就昨天我注意到的一些我能理解的观点发表一些评论。

我赞同 Colin 的想法：如果拥有大量数据并且利用其进行深度学习，那么将发现远超理论设计的内容。我希望机器学习可以成为假设的来源。也就是说，能识别得到更多更有趣的变量。

至少在我的领域，成功发表科学研究的标准非常低。只要它们产生统计上显著的预测结果，即使它们解释的方差很小，我们均认为理论得到证实。我们将残差视为噪声，因此利用机器学习深入研究其所擅长的残差方差是一个优势。实际上，作为一个局外人，我很惊讶没有听到更多关于 AI 相比人类的优势。也许，作为心理学家，这是我最感兴趣的。我不确定新的观点是否总是有趣，但我想这可能会引导全新理论的诞生，这将是有用的。

* Daniel Kahneman 是伍德罗威尔逊学院（Woodrow Wilson School）心理学和公共事务荣誉教授，普林斯顿大学（Princeton University）名誉心理学教授、耶路撒冷希伯来大学（The Hebrew University in Jerusalem）理性研究中心研究员。致谢、研究支持来源以及重要财务关系披露，请访问 http://www.nber.org/chapters/c14016.ack。

　　我不完全同意 Colin 的第二个想法：将人类智能视为 AI 的弱化版本是有用的。两者之间的确有相似之处，可以通过这种方式模拟一些人类的过度自信。但我认为，人类判断的过程与机器过度自信的过程完全不同。

　　下面，基于我的研究领域，我对昨天所学的内容做一些一般性的评论。在谈话中经常出现的问题之一是 AI 是否最终可以胜任任何人类能做的事情。会有什么事情仅限人类可以胜任吗？

　　坦率地说，我认为没有理由限制 AI 可以做什么。我们脑子里有一台很棒的电脑。它是用肉做的，但它是一台电脑。它非常嘈杂，但它可以并行处理。它非常有效，但那里没有魔力。因此，很难想象，如果将来有足够的数据，那么会有什么事情是仅限人类可以胜任的。

　　我认为，我们看到这么多限制的原因是这个领域正处于起步阶段。我的意思是我们谈论 8 年前起飞的发展（如深度学习），是简单的，但你必须想象 50 年后它会是什么样子。因为我发现 AI 领域现在发生的事情非常令人惊讶：一切都比我们预期的要快得多。人们曾经说 AI 需要 10 年才能在围棋的领域战胜人类。有趣的是，实际花费的时间减少了一个数量级。我认为，这类事物正在发展的速度是非常了不起的。因此，设定限制肯定为时过早。

　　昨天提出的一点是关于人类在评估方面的独特性。它被称为判断，但在我所在领域的行话中它是"评估"。评估结果基本上是决策功能的效用部分。我不明白为什么这部分应该留给人类。相反，我想提出以下论点：人们的主要特征是嘈杂。你向他们进行两次相同的刺激，他们并不一定给出相同的反应。由于在相同的刺激条件下人们的选择变化如此之大，我们提出了随机选择理论。AI 可以做的是创建一个观察个体选择的程序。该程序在各种各样的事情上将比人的表现更好。特别是，它将为个人做出更好的选择。为什么？因为它没有噪声。我们从文献中了解到，Colin 引用了一个有趣的实例。以临床医生为例，让一些临床医生多次进行预测。相比较于开发一个简单的预测模型，这些模型在预测结果方面比临床医生自身的表现更好。

　　这是至关重要的。这意味着，人类表现的主要限制之一不是偏见，而是噪声。当人们现在谈论错误时，他们倾向于认为偏见是主要原因，我可能对此负有部分责任。当人类的表现出现错误时，这是他们首先想到的。

　　事实上，将人们所犯的大多数错误视为随机噪声是更合适的。承认噪声的存在对实践有重要意义。显而易见地，应该尽可能应用算法替换人类。即使算法做得不好，人类做得也很差，而且非常嘈杂。只要消除噪声，算法就可以做得比人好。另外，当不能做到用算法替换人类时，应当试图让人类模拟算法。我的看法是，噪声是如此有害，而通过在判断和选择上加强规律性、注重流程和纪律能够有效降低噪声、提高性能。

Yann LeCun 昨天表示，人类总是喜欢与他人进行情感接触。我觉得这可能是错误的。人们很容易受到刺激并在情绪上作出反应。表情变化会给人以非常情绪化的暗示。机器人会将此作为识别情绪的线索。此外，AI 已经具有比人们更好地阅读表情的能力。毫无疑问，机器人能够比人们更好地预测情绪和情绪发展。

我可以想象机器人的一个主要用途是照顾老人。我可以想象比起他们的孩子，许多老人更喜欢被友好的机器人照顾，这些机器人有名字、有个性，而且总是令人愉快。

我想用一个故事来结束。一段时间之前，一位知名的小说家写信给我说他正在构思一部小说。这部小说是两个人类和机器人之间的三角恋。他想知道的是机器人与人类的不同之处。

我提出了三个主要的区别。其一是显而易见的：机器人在统计推理方面会更好，而不像人们那样迷恋于故事和叙事。其二是机器人会有更高的情商。其三是机器人会更聪明。智慧是广度，拥有智慧会使观点摆脱狭隘。广阔的框架是智慧的本质。机器人将被赋予广阔的框架。我的意思是，由于人类没有这样的框架，当机器人学到了足够多的东西时，它会比我们人类更加聪明。我们是狭隘的思想家，我们是嘈杂的思想家，我们很容易被改进。我认为最终我们能做但计算机不能被编程去做的事情并不会太多。

译后记

人工智能技术的发展对生产、就业、增长和促进平等方面的潜在影响有着巨大的想象空间，同时也引发了有关人工智能与经济学的激烈讨论：什么是人工智能？如果机器可以胜任人类的工作，会不会影响未来的就业和收入分配，导致不平等的加剧？人工智能所采集的大数据要如何进行监管？机器学习算法是否会成为经济学未来的重要预测工具？如何衡量并合理引导人工智能技术的进步？……

以目前阶段的认知而言，这些问题的答案都尚不清晰。然而，对此进行思考和探讨却是非常必要的。我深刻意识到，人工智能发展到现在，迫切地需要一个较为体系化的梳理。我的同事曾涛副教授对人工智能的影响也十分感兴趣，我们曾多次私下对此进行讨论，更加明确了人工智能技术的发展对现有经济体系的变革是毋庸置疑的。*The Economics of Artificial Intelligence：An Agenda*，所涉议题与我们之前所想不谋而合，其中许多学者的观点也让我们醍醐灌顶、受益良多。多次翻阅之后，我与出版社商量，决定购买该书中文版权并将其翻译为中文，让更多国内学者接触到这一领域，吸引志同道合之士。

本书的翻译历时两年，期间我与曾涛副教授对全书的翻译工作进行了多次指导和校对，多名博士生和硕士生也参与了初稿翻译以及后续的校对工作，他们是：姚俊丹、吕琳颖、方朴一、魏悦羚、王婷、顾焱、张彧、姚澄雪、郑博文、葛天乐、袁珺、费钰辰、郑佩娜、覃振杰、GO ROMAN、高舒曼、潘潇、潘钏玮、陆格格、沈钶娜、林思慧、侯淑婷、林溪等同学，在此对他们的付出表示感谢。最后，我对翻译内容进行了最后的审订，浙江大学经济学院 2020 级博士生吕琳颖、2018 级博士生方朴一协助完成了全书的统纂和出版事宜接洽工作。衷心感谢原著作者对我们翻译团队的信任和帮助！

由于中英文表达习惯和语法结构存在差异，本书的翻译或存在不当和错漏之处，恳请广大读者不吝指正。

王义中

2021 年 3 月 10 日